"十三五"国家重点出版物出版规划项目
高分辨率对地观测前沿技术丛书
主编 王礼恒

高分辨率对地观测和商业遥感

颜军 殷硕文 潘申林 蒋晓华 等编著

国防工业出版社

·北京·

内 容 简 介

本书主要以商业高光谱微纳卫星和商业高空间分辨率卫星为研究对象,提出了商业遥感卫星系统的设计理念,系统地阐述了商业遥感卫星系统的发展、商业模式、工程设计与实施,内容包括商业遥感微纳卫星设计、卫星地面系统设计、卫星数据处理技术、卫星数据标准规范及行业规范、卫星大数据应用及多源数据应用服务平台等。

本书可作为我国高等院校、科研单位、公司和政府部门相关专业人员的学习参考书,可供商业航天、商业遥感、微纳卫星设计、地理信息、智能测绘、农业农村、自然资源、生态环保、应急管理等领域科学工作者参考,并可为我国有关行业标准的制定提供依据,也可供卫星遥感技术爱好者学习使用。

图书在版编目(CIP)数据

高分辨率对地观测和商业遥感/颜军等编著. —北京:国防工业出版社,2021.12

(高分辨率对地观测前沿技术丛书)

ISBN 978 – 7 – 118 – 12450 – 7

Ⅰ.①高… Ⅱ.①颜… Ⅲ.①高分辨率—测地卫星—研究②高分辨率—遥感卫星—遥感图像—图像处理 Ⅳ.①V474.2②TP751

中国版本图书馆 CIP 数据核字(2021)第 240634 号

※

国防工业出版社出版发行

(北京市海淀区紫竹院南路23号 邮政编码100048)
雅迪云印(天津)科技有限公司印刷
新华书店经售

开本 710×1000 1/16 插页 21 印张 40¼ 字数 625 千字
2021 年 12 月第 1 版第 1 次印刷 印数 1—2000 册 定价 268.00 元

(本书如有印装错误,我社负责调换)

国防书店:(010)88540777　　书店传真:(010)88540776
发行业务:(010)88540717　　发行传真:(010)88540762

丛书学术委员会

主　　任　王礼恒
副 主 任　李德仁　艾长春　吴炜琦　樊士伟
执行主任　彭守诚　顾逸东　吴一戎　江碧涛　胡　莘
委　　员　（按姓氏拼音排序）

　　　　　　白鹤峰　曹喜滨　陈小前　崔卫平　丁赤飚　段宝岩
　　　　　　樊邦奎　房建成　付　琨　龚惠兴　龚健雅　姜景山
　　　　　　姜卫星　李春升　陆伟宁　罗　俊　宁　辉　宋君强
　　　　　　孙　聪　唐长红　王家骐　王家耀　王任享　王晓军
　　　　　　文江平　吴曼青　相里斌　徐福祥　尤　政　于登云
　　　　　　岳　涛　曾　澜　张　军　赵　斐　周　彬　周志鑫

丛书编审委员会

主　编　王礼恒

副主编　冉承其　吴一戎　顾逸东　龚健雅　艾长春
　　　　　彭守诚　江碧涛　胡　莘

委　员（按姓氏拼音排序）

白鹤峰　曹喜滨　邓　泳　丁赤飚　丁亚林　樊邦奎
樊士伟　方　勇　房建成　付　琨　苟玉君　韩　喻
贺仁杰　胡学成　贾　鹏　江碧涛　姜鲁华　李春升
李道京　李劲东　李　林　林幼权　刘　高　刘　华
龙　腾　鲁加国　陆伟宁　邵晓巍　宋笔锋　王光远
王慧林　王跃明　文江平　巫震宇　许西安　颜　军
杨洪涛　杨宇明　原民辉　曾　澜　张庆君　张　伟
张寅生　赵　斐　赵海涛　赵　键　郑　浩

秘　书　潘　洁　张　萌　王京涛　田秀岩

本书编写委员会

顾　　问　王家耀

主　　编　颜　军　殷硕文　潘申林

副主编　蒋晓华　刘春雨　王晓钰　张　强　范海生　胡胜华
　　　　　吴佳奇

委　　员（以姓氏笔画为序）

马云龙　万　伟　王　峰　王晓钰　王锦锦　王益平
韦安娜　邓剑文　甘甫平　冯素云　刘　帅　刘　凯
刘　森　刘少杰　刘春雨　刘璐铭　麦俊杰　纪　婵
任广波　李立涛　李俊生　肖文斌　张　过　张　强
张文娟　陈红顺　但友佳　吴佳奇　吴艳兰　孟进军
罗伊萍　罗继周　周学林　周海平　范海生　金　光
金依含　赵　军　赵新伟　胡胜华　胡晓宇　贺　辉
郝雪涛　洪　韬　徐晓龙　徐　超　徐振亮　高佳华
殷硕文　龚永红　黄小虎　黄文春　黄红章　黄腾杰
梁宇浩　蒋永华　蒋晓华　彭代亮　路京选　詹崇林
颜　军　颜志宇　潘申林　蔡明祥

（注：参加编著的部分作者来自广东省"珠江人才计划"本土创新科研团队，项目编号为2017BT01G115）

序 言

高分辨率对地观测系统工程是《国家中长期科学和技术发展规划纲要(2006—2020年)》部署的16个重大专项之一,它具有创新引领并形成工程能力的特征,2010年5月开始实施。高分辨率对地观测系统工程实施十年来,成绩斐然,我国已形成全天时、全天候、全球覆盖的对地观测能力,对于引领空间信息与应用技术发展,提升自主创新能力,强化行业应用效能,服务国民经济建设和社会发展,保障国家安全具有重要战略意义。

在高分辨率对地观测系统工程全面建成之际,高分辨率对地观测工程管理办公室、中国科学院高分重大专项管理办公室和国防工业出版社联合组织了《高分辨率对地观测前沿技术》丛书的编著出版工作。丛书见证了我国高分辨率对地观测系统建设发展的光辉历程,极大丰富并促进了我国该领域知识的积累与传承,必将有力推动高分辨率对地观测技术的创新发展。

丛书具有3个特点。一是系统性。丛书整体架构分为系统平台、数据获取、信息处理、运行管控及专项技术5大部分,各分册既体现整体性又各有侧重,有助于从各专业方向上准确理解高分辨率对地观测领域相关的理论方法和工程技术,同时又相互衔接,形成完整体系,有助于提高读者对高分辨率对地观测系统的认识,拓展读者的学术视野。二是创新性。丛书涉及国内外高分辨率对地观测领域基础研究、关键技术攻关和工程研制的全新成果及宝贵经验,吸纳了近年来该领域数百项国内外专利、上千篇学术论文成果,对后续理论研究、科研攻关和技术创新具有指导意义。三是实践性。丛书是在已有专项建设实践成果基础上的创新总结,分册作者均有主持或参与高分专项及其他相关国家重大科技项目的经历,科研功底深厚,实践经验丰富。

丛书5大部分具体内容如下:**系统平台部分**主要介绍了快响卫星、分布式卫星编队与组网、敏捷卫星、高轨微波成像系统、平流层飞艇等新型对地观测平台和系统的工作原理与设计方法,同时从系统总体角度阐述和归纳了我国卫星遥感的现状及其在 6 大典型领域的应用模式和方法。**数据获取部分**主要介绍了新型的星载/机载合成孔径雷达、面阵/线阵测绘相机、低照度可见光相机、成像光谱仪、合成孔径激光成像雷达等载荷的技术体系及发展方向。**信息处理部分**主要介绍了光学、微波等多源遥感数据处理、信息提取等方面的新技术以及地理空间大数据处理、分析与应用的体系架构和应用案例。**运行管控部分**主要介绍了系统需求统筹分析、星地任务协同、接收测控等运控技术及卫星智能化任务规划，并对异构多星多任务综合规划等前沿技术进行了深入探讨和展望。**专项技术部分**主要介绍了平流层飞艇所涉及的能源、囊体结构及材料、推进系统以及位置姿态测量系统等技术，高分辨率光学遥感卫星微振动抑制技术、高分辨率 SAR 有源阵列天线等技术。

丛书的出版作为建党 100 周年的一项献礼工程，凝聚了每一位科研和管理工作者的辛勤付出和劳动，见证了十年来专项建设的每一次进展、技术上的每一次突破、应用上的每一次创新。丛书涉及 30 余个单位，100 多位参编人员，自始至终得到了军委机关、国家部委的关怀和支持。在这里，谨向所有关心和支持丛书出版的领导、专家、作者及相关单位表示衷心的感谢！

高分十年，逐梦十载，在全球变化监测、自然资源调查、生态环境保护、智慧城市建设、灾害应急响应、国防安全建设等方面硕果累累。我相信，随着高分辨率对地观测技术的不断进步，以及与其他学科的交叉融合发展，必将涌现出更广阔的应用前景。高分辨率对地观测系统工程将极大地改变人们的生活，为我们创造更加美好的未来！

王礼恒

2021 年 3 月

本书序言

地球是人类赖以生存的家园,利用卫星从太空对地球进行遥感观测是感知和认知地球的有效方法之一。随着航天技术的飞速发展,对地观测呈现出多平台、多传感器、多角度的特色,空间分辨率、光谱分辨率和时间分辨率逐步提高,对地观测能力显著提升。通过卫星对地球实现定性及定量遥感,我们可以获取地球表层地物变化的特征和物理生化参数,更加有效地保护、开发和利用地球。

随着科技的发展和社会的进步,遥感卫星对地观测系统建设,尤其是高分辨率对地观测,已经有了长足进步,它已不再是只为政府部门服务的产业,也正在进入社会的各行各业及千家万户。面对社会各界对遥感卫星数据的广泛需求,过去由政府投资运营的遥感卫星正在向商业遥感快速发展。在这种大趋势下,世界各国政府都先后出台了推动商业遥感发展的政策。

我国商业遥感虽起步较晚,但近几年来已相继涌现出有一定规模的商业遥感公司。珠海欧比特宇航科技股份有限公司是我国第一家参与商业遥感的民营上市企业,业务涵盖宇航芯片/微系统研制和商业卫星星座的运营、卫星大数据应用等。我于2017年在该公司建立了院士工作站,一起研究商业遥感卫星产业发展和卫星大数据的应用。我见证了该公司在商业遥感卫星星座的论证、视频卫星及高光谱卫星的定位、卫星地面系统的布局建设、遥感卫星图像处理和应用服务等方面所做的卓有成效的工作。至今,该公司已经有12颗卫星在轨运行,其中8颗高光谱卫星组网运行。其高光谱卫星数据在自然资源、生态环保、农业农村、应急管理等领域得到了广泛应用。他们注重卫星大数据的应用服务设计,所推出的"绿水青山一张图"数据应用服务平台已运行在全国多个城市的城市管理中。尤其难能可贵的是,该公司在很短时间内建成了一支商业遥感微纳卫星设计、卫星监控、地面接收、数据处理和应用服务等方面达百余人的技术队伍,这是商业遥感事业可持续发展的基本保证。

2019年,我受邀作为专家组成员参加讨论高分辨率系列丛书时,提出增加商业遥感方面内容的倡议,得到了国防工业出版社和珠海欧比特宇航科技股份有限公司的大力支持。在不到一年的时间里,作者即完成了本书的编著。令人高兴的是,本书基于该公司商业遥感卫星系统的探索与实践,同时也吸收了中国四维测绘技术有限公司等国内外商业航天企业对于商业遥感卫星产业发展的理念和精髓,以商业高光谱微纳卫星和商业高空间分辨率卫星为研究对象,提出了商业遥感卫星系统的设计理念,系统地阐述了商业遥感卫星系统的发展、商业模式、工程设计与实施,总结了商业遥感卫星系统建设及数据应用的实践。全书贯穿整个高分辨率对地观测和商用遥感卫星体系,内容丰富,覆盖面广,围绕"商业遥感"提出了新颖的设计理念,提供了可行的工作方案,将对商业遥感微纳卫星设计、卫星地面系统设计、卫星数据处理技术、卫星大数据及多源卫星数据应用平台等产生较大影响,将促进我国商业遥感卫星事业的发展。

颜军博士作为珠海欧比特宇航科技股份有限公司的董事长,百忙之中亲力亲为,带领团队编著此书,精神可贵。本书是集体智慧的结晶,参与商用遥感卫星系统设计理念、商业模式、卫星星座设计、微纳卫星设计制造、卫星载荷设计、卫星发射设计、卫星地面系统设计建设、卫星数据标准及人工智能(AI)算法评估体系、卫星大数据应用、多源卫星数据平台服务等工作的专家们夜以继日地工作,为了中国高分辨率对地观测和商业遥感事业的发展贡献出自己的才华,在此深表敬意!

预祝本书出版成功,希望本书的出版能为我国商业遥感事业的发展做出一些贡献。

王家耀 院士

2021年2月6日于郑州

前 言

距今46亿年前,在浩瀚无垠的宇宙里诞生了一颗美丽的蓝色星球,她直径12756km,总面积约为$5.1\times10^8 km^2$,其中约30%是陆地,其余70%是水;她自转一圈是一天(23小时56分4秒),绕太阳转一圈是一年(365天5小时48分46秒);她周围空间分布着美妙的磁场。她就是我们生活的地球。

利用不同轨道面上的人造卫星从太空对地球进行遥感观测,是感知和了解地球的有效方法之一。特别是高分辨率卫星的空间、光谱、时间等指标上的高分辨率观测,可实现定性和定量遥感,可以随时随地掌握地球的一些特征和变化。守护我们的家园是负责任的世界航天大国追逐的目标,也是美国、法国、日本、中国等世界航天大国注重高分辨率对地观测能力建设的原因。

高分辨率对地观测空间基础设施建设最初都是由政府主导并投资的,随着通信、卫星导航、互联网、遥感、大数据及人工智能等技术的飞速发展,对地观测遥感系统,尤其是高分辨率对地观测,得到了快速发展,它已不再是为政府服务的产业,也正走入社会的各个领域及人们的日常生活。这就要求对地观测遥感体系,包括遥感卫星规划及设计、地面系统规划及设计、卫星数据应用服务、运营模式等,具有商业服务能力,因此世界各国都在积极发展自己的商业遥感。截至2018年年底,全球在轨存活并工作的卫星有2063颗,其中对地观测遥感卫星771颗,包括数量不少的对地观测商业遥感卫星。

我国对地观测商业遥感处于快速发展阶段。珠海欧比特宇航科技股份有限公司(以下简称为欧比特)、中国四维测绘技术有限公司(以下简称为四维)、长光卫星技术有限公司(以下简称为长光)、二十一世纪空间技术应用股份有限公司(以下简称为二十一世纪)等企业已经先试先行,先后发射了自己的卫星星座,积极探索着中国商业遥感发展之路,为出版一本有关我国商业卫星遥感的著作奠定了坚实基础。我们很荣幸能参加高分辨率对地观测前沿技术丛书项目中本书的编写,本书主要以商业高光谱微纳卫星遥感体系设计、建设及运维为例,介绍我国对地观测和商业遥感的现状,是实践经验的总结和心得,希望起到抛砖引玉的作用。

全书共分8章。第1章综述国内外商业遥感卫星产业的发展,提出商业遥感卫星系统的设计理念,预测商业遥感的未来发展,由欧比特、珠海市测绘院(以下简称为测绘院)、广东省国产卫星产业创新技术联盟(以下简称为联盟)及四维团队参与编写;第2章涵盖卫星星座设计、卫星工作模式设计、卫星平台设计、卫星光学成像系统设计等内容,并以高光谱卫星为例,介绍卫星有效载荷辐射定标设计,由欧比特、哈尔滨工业大学、武汉大学、中国科学院长春光学精密机械与物理研究所(以下简称为光机所)及四维团队参与编写;第3章阐述卫星运控中心、卫星地面接收系统、卫星数据中心及处理中心、卫星数据管理及分发中心、卫星应用服务产品中心等的设计,由欧比特、光机所、四维团队参与编写;第4章从卫星在轨辐射定标、大气辐射校正、几何校正、镶嵌匀色、云判处理、高光谱遥感数据处理技术等方面进行介绍,由欧比特及广东欧比特人工智能研究院(以下简称为AI研究院)、武汉大学团队参与编写;第5章分析国内外现有遥感卫星数据的相关技术标准及行业规范,阐述编制商业遥感卫星相关技术标准方法,介绍卫星数据产品信息AI算法的数据处理及其结果的评判标准,由欧比特、AI研究院、联盟团队及测绘院编写;第6章通过实例应用,详细阐述高光谱微纳卫星、高空间分辨卫星大数据在各行各业的应用模型及技术方法,由欧比特、中国科学院空天信息研究院、安徽大学、北京师范大学珠海分校、中山大学、中国水利水电科学研究院、中国地质调查局、国家海洋局第一海洋研究所等团队编写;第7章结合"绿水青山一张图"和四维地球云平台,介绍多源数据应用服务平台的设计及能力建设,以及在自然资源、生态环保、农业农村、水利水务、交通运输、应急管理、智慧城市等行业的实际应用,探索商业遥感卫星系统的应用服务新模式,由欧比特、AI研究院、测绘院、联盟、四维、北京师范大学珠海分校和珠海城智科技有限公司团队参与编写;第8章主要分析商业遥感面临的挑战和机遇,展望商业遥感卫星产业前景,由欧比特、AI研究院、测绘院、联盟团队编写。

本书编写得到了国防工业出版社和中国科学院高分专项管理办公室的大力支持,得到了王家耀院士和艾长春研究员等专家的悉心指导,谨此向参与组织、编写和评审的各位领导、专家和同事们表示由衷的感谢!

编著者

2021年1月

目 录

第1章 商业遥感卫星系统及产业 ··················· 1

1.1 卫星产业与对地观测遥感卫星 ··················· 4
1.1.1 对地观测卫星 ··················· 5
1.1.2 卫星空间信息服务平台与卫星大数据 ··················· 7
1.1.3 对地观测遥感卫星体系技术发展方向 ··················· 8

1.2 商业遥感卫星产业的发展 ··················· 12
1.2.1 各国遥感卫星产业的发展策略 ··················· 12
1.2.2 国内外商业卫星的发展 ··················· 17
1.2.3 卫星大数据的应用前景 ··················· 31

1.3 商业遥感卫星系统的构建思路 ··················· 42
1.3.1 商业模式 ··················· 43
1.3.2 设计需求 ··················· 47
1.3.3 工程设计和实施 ··················· 48

1.4 商业遥感卫星系统设计需求 ··················· 56
1.4.1 卫星星座布局设计需求 ··················· 57
1.4.2 遥感卫星总体技术指标设计需求 ··················· 61
1.4.3 微纳卫星设计需求 ··················· 65
1.4.4 卫星地面系统设计需求 ··················· 82
1.4.5 卫星应用服务设计需求 ··················· 87
1.4.6 卫星发射设计需求 ··················· 87

第2章 卫星星座及微纳卫星设计 ··················· 89

2.1 卫星星座布局设计 ··················· 89

  2.1.1 卫星轨道参数 ……………………………………………… 89
  2.1.2 卫星轨道参数设计考虑 …………………………………… 92
  2.1.3 卫星轨道及每轨卫星布局设计 …………………………… 99
 2.2 微纳卫星工作模式设计 ……………………………………………… 103
  2.2.1 光学遥感卫星成像模式 …………………………………… 103
  2.2.2 光学遥感卫星工作模式 …………………………………… 106
  2.2.3 卫星工作模式切换设计 …………………………………… 108
 2.3 商业微纳卫星设计技术指标 ………………………………………… 110
 2.4 微纳卫星平台设计 …………………………………………………… 114
  2.4.1 基于一体化的轻量化设计 ………………………………… 114
  2.4.2 热控一体化设计 …………………………………………… 117
  2.4.3 姿态与轨道控制分系统设计 ……………………………… 120
  2.4.4 电源分系统设计 …………………………………………… 130
  2.4.5 数传分系统设计 …………………………………………… 136
  2.4.6 遥测遥控分系统设计 ……………………………………… 140
 2.5 卫星光学成像系统载荷设计 ………………………………………… 142
  2.5.1 高空间分辨率成像相机有效载荷设计 …………………… 145
  2.5.2 高光谱成像相机有效载荷设计 …………………………… 155
 2.6 高光谱卫星有效载荷辐射定标设计 ………………………………… 169
  2.6.1 地面标定数据的使用 ……………………………………… 170
  2.6.2 基于大气模型的去积分模型处理 ………………………… 180
  2.6.3 基于典型地物测定法的标定 ……………………………… 183
 2.7 系统可靠性与安全性设计 …………………………………………… 190
  2.7.1 可靠性设计与分析 ………………………………………… 190
  2.7.2 安全性设计 ………………………………………………… 192

第3章 卫星地面系统设计及实施 …………………………………………… 194

 3.1 卫星运控中心 ………………………………………………………… 194
  3.1.1 需求管理平台 ……………………………………………… 195
  3.1.2 任务规划系统 ……………………………………………… 197
  3.1.3 卫星指令及上注 …………………………………………… 208
  3.1.4 卫星运行监控 ……………………………………………… 210

- 3.1.5 卫星地面站系统 213
- 3.1.6 卫星原始数据压缩与解压 219
- 3.2 卫星数据中心 224
  - 3.2.1 卫星数据中心顶层设计 224
  - 3.2.2 卫星数据存储中心设计 229
- 3.3 卫星数据处理中心 234
  - 3.3.1 预处理分系统 234
  - 3.3.2 几何辐射检校分系统 239
  - 3.3.3 产品质检分系统 242
- 3.4 卫星应用服务产品中心 247
  - 3.4.1 卫星应用服务产品生产系统架构 248
  - 3.4.2 卫星应用服务产品生产工作流程 249
- 3.5 卫星数据管理及分发中心 257
  - 3.5.1 多源遥感数据的集成 258
  - 3.5.2 遥感数据存储方式 258
  - 3.5.3 遥感数据基础服务 259
  - 3.5.4 遥感数据分发服务 260
  - 3.5.5 遥感数据平台应用 260

第4章 卫星数据处理技术 261

- 4.1 卫星在轨辐射定标 261
  - 4.1.1 在轨辐射定标 261
  - 4.1.2 几何标定 279
- 4.2 大气辐射校正 301
  - 4.2.1 大气辐射传输模型与软件 302
  - 4.2.2 反射率反演统计学模型 306
  - 4.2.3 高光谱微纳卫星的大气辐射校正 307
- 4.3 几何校正 311
  - 4.3.1 校正模型 313
  - 4.3.2 控制点选取 316
  - 4.3.3 影像重采样 317

4.4 镶嵌匀色 ………………………………………………… 319
　　4.4.1 镶嵌步骤 …………………………………………… 319
　　4.4.2 镶嵌线 ……………………………………………… 320
　　4.4.3 影像匀色 …………………………………………… 321
4.5 云判处理 ………………………………………………… 325
　　4.5.1 遥感图像云检测方法分类 ………………………… 325
　　4.5.2 常用卫星数据的云检测方法 ……………………… 326
　　4.5.3 云检测方法定性比较 ……………………………… 328
　　4.5.4 高光谱数据云检测方法研究 ……………………… 328
4.6 高光谱遥感数据处理技术 ……………………………… 333
　　4.6.1 数据降维 …………………………………………… 333
　　4.6.2 信息提取技术 ……………………………………… 341
　　4.6.3 混合像元分解 ……………………………………… 345
　　4.6.4 目标探测算法 ……………………………………… 354

第5章 卫星数据标准及 AI 算法评估方法 …………………… 360

5.1 国内外相关技术标准或规范 …………………………… 360
　　5.1.1 国内相关技术标准或规范 ………………………… 360
　　5.1.2 国外相关技术标准或规范 ………………………… 362
5.2 商业遥感卫星相关技术标准编制研究 ………………… 365
　　5.2.1 编制需求 …………………………………………… 365
　　5.2.2 编制要求 …………………………………………… 369
5.3 商业遥感卫星数据产品通用信息规范 ………………… 371
　　5.3.1 数据产品分类分级规则 …………………………… 371
　　5.3.2 数据产品信息 ……………………………………… 374
5.4 AI 深度学习算法评估方法 ……………………………… 376
　　5.4.1 评估指标体系 ……………………………………… 377
　　5.4.2 评估流程 …………………………………………… 380
　　5.4.3 各阶段评估 ………………………………………… 383
　　5.4.4 算法可靠性评估指标选取规则 …………………… 388
5.5 AI 算法处理结果的评判方法 …………………………… 390
　　5.5.1 遥感数据集 ………………………………………… 390
　　5.5.2 地物分类评价方法 ………………………………… 393

  5.5.3 目标检测评价方法 ·········· 396
  5.5.4 高光谱反演评价方法 ·········· 398
  5.5.5 评判指标在卫星图像处理中的应用 ·········· 399

第6章　卫星大数据应用 ·········· 403

6.1　应急与灾害监测 ·········· 407
  6.1.1 干旱及洪涝监测 ·········· 407
  6.1.2 雪灾监测 ·········· 409
  6.1.3 火灾监测 ·········· 410
  6.1.4 生物灾害监测 ·········· 411
  6.1.5 沙尘暴 ·········· 412

6.2　陆地遥感与监测 ·········· 413
  6.2.1 林业遥感 ·········· 413
  6.2.2 农业遥感 ·········· 421
  6.2.3 地质遥感 ·········· 427
  6.2.4 水土保持与水文监测 ·········· 444

6.3　内陆水与海洋环境遥感监测 ·········· 451
  6.3.1 水色遥感基本原理 ·········· 451
  6.3.2 内陆水监测与应用 ·········· 452
  6.3.3 海洋环境遥感监测与应用 ·········· 461

6.4　大气环境遥感监测 ·········· 469
  6.4.1 大气红外辐射传输和遥感 ·········· 469
  6.4.2 大气污染监测 ·········· 471

第7章　多源数据应用服务平台建设 ·········· 474

7.1　综合应用服务平台建设原则 ·········· 474
7.2　平台构架设计 ·········· 476
  7.2.1 标准规范体系建设 ·········· 477
  7.2.2 技术架构 ·········· 478
  7.2.3 安全保障体系建设 ·········· 481

7.3　平台关键技术 ·········· 483
  7.3.1 "资源池"建设技术 ·········· 483

- 7.3.2 基于云计算的时空大数据分布式存储管理技术 ……… 484
- 7.3.3 时空大数据分析与数据挖掘技术 ……………………… 487
- 7.3.4 基于云计算的分布、并列、协同数据处理技术 ……… 488
- 7.4 平台应用及服务 ……………………………………………… 489
  - 7.4.1 自然资源 ……………………………………………… 489
  - 7.4.2 生态环保 ……………………………………………… 503
  - 7.4.3 农业农村 ……………………………………………… 514
  - 7.4.4 水利水务 ……………………………………………… 522
  - 7.4.5 交通运输 ……………………………………………… 528
  - 7.4.6 应急管理 ……………………………………………… 541
  - 7.4.7 智慧城市 ……………………………………………… 550

第 8 章 商业遥感卫星产业前景展望 …………………………… 558

- 8.1 商业遥感卫星产业发展的挑战与机遇 ……………………… 559
  - 8.1.1 挑战 …………………………………………………… 559
  - 8.1.2 突破与创新 …………………………………………… 560
  - 8.1.3 机遇 …………………………………………………… 561
- 8.2 商业模式的设计 ……………………………………………… 565
- 8.3 商业遥感卫星新兴技术的发展 ……………………………… 567
  - 8.3.1 小型化高性能的微纳卫星平台 ……………………… 567
  - 8.3.2 低成本的卫星载荷 …………………………………… 568
  - 8.3.3 覆盖更宽谱域的定量遥感 …………………………… 568
  - 8.3.4 卫星在轨信息处理 …………………………………… 569
  - 8.3.5 微纳卫星星座组网运行 ……………………………… 571
- 8.4 卫星遥感从数据信息服务到知识服务的进化 ……………… 572
- 8.5 卫星大数据与 AI 技术 ……………………………………… 573
  - 8.5.1 AI 技术对遥感数据的构建 …………………………… 573
  - 8.5.2 AI 技术对遥感影像数据的特征提取 ………………… 574
  - 8.5.3 深度学习网络模型亟需解决的问题 ………………… 574
- 8.6 卫星遥感产品正逐渐走入社会的方方面面 ………………… 576
  - 8.6.1 面向政府应用的快速发展 …………………………… 578
  - 8.6.2 面向行业应用的拓展 ………………………………… 579

8.6.3　面向个人消费群体应用的崛起 ·· 580

附录1　国产化卫星数据产品信息 ·· 581

附1.1　"珠海一号"高光谱卫星数据产品信息 ······························· 581

附1.1.1　接收数据文件 ·· 581

附1.1.2　各波段中心波长数据文件 ·· 582

附1.1.3　标准色彩显示波段组合 ·· 582

附1.1.4　绝对辐射定标系数 ··· 582

附1.1.5　产品分级 ··· 584

附1.1.6　数据产品命名规则 ··· 584

附1.1.7　数据产品构成 ·· 585

附1.1.8　高光谱谱段应用推荐 ·· 586

附1.2　"珠海一号"视频卫星数据产品信息 ································· 588

附1.2.1　数据产品分级 ·· 588

附1.2.2　数据产品命名规则 ··· 589

附1.2.3　数据产品构成 ·· 590

附1.3　"高景一号"高空间分辨率商业遥感数据产品信息 ················ 591

附1.3.1　数据产品概述 ·· 591

附1.3.2　数据产品种类 ·· 591

附1.3.3　数据产品分级 ·· 591

附录2　四维地球云平台 ·· 596

参考文献 ··· 600

后记 ·· 622

第1章
商业遥感卫星系统及产业

对地观测是指以地球为研究对象,依托遥感卫星、宇宙飞船、航天飞机、飞机及近空间飞行器等空间平台携载的光电仪器,利用可见光、红外、高光谱和微波等探测手段,对人类生存所依赖的地球环境及人类活动本身进行的各种探测活动。

高分辨率对地观测是指采用在时间、空间及光谱等具备高分辨率技术指标的技术手段对地进行观测的活动,其目的是形成全天候、全天时、全球覆盖的对地观测能力。高分辨率对地观测可采用天基观测(如遥感卫星)、临近空间观测(如平流层飞艇)、航空观测(如飞机)等技术手段来实现对地遥感。

遥感(RS)即遥远的感知,泛指利用传感器/遥感器对物体电磁波的辐射、反射或散射信息及特性进行非接触、远距离探测和获取,并进行解译、识别、提取、分析与应用的一门科学和技术[1]。从现代技术和应用层面来说,遥感是一种数据获取手段,通过使用空间运载平台和现代化的电子、光学仪器探测和获取远距离研究对象的信息[2]。

对地观测遥感卫星利用人造卫星作为空间运载工具平台,搭载遥感类有效载荷(如可见光、高光谱、雷达等各类遥感器),实施对地观测,对目标地物特征进行远距离遥感和探测,从而可获取海量的遥感卫星数据。遥感卫星有效载荷通常采用光学遥感技术和微波遥感技术。光学遥感通常采用成像光谱仪技术,微波遥感通常采用合成孔径雷达(SAR)技术。成像光谱仪可从几十甚至几百个谱段获得精细的光谱信息,结合实验室的光谱数据库可直接对地质、植物、水的性质与结构进行定量分析。合成孔径雷达则能穿透云雾,甚至部分植被和土壤,实施全天候全天时观测,并能通过多频、多极化、多入射角等手段提高对目标的识别能力。

对地观测遥感卫星的出现催生了高分辨率对地观测系统,促进了遥感卫星技术的应用推广。高分辨率对地观测系统的实施,将为现代农业、防灾减灾、资源环境、公共安全等重要领域提供信息服务和决策支持,满足国家经济建设和社会发展需求,对于促进空间基础设施建设,培育卫星应用企业集群和产业链,推动卫星应用发展具有重大意义。

近几年,商业航天是非常被看好的科技领域之一,存在非常大的潜在市场价值。商业航天的发展带来了航天新技术的突破,小卫星遥感及通信星座、太空旅游、行星采矿将成为未来航天产业的主流。据美国高盛公司预测,商业航天有着数万亿美元的市场空间。

我国商业航天发展前景广阔,国家相关法规政策加速完善,市场活力空前释放,资本力量有效激活。民营企业和社会资本参与商业航天热情不减,一批新兴航天企业快速成长,2020年新增商业航天企业52家,全国商业航天企业总数近300多家。

我国政府高度重视航天事业的发展和航天技术的应用,已将对地观测遥感卫星产业提升为国家战略性新兴产业。现代卫星在经济建设、国家安全、科技发展和社会进步中发挥越来越重要的作用,对地观测遥感卫星是航天产业新的技术应用和新的增长点。随着卫星遥感及空间信息服务行业需求的增长、对商业航天鼓励政策的不断落地,中国商业遥感卫星研发和制造能力得到了快速提升,商业遥感卫星的发射数量逐年增加,商业卫星遥感及空间信息服务行业将进入快速发展轨道。

商业遥感是指民间资本采用商业模式进行遥感卫星的研制、发射和运营,并向政府、企业、高校和个人等提供市场化、专业化的遥感空间大数据服务的行为。商业遥感采用市场化机制,以获得商业利润为主要目标。商业遥感具有商业化、市场化、社会化、国际化、非政府行为的特征,其产品和服务实现市场化运作至关重要。凡通过判断市场需求,承担投资风险,建设遥感系统并产生遥感产品和服务,进而销售遥感产品和服务的行为,都可称为商业遥感。商业遥感的特点如下。

(1)任务或项目来源非国家计划或立项,项目资金非国家财政支出。

(2)项目通常根据市场需求来确定商业模式,任何商业模式的确定必须以赢利为目标,同时也要考虑工程设计及实施的可负担性和可行性。

(3)商业模式决定了商业遥感卫星系统要完成的任务、提供的服务、达到的服务能力,即商业模式决定了商业遥感卫星系统的任务、服务模式和服务能力。

(4)参与主体为国家科研机构、社会机构、民营企业等。

(5) 商业遥感卫星系统运行产生的商品包括数据、产品及服务,是商业遥感市场的商品。

由此看来,商业遥感的主体不仅是民营企业,国企、国有研发机构等也可以成为主体。

虽然一些空间大国在遥感市场上能提供多种遥感数据源,但许多国家还在积极发展自己的遥感卫星系统,其原因是多方面的。例如,国外的遥感数据很难符合本国用户的具体要求,尤其是实时性、连续性不能保障,且价格昂贵难以承受,还受国家关系等其他方面的制约。若能发展自己的遥感卫星系统,则会拥有充分的主动性和灵活性。

商业遥感直接关系到国家安全、经济建设和社会民生,卫星数据的使用不仅为国家经济建设、抢险救灾、应急管理、生态文明建设、民主安全保障和推进国家治理能力现代化起到信息支持作用,而且对于信息应用企业开展商业化信息增值服务、开拓国际市场、推动空间信息产业发展等方面也具有重要意义和极高的商业价值。因此,世界各航天大国均十分重视高时空分辨率遥感卫星系统的建设、应用及其商业化运营。

基于遥感卫星的商业遥感卫星产业成为世界各国政府提倡和鼓励的产业,是商业公司及机构追逐的朝阳产业,市场对此寄予了期待和厚望。国内涌现出众多的商业遥感公司,其中具有代表性的有四维、长光、二十一世纪、欧比特等;国外主要商业遥感公司有美国 DG(Digital Globe)和 Planet Labs、加拿大 MDA(MacDonald Dettwiler and Associates Ltd.)、意大利 E-Geos 等公司。

商业遥感作为各国航天事业的一部分,是国家遥感事业的补充,也是商业航天的未来。以市场化手段来促进商业航天的市场化发展,是各国政府的通行做法。通过商业卫星遥感系统的设计、建设和运营,商业遥感公司生产的商品可以在很多领域满足政府的需求。以美国遥感产业发展为例,美国政府不承担卫星制造、发射、运营的风险,政府给出的是明确的技术要求和价格合理的商业订购承诺,只要商业卫星数据满足政府采购需求指标,即可获得支撑企业发展的收益。对于商业遥感产业发展,各国都在积极布局,纷纷出台各项发展鼓励政策。

2014年11月26日,我国颁布《国务院关于创新重点领域投融资机制鼓励社会投资的指导意见》(国发〔2014〕60号),明确鼓励民间资本参与国家民用空间基础设施建设,完善民用遥感卫星数据政策,加强政府采购服务,鼓励民间资本研制、发射和运营商业遥感卫星,提供市场化、专业化服务。其后,国家出台了一系列鼓励民营企业参与卫星设计制造和运营服务、促进商业航天的鼓励政策,明确支持对地观测遥感卫星产业的商业化发展。目前，国内已经有部分企业开展了相关项目的建设，如二十一世纪推出了"北京"二号遥感卫星项目，长光推出了"吉林"一号遥感卫星星座项目，欧比特推出了"珠海一号"遥感卫星星座项目等。

遥感卫星商业化是近几年来人们关心的热点，由于遥感卫星数据本身的社会性、公益性及市场的特殊性，要在短期内实现商业化是很困难的。遥感卫星可以在气象、灾害监测、资源和测绘等应用方面创造很高的经济效益，主要受益的是各国政府和社会大众，但如果遥感数据完全变成商品，则会限制其应用效益，因此政策的引导非常重要。遥感卫星中最有希望实现商业化的是资源卫星，其实现商业化的关键是提高质量、降低成本、扩大应用、完善服务。

对于商业遥感卫星系统，人们通常按照卫星大小来分类：大型对地观测遥感卫星系统和小型对地观测遥感卫星系统。大型对地观测遥感卫星系统，通常用于全局性、系统性、连续性及综合性的对地观测，以大卫星为主架构对地观测系统，往往成本较高、研制建设周期较长、灵活性不足。小型对地观测遥感卫星系统成为如今的发展潮流，许多中小国家和发展中国家以小卫星起步，推进本国遥感卫星及其应用的发展。小卫星不仅成本低，研制周期短，而且有很大的灵活性，其系统构成可根据需求设计为专用卫星系统，也可设计为星座，这就代表了新的、大众化的技术发展模式具备很大的发展潜力。

随着对地观测卫星服务模式的变迁，人们征服宇宙的理想和决心坚定，以及高新技术的快速进步，使得卫星从大卫星到小卫星再向微小卫星甚至微纳卫星方向发展，利用数颗或数十颗（乃至成百上千颗）微纳卫星形成微纳卫星星座，构成综合对地观测卫星系统成为商业遥感的主流趋势。这场技术的大革命，将利用微纳卫星实现过去传统方式构造的大卫星、小卫星、微小卫星所具备的功能，同时也可以实现单颗卫星所不具备的功能，形成覆盖能力更强、性能更加优越、成本更低、个性化更强的微纳卫星星座，构建性能更佳的卫星时空信息平台，提供更强大的时空大数据服务。

1.1 卫星产业与对地观测遥感卫星

自1957年10月4日人类把第一颗人造地球卫星"斯普特尼克"1号送入近地轨道以来，每一年人类都会把一定数量的卫星或飞船送入预定轨道。无论是出于军事目的还是科学研究或者商业运营目的，这些卫星都已经在很大程度上影响了人类文明，渗透到人类生活的很多领域。截至2020年年底，绕地球飞行的所有可跟踪人造物体(包括卫星爆炸、碎裂产生的大块碎片)约有 21477 个。卫星种类繁多,按任务领域划分可分为六大类,如图 1-1 所示。

图 1-1 卫星按任务领域分类

2019 年,全球航天产业规模为 3660 亿美元。其中,卫星产业总收入约为 2710 亿美元,占全球航天产业收入的 74%。卫星产业收入包含:全球卫星服务业总收入为 1230 亿美元;卫星制造业总收入为 125 亿美元;卫星发射服务总收入为 49 亿元美元;全球卫星地面设备制造业收入为 1303 亿美元。

民用航天经济投入产出比极高,民用航天领域每投入 1 元,将会产生 7~12 元的回报。美国耗资 240 亿美元的"阿波罗"登月计划带动了 500 多项高科技专利技术的发明,并衍生出 3000 多种技术成果,市场价值高达上千亿美元。如此看来,商业遥感卫星系统的产出也值得期待。

1.1.1 对地观测卫星

截至 2020 年年底,在轨活跃卫星数量达到 3372 颗(活跃卫星是指那些能够围绕地球正常飞行、能够借助自身的电池或者太阳能电池产生持续电力供应、能够和地面站进行交互通信的卫星），颗数排名前 7 的国家分别为美国（1897 颗）、中国（412 颗）、俄罗斯（176 颗）、英国（167 颗）、日本（84 颗）、印度（63 颗）、加拿大（43 颗）。其中，通信卫星数量 1832 颗（含 SpaceX 公司的 902 颗星链卫星），对地观测卫星数量 926 颗，导航卫星数量 150 颗，技术实验卫星数量 350 颗，其他卫星数量 114 颗。卫星运行轨道可以分为低轨道（LEO）、中轨道（MEO）、椭圆轨道（Elliptical）和地球静止轨道（GEO）。其中，2612 颗卫星运行于低轨道，139 颗卫星运行于中轨道，59 颗卫星运行于椭圆轨道，562 颗卫星运行于地球静止轨道，如表 1 – 1 所列。

表 1 – 1　在轨活跃卫星分类及数量（截至 2020 年 12 月底）

序号	按任务领域分类		按运行轨道分类	
	类别	数量/颗	类别	数量/颗
1	通信	1832	低轨道	2612
2	对地观测	926	中轨道	139
3	导航	150	椭圆轨道	59
4	技术实验	350	地球静止轨道	562
5	其他	114	—	—
合计/颗				3372

全球在轨活跃对地观测卫星中，光学卫星占比较大，且以高空间分辨率为主，而高光谱分辨率的卫星数量较少。据不完全统计，全球可以进行连续谱段分析的高光谱卫星不超过 25 颗，如表 1 – 2 所列。

表 1 – 2　在轨活跃高光谱卫星数量

卫星	载荷	国家	发射时间	数量/颗
EOS – AM1	ASTER	美国	1999 年 12 月	1
EOS – PM1	MODIS	美国	2000 年 5 月	1
PROBA – 1	CHRIS	欧盟	2001 年 10 月	1
ADEOS – 2	GLI	日本	2002 年 12 月	1
HJ – 1A	高光谱成像仪	中国	2008 年 9 月	1
SPARK01/02	高光谱成像仪	中国	2016 年 12 月	2
ÑuSat – 4/5	高光谱载荷	阿根廷	2018 年 2 月 2 日	2
"珠海一号"02 组	高光谱成像仪	中国	2018 年 4 月 26 日	4

续表

卫星	载荷	国家	发射时间	数量/颗
GF-5	高光谱成像仪	中国	2018年5月9日	1
Reaktor Hello World	卫星高光谱相机	芬兰	2018年11月29日	1
"珠海一号"03组	高光谱成像仪	中国	2019年9月19日	4
"资源一号"02D卫星	高光谱成像仪	中国	2019年9月12日	1
环境2a/2b	高光谱成像器	中国	2020年9月27日	2
PRISMA	PRISMA	意大利	2019年3月22日	1
HySIS	VNIR/SWIR光谱仪	印度	2018年11月29日	1
Cartosat-3	高光谱侦查载荷	印度	2019年11月27日	1
小计/颗				25
备注:"珠海一号"卫星星座的高光谱卫星有8颗				

1.1.2 卫星空间信息服务平台与卫星大数据

近年来,对地观测遥感卫星、遥感卫星数据采集领域发展日渐活跃,其产生的卫星大数据应用前景广阔,已经成为航天大国的核心空间基础设施和战略资源,成为经济发达及新兴国家进入航天产业的首选领域。

21世纪人类对地球进行多尺度、全方位实时动态监测的能力进一步增强,获取全球对地观测信息的遥感和定位卫星系统迅速发展,遥感数据获取的技术和能力全面提高,可以说对地观测领域进入了以高精度、全天候信息获取和自动化快速处理为特征的新时代。遥感数据构成了深受大数据行业青睐的具备高价值的卫星大数据。

互联网进入大数据时代,大数据挖掘更多价值链,大数据产业也将进入大数据3.0时代。互联网越来越多地利用时空天基信息来拓展自身的业务,推动现有业务升级,提升自身产业服务水平,从而推动航天技术尤其是遥感卫星加速融入大数据信息服务产业[3]。

随着社会的发展,遥感卫星的商业应用需求将逐步成为市场主流需求。一些新兴热点应用领域对遥感卫星大数据提出更高的要求[4]。遥感卫星可用于社会的方方面面,与大数据、全球导航、移动互联网、物联网、智慧城市、自然资源、生态环保、农业农村、应急管理等深度融合,促使航天技术真正走入百姓生活[5]。在国家信息化层面,遥感卫星手段是构建地理信息基础框架、数字化地球的基础,支持智慧城市和物联网发展;在应急管理信息化方面,遥感卫星为抢险救灾决策提供依据,支持一体化协同工作,提升网络化、数字化、智能化的抢险救灾能力。在互联网大数据时代,遥感卫星及数据采集形成的卫星大数据将服务于数亿移动终端用户,具有巨大的市场空间[6]和广阔的市场前景。

根据产业的发展和各个领域的需求,人们正搭建基于卫星大数据的、能够支撑和服务于政府、商业及数亿消费群体用户的卫星空间信息服务平台,其框架如图1-2所示。

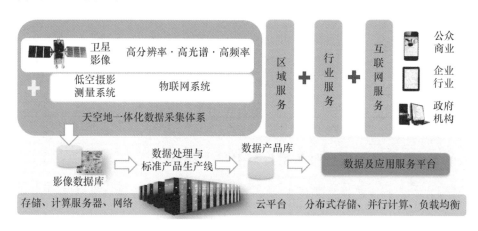

图1-2 卫星空间信息服务平台框架

可以想象,一个可以不断从卫星星座接收海量遥感数据、可以承载数亿用户的卫星空间信息平台内含空间信息及卫星大数据,将成为一个功能超强的数据及信息服务平台。据估计,到2025年,基于卫星大数据的大数据接收、处理、分发、应用的卫星空间信息平台的产业市场规模将超过数千亿元人民币。

目前,卫星空间信息平台及卫星大数据主要具备三大类客户:政府级客户、商业级客户和大众消费级客户。卫星大数据将以国民经济重要遥感数据、定量化遥感数据和信息服务等形式满足政府级客户、商业级客户和大众消费级客户的需求。在移动互联时代,大众消费级客户将是一个数亿级用户的大市场,未来有可能成为商业遥感卫星系统及卫星大数据的工作重点。

1.1.3 对地观测遥感卫星体系技术发展方向

对地观测遥感卫星体系自20世纪70年代开始发展,走过了从普查、详查、监查和监视的发展阶段,如表1-3所列。

表 1-3 对地观测遥感卫星体系的发展阶段

发展阶段	重访周期	空间分辨率		卫星特征
		几何遥感/m	定量遥感/m	
监视	数小时	0.3	10	多任务 混合类型卫星组成星座 微小卫星、大任务、大数据
监察	1~3 天	0.5	100	多任务 专项任务卫星 任务多、数据适中
详查	5~10 天	1	300	单任务 专项任务卫星 任务单一、小数据、需数颗大卫星
普查	10~20 天	30	500	单任务 单颗卫星 大卫星、小任务、小数据

从普查、详查、监察和监视的各个发展阶段可以看到,遥感卫星也在从过去的单任务走向多任务、从单颗卫星走向多卫星或卫星星座。遥感卫星体系技术发展方向也从开始注重的空间分辨率逐步走向现在考虑的各类技术指标:时间分辨率、空间分辨率、空间测量、光谱域、光谱分辨率等,如图 1-3 所示。

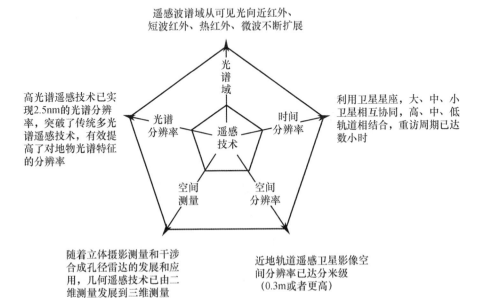

图 1-3 对地观测遥感卫星技术发展

技术的发展,使得低成本遥感卫星星座具备了较强的对地观测服务能力,这也是商业对地观测遥感卫星系统经常采用卫星星座的原因之一。

商业遥感卫星系统是卫星技术体系的商业遥感的工程实现和商业依托,以商业利益即"可盈利"为主要目标,其最大的期望是以最低的投入获取最大的效益。对于一个遥感卫星系统来说,其卫星星座主要采用如下指标衡量其设计的先进性。

(1) 卫星空间分辨率。

(2) 卫星光谱域及信息。

(3) 卫星成像地面幅宽。

(4) 单轨成像能力。

(5) 星座规模。

(6) 回归周期。

以"环境一号"A卫星、"高分五号"卫星及"珠海一号"卫星星座为例,列举在轨卫星(星座)的性能评判,如图1-4所示。

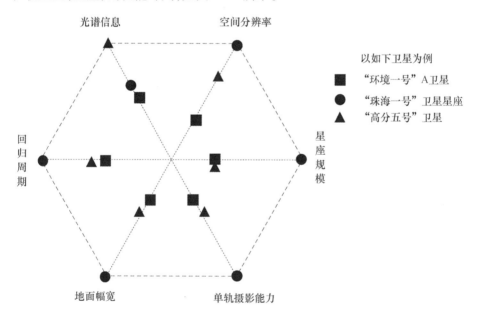

图1-4 在轨卫星(星座)性能评判示例

目前,国内外多个商业航天企业就商业遥感陆续推出不同的商业模式,商业模式将指导商业遥感卫星系统的建设,制造不同类型的微纳卫星,采用多种形式的卫星组网;打造个性化的卫星空间信息平台。基于卫星大数据的商业应用,不断挖掘卫星大数据应用的价值,从而产生新的服务,催生不同的商业模式,进而推动商业遥感卫星产业的发展。

纵观近年来商业遥感卫星体系技术的发展,商业模式和低成本设计相互交织发展,其本质是"三高"分辨率(高时间分辨率、高空间分辨率、高光谱分辨率)和可盈利。考虑到数据获取能力、服务能力等因素,低成本的卫星星座经常成为商业遥感系统的首选。高分辨率的成像系统是发展方向之一,因为它决定着高空间分辨率的优劣;宽域宽幅的高光谱成像系统同样也是发展方向之一,它是实现图谱合一、定量遥感的有效手段,又是卫星遥感领域的稀缺资源。

(1) 高时间分辨率,通常以卫星星座形式来实现。对地观测时间分辨率越高,即对目标观测周期越短,其对地观测覆盖能力越强。为达此目的,人们通常采用卫星星座(每轨上布局数个带有成像载荷的卫星)来架构对地观测系统,这样可以将对地观测周期缩短至数小时。这非常适合对目标的监测和监视。

(2) 高空间分辨率,通常采用高空间分辨率的成像载荷来实现。对地观测空间分辨率越高,对目标观测成像越清晰、越精细,对地观测分辨能力越强。当前市场正朝着亚米级甚至 0.5m 以下的空间分辨率的目标来实施。因此,高精度的成像相机的设计至关重要,它将使对目标观测提高到一个令人满意的空间分辨率,这种高分辨率数据非常适于地理观测、测绘、环境详查和监测等方面的应用。

(3) 定量遥感,通常采用宽域宽幅的高光谱分辨率的成像载荷来实现。对地观测,谱域范围越宽,波段数越多,即在越宽的波谱域和数量越多、光谱分辨率越高、空间分辨率越高的高光谱波段对目标观测成像效果越好,能实现图谱合一的定量遥感,从而达到很强的对地观测的定量分辨能力。为实现目标,人们通常采用具备宽波谱域和数量更多、光谱和空间分辨率更高的高光谱成像载荷(相机),这样就可以对目标观测实现更精细、更详尽、图谱合一的定量遥感。这种数据适于地物精确识别、分类、定量反演等。因为市场上这类卫星不多,市场又急需定量遥感,所以研制发射更多的此类卫星势在必行。

(4) 围绕"商业模式"的专业化设计。遥感卫星系统已经发展了50 多年,业已存在的这些遥感卫星系统的设计与建设基本上是基于市场及行业的需求而进行的。

一个可行的具备商业化可盈利的商业模式基本上就决定了商业遥感卫星系统的技术发展方向,也就决定了商业遥感卫星系统、运营和数据应用服务等的设计实施。

商业遥感卫星系统的设计和建设,必须围绕所选定的商业模式来进行。商业模式将形成商业遥感卫星系统建设的指导准则,并形成任务目标和设计需求。商业遥感卫星系统的设计需求成为商业遥感卫星系统的工程设计和实施的指导文件,商业遥感卫星系统的工程建设和实施将以此展开。

1.2 商业遥感卫星产业的发展

相比传统的信息获取手段,遥感卫星不仅能获得广泛和海量的信息资源,在信息的可靠性和准确性方面有了质的飞跃,而且这些信息的获取是建立在效率更高、成本更低的基础之上的,为不同行业和领域提供更丰富、有效的卫星数据,使得全球遥感卫星的商业化前景十分广阔[7]。

商业遥感卫星产业的发展是令人期待的,对于任何产业,政府对产业发展的政策导向至关重要,结合市场需求,它将引导商业机构在产业发展中的技术定位和市场定位。下面分别从世界航天大国对于商业遥感卫星产业的发展策略、国内外商业卫星的发展现状和卫星大数据的应用前景3方面进行阐述。

1.2.1 各国遥感卫星产业的发展策略

1. 美国

美国遥感卫星的发展较早,商业化一直是美国政府遥感政策和美国国家航天管理机构政策的重要组成部分。根据形势的变化,美国政府及国家航天管理机构不断调整遥感卫星商业化政策,推动商业遥感卫星产业的发展。美国兼顾国家安全,采用军、民、商相结合,寓军于商的发展策略,出台了一系列支持国家遥感产业发展的政策。

2010年,美国政府公布新的《美国国家航天政策》,强调要加强国家航天、商业航天和民用航天三者间的合作,确保美国在航天技术领域的领导地位,指出美国政府将使用商业航天产品和服务来满足政府需求,并要求军队和政府最大限度地采购商业航天产品与服务,满足军队和政府的诸多需求。2011年,美国发布《国家安全空间战略》,提出改革美国的出口管制。2014年5月,美国国务院和商务部分别发布对《美国军品管制清单》(USML)和《出口管理条例》(EAR)修订的阶段性终稿,进一步明确了将部分卫星和相关物项从军品管制清单转移到商业管制清单(CCL),将对商业对地观测领域供应商产生积极影响。2014年6月,商务部取消优于0.5图像销售限制,允许销售优于0.25m卫星影像数据。从 2017 年 12 月的"1 号令",到特朗普 2018 年的"2 号令""3 号令",基本上把美国的商业航天全面推向了一个前所未有的新高度。"1 号令"让全产业投入美国探月任务;"2 号令"全面梳理政府商业航天管理流程,启动商业航天监管改革并将组建航天管理局,提高航天产业监管能力;"3 号令"将军事和商业、民用的空间交管相互独立、职责优化。同时,美国正在开展"太空围栏"、Hallmark 等项目,这些项目一旦完成,将大幅提高其军事通信、监测及太空指挥控制能力。

在民用方面,行星公司(PLANET)已经发射了数百颗对地观测"鸽群"(Flock)微纳卫星,其中在轨工作的有 164 颗,目标是为客户提供实时对地观测服务。SpaceX 公司已经围绕"星链"项目进行了布局,至今已经发射了 1900 多颗微小卫星,其目标是部署数万颗微小卫星,为全球用户提供高速宽带服务;美国一网公司(One Web)计划在未来 6 年内发射 1260 颗卫星,以提高通信服务水平。

在军用方面,美国计划利用商业航天力量发展低轨小卫星星座,提高太空系统的生存能力和弹性;美国正在开展"黑杰克"低轨小卫星星座项目,旨在获得持久监视能力。

可以说,美国商业航天的再次爆发是由国家直接推动的。

2. 欧洲

欧洲推行开放的数据政策。欧洲航天局(ESA)于 1994 年发布的《ERS 数据政策》、1998 年发布的《ENVISAT 数据政策》都明确了无歧视性访问原则,对于促进 SAR 遥感技术的发展和应用研究起了至关重要的作用。2010 年,欧洲航天局修订欧洲遥感卫星 ERS、欧洲环境卫星 ENVISAT 及其他对地观测任务数据政策,以利于科学研究、公共事业及商业数据的利用。新版数据政策将遥感数据的使用分为自由使用和有限使用两类,两类数据均可免费获取,奠定了欧洲 SAR 卫星的领先地位。2011 年,欧盟委员会发布《造福欧洲公民的航天战略》的航天政策,继续推行实施共享地球观测数据的机制。欧洲哥白尼(Copernicus)计划中"哨兵"(Sentinel)卫星的数据政策也以数据应用最大化为基本原则,实行免费公开获取的数据政策。2013 年,欧盟委员会提出,未来将提供更多的哥白尼系列光学和雷达对地观测卫星数据。

商业机构积极参与欧盟卫星数据计划。空客公司自主研制运营的光学卫星和雷达卫星的影像数据,以及空客公司为他国或公司研制的遥感卫星的影像数据,都可以作为空客公司开发卫星数据产品的数据源,如 PAZ 卫星和 KazEOSat

卫星。空客公司建立的 One Atlas 数据库实现了对这些数据的统一使用和授权。2018 年,空客公司的卫星数据规模与开发数据的合作伙伴都得到了进一步扩张,合作伙伴不仅包括欧洲航天局等政府部门,还有面向纯商业应用的商业公司。可以看出,近年来空客公司卫星数据开发与合作已经成为仅次于卫星制造之后的重点业务,是其未来赖以生存和发展的重要支柱,而在航天产业不断演化的当下,此方向将具有广泛的军、民、商市场。

2018 年,法国发布《太空精神》战略文件,确定重点发展低成本发射、空间科学、对地观测、卫星通信及军事航天五大领域。英国颁布《2018 航天工业法案》,旨在规范英国航天活动,扶持和监管商业航天的发展。2019 年 2 月 5 日,德国政府发布了《国家工业战略 2030》草案,该战略将钢铁铜铝、化工、机械、汽车、光学、医疗器械、绿色科技、国防、航空航天和 3D 打印 10 个工业领域列为"关键工业",将加快德国遥感卫星产业的发展。

欧盟在遥感卫星数据的获取、处理、开发及应用方面做出了长远规划,制定了清晰的发展蓝图,其市场也在为卫星大数据的应用创造空间。可以预见,欧洲遥感卫星产业将迎来发展良机。

3. 加拿大

加拿大重视航天市场蕴含的巨大价值,在保证国家安全的前提下,鼓励私营部门积极参与航天经济开发,通过航天经济开发带来的收益进一步推动航天项目的开发,实现航天领域的市场化运作。

2007 年,加拿大颁布了《遥感空间系统法》,反映出现代遥感活动私营化和商业化的趋势,进一步推进了遥感数据市场的商业化运作。2014 年 2 月,加拿大发布新的航天政策框架——《加拿大航天政策框架》,以继续保持加拿大在光学、雷达卫星成像等领域的先锋地位,提出商业化发展的战略方向,支持民用航天工业的创新,以开发具有市场前沿的技术,满足国家利益。加拿大 Radarsat-1 卫星是世界上第一颗投入商业运行的雷达遥感卫星。为进一步扩大 SAR 遥感市场,加拿大航天局(CSA)与 MDA 公司采取公司合营方式联合研发 Radarsat-2 卫星。该卫星具有更为强大的成像功能,采用多极化工作模式,大大增加了可识别地物或目标的类别,可为用户提供 3~100m 分辨率、幅宽 10~500km 范围的雷达数据,是世界上先进的 SAR 商业卫星之一。

从近几年的发展动态可以看出,加拿大政府开拓商业航天的重点在于低轨卫星星座,政府预算中有很大一部分资金支持该项目。这种政府直接出经费支持某个具体项目的情况在欧美国家其实很少见,这相当于政府直接投资建设商业项目。而以加拿大电信卫星公司为首的加拿大运营商作为项目的主导方,正在吸引本国的麦克萨、欧洲的空客公司和泰雷兹阿莱尼亚公司帮助其研制卫星产品,从而实现在轨部署和运营。从其决心和魄力可以看出,加拿大从国家层面对低轨卫星星座高度重视。

4. 中国

我国政府重视对地观测卫星的研制和建设。对地观测卫星发展策略从先期的国家主导走到了鼓励民营企业参与空间基础设施建设,再到如今百花争妍的局面。

在国家主导期间,遥感卫星数据应用逐步完善和拓展。2006年4月,中巴地球资源卫星(CBERS)02星数据免费分发,享受免费政策的用户单位获得的数据仅限于在国内使用。2007年11月,国家印发《国防科工委关于中巴地球资源卫星01/02/02B星国内数据管理13规则(试行版)》,将CBERS-01/02/02B星数据产品分为0~5级,规定中国资源卫星应用中心可向用户提供CBERS-IRMSS红外多光谱扫描仪、WFI宽视场成15像仪和HR高分辨率相机等4种有效载荷的1~5级数据产品。2011年6月,《环境与灾害监测预报小卫星星座(HJ-1)数据产品分发管理办法》发布,将HJ-1卫星数据产品分为7个级别,规定了数据格式和HJ-1卫星数据产品服务对象。2011年11月,《遥感影像公开使用管理规定(试行)》发布,公开使用的遥感影像空间位置精度不得高于50m;影像地面分辨率不得优于0.5m;不标注涉密信息,不处理建筑物、构筑物等固定设施。2012年7月,国防科技工业局发布《资源三号卫星数据管理规则(试行)》,要求资源三号卫星数据及时保障国家机关决策、社会公益性事业、防灾减灾和国防建设等公益性用途的数据需求;规定资源三号卫星标准产品对公益性用途使用实行授权免费分发,对非公益用途使用收取数据加工费。2013年2月,国家海洋局发布《海洋一号B卫星、海洋二号卫星数据产品国内用户分发和使用章程(试行)》、《海洋一号B卫星、海洋二号卫星数据产品境外用户分发和使用章程(试行)》,规定了国内用户对海洋一号B(HY1B)和海洋二号(HY-2A)卫星数据产品的分发和服务,以及在国际交流与合作中,中国海洋卫星数据产品向境外用户的分发。

2014年国务院发布《关于创新重点领域投融资机制鼓励社会投资的指导意见》,2015年发布《国家民用空间基础设施中长期发展规划(2015—2025)》,为自然资源领域建立对地观测体系奠定了良好的基础。2016年,国务院发布《"十三五"国家战略性新兴产业发展规划》和《2016中国的航天》白皮书,提出了"鼓励引导民间资本参与航天科研生产,大力发展商业航天和卫星商业化应用,完善政府购买航天产品与服务机制"等内容。一系列利好商业航天的政策出台,进一步推动了我国商业航天的快速发展。

2017年12月,国务院办公厅印发《关于推动国防科技工业军民融合深度发展的意见》,为商业航天的发展提供了更大的支持,国内民营商业航天进入政策红利期。2019年,国家工业和信息化部取消了两类38项证明事件,简化了卫星产业的有关行政程序。2019年5月8日,我国颁布了《国家民用遥感卫星数据管理暂行办法》,为进一步推动卫星数据共享和应用提供了有力的政策保障。

我国政府高度重视大数据产业发展,一直认为大数据是信息化发展的新阶段。大数据源于互联网及其延伸所带来的无处不在的信息技术应用和信息技术的不断低成本化。大数据具有海量性、多样性、时效性及可变性等特征,需要可伸缩的计算体系结构以支持其存储、处理和分析。随着商业卫星业务的蓬勃发展,卫星大数据将助力大数据技术产业创新发展、构建以数据为关键要素的数字经济、提升国家治理现代化水平、保障和改善民生、切实保障国家数据安全的战略部署。

卫星大数据作为备受青睐的大数据产业的一部分,本身就具备很高的利用价值,向工业、军事、环境、勘探等高价值产业链延伸进一步提高了卫星大数据的产业价值。微纳卫星星座的构建将给市场带来高时效性的数据覆盖,推动全球数据库的优化更新,同时多时相数据的比对分析将地球表面的动态变化立体地呈现在眼前,使人类更好地了解、研究赖以生存的环境。随着量子计算机、5G和人工智能技术的发展,将会为卫星大数据的发展带来革命性的变化,实现卫星大数据的智能化分析、高时效的全球互通。对此,中国政府有着明确的发展蓝图,遥感卫星及卫星大数据产业已经成为政府鼓励和支持的战略新兴产业。

5. 其他国家及地区

2014年,俄罗斯颁布《2030年前使用航天成果服务俄联邦经济现代化及其区域发展的国家政策总则》,旨在推动俄罗斯航天成果应用,推进俄联邦经济现代化及其区域的发展。

日本发布宇宙航空研究开发机构(JAXA)"2018—2025年中长期发展目标"和"中长期发展计划"、《支持培养航天初创企业的一揽子计划》及《海外拓展战略》等多份文件,彰显日本建设航天强国的意图。

印度公布了新版《遥感数据政策》,极力推进本国遥感卫星及大数据的发展。

韩国《卫星应用综合规划(2014—2018)》明确了卫星应用及产业的战略性地位,规划特别强调了遥感卫星应用和融合应用,提出放松管制,优化产业发展环境,放松对遥感卫星数据商业销售的分辨率限制。对于企业参与国家出资的卫星应用研发项目,给予企业共同所有权,鼓励技术成果市场化应用。

从以上国家的相关政策及规划来看,他们毫无例外地是想大力发展遥感卫星及应用产业,认为这是转变经济发展方式行之有效的政策,是实现"创造型"经济和航天技术产业化发展的重要途径之一,是保障和改善民生的重要举措。

1.2.2 国内外商业卫星的发展

遥感卫星 40 多年前就已发射,但遥感卫星技术真正推广应用并取得效益还主要是近十多年的事。遥感卫星虽产生于空间技术,但其属性更接近于信息技术,完成信息的获取、传播、处理与应用。因此,遥感卫星的发展应当与信息产业的发展联动起来,借助于先进的信息处理技术手段,使遥感卫星数据得到更广泛的应用,特别是商业遥感,必须更接地气,需要生产性价比更高的商品。

1. 国内外在轨商业卫星的发展现状

近年来,全球卫星产业发展整体呈现增长态势,商业遥感卫星产业发展异常迅猛。在世界各国政府的大力支持和巨大市场需求的吸引下,传统航天强国不断巩固领先地位,新兴国家奋起直追,商业遥感卫星发射如火如荼。截至 2020 年年底,绕地球飞行的所有可跟踪人造物体约 21477 个,其中全球在轨活跃卫星有 3372 颗。

美国民商用对地观测卫星及商业化发展平稳。在环境监测领域,政府机构继续鼓励商业公司或机构开展商业遥感卫星的研制,积极制定商业卫星数据的采购政策。以 DigitalGlobe 公司为代表的商业公司自 2007 年就开始陆续发射 WorldView、GeoEye 等系列遥感卫星,引领了遥感产业的发展。这些公司在不断提升其环境监测数据的获取能力,星座发射计划不断加速,低成本高性能的新型遥感仪器不断涌现。"鸽群""狐猴"(Lemur)"黑天全球"(BlackSky Global,BG)、SkySat 等微小卫星持续补给,使得美国商业遥感微纳卫星呈现出井喷式发展。目前,美国在轨遥感卫星已达 422 颗。

欧洲各国持续保持对地观测领域的高投入,积极推进新型对地观测系统的发展。在欧洲航天局的统筹推进下,尤其是哥白尼计划的推出,促进了各成员国对空间遥感技术的探索,"哨兵"、AISTechSat、ICEYE、SPOT 等系列卫星的发射,使得欧洲在光学、雷达等卫星服务方面占据市场优势地位。据不完全统计,目前欧洲在轨遥感卫星约有107颗。

相对于欧美航天强国,亚洲各国也奋起直追,中国和日本等国都积极布局商业航天发展。日本的QPS-SAR星座计划提出了近实时SAR数据服务商业概念,目前QPS实验室已发射了一颗SAR卫星(QPS-SAR-1),规划发射36颗。此外,日本初创企业Synspective公司计划发展25颗SAR小卫星组成的星座-StriX,已发射StriX-a。中国的商业遥感卫星产业发展迅速,市场涌现出二十一世纪、欧比特、四维、长光等商业卫星公司。"珠海一号"星座计划主打定量遥感服务的高光谱数据应用服务商业模式,目前在轨卫星12颗;"吉林一号"星座计划完成在轨25颗卫星的商业服务布局;"宁夏一号"星座计划完成在轨5颗卫星发射等。截至2020年,据不完全统计,国内在轨遥感卫星约205颗。

商业航天发展的春风也在激荡着世界其他地区国家发展的雄心。阿根廷部署ÑuSat系列卫星计划,在轨卫星有26颗;危地马拉、斯洛文尼亚、斯里兰卡等国相继完成商业遥感卫星首发;以色列、阿联酋等国也相继完成民商卫星发射。商业遥感卫星发射方兴未艾。

国内外遥感卫星的发展多姿多彩,如表1-4所列。图1-5和图1-6列出了一些典型的国内外成熟产业化在轨商业卫星。

表1-4　在轨对地观测商业遥感卫星

国家/机构	卫星名称	主要指标分辨率	发射时间	影像服务商
美国	WorldView-1	光学,全色分辨率0.5m	2007年9月	DigitalGlobe公司
	GeoEye-1	光学,全色分辨率0.41m,多光谱分辨率1.65m	2008年9月	
	WorldView-2	光学,全色分辨率0.46m,多光谱分辨率1.84m	2009年10月	
	WorldView-3	光学,全色分辨率0.31m,多光谱分辨率1.24m	2014年8月	
	鸽群(FLOCK 2-4)	光学,高分辨率多光谱3~5m	2014年1月至2018年12月	Planet Labs, Inc.
	SkySat 1-21	光学,全色分辨率0.5m,多光谱分辨率0.5m	2013年11月至2020年8月	
	狐猴(Lemur-2)	STRATOS GPS掩星气象载荷和SENSE AIS船舶跟踪载荷	2015年9月至2020年11月	Spire Global Inc.

续表

国家/机构	卫星名称	主要指标分辨率	发射时间	影像服务商
美国	BlackSky Global 1/2/3/4/7/8/pathfinder 1	光学,分辨率1m	2016年9月至2020年8月	BlackSky Global
	Capella-1/2	雷达,X频段,分辨率0.5m	2018年12月、至2020年8月	Capella Space
	Cicero-2/3/6/7/8/10	气象,CION(CICERO专用GPS掩星载荷)	2017年6月至2018年11月	GeoOptics Inc.
	Landmapper BC3.v2/BC4	光学,热红外,22m多光谱,宽视场	2018年1月至12月	Astro Digital
	CORVUS BC1/2/3/4/5	光学,热红外,22m多光谱,宽视场	2017年7月/2018年1月/2020年11月	
	1HOPSAT	科技发展,分辨率1m	2019年12月	Hera Systems
	IOD-1 GEMS	气象,微波辐射计	2019年7月	Orbital Micro Systems Ltd.
加拿大	Radarsat-1	SAR,C频段,最高分辨率8m	1995年11月(已停运)	MDA公司
	Radarsat-2	SAR,C频段,分辨率3m	2007年12月	
阿根廷	ÑuSat 1-21	光学,分辨率1m,高光谱分辨率30m	2016年5月至2020年11月	Satellogic S.A.
意大利	COSMO-skyMed-1/2/3/4	SAR,X频段,分辨率1m	2007年6月/2007年12月/2008年10月/2010年11月	E-GEOS公司
	Eaglet-1	AIS	2018年12月	OHB Italia
法国	SPOT-5	光学,全色分辨率2.5m,多光谱分辨率10m	2002年5月(已停运)	SPOT Image公司
	SPOT-6/7	光学,全色分辨率2m,多光谱分辨率8m	2012年9月/2014年6月	
	Pleiades-1/2	光学,全色分辨率0.5m,多光谱分辨率2m	2011年12月/2012年12月	
	BRO-One	频谱海上监察,非AIS	2019年8月	UnseenLabs

续表

国家/机构	卫星名称	主要指标分辨率	发射时间	影像服务商
芬兰	ICEYE-X2/4/5/6/7	雷达,X 波段,分辨率1m、0.25m	2018年12月/2019年7月/2020年9月	ICEYE Ltd.
西班牙	AISTechSat-2/3	AIS	2018年12月/2019年4月	AISTech
	Paz	雷达,X 波段,分辨率1m	2018年2月	Hisdesat
卢森堡	KSM-1A/B/C/D	射频监控	2020年11月	Kleos Space
波兰	Swiatowid	光学,分辨率4m	2019年7月	SatRevolution
德国	TerraSAR-X TanDEM-X	双星SAR,X 频段,分辨率1m	2007年6月/2010年6月	Infoterra 公司
	RapidEye-1/2/3/4	光学,多光谱分辨率6.5m	2008年8月	RapidEye 公司
英国	NovaSAR-1	雷达,S 波段,分辨率6m,AIS	2018年9月	UK Government/Surrey Satellite Technologies
	"北京"2号(3颗)	空间分辨率全色0.7m,多光谱分辨率3.2m	2015年7月	二十一世纪/Surrey Satellite Technologies
	SSTL-S1 光学卫星	空间分辨率全色0.7m,多光谱分辨率3.2m	2018年2月	
欧洲航天局	Reaktor Hello World	红外高光谱(900~1400nm)	2018年11月	Reaktor Space Lab
	Sentinel 2A	多光谱成像仪(MSI);光谱范围:0.4~2.4μm;空间分辨率:10m、20m、60m	2015年6月	
	Sentinel 3A	光学仪器包括海洋和陆地彩色成像光谱仪(OLCI)、海洋和陆地表面温度辐射计(SLSTR);地形学仪器包括合成孔径雷达高度计(SRAL)、微波辐射计(MWR)和精确定轨(POD)系统	2016年2月	

续表

国家/机构	卫星名称	主要指标分辨率	发射时间	影像服务商
欧洲航天局	Sentinel 1B	C波段合成孔径雷达； 干涉宽幅模式分辨率5×20m； 波模式分辨率5×5m； 条带模式分辨率5×5m； 超宽幅模式分辨率20×40m	2016年4月	Reaktor Space Lab
	Sentinel 2B	多光谱成像仪(MSI)； 光谱范围:0.4~2.4μm； 空间分辨率:10m、20m、60m	2017年3月	
	Sentinel 5P	流层观测仪(TROPOMI)； 分辨率达7km×3.5km	2017年10月	
	Sentinel 3B	光学仪器包括海洋和陆地彩色成像光谱仪、海洋和陆地表面温度辐射计,地形学仪器包括合成孔径雷达高度计、微波辐射计和精确定轨系统	2018年4月	
	Sentinel 6	雷达高度计,AMR-C,GNSS-RO,DORIS,LRA	2020年11月	
俄罗斯	Resurs–P1/P2/P3	光学,全色分辨率0.7m	2013—2016年	Sovzond 公司
	Resurs–DK1	光学,全色分辨率1m,多光谱分辨率2~3m	2006年6月	
韩国	KompSat–2	光学,全色分辨率1m,多光谱分辨率4m	2012年5月	KAI公司
	KompSat–3	光学,全色分辨率0.7m,多光谱分辨率2.8m	2012年5月	
	KompSat–3A	光学,全色分辨率0.55m,多光谱分辨率为1.6m	2015年3月	
	KompSat–5	雷达,分辨率(幅宽)1m(5km)、3m(30km)、20m(100km)	2013年8月	
印度	CartoSat–1/2/2A/2B/2C/2D/2E/2F/3	光学,全色分辨率0.8m	2005年5月至2019年11月	ANTRIX 公司
以色列	EROS–A	光学,全色分辨率1.8m	2000年12月	ImageSat 公司
	EROS–B	光学,全色分辨率0.7m	2006年4月	

续表

国家/机构	卫星名称	主要指标分辨率	发射时间	影像服务商
日本	ALOS-1	光学,全色分辨率2.5m,多光谱分辨率10m,SAR,L频段,分辨率(幅宽)7~44m(40~70km)、14~70m(40~70km)、100m(250~350m)、24~89m(20~65km)	2006年1月	RESTEC公司
	ALOS-2	光学,全色分辨率1~3m	2014年5月	
	GRUS-1	多光谱,分辨率2.5m	2018年12月	Axelspace
	QPS-SAR 1	雷达,分辨率1m	2019年12月	iQPS
	StriX-a	雷达,分辨率1~3m	2020年12月	Synspective
	WNISat-1/1R	光学,分辨率500m	2013年11月/2017年7月	Weathernews,Inc.
中国	"吉林一号"光学A星	空间分辨率0.72m,多光谱分辨率2.88m	2015年10月	长光
	"吉林一号"视频01/02星	分辨率1.13m	2015年10月	
	"吉林一号"视频03星	分辨率优于0.92m	2017年1月	
	"吉林一号"视频04~06星	视频,分辨率优于0.92m,推扫分辨率0.92m(全色)/3.68m(多光谱)	2017年11月	
	"吉林一号"视频07/08星	视频,分辨率优于0.92m,推扫分辨率0.92m(全色)/3.68m(多光谱)	2018年01月	
	"吉林一号"光谱01~02星	可见光近红外:5m,10m,20m;短波、中波红外:100m;长波红外:150m	2019年1月	
	"吉林一号"高分03A	全色分辨率优于1.06m,多光谱分辨率优于4.24m	2019年6月	
	"吉林一号"高分02A	全色分辨率优于0.76m,多光谱分辨率优于3.1m	2019年11月	
	"吉林一号"高分02B	分辨率0.75m(全色)/3m(多光谱)	2019年12月	
	"吉林一号"宽幅1	分辨率0.75m(全色)/3m(多光谱)	2020年1月	
	"吉林一号"高分辨率03B 1~6星/高分辨率03C 1~3星	全色分辨率优于1m,多光谱分辨率优于4m,幅宽大于17km	2020年9月	

续表

国家/机构	卫星名称	主要指标分辨率	发射时间	影像服务商
中国	"珠海一号"视频卫星 OVS-1A/1B(2颗)	光学分辨率1.98m	2017年6月	欧比特
	"珠海一号"视频卫星(2颗)	空间分辨率0.9m	2018年4月/2019年9月	
	"珠海一号"高光谱星座(8颗)	空间分辨率10m	2018年4月/2019年9月	
	"高景一号"(4颗)	全色分辨率0.5m，多光谱分辨率2m	2016年12月/2018年1月	四维
	国智恒好年景中原"金水一号"BDSAGR-1	光学，农业应用	2019年12月	西安中科天塔科技股份有限公司、国智恒北斗好年景农业科技有限公司
	"北京一号"	光学，多光谱分辨率32m，全色分辨率4m	2005年10月	北京宇视蓝图信息技术公司
	HEAD-1/2A/2B/4/5	AIS	2017年11月至2020年6月	北京和德宇航技术有限公司
	"海丝一号"	雷达，分辨率1m，C波段	2020年12月	天仪研究院
	"宁夏一号"1~5星	无线电信号监测系统	2019年11月	宁夏金硅信息技术有限公司
	"灵雀-1A"	光学分辨率优于4m	2019年1月	北京零重力空间技术公司
	LQSat	光学	2015年10月	光机所

续表

国家/机构	卫星名称	主要指标分辨率	发射时间	影像服务商
中国	"千乘-01"	光学,分辨率2m	2019年8月	北京千乘探索科技有限公司
	星时代-5	光学	2019年8月	成都国星宇航科技有限公司
哈萨克斯坦	KazSTSAT	光学,广角	2018年12月	Ghalam LLP
新加坡	TeLEOS 1	光学,分辨率1m	2015年12月	AgilSpace

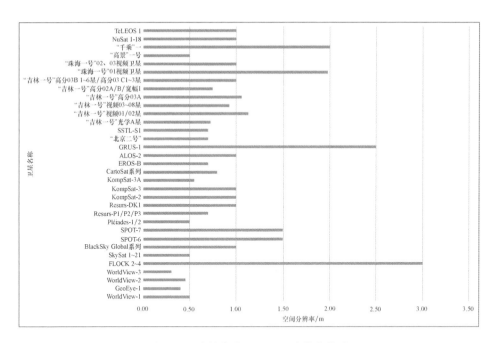

图1-5 在轨高分卫星空间分辨率统计

综上所述,可以看出商业遥感卫星的发展思路。

(1)大型对地观测卫星系统仍然作用突出。美国的WORLDVIEW、GEO-EYE、QucikBird、IKONOS,法国的SPOT,欧洲的Sentinel,中国的高分辨率系列卫星等大型对地观测卫星系统基本上采用集多源成像载荷一体化的设计,其特色

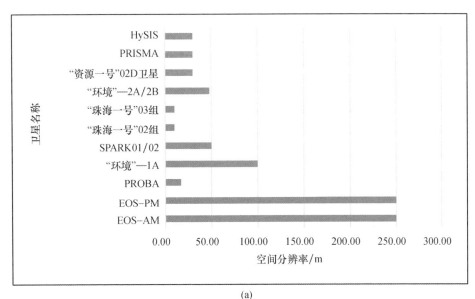

(a)

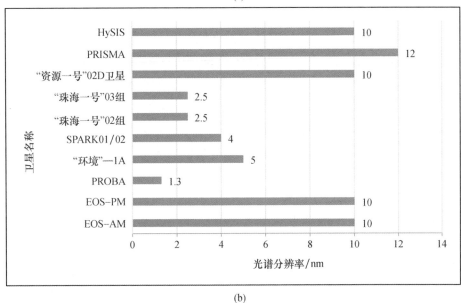

(b)

图 1-6 在轨光谱卫星空间分辨率及光谱分辨率统计

(a) 在轨光谱卫星空间分辨率统计;(b) 在轨光谱卫星光谱分辨率统计。

是功能强大,研制周期长,投入大;一旦投入运行,便可发挥多源载荷对地观测的巨大优势。

(2) 微纳遥感卫星星座将成为主流。欧比特的"珠海一号"卫星、美国行星实验室公司(Planet Labs)的"鸽群"卫星等都是以特色鲜明的微纳遥感卫星来构建星座。商业遥感卫星产业青睐低成本高性能的微纳遥感卫星星座,目前已经有多个微纳遥感卫星星座在轨运行,为市场提供了各具特色的对地观测服务。随着技术的进步,越来越多的微纳遥感卫星星座将实现低成本高性能的设计,其遥感数据获取能力将越来越强大,微纳遥感卫星星座将成为商业遥感产业的主流。

(3)多种类型的遥感卫星性能互补。亚米级分辨率的遥感卫星可以清晰直观地辨别地物,多光谱及高光谱遥感卫星可从几十甚至几百个谱段获得精细的光谱信息,结合实验室的光谱数据库可直接对地质、植物、水的性质与结构进行分析。搭载SAR的卫星则能穿透云雾,甚至部分植被和土壤,全天候全天时观测,并能通过多频、多极化、多入射角等手段提高对目标的识别能力。当前商业遥感卫星中,光学遥感卫星占比大,欲实现全天候全天时对地观测,SAR卫星的研发及综合应用正日益推广。

2. 商业遥感卫星技术发展趋势

不同类型卫星有不同的应用优势。雷达卫星具有较强的穿透能力,不受云雾干扰,能够在地质稳定性监测、地质与洪涝等灾害应急等方面发挥作用,但是雷达卫星造价昂贵、数量少,数据的覆盖能力有限。高分辨率卫星能够很好地提取地物几何信息,数据覆盖能力强,但是在地物理化参数信息的提取方面存在不足;通过高光谱卫星,能够有效弥补以上卫星的不足,实现遥感卫星从定性遥感向定量遥感的转变。高光谱卫星具有强大的光谱分辨能力与丰富的波段信息,能够定量地提取地物的生化特征信息,发现其他类型卫星难以察觉的细微光谱差异。

1)高空间分辨率的光学卫星

从商业遥感卫星发展现状来看,高空间分辨率光学卫星仍然是市场的主力。空间分辨率是指能够被光学传感器辨识的单一地物或两个相邻地物间的最小尺寸,主要以几何空间分辨率为指标,它是遥感图像上能够详细区分的最小单元的尺寸或大小,用来表征影像分辨地面目标细节的指标。空间分辨率越高,遥感图像包含的地物形态信息就越丰富,能识别的目标就越小。

目前,已经商业化运行的光学遥感卫星的空间分辨率已经达到亚米级,如2016年发射的美国WorldView-4卫星能够提供0.3m分辨率的高清晰地面图像。近年来,随着我国空间技术的快速发展,特别是高分辨率对地观测系统重大专项的实施,我国的遥感卫星技术也迈入了亚米级时代,"高分2号"卫星(GF-2)全色谱段星下点空间分辨率达到0.8m,"高景一号"0.5m商业遥感卫星星座也完成组网,正式投入运行。另外,我国"北京二号"、"吉林一号"、"珠海一号"卫星星座里都含有亚米级空间分辨率的卫星[8]。

视频卫星是一种新型对地观测卫星,与传统的对地观测卫星相比,其最大的特点是可以对某一区域进行凝视观测,以视频录像的方式获得比传统卫星更多的动态信息,特别适于观测动态目标,分析其瞬时特性[9]。目前,主要有两种手段实现凝视:一是采用静止轨道光学成像卫星;二是采用具备较高姿态敏捷能力或具备图像运动补偿能力的低轨光学成像卫星。静止轨道卫星由于轨道动力学特性,卫星与地面相对静止,从而实现凝视。但高轨(静止轨道)的卫星如欲对地观测实现亚米级空间分辨率,其成像系统的相机口径必须足够大,这是一个颇具挑战的工程。视频卫星的发展是技术进步推动和应用需求牵引的结果,也是未来对地观测的重要发展趋势。

2) 高光谱分辨率的光学卫星

在高光谱卫星面世之前,多光谱卫星在发挥着积极的作用。直至今日,美国 MODIS、欧洲"哨兵"等卫星还在行业内被广泛应用。

MODIS 是搭载在 TERRA 和 AQUA 卫星上的一个中分辨率成像光谱仪。它共有 36 个通道,从可见光到热红外波段,Terra 卫星于 1999 年发射,Aqua 卫星于 2002 年 5 月发射。MODIS 数据因其具有光谱范围广、数据接收简单和更新频率高等特点,至今仍然是最具影响力的多光谱卫星数据。

"哨兵"系列卫星是欧洲哥白尼计划[之前称为全球环境与安全监测(GMES)计划]空间部分的专用卫星系列,由欧洲委员会(EC)投资,欧洲航天局研制。目前,共有 8 颗卫星在轨(S1A/B、S2A/B、S3A/B、S5P、S6),包含雷达、多光谱、光学和地形学多种传感器。

高光谱遥感卫星基于非常多的窄波段的影像成像技术,将成像技术与光谱技术相结合,探测目标的二维几何空间及一维光谱信息,获取高光谱分辨率的连续、窄波段的图像数据。通过高光谱设备获取到的是一个数据立方,不仅有图像的信息,并且可在光谱维度上进行展开,因此不仅可以获得图像上每个点的光谱数据,还可以获得任一个谱段的影像信息。

高光谱遥感卫星由于满足连续性与光谱可分性的要求,因此能够区别同一种地物的不同类别,如高粱与玉米、松树与杨树、明矾石与高岭土,这无疑为遥感技术在环境调查中的应用提供了更为完整的理论基础和更加有力的方法,同时也要求具有相应的数据处理与信息分析技术。

随着分光结构、元件及光学探测等技术的进步,成像光谱仪的光谱分辨率可达纳米级,加上多样化的分光方式,使得在保证较高光谱分辨率的同时,又能够保证清晰的空间影像,这对气候变化、资源勘探、环境监测等方面的进步起着极大的推动作用。

高光谱成像技术在国内外经历了数十年的发展与积累,形成了丰富的产品种类并逐渐成熟,进入快速的开发模式。目前经过实际应用考验的高光谱成像仪从分光结构的角度分类,有色散方式、干涉方式、滤光片方式等;从成像方法的角度分类,有推扫型、凝视型等。其覆盖波段可从可见光一直到长波红外,正广泛应用于各类机载载荷及遥感卫星的载荷中。目前,快速的商业开发模式也大大降低了航天产品的开发周期和成本,特别是高灵敏电荷耦合器件(CCD)芯片及SCMOS芯片的研制,在探测器的像元上分别镀不同波段的滤波膜来实现高光谱成像。这种新的高光谱成像技术大大降低了高光谱成像的成本。国内外高光谱载荷如表1-5所列。

表1-5 国内外高光谱载荷

名称	国家	覆盖波段	分光方式	分辨率
小型火星高光谱勘测载荷(CRISM)	美国	383~1071nm、988~3960nm	光栅分光Offner结构	可见光波段光谱分辨率6.55nm,红外波段光谱分辨率6.63nm,空间分辨率低于20m
超小型高光谱成像仪(UCIS)	美国	600~2600nm	光栅分光Offner结构	—
环境测绘与分析计划(EnMAP)	德国	可见光到短波红外218波段	Fery曲面棱镜Offner结构	光谱分辨率约10nm,空间分辨率约30m
高光谱热辐射分光计(HyTES)	美国	7.5~12μm	Dyson分光结构	—
水星高光谱热分光计(MERTIS)	欧洲航天局	7~14μm	—	—
"高分五号"(陆地高光谱探测)	中国	全谱段,12谱段	组合滤光片和线列红外探测器	空间分辨率达30m,光谱分辨率达5nm
"珠海一号"OHS	中国	400~1000nm 256波段	渐变滤光片	空间分辨率达10m,光谱分辨率达5nm
碳卫星	中国	760nm、1610nm、2060nm	—	光谱分辨率0.04nm、0.12nm、0.16nm
"吉林一号"光谱星	中国	0.43~13.5μm 26波段	—	空间分辨率5m、100m、150m
"资源一号"02D星	中国	0.4~2.5μm 166波段	—	空间分辨率30m,光谱分辨率10nm、20nm

3) 在轨卫星实时处理技术

为使得"让卫星看懂地球"成为可能,遥感卫星需要配置在轨卫星实时处理系统和星上处理技术。

卫星在轨处理在美国及欧洲有所探索。2009 年年底,美国"战术星"TacSat-3 加入美国陆军的系列实验中,该卫星主要验证向战场指挥官提供实时数据的星上处理技术,演示战术卫星收集战场空间信息及近实时向战场作战人员提供数据的能力,能实现制定战术策略的下级指挥官快速询问和接收敌方部队与设备方面的信息。卫星飞行到目标上空时,能自动判断如何更好地收集、处理数据。利用该仪器透过伪装看到隐蔽的目标,并获得战场周围地区的更多地形信息,有助于决定飞机降落地点和地面部队及车辆的行动路线并决定躲避攻击的路线。

德国宇航局的双光谱红外探测(Bi-spectral Infrared Detection, BIRD)小卫星主要用于地面活动火灾监视,其有效荷载包括双光谱红外过热点识别系统,用于植被分类和火灾分类的光电子立体传感器等。BIRD 可实现对来自可见光、中波红外和热红外 3 个波段图像在星上的辐射校正、几何校正、纹理提取和神经网络分类等处理,实现对亚像元级热点的探测。

在我国,部分卫星配置了少量在轨处理功能,对于目标分类和识别进行了尝试。由于星载实时处理技术对于宇航 AI 芯片的要求非常苛刻,因此目前在轨处理技术有待进一步研发。欧比特推出了基于 SPARC 架构的宇航级高性能 AI 芯片,其定点处理能力可达 12TOPS,功耗仅 5W。目前,欧比特已经联合科研机构研制了卫星在轨 AI 处理系统,计划在后续发射的遥感卫星上投入使用。

4) 卫星数据地面 AI 处理技术

随着国家高分辨率专项、空间信息基础设施的实施,国内外卫星商业化的发展,星座计划、微卫星群的开启,以及航空摄影技术革命和无人机的普及,遥感数据资源得到极大的丰富,空间分辨率、时间分辨率、光谱分辨率不断提升,每天都在获取海量数据。为了应对海量数据的处理,我们需要建设地面 AI 处理平台或中心,采用 AI 处理技术,对海量数据实施实时有效的处理,对遥感影像进行有效的解译,实现目标识别、地物提取、图像分类等。

地面 AI 处理中心可以采用 AI 处理器芯片架构云计算平台,整合影像分类、目标识别、变化检测、地物提取等 AI 算法技术,全面支持海量遥感影像数据样本训练及算法优化,支持 AI 或深度学习框架架构,从多方面提升遥感影像的自动化分析和解析能力,可应对包括城市变化监测、自动路网提取、目标检测、云雪检测等多种应用,如图 1-7 所示的土地分类。

图1-7 AI技术进行土地分类(见彩图)

值得一提的是,欧比特对覆盖40万km^{2}的高光谱卫星图像采用AI处理技术进行四分类(水体、植被、裸地、建筑区),在将计算节点增加到1024后,单轨高光谱影像处理时间为50s,基本达到了实时处理速度。

5) 低成本微纳卫星星座组网运行

在微纳遥感卫星星座面世之前,传统的遥感系统一般依赖大中型卫星,其特色是无法实现全天候遥感,重返时间长(一般为20天),遥感数据的时间分辨率较低,无法满足实时遥感数据需求。

微纳卫星模块化、标准化的产品设计大幅提高了卫星的可靠性并降低了成本,可以布局在不同的轨道上组成卫星星座或编队飞行星群,进行组网运行,实现大卫星难以完成的任务,大大提高了时间分辨率。

微纳卫星星座将成为遥感卫星市场的新热点。目前的卫星发展计划以微纳卫星群为主,有成像卫星与视频卫星组合,如Skybox Imaging(后被行星实验室公司并购);也有光学卫星与雷达卫星组合星群模式。

随着商业航天的发展,越来越多的初创企业不断涌现,它们中的一部分企业聚焦立方星等微小卫星的制造,使得微小卫星技术不断成熟,成本持续下降。微小卫星逐渐能够实现大中型卫星才具有的亚米级光学分辨率的功能,使得微小卫星尤其是立方星持续得到关注,前景非常好。低于100kg卫星的发射数量占比不断增长,尤其是2013年以来呈现爆发性增长态势。目前,在轨运行较完备且成功的商业遥感卫星有美国的行星实验室公司的"鸽群"、欧比特的"珠海一号"和长光的系列卫星等,其都采用微纳卫星组网模式,通过集成化的卫星制造成本控制和轻量化的建设成本控制,优化遥感卫星系统和商业投入;通过多星组网方式,提高卫星数据的获取能力,从而提高卫星数据的市场服务能力;通过传统数据服务和增值数据服务结合的综合商业运营模式,实现遥感卫星产业的快速发展。

1.2.3 卫星大数据的应用前景

微电子技术的快速发展,使得卫星的设计逐步进入微纳时代。微纳卫星的快速发展及低成本的设计,使微纳卫星星座成为商业卫星遥感行业的首选。卫星星座为我们采集了海量卫星数据,以"珠海一号"卫星星座为例,表1-6列出了该星座的数据获取能力。

表1-6 "珠海一号"卫星星座数据获取能力

项目	幅宽/km	年在轨采集数据量/PB	年覆盖面积/($10^4 km^2$)	地面数据接收量/PB	重访周期
视频星(1.9m/2颗)	8	0.7	22000	0.1	10天/次
视频星(双模0.9m/10颗)	22.5	视频40	1000	1.9	3次/天
	22.5	图像4	320000		
高光谱星(10m/10颗)	150	6.6	1825000	1.9	3次/天
高分辨率星(0.44m/2颗)	13	3.5	37922	0.7	3天/次
红外星(7m/8颗)	28	0.3	815944	0.3	2次/天
雷达星(0.5m/2颗)	5	1.9	4927	1.4	3天/次
合计		57	3025793	6.4	8.6次/天

"珠海一号"卫星星座每年在太空中获取57PB的遥感数据,地面接收6.4PB的卫星数据,海量的卫星数据促进了商业遥感卫星系统的建设和发展,为卫星大数据的产业化发展带来机遇。

卫星大数据可以广泛应用到政府政务和民生领域中,包括自然资源、生态环境、农业农村、水利水务、交通运输、应急管理、城市管理、智慧海洋、地理信息产业等领域的遥感监测服务。随着互联网、移动互联网和5G等技术的发展,卫星大数据也将逐步融入消费大众的生活中。卫星大数据时代已经来临,卫星大数据的应用将不断创新,或将引领社会生活。

1. 自然资源

在自然资源调查领域,卫星遥感已广泛应用于土地利用调查,生态环境调查,林、草、湿地资源调查与健康状况评价,水资源调查与监测,基础地质与矿产资源调查,农业资源调查等重点领域,如表1-7所列。例如,在土地利用调查中,高分遥感数据在其中扮演着越来越重要的作用,并且在土地利用现状调查、土地利用更新调查、土地利用动态遥感监测和土地质量调查等工作中是一种最直接有效的方法;在基础地质与矿产资源调查中,遥感卫星数据优势更加突出,一方面可以快速地对矿山环境要素进行识别;另一方面可进行矿山环境变化的分析,进而对矿山环境污染治理提出合理化建议。

表1-7 卫星遥感大数据在自然资源中的应用

应用需求与应用方向	描 述
土地利用调查	对区域按农、林、牧、渔等用地情况进行调查,查清各类用地面积、分布和利用情况
林、草、湿地资源调查与健康状况评价	对林、草、湿地的分布范围、分布面积、分布位置等信息进行调查,并通过监测其品种类别、植被覆盖度等进行健康状况的评价
水资源调查与监测	对水资源分布,包括位置、范围、面积等信息进行调查与监测
基础地质与矿产资源调查	对区域的地质条件、矿产资源的分布进行调查,并对矿山环境要素与矿山环境变化进行监测
农业资源调查	对用于农业生产的水、土地、生物等资源进行调查,包括对地表水、土壤水、耕地范围、农用地类型、野生生物资源等多方面的调查

2. 生态环境

近年来,随着遥感技术的不断发展,尤其是高光谱卫星遥感技术日臻成熟,高光谱遥感数据可充分捕捉目标地物光谱细节特征,有利于获取内陆水体水质参数的细微变化,在内陆水体水色遥感研究中有巨大潜力,在水质监测方面发挥重要作用。通过高光谱反演计算水质监测指标,包括水色要素(叶绿素A和总悬浮物)和化学性指标(总氮、总磷、氨氮、溶解氧和化学需氧量),可对水质进行分析和监测。因此,高光谱遥感数据可以在江河湖库、饮用水源的水质监测、水质分级及是否存在污染等方面得到很好的应用;同时,也可在排污口监测、自然保护地监测等方面进行遥感观测,为执法和管理提供依据。

此外,遥感技术可以监测城市中的大气污染、水污染、地面污染、固体废物堆场污染和热污染,进行土壤侵蚀与地面水污染负荷产生量估算、生物栖息地评价和保护、工程选址及防护林保护规划和建设,如表1-8所列。遥感技术由于具有时间、空间和光谱的广域覆盖能力,因此是获取环境信息的强有力的手段,已成为环境保护重要的监测手段之一。通过遥感卫星数据,可对生态、环境、大气、地质灾害、荒漠化、重点工程等方面进行监测。例如利用遥感技术可以快速、大面积地监测大气污染及各种污染导致的破坏和影响。图1-8所示为利用MODIS数据进行的PM2.5监测。

表1-8 卫星遥感大数据在生态环境中的应用

应用需求与应用方向	描述
大气污染监测	对大气环境中的雾霾、尘埃、PM2.5、气溶胶等颗粒物浓度与分布及大气污染范围进行监测
水污染监测	通过水体中叶绿素、浊度、悬浮物等水质监测指标的测定,结合工业、农业、生活污染源的调查,监测水污染情况
排污口调查与监测	对区域排污口如入河排污口、入海排污口分布进行调查与监测,并对排污口水质情况进行监测;通过排查将水质污染空间分布特征与土地利用类型结合,定性识别判断农业污染、生活污染、工业污染等水体污染源类型
地面污染监测	对地面污染源如工业、农业、生活污染源进行排查与监测
生物栖息地评价和保护	对生物栖息地内人类活动情况与生物资源活动痕迹进行监测,从而进行生物栖息地评价,并制定相应保护政策
自然保护地监测	对自然保护地内人类活动情况、违法违规建设、自然资源破坏情况、裸土变化情况,以及是否存在砍伐、采矿等情况进行监测
饮用水水源地保护区遥感动态变化监测	针对饮用水水源地的违建、违法用地情况,土地利用变化情况,尤其是湖塘、采水口保护范围内的养殖和人工建设进行监测
固体废物堆场污染和热污染监测	对居民生活垃圾、建筑垃圾、工业垃圾及混合垃圾进行监测
防护林保护规划和建设	通过对区域地形条件、土地利用状况、主要自然灾害和人们生产活动情况的监测,合理规划配置并建设防护林,并制定保护政策
土壤侵蚀监测	对土壤侵蚀区域的地表植被覆盖度、侵蚀类型、侵蚀面积、侵蚀强度等进行监测

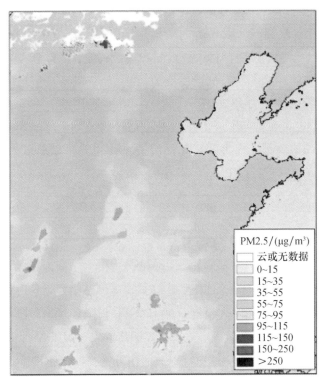

图 1-8 利用 MODIS 数据进行的 PM2.5 监测(见彩图)

3. 农业农村

早期受分辨率、时间周期、地理、空域、气象条件、监测成本高及遥感技术发展水平等因素的限制,遥感技术在农业领域的应用局限于服务区域的重大决策。20 世纪 70 年代,遥感开始进入一个高速发展的阶段,并广泛地应用于农业生产监测,在农作物识别、永久基本农田监测、农作物长势监测、旱情监测、农作物灾害评估耕地范围与变化检测和渔业养殖监测等方面均取得了较大的成绩,如表 1-9 所列,然而遥感信息在时空分辨率及所提供信息的精度和丰度还不能满足精准农业对农田信息的需求。近年来,随着遥感技术的发展,遥感技术在精准农业领域开始发挥越来越大的作用,在指导农田灌溉、施肥、病虫害防治、杂草控制、农作物收获及灾后损失评估等方面均已有很多成功的应用。

表1-9 卫星遥感大数据在农业农村中的应用

应用需求与应用方向	描述
农作物识别与估产	对农作物种类、种植面积与分布进行监测,并结合作物长势信息进行农作物估产
永久基本农田监测	对国家划定的永久基本农田利用情况与农田内违法占用情况进行监测
农作物长势监测	通过对作物生长期植被指数等指标的监测,对比历史同期作物长势情况,判断农作物长势
旱情监测	对土壤水分、作物植被指数、作物冠层温度等指标进行监测,判断农业干旱情况
农作物灾害评估	对受灾作物类型、受灾程度和受灾面积进行监测与评估
耕地范围与变化检测	提取耕地分布与范围,并监测其动态变化
渔业养殖监测	提取渔业养殖的分布与范围,并监测其动态变化

遥感可为精准农业提供以下两类农田与作物的空间分布信息:一类是基础信息,这种信息在作物生育期内基本没有变化或变化较少,主要包括农田基础设施、地块分布及土壤肥力状况等信息;另一类是时空动态变化信息,包括作物产量、土壤墒情、作物养分状况、病虫害的发生/发展状况、杂草的生长状况及作物物候等信息[10]。利用遥感技术可以识别各类农作物,计算其种植面积,并根据作物生长情况估计产量已经成为常规应用。例如,利用欧比特高光谱卫星数据,对贵阳的玉米种植及生长情况、新疆的棉花种植面积、湖南的水稻生长情况等进行统计及分析,精度达90%以上。

4. 水利水务

卫星遥感大数据被广泛用于包含地表水体调查与监测、水利工程监测、洪水监测、水质监测等在内的多个水利水务应用领域中,如表1-10所列。例如,在2018年全国水源地专项督查行动和2019年县级水源地排查的地方执法中,"遥感卫星+执法"已得到成功应用。由于饮用水水源保护区环境执法空间范围大,有的区域覆盖几十、上百甚至几千平方千米,而且多地处于偏僻的山区或人烟稀少处,交通不便;同时,水源保护区域环境问题种类多样,如果采用传统地面调查手段来确定风险源名录及空间分布位置,工作量巨大且时效性较差,年度更新成本更高。生态环境部研发的饮用水水源保护区环境执法遥感卫星支持系统(水源执法App)整合卫星发现的水源地环境问题专题信息、遥感卫星影像、保护区边界空间数据、各省(区、市)自查环境问题数据和水源地现场执法督查数据,为现场督查提供实时后台支持;同时,融合执法督查人员的即时定位信息,实现移动端空间信息发布、共享与分析。水源执法 App 把环境问题清单发送到现场执法人员手中,指导执法人员工作[11]。

表 1-10 卫星遥感大数据在水利水务中的应用

应用需求与应用方向	描述
地表水体调查与监测	对地表水资源分布,包括位置、范围、面积、形态等信息进行监测
水土保持治理与监测	对水土流失的面积、水土流失程度及其分布等进行监测,并结合对影像水土流失的因素,主要包括侵蚀动力因素、侵蚀对象、植被情况等的监测,制定水土保持与治理办法
水利工程监测	对水利工程管理范围和保护范围内的变化情况进行监测
洪水监测	通过对水体的识别监测,提取洪涝灾害的淹没范围,划定受灾区域
水质监测	对水体中悬浮沉积物、叶绿素、透明度、浑浊度等参数进行监测
水体富营养化监测	对与水体富营养化评价相关的叶绿素 a、总磷、透明度等指标进行监测,综合评价水体富营养化程度
水体固体悬浮物监测	对水体中固体悬浮物含量及变化进行监测
流域生态环境监测与评价	对流域周边的土地利用情况,尤其是森林、草地、耕地等植被分布的情况进行监测,结合水系、交通、居民地等基础地理信息,对流域生态环境进行监测与评价

5. 交通运输

随着经济的发展,交通网络日益完善,交通运输行业向现代化、信息化和智能化发展。遥感卫星技术因其观察范围广、信息全面真实、成本低、易更新等特点,在交通领域得到了越来越广泛的应用。以公路交通领域为主,遥感卫星技术横向涵盖了公路、铁路、水路、航空等各个领域,其中以公路交通领域的应用最为广泛,涉及公路勘测设计、路网及车辆提取、道路健康状况识别、公路沉降监测和公路灾害损毁评估等多个方面,如表 1-11 所列,取得了良好的社会效益和经济效益。此外,利用遥感卫星数据,还可以对道路建设及物流、交通状况进行宏观监测,也可为交通导航提供高时效、精确的地图数据。

表 1-11 卫星遥感大数据在交通运输中的应用

应用需求与应用方向	描述
公路勘察设计	对公路建设周边土地利用、地质等情况进行大面积监测,以提高填图、选线和选址质量,优化公路设计方案

续表

应用需求与应用方向	描　　述
路网及车辆提取	对各等级道路宽度、范围、通行能力进行识别与监测,对道路行驶车辆进行识别提取
道路里程数统计	对各等级道路里程数进行统计
道路健康状况识别	对道路堵塞位置与程度、道路损毁位置与程度等道路健康状况指标进行识别
公路沉降监测	对公路的地质稳定性和沉降进行监测
桥梁及高架桥变形监测	对重点桥梁及高架桥形变情况进行监测
公路灾害损毁监测与评估	对路基沉降、路基坍塌、路面断裂、桥梁断裂等道路损毁现象进行监测与评估

遥感影像在智慧交通领域具有广泛的应用前景,包括遥感交通调查、遥感影像地图与电子地图制作、道路工程地质遥感解译、交通安全与抗灾救灾、交通事故现场快速勘察、交通需求预测等。通过卫星与智能交通领域的对接,可极大提升和丰富天基观测手段在交通领域的应用水平和能力[12]。利用遥感卫星数据可以对道路建设及物流、交通状况进行宏观监测;同时,也可为交通导航提供高时效、精确的地图数据。图1-9所示为珠海道路提取专题图。

图1-9　珠海道路提取专题图(见彩图)

此外,利用遥感卫星可以对旅游区域地理要素及环境进行监测,为旅游景区的开发、建设和运营管理提供依据,如图1-10所示。

图 1-10　旅游区交通监测

6. 应急管理

通过遥感卫星数据可对森林灾害预警与监测、沙尘暴监测、地质灾害预警与监测等情况进行风险预测和灾害观测,如表 1-12 所列。同时,根据监测情况从宏观角度对灾害情况进行评估,如图 1-11 所示。此外,利用遥感卫星,一次就可探测到上千平方千米范围内所发生的林火现象。遥感技术曾在我国扑灭大兴安岭特大林火中起了很大的作用。

表 1-12　卫星遥感大数据在应急管理中的应用

应用需求与应用方向	描　述
森林灾害预警与监测	对重大林业有害生物如松材线虫、薇甘菊进行监测;结合地理信息系统(GIS)技术进行林火预警,实现森林火灾时快速监测森林火点
沙尘暴监测	对沙尘暴的空间分布范围、影响区进行识别、定位,对沙尘运移路径和运移规律的变化过程进行动态监测,对沙尘暴产生的大气及下垫面等背景状况进行监测
地质灾害预警与监测	对地质灾害的空间分布、强度与影响范围进行监测;通过不同时期遥感资料识别地质灾害发生的总体趋势与活动规律,实现对地质灾害进行预警
防火重点区域与周边环境实时监测	对防火重点区域及其周边环境的灭火设施、防火隔离设施(消防管道、高位水箱、灭火预设阵地、防火隔离带等)、灭火通道(车路、人路、上山路)、重点保护目标(电力高压铁搭、重要通信枢纽基站等重要设施)进行监测

图 1-11 地震观测

利用遥感卫星可以为应急反恐、公共安全等提供位置、周围环境等方面的信息。当遇到公共安全事件时,卫星遥感大数据可为应急管理部门采取相应措施提供依据。

7. 城市管理

遥感技术所具有的直观、精确等特点,使其在城市土地利用、环境污染监测、城市绿化管理、城市建设管理、建筑监察与执法等许多领域的应用日益成熟,如表 1-13 所列。例如,在城市土地利用调查与监测方面,遥感卫星数据地面现势性强,能够形成长期、稳定的地表覆盖数据流,为土地利用基础图件的更新提供了一条新途径;在城市环境污染监测方面,卫星遥感数据对大面积发生的水体扩散过程容易通览全貌,能观察出城市污染物的排放源、扩散方向、影响范围及与清洁水混合稀释等信息,从而查明污染物的来龙去脉。

表 1-13 卫星遥感大数据在城市管理中的应用

应用需求与应用方向	描述
城市土地利用调查与监测	对城市内工业、交通、商业、文化、教育、卫生、住宅和公园绿地等建设用地与裸地、临时建筑、水体、闲置绿地等未利用土地情况进行调查,查清各类用地面积、分布和利用情况
城市园林绿化监测与管理	对城市各类绿地面积进行监测,计算城市建成区的绿地率、绿化覆盖率、城市人均公园绿地面积等园林绿化评价指标,进行城市园林绿化的管理
城市环境污染监测	对城市污染源位置、污染范围、污染物分布及扩散情况和大气生态效应进行监测

续表

应用需求与应用方向	描述
城市建设规划与管理	建立服务于城市规划的遥感影像数据库,实施城市布局规划、历史文化保护区规划、土地变更调查等,进行城市建设规划与管理
城市违法建筑监察与执法	利用多期数据进行变化检测,提取出变化图斑,与规划数据对比识别出违章建筑
城市建筑工地监测	对城市范围内的建筑工地与建筑工地裸地进行提取,结合规划数据对提取出的建筑工地进行排查,筛选疑似违建工地

近年来,我国注重信息化建设,政府投入持续增加,数字城市与智慧城市的建设也广泛展开。利用遥感卫星数据,可以获取城市建设状况的宏观影像,并以此得知城市的道路、基础设施、建设用地等的全面状况,为城市建设规划、城市扩张提供宏观数据,识别出城市中的建筑、河流、湿地等区域,可为海绵城市建设提供有效的数据,如图 1-12 所示。

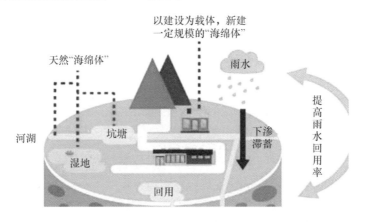

图 1-12　海绵城市

8. 智慧海洋

遥感技术已被成功地应用于海面温度、波浪和潮汐等海洋学各要素的监测,以及海岸带地质地貌调查、海岸线长度测算、海岸动态变化监测、河流与海洋相互作用研究、海岸带资源开发研究等方面,如表 1-14 所列。此外,利用遥感技术对海洋进行大面积的实时探查,可实现海面溢油区地理位置与溢油面积的快速提取,实现港口与海面船舶的实时监测,实现鱼群的预报和侦察,为相关部门进行海洋管理与执法提供重要的基础数据,如图 1-13 所示。

表1-14 卫星遥感大数据在智慧海洋中的应用

应用需求与应用方向	描 述
海面温度监测	对海面温度进行监测,其可应用于海洋动力学、海气相互作用、渔业经济、污染检测、海温预报、海标温度等研究与监测中。海洋温度也是检测如海冰、涡流等海洋现象的重要参数
海水波浪和潮汐监测	对波浪的浪高及海水水位随时间点的变化进行监测
海岸带地质地貌调查	对海岸带中的海岸线、潮间带、围填海、植被、港口、航道、旅游区、海洋保护区、滨海湿地,海岸带地貌要素的类型、面积、长度与分布及海岸线变迁进行监测
海岸线长度测算	对海岸线位置和长度进行监测与测算
海岸动态变化监测	对海岸带形态类型和海岸带动态变迁进行监测
海岸带资源开发研究	对潮汐能、波浪能、风能等能源资源,芦苇、海藻、海洋微生物、红树林、鱼类等生物资源,地下水、海水及矿产、滩涂、沙滩、岸线等众多资源进行探测、研究与开发
海水水质分级与赤潮监测	对海域的水质级别、水质状况空间分布信息、水质变化信息与赤潮进行监测,通常监测的参数指标为无机氮、活性磷酸盐、叶绿素A、悬浮物、透明度等
海上溢油监测	对海面溢油区地理位置、溢油面积、溢油扩散方向与扩散速度进行监测与计算
港口与海面船舶的实时监测	对港口的基础地理信息与船舶信息进行监测
鱼群预报和侦查	对鱼群分布情况和分布范围信息进行监测

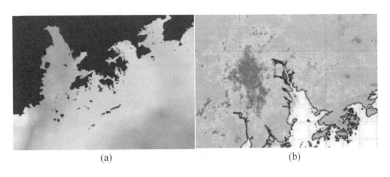

(a) (b)

图1-13 鱼群监测(见彩图)

9. 地理信息产业

地理信息产业是以现代测绘技术、地理信息系统、遥感、卫星导航定位等技术为基础,并与信息技术、计算机技术、通信技术和网络技术等紧密结合而发展起来的新技术服务业,既包括测绘、地理信息系统(GIS)、卫星定位、航空航天遥感等专业领域,也包括与大众生活相关的导航软件、互联网地图、基于位置服务(LBS)等新型服务。近几年地理信息产业迅猛发展,据国务院发展研究中心预测,地理信息产业还将保持高度的发展水平,其中遥感卫星大数据等技术为地理信息产业的发展提供了必要的数据支撑。随着人们对便捷、丰富、准确的地理信息服务的需求增长,商业遥感将依靠融合、泛在、智能的技术特点推动地理信息产业朝着更加知识化、智能化、个性化的方向不断向前发展,实现新的经济增长点。

利用遥感卫星数据,制作数字线划图、影像图、数字高程模型、城市三维模型等数据,这些数据构成了基础地理信息,可以为城市建设、工程规划等诸多方面提供基础地理信息的基础数据,如图 1-14 所示。

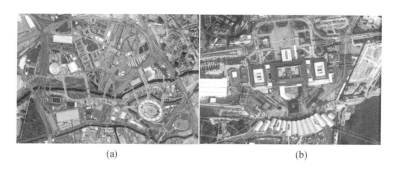

(a)   (b)

图 1-14 基础地理信息基础数据

1.3 商业遥感卫星系统的构建思路

任何商业模式,其最核心的目标是盈利,商业遥感卫星系统的设计理念也应围绕商业化可盈利的商业模式进行。对商业遥感卫星系统的建设,必须以市场需求和行业发展作为驱动和导向,进行专业化的设计,并确立商业化可盈利的商业模式。以商业模式为指导,引领商业遥感卫星系统的建设,一次性投入,或分期投入。不管是一次性还是分期建设,我们在商业模式的驱动下形成任务目标,归纳总结出对商业遥感卫星系统的设计需求。设计需求确立后,再结合市场需求和行业发展的需要,设计论证系统各环节的技术指标,指导商业遥感卫星系统的工程设计和实施。通过工程设计和实施,建成商业遥感卫星系统,提供专业化的应用服务,满足市场和行业发展需求。其构建思路如图 1-15 所示。

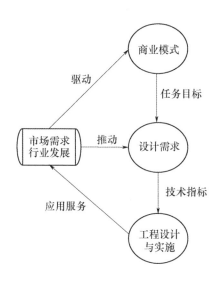

图 1-15　商业遥感卫星系统的构建思路

1.3.1　商业模式

商业遥感卫星系统是根据市场需求、基于某种商业模式来达到盈利的工程设计及实施。商业模式是企业与企业之间、企业的部门之间,企业与顾客之间等存在的各种各样的交易关系和连接方式,它的设计至关重要,关乎企业成败,企业应按发现和验证市场机会、系统思考、提炼产品概念、产品定义、财务分析和提供组织保障 6 个步骤设计适合自己的商业模式。它决定了商业遥感卫星系统的任务目标、可服务的客户群体、服务内容、服务能力,并综合分析考虑该商业模式的优劣势、机会与风险等。商业模式设计通常需要考虑如下因素。

(1) 应用领域及服务对象。在市场调研与需求分析的基础上,结合行业特性及规划,可以归纳总结出哪些行业领域对卫星遥感有需求,其行业发展空间有多大,进而明确商业遥感卫星系统的应用领域及服务对象,确定整个系统的发展方向及侧重点。

(2) 服务内容的定位。根据市场需求、服务领域和对象,同时结合企业自身情况和发展规划,确认能提供哪些服务内容。服务内容决定着卫星星座构成、规模及地面配套的设计,进而决定遥感卫星系统的研制及运营成本。

(3) 服务能力的确定。针对特定客户群体提供专业服务内容,这些服务能达到什么程度、实现什么效果是商业遥感卫星系统设计必须考虑的服务能力,在哪几个方面可以凸显自身的技术优势。

（4）平衡投入与产出。资本投入与未来收益产出是需要重点考虑的问题，应结合企业实际情况和发展规划达成某种平衡，促进商业模式良性发展。

商业模式的设计有 3 条途径：一是借鉴国外已经成功的商业模式；二是借鉴国外的成功模式，并根据中国国情和行业特征加以改进和创新；三是自己发明一套商业模式，根据市场调研结果及寻找到的产品创新的源泉，用全新的思维改变目前市场上的游戏规则，甚至颠覆行业多年来形成的游戏规则。企业要根据自身实力与行业竞争状况，选择适合自己的商业模式设计方法。企业必须设计出能提供独特价值、难以复制、脚踏实地的商业模式，才能在竞争中得以快速、持续的发展。

商业遥感卫星系统是根据市场需求、基于某种商业模式来达到盈利的工程设计及实施。商业模式的设计至关重要，它决定了商业遥感卫星系统的任务目标、可服务的客户群体、服务内容、服务能力、具备什么样的盈利能力等。其具体可以归纳为以下内容。

1. 商业遥感卫星系统可服务的客户群体

商业遥感卫星系统可服务的客户群体主要分为政府、企业、机构和消费群体（或称为大众），如图 1-16 所示。每类客户群体都有着独特的业务需求，如政府方面包括自然资源、农业农村、生态环境、应急管理等领域的政府管理需求；企业方面包括金融服务、规划设计、矿业勘察等需求；机构方面包括高等院

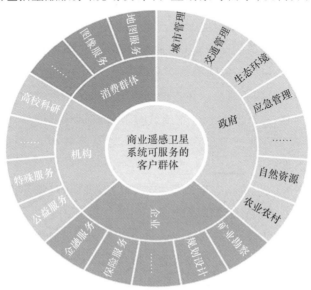

图 1-16　商业遥感卫星系统可服务的客户群体

校、科研院所、特殊服务、公益服务等需求;消费群体方面包括图像服务、地图服务、衣食住行服务等需求。

商业遥感卫星系统所要服务的客户群体及提供的具体业务服务通常由商业模式中的任务目标确定。

2. 商业遥感卫星系统可提供的业务服务内容

针对上述的客户群体及业务服务需求,商业遥感卫星系统可提供的业务服务内容主要有以下几方面。

(1)基础数据服务。这里的基础数据指的是标准1、2级产品(定义见5.3节),或者是经过加工处理的几何纠正、地形纠正的高级影像产品,包含必要的几何模型和传感器辐射参数信息。用户可利用影像数据和参数信息进行后续专题处理和分析。其数据来源主要有自主运营的遥感卫星和第三方运营的遥感卫星。

(2)专题地图(信息提取)。专题地图是指在基础数据的基础上,通过一定的图像处理和信息提取方法,计算或挖掘出特定领域的信息或参数,结合具体的业务需求,通过专题处理、分析和加工等得到客户所需的专题内容,并以地图的形式展示出来。

(3)分析报告(知识生成)。分析报告是指在专题信息提取的基础上,通过专家知识和经验,分析或推理出相关规律、现象、结果等。

(4)多源数据遥感综合应用服务平台。该模式是将天空地多源数据、数据分析模型、算法、逻辑推理等集成到一个遥感应用服务平台上,提供一整套完备的包含数据处理、分析、加工、存储、发布、可视化等功能的综合性服务模式,可同时应用服务于多种行业、多个部门。第7章的"绿水青山一张图"遥感服务平台即属于此类服务平台。

(5)应急服务。该服务主要是为了满足数据、信息快速获取及响应的应用模式,包括卫星应急响应、数据快速下传、数据信息快速处理及发布等应急管理服务。

(6)特殊服务。特殊服务主要包括卫星发射测控、测运控资源租赁、卫星专项服务、个人卫星体验等。

3. 商业遥感卫星系统的服务能力

商业遥感卫星系统的服务能力是指针对客户群体和服务内容,该系统提供的服务可以达到的范围、能力、效果和程度等。商业遥感卫星系统的服务能力主要有以下几方面内容。

（1）所能提供数据类型。卫星遥感的数据类型主要是按照反射光的波长范围来区分的，一般分为高分光学、高光谱、红外和 SAR 数据。其中，高分光学数据的波长范围覆盖可见光、近红外。高光谱数据的波长范围一般覆盖可见光、近红外、短波红外等；另外，在波段范围内包括数十，甚至成百上千的波段数。红外卫星数据波长范围一般覆盖短波红外、中波红外、长波红外。SAR 数据一般包括 L、C、X 等波段。不同的数据类型有其特定的应用领域，需根据服务需求选择。

（2）时间分辨率。时间分辨率是指卫星或星座对某一特定区域重复探测，相邻两次观测之间的时间间隔（重访周期）。单一卫星或数量较少的卫星的重访周期较长，可满足对观测频次要求不高的应用。但对于农业作物长势分析、市政施工、海洋赤潮监测等高动态变化的需求，则对遥感系统的观测服务能力提出了较高的要求，需要星座组网或多星协同观测。时间分辨率是衡量服务能力的重要指标之一。

（3）服务性能。服务性能指的是提供的服务内容所达到的精度、程度和可用性等。基础数据服务性能一般包括影像数据的几何定位精度和辐射质量，影像的光谱波段响应的准确性、稳定性，光谱范围能否覆盖地物分析所需的特定波长信息，SAR 数据相位信息等；专题服务性能一般指提交的专题图和分析报告的准确性，如地物分类与识别的准确率、面积估算的精度、水参数反演精度等，综合服务性能指综合服务平台的吞吐量、数据渲染速率、平台稳定性等；应急服务性能：从需求提出开始，经过命令上注、卫星任务规划、卫星拍摄执行、数据下传、数据处理等过程，到数据发布至用户所用的时间。

（4）数据发布能力。数据发布能力指的是将服务内容（产品）推送给用户的能力，包括推送方式、推送速率等。推送方式包括互联网网盘、移动硬盘、专线虚拟专用平台（VPN）、平台下载等。

4. 平衡投入与产出

商业遥感的运营发展需高资本投入支撑，且成本回收周期较长。因此，何时可以达到收支平衡甚至盈利是主要的风险。一般来说，高指标设计可以有效提升服务能力，扩展可服务内容，增加服务领域，但一味地对高性能的追逐，通常意味着卫星系统研制成本的提高，增加了企业运营的风险。因此，我们必须考虑可负担性事宜，平衡好性能指标与系统研制运营成本。投入与产出是任何商业遥感卫星系统设计总师必须考虑的问题。不管是卫星星座、卫星本身、卫星发射、卫星运控、地面接收系统、数据处理系统、数据中心的设计，还是数据处理及应用环节,我们必须清楚系统造价、发射及运营成本是否具备可负担性,在各个环节采用性价比高的设计理念,使遥感卫星系统真正迈入商业发展之路。这关乎所设计的遥感卫星系统是否可以达成所期望的效益,同时也关乎企业的生存问题。

综上所述,任何商业遥感卫星系统的推出都是一个对商业模式所规划的具体任务目标的工程实施和操作,且紧密围绕任务目标来进行。一个商业化可盈利的商业模式的确定,基本上就决定了商业遥感卫星系统的技术发展方向,也是商业遥感卫星系统布局、运营和数据应用服务等设计的指南针。对地观测遥感卫星体系的高性价比的技术提升,将对商业遥感卫星系统的成功和发展起着积极的推动作用。

1.3.2 设计需求

商业遥感卫星系统的任务目标来自对商业模式包括的三大内容,即任务、服务模式和服务能力的解析和诠释。

商业遥感卫星系统的建设,通常是依据商业模式定义的内容来推进系统的建设(或一次性投入建设,或分期建设)。不管是一次性还是分期建设,针对商业模式所确定的任务、服务模式和服务能力,结合自身的规模和发展规划,可以形成一个明确的任务规划或任务目标。我们围绕任务目标,对组成商业遥感卫星系统的各子系统或关键环节归纳总结出对商业遥感卫星系统的设计需求。商业遥感系统构建主要有以下环节。

(1) 成像模式及成像指标。
(2) 卫星轨道布局。
(3) 卫星平台及载荷,包括卫星寿命、在轨数据存储及传输能力等。
(4) 卫星星座及构成。
(5) 卫星发射模式及星箭分离、卫星入轨模式。
(6) 卫星地面测控网。
(7) 卫星地面数据接收站布局。
(8) 卫星数据中心。
(9) 卫星数据处理。
(10) 卫星数据管理及分发。
(11) 卫星数据产品应用及服务。

1.4 节将详细阐述对组成商业遥感卫星系统的子系统或关键环节所提出的

设计需求。

毫无疑问,必须依据设计需求提出的技术指标规范商业遥感卫星系统的工程设计和实施。这些设计需求将直接影响包括遥感卫星星座设计、卫星平台载荷一体化设计、卫星运控、卫星数据获取能力设计、卫星数据地面接收及处理能力的设计、卫星数据产品应用、卫星数据产品服务等的工程设计和实施。

1.3.3 工程设计和实施

商业遥感卫星系统基本由卫星设计与制造、卫星发射、卫星地面系统、卫星应用服务组成,如图1-17所示。商业遥感卫星系统的工程设计和实施也就主要围绕这些关键环节来进行。

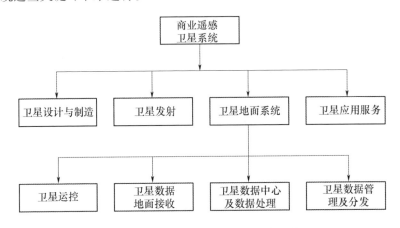

图1-17 商业遥感卫星系统基本组成

一旦卫星按计划发射入轨并正常运行,卫星具备了数据获取能力,商业遥感公司就会将工作重点转向卫星应用服务这个核心业务板块。卫星地面系统包括卫星运控、卫星数据地面接收、卫星数据中心及数据处理、卫星数据管理及分发等系统,都是围绕着卫星应用服务的需求来设计布局和运作。只有把该业务板块做好,商业公司才有营收,公司才有出路,才能实现商业遥感卫星系统的任务目标。

下面简单介绍各个子系统,详细的工程设计和实施将在第2~7章分述。

1. 卫星设计与制造

商业遥感卫星的设计与制造来源于卫星设计准则的界定。卫星的设计与制造是保障商业遥感卫星系统成功的关键。

目前,光学商业遥感卫星运行轨道大都采用太阳同步轨道,卫星运行轨道基本为500~780km。所以,为完成遥感任务和满足服务需求,一般需要采用多颗卫星组网运行或以卫星星座的形式来构建遥感数据采集系统。卫星组网运行或以卫星星座的模式运行大大提高了卫星对地观测的能力,可使商业遥感卫星系统具备较高的服务能力,是商业遥感发展的必由之路。

微纳卫星因其体积小、成本低、功能可以分布设计到不同的模块中、本身可靠性高、便于快速发射等特点,可以布局在不同的轨道上组成卫星星座或组网运行,实现大卫星不能完成的任务。因此,设计商业遥感卫星系统时,为提高服务能力并降低成本,通常会考虑采用微纳遥感卫星。

不管是大卫星还是微纳卫星,在设计和制造过程中,都需要考虑两个基本要求:卫星功能及性能指标要求和工程大系统接口要求。

1) 卫星功能及性能指标要求

卫星功能要求一般明确了卫星类型、卫星寿命、数据获取能力、可靠性等事宜,卫星性能指标要求一般明确了卫星平台、卫星载荷、数据存储、数据传输等技术指标,以上因素直接决定了卫星平台指标(如姿态与轨道控制方式和精度、卫星载荷技术指标、测控系统指标、星上能源系统指标、温控指标、数据存储指标、数传指标等)要求。

卫星设计寿命即卫星在运行轨道上应该达到的正常工作时间,是卫星在轨工作寿命,该指标通常根据设计准则而设计。卫星在轨工作寿命是卫星的主要技术指标之一,设计寿命与卫星制造成本相关。

卫星平台的设计决定着卫星整体的性能指标。卫星平台一般由如下分系统组成:电源分系统为整个卫星提供电源,姿态轨道控制系统保障卫星运行轨道的准确和卫星天线及成像系统指向的精确,推进系统为卫星定轨、轨道保持和姿态控制提供动量,遥测指令系统确保与地面控制中心的通信,数据存储系统存储相机获取的遥感数据,数传系统负责将遥感数据压缩、存储、信号调制并传回卫星地面接收站,热控系统保证卫星各种部件、载荷等工作在理想温度的工作环境。

卫星平台设计还需考虑成像系统(相机)对卫星平台的要求。对于工作于太阳同步轨道的光学遥感卫星,为了保证成像系统(相机)对观测目标的定位精度,通常要求卫星平台具备三轴姿态控制能力;为了保证成像系统(相机)对观测区域内特定目标的观测能力,通常要求卫星平台具备侧摆控制能力。

高精度、高敏捷性、低成本遥感卫星是商业遥感卫星系统的追求,而卫星平台与载荷一体化设计是实现以上设计目标的措施之一。星载一体化卫星的设计,将卫星载荷(如成像相机系统)与卫星平台紧密结合,设计时将成像相机、数据采集、数据存储、数据预处理、机械接口与电气需求等与卫星平台和数传系统进行通盘优化设计,可以实现最大化的低成本高性能集成设计。

2) 工程大系统接口要求

工程大系统接口要求包括火箭包络能力、星箭适配器、运载能力、星箭分离和卫星入轨方式、星箭接口、发射段力学环境条件、空间环境条件、测控体制和测控频率、星地遥测遥控接口、卫星平台及载荷工作模式等。

选择合适的运载火箭,设计合理的星箭适配器及星箭分离和卫星入轨方式,是保障卫星发射成功的关键。

工程大系统接口要求从星箭接口,到空间环境和力学环境(火箭冲击力),到星箭分离入轨方式,到测控体系,到卫星平台及载荷工作模式,是卫星设计制造中必须考虑的问题。

2. 卫星发射

卫星发射可以采用多种多样的方式:在太空站,采用专用发射装置将卫星投放到卫星轨道;将机载运载火箭升空,在空中采用运载火箭发射卫星;在海上架设发射平台,采用运载火箭发射卫星;在陆地发射场,采用运载火箭发射卫星。

除在太空站采用专用发射装置投放外,不管在空中、海上还是陆地,卫星基本上采用运载火箭发射。运载火箭发射卫星,就是一个点火起飞—加速脱离地球引力—使卫星进入预定轨道的过程。

卫星发射是一个专业性很强的行业,一般由第三方提供专业服务,商业遥感厂商可以界定接口关系。例如,仅就拟构成的卫星星座及卫星布局、卫星运行轨道、星箭分离次序和参数、卫星测控等提出具体要求,选定运载火箭,将每颗卫星与火箭的工程接口关系梳理清楚,满足星箭的各项匹配及对接条件,接口设计安装到位,此时,卫星就具备了发射条件。其余工作可以交给第三方服务商。

1) 运载火箭的选型

火箭是以热气流高速向后喷出,利用产生的反作用力向前运动的喷气推进装置。它自身携带燃烧剂与氧化剂,不依赖空气中的氧助燃,既可在大气中飞行,又可在外层空间飞行。火箭在飞行过程中随着火箭推进剂的消耗,其质量不断减小,是变质量、变结构、变参数的飞行体。现代火箭可用作快速远距离运送工具,即作为发射人造卫星、载人飞船、空间站的运载工具。目前,火箭是唯一能使物体达到宇宙速度,克服地球引力,进入宇宙空间的运载工具。

火箭飞行所能达到的最大速度即燃料燃尽时获得的最终速度,其主要取决两个条件:一是喷气速度;二是质量比(火箭开始飞行时的质量与燃料燃尽时的质量之比)。喷气速度越大,最终速度就越大。由于现代科学技术条件下一级火箭的最终速度还达不到发射人造卫星所需要的速度,因此发射卫星时要采用多级火箭。

火箭的级数越多,构造越复杂,工作时间的可靠性就越差。火箭是反冲的重要应用,为了提高喷气速度,需要使用高质量的燃料。当燃气从喷口喷出时,它们具有动量,由动量守恒定律可知,盛燃气的容器就要向相反方向运动。火箭是靠喷出气流的反冲作用获得巨大速度的。

对于商业卫星星座的发射,通常是一箭数星的发射,运载火箭必须采用3~4级的多级火箭。面对卫星运行轨道、卫星数量、卫星质量、包络体积都是确定的一次发射任务,对运载火箭选型需要考虑诸多因素,包括以下几方面。

(1) 运载火箭对卫星体积及卫星数量的包络能力。

(2) 运载火箭对卫星质量的运载能力。

(3) 运载火箭星箭分离程序设计,例如,图1-18所示为"珠海一号"星座卫星发射及星箭分离设计。

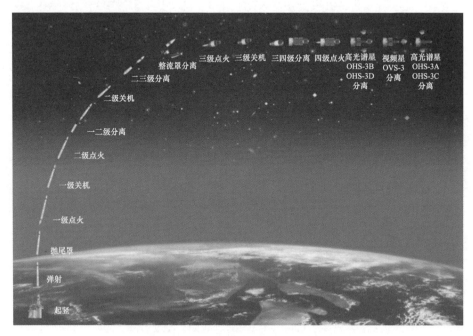

图1-18 "珠海一号"星座卫星发射及星箭分离设计

(4) 运载火箭在指定发射窗口将每个卫星运载到指定轨道的设计。

(5) 运载火箭冲击力是否在每个卫星的容许范围之内。

(6) 运载火箭发射成本。

在火箭发射卫星的过程中,卫星发射中心起到了至关重要的作用。卫星发射中心将协调全国的测控中心,参与对卫星发射过程的实时测控,这也是卫星发射可以成功的关键保障。

2) 卫星发射场地的选择

中国卫星发射中心一共有4个,分别是酒泉卫星发射中心、西昌卫星发射中心、太原卫星发射中心及文昌卫星发射中心。酒泉卫星发射中心是空间科学试验卫星、对地遥感卫星、技术试验卫星、载人航天、商业卫星的发射基地之一,是中国创建最早、规模最大的综合型卫星发射中心,是商业遥感卫星主要的发射场之一。

酒泉卫星发射中心位于酒泉市与阿拉善盟之间,海拔1000m。该地区地势平坦,人烟稀少,属内陆及沙漠性气候,常年干燥少雨,春秋两季较短,冬夏两季较长,一年四季多晴天,云量小,日照时间长,为航天发射提供了良好的自然环境条件。酒泉卫星发射中心每年约有300天可进行发射试验。

自2016年起,国内采用固体运载火箭发射的商业卫星大部分选择在酒泉卫星发射中心实施发射。在商业卫星发射任务中,酒泉卫星发射中心主要承担发射场区的组织指挥,实施火箭发射车及火箭本身的测试、加注、发射前的各项测试、整流罩测试、车/箭/地联合检查、发射车及火箭对接和整体转运,提供发射场区的气象、计量和技术勤务保障,并在紧急情况下组织实施现场人员撤离及救生。

在火箭发射卫星的过程中,酒泉卫星发射中心通常会组织全国的测控中心,参与对火箭及卫星发射过程的实时测控。这些都是中国商业航天能够发展的关键保障。

3) 卫星发射成本的考虑

卫星发射成本包含火箭成本、发射成本、保险成本及测控成本,如图1-19所示,其中火箭成本占比最高。

根据火箭规模不同,国内租用发射场、地面设备及加助推剂等成本为500~1000万元,保险成本占整枚火箭发射费用的5%~20%,保险费率取决于火箭发射成功率。

随着商业运载火箭的发展,全球商业航天成本及商业发射价格逐年下降,我国商业火箭也在低成本方面积极努力。例如,通过开展可重复商业火箭研制、精简管理体制、升级生产模式、技术创新、进行模块化设计与量化生产、提升

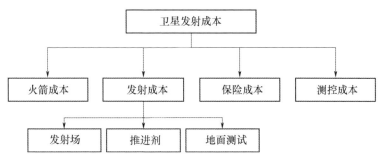

图 1-19　卫星发射成本

单机元器件功能、扩大集成性应用等来降低商业运载火箭的成本,为商业遥感卫星系统建设成本控制带来了希望。

3. 卫星地面系统

卫星地面系统由卫星运控、卫星数据地面接收、卫星数据中心及数据处理、卫星数据管理及分发等系统组成,其围绕着卫星应用服务的需求来运作,为卫星应用服务提供基础数据和支撑。卫星地面系统的设计布局必须满足图 1-20 所示的数据流设计。

1)卫星运控

卫星运控通常由地面卫星运行控制中心来完成。卫星运行控制中心是卫星地面系统的重要组成部分,是指挥卫星工作的枢纽,同时也是卫星的地面指挥部,完成对卫星的操作控制与管理。控制中心指挥和监视卫星的运行,监控卫星平台及载荷运行的关键参数,负责向卫星发出各种指令,安排卫星的工作程序,控制卫星运行轨道及姿态,控制卫星及载荷按程序工作,指挥卫星数据信息的传输,控制卫星与地面接收站协同工作。

卫星运控中心由卫星遥测遥控系统、任务规划及生成系统、卫星数据地面接收发送管控系统、卫星星座运行监控系统等组成,主要负责遥感卫星任务生成、卫星任务规划、地面接收系统任务规划、卫星运行轨道监控、卫星工作状态监控、遥感卫星任务命令上注等工作。

卫星运控主要是为了更有效地获取原始卫星数据。

2)卫星数据地面接收

卫星数据地面接收由卫星地面接收系统完成。卫星地面接收系统由多个卫星地面接收站组成。卫星地面接收站的主要任务是对卫星天线进行捕获跟踪、接收、解调和记录遥感卫星数据、遥测数据及卫星工作状态数据,并向卫星

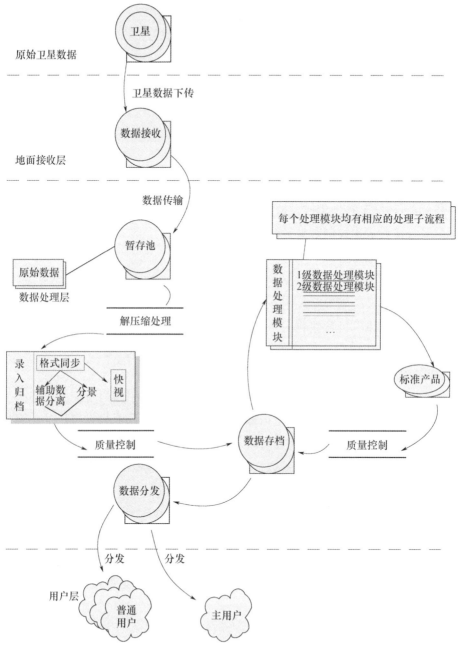

图 1-20 卫星地面系统数据流设计

数据中心回传接收的数据,属于地面接收层的范畴。

目前,地面站智能化程度越来越高,基本采用无人值守模式来运行地面站。

3）卫星数据中心及数据处理

卫星数据中心是卫星地面系统的重要组成部分。卫星数据中心通常包括高性能、大容量、快速交换、低成本的卫星大数据存储中心、数据处理中心等系统。

卫星数据中心接收并存储卫星地面接收站按程序规划传回的遥感卫星数据,称为 0 级数据(卫星原始数据)。因为遥感卫星星座卫星众多,卫星获取数据的能力强大,卫星应用急速增长,所以造就海量数据及图像,通常会每年产生高达十几拍字节(PB)的海量遥感数据,这就需要卫星大数据中心的优化配置。

卫星数据中心需要存储来自卫星地面数据处理中心的数据和卫星应用服务中心的数据,可针对行业应用需求开发研制各类产品,包括专题分析产品及业务系统应用产品。

地面数据处理中心对遥感卫星获得的数据及信息按产品分级标准进行加工处理,其目的就是要改善和提高图像质量,突出所需信息,并充分挖掘信息量,提高判读的精度,使遥感资料更加适于分析应用。

4）卫星数据管理及分发

卫星数据管理及分发系统是商业遥感卫星系统卫星大数据业务开拓及技术支撑的关键。该系统应该具备对卫星数据中心中除 0 级数据之外的所有数据的管理及分发功能,具备与应用服务业务对接的能力,可为用户提供丰富和全面的数据服务、数据增值服务、应用服务的技术支持和接口。

4. 卫星应用服务

卫星应用服务是商业遥感卫星系统实现商业化运作的核心业务板块,其研发设计通常由卫星应用服务产品中心承担,其产品内容需结合商业模式中的服务内容进行设计。卫星应用服务可以包括基础数据服务、专题地图服务、分析报告服务、应急服务、特殊服务和综合应用服务平台等,如图 1-21 所示。

这些服务将是商业遥感企业在市场上实现营销创利的有效手段。面向市场的应用服务既是商业遥感发展的导向驱动因素,也是商业遥感发展的终极市场追求。优质的卫星应用服务成为商业遥感卫星系统的关键环节,决定整个商业遥感生态环境的健康发展和未来。纵观遥感卫星发展历程,遥感卫星产业的市场化、开放化、融合式发展是大势所趋,卫星应用服务模式从单纯的传统数据服务逐步走向数据增值服务和综合数据服务。随着信息时代的不断发展,市场需求也朝着多元化方向发展。卫星应用服务发展至今,涵盖了诸多领域,与 GIS、AI 和云平台等新兴技术相结合,呈现出缤纷多彩的服务方式,如"珠海一号""绿水青山一张图"就是集成多学科、多技术的综合服务。未来,商业遥感卫

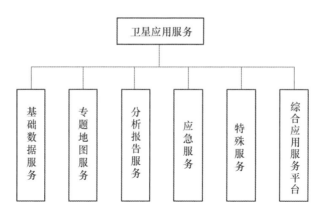

图 1-21　卫星应用服务类型

星产业将实现从初具规模向成熟应用的跨越,数据应用服务模式创新将不断涌现。

1.4　商业遥感卫星系统设计需求

商业遥感卫星系统的最高追求是商业效益,卫星应用服务是永恒的追求。商业效益不仅与顶层设计的商业模式有关,也与构建商业遥感卫星系统的理念有关。我们认识到以下几方面。

(1) 遥感卫星系统在技术上追求的是高几何空间分辨率、高光谱分辨率、高时间分辨率的卫星成像目标。为达到高要求的综合指标,人们通常会采用卫星星座设计方案。

(2) 商业遥感卫星系统追求的是在低成本的基础上,提供相当水平的服务能力,满足市场需求。其具体的期望如下。

① 运控系统快速响应市场需求,根据市场需求即时发出任务指令。

② 卫星或卫星星座快速获取遥感数据并下传至地面站系统,地面接收站快速接收卫星获取的遥感数据。

③ 地面数据处理中心对数据进行快速处理,形成初始数据或增值数据。

④ 卫星应用服务中心结合用户需求,用卫星大数据生产各种数据产品、专题产品、专业分析报告及定制各种专题服务。

⑤ 数据管理及分发中心对以上数据、产品及服务进行有效管理,服务用户。

值得重视的一个内容是,AI 算法在地面处理系统及在轨卫星平台中的应用。目前，AI 算法及处理技术开始在地面数据处理系统中得到了初步应用，从长远来看，其对于特征识别精度、处理速度的提升意义重大。另外，随着 AI 算法及处理系统到在轨卫星平台上应用的深入，或将改变我们目前对地观测遥感系统的设计、运营及应用模式，使商业遥感获得更大的商业价值。

下面将结合上述设计理念和商业模式形成的任务目标，主要对组成商业遥感卫星系统的各子系统和关键环节的设计需求进行详细的归纳总结。

1.4.1 卫星星座布局设计需求

商业遥感卫星系统对于高时间分辨率的追求是无止境的。遥感卫星星座通常由多个卫星轨道、每个轨道布局一定数量卫星的结构组成，是提高遥感系统对地观测能力、实现高时间分辨率的行之有效的技术手段。

遥感卫星星座利用卫星完成包括两极地区在内的全球环境监测、收集地表信息等任务，为使地球上任何地点在需要时都能为卫星所覆盖，只用单颗卫星或几颗卫星是不够的，需要由多颗卫星按一定的方式进行卫星组网。卫星组网是指卫星技术的网络模式，在该模式中网络由不同轨道上多种类型的卫星组成，以卫星星座为基本物理构架，充分利用卫星网络覆盖范围大，可多层次、全谱段获得目标多源信息的特点，能够向用户提供具有精确时间和空间参考的多要素融合处理的高可信度信息。随着高新技术和卫星产业的发展，越来越多的商业遥感卫星系统采用多颗卫星组网，通过多颗卫星在不同轨道面和同一轨道面不同位置的差异分布形成卫星星座，提高重访频次和时间分辨率，为在空间分辨率、重访周期、轨道衰减特性等多重约束条件取得综合平衡与优化，大幅度地提高遥感卫星效率。

遥感卫星星座的设计需要考虑如下因素。

（1）卫星轨道类型。对地观测遥感卫星的轨道类型选取需重点考虑应用服务的观测范围、周期性、光照条件、载荷特性、运营成本等。

（2）轨道高度。对地观测遥感卫星的轨道高度需满足载荷成像及相关参数要求，同时考虑发射成本的限制。

（3）降交点地方时。降交点地方时决定了卫星过境时的光线角度和光照情况。对于对地观测遥感卫星，尤其是光学卫星来说，降交点地方时的选取主要考虑载荷成像的约束条件。

（4）轨道数量。轨道数量决定了星座的观测能力，轨道数量是星座优化设计需要重点考虑的问题。通常，以对观测任务达到最优为基准，考虑卫星发射成本及服务能力等因素。

（5）每轨卫星数量。每轨卫星数量是星座优化设计需重点考虑的问题之一，也是多星任务规划的主要参数。通常，以对观测任务达到最优为基准，同时考虑卫星成本及发射成本等因素。

（6）轨道面夹角。轨道面之间的夹角也是星座优化设计需重点考虑的问题之一，也是多轨任务规划的主要优化参数。通常，以对观测任务达到最优为基准，同时考虑光照条件、卫星对特定区域的协同观测能力等因素。

在以上的卫星星座设计考虑因素中，卫星轨道类型、轨道高度和降交点地方时通常作为约束条件进入卫星星座的设计，而轨道数量、每轨卫星数量和轨道面夹角是需要被优化设计的几个重要参数。其准则就是：如何确定轨道数量、每轨卫星数量和轨道面夹角，才能使得整个遥感卫星星座可以在空间分辨率、时间分辨率（重访周期）等多重约束条件下取得平衡与最优。

1. 轨道面夹角设计

对于高光谱载荷，大量有效、可用光谱分布在可见光区间，因此一般情况下应在阳照区成像，可以满足成像质量高、数据可用性好的要求；对于多数光学遥感载荷，其最大可用视场角一般建议不超过60°。阳照区对应轨道面间隔区间范围为180°左右，假如轨道面间隔为30°，如图1-22所示，在阳照区可以设置

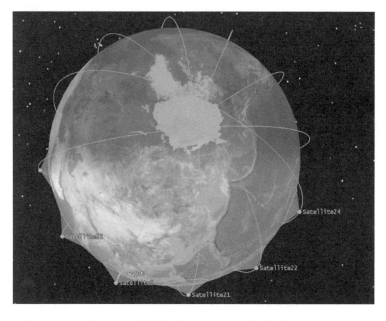

图1-22 轨道面间隔30°（北极方向视角）

6个不同的轨道面,假设每个轨道面部署1颗卫星,通过仿真计算,1个月(30天)总观测次数为140次,平均4.67次/天。

轨道面间隔60°时,如图1-23所示,在阳照区只能设置3个轨道面,假设每个轨道面部署1颗卫星,通过仿真计算,1个月(30天)总观测次数为69次,平均2.3次/天。

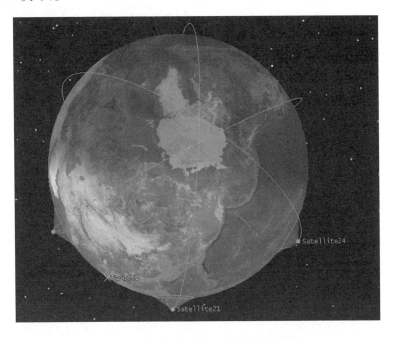

图1-23 轨道面间隔60°(北极方向视角)

由此可见,当轨道面夹角间隔为30°时,与更大夹角的轨道面间隔相比,可使用的轨道面数量更多。在其他条件不变的情况下,拥有较多轨道面的星座更有利于提升重访次数。

2. 每个轨道面卫星数量部署设计

当轨道面夹角确定后,在同一个轨道面的不同位置分别部署多颗卫星:一方面可以进一步提升目标的重访次数,缩短重访周期;另一方面可以提升较短时间内,特别是同一圈次内对目标进行短时间高频次观测的能力,有利于时间敏感目标的变化监测。

特别是当同一轨道面相邻卫星位置间隔设置合适时,可以使多颗卫星在同一圈次对同一目标过境时访问不间断,形成较长时间的连续观测时间窗口,使卫星星座具备对目标,特别是对动目标的连续动态监视能力。

例如，当一个轨道面部署 5 颗卫星，相邻卫星位置间隔为 15°时，对同一目标可实现单次时长 20min 的连续不间断监视能力，如图 1-24 所示。

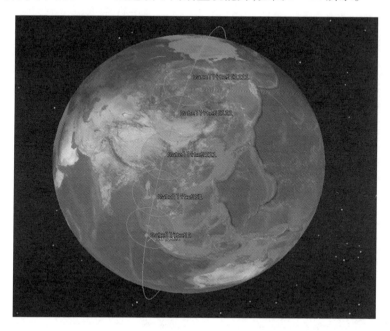

图 1-24　同一轨道面 5 颗卫星（相邻间隔 15°）

另外，一种布局是卫星均匀分布于轨道面，其特色是一圈内访问时间间隔比较均匀。这种布局没有什么特别的限制，只要地面站接收能力足够，能够同时支持这些卫星下传数据，就是可行的。目前，"珠海一号"卫星星座能够达到在同一轨道面均匀分布 5 颗微纳卫星的组网星座。

3. 卫星星座优化设计的技术问题

具体每个星座部署几个轨道面、每轨部署几颗卫星，才能达到最大的覆盖面积、最短的重复周期、最优的光照条件，这本身就是一个多参数求优的技术问题，需要加以研究和细化设计，2.1 节将对此进行初步探讨。

以"珠海一号"高光谱卫星星座的设计为例（除 2 颗实验卫星外），如图 1-25 所示。"珠海一号"高光谱卫星星座的轨道采用太阳同步轨道的中近圆形轨道，轨道高度在 500km，降焦点时刻成像。8 颗卫星和 4 颗视频卫星（共 10 颗卫星）先后分两组发射在两个轨道面上，每个轨道面有 4 颗高光谱卫星和 1 颗视频卫星，每 5 颗卫星均匀地分布在同一个轨道面，相邻两颗卫星之间的间隔时间约 20min，同一纬度面最大距离约 500km，相邻两个轨道面夹角为 30°。"珠海一号"的两个轨道面的卫星过境地方时分别为:第一组北京时间 11∶00,第二组北京时间 13∶00。这样的轨道分布缩短了卫星的重访时间,极大地提高了卫星的覆盖周期。

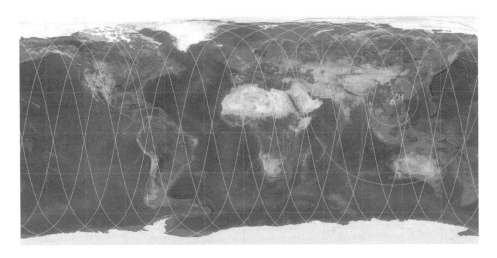

图 1-25　1 颗卫星运行 1 天的星下点轨迹

4. 卫星星座设计实施案例

以"珠海一号"卫星星座为例,该星座有两轨卫星数量达到每轨 5 颗微纳卫星,另外一轨有 2 颗微纳卫星(这 2 颗为实验卫星,暂不参与分析)。每轨具备 5 颗卫星的轨道,其卫星采用"一箭五星"方式发射,5 颗卫星总质量不超过 359kg。星座使用过程中满足下述要求。

(1) 5 颗卫星入轨后能通过轨道机动形成同轨均布星座。

(2) 5 颗卫星组成的星座具有在轨轨道维持能力。

(3) 卫星可按照指令在指定地区上空进行成像,获取目标信息。

(4) 卫星可按照指令进行指向调节成像,以扩大可视范围。

(5) 在地面接收站接收范围内,条件允许时卫星可边成像边数传;或先在星上存储成像数据,再适时回放下传。

(6) 卫星具有延时指令控制和立即指令控制工作方式。

1.4.2　遥感卫星总体技术指标设计需求

为阐述遥感卫星设计指标确定过程,下面以"珠海一号"视频卫星和高光谱卫星的指标确定为例进行介绍。

1. 遥感卫星在轨工作设计需求

遥感卫星设计总体指标是基于遥感卫星在轨工作的要求而确定的。下面以"珠海一号"视频卫星和高光谱卫星在轨工作要求为例进行介绍。

1) 视频卫星(OVS)在轨工作设计需求

(1) OVS-3 卫星相机一轨工作时间不大于 6min，单次开机连续推扫工作时间不小于 2min。卫星单次视频录制时间最大为 120s，视频成像位置、成像时间、帧数、单景曝光时间等通过上注指令可调。

(2) OVS-3 卫星视频录制要求卫星指向地面固定点，卫星推扫模式默认情况下要求卫星指向地球地心，通过上注任务可以让卫星指向地球内部一个固定位置。成像在地球表面，减少卫星地移，目的是增加卫星推扫曝光时间。

(3) OVS-3 卫星在视频录制或推扫状况下，在情况允许时可以同时进行数据传输。卫星在数据回放阶段可以进行两个地面站连续的数传，且数传时间不小于 12min，不大于 24min。

2) 高光谱卫星(OHS)在轨工作设计需求

(1) OHS-3 卫星相机在轨工作时间不大于 8min，单次开机连续推扫工作时间不小于 2min。

(2) OHS-3 卫星推扫模式默认情况下要求卫星指向地球地心，通过上注任务可以让卫星指向地球内部一个固定位置。成像在地球表面，减少卫星地移，目的是增加卫星推扫曝光时间。

(3) 卫星在推扫状况下，在情况允许时可以同时进行数据传输。卫星在地影时段可以进行两个地面站连续的数传，且数传时间不小于 12min，不大于 24min。

2. 卫星总体技术设计需求

基于遥感卫星在轨工作的要求，我们可以提出遥感卫星总体技术设计需求。视频微纳卫星 OVS-3 总体技术设计需求如表 1-15 所列，高光谱微纳卫星 OHS-3 总体技术设计需求如表 1-16 所列。

表 1-15 视频微纳卫星 OVS-3 总体技术设计需求

项目	指标
整星质量	80~100kg
包络尺寸	不超过 990mm×650mm×1100mm

续表

项目		指　标
核心元器件		宇航 SOC、SIP－OBC、SIP－MEM 器件
热控方式		被动＋主动热控
轨道	轨道类型	太阳同步轨道
	轨道高度	490～520km
寿命	在轨寿命	3～5 年
电源系统	输出功率	大于 160W
GNSS	定位精度	优于 15m
姿控系统	测量精度	20″(3σ)
	指向精度	优于 0.05°
	三轴稳定度	优于 0.002(°)/s
	姿态机动	俯仰滚转均优于 ±45(°)/80s
轨控系统	轨道控制	轨道相位调整及轨道维持
测控系统	测控体制	USB/UV
数传系统	通信频段	X 频段
	码速率	300Mb/s、600Mb/s，可程控切换
	发射功率	不小于 5W
	存储容量	1～2TB
	其他	相机工作在视频模式时，支持"边拍边传"
	成像方式	视频：凝视成像（彩色） 图像：推扫成像（全色多光谱）
	分辨率	优于 0.9m@500km
	帧频	10～25f/s，可调
	信噪比	优于 35dB（太阳高度角 50°以上）
	量化等级	视频：8bit； 推扫：10bit
	成像范围	不小于 22.5km@500km
	压缩比	1∶10～1∶1 可调
	云判	判别影像中云量百分比
	每轨工作时间	凝视视频：最大 120s×4 次； 推扫成像：4～8min

表 1-16　高光谱微纳卫星 OHS-3 总体技术设计需求

项目		指标
整星质量		60~70kg
包络尺寸		小于 850mm×500mm×1000mm
核心元器件		宇航 SOC、SIP-OBC、SIP-MEM 器件
热控方式		被动+主动热控
寿命	在轨寿命	3~5 年
电源系统	输出功率	不小于 180W
GNSS	定位精度	优于 15m
姿控系统	测量精度	20″(3σ)
	指向精度	优于 0.05°
	三轴稳定度	优于 0.002(°)/s
	姿态机动	俯仰滚转均优于±45°/80s
轨控系统	轨道控制	具备轨道相位调整及轨道维持能力
测控系统	测控体制	USB/UV
数传系统	通信频段	X 频段
	码速率	300Mb/s、600Mb/s,可程控切换
	发射功率	不小于 5W
	存储容量	1~2TB
光学相机	成像方式	推扫成像
	空间分辨率	优于 10m@500km 轨道
	幅宽	优于 150km@500km 轨道
	波长范围	400~1000nm
	谱段数	共 256,优选 32
	量化等级	10~12bit
	压缩比	可配置(范围 1:8~1:1)
	信噪比	全谱段不小于 300
	载荷工作时间	对地成像单轨平均工作时间不小于 8min
	标定方式	支持在轨标定

1.4.3 微纳卫星设计需求

1. 成像系统对卫星平台的要求

1)对太阳高度角的要求

太阳同步轨道的主要特点是太阳照射轨道面的方向在一年内基本不变,即轨道平面法线和太阳方向在赤道平面上的投影之间的夹角保持不变,即卫星经过赤道节点的地方时不变。该轨道特别适用于近地轨道的对地光学遥感卫星,主要优点是卫星太阳照射角、太阳能源接收量、同纬度星下点的地方平太阳时、同纬度星下点的照度和地影时间的周年变化为最小。

以欧比特卫星第三组卫星为例,由于"珠海一号"星座中视频卫星OVS-3及高光谱卫星OHS-3相机采用的是可见光互补金属氧化物半导体(CMOS)探测器,因此要求地面观测目标处于良好的光照条件下。同时,一般要求能对同一地区进行重复的多次观测。结合对光学相机的工作原理分析,光学相机高分辨率成像需要信噪比大于20dB,相机的工作时间也应选取在星下点光照条件较好的时刻,太阳高度角最好大于30°。

因此,为满足成像要求,卫星轨道在设计过程中需要依据相机信噪比考虑太阳矢量与卫星轨道和目标地域之间的关系,即太阳高度角的确定。

相机信噪比是相机输出信号和噪声的比值,是表征相机辐射特性的重要参数。辐射分辨率表征的是相机辨认光谱辐亮度或反射率稍有差异的地面特征的能力,是相对于用几何形态识别目标的又一重要手段。信噪比一般定义为,在一定光照条件下(如规定的入瞳辐亮度),相机输出信号V_s和随机噪声均方根电压V_n的比值,可以用比值表示,也可用分贝表示。

相机有两种工作模式,一种是视频凝视成像模式,一种是数字域时间延迟积分(TDI)推扫成像模式。两种模式的信噪比计算方法一致,只是对应的积分级数(M)和积分时间(T_{int})不同。

2)对轨道高度的要求

成像系统的相机分辨率决定了卫星轨道的最高高度。卫星轨道的最低高度由相机的行频及积分级数确定。

从成像入瞳能量角度希望轨道高度越高越好,随着轨道高度的增加,行频在减小,意味着行转移时间在增大,相机收集的能量在增多。所以,对轨道高度而言,除了相机分辨率的要求之外,其他方面没有上限要求。出于对相机分辨率的考虑,轨道上限设定为500km左右。OVS和OHS相机在不同轨道高度下的行频计算结果如表1-17所列。

表1-17 OVS和OHS相机在不同轨道高度下的行频计算结果

相机	轨道高度/km	行频/kHz	可积分级数
OVS 相机	475	8.34	24.91127
	500	7.88	26.36548
	525	7.46	27.84987
	550	7.08	29.34463
OHS 相机	475	0.84	15.45833
	500	0.79	16.43671
	525	0.75	17.31333
	550	0.7	18.55

当相机始终按照固定帧频进行拍照时，轨道高度对视频模式下的OVS-3相机的行频及积分级数没有影响，仅仅影响相机的分辨率；但是，轨道高度的变化对工作在推扫模式下的相机有影响，因为推扫成像涉及行频的设置问题，随着轨道高度的变化，相机的行频也随之变化。

随着轨道高度的降低，行频在增加，意味行转移时间在减少；同时，可以用于数字域积分的级数也在减少。所以，在轨道高度的下限设计中，行频及积分级数指标必须满足相机的指标要求。在我们的设计中，轨道高度最低可以降到475km。

3）对定轨和定姿信息的精度要求

（1）OHS-3相机多级TDI推扫成像。根据相机性能指标和图像传感器机械结构与尺寸限制要求，光学系统成像无缝拼接，偏流角综合极限误差应控制在±20.4′以内，推扫方向像移速度匹配误差控制在±0.59%以内，如果超出，成像质量的二维传递函数就无法达到指标要求。运用蒙特卡罗法，计算满足成像需求的姿态的控制和测量误差并代入像移速度公式，分析满足成像的相机对卫星平台参数要求。姿轨参数误差分配如表1-18所列。

表1-18 计算像移匹配姿轨参数误差分配

序号	参数名称	参数定义	精度要求 (3σ)
1	WGS-84 坐标系位置矢量	卫星在 WGS-84 坐标系下的位置 X	50m
		卫星在 WGS-84 坐标系下的位置 Y	50m
		卫星在 WGS-84 坐标系下的位置 Z	50m

续表

序号	参数名称	参数定义	精度要求（3σ）
2	卫星轨道角速率	卫星在地心惯性坐标系内相对地球质心的瞬时角速率	1×10^{-6}rad/s
3	轨道倾角 i_0	卫星运行的轨道面和地球赤道的夹角	0.01°
4	横滚角 ψ 控制	卫星相对轨道坐标系的横滚角控制值	0.05°
5	俯仰角 θ 控制	卫星相对轨道坐标系的俯仰角控制值	0.05°
6	偏航角控制	卫星相对轨道坐标系的偏航角控制值	0.05°
7	横滚角速率控制	卫星相对卫星坐标系的横滚角速率控制值	0.002(°)/s
8	俯仰角速率控制	卫星相对卫星坐标系的俯仰角速率控制值	0.002(°)/s
9	偏航角速率控制	卫星相对卫星坐标系的偏航角速率控制值	0.002(°)/s
10	横滚角测量	卫星相对轨道坐标系的横滚角测量值	0.03°
11	俯仰角测量	卫星相对轨道坐标系的俯仰角测量值	0.03°
12	偏航角测量	卫星相对轨道坐标系的偏航角测量值	0.03°
13	横滚角速率测量	卫星相对卫星坐标系的横滚角速率测量值	0.002(°)/s
14	俯仰角速率测量	卫星相对卫星坐标系的俯仰角速率测量值	0.002(°)/s
15	偏航角速率测量	卫星相对卫星坐标系的偏航角速率测量值	0.002(°)/s

（2）OHS－3相机后摆补偿地速推扫成像对姿态的需求分析。高光谱成像时，为了延长曝光时间，卫星需要在推扫成像过程中进行后摆速度机动，用于补偿过快的地速，实现曝光时间的2倍延长；同时，还需要进行偏流角调整，实现像移速度矢量匹配。因此，后摆补偿地速过程中对俯仰方向和偏航方向的角速度控制要求较高。运用蒙特卡罗法，计算满足成像需求的姿态的控制和测量误差并代入像移速度公式，分析满足成像的相机对卫星平台参数要求。姿轨参数误差分配如表1－19所列。

表1－19　计算后摆地速补偿及像移匹配姿轨参数误差分配

序号	参数名称	参数定义	精度要求（3σ）
1	WGS－84坐标系位置矢量	卫星在WGS－84坐标系下的位置 X	50m
		卫星在WGS－84坐标系下的位置 Y	50m
		卫星在WGS－84坐标系下的位置 Z	50m
2	卫星轨道角速率	卫星在地心惯性坐标系内，相对地球质心的瞬时角速率	1×10^{-6}rad/s
3	轨道倾角 i_0	卫星运行的轨道面和地球赤道的夹角	0.01°

续表

序号	参数名称	参数定义	精度要求 (3σ)
4	横滚角 ψ 控制	卫星相对轨道坐标系的横滚角控制值	0.05°
5	俯仰角 θ 控制	卫星相对轨道坐标系的俯仰角控制值	0.05°
6	偏航角控制	卫星相对轨道坐标系的偏航角控制值	0.05°
7	横滚角速率控制	卫星相对卫星坐标系的横滚角速率控制值	0.002(°)/s
8	俯仰角速率控制	卫星相对卫星坐标系的俯仰角速率控制值	0.002(°)/s
9	偏航角速率控制	卫星相对卫星坐标系的偏航角速率控制值	0.002(°)/s
10	横滚角测量	卫星相对轨道坐标系的横滚角测量值	0.03°
11	俯仰角测量	卫星相对轨道坐标系的俯仰角测量值	0.03°
12	偏航角测量	卫星相对轨道坐标系的偏航角测量值	0.03°
13	横滚角速率测量	卫星相对卫星坐标系的横滚角速率测量值	0.002(°)/s
14	俯仰角速率测量	卫星相对卫星坐标系的俯仰角速率测量值	0.002(°)/s
15	偏航角速率测量	卫星相对卫星坐标系的偏航角速率测量值	0.002(°)/s

（3）OVS－3 相机数字域 TDI 推扫成像。根据相机性能指标要求及光学系统成像要求，按照积分级数 40 级偏差小于 0.3 个像元引起误差来源进行分析和分配，偏流角综合极限误差应控制在 ±20.6′ 以内，推扫方向像移速度匹配误差应控制在 ±0.6% 以内，如果超出，成像质量的二维传递函数就无法达到指标要求。因此，推扫成像需要对全球定位系统（GPS）数据和卫星姿态控制提出较高的要求。当 OVS 相机推扫成像时运用蒙特卡罗法，计算满足成像需求的姿态的控制和测量误差并代入像移速度公式，分析满足成像的相机对卫星平台参数要求。姿轨参数误差分配如表 1－20 所列。

表 1－20 OVS－3 计算像移匹配姿轨参数误差分配

序号	参数名称	参数定义	精度要求 (3σ)
1	WGS－84 坐标系位置矢量	卫星在 WGS－84 坐标系下的位置 X	50m
		卫星在 WGS－84 坐标系下的位置 Y	50m
		卫星在 WGS－84 坐标系下的位置 Z	50m
2	卫星轨道角速率	卫星在地心惯性坐标系内，相对地球质心的瞬时角速率	1×10^{-6} rad/s
3	轨道倾角 i_0	卫星运行的轨道面和地球赤道的夹角	0.01°
4	横滚角 ψ 控制	卫星相对轨道坐标系的横滚角控制值	0.05°

续表

序号	参数名称	参数定义	精度要求（3σ）
5	俯仰角 θ 控制	卫星相对轨道坐标系的俯仰角控制值	0.05°
6	偏航角控制	卫星相对轨道坐标系的偏航角控制值	0.05°
7	横滚角速率控制	卫星相对卫星坐标系的横滚角速率控制值	0.002(°)/s
8	俯仰角速率控制	卫星相对卫星坐标系的俯仰角速率控制值	0.002(°)/s
9	偏航角速率控制	卫星相对卫星坐标系的偏航角速率控制值	0.002(°)/s
10	横滚角测量	卫星相对轨道坐标系的横滚角测量值	0.03°
11	俯仰角测量	卫星相对轨道坐标系的俯仰角测量值	0.03°
12	偏航角测量	卫星相对轨道坐标系的偏航角测量值	0.03°
13	横滚角速率测量	卫星相对卫星坐标系的横滚角速率测量值	0.002(°)/s
14	俯仰角速率测量	卫星相对卫星坐标系的俯仰角速率测量值	0.002(°)/s
15	偏航角速率测量	卫星相对卫星坐标系的偏航角速率测量值	0.002(°)/s

（4）OVS-3 相机凝视成像。凝视成像针对每个划分区域进行动态跟踪成像时，卫星通过姿态机动实现目标与卫星在沿轨方向的速度抵消、垂轨方向的相互补偿，在某一个成像时刻，二者之间均可认为相对静止，因此凝视成像过程中对俯仰方向和横滚方向的角速度控制要求较高。凝视成像时，需要综合考虑卫星的机动能力和成像能力，分析卫星动态跟踪成像的姿态角速度跟踪精度对成像的影响。当 CMOS 相机凝视成像时，运用蒙特卡罗法，将姿态的控制和测量误差代入像元失配计算公式，可得到像元偏差量小于 1 个像元（3σ），在 2ms 曝光时间条件下，认为满足凝视成像需求，如表 1-21 所列。

表 1-21 OVS-3 相机计算像元偏差姿态参数误差分配

序号	参数名称	参数定义	精度要求（3σ）
1	横滚角速率	卫星本体相对轨道坐标系的偏航角速率控制值	0.01(°)/s
2	俯仰角速率	卫星本体相对轨道坐标系的俯仰角速率控制值	0.01(°)/s
3	偏航角速率	卫星本体相对轨道坐标系的横滚角速率控制值	0.01(°)/s

4）对数传系统的要求

（1）对数传系统的数据传输速率的要求。卫星相机凝视模式下，其相机的数据传输速率取决于相机的面像素、帧频、灰度量化、CCD 传感器路数。OVS-3

相机面像素 5056×2986,帧频为 25f/s,8bit 量化,5 路 CCD,其总数据传输速率为 15.01Gb/s。

视频卫星相机在推扫模式下,其相机的数据传输速率取决于相机的线像素、相机空间分辨率、灰度量化、CCD 传感器路数。OVS-3 相机线像素 5056,相机分辨率 0.9m,10bit 量化,5 路 CCD,其总数据传输速率为 2.01Gb/s。

高光谱卫星相机在推扫模式下,其相机的数据率取决于相机的线像素、空间分辨率、灰度量化、光谱谱段、CCD 传感器路数。OHS-3 相机线像素 5056,相机分辨率 10m,10bit 量化,32 谱段,3 路 CCD,其总数据传输速率为 3.59Gb/s。

对于相机的压缩率、数传系统的存储器配置及向地面系统的数据传输速率设计等,应该满足以上数据传输速率的要求。

(2)业务数据及辅助数据的打包处理。数传系统除对相机传送的图像数据进行接收、压缩和下传外,还应具有接收相机辅助数据的能力。

辅助数据是指相机在拍摄图像的过程中收集到的拍照时刻的卫星姿态、轨道等信息。卫星成像系统应该将这些辅助信息打包,与图像数据合并为一包数据传送给数传系统。所以,数传系统应具备将辅助数据和图像数据区分存储、压缩的功能。

2. 轨道衰减及燃料需求分析

以"珠海一号"星座为例,其具备 5 颗卫星的轨道,其 5 颗卫星位于同一轨道平面上,具有相似的轨道特性,标称任务轨道为准回归太阳同步轨道。为保证对目标具有重访特性(对特定地区的遥感需要),OVS-3/OHS-3 卫星的任务轨道应具有回归特性。同时,考虑到光学载荷对轨道类型的要求,初步确定"珠海一号"星座采用太阳回归近圆轨道。考虑到相机分辨率,轨道选择 506km 左右的太阳同步轨道。

根据卫星星座使用要求及可见光相机拍照对星下点太阳高度角的要求,初步确定标称任务轨道的降交点地方时为 13:00,实际发射时降交点地方时可选择范围为 13:00~13:30。根据以上分析,初步选定的标称轨道的轨道根数如表 1-22 所列。

表 1-22 初步选定的标称轨道的轨道根数

半长轴/km	偏心率	轨道倾角/(°)	升交点赤经/(°)	近地点幅角/(°)	降交点地方时
6877.98	0	97.40	78.50	0	13:00

这样,本轨的卫星回归周期为5天,卫星的星下点轨迹以5天为周期重复。由于卫星具有45°侧摆能力,对应地面覆盖1000km成像范围,因此能够实现全球覆盖目的。

运行于标称高度为506km的5天回归太阳同步轨道,卫星寿命期内轨道半长轴会有所衰减,为保证卫星的轨道寿命,需要携带一定量的推进剂用于轨道维持。此外,"珠海一号"由5颗卫星组成卫星星座,入轨后有相位调整和相位保持的控制需求。因此,每颗卫星配置了单组元推进系统,以实现卫星的相位调整和轨道维持,携带的用于轨道高度维持的推进剂量决定了其轨道寿命。

在轨道高度一定的情况下,影响轨道衰减量的主要因素是大气密度和迎风面积。大气密度受多种因素的影响,如太阳活动峰年与谷年及地球磁场活动等。大气密度随轨道高度急剧变化,即使在同一个轨道高度上,大气密度也随太阳活动的峰、谷年及昼夜不同而变化。

迎风面积与卫星外形及姿态密切相关。根据OVS-3/OHS-3卫星的外形和尺寸,可以计算出其不同工作模式下的迎风面积。"珠海一号"卫星的长期工作姿态为对日定向模式,OHS-3卫星一个轨道周期内平均迎流面面积约为$0.8m^2$,OVS-3卫星一个轨道周期内平均迎流面面积约为$1.1m^2$。

1) 轨道衰减分析

在进行轨道寿命估算时,采用如下假设。

(1) 卫星采用每月进行一次轨道高度修正的策略。

(2) 卫星采用4台单组元轨控发动机进行轨道修正,比冲按$2100N \cdot kg^{-1} \cdot s$计算。另外,不考虑推力弧段损失,发动机效率按96.6%(推力线与星体坐标系按15°倾角)计算。

(3) OHS-3卫星平均质量按85.2kg估算,OVS-3卫星平均质量按66.2kg估算。根据上述假设,OVS-3/OHS-3卫星的轨道寿命分析结果如表1-23所列。

表1-23 "珠海一号"卫星轨道衰减分析结果

轨道衰减	太阳高年		太阳平年	
	OHS-3	OVS-3	OHS-3	OVS-3
大气密度平均值/(kg/m³)	5.0E-12		6.97E-13	
1月内轨道半长轴衰减量/km	18	17	2.6	2.5
注:设卫星阻力系数为$C_D=2.2$				

2）燃料预算

为计算方便,燃料消耗预算从相位布局、相位保持(长期维持)和高度维持3个方面分别计算。

(1) 相位布局初始化燃料消耗。考虑到推进剂的合理分配,计划以 OVS-3 卫星为基准,调整 OHS-3 卫星的相位,以形成星座的初始构型。采用的双脉冲调相速度增量需求与布局时间相关:两周时间内调整 144°相位需要的速度增量为 10.38m/s,一周内完成需要的速度增量为 20.80m/s。出于节省燃料的目的,选择两周完成相位初始布局,速度增量需求为 10.38m/s,对应燃料预算为 0.34kg。

(2) 相位保持(长期维持)燃料消耗。长期维持按照一个月维持一次,相位维持精度满足 ±2°计算,单次施加速度冲量不大于 0.14m/s,每年相位维持的速度增量需求为 $\Delta v = 0.14 \times 12 = 1.68$ (m/s),对应燃料消耗量为 0.056kg/年 (OHS-3) 和 0.071kg/年 (OVS-3)。

(3) 高度维持。由于大气阻力引起的轨道衰减与迎风面积相关,因此 OHS-3 和 OVS-3 卫星需分开计算。每年轨道高度维持的燃料需求分别为 0.57kg (OHS-3) 和 0.73kg (OVS-3)。

"珠海一号"卫星燃料预算如表 1-24 所列。

表 1-24 "珠海一号"卫星燃料预算

项目	燃料预算/kg		备注
	OHS-3	OVS-3	
相位布局	0.34	—	两周完成
相位保持	0.056	0.071	每年
高度维持	0.55	0.76	每年,按平年计算

3. 数传及测控分析

根据"珠海一号"未来运行规划,此处选取石河子、漠河和珠海3个地面测控站进行测控与数传机会分析。根据准回归轨道对地面访问的周期性,"珠海一号"星座卫星每运行5天,即运行76轨之后,对3个地面站的过顶情况与前5天一一对应。以某颗卫星为例,设地面站最小过顶高度角为5°,其对珠海地面站的过顶情况如图1-26所示。

类似地,利用轨道推演计算,将卫星对3个地面站的过顶情况汇总于表1-25中。

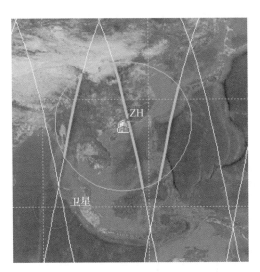

图 1-26　单颗卫星 5 天对地面站的过顶情况

表 1-25　单颗卫星 5 天对 3 个地面站的过顶情况

地面站	每天过顶次数/次	过顶最大/最小时长/s	5 天过顶次数/次	5 天过顶时长/h
漠河	5~6	557/38	28	3.29
石河子	4~5	554/62	21	2.57
珠海	3~4	548/186	16	1.96

卫星对 3 个地面站的过顶时间分别如图 1-27~图 1-29 所示。

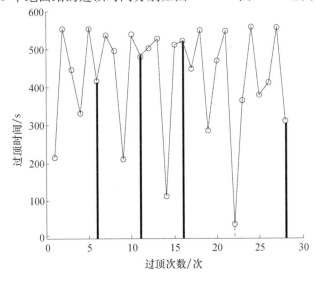

图 1-27　5 天内卫星过顶漠河站时间统计

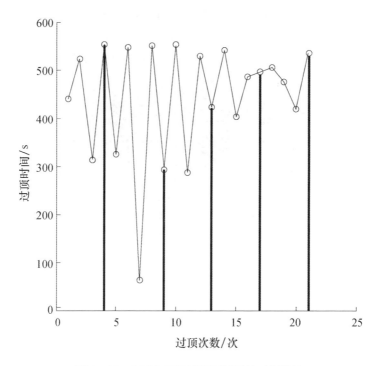

图 1-28　5 天内卫星过顶石河子站时间统计

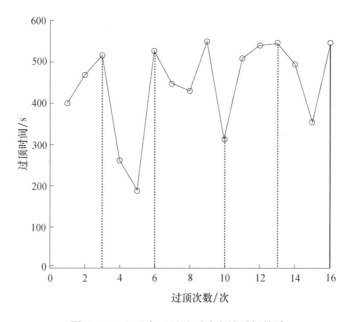

图 1-29　5 天内卫星过顶珠海站时间统计

由图 1-27～图 1-29 可以看出,存在卫星连续过顶两个地面站的情况,从而延长了对单个地面站的过顶时间。将 5 天内卫星连续过顶多个地面站的情况汇总于表 1-26 中。

表 1-26 5 天内卫星连续过顶多个地面站的情况汇总

第 k 天	过顶地面站	连续时长/s	第 k 天	过顶地面站	连续时长/s
1	漠河—珠海	1045	4	漠河—珠海	1045
1	漠河—石河子—珠海	834	4	漠河—石河子	704
1	珠海—石河子—漠河	963	4	珠海—漠河	918
2	漠河—石河子—珠海	950	4	珠海—石河子—漠河	880
2	珠海—漠河—石河子	974	5	漠河—珠海	1057
3	漠河—珠海	1011	5	漠河—石河子	714
3	漠河—石河子	643	5	珠海—漠河	821
3	珠海—漠河	963	5	珠海—石河子—漠河	913
3	珠海—石河子	829			

5 天内卫星对漠河、石河子、珠海 3 个地面站的过顶时间及其对应的过顶高度角分别如图 1-30～图 1-32 所示。

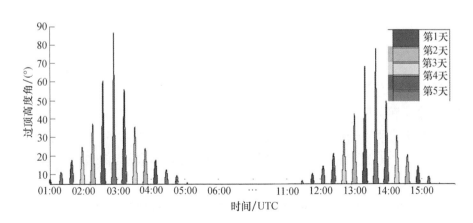

图 1-30 5 天内卫星过顶珠海站的过顶时间与过顶高度角(见彩图)

由图 1-30～图 1-32 可知,卫星对每个地面站的过顶,每天集中在协调世界时(UTC)时间 01:00～07:00 与 11:00～18:00 两个时间段内。在第一个

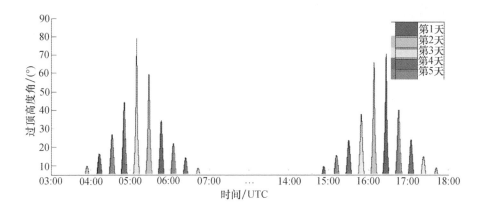

图1-31 卫星连续5天对石河子站的过顶时间与过顶高度角（见彩图）

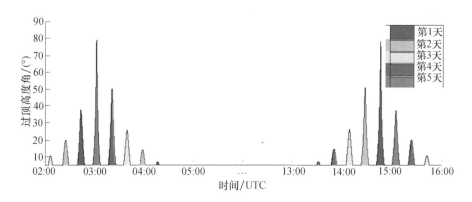

图1-32 卫星连续5天对珠海站的过顶时间与过顶高度角（见彩图）

时间段，卫星对3个地面站的过顶方向均为由北向南；在第二个时间段，卫星对3个地面站的访问方向均为由南向北。

其余4颗卫星运行5天对地面站的过顶时间与图1-30～图1-32相同。对于"珠海一号"标称轨道，相邻两颗卫星对同一地面站的过顶时刻相差15～20min。以第二颗卫星为例，其对3个地面站的过顶时间段为当前时间段向左平移15～20min。连续5天中，每颗卫星每天过顶3个地面站的总时长分别为5017s、5066s、5509s、5361s和5291s（同时过顶多个地面站时按其中一个计算）。

4. 数据存储需求分析

"珠海一号"第三组卫星，每颗卫星每轨数据获取及传输所需时间如表1-27所列。

表 1-27 "珠海一号"每轨数据获取及传输所需时间

卫星工作模式	数据传输速率/Gb/s	摄像时间/s	次数/轨	压缩比	数据量/GB	传输时间/(s,@300Mb/s)	传输时间/(s,@600Mb/s)
OVS-3 凝视	15.01	120	4	10:1	720	2400	1200
OVS-3 推扫	2.08	480	1	4:1	249	830	415
OHS-3 推扫	4.31	480	1	8:1	259	863	432

对于推扫模式获取的数据,考虑卫星每天 10～15 次的成功数据获取,卫星平台可以选择 2TB 左右大容量存储器满足数据存储及传输需求。

传输方面,我们主要考虑星地数据传输速率为 300～600Mb/s 的情况。事实上,随着通信技术的进步,星地数据传输速率完全可以达到 1000Mb/s 的速率。考虑到推扫工作模式,每轨传输时间为 430～860s。考虑到 AOS 打包格式及系统设计余量,极限情况下,对于每轨推扫原始图像数据,全部下传时间约为 450～900s。根据轨道特性,3 站平均每天可数传时间约为 5200s,因此顾及数据传输速率,每颗卫星可以向 3 个地面站传输 6～12 轨的数据。

当然,如果提高数据传输速率至 1000Mb/s,每颗卫星可以向 3 个地面站传输 18～20 轨的数据,该设计已经远远超出卫星本身的数据获取能力。

5. 卫星能源需求分析

1) OHS-3 卫星能源分析

对高光谱卫星的整星功率需求统计结果表明,任务载荷的功率需求比较大,其长期功率达到 7W,短期功耗达到 68W;数传分系统最大短期功率达到 62W,总的卫星长期功耗为 81.7W。卫星在光照期同轨进行拍照(8min)和数传(10min),工作过程中平均太阳光照角 30°,计算时等效为 5min 的光照时间。假设卫星在不同工作模式间机动时无光照,机动时间合计 6min,寿命末期任务当圈整星的功耗需求为 $(81.7 \times 34.8 + 96.7 \times 6 + 229.7 \times 8 + 149.4 \times 10)/[0.9 \times (35.9 + 5)] \approx 184(W)$。

考虑隔离二极管、电缆、电连接器组成线路压降为 2.5V,按照锂离子蓄电池平均电压为 7V 计算,对应的太阳电池阵的损耗为 $2.5V \times 6.46A = 16.15W$,该损耗在电池片串联设计时已考虑。取太阳阵的设计裕度为 1.05,则太阳阵在寿命末期的最小输出功率应不小于 $1.05 \times 184 = 193.2(W)$。在该典型任务模式下,蓄电池的放电电量为 4.47Ah,采用 42Ah 蓄电池,放电深度为 $4.47/42 \times 100\% \approx 11\%$。

综上所述,根据太阳帆板的实际布片面积,寿命末期太阳阵输出电流为 6.46A,输出功率为 200W,满足整星 193W 的需求。典型模式下,蓄电池放电深度小于 15%,寿命末期可实现 3 圈能量平衡,满足整星能量设计需求。

2) OVS-3 卫星能源分析

对视频星的整星功率需求统计结果表明,任务载荷的功率需求比较大,其长期功率达到 20W,短期功耗达到 105W;数传分系统最大短期功率达到 62W,总的卫星长期功耗为 94.7W。卫星在光照期同轨进行拍照(6min)和数传(10min),工作过程中平均太阳光照角 30°,计算时等效为 5min 的光照时间。假设卫星在不同工作模式间机动时无光照,机动时间合计 6min,寿命末期任务当圈整星的功耗需求为 $(94.7 \times 34.8 + 109.7 \times 6 + 279.7 \times 6 + 162.4 \times 10)/[0.9 \times (37.9+5)] \approx 188(W)$。

考虑隔离二极管、电缆、电连接器组成线路压降为 2.5V,按照锂离子蓄电池平均电压为 7V 计算,对应的太阳电池阵的损耗为 $2.5V \times 8.88A = 22.2W$,该损耗在电池片串联设计时已考虑。

取太阳阵的设计裕度为 1.05,则太阳阵在寿命末期的最小输出功率应不小于 $1.05 \times 188 = 197.4(W)$。在该典型任务模式下,蓄电池的放电电量为 4.80Ah,采用 42Ah 蓄电池,放电深度为 $4.80/42 \times 100\% \approx 11\%$。

综上,根据太阳帆板的实际布片面积,寿命末期太阳阵输出电流为 8.88A,输出功率为 275W,满足整星 197W 的需求。典型模式下,蓄电池放电深度小于 15%,寿命末期可实现两圈能量平衡且有一定余量,满足整星能量设计需求。

6. 姿态控制需求分析

1) 姿态控制能力要求

根据总体任务需求分析,"珠海一号"卫星的姿轨控系统需满足任务载荷正常工作对姿态控制精度的要求,要求对地定向模式下达到如下控制指标。

(1) 姿态测量精度:优于 $20''(3\sigma)$。

(2) 姿态指向精度:优于 $0.05°(3\sigma)$。

(3) 姿态稳定度:$0.002°/s(3\sigma)$。

(4) 姿态机动:俯仰滚转均优于 $\pm 45°/80s$。

同时,为满足卫星能源的需求,总体方案采用卫星长期对日定向,任务载荷工作时短期对地定向的工作模式,需要完成卫星对日/对地姿态机动。

考虑到充分借鉴以往承担的卫星型号研制的成熟技术,卫星姿态与轨道控制系统采用整星零动量轮控系统方案,姿态敏感器采用高精度的星敏感器和速率陀螺,进行联合定姿。轨道控制采用1N推力器实现卫星的初始相位调整和轨道维持。

2) 环境干扰力矩分析

卫星外部环境干扰力矩主要包括气动力矩、剩磁力矩、重力梯度力矩和太阳光压力矩。"珠海一号"工作轨道高度为506km,飞行期间按太阳活动平年开展环境力矩分析。设压心和质心距离为0.1m,气动干扰与卫星的迎风面积成正比,约为$4.46E-6N \cdot m/m^2$(C_D值取2.2),太阳光压在每平方米的辐照面积上产生的干扰力矩最大幅值约为$9.1E-7N \cdot m$。

OVS-3卫星在对日定向过程中的平均迎风面积最大,初步估算约为$0.8m^2$,气动干扰力矩约为$3.57E-6N \cdot m$;在对日定向过程中的太阳辐照面积最大,初步估算约为$1.1m^2$,太阳光压力矩最大幅值约为$1E-6N \cdot m$;重力梯度力矩幅值约为$4.1E-6N \cdot m$。

OHS-3卫星在对日定向过程中的平均迎风面积最大,初步估算约为$1.1m^2$,气动干扰力矩约为$4.91E-6N \cdot m$;在对日定向过程中的太阳辐照面积最大,初步估算约为$1.6m^2$,太阳光压力矩最大幅值约为$1.46E-6N \cdot m$;重力梯度力矩幅值约为$8E-6N \cdot m$。剩磁力矩的大小主要取决于卫星剩磁指标的控制,若按卫星最大剩磁矩$0.5Am^2$考虑,剩磁力矩最大幅值约为$2.4E-5N \cdot m$量级。

3) 姿态稳定控制技术指标分析

"珠海一号"卫星对姿态控制的要求主要为姿态测量精度及控制精度。任务载荷工作时的控制模式为对地定向稳定,对姿态控制的要求如下。

(1) 姿态测量精度:优于$20''(3\sigma)$。

(2) 姿态指向精度:优于$0.05°(3\sigma)$。

(3) 姿态稳定度:$0.002°/s(3\sigma)$。

控制系统采取如下措施予以保障。

(1) 采用用户提供的高精度快速星敏感器,测量精度为垂直光轴向$7''$,光轴向$70''(3\sigma)$,更新率10Hz。在不考虑主动段振动、在轨应力释放、温度梯度引起的卫星结构变形、地面标定精度等引入的系统误差时,通过采用2台星敏感器同时工作,可以保证$20''(3\sigma)$的姿态测量精度。

(2) 选用高精度速率陀螺。陀螺提供高精度的角速度信息,其常值漂移(零位漂移)可以通过星敏感器联合滤波估计和补偿,所选陀螺的随机漂移优于$0.05°/h$,可保障的角速度测量精度为$0.0015°/s$。高精度陀螺的积分定姿与星敏感器联合使用可以有效提高定姿精度,由于陀螺的漂移与温度变化关系密切,陀螺内部采用自主温控措施;同时,整星的安装和热控方面也尽量保持陀螺温度的稳定性,避免大的温度变化。

(3)选择反作用轮的各项参数。除最大角动量、输出力矩和转速外,其他不利参数应越小越好,如静摩擦力矩、黏性系数、气动阻力系数、动不平衡力矩。为了实现飞轮闭环控制,飞轮的测速精度应提高。

(4)扰动力矩是影响姿态稳定的根源,因此高精度控制期间,要防止人为地引入阶跃扰动力矩,即避免卸载系统启动和飞轮过零工作。

(5)系统设计有足够的衰减度来保证对周期干扰的抑制,并估计飞轮摩擦力矩、角动量耦合力矩和常值干扰环境力矩,并对其加以补偿。

根据以往型号卫星的飞行结果和数学仿真分析,通过高精度姿态确定方法,以及对控制算法的合理设计,在选用上述高精度星敏感器和高精度陀螺的基础上,能够实现"珠海一号"卫星0.05°姿态指向精度和0.002°/s的姿态稳定度。

4)卫星姿态机动控制指标分析

"珠海一号"卫星对俯仰和滚转轴姿态机动控制指标的需求是优于±45°/80s,兼顾全球导航卫星系统(GNSS)导航接收机、星敏感器等产品的星体角速度控制需求,按整星最大1°/s姿态机动角速度进行设计,采用反作用飞轮作为姿态控制执行部件。按视频卫星质量86kg,转动惯量约为15kg·m^2,整星机动时飞轮需要提供的角动量约为260mN·ms,因此采用国产0.5N·m·s的飞轮即可满足使用需求;该飞轮的最大输出力矩约为0.02N·m,卫星加速到1°/s所需时间约为13s,因此达到80s内机动45°的指标需求。

7. 成像系统的设计指标

1)高光谱载荷

目前经过实际应用考验的高光谱成像仪从分光结构的角度分类,有色散方式、干涉方式、滤光片方式等;从成像方法的角度分类,有推扫型、凝视型等,覆盖波段可从可见光一直到长波红外,被遥感卫星视为定量遥感的首选。为了实现低成本设计,可以采用高灵敏CCD芯片及SCMOS芯片来研制高光谱成像技术,在探测器的像元上分别镀不同波段的滤波膜实现高光谱成像。

在商业遥感领域,我们应该追逐什么样的技术指标?从先进性和市场需求来看,我们对高光谱成像系统提出如下设计准则。

(1)在谱域方面,应该考虑可见光(400~780nm)、近红外(780~1100nm)、短波红外(1100~2500nm)的设计。如果一个相机不能达到对以上3个谱域的集成,那么至少集成两个谱域。

(2) 在波段规划上,应该采用 256~512 波段的设计。

(3) 光谱分辨率应该考虑在 2.5~10nm 的设计。

(4) 空间分辨率最好考虑 5~60m 的设计。

(5) 成像系统的幅宽最好可以实现 100~180km 的设计。

(6) 成像系统支持卫星推扫模式和卫星侧摆模式。

2) 高空间分辨率载荷

目前,商业化的光学遥感卫星的空间分辨率已经达亚米级,如美国 WorldView-4 卫星。我国的"高分二号"卫星(GF-2)"高景""北京二号"、"吉林一号"、"珠海一号"等卫星星座里,都含有亚米空间分辨率的卫星。

同时,视频卫星可以对某一区域进行凝视观测,以视频录像的方式获得比传统卫星更多的动态信息,适于观测动态目标,分析其瞬时特性。目前,主要采用具备较高姿态敏捷能力或具备图像运动补偿能力的低轨光学成像卫星,或单星,或组网形成卫星星座,来实现对地凝视观测。

在商业遥感领域,为了确保先进性,我们对高空间分辨率载荷提出如下设计准则。

(1) 在谱域方面,应该考虑可见光(430~800nm)的设计。

(2) 在波段规划上,应该采用 RGB+NIR 全色波段(多光谱)的设计。

(3) 空间分辨率应该达到亚米级。

(4) 成像系统的幅宽最好可以实现 10~80km 的设计。

(5) 成像系统支持卫星推扫模式和卫星侧摆模式。

"高景一号"高分卫星的设计准则与上述内容基本一致,相关指标略高于以上指标,具体如下。

(1) 谱域波段设计:全色+多光谱。

① 全色:0.45~0.90μm。

② 多光谱:蓝为 0.45~0.52μm,绿为 0.52~0.59μm,红为 0.63~0.69μm,近红外为 0.77~0.89μm。

(2) 幅宽≥12km。

(3) 具备推扫+侧摆功能。

(4) 不侧摆的星下点地面像元分辨率(GSD)。

① 全色谱段:≤0.53m。

② 多光谱谱段:≤2.12m。

8. 卫星时间设计指标

卫星时间采用两套时间系统：一是卫星平台时间系统；二是卫星有效载荷时间系统，或称为高精度时间系统。平台时间系统时间基准为 UTC，精度优于 5ms；高精度时间系统采用 UTC，时间精度为 0.1ms。高精度时间系统主要作为与图像定位相关的各有效载荷设备（包括控制分系统的星敏感器、陀螺等）工作时间基准，平台时间系统主要作为星务主机工作的时间基准。卫星遥测时标、程控指令编排、星地授时等采用平台时间系统。同时，平台时间系统还作为高精度时间系统的降级备份使用。

1) 卫星平台时间系统

卫星平台时间是以星务中心计算机内部时钟或时钟单元为基准累加形成的。时钟单元为星务中心计算机提供计时基准，它采用恒温控制技术，保证石英晶体和振荡电路工作在稳定的温度下，确保输出频率的稳定。时钟稳定度优于 5×10^{-9}/天，频率准确度为 5×10^{-7}。

2) 卫星高精度时间系统

与图像信息相关的设备采用卫星高精度时间系统，具体包括 GNSS 接收机、相机、星敏感器、陀螺等设备。

卫星高精度时间系统采用 GPS 主动校时模式校准时间。在每个整秒时刻，GNSS 接收机向有效载荷相关设备、星敏等设备发出一个与 GPS 标准时间误差小于 $1\mu s$ 的高精度硬件秒脉冲，同时以控制器域网（CAN）总线主节点方式通过 CAN 总线发送与上述秒脉冲时刻对应的整秒时间，各相关设备据此完成校时工作。同时，各相关设备采用合理的守时、用时方案，确保与图像高精度定位相关的各种信息的时标和基准时间的同步精度优于 0.1ms。

1.4.4 卫星地面系统设计需求

1. 卫星运控中心设计需求

卫星运控通常由地面卫星运行控制中心来完成。卫星运行控制中心是指挥卫星工作的枢纽，同时也是卫星的地面指挥部，完成对卫星的操作控制与管理。卫星运控中心是商业遥感卫星系统的重要组成部分之一，应具备的功能一般包括以下几方面。

(1) 用户观测需求的受理。

(2) 针对用户需求进行卫星观测任务规划和数据接收计划制定。

(3) 能够与地面站进行通信，实现对地面站的控制和信息反馈。

(4）卫星的轨道计算和推演。

(5）成像任务的计划生成和指令制作。

(6）与卫星通信，实现卫星的遥测和遥控功能。

(7）卫星数据的接收、解调、译码、解扰、解压等。

(8）遥测数据、业务数据和原始数据的存储和管理。

值得注意的是，卫星与地面的通信需要确认传输协议，并对如下任务划分通信保障条件。

(1）对于数据量较小的遥测运控数据通信应用，如卫星工作状态监测监控、遥感卫星任务指令上注、地面站对卫星的跟踪及捕获等，通常采用 S 波段（数据上下行）和 X 波段（数据上下行）。

(2）对于数据量较大的遥感业务数据接收应用，如卫星地面站对过境卫星大数据的接收，通常采用 X 波段（数据下行）。

那么，数据传输通信系统可以考虑如下设计。

(1）对于遥感卫星任务小数据量的指令上注，可采用 X 频段（72xxMHz）或 S 波段通过卫星地面站向在轨卫星上行发送。

(2）对于卫星工作状态等小数据量的遥测信号的地面接收，可先对 S 频段（测控下行）对卫星进行捕获跟踪接收，出现 X 频段（测控下行 80xxMHz）信号后，再切入 X 频段跟踪接收；若无 S 频段信号，地面系统也可直接对 X 频段（测控下行 80xxMHz）信号进行捕获、跟踪并接收。

(3）对于卫星大数据的接收，地面卫星天线按照角度引导数据来控制天线跟踪卫星，地面系统可先采用 S 频段（测控下行）对卫星进行捕获跟踪，出现 X 频段（测控下行 80xxMHz）信号后，切入 X 频段跟踪；若无 S 频段信号，系统也可直接进行 X 频段（测控下行 80xxMHz）信号的捕获、跟踪。系统稳定跟踪卫星后，由地面站天馈分系统及跟踪接收分系统进行遥感卫星业务数据的接收（X 频段：数传下行 82xxMHz）、解调，由记录分系统进行解调后原始数据的实时记录，并将原始记录数据实时或非实时转发到数据中心。

随着计算机和网络的发展，卫星运控中心的运作对工作人员和管理人员的数量要求逐步减少，仅需要很少的人员即可高效地完成卫星数据的接收、处理和存档，以及对地面站的维护工作。

卫星运控中心本身由高可靠计算机软硬件、通信设备及网络系统组成。卫星控制中心需要确保遥感卫星系统能持续、可靠地提供服务。如何保证系统的高可靠性？我们需要对重要节点和系统进行冗余设计，采用双机双工技术保证数据处理及时,快速故障容错,以达到高可靠设计的目标。

运控中心系统采用冗余技术设计,从服务器、磁盘阵列、交换机等关键设备到它们之间的连接均考虑冗余,保证任何一个冗余部件或链路故障不会影响系统的正常运行。集群数据库提供可靠的服务,即使系统中某台数据库服务器有故障,其他数据库服务器仍能继续提供服务,并可实现负载均衡,响应及时。

运控中心对于任务命令上注、卫星状态参数监控的设计需与卫星总体设计一致。

2. 卫星地面站系统设计需求

卫星地面接收站系统的主要任务是对卫星进行捕获跟踪,接收、解调和记录遥感卫星业务数据、遥测数据及卫星姿态数据,并具备卫星上传指令的能力。

其建设需求主要如下。

(1) 能够根据轨道根数文件计算卫星轨道,并结合成像计划生成接收计划。

(2) 自行控制、调度接收分系统设备,获取设备状态参数,显示卫星运行轨迹,并能够控制天线跟踪卫星。

(3) 实时接收卫星下传遥感信号,将信号变频解调后输出数据。

(4) 整个系统需具备自动化接收流程和无人值守能力。

(5) 具有 S 频段自动跟踪和程序跟踪等跟踪方式。

(6) 仰角 3°时开始跟踪,5°以上可靠接收,无过顶盲区。

(7) 配有高精度时统,提供准确的频率、时间基准,具有自定位能力。

(8) 具有本地工作计划制订能力。

卫星地面接收站由大型抛物面的主、副反射面、存储设备及传输设备组成。天线具有若干波段(一般有 Ka、X 和 S 波段)的上半天球跟踪能力,天线由固定(不动)、方位俯仰、三轴或 X/Y 架座构成几种运动模式,三轴模式设有自动倾斜机构,以解决卫星过顶的跟踪问题。在天线跟踪接收范围内,地面接收站溃源能直接接收卫星发送的信号,将信号解调后得到卫星数据。

遥感卫星地面接收站可以采用抛物面天线(也可以用相控阵模式),用于跟踪遥感卫星进行遥感数据和遥测信号接收。天线常采用自动跟踪模式,在可视范围内跟踪卫星。它根据已知的卫星轨道参数确定天线起始指向及相对轨迹,以便捕获卫星并进入自动跟踪状态。采用方位俯仰安装方式的天线还应该有防止卫星过顶时丢失目标的措施。收到的数据信号经低噪声前置放大,以保证解调输出有足够的信噪比,使整个接收系统符合预期的误码率要求。下行变换的信号经解调分路和信号整理后得到下传数据,并被记录在存储设备中,可随时向卫星数据中心传送数据。跟踪接收系统要有检测整个系统性能的模拟检测设备和为统一时间标准用的时统设备。

为了适配卫星星座的海量大数据的获取和接收,商业遥感的卫星地面站系统一般由多个卫星地面站组成,因此用户通常会在合适的地理位置设置多个卫星地面接收站。在地面站数量及选址方面,需要考虑如下几个因素。

(1) 地面站数量。地面站数量要考虑星座的轨道面及每个轨道面的卫星数量,可根据卫星的过境情况和数传速率计算遥测接收时长和总体数据量,进而可以推算出所需地面站内天线数量。在不考虑投资和实现难度的前提下,数量多、全球布设是最佳选择。

(2) 地面接收工作负载在每个地面站的分配。要考虑地面站系统的配置、地面数据传输网络能力,合理分配卫星数据接收策略;当地面站拥有多套天线时,要根据卫星轨道和天线安装位置关系选择合理的天线进行接收,减少地面站内天线间的遮挡。

(3) 在轨卫星数据传输对接收区域及接收站的要求。这里主要考虑星座所有卫星每天经过该区域的次数、本地电磁环境及地面站天线的追踪能力(主要与跟踪接收仰角相关)等因素。

(4) 地面站选址要求。卫星地面站址应选择在电磁干扰小、区域制高点处,地面站附近没有大功率变压器、高压线。当地面站建在区域制高点处时,可以扩大天线可视范围,即接收覆盖范围广,有增加接收时长效果。此外,遥感卫星轨道一般为太阳同步轨道,则地面站选址越靠近极地,其过境频次会越多。

(5) 地面站向卫星数据中心进行数据传输的方式和成本。这里应该考虑该区域是否具备光纤通信条件及相关服务。

3. 卫星数据中心及数据处理中心设计需求

1) 卫星数据中心设计需求

卫星数据中心的主要任务是为整个星座的数据的计算、处理、存储、检索等提供软硬件支撑,确保地面工作快速、稳定执行。卫星数据中心在建设时需考虑的因素和需求主要如下。

(1) 需为数据处理配置在线、近线、离线等配置存储系统。

(2) 结合星座获取的数据量,对数据的控制流及数据流合理规划,并根据各类数据所需的存储空间进行优化设计和明确。

(3) 考虑数据安全,应考虑数据备份中心设计。

（4）卫星大数据地面接收、传输、存储、处理、分发数据标准、产品分级、质量控制和性能评估。

（5）针对卫星星座数据获取能力，必须优化配置高性能、大容量、高速、低成本的卫星数据存储系统。

（6）针对卫星大数据处理、分发及应用的需求，需优化配置高性能、大容量、快速交换、低成本的卫星大数据处理系统。

（7）针对卫星大数据种类繁多、海量、算法少、实时处理的特点，需要配置高性能可以处理 AI 算法的卫星大数据处理系统和平台。

（8）为实时处理海量的卫星大数据，需要展开人工智能算法的开发和应用。

2）卫星数据处理中心设计需求

卫星数据处理中心的主要任务是对卫星下传的各类数据进行高精度、高稳健性的业务自动化处理。卫星数据处理中心的建设需要考虑以下因素。

（1）针对卫星载荷特性，开发适配的地面数据处理业务化系统。

（2）处理系统一般将遥感数据处理至标准 1 级，即完成数据的几何、辐射处理，并附带几何模型和其他空间矢量文件。有时也需要考虑增加投影信息。

（3）处理系统应具备数据质检功能。

（4）考虑海量数据处理的时效性，计算资源采用多计算节点刀片服务器的集群架构，需要适配具备策略运筹能力的生产调度系统，进行运算模块的并行调用、资源分配和负载均衡等工作。

（5）面对海量数据压力，系统需要具备高鲁棒性特点。

（6）针对多样的数据需求，必须设计具有包容性的多级数据精度指标。

（7）针对大数据处理需求，必须提高软硬件有效利用率，提高系统处理效率。

（8）面对传统算法的不足和新型 AI 技术的突破，需要不断进行系统的迭代更新。

4. 卫星数据管理及分发设计需求

卫星数据管理及分发系统是商业遥感卫星系统卫星大数据业务开拓及技术支撑的关键，具备对卫星数据中心中除 0 级数据之外的所有数据的管理、分发功能及需求受理功能。针对用户提交的订单需求，本设计应该能够处理并满足订单所需的数据管理及分发业务流程。

（1）用户向数据管理及分发系统提交数据及产品订购请求，数据类型包括历史存档数据、编程拍摄数据，产品包括基础产品、高级产品和专题服务产品。

（2）对于存档数据，系统可直接提交用户。

（3）对于编程拍摄数据，系统则需启动数据采集流程。结合卫星星座运行计划和用户的特殊要求进行统一安排，制订采集、接收计划和有效载荷状态的调整计划，提交运控中心和地面接收系统。数据采集后，存于数据中心；经过处理，提交用户。

（4）对于产品，如果采用存档数据，则进行相关处理及加工，完成后提交用户。

（5）对于产品，如果采用编程拍摄数据，系统则需首先启动数据采集流程。数据获取后，进行相关处理及加工，完成后提交用户。

1.4.5 卫星应用服务设计需求

遥感卫星应用服务是遥感卫星系统的服务内容、能力与市场需求相结合的结果，以数字产品服务为主。作为商业运营的卫星应用服务，面对多元和高时效性的市场需求，卫星应用服务技术产品的推出需要注意如下事项。

（1）面对遥感监测高时效、多时相分析的服务特点，需要卫星具备较宽的遥感谱域，卫星星座具备较多轨道，每轨配置较多的卫星，每颗卫星具备较高的重访能力。因此，所生产研制的技术产品，尤其是所提供的数据服务，应当以较高的时间、空间和光谱分辨率为主打特色，真正贴近客户，解决客户的实际需求。

（2）面对相对不成熟的卫星数据行业应用，我们一定要意识到：服务方案、产品指标设计及其产品精度的评估及评价成为打开市场、稳定市场的关键。应该加大研发设计力度，深挖行业应用特点。

（3）针对卫星服务行业标准，特别是高光谱定量遥感应用服务的统一标准的不完善，AI算法评判标准不统一，必须尽快构建一套具备科学性和公众认可的体系标准及评判标准，加大研究力度。

（4）应用服务必须与平台化数字服务紧密结合，针对平台化数据服务，除对多源数据融合设计应用之外，需要全面考虑系统的安全性、稳定性、数据及时备份、高并发等特点。

1.4.6 卫星发射设计需求

对于商业卫星星座的发射，通常是"一箭数星"的发射，运载火箭必须采用3~4级的多级火箭。面对卫星运行轨道、卫星数量、卫星质量、包络体积都是确定的一次发射任务，对运载火箭选型需要考虑如下因素。

（1）运载火箭对卫星体积及卫星数量的包络能力。

（2）运载火箭对卫星质量的运载能力。

（3）运载火箭星箭分离程序设计。

（4）运载火箭在指定发射窗口将每个卫星运载到指定轨道的设计。

（5）运载火箭冲击力是否在每个卫星的容许范围之内。

1. 冲击力的设计需求

火箭的加速越大,对卫星的冲击会越大。这就要求在设计制造卫星时充分考虑火箭发射过程中对卫星整体的抗冲击能力,不管是卫星的机械部件还是电子部件,都必须考虑该抗冲击能力。

同样,在火箭选型中,火箭是否能够满足卫星对冲击力的要求,避免损害卫星系统,也是火箭选型的依据之一。

2. 星箭分离的设计需求

星箭分离程序设计必须合理,星箭分离一般由第三方服务商根据各个卫星的运行轨道进行设计。

例如,当采用"一箭五星"的方式在陆地发射卫星时,星箭分离的设计可采用如下过程。

（1）运载火箭由地面控制中心倒记数到零,运载火箭按命令从竖起的发射车弹射而出(火箭出筒)。

（2）尾罩分离。

（3）第一级火箭发动机点火,加速飞行段由此开始,运载火箭开始按预定程序缓慢向预定方向前进,在离地100km左右高度,第一级火箭发动机关机。

（4）第二级火箭发动机点火,一二级分离,火箭继续加速飞行。经过一定时间飞行,第二级火箭关机,二三级分离。这时火箭已飞出稠密大气层,可按程序在预定时间抛掉卫星的整流罩。

（5）第三级火箭点火,火箭继续加速飞行直至第三级火箭关机,三四级分离,火箭继续按程序飞行。

（6）至此,运载火箭已获得足够的能量,在地球引力作用下,开始惯性飞行段,直到与预定轨道相切的位置上,四级火箭发动机点火。

（7）在火箭达到预定速度和高度时,第四级火箭发动机关机,至此加速飞行段结束,火箭按程序进入星箭分离过程。

（8）在星箭分离阶段:首先二颗卫星分离进入预定轨道;然后一颗卫星分离进入预定轨道;最后剩下的二颗卫星分离进入预定轨道。

第 2 章
卫星星座及微纳卫星设计

随着人类对地球资源、生存环境及地外空间的探索、开发和利用,为对陆地表层、大气、海洋及空间目标进行探测与监视,世界各国政府越来越重视对具有高空间分辨率、高光谱分辨率卫星的研究开发与应用,人们也越来越期望能低成本的用更多的遥感卫星数据和产品来解决更多的棘手问题,低成本、高性能、更全面的服务成为市场对于商业遥感卫星系统最普遍的要求。卫星系统是商业遥感的重要组成部分,基于遥感任务和成本的考虑,微纳卫星系统具备天然的成本优势;同时,微纳卫星组网后构建的卫星星座的联合观测不仅能够完成单一卫星不能完成的任务,而且能够更好地完成商业遥感卫星系统定义的遥感任务,所以人们青睐利用微纳卫星星座来实现对地观测。

本章从商业微纳卫星星座的角度重点描述商业微纳卫星系统设计,包括卫星星座的轨道及每轨卫星数量优化布局设计、卫星平台及有效载荷设计、卫星可靠性设计等。

2.1 卫星星座布局设计

2.1.1 卫星轨道参数

描述卫星轨道一般采用经典的开普勒参数,如表 2-1 所列。

表 2-1 卫星轨道参数

参数名称	参数符号	定义	描述特性
轨道长半轴	a	轨道椭圆半长轴	描述轨道的形状
轨道偏心率	e	轨道椭圆偏心率	

续表

参数名称	参数符号	定义	描述特性
轨道倾角	i	轨道平面与赤道平面的夹角	描述轨道的位置
升交点赤经	Ω	升交点与春分点角距（地球心为原点）	
近地点幅角	ω	近地点到升交点角距	
真近点角	f	卫星位置相对近地点角距	描述卫星的位置

已知轨道长半轴 a 和轨道偏心率 e，可计算出轨道的形状，如图 2-1 所示。

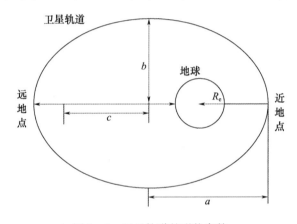

图 2-1　卫星轨道的形状参数

根据椭圆公式可知

$$e = \frac{c}{a}, c^2 = a^2 - b^2 \tag{2-1}$$

式中：b 为短半轴；c 为椭圆的半焦距。图 2-1 中 R_e 为地球半径。在 e、a 已知的前提下可求得椭圆 b、c，因此，a、e 又称为形状参数。

进一步地，已知轨道倾角 i、升交点赤经 Ω、近地点幅角 ω，可以确定轨道的空间位置，因此称 i、Ω、ω 为轨道位置参数，如图 2-2 所示。

轨道倾角 i 指卫星绕地球运行的轨道平面与地球赤道平面之间的夹角；升交点赤经 Ω 为卫星轨道的升交点与春分点之间的对地心的张角；升交点表示卫星从南向北跨过赤道飞行时，其轨道面与地球赤道面的交点；近地点幅角 ω 是指轨道近地点与升交点之间对地心的张角；真近点角 f 指天体从近地点起沿轨道运动时其向径扫过的角度，是某一时刻轨道近地点到卫星位置矢量的夹角。

因此，在已知卫星轨道的形状参数和位置参数的前提下，给定真近点角，可

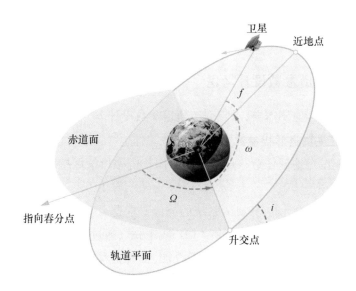

图 2-2 卫星轨道及卫星位置参数

以计算出任意时刻卫星在轨道上的位置,称 f 为卫星位置参数,如式(2-2)所示。

确定卫星沿椭圆轨道运行需要 6 个基本参数,利用这 6 个基本参数可以计算出任意时刻卫星的空间位置。若建立一个轨道右手笛卡儿坐标系,其原点为地心,X、Y 方向相互垂直且位于轨道面上,Z 方向垂直于轨道面,与法矢量重合。在轨道 6 参数已知时,卫星的空间位置可表示为

$$\begin{cases} X = \dfrac{a(1-e^2)}{1+e\cos f}\cos f \\ Y = \dfrac{a(1-e^2)}{1+e\cos f}\sin f \\ Z = 0 \end{cases} \tag{2-2}$$

式中:f 为真近点角,可通过方程组得到

$$\begin{cases} E = M + e\sin E \\ \cos f = \dfrac{\cos E - e}{1 - e\cos E} \\ \sin f = \dfrac{\sqrt{1-e^2}\sin E}{1 - e\cos E} \end{cases} \tag{2-3}$$

式中:M 为平近点角,表示卫星从近地点开始,按照卫星平均角速度在辅助圆上飞行一段时间后形成的弧段夹角,该量与时间呈线性关系。

在实际工程应用中,式(2-3)一般采用牛顿迭代法求解。辅助圆与轨道椭圆共面、共圆心。

2.1.2 卫星轨道参数设计考虑

本节结合实际应用需要,重点介绍轨道参数设计。

1. 确定卫星轨道形状参数

为确保卫星对地球任意一点观测的影像分辨率尽量保持一致,一般采用圆轨道,因此偏心率 $e=0$。

而在轨道高度设计时,相机分系统的成像要求是需要重点考虑的因素之一。遥感卫星的成像系统一般采用 TDI-CCD 推扫方式,通过多级光敏元件对同一目标多次积分成像,从而对多级信号能量叠加,提升信噪比。因此,TDI-CCD 需要设置行频来确定积分级数,从而保证成像质量。行频指每秒所能成像的行数,有如下关系式:

$$f_r = \frac{f}{d} \cdot \frac{v}{H} \qquad (2-4)$$

式中:f 为相机焦距,已知;d 为像元物理尺寸,已知;v 为卫星地移速度;H 为轨道高度。

卫星地移速度 v 可通过卫星飞行速度和轨道高度求得。因此,行频设定与轨道高度相关。以"珠海一号"卫星为例,包含一定裕度计算 OVS 卫星(0.9m 分辨率)的行频与轨道的理论结果如表 2-2 所列。

表 2-2 OVS 视频卫星不同轨道高度下的行频计算结果

轨道高度/km	行频/kHz	可积分级数
475	8.34	24.91127
500	7.88	26.36548
525	7.46	27.84987
550	7.08	29.34463

行频确认后,可知每一行成像所需时间,因此可以计算求得每一行的最大可积分级数,如表 2-2 最右列所列。可以看到,轨道越低,其卫星飞行速度越快,因此其行频越大,可积分的级数越小。由于视频星每行最大积分级数为 25,当轨道高度低于 475km 时将不支持最大的积分级数,对成像有较大影响。因此,在轨道高度设计时,应考虑轨道高度大于 475km。

同时,为了载荷更容易实现高地面分辨率和覆盖宽度,并兼顾卫星在轨寿命,遥感卫星的轨道高度 H 通常设定为 500km 以上,选择的轨道半长轴可在 6871km 附近。

2. 选择卫星的降交点地方时

对于单个遥感卫星而言,卫星降交点时刻的选择应该满足星载可见光传感器成像所要求的太阳高度角。通常情况下,CCD 相机的限制条件是太阳高度角保持在 20°以上。

根据上述要求,首先考虑降交点地方时可选范围为 9:00~15:00,根据地日相对位置关系,可计算一年内各纬度的光照情况,即满足太阳高度角 20°~70°的天数。其计算结果如表 2-3 和表 2-4 所列(轨道参数:$e=0$,$H=506$km,$i=97.4°$)。

表 2-3 全年上午各纬度光照天数统计

地方时 纬度/(°)	9:00	9:30	10:00	10:30	11:00	11:30	12:00
80	130	130	128	125	121	117	111
50	250	268	283	294	302	303	299
40	302	366	366	366	366	366	366
30	366	366	366	366	366	310	313
20	366	366	366	366	366	245	239
10	366	366	366	366	366	278	249
0	366	366	366	366	366	297	262
-10	366	366	366	366	366	325	248
-20	366	366	366	366	366	312	239
-30	317	366	366	366	366	366	313
-40	245	279	316	366	366	366	366
-50	198	222	243	261	277	291	299
-80	55	68	78	88	96	104	111

表 2-4 全年下午各纬度光照天数统计

地方时 纬度/(°)	12:00	12:30	13:00	13:30	14:00	14:30	15:00
80	111	104	96	88	79	68	55
50	299	290	278	261	243	222	197

续表

地方时 纬度/(°)	12∶00	12∶30	13∶00	13∶30	14∶00	14∶30	15∶00
40	366	366	366	366	316	279	245
30	313	366	366	366	366	310	317
20	239	312	366	366	366	245	239
10	249	325	366	366	366	278	249
0	262	297	366	366	366	297	262
−10	248	278	366	366	366	325	248
−20	239	245	342	366	366	312	239
−30	313	310	366	366	366	366	313
−40	366	366	366	366	366	366	302
−50	299	304	302	294	283	268	250
−80	111	116	121	124	128	129	130

由表可以看出,降交点地方时为 10∶30、11∶00、13∶30 时一年中满足光照条件要求的天数最多,可全年成像。因此,遥感卫星降交点时刻通常选择在 10∶30 或 13∶30 附近,如 Landsat 降交点地方时为 10∶00,IKONOS 和 SPOT 的降交点地方时都为 10∶30。

3. 确定轨道类型

1) 回归轨道

为满足轨道的回归特性,遥感卫星一般选择回归轨道。卫星在轨道运行过程中,由于地球自转和轨道摄动影响,会在赤道上留下一系列的升交点轨迹。升交点向东进动 $\Delta\varphi$ 等于地球自转和轨道摄动引起的进动之和,即 $\Delta\varphi = \Delta\varphi_1 + \Delta\varphi_2$,且取正值,有

$$\Delta\varphi_1 = 2\pi \frac{T_\Omega}{T_e} (\text{rad}/\text{圈}) \qquad (2-5)$$

$$\Delta\varphi_2 = -\frac{3\pi J_2 R_e^2 \cos i}{a^2 (1-e^2)^2} (\text{rad}/\text{圈}) \qquad (2-6)$$

式中:$\Delta\varphi_1$ 为由地球自转引起的交点进动;$\Delta\varphi_2$ 为由轨道摄动引起的变化,这里只考虑地球非球形摄动因素 J_2 项;T_e 为卫星轨道的交点周期,由轨道半长轴决定。

为了满足卫星轨道回归的条件,卫星在绕地球运动 N 圈后地球刚好自转 D

周,卫星第 $N+1$ 圈的地面轨迹与第一圈重合。因此,满足轨道回归的条件为

$$N|\Delta\varphi| = 2\pi D \tag{2-7}$$

式中:N 和 D 为互质数;D 为回归周期,N 为一个回归周期内卫星转过的总圈数。

对于轨道高度 H 的遥感卫星,由开普勒第三定律知,卫星的轨道周期 T 与轨道长半轴 $a(a = Re + H)$ 有如下关系[13]:

$$\frac{4\pi^2 a^3}{T^2} = GM = \mu \tag{2-8}$$

式中:μ 为地心引力常数(含大气层),$\mu = (3.986005 \pm 3) \times 10^{14} \mathrm{m}^3/\mathrm{s}^2$。

为保证较高的地面分辨率并兼顾卫星在轨寿命,遥感卫星的轨道高度 H 通常设定为500km 以上,选择的任务轨道的轨道半长轴应在6871km 附近。因此,可计算轨道周期 T 约为5700s,进一步可求得卫星每天绕地球飞行圈数 Q 约为 15(Q = 每天时间/T)。

根据回归轨道的基本特点,卫星可以在运行 D 天 N 圈以后,卫星的地面轨迹开始重复;而当回归轨道是太阳同步轨道时,轨道面的进动 Ω 等于地球绕太阳公转的平均角速度。此时互质正整数 D 和 N 满足以下公式:

$$\frac{N}{D} = \frac{86400}{T} = Q \tag{2-9}$$

经初步计算,根据式(2-8),可计算得出太阳同步轨道设计的多种可选方案。其中,轨道高度在450~600km 的10种可选方案如表2-5所列。

表2-5 可选的轨道方案

方案	回归天数 D	回归周期内轨道圈数 N/圈	轨道高度/km	轨道周期/s
1	1	15	566.99	5760
2	3	46	465.87	5634
3	4	61	490.78	5666
4	5	76	505.83	5684
5	6	91	515.92	5697
6	7	106	523.14	5706
7	7	107	480.08	5652
8	8	121	528.57	5712
9	8	123	453.50	5620
10	9	136	532.80	5718

总体来说,回归天数可决定卫星的全球覆盖和重访能力。回归天数越小,其针对特定区域的重访能力越强,但全球覆盖能力相对减弱,可能存在某些区域不过境的情况;反之,回归天数越大,其全球覆盖能力越强,但相对重访能力减弱。

综合以上,表2-5中的方案5、6比较适合商业卫星的轨道设计。若在多颗卫星联合观测的情况下,通过轨道的相互补充可有效解决单星全球覆盖率的问题,此时方案5显然是最佳设计方案。因此,在实际工程应用时,需要结合具体需求、实际情况和载荷特性选取合适的回归周期。

2)太阳同步轨道

为实现对地观测光照条件的一致性,需确保卫星在轨道运行中轨道面与太阳保持相对固定的位置,这种轨道称为太阳同步轨道[14]。太阳同步轨道保证了卫星每次飞过同一地区时,星下点地方太阳时是固定的。由于地球公转,即使地方太阳时相同,不同季节的地面光照条件也有明显差别,但在一段时间内光照条件可视为大致相同,便于卫星选择合适光照条件的轨道,拍出高质量的卫星图像。

由于地球绕太阳公转角速率为0.9856°/天,这就要求卫星的轨道面也需要在与地球公转方向相同方向上绕中心轴进动0.9856°/天。图2-3所示为卫星轨道在一年中的轨道面随地球公转变化情况,其轨道面与太阳保持相对固定的位置,这使得在不同圈中,同一纬度的星下点光照条件一致,有利于光学遥感的应用分析。下面以星下点为例进行说明。

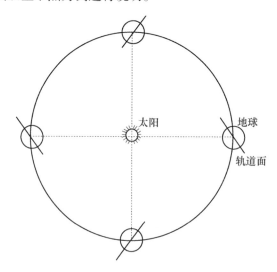

图2-3 卫星轨道在一年中的轨道面随地球公转变化情况

太阳光照射地球,将地球分成昼半球和夜半球,昼半球与夜半球的分界线形成了晨昏线。地球上每个地点的地方时由太阳光照角度决定,昼半球的中心点,即太阳垂直照射的点为12∶00地方时。图2-4(a)和(b)所示为某太阳同步轨道相邻两圈卫星经过降交点情况。根据太阳同步轨道的特性,地球时刻自转,但轨道面与太阳始终保持固定位置,使得其降交点所在经线与12∶00地方时所在经线也始终保持固定的夹角,因此轨道每一圈的降交点的光照条件是基本相同的。该固定夹角与轨道的降交点地方时参数相关,假设该轨道地方时为11∶00,降交点所在经线与12∶00经线相差1h,则夹角约为1h×360°/24h=15°。

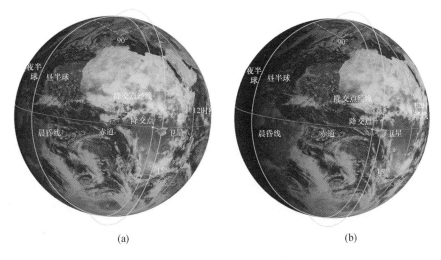

图2-4 某太阳同步轨道相邻两圈卫星经过降交点情况
(a)轨道第N圈;(b)轨道第$N+1$圈。

4. 确定卫星轨道倾角 i

在太阳同步轨道中,轨道倾角 i 在确定过程中的约束条件主要考虑的是轨道面的进动速率。要求轨道面进动速率,即升交点赤经变化率 $\dot{\Omega}$ 与地球绕太阳公转的速率相等,且方向相同。

由于地球是非均匀球体,其质量分布和密度也不均匀,因此其对卫星的引力会产生非均匀的动态影响。在太阳同步轨道参数中,升交点赤经变化率的计算正是利用了地球扁率摄动参数 J_2。在 J_2 摄动下,升交点赤经在一个轨道周期内的改变量为

$$\dot{\Omega}_{2\pi} = -\frac{3\pi J_2 R_e^2}{a^2(1-e^2)^2}\cos i \qquad (2-10)$$

式中：R_e 为地球平均赤道半径；a 为卫星轨道半长轴；e 为轨道偏心率；i 为轨道倾角。

则升交点赤经的长期角速度可以表示为

$$\omega_{J_2} = \frac{\dot{\Omega}_{2\pi}}{T} = -\frac{\dfrac{3\pi J_2 R_e^2}{a^2(1-e^2)^2}\cos i}{2\pi\sqrt{\dfrac{a^3}{\mu}}} = -1.5\left[\frac{R_e}{a(1-e^2)}\right]^2 J_2 \frac{\cos i}{\sqrt{a^3/\mu}} \quad (2-11)$$

轨道进动速率即升交点赤经角速度,等于地球绕太阳的公转速率 0.9856/天,即

$$\omega_{J_2} = -1.5\left[\frac{R_e}{a(1-e^2)}\right]^2 J_2 \frac{\cos i}{\sqrt{a^3/\mu}} \approx 0.9856 \quad (2-12)$$

为了保证卫星在不同地区的高度差别不大,陆地观测卫星主要采用小偏心率的近圆轨道($e\approx 0$)。此外,$J_2 = 0.001082$,引力常数 $\mu = 3.986006e+5\text{km}^3/\text{S}^2$,$R_e = 6378.14\text{km}$,有

$$\cos i = -0.098916\left(\frac{a}{R_e}\right)^{7/2} \quad (2-13)$$

式中：$a = R_e + H$,H 为卫星轨道高度。

由式(2-13)可知,满足太阳同步设计需要的轨道卫星轨道倾角与卫星轨道高度之间存在特定的关系。假设选取轨道高度为 $H = 506\text{km}$,可计算轨道倾角 i 约为 97.4°。图 2-5 所示为太阳同步轨道轨道倾角与轨道高度的关系,其中 $\cos i$ 取负值,轨道倾角永远大于 90°,轨道为逆行轨道。

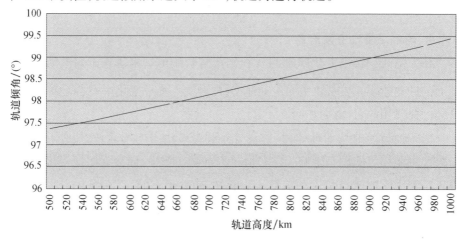

图 2-5 太阳同步轨道轨道倾角与轨道高度的关系

2.1.3 卫星轨道及每轨卫星布局设计

在给定卫星种类、卫星技术指标和卫星数量的条件下,必须考虑如何设计卫星轨道,如何优化每轨卫星数量,才能使得整个卫星星座可以实现光照条件最好、覆盖更多的地表面积(由此采集更多的、有效的遥感卫星数据)、最短的重复周期。

在实际应用中,我们将以重复周期、光照条件、区域覆盖效率作为优化目标,对卫星星座的轨道数量及每轨卫星数量进行优化设计。

在卫星重复周期、光照条件确定的情况下,整个卫星星座的区域覆盖能力是衡量星座整体观测能力的重要指标之一。卫星星座及轨道布局如图 2-6 所示。

图 2-6 卫星星座及轨道布局

假设 P 为优化后的轨道面数,每个轨道面上的卫星个数为 N。因此,所有可能的轨道设计方案可表示为

$$[P,N]_K (\text{Para})_{P,N} \tag{2-14}$$

式中:K 为方案索引号;Para 为轨道的 6 参数。

在不考虑地球自转和卫星侧摆的情况下,遥感卫星在一段时间内的覆盖范

围可近似看作矩形,其面积可近似表示为

$$S_{P,N} = \frac{W \times T_i \times V_{P,N} \times R_e}{R_e + H} \quad (2-15)$$

式中:W、T_i、$V_{P,N}$ 分别为卫星载荷幅宽、成像时长及卫星飞行速度;R_e 为地球半径;H 为轨道高。

那么,卫星能够覆盖哪个位置区域主要由卫星轨道和相机指向决定,即相机视野是否包括目标区域。在卫星无任何方向的转动时,星下点即相机指向,可由下式求得,即

$$\begin{cases} \varphi = \arcsin(\sin i \sin\theta) \\ \lambda = \lambda_0 + \arctan(\cos i \tan\theta) - \omega_e t \pm \begin{cases} -180°\,(-180°\leqslant\theta<90°) \\ 0°\,(-90°\leqslant\theta\leqslant90°) \\ 180°\,(90°<\theta\leqslant180°) \end{cases} \end{cases} \quad (2-16)$$

式中:φ、λ 分别为星下点地心纬度、经度;θ 为真近点角;i 为轨道倾角;ω_e 为地球自转角速度;λ_0 为 0 时刻的升交点经度。

从成像的角度来看,星下点轨迹可视作成像中心,其决定了对目标区域的可覆盖能力。星下点轨迹由卫星轨道产生,多星组网星座轨道设计的主要目标就是优化整个星座的运行轨道,使其光照条件最优,在单位时间内有更多的机会过境目标区域,进而提升整体观测效率。

针对目标区域 S_d,我们希望设计的星座轨道对 S_d 拥有最佳的覆盖效率和光照条件。在光照条件确定的条件下,将整个星座对目标区域的覆盖面积总和作为优化目标。因此,可建立优化模型为

$$\underset{P,N}{\mathrm{argmax}}(S_{S \in S_d}) = \begin{cases} \sum_K \sum_{P,N} S_d \cap S_{P,N}(\varphi,\lambda) \\ (\varphi,\lambda) \in S_d \\ S \cap S_d - S_d = 0 \end{cases} \quad (2-17)$$

式中:$S_{S \in S_d}$ 为单位时间内,该星座设计方案对目标区域的覆盖面积总和;S 为星座获取的总面积,要尽可能全覆盖目标区域 S_d,即不能有缝隙;$\cap$ 为交集运算符;$(\varphi,\lambda) \in S_d$ 为约束条件,为确保能够拍摄到目标区域,需确保星下点在目标区域内部。

此外,在光学遥感应用中,要保证具备一定的光照条件,对太阳高度角满足一定要求的成像才能确定为有效成像;若是 SAR 或激光载荷的应用,可不受此约束。

通过计算,可以得到单位时间内覆盖面积最大时的轨道设计方案,即求得最优的轨道面 P 和卫星个数 N,以及对应的轨道参数。值得说明的是,在引入卫星侧摆时,会提升整体星座对目标区域的观测性能,此时的成像中心线并非星下点轨迹,但可通过星下点轨迹和侧摆角求得。

按照上述优化模型方法,下面以"珠海一号"8 颗高光谱星座为例,以全球南北纬 80°覆盖为目标区域,格网距离为 150km,进行轨道优化设计。仿真时间为 2020 年 3 月 13 日 04:00:00~2020 年 3 月 27 日 04:00:00,太阳高度角约束大于 10°(较好的光照条件),轨道高度为 505km。抽取以下 3 种较好的优化设计方案、参数及覆盖结果,累计覆盖率表示星座对目标区域覆盖的总面积占目标区域面积的百分比。分析如下 3 个方案,如表 2-6~表 2-11 所列。

(1) 方案 1:8 颗卫星处在同一个轨道面,如表 2-6 和表 2-7 所列。

表 2-6 方案 1 卫星轨道

卫星序号	轨道倾角/(°)	轨道面序号	降交点地方时	真近点角/(°)
1	97.4	1		
2	97.4	1		
3	97.4	1		
4	97.4	1	10:30	均匀分布
5	97.4	1		
6	97.4	1		
7	97.4	1		
8	97.4	1		

表 2-7 方案 1 计算结果

时长/天	累计覆盖率/%
1	61.90
2	97.73
3	100.00

(2) 方案 2:2 个轨道面,每个轨道面 4 颗卫星,轨道面夹角约 30°,如表 2-8 和表 2-9 所列。

表 2-8　方案 2 卫星轨道

卫星序号	轨道倾角/(°)	轨道面序号	降交点地方时	真近点角/(°)
1	97.4	1	11:00	均匀分布
2	97.4	1	11:00	
3	97.4	1	11:00	
4	97.4	1	11:00	
5	97.4	2	13:00	
6	97.4	2	13:00	
7	97.4	2	13:00	
8	97.4	2	13:00	

表 2-9　方案 2 计算结果

时长/天	累计覆盖率/%
1	58.38
2	87.41
3	97.06
4	100.00

（3）方案 3:4 个轨道面,轨道面 1—2、2—3、3—4 的夹角分别为 8°、30°、80°,每个轨道面 2 颗卫星,如表 2-10 和表 2-11 所列。

表 2-10　方案 3 卫星轨道

卫星序号	轨道倾角/(°)	轨道面序号	降交点地方时	真近点角/(°)
1	97.4	1	10:30	均匀分布
2	97.4	1	10:30	
3	97.4	2	11:00	
4	97.4	2	11:00	
5	97.4	3	13:00	
6	97.4	3	13:00	
7	97.4	4	13:30	
8	97.4	4	13:30	

表 2-11　方案 3 计算结果

时长/天	累计覆盖率/%
1	59.53
2	83.58
3	91.46
4	97.74
5	100.00

综合以上结果分析,仅从轨道优化设计的角度来看,可得如下结论。

(1)方案1,采用一轨8颗卫星,其全球覆盖效果最佳。在商业航天领域,需要综合考虑运载、卫星研制周期、成本及后期应用等因素,"一箭8星"发射有困难。

(2)方案2,采用2个轨道面,每个轨道面4颗卫星,轨道面夹角约30°,其覆盖能力较强,3天可覆盖全球约97%的面积,综合效果较好。在考虑运载发射、卫星研制周期、卫星成本、运营成本及后期数据应用等因素后,该方案应该是一个不错的选择。

(3)方案3,即采用4个轨道面,每个轨道面2颗星。其覆盖能力相对较弱,不建议选择。

2.2　微纳卫星工作模式设计

2.2.1　光学遥感卫星成像模式

商业遥感应用中,常用的成像模式主要有以下几种。

1. 推扫成像

目前卫星的推扫成像模式一般采用 TDI-CCD 光电传感器,它可通过延迟积分的方式对同一目标多次曝光,从而提高能量获取,进而提升影像清晰度和信噪比。推扫成像模式如图 2-7 所示。

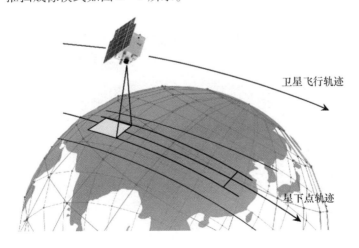

图 2-7　推扫成像模式

2. 侧摆成像

卫星利用反作用飞轮实现卫星姿态沿滚动轴(滚动轴与卫星飞行方向相同)一定角度旋转,对星下点的相邻区域进行成像,如图2-8所示。

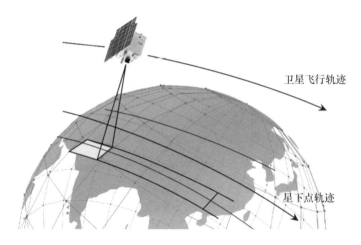

图2-8 侧摆成像模式

3. 条带拼接成像

条带拼接成像是一种利用姿态机动增大同轨成像幅宽的模式。首先姿态机动侧摆后进行前视推扫成像,持续一段时间后,调整侧摆姿态,并向飞行反方向调整俯仰姿态,继续推扫成像,多次成像条带拼接成宽幅影像。条带拼接成像模式如图2-9所示。

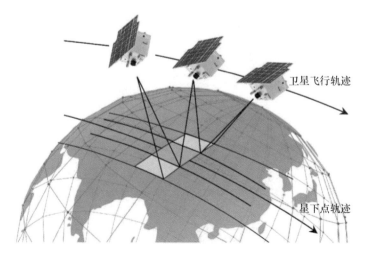

图2-9 条带拼接成像模式

4. 多点成像

多点成像是一种同轨多目标点的成像方式。与条带拼接成像类似,其对一个目标成像之后,通过姿态机动调整对另外一个目标点成像。多点成像模式如图 2-10 所示。

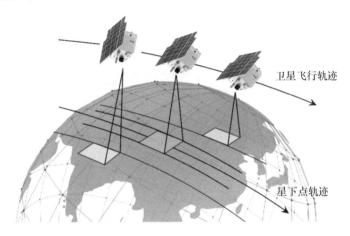

图 2-10 多点成像模式

5. 偏航 90°成像

卫星利用反作用飞轮实现卫星姿态沿偏航轴(偏航轴指向地面)旋转 90°,并保持该姿态进行成像。该模式一般用于辐射定标的在轨数据拍摄。偏航 90°成像模式如图 2-11 所示。

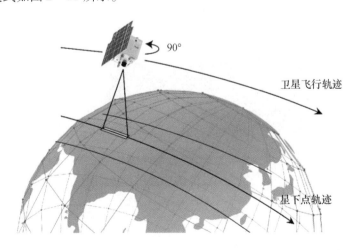

图 2-11 偏航 90°成像模式

6. 同轨立体成像

卫星利用反作用飞轮实现俯仰姿态机动，完成在同一轨中对地面同一个目标进行多次成像，如图 2-12 所示。

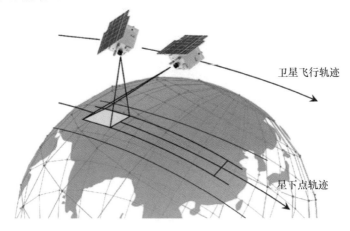

图 2-12　同轨立体成像模式

7. 凝视视频成像

凝视视频成像与立体成像类似，面阵视频卫星在一个轨道飞行中，通过姿态机动，其主光轴始终对准地面一点进行视频拍摄，实现视频卫星的动态观测能力，如图 2-13 所示。

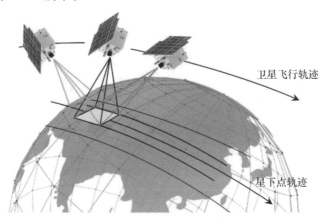

图 2-13　凝视视频成像模式

2.2.2　光学遥感卫星工作模式

光学遥感卫星工作模式的设计覆盖箭上到发射、初始入轨到对日三轴稳定、在轨卫星相位调整及在轨调试、在轨飞行工作模式、任务执行模式等各个阶段。

（1）箭上及发射工作模式。从开始发射直到星箭分离前的运行模式。该模式下，卫星不进行任何控制，载荷及大功率单机部件关机，中心计算机监控加电单机状态，并监测星/箭分离的信号。

（2）初始入轨工作模式。中心计算机检测到星箭分离信号后，卫星进入初始入轨工作模式。中心计算机将为必要单机部件加电，顺序进行速率阻尼、对日捕获、对日定向及对日三轴稳定姿态模式控制。当卫星进入对日三轴稳定姿态后，结束初始入轨工作模式。

（3）在轨飞行工作模式。当卫星完成对日三轴稳定姿态后，进入在轨飞行工作模式。在该模式下，卫星维持对日三轴稳定控制，等待地面注入任务指令。当卫星接收注入的任务指令或任务表中任务就绪时，结束在轨飞行工作模式后，进入相关任务模式。

（4）推扫成像任务工作模式。在该模式下，卫星进入对地成像姿态定向，相机、数传开机，相机按照任务规划执行推扫成像工作，数传系统存储图像。推扫成像结束后自动退出本模式，相机及数传关机，卫星转入对日三轴稳定姿态，进入在轨飞行工作模式。

（5）凝视成像任务工作模式。在该模式下，卫星进入凝视成像姿态定向，相机、数传开机，相机按照任务规划执行凝视成像工作，数传系统存储图像。成像结束后自动退出本模式，相机及数传关机，卫星转入对日三轴稳定姿态，进入在轨飞行工作模式。

（6）凝视视频任务工作模式。卫星在执行凝视视频成像任务时进入该模式，卫星进入对地凝视成像姿态定向，相机、数传开机，相机按照任务规划执行凝视视频拍摄工作，数传系统存储压缩视频数据。凝视视频任务结束后自动退出本模式，相机及数传关机，卫星转入对日三轴稳定姿态，进入在轨飞行工作模式。

（7）直通成像任务工作模式。卫星在执行无压缩成像任务时进入该工作模式，卫星进入直通成像姿态定向，相机、数传开机，相机按照任务规划执行直通成像工作，数传系统存储数据。直通成像任务结束后自动退出本模式，相机及数传关机，卫星转入对日三轴稳定姿态，进入在轨飞行工作模式。

（8）条带拼接成像任务工作模式。卫星在执行条带拼接成像任务时进入该模式，卫星进入对地成像姿态定向，相机、数传开机，相机按照任务规划执行条带拼接成像工作，数传系统存储、压缩数据。条带拼接成像任务结束后自动退出本模式，相机及数传关机，卫星转入对日三轴稳定姿态，进入在轨飞行工作模式。

（9）偏航90°成像工作模式。卫星在执行偏航90°成像任务时进入该模式，卫星进入偏航90°成像姿态定向，相机、数传开机，相机按照任务规划执行偏航成像工作，数传系统存储、压缩数据。偏航90°成像任务结束后自动退出本模式，相机及数传关机，卫星转入对日三轴稳定姿态，进入在轨飞行工作模式。

（10）边拍边传工作模式。在执行成像任务工作模式时，同时进行数传任务的一种特殊工作模式。该模式下，相机、数传开机，相机按照任务规划执行成像工作，数传系统存储、压缩数据，同时对地面站执行数传任务。该任务结束后自动退出本模式，相机及数传关机，卫星转入对日三轴稳定姿态，进入在轨飞行工作模式。

（11）多点成像工作模式。卫星依照任务时间依次进行多次成像任务的一种工作模式。该模式下，卫星进入多点成像工作模式，相机、数传开机，相机按照任务规划执行成像工作，同时保持相机、数传开机。继续执行下次成像任务，待所有成像任务结束后自动退出本模式，相机、数传关机，卫星转入对日三轴稳定姿态，进入在轨飞行工作模式。

（12）卫星侧摆成像工作模式。卫星调整姿态，对星下点之外的地方成像，相机、数传开机，相机按照任务规划执行侧摆成像工作任务，数传系统存储、压缩数据。该任务结束后自动退出本模式，相机、数传关机，卫星转入对日三轴稳定姿态，进入在轨飞行工作模式。

（13）存储器擦除工作模式。卫星执行存储擦除任务的工作模式。执行完成后，卫星进入在轨飞行工作模式。

（14）数传任务工作模式。卫星在执行数传任务时进入该模式，卫星进入对地数传姿态定向，数传开机，按照数传任务规划将存储的数据传到地面。数传结束后，数传关机，卫星转入对日三轴稳定姿态，进入在轨飞行工作模式。

（15）选点回放数传工作模式。卫星在执行数传工作时进入对地数传姿态定向工作，数传开机，可以通过指令选取从固存中指定地址的位置开始数传。执行完毕后，数传关机，卫星转入对日三轴稳定姿态，进入在轨飞行工作模式。

（16）安全模式。卫星存在严重故障或系统能源故障（如蓄电池容量不足、母线电流过高或过低）时，进入安全模式重新捕获太阳。

2.2.3　卫星工作模式切换设计

卫星工作模式切换如图2-14所示。

第 2 章 卫星星座及微纳卫星设计

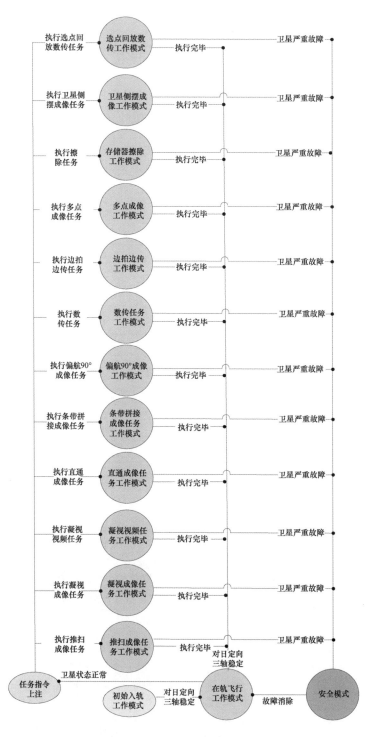

图 2-14 卫星工作模式切换

2.3 商业微纳卫星设计技术指标

综合考虑投入成本、研制周期,并结合前述章节阐述的遥感卫星整体技术指标要求,本节以商业微纳卫星"珠海一号"星座的视频卫星和高光谱卫星的经典设计为例,给出微纳卫星设计技术指标,如表 2-12 ~ 表 2-14 所列。

表 2-12 "珠海一号"视频卫星技术指标

项目		指标
整星质量		不超过 86kg(不含发射适配器)
包络尺寸		不超过 984mm×628mm×1090mm
核心元器件		星务系统、固存等须使用欧比特的 SOC、SIP - OBC 或 SIP - MEM 器件
热控方式		被动 + 主动热控
轨道	轨道类型	太阳同步轨道
	轨道高度	506km
寿命	设计寿命	5 年
电源系统	电池片类型	三结砷化镓
	输出功率	不小于 180W
	锂电池组	不小于 40A·h
GNSS 系统	接收信号	GPS L1 或北斗 B1
	定位精度	优于 15m
姿控系统	控制方式	三轴稳定
	测量精度	$20''(3\sigma)$
	指向精度	优于 0.05°
	三轴稳定度	优于 0.002(°)/s
	姿态机动	俯仰滚转均优于 ±45°/80s
轨控系统	轨道控制	在轨寿命期内,具备轨道相位调整及轨道维持能力
测控系统	测控体制	USB/UV/UXB
	码速率	USB:上行 2000b/s、下行 4096b/s U/V:上行 1200b/s、下行 9600b/s UXB:上行 2000b/s、下行 4096b/s
数传系统	通信频段	X 频段
	码速率	150Mb/s、300Mb/s 可程切换

续表

项目		指标
数传系统	发射功率	≥5W
	天线形式	相控阵天线
	存储容量	1TB
	其他	支持边拍边传
相机系统	系统组成	光机系统、电子学系统(包括成像电子学及数据压缩模块)、热控系统、星敏感器
	成像方式	视频:凝视成像(Bayer) 图像:推扫成像(Bayer)
	分辨率	优于 0.9m@500km
	帧频	10~25f/s 可调
	量化等级	视频:8bit; 推扫:10bit
	成像范围	不小于 22.5km@500km
	压缩比	视频模式 1:10~1:1 可调 推扫模式 1:4~1:1 可调
	每轨工作时间	凝视视频:最大 120s×4 次 推扫成像:最大 6min
	质量	不超过 25kg
	功耗	不超过 20W(长期功耗)

表 2-13 "珠海一号"高光谱卫星技术指标

项目		指标
整星质量		67kg(不含发射适配器)
包络尺寸		不超过 815mm×472mm×943mm
核心元器件		星务系统、固存等须使用欧比特的 SOC、SIP-OBC 或 SIP-MEM 器件
热控方式		被动+主动热控
轨道	轨道类型	太阳同步轨道
	轨道高度	506km
寿命	设计寿命	5 年

续表

项目		指标
电源系统	电池片类型	三结砷化镓
	输出功率	不小于180W
	锂电池组	不小于40A·h
GNSS系统	接收信号	GPS L1 或北斗 B1
	定位精度	优于15m
姿控系统	控制方式	三轴稳定
	测量精度	20″(3σ)
	指向精度	优于0.05°
	三轴稳定度	优于0.002(°)/s
	姿态机动	俯仰滚转均优于±45(°)/80s
轨控系统	轨道控制	在轨寿命期内，具备轨道相位调整及轨道维持能力
测控系统	测控体制	USB/UV/UXB
	码速率	USB：上行2000b/s，下行4096b/s U/V：上行1200b/s，下行9600b/s UXB：上行2000b/s，下行4096b/s
数传系统	通信频段	X频段
	码速率	150Mb/s、300Mb/s 可程控切换
	发射功率	不小于5W
	天线形式	相控阵天线
	存储容量	1TB
	其他	支持边拍边传
高光谱相机系统	空间分辨率	10m@500km 轨道
	幅宽	150km@500km 轨道，由3片CMOS1～3拼接组成
	波长范围	400～1000nm
	谱段数	32
	量化等级	10位
	压缩比	可配置(范围1:8～1:1)
	载荷工作时间	对地成像单轨平均工作时间：≥8min
	标定方式	支持在轨标定
	质量	不超过10kg
	功耗	不超过7W(长期)

表2-14 "珠海一号"高光谱卫星相机光谱各波段编号、波长及带宽

光谱编号	理想中心波长/nm	中心波长/nm			光谱带宽/nm		
		CMOS1	CMOS2	CMOS3	CMOS1	CMOS2	CMOS3
B01	443	443	443	443	7	10	9
B02	466	466	466	466	7	10	10
B03	490	490	490	490	8	11	11
B04	500	500	500	500	9	11	11
B05	510	510	510	510	9	11	12
B06	531	531	531	531	10	11	12
B07	550	550	550	550	11	11	12
B08	560	560	559	560	11	12	11
B09	580	580	579	580	12	12	13
B10	596	596	596	597	12	13	13
B11	620	620	619	620	2	6	7
B12	640	640	639	640	2	6	7
B13	665	665	665	665	2	7	8
B14	670	670	670	670	2	7	7
B15	686	686	685	686	3	8	8
B16	700	700	699	700	3	8	7
B17	709	709	708	709	3	8	8
B18	730	730	729	730	3	8	9
B19	746	746	745	746	3	8	9
B20	760	760	760	760	3	9	9
B21	776	776	776	776	3	9	8
B22	780	780	780	780	3	9	9
B23	806	806	805	806	3	9	9
B24	820	820	819	820	3	10	9
B25	833	833	832	833	3	10	10
B26	850	850	849	850	3	10	9
B27	865	865	865	865	4	10	9
B28	880	880	879	880	4	10	9
B29	896	896	896	896	4	11	11
B30	910	910	909	910	5	10	11
B31	926	926	925	926	7	10	11
B32	940	940	939	940	7	10	11

2.4 微纳卫星平台设计

2.4.1 基于一体化的轻量化设计

1. 质量指标估算

结构与布局是卫星设计的基础,首要考虑的问题是卫星平台搭载的有效载荷、星上器件、设备及相关配件等,从而指导整体质量的把控和布局的设计。表2-15列出了遥感卫星上搭载或安置的主要物件。

表2-15 遥感卫星上搭载或安置的主要物件

系统名称	备注	可参考的质量/kg
结构与机构系统	含总装直属件	12~18
综合电子系统	含中心计算机、USB测控、GNSS等	4~8
姿轨控系统	含推力器	8~15
推进系统	含燃料	0~12
电源与总体电路系统	含线缆	10~18
测控系统	含UXB	1~3
热控系统		1~2
数传系统	含线缆	5~9
成像系统	含遮光罩、线缆	9~15
总计		50~100

在明确部件后,可基本确认整星的质量。结合额定的总质量和性能约束,再适当调整选件或系统设计优化以适配设计要求。表2-15的最右边一列给出了百千克级的遥感卫星质量估算的参考值。

2. 设计方案概述

传统的卫星制造多采用单机集成的设计方法:首先制造出各个独立的星上工作单元;然后将这些单元组装到连接结构上组成卫星。这些独立单元具有自己的支撑结构和操纵控制电路,最终使得卫星结构重叠,控制部件数量增多,导致卫星体积质量增加。

结构一体化的关键在于取消传统卫星的单机概念,统筹设计所有星上各单元,去掉各单元的独立支承连接结构和壳体,采用统一的连接构件和壳体,建立整星统一的结构。其具体实现方法如下。

1）以载荷为中心，围绕载荷布局

卫星结构是支撑卫星中有效载荷及其他各分系统的骨架，其结构形式直接影响卫星的质量和体积。传统的卫星设计是载荷舱与服务舱分开设计，通过星载适配器连接，使得卫星包络空间较大。

星载一体化高集成、轻量化结构技术打破了传统卫星分舱设计的理念，将相机结构直接作为卫星主承力结构，星上仪器围绕成像相机布局，进而使成像相机结构与卫星结构合二为一，从直观上来说就是成像相机即卫星，卫星即成像相机。整个设计过程紧紧围绕"星载一体化"理念展开，在设计时兼顾平台与载荷的相互利用，而不是通过以往的接口协议来组织工作，打破传统的各部分分界，尽量互相结合，减少构件，达到简化、多用、高度集成。

整星布局围绕载荷展开设计时，载荷主承力结构与平台主承力结构直接相连，近似于应用同一个承力结构，承力路径平滑，不会引起畸变，同时可降低卫星在发射状态时的质心并提高整星基频。整星布局以载荷为中心围绕载荷展开，并且在整星布置时综合考虑卫星结构、热控、空间外热流、仪器热功耗等各种因素，进行合理布局。

2）支撑连接结构一体化设计

支撑连接结构是星上比较大的结构部件，占有很大的空间和质量。例如，采用一体化的设计思想将卫星的主承力结构储箱支架、仪器安装板等集成在一起，可有效缩小卫星体积，减少质量和结构部件数量，提高结构功能密度。对安装精度要求高的卫星姿态确定器件（星敏感器光纤陀螺、GPS 等）直接安装在卫星背板上，提高安装精度，结构紧凑，节省了星内空间，一举多得。优化设计后，可有效提高整星有效载荷比。

3）附属结构一体化设计

随着卫星的不断小型化，卫星上的一些附属结构，如航天电子设备机箱、电缆、航天电子设备封装的结构支撑或者与连接器关联的寄生质量所占的比例越来越大，对于这些寄生构件也需采用一体化设计方法，所有信号通过底板通信和供电，避免了传统设计多个机箱之间繁杂的电缆连接。

采用一体化的结构设计方法，具有减小卫星结构质量、缩小体积、提高结构功能密度、减少结构部件数量等优点，非常适合微纳卫星自身的特点。采用一体化设计的微纳卫星结构，其质量可以减小 30%~40%。

4）卫星质心坐标系

我们需要明确卫星质心坐标系，以便于后续的安装设计与姿轨控计算。一般来说,该坐标系固连于卫星的笛卡儿坐标系。坐标原点位于卫星质心,Z 轴与相机主光轴方向一致,指向方向为正;X 轴正向为卫星主翻版的外法矢量方向;Y 轴与 X、Z 轴形成右手笛卡儿坐标系,如图 2 – 15 所示。

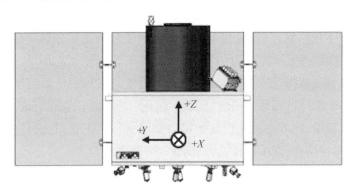

图 2 – 15　卫星质心坐标系

5) 结构设计与布局

在卫星的最前端布置有成像相机,卫星的后端与运载器的过渡段相连。在星体的正负方向各安装有一块长方形的太阳能电池阵,另有一块固定太阳能电池阵安装在卫星平台的主承力结构上。卫星入轨后,两侧帆板展开,UV 天线展开。

卫星舱外设备布局:星敏感器安装在相机 $-Z$ 面支架上,测控天线分别安装在相机遮光罩和底板上($+Z$、$-Z$ 向);数传天线安装在 $+Z$ 向安装板上,与星体呈一定夹角;太阳敏感器安装在太阳能帆板一侧,UV 天线垂直正交安装在 $-Z$ 向安装板上。整体的结构布局如图 2 – 16 所示。

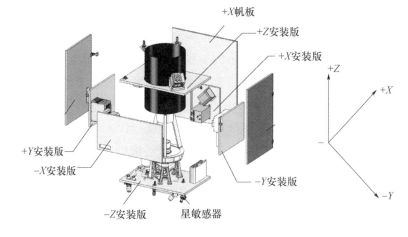

图 2 – 16　整体的结构布局

2.4.2 热控一体化设计

1. 设计的约束条件

通过合理的热控设计、热控措施,严格的热控实施过程,保证卫星在整个飞行过程中,卫星上的仪器设备及部件均在规定的工作温度范围内,确保卫星飞行任务的圆满完成。一般来说,热控系统主要由热控涂层、多层隔热材料、热管、电加热器件、热控下位机(与配电下位机合并为配电热控管理单元)及热敏电阻组成。需重点考虑的可参考的正常工作温度范围指标如表2-16所列。

表2-16 需重点考虑的可参考的正常工作温度范围指标

项目	温度范围指标/℃
舱内温度	-10~45
蓄电池组温度	15~25
储箱温度	5~60
天线温度	-90~90
管路温度	5~60

由于每颗卫星的结构、布局、器件工作温度、功耗热能等不同,因此热控方案均需单独考虑。尤其数传单元及天线放置在舱外,在数传不工作的时间内,需考虑对其施加保温措施,以免对设备造成损坏。另外,数传分系统相关设备安装在卫星内部,其短期工作功率较高,如何将热量及时传导至舱外也需要重点考虑。热控分系统受限于质量和功耗,采用以被动式热控措施(热管、热控涂层、多层隔热组件)为主的热控方案;而对某些控温范围小及有特殊要求的仪器设备(锂离子蓄电池组、推进系统管路、储箱等),则采用电加热方式的主动热控方案。

此外,由于卫星飞行在太空中,除了考虑卫星平台自身工作的热能外,还需考虑太空中外热流的影响。根据卫星的构型、尺寸、飞行轨道参数、飞行姿态等,能够计算卫星外表面上所到达的外热流——太阳辐射、地球反照、地球红外辐射的轨道平均热流密度。

计算中所用的参数如下。

(1) 太阳常数:$S=1410$(冬至)、$S=1309$(夏至)。

(2) 地球平均红外辐射密度:$0.1625S$。

(3) 地球平均反射密度:$0.35S$。

(4) 地球半径:6378.14km。

(5) 空间环境温度:4K。

(6) 地球对太阳辐射的平均反射率:0.35。

到达卫星各外表面的外热流密度如表 2-17 所列。

表 2-17 到达卫星各外表面的外热流密度

卫星各外表面	冬至外热流密度/(W/m²)				夏至外热流密度/(W/m²)			
	太阳	反照	红外	总	太阳	反照	红外	总
+X 面	0	55.9	59.5	115.3	0	22.2	63.1	107.9
-X 面	0	18.3	62.4	80.8	0	48.4	59.5	85.3
+Y 面	903.8	7.1	75.8	986.7	839.1	6.1	77.1	922.3
-Y 面	0	81.9	67.5	149.5	0	82.2	69.1	151.2
+Z 面	0	42.1	74.8	116.8	0	36.4	73.7	120.1
-Z 面	0	43.2	76.4	119.5	0	44.5	75.1	110.1

外热流计算中给出的是到达表面的热流密度,真正被表面吸收的热流值还取决于表面吸收率。通常,对散热面而言,为减少散热面对外热流的吸收,提高散热面的散热效率,要求其表面为具有低的吸收率和高的发射率的热控涂层。

2. 热控系统方案

1) 散热面设计

散热面具有把卫星内仪器设备的发热量向外空间发散的作用,其布局、大小及散热效率等直接影响到仪器设备的温度控制,所以散热面的设计是热设计必须考虑的首要问题。

考虑到卫星的布局、仪器设备的功率等,卫星在轨器件 +Y 向帆板长期正对日。根据上述外热流的计算结果, ±X 向舱板外表面不仅吸收的外热流密度小,而且当卫星采用对日定向姿态时,其吸收的外热流密度在一个轨道周期内变化也较小,因此可以将以 ±X 向舱板外部一定区域作为卫星仪器舱的散热面。散热面主要为综合电子和配电热控单元等高功耗部件外部,同时载荷安装板的部分外表面也作为散热面。

从提高散热面的散热效果和热性能稳定性方面考虑,散热面上粘贴石英玻璃单面镀铝第二表面镜 OSR($a_s = 0.3$, $\varepsilon_h = 0.6$) 或喷涂 S781。

散热面面积大小取决于舱内仪器设备的发热功率和控温范围、散热表面的热-光学性能和空间稳定性、到达散热面的外热流密度等。

2）舱内设备温控设计

从外热流的分析计算可知,到达星体各个外表面的轨道平均外热流密度是不一样的,且随着卫星姿态的改变而变化。为了把其变化引起的舱内仪器设备温度波动减小到最低限度,除散热面和各探测器、敏感器入光口外,其余的卫星表面均包覆多层隔热组件(MLI),其中朝向太阳的 MLI 最外层为 F46 单面镀铝膜,其他的 MLI 最外层为单面镀铝聚酰亚胺膜。

卫星单机安装板上的主要仪器设备: $-X$ 向安装板内部安装有综合电子系统设备、X 轴飞轮、贮箱和微波网络,外部安装 $-X$ 向展开帆板胀断器;$+X$ 向安装板内部安装有锂离子电池组和 UV 模块,外部安装有 $+X$ 向展开帆板胀断器;$+Y$ 向安装板安装有 X 轴磁力矩器和 Z 轴磁力矩器、S 轴飞轮和储存一体化模块;$-Y$ 向安装板安装有两台陀螺、Y 轴飞轮和电源控制器;$+Z$ 向安装板内部安装有 Y 轴磁力矩器、Z 轴飞轮和数传天线;$-Z$ 向安装板内部主要安装有推进系统的管路、自锁阀、过滤器和推力器、数据压缩一体化模块和相机,外部安装有 3 台星敏、测控天线和两台 GPS 天线。

卫星单机安装板上的主要仪器设备:$+X$ 向安装板内部安装有综合电子、S 轴飞轮、蓄电池组和微波网络,外部安装了一个展开帆板锁紧装置(胀断器);$-X$ 向安装板安装有 X 轴飞轮和压缩一体化模块;$+Y$ 向安装板安装有 Y 轴飞轮、X 轴磁力矩器和 Z 轴磁力矩器;$-Y$ 向安装板安装有高光谱相机;$+Z$ 向安装板安装有储存数传一体化模块、电源控制器、UV 模块、Y 轴磁力矩器、数传天线和磁强计;$-Z$ 向安装板主要安装有推进系统的管路、自锁阀、过滤器、推力器、两台陀螺和 Z 轴飞轮。

根据等温化的设计基本原则,为加强舱内各仪器设备之间辐射热交换和传导热交换,改善各仪器设备之间的温差,采取了如下热控措施。

(1) 由于卫星上的大部分仪器安装在 $\pm X$ 向铝蜂窝单机安装板上,仅通过单机安装板外壳散热面进行辐射散热,该板上仪器的温度较高,因此通过预埋 $\varphi 20 \times 18 \text{mm} \Omega$ 型铝槽道氨热管将单机安装板上的热量导到整个舱板外壁上。

(2) 舱内所有仪器设备及设备支架的外表面均采用发黑处理或喷涂 SR107 白色热控涂层,使其表面发射率达到 0.85。

(3) 在仪器设备安装面与安装板之间填充导热填料,在反作用飞轮和光纤陀螺与支架及支架与安装板间填充导热填料。

(4) 锂离子蓄电池组表面贴康铜箔加热片,组成两个主动控温的电加热回路,其中一个为主份,另一个为备份;在电池组外表面上喷涂 SR107 白色热控涂层,使其表面发射率达到0.85。

(5) 在储箱与舱板之间的安装面加隔热垫,在储箱的外表面贴康铜箔加热片,组成两个主动控温的电加热回路,其中一个为主份,另一个为备份,包覆20单元层的 MLI。

(6) 在不同走向的液体管路的外表面缠绕康铜箔加热片,组成主动控温的电加热回路,包覆10单元层的 MLI。

(7) 1N 推力器仅在轨道控制时使用,长期不使用,在其与支架之间采用隔热措施,添加隔热材料。

(8) 在单机安装板的仪器安装面上,除仪器设备占用的安装面外,均喷涂SR107 白色热控涂层,使其表面发射率达到0.85。舱板的内表面如果表面发射率达到0.85,表面不作处理;否则喷涂 SR107 白色热控涂层,使其表面发射率达到0.85。

(9) 卫星在单机安装板外表面,除散热面外包覆20单元层 MLI。

2.4.3 姿态与轨道控制分系统设计

1. 设计约束条件

在光学载荷多级积分推扫成像时,为满足成像的质量的传递函数指标,其偏流角综合极限误差和推扫方向的像移速度匹配误差都需要控制在较高水准。同时,为了延长曝光时间,增加每个像素的能量强度,需要在推扫过程中附加卫星向后的机动侧摆,用以补偿过快的地移。上述情况都对姿态的三轴控制精度、稳定度和指向精度等提出了较高的要求,具体如表2-18所列。

表 2-18 推扫成像对姿态轨道控制的要求

序号	参数名称	参数定义	精度要求 (3σ)
1	WGS-84 坐标系位置矢量	卫星在 WGS-84 坐标系下的位置 X	50m
		卫星在 WGS-84 坐标系下的位置 Y	50m
		卫星在 WGS-84 坐标系下的位置 Z	50m
2	卫星轨道角速率	卫星在地心惯性坐标系内,相对地球质心的瞬时角速率	1×10^{-6} rad/s
3	轨道倾角	卫星运行的轨道面和地球赤道的夹角	0.01°
4	横滚角控制值	卫星相对轨道坐标系的横滚角控制值	0.05°
5	俯仰角控制值	卫星相对轨道坐标系的俯仰角控制值	0.05°
6	偏航角控制值	卫星相对轨道坐标系的偏航角控制值	0.05°

续表

序号	参数名称	参数定义	精度要求 (3σ)
7	横滚角速率控制值	卫星相对卫星坐标系的横滚角速率控制值	0.002(°)/s
8	俯仰角速率控制值	卫星相对卫星坐标系的俯仰角速率控制值	0.002(°)/s
9	偏航角速率控制值	卫星相对卫星坐标系的偏航角速率控制值	0.002(°)/s
10	横滚角测量值	卫星相对轨道坐标系的横滚角测量值	0.03°
11	俯仰角测量值	卫星相对轨道坐标系的俯仰角测量值	0.03°
12	偏航角测量值	卫星相对轨道坐标系的偏航角测量值	0.03°
13	横滚角速率测量值	卫星相对卫星坐标系的横滚角速率测量值	0.002(°)/s
14	俯仰角速率测量值	卫星相对卫星坐标系的俯仰角速率测量值	0.002(°)/s
15	偏航角速率测量值	卫星相对卫星坐标系的偏航角速率测量值	0.002(°)/s

综合以上,可确定姿态轨道系统的设计指标总体如下。

(1) 姿态测量精度:$\leqslant 20''(3\sigma)$。

(2) 三轴指向精度:$\leqslant 0.05°(3\sigma)$。

(3) 三轴指向稳定度:$\leqslant 0.002°/s(3\sigma)$。

(4) 姿态机动:俯仰滚转均优于±45°/80s。

2. 方案考虑

为满足任务要求,姿态与轨道控制系统采用整星零动量三轴稳定控制系统,以高精度星敏感器和光纤陀螺作为主要测量部件,以反作用飞轮、磁力矩器及单组元推力器作为执行机构,完成轨道和姿态的控制任务。

测量部件采用星敏感器提供卫星三轴姿态信息,采用光纤陀螺组件提供星体3个方向的角速度信息,采用三轴磁强计提供磁场测量信息,采用GNSS导航接收机提供卫星的实时轨道测量信息。同时,为满足对日捕获和定向及安全模式的要求,配置了数字太阳敏感器。

在轨正常工作期间以反作用飞轮为主要执行机构,采用磁力矩器为飞轮卸载以减少推进剂消耗。采用4台1N单组元推力器作为执行机构,必要时可为飞轮提供卸载力矩。在轨道维持机动时,采用4台1N单组元推力器作为轨控发动机,提供所需的轨道控制力。

综合电子系统的计算机作为姿态与轨道控制计算机使用,除完成数据管理、遥测遥控等任务外,还实现敏感器数据采集、姿态轨道确定与控制等任务。

姿态敏感器是获取卫星姿态信息并输出姿态参数的星上装置,一般包括太阳敏感器和星敏感器。

1）太阳敏感器

太阳敏感器是通过敏感太阳光辐射获得卫星相对于太阳方位的一种可见光姿态敏感器，也称太阳角计。太阳的辐射很强，太阳相对于地球的张角很小，以至于可以把它看成一个点光源，因此就简化了敏感器的设计和姿态确定的算法。太阳敏感器不但可用于卫星姿态测量，而且可用于太阳帆板的定向控制及用于红外地球敏感器和星敏感器的太阳保护。

太阳出现敏感器用来指示太阳是否出现在敏感器的视场内，也称为 0-1 式太阳敏感器。当太阳出现在其视场内时，敏感器就产生一个阶跃响应，输出为 1；当太阳在敏感器的视场以外时，输出为 0。

一种 0-1 式太阳敏感器称为 V 形窄缝式太阳敏感器，常用于自旋卫星。它的两条窄缝成 V 形，其中一条窄缝平行于卫星的自旋轴。当敏感器的视场扫过太阳时就产生一个脉冲信号。随着卫星的自转，利用扫过太阳时产生的两个脉冲之间的时间间隔，可以确定自旋轴与太阳光线的夹角。

另外一种 0-1 式太阳敏感器由 5 个大视场探头组成，呈半球形，可以构成 2π 立体角视场，每个探头嵌有一片光电池，中间光电池的视场为（±90°）×（±90°），周边光电池的视场为（±45°）×（±30°）。相邻光电池之间用挡光板隔开，但有一定的重叠角。在卫星上、下外壳相背安装两个由 5 个探头组成的半球形 0-1 式太阳敏感器，可以得到太阳在被割成 10 个区域的天球中的方位，用于三轴稳定卫星的太阳捕获。

2）星敏感器

星敏感器是感受恒星的辐射并测量卫星相对于该恒星方位的一种光学姿态敏感器。由于恒星的张角非常小，且星光在惯性坐标系中的方向是精确已知的，因此星敏感器的测量精度很高，通常比太阳敏感器高一个数量级。但是由于星光非常微弱，因此信号检测比较困难，其成像需要使用高灵敏度的析像管或电荷耦合器件。

天空中恒星数量很多，它一方面带来可供选择的目标星较多和应用方便的优点，但也带来了对检测到的恒星进行识别的问题，因而需要配备数据存储和处理能力较强的星载数字计算机。现在广泛使用的 CMOS 星敏感器与卫星星体固定连接，窗口指向天空。为了减小外界杂散光的影响，常常在星敏感器的镜头前加一个遮光罩。来自恒星的平行光经过光学系统后在 CMOS 面阵上聚焦成像，按能量中心法可确定星像的中心位置（其精度可达角秒级）。根据聚焦几何关系进一步求出星光矢量在星敏感器坐标系中的方向,再由星敏感器安装矩阵求得星光矢量在卫星本体坐标系中的观测矢量。

CMOS 星敏感器能同时敏感多颗恒星(通常是 6 等以上的恒星),经过星图识别后作为三轴姿态测量基准的恒星一般在 3 颗以上。利用多矢量定姿法,可求出卫星相对于惯性空间(天球坐标系)的三轴姿态。当给定卫星的轨道根数后,可通过坐标转换求得卫星相对于轨道坐标系的姿态。

单独使用红外地球敏感器或太阳敏感器都不能获得对地定向卫星的三轴姿态,而用一个 CMOS 星敏感器便可以确定卫星的三轴姿态。但是,考虑到观察几何上的原因,实用中要在卫星上安装两个光轴相互正交的 CMOS 星敏感器,这样才能精确确定卫星 3 个本体轴相对于惯性空间的方向。星敏感器定姿需要的高精度轨道参数可利用 GPS 得到。

3. 姿态确定控制系统方案

长寿命三轴稳定卫星普遍采用动量交换式姿态控制系统,这是因为动量交换装置(各种飞轮)工作所需的电能可由卫星上的太阳电池阵提供,而且姿态控制精度高。但是,当动量交换装置出现饱和时,须用磁力矩进行去饱和(或称卸载)。因此,该星的动量交换式姿态控制系统是以动量交换装置(简称飞轮)为主、以磁力执行机构为辅的姿态控制系统[15]。

选用动量轮是为了避免飞轮转速过零时摩擦力矩对卫星姿态控制精度和稳定度的影响。采用 3 个正交安装和 1 个斜装的四轮构型,即 4 个动量轮中 3 个沿卫星的 3 个本体轴安装,第 4 个与 3 个正交轴呈等夹角(54.74°)安装,而且 4 个轮子角动量方向的设置要满足在标称情况下,合成的总角动量等于零的要求。通过对环境干扰力矩(主要是重力梯度力矩、地磁力矩、气动力矩和太阳光压力矩)的估算,选择 3 个正交动量轮的标称角动量为 $hx_0 = hy_0 = hz_0 = 9\text{N} \cdot \text{m} \cdot \text{s}$,斜装动量轮的标称角动量为 $hs_0 = 15.59\text{N} \cdot \text{m} \cdot \text{s}$,3 个正交动量轮的可变化范围为 $\pm 6\text{N} \cdot \text{m} \cdot \text{s}$,每个动量轮可输出的最大力矩为 $0.1\text{N} \cdot \text{m}$。这种四轮构形在任何一个动量轮失效时通过将剩下的 3 个飞轮转为反作用轮模式,仍可给卫星提供三轴控制力矩。而在喷气控制和磁控的辅助下,在除了俯仰飞轮外的其他 3 个飞轮中,任意 2 个同时故障时及仅剩下俯仰轮正常时还能完成三轴姿态控制任务。姿态控制系统组成如图 2 – 17 所示。

在完成星/箭分离入轨后,姿态与轨道控制系统将在综合电子系统的管理和调度下,由地面遥控或星上自主地控制卫星平台运行。在轨飞行时,采用长期对日定向、任务载荷工作时对地定向的工作模式,使热控、电源等系统适应宽

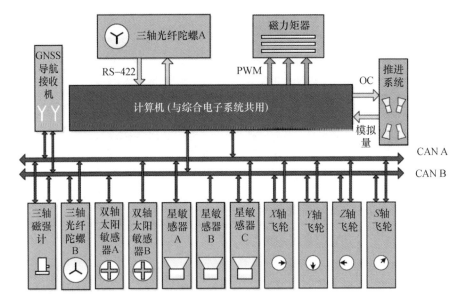

图 2-17 姿态控制系统组成

窗口发射条件。卫星的控制模式主要包括以下几种。

（1）对日捕获和定向模式。

（2）对日定向三轴稳定模式：包括对日定向姿态机动和对日定向三轴稳定。

（3）对地定向三轴稳定模式：包括对地定向三轴稳定和对地定向姿态机动。对地定向三轴稳定包括相机工作对地定向（对地偏置定向，即侧摆机动）、数传工作对地定向、轨道调整时的姿态定向等，对地定向姿态机动包括对地照相姿态机动和对地数传姿态机动等。

（4）轨道修正/机动模式。

（5）安全模式：当卫星姿态严重异常，如高速旋转、丢失基准等，进入该模式。该模式具备姿态机动能力，包括三轴稳定、对日捕获和定向。

卫星工作模式流程如图 2-18 所示。

具体方案表述如下。

（1）姿态确定方案。采用经过多次飞行验证的星敏感器和速率陀螺联合姿态确定方案，该方案姿态确定精度高，算法成熟，使用方便，不受阴影区的限制，是主要姿态确定方案。该方案主要用于对地拍照期间的姿态确定。

星敏感器与速率陀螺联合定姿系统多采用基于卡尔曼（Kalman）滤波理论

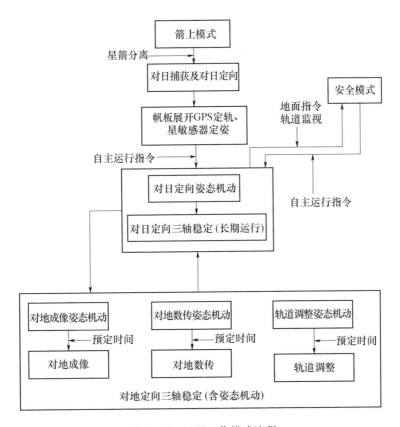

图 2-18 卫星工作模式流程

的定姿滤波算法,可以从存在陀螺和星敏感器测量噪声及陀螺漂移的环境中获得三轴姿态的最佳估计。其中大多数算法采用 6 个滤波状态,即 3 个姿态偏差和 3 个陀螺漂移偏差。星敏感器在每个采样时刻均能提供三轴姿态,简化定姿滤波算法中的更新方程和滤波增益的计算。光纤陀螺主要用于在星敏感器测量间隔内或暂时遮挡、失效时提供三轴姿态,同时还可提供姿态控制用的角速度信息。

星敏感器和速率陀螺组成的联合姿态系统如图 2-19 所示。

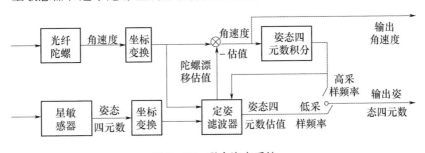

图 2-19 联合姿态系统

（2）对地拍摄时的姿态稳定。在对地拍照情况下，包括正常对地拍照和侧摆对地拍照，对星体的指向精度和姿态稳定度要求较高。由于卫星在轨运行过程中存在环境干扰力矩、反作用飞轮在过零时的低速摩擦特性等，因此会对姿态稳定度造成一定的影响。为提高姿态控制精度，必须对空间干扰力矩和飞轮摩擦力矩进行估计和补偿。姿态稳定控制系统采用以姿态四元数为姿态控制参数的比例微分（PD）控制器加估计补偿器的控制方案，其中干扰力矩估计器对外界干扰力矩和飞轮摩擦力矩进行估计，采用估计值对控制回路进行前馈补偿。

对地成像控制流程如图2-20所示。

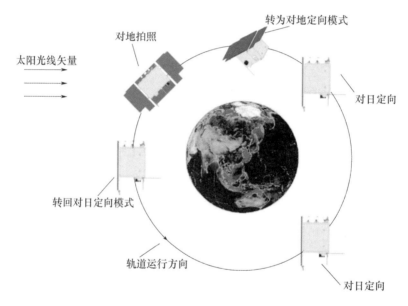

图2-20 对地成像控制流程

（3）对地数传时或对地拍照准备期间的姿态稳定控制。在对地数传或者对地拍照准备期间，对姿态指向精度和稳定度要求不是很高，原则上可不对干扰力矩进行补偿。

飞轮卸载可采用连续磁卸载和喷气卸载两种方式。当整星某轴角动量超过启控阈值时，启动磁卸载；当角动量低于给定的脱控阈值时，断开磁卸载控制。喷气卸载在如下情况时工作：当外扰力矩作用使系统角动量接近饱和时，启动喷气卸载；当系统角动量满足要求时，停止喷气卸载。

（4）姿态机动控制方案。卫星在轨飞行过程中常需要对姿态进行大角度机动,实现对地和对日指向模式的切换,以获得足够的星上能源需求。同时,为满足任务要求,还应具有姿态快速机动的要求。

姿态机动控制采用基于逐次逼近的绕瞬时欧拉轴姿态机动的成熟算法,具有无须进行轨迹规划,并且不受初始姿态的限制的优点。

针对星体的运动学模型,考虑飞轮转速受限的约束,限制卫星姿态的最大机动速度,对姿态误差逐次剔除。

4. 卫星的侧摆控制

通过姿态控制系统调整卫星平台的滚动角,以实现卫星的侧摆功能,可有效提升卫星在轨覆盖能力和机动能力,并可增大非星下点处地面目标观测的范围,有效缩短对特定目标的重访周期,以此提高卫星对地观测能力。星载相机可在垂直于星下点轨迹的方向进行侧摆观测,增大非星下点处地面目标观测的范围。卫星侧摆设计最基本的设计准则就是不管摆幅多大,都不能造成卫星平台的翻滚。

实现卫星侧摆,可以采用反作用飞轮、调整卫星太阳翼对日和相机中心轴对地等卫星姿态调整等方案。为了节约成本和提高卫星可靠性,微纳卫星的太阳翼和相机相对于卫星本体不进行相对运动,所以通常仅通过反作用飞轮方案来实现侧摆功能,即采用整星侧摆技术实现星载成像系统在轨侧摆成像的功能,如图2-21所示。这就要求在实施侧摆动作时,要确保不能导致整星失控或翻滚等。

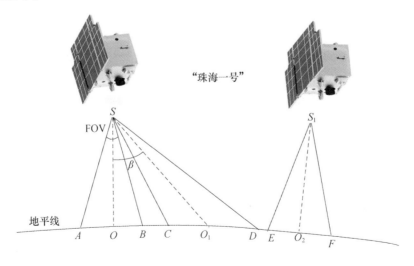

图2-21 卫星侧摆功能

如图 2-21 所示，FOV 是卫星有效载荷的视场角，通过"珠海一号"卫星在轨运行时具备的整星机动能力，实现卫星垂轨方向相机主光轴从 SO 到 SO_1 的 β 角的摆动，地面覆盖范围从 AB 移动至 CD，实现卫星覆盖能力的拓展。因为卫星侧摆角 β 实现 45°的变化是连续变化，卫星的覆盖能力扩展到点 A 到点 D 的动态区域，卫星具备获取 AD 间任意一点目标数据的能力。考虑卫星垂轨方向具有双向侧摆能力，这将极大地提高卫星的服务能力。

对于运行于 500km 太阳同步轨道的高光谱遥感卫星来说，如果其光学成像系统预设的幅宽为 150km，那么在实际应用中，考虑到光谱反射的特征，不会要求卫星看到星下点的 ±500km 之外的地物，即卫星最大侧摆距离没有必要一定要超过该距离。所以，如果卫星配置 ±45°的侧摆能力，其侧摆最大距离 ±750km 已经可以满足设计要求。

以"珠海一号"卫星星座为例，8 颗高光谱卫星均具备 ±45°的侧摆能力，最大侧摆距离达到约 ±750km。这是一个优势，极大地提高了卫星在轨的覆盖能力，可对降交点约 ±750km 内任意目标成像，极大地提高了"珠海一号"卫星的服务能力。

5. 推进系统方案

当卫星发射定轨后，主要影响卫星寿命的因素是卫星保持定点的能力，即推进系统是否携带了足够的燃料，用来保持姿态和轨道。目前仍然可以使用传统的双组源燃料来驱动的推进系统，其设计必须对燃料留出足够空间。

出于质量、成本、性能等多方面的考虑，商业遥感小卫星的轨道一般设计为 500km 的太阳同步轨道，相对来说其轨道半长轴会有较快的衰减。为保证卫星的轨道寿命，需要携带一定量的推进剂燃料用于轨道维持。同时，为了更好地进行组网对地观测，还需利用推进系统进行卫星的相位保持调整，使其等相位分布。

1) 卫星轨道衰减

在轨道高度一定的情况下，影响轨道衰减量的主要因素是大气密度和迎风面积。大气密度受多种因素的影响，如太阳活动峰年与谷年及地球磁场活动等。大气密度随轨道高度急剧变化，即使在同一个轨道高度上，大气密度也随太阳活动的峰、谷年及昼夜不同而变化。目前，已有的大气模型都不能保证在任何情况下总能稳定地表征大气密度的实际变化，在实际进行轨道计算时，可通过输入太阳辐射流量的 $F_{10.7}$ 和地磁指数的动态变化值，并解算大气阻力系数等手段来改进大气阻力模型的精度。目前，最新大气模型为 NRLMSISE00。

迎风面积与卫星外形及姿态密切相关。假设一颗小卫星在一个轨道周期内的平均迎流面面积约 $1m^2$,质量约 67kg,轨道高度 505km,卫星阻力系数设为 2.2,则其轨道衰减如表 2-19 所列。

表 2-19 卫星轨道衰减分析结果

项目	太阳高年	太阳平年
大气密度平均值/(kg/m³)	5.0E-12	9.97E-13
轨道半长轴衰减/(km/月)	17	2.5

如果按照平年计算,每年需要轨道维持高度为 $2.5 \times 12 = 30 (km)$,根据迎流面面积和轨道维持高度,可大致推算出所需燃料为 0.57kg/年。考虑卫星 5 年寿命,轨道维持的燃料消耗约为 $0.57 \times 5 = 2.85 (kg)$。此外,如若星座组网发射,在卫星初始入轨星座构型时,需要在短期内调整大量的相位角度,对速度的增量可达到约 10m/s,甚至更多。其对燃料需求较大,预算约为 0.4kg。此时燃料总需求量约为 $2.85 + 0.4 = 3.25 (kg)$。同时,考虑日常偶尔的相位维持需要消耗少量燃料,以及太阳高年轨道衰减会更加严重,对高度维持所需燃料更多。因此,综合考虑以上情况,设计燃料携带量的参考值应优于 3.5kg。

2) 设计方案

推进系统采用一只 4.5L 囊式贮箱,贮存增压气体和推进剂。贮箱上、下游分别设置一只气加排阀和一只液加排阀,用于对贮箱充气和加注推进剂;贮箱下游配置 4 台额定推力为 1N 的推力器;贮箱上游和下游之间配置一只用于隔离下游故障和功能切换的自锁阀和一只用于过滤推进剂的过滤器;在贮箱下游、自锁阀上游设置一个压力传感器,用于监测贮箱压力。推进系统组成框图如图 2-22 所示。

推力器根据姿轨控系统的指令开启,推进剂在贮箱增压气体的挤压作用下通过液路管路系统进入推力室催化床,发生催化分解反应,产生高温燃气。高温燃气经推力室喷管喷出,提供轨道维持和姿态控制所需的冲量。推进以落压模式工作,随着推进剂消耗,贮箱压力下降,推力器输出推力相应下降。

一般来说,商业小卫星由于成本和应用的限制,一般推进系统的主要任务为轨道维持和相位保持,不设计机动变轨功能。

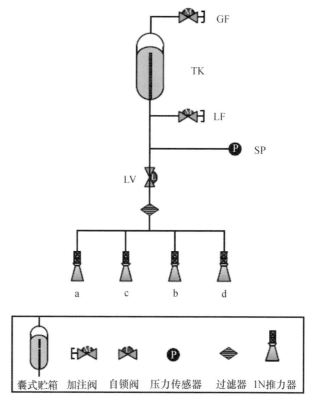

图 2-22 推进系统组成框图

2.4.4 电源分系统设计

1. 设计约束条件

卫星电源分系统由太阳能电池阵、可存储电能的蓄能电池组、电源控制器、整星电缆网、配电管理模组等组成。卫星电源系统需要满足如下功能需求。

（1）在地面测试及各种实验期间为其提供电源。

（2）在轨运行期间为卫星及各单机、设备提供电源,确保其正常工作。

（3）电源系统在日照期利用太阳能电池阵发电,对卫星各仪器设备供电,并对蓄电池充电；在地影期由蓄电池对卫星各仪器设备供电。

（4）实施在轨运行期间的电源管理和控制,包括对蓄电池充放电控制、单机配电等,并提供所需的遥测、遥控接口。

（5）完成各电子设备的供电传输和信息传输。

（6）提供整星热控所需的加热带开关控制信号、温度量处理与采集。

为满足上述功能需求,设计时主要考虑的约束条件如下。

(1) 太阳能电池阵展开和体贴的工作温度范围。

(2) 光照角,一般为0°。

(3) 太阳帆板形式,包括体贴板和展开板,与卫星结构设计关联。

(4) 蓄电池容量。

(5) 太阳能电池阵输出功率。

其中,蓄电池容量和太阳能电池阵输出功率是应用中需要重点考虑的能源指标问题。下面以卫星的典型任务为例进行分析,假设卫星轨道运行一圈时间为5684s(约94.7min),并在一圈内完成成像和数传任务,包括姿态机动任务,则其任务工作时长和光照情况如表2-20所列。

表2-20 典型任务工作时长和光照情况

卫星运行任务状态	太阳能电池阵光照情况	任务时间/min
姿态机动	无光照	6
成像	无光照	8
数传	无光照	10
光照区对日定向	有光照	35.9
阴影区对日定向	无光照	34.8

在这种情况下,蓄电池放电的总安时(A·h)为所有无光照工作放电量总和,可表示为

$$\text{Sum}_{Ah} = (W_s T_s + W_m T_m + W_i T_i + W_t T_t)/V \qquad (2-18)$$

式中:W_s、W_m、W_i、W_t分别为在阴影区、机动、成像和数传任务工作时的功耗;T为各任务的耗时;V为蓄电池电压。

各任务工作功耗与设计和配件相关,假设各种任务工作功耗分别为81.7W、96.7W、229.7W、149.4W,平均电压为25.2V,结合表2-20的任务工作时间,可求得总放电为

$(81.7×34.8+96.7×6+229.7×8+149.4×10)/(60×25.2)=4.47(\text{A·h})$

为了确保整星电源系统安全,需蓄电池保有余量,放电深度小于15%,以便进行应急处理、切换安全工作模式和其他意外情况的处置。因此,理论上蓄电池容量达到4.47/0.15=29.8(A·h)即可满足最低要求。而在实际应用时,往往在极限值基础上设计裕度值,一般放电深度可控制在11%左右。因此,蓄电池容量优于4.47/0.11=40.6(A·h)是一种较好的选择。

此外,在上述典型任务过程中,总功耗可表示为

$$\text{Sum}_W = (W_s T_s + W_m T_m + W_i T_i + W_t T_t)/[0.9(T_l + 0.3 T_i + 0.3 T_t)]$$

(2-19)

式中:T_l 为光照区时间;0.9 为权重系数,表示充电的光照利用率。

由于数传和成像任务工作时也具备一定的光照充能条件,此时平均太阳光照角约 30°,充电效能约为对日模式的 0.3 倍。结合表 2-20 中各任务工作时间,可计算总功耗为

$(81.7 \times 34.8 + 96.7 \times 6 + 229.7 \times 8 + 149.4 \times 10)/(35.9 + 0.3 \times 8 + 0.3 \times 10)/0.9 = 182$

考虑寿命末期的衰减,总功耗会有所增加。因此,太阳能电池阵的输出功率设计指标的参考值为优于 200W。

2. 系统方案

蓄能电池组保障卫星平台的基本工作,太阳能帆板不断获取能源,向蓄能电池充电。能源管理模组用于整星供配电管理和设备间供电,具备对电源系统的智能判定和管理能力。在紧急情况下,为保证卫星系统的安全,提示卫星平台切入最小系统。

锂电池组一般由多组单体串联组成,电源控制器是电源系统的控制核心,在不调节母线的工作方式下,电源控制器由分流调节单元、滤波供电单元、遥测遥控单元、配电控制单元、热控控制单元、电源下位机等组成。通过对蓄电池组的充放电调节控制,完成电源系统一次电源变换控制,满足星上各负载的供配电需求,同时完成电源系统各主要性能参数的遥测变换和控制。

电源分系统工作原理框图如图 2-23 所示。

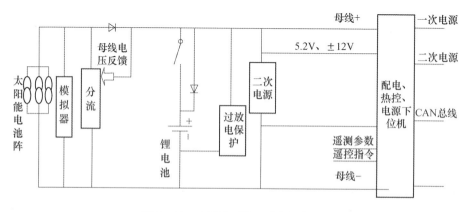

图 2-23 电源分系统工作原理框图

无论是光照期还是阴影期,供电母线输出均被蓄电池组充/放电电压钳位在 24~29.4V 范围内,根据锂离子电池的特性,充电时设置最高充电电压限制。其具体方案有如下几种。

1)太阳能电池阵

一般选取平均光电转换效率不小于30%的三结砷化镓太阳能电池,以太阳能电池串/并联设计的理论计算结果为依据,再综合考虑碳纤维铝蜂窝基板尺寸、压紧点和约束点、铰链安装点、布片走向和布片系数等因素进行布片,后续根据铰链的实际安装位置微调。图 2-24 所示为太阳能电池阵的一种布片方式。

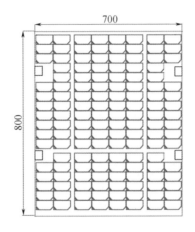

图 2-24　太阳能电池阵布片方式

2)锂离子蓄电池

采用一组额定容量满足要求的锂离子蓄电池组。一般来说,初始入轨对日定向完成后,蓄电池的最大放电深度不超过 15%。单次蓄电池最大放电深度允许达到 80%,且电池无损伤,满足寿命要求。

蓄电池模块采用袖套式箱体结构,主要由底板、单体电池、定位板、顶盖、侧板组成。其中,底板上带有袖套,且底板与袖套为一体成型的设计,蓄电池单体直立嵌入袖套中,底板下方铣出凹槽用于安装加热带。图 2-25 所示为一种蓄电池组结构外形。

3)电源控制器

电源控制器是电源系统的控制核心,在不调节母线的工作方式下,电源控制器由分流调节单元、锂电池过放电保护单元、滤波供电单元、遥测遥控单元、配电与热控控制单元、帆板解锁控制、电源下位机等组成,如图 2-26 所示。

图 2-25 蓄电池组结构外形

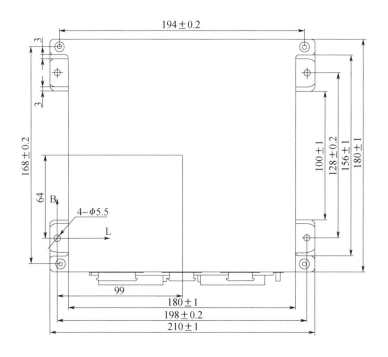

图 2-26 电源控制器设备简图(单位:mm)

通过对蓄电池组的充/放电调节控制,完成电源系统一次电源变换控制,满足星上各负载的供配电需求,同时完成电源系统各主要性能参数的遥测变换和控制。

为了防止锂离子蓄电池在轨飞行期间由于整星故障导致锂离子蓄电池过放电,在电源控制器中设置了防锂电池过放电保护硬件控制电路,电路采取三取二方式。锂离子蓄电池电压和基准电压进行比较,当锂电池电压低于19V±0.2V时,使过放电保护电路的晶体管导通,当三路电路中有两路满足条件时,锂电池放电开关自动断开。防锂电池过放电保护电路中锂离子蓄电池电压从锂电池放电开关之后采集,若放电开关接通,电路中一直能采集到锂电池电压。滤波模块中每个钽电容都串联一个熔丝,防止陶瓷电容和钽电容短路,影响整个回路。

遥测电路将电源系统测量参数变换成标准的电压值输出。遥测电路分成电流遥测和电压遥测两大类,电流遥测变换电路通过霍尔电流传感器采样,经模拟电路放大成标准的电压变换值;电压遥测变换电路则通过电阻分压后再经模拟电路转换成标准的电压变换值输出。遥控电路采用高灵敏度继电器作为接口,执行地面和程序控制指令,改变电源系统工作状态。

同时,每一路均衡控制电路均设计了单独的遥测采样开关和均衡控制开关,在地面测试和卫星在轨运行期间,根据实际情况,可以对遥测采样开关和均衡控制开关进行相应的动作,以提高均衡电路的可靠性。

根据任务要求,电源控制器下位机接收综合电子系统通过总线发送的配电控制指令,并控制配电继电器输出,向星上可控用电设备提供一次电源和二次电源,并完成一次母线和二次电源回线共地。结合各配件的用电需求,图 2 – 27 所示为一种星上供配电方式。

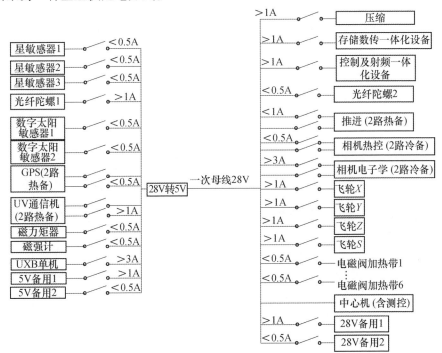

图 2 – 27 一种对星上各部件的供配电方式

2.4.5 数传分系统设计

1. 设计约束条件

数传分系统的主要任务包括载荷数据的接收、压缩、调制、数传等。数传分系统接受卫星中心计算机控制管理,其任务功能具体如下。

(1) 接收相机系统的数据,对数据进行压缩。

(2) 对数据进行预处理,包括云判、直方图预处理等。

(3) 根据指令选择,具备原始数据直通功能。

(4) 对压缩处理后的数据进行格式编排,使地面可以解压缩恢复数据。

(5) 对格式编排后的数据按照 CCSDS 的 AOS 协议进行组帧,不同属性、不同 CMOS 的数据定义不同的虚拟信道标示。

(6) 具有通过 CAN 总线接口实现对设备的控制及遥测量采集的功能。接收载荷数据处理及压缩设备传来的图像数据。

(7) 实现数据处理存储。

(8) 实现数据的信道编码。

(9) 实现信号调制、功率放大及传输。

(10) 接收中心计算机发出的遥控指令并执行及上报遥测信息。

为了满足上述需要,数传分系统在设计时主要考虑的指标及参考值如表 2-21 所列。

表 2-21 数传分系统主要考虑指标及参考值

序号	指标	参考值
1	数传通道发射频率	8. XXXGHz
2	传输速率	300Mb/s
3	误码率	优于 10^{-7}
4	存储容量	2TB
5	调制方式	QPSK 调制
6	极化方式	左旋圆极化或右旋圆极化
7	天线波束覆盖范围	旋转角 0°~360°,离轴角 ≥60°
8	天线发射输入驻波	≤2.0
9	半功率波束宽度	≥23°
10	天线指向精度	≤0.5°
11	有效全向辐射功率	≥18dBW

2. 存储和数据传输速率

上述指标中,存储和速率是实际应用中的关键指标,可通过实际算例进行分析。以"珠海一号"高光谱卫星为例,3 个 CMOS,CMOS 成像每一行有 5056 个像素,共 32 个波段,10bit 量化。因此,按照每秒成像 700 行计算,其数据传输速率为

$$3 \times 5056 \times 700 \times 32 \times 10 = 3.16(\text{Gb/s})$$

假设一次成像 5min,按照 4 倍压缩计算,那么总数据量为

$$5 \times 60 \times 3.15/4 = 236.3 \text{Gb}$$

假设每天成像 4 次,总数据量为 $236.3 \times 4 = 945 \text{Gb}$。因此,选择 1Tb 的大容量存储器能够满足上述需求。

实际上,一般推扫成像在 2min 时,已经覆盖区域的有效数据条带长度已达到 800km 以上,远远超过实际成像需要。在这种情况下,1Tb 的大容量存储基本上可以满足 3 天左右的数据量存储。

此外,在数据传输时,星地数据传输速率为 300Mb/s。假设当前存储量为 945Gb,考虑到 AOS 打包格式及系统设计余量,原始图像数据全部下传约需要 3500s,需 8 次左右的数传即可完成数据传输。如果以欧比特的地面站布局方式进行数传,3 站平均每天可数传时间约为 90min,因此当天即能将存储器中的数据完全下传。

然而,在实际应用过程中,单颗星的数据量一般远小于上述算例的数据量,数据的下传接收完全不成问题。采用 1TB 固存和 300Mb/s 速率的参数是一种不错的选择。

3. 数传系统设计方案

压缩单机接收有效载荷的数据,将数据进行压缩后送至存储数传一体化设备,存储数传一体化设备接收来自压缩单机的图像数据,进行信道编码、正交相移键控(QPSK)调制、上变频至 X 波段,送至控制及射频一体化设备进行功率放大后,通过控制及射频一体化设备的 X 频段相控阵天线对地辐射,其中控制及射频一体化设备的控制及波束处理单元控制 X 天线波束指向,确保其在传输过程中正确指向地面用户站。

数传系统组成原理框图如图 2-28 所示。

数传系统中的存储数传一体化设备接收来自压缩单机的图像数据,进行信道编码、QPSK 调制、上变频至 X 波段,送至控制及射频一体化设备进行功率放大后,通过控制及射频一体化设备的 X 频段相控阵天线对地辐射,其中控制及

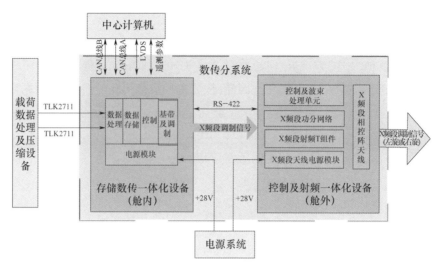

图 2-28 数传系统组成原理框图

射频一体化设备的控制及波束处理单元控制 X 天线波束指向,确保其在传输过程中正确指向地面接收站。

数传系统的舱内部分主要是数传存储设备,主要用于存储、处理等。图 2-29 所示为"珠海一号"卫星舱内数传单机。其舱外的相控阵天线安装布局如图 2-30 所示,右下角圈内为相控阵天线。

图 2-29 "珠海一号"卫星舱内数传单机

图 2-30 "珠海一号"卫星舱外的相控阵天线安装布局

数传系统工作模式为间歇工作模式,电源分系统分别控制分系统各单机的加断电,分系统单机上电后开始工作,断电停止工作。

4. 射频与控制一体化方案

射频与控制一体化设备具体组成及原理框图如图 2-31 所示。

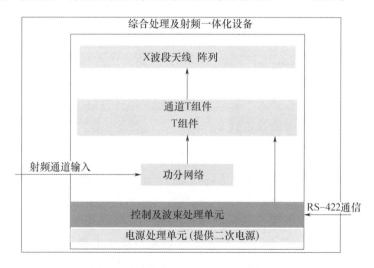

图 2-31 射频与控制一体化设备具体组成及原理框图

射频与控制一体化设备主要由 5 部分组成:电源处理单元、控制及波束处理单元、功分网络、接收(T)组件和 X 波段天线阵列。

电源处理单元对输入一次供电进行处理,经过一次和二次电压变换,给其他两个单元提供所需的各种供电电压。

控制及波束处理单元根据接收的二维波束指向角(θ,Φ)进行波控码的计算,计算完成后,将波控码发送给 T 组件,并送出指向角度、功率遥测量等遥测信息。

X 频段功分网络将存储数传一体化设备送来的一路射频信号分成多路送入 X 频段射频 T 组件。

X 频段射频 T 组件完成射频信号的功率放大和波束成型,送入 X 频段相控阵天线。

X 频段相控阵天线阵列放大射频信号后向地面用户站辐射。

射频与控制一体化设备采用单通道 T 组件馈电单个相控阵天线方式,采用单个相控阵天线左旋或右旋模拟波束工作,单个相控阵天线采用单频点工作。相比数字波束形成,模拟相控阵天线具有效率高、功耗低、成本低、研制周期短等优势,且技术成熟,适合在星载环境下长时间工作。

2.4.6　遥测遥控分系统设计

遥测遥控分系统主要功能包括以下几方面。

(1) 遥控通道功能:接收地面测控站发射的上行测控信号,解调出遥控码流,然后分两种情况处理:一是将脉冲编码调制(PCM)码流送入中心计算机进行处理,二是在系统内从 PCM 码流中解出直接指令送入相应执行机构。

(2) 遥测通道功能:将中心计算机送来的遥测数据流直接调制后下传。

(3) 采集测控分系统的工程参数,发送到中心计算机。

(4) 提供信标信号及测距转发功能。

(5) 直接遥控指令功能:除测控内部直接指令外,为其他分系统提供 32 条直接指令。

1. 系统组成

遥测遥控分系统主要由独立的 S 频段测控模块、X 频段测控模块和 UV 通信模块组成,如图 2-32 所示。其中,S 频段测控模块主要完成星地测控,X 频段数传模块主要完成对地数传功能,UV 通信模块主要完成与 UV 地面站的遥测遥控功能。

2. 设计方案

USB、UV 体制的测控方案在其他书籍和文献中讨论较多,本书将重点表述

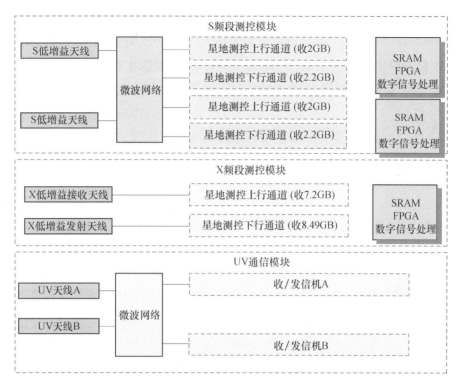

图 2-32　遥控遥测分系统组成

适应于商业测控的 UXB 体制。

UXB 应答机主要由 1 台 X 频段测控模块、2 根测控天线和 2 根高频电缆组成。测控分系统与卫星电源、卫星中心计算机等存在直接接口，其系统组成框图如图 2-33 所示。

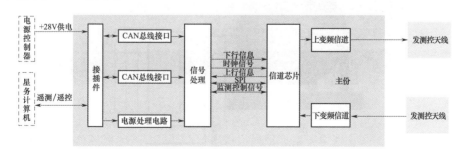

图 2-33　UXB 应答机组成框图

测控模块以基带处理加射频收发信道为主体框架进行顶层功能单元划分，X 频段测控模块通过测控天线接收上行遥控信号，进行低噪放大、滤波、下变频等,对上行信号进行载波捕获与跟踪,并完成测距信号的相干转发,对卫星下传的遥测数据进行编码、调制,再经 X 频段功放放大滤波后输出至测控天线,并根据卫星综合电子模块命令,X 频段测控模块上报自身工作状态,同时提供 X 频段上、下行测距信号通路,与地面站配合完成测距功能。

2.5 卫星光学成像系统载荷设计

光学卫星对地观测经历了全色、彩色、多光谱、高光谱 4 个成像阶段。一系列的实验证明,地球表面大多数物质在大气窗口 $0.4\sim2.5\mu m$ 及 $8\sim14\mu m$ 等谱段范围内具有独特的光谱信息特征。一旦能完整获取这些光谱信息特征,便有可能对大多数物质进行判别、分类和定量分析。正是在这样的背景下,20 世纪 80 年代诞生了成像光谱技术,并随后得到了大量的应用。

成像光谱仪能够在连续谱段上对同一地物目标进行同时成像。这种在连续谱段上的图像获取能力,使得成像光谱仪能够提供图像中任意像元完整、连续的光谱特征曲线。简言之,成像光谱仪在获取地物目标的二维空间信息的同时,还获得了地物光谱信息,二维空间与地物光谱 3 个维度共同组成了一个成像光谱数据立方体,如图 2-34 所示。

图 2-34 成像光谱数据立方体

从 20 世纪 80 年代第一台成像光谱仪 AIS-1 诞生以来,成像光谱仪的研制已呈现雨后春笋般的发展趋势,并涌现出了基于不同分光方式的成像光谱仪系统设计方案。总体来说,成像光谱仪的分光方式可分为三大类:基于棱镜/光栅色散效应的分光技术、基于光程差的干涉效应分光技术、基于滤光片的分光技术。

1. 棱镜/光栅色散型分光技术

基于棱镜/光栅色散分光的成像光谱技术出现较早,发展比较成熟,如图 2 - 35 所示,前端光学器件收集到目标的辐射,会聚到一次像面。该像面又是后级准直系统的前焦面。准直系统的前焦面上放置了一个限制视场的光阑,即狭缝,从而形成一个线视场。线视场内的辐射经过准直镜的准直作用,形成对应不同地物空间的平行光,通过棱镜或光栅的色散效应作用后,不同波长的光依照特定的顺序散开,进入成像物镜(会聚镜),最终会聚在探测器的不同位置上,达到分光的效果。

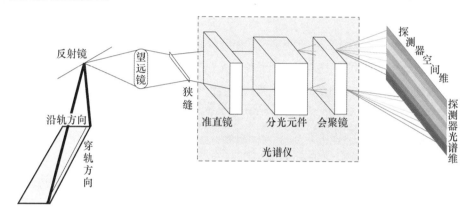

图 2 - 35　色散分光光谱成像原理

色散型分光成像光谱技术应用在地物观测的场合时,通常是面阵焦平面阵列(FPA)与推扫(Pushbroom)扫描相结合:面阵 FPA 用一个方向记录目标上位于同一线视场内的部分空间维信息,面阵 FPA 的另一个方向则记录目标在在线视场内的每一个点的光谱维信息。此时,目标的第二维空间信息的获取还需仪器自身整体按推扫的方式来获得。

2. 干涉型分光技术

干涉型分光是一种具备高光通量、无狭缝式的分光方式。如图 2 - 36 所示,通过控制动镜的运动,产生物面像元辐射的时间序列干涉图样,对所获取的干涉图样进行傅里叶变换,便能得到相应物面像元辐射的光谱曲线。它由前置光学物镜、准直物镜、分束器,以及动镜、静镜、成像会聚光学系统和探测器组成。光程差的产生机理则是利用了迈克尔逊干涉仪的原理。

从图 2 - 36 可知,干涉分光可以单次对整个空间进行采样,得到一个面视场。通过动镜的运动,对光程差引入的干涉图样进行依次采样,当所有光程差

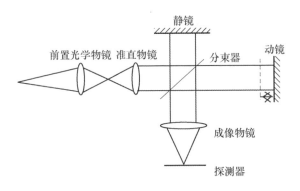

图 2-36　干涉分光光谱成像原理

均被采样完毕后,经过傅里叶变换,反演出目标的光谱曲线。干涉型分光同样是时间调制型的,不适用于观测时间或者光谱变化较快的场景。

当然,还有空间调制型的干涉型分光方式,如 Sagnac 型三角共路干涉分光等,但空间调制型干涉分光方式只能对线视场分光。因此,望远光学系统所成的像面处需放置狭缝,狭缝的宽度决定了空间分辨率。当然,借助后端的干涉系统可设计不同探测器行对应不同光程差,一次性获得干涉图样。但这种分光方式减少了一个空间观测维度,而且为了采样得到 N 个光谱,必须采样 $2N \sim 4N$ 数量的波数,对 FPA 的规模提出了较大的要求。此外,实时的傅里叶反演光谱信息在高光谱/高空间分辨率的应用场景下,对系统的计算能力提出了极大的考验。

3. 滤光片型分光技术

滤光片型分光是指在靠近探测器处安装一个单基片的多通道滤光片。探测器的行/列精确匹配滤光片的一个通道,使得该行/列接收到的辐射仅为特定窄谱段的目标辐射。图 2-37 所示为滤光片分光原理。

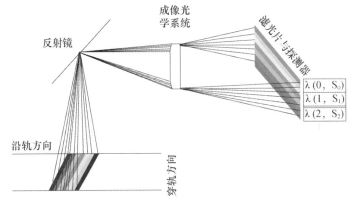

图 2-37　滤光片分光原理

滤光片的任意一个谱段通道随地物空间条带的不同而不一致,不难发现这种分光技术是在同一时刻获得不同地物空间条带在不同光谱通道上的图像。因此,同个地物空间条带在所有谱段通道上的光谱信息是分时获得的。

相比于棱镜/光栅型分光系统而言,滤光片式分光在保证高的光学效率的同时,大大减小了探测器接收到的光机结构背景辐射功率,极大地简化了分光系统的设计,还兼具 TDI 的功能,十分适合于短积分时间的航天高光谱应用场景。通过增加 TDI 级数,可进一步提高系统灵敏度。

2.5.1 高空间分辨率成像相机有效载荷设计

1. 推扫视频一体化相机指标及设计

推扫视频一体化相机系统主要由光学子系统、结构子系统、调焦控制子系统、成像子系统、热控子系统等组成。

该推扫视频一体化相机具有如下特点。

(1) 轻型。光学系统光学筒长和焦距比约为 24%,反射式主次镜易于高度轻量化,实现紧凑的高比刚度结构。经设计,成像仪质量优于 25kg。

(2) 传递函数高。相对孔径 1/7,光学设计传递函数在奈奎斯特(Nyquist)频率处优于 0.33,有利于保证设计指标的实现。

(3) 空间环境适应性强。在真空和大气介质中,像面位置和像质不变,对气压和温度变化不敏感。

(4) 易于抑制一次杂光。焦面位置远离主镜中心通孔,无须长的外遮光罩,有利于结构紧凑及卫星总体布局。

2. 工作模式

成像系统共有 3 种工作模式,即自校模式、视频模式和推扫模式。这 3 种工作模式都是根据地面控制指令和注入参数方式进行工作的。

1) 自校模式

推扫视频一体化相机入轨初期或是在轨道高度做了较大范围的变动之后,可以根据对地面接收到的图像的评估,通过地面指令和注入参数进行精确的调焦,补偿发射运载时的力学环境影响,能够在轨道高度有较大变动之后,使目标地物仍然精确地成像在图像接收面上,获得最佳成像质量的图像。自校模式的工作程序为成像准备(包括调焦)、成像、等待传输、图像传输、关机、地面对图像进行评估,再一次进入自校模式,直到获得最佳图像。

2) 视频模式

视频模式是指随着卫星的运动,光学遥感器始终盯住地球上的某一个目标区域,对其进行连续的观察,如图 2-38 所示。

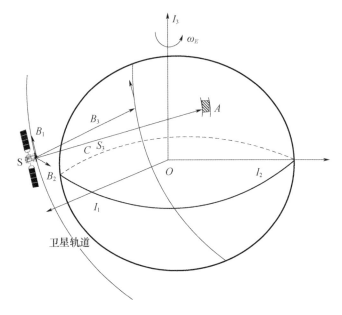

图 2-38 视频模式示意图

在视频模式下,由于卫星和地球之间没有相对运动,探测器的积分时间不受卫星运动速高比和地面分辨率的限制,可以同时观测视场内发生的现象,各帧图像之间的时间间隔只受积分时间、数据采集速度和数据传输能力的限制,可以达到很高的时间分辨率。

推扫视频一体化相机完成自校后,投入正常的运行。根据地面指令和注入参数,对用户感兴趣的地物进行视频成像。视频成像模式的单次最大工作时间为 120s,每轨最多工作 4 次。

3) 推扫模式

推扫模式即对地面景物目标进行数字域 TDI 成像,首先利用现场可编程逻辑门阵列(FPGA)控制 CMOS 传感器按满足卷帘快门和 TDI 双重要求的时序工作;然后利用 FPGA 控制数字域各帧像素阵列向对应像素逐行或隔行叠加,得到时间延迟积分图像。推扫视频一体化相机还可以对地面进行推扫成像,相机视频成像和推扫成像每轨最大不超过 8min,即大约对地推扫 3500km 的跨度。

3. 相机光学分系统设计

1) 系统参数确定

(1) 焦距确定。推扫视频一体化相机运行在 500km 太阳同步轨道,按此轨

道高度进行任务指标分析。任务要求到达优于 0.9m 的地面像元分辨力,根据地面像元分辨力 GSD 的计算公式

$$\text{GSD} = \frac{H \times a}{f'} \quad (2-20)$$

可得:

$$f' = \frac{H \times a}{\text{GSD}} \quad (2-21)$$

式中:H 为轨道高度;a 为探测器像元大小。

目前用于航天载荷任务的 CMOS 器件全色像元大小为 $4.25\mu m$,因此可算得光学系统焦距需大于 2361mm,这里取光学系统的焦距为 2370mm。

(2)视场确定。光学系统的幅宽 SW 与轨道高度 H、工作半视场角 ω' 的关系为

$$\text{SW} = 2 \times H \times \tan\omega' \quad (2-22)$$

工作半视场角为

$$\omega' = \arctan\frac{\text{SW}}{2H} \quad (2-23)$$

用户要求的幅宽 SW 为 22.5km,因此工作半视场角 1.3°,即工作全视场角为 2.6°,考虑 TDI – CMOS 的拼接间距,将光学设计的视场角定为 2.7°。

(3)相对孔径确定。光学系统相对孔径与系统外形、传递函数、信噪比都有关,将相对孔径定为 1/7,保证在去除次镜遮光罩遮拦效应之后的传递函数在 Nyquist 频率处优于 0.3;并且此时主镜通光直径仅为 $\phi340mm$,满足包络尺寸要求。

2)光学系统选型

光学系统是推扫视频一体化相机的核心,系统的选型主要从性能、技术成熟度和质量、体积等方面考虑。这里将可用的几种光学系统进行对比,如表 2-22 所列。

表 2-22 可选用光学系统类型对比

系统名称	质量	温度适应性	加工装调难度	研制周期
折射系统	大	差	较易	最短
折反系统	小	好	一般	短
三反系统	最小	最好	较难	长

因此,通过综合比较,决定采用折反系统作为成像仪的光学系统。为了减小质量,在折反系统中进一步优化选型,最终选择了主镜和次镜为非球面的带校正

镜 R-C 系统形式。

3）光学系统设计结果

根据上述设计输入，采用带校正镜 R-C 系统，对推扫视频一体化相机的光学系统进行了优化设计。其光学系统的光路图如图 2-39 所示。

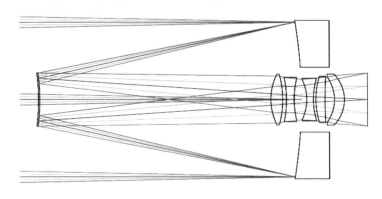

图 2-39　推扫视频一体化相机光学系统光路图

光学系统的全色传递函数曲线如图 2-40 所示，考虑了次镜遮光罩的遮拦后，450~850nm 全色通道在 Nyquist 频率（118lp/mm）处的传递函数优于 0.3，达到衍射极限。

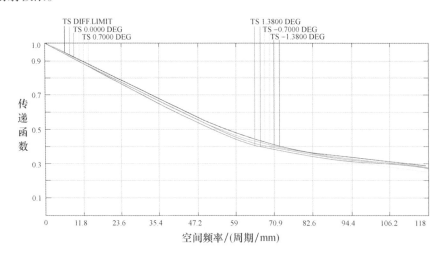

图 2-40　光学系统的全色传递函数曲线（见彩图）

为了提高推扫视频一体化相机的成像质量,光学系统进行了消畸变设计。光学系统的场曲与畸变曲线如图 2-41 所示。

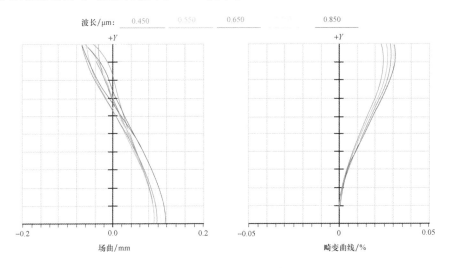

图 2-41 光学系统的场曲与畸变曲线(见彩图)

从图 2-41 中可以看出,本系统的畸变得到了很好的校正,在 2.7°全视长范围内,光学系统的畸变小于万分之五,可以满足 TDI-CMOS 相机对光学系统推扫成像的需求。

4) 图像质量预估

(1) 传递函数分析。在数据存储、压缩、传输、离焦和地面接收及计算机这些环节中,由于信噪比都很高,因此对图像对比的影响可忽略不计。本方案光学系统的结构特性决定了杂光可以得到很好的抑制,因此在预估分析中也可以不考虑。这里只考虑目标对比度、大气、光学、像移及 CMOS 输出的视频信号的调制度,可估系统传递函数如下:

$$M_{信号} = M_{目标} M_{大气} M_{光学} M_{像移} M_{CMOS} \qquad (2-24)$$

① 从目标到靶面的传递函数。取目标对比为 2∶1,即

$$C = \frac{I_{\max}}{I_{\min}} = 2 \qquad (2-25)$$

则

$$M_{目标} = \frac{C-1}{C+1} = 0.33 \qquad (2-26)$$

对于其他目标对比的分析计算,可以求出对比为 2∶1 的 $M_{信号}$ 后进行换算。考虑大气影响,有

$$M_{目标}M_{大气} = \frac{C-1}{C+1}M_{大气} = 0.21 \quad (2-27)$$

$M_{光学}$ 可表示为

$$M_{光学} = M_{衍射}M_{设计}M_{加工} \quad (2-28)$$

$$M_{衍射}M_{设计} = 0.297$$

$$M_{加工} = 0.86$$

$$M_{光学} = M_{衍射}M_{设计}M_{加工} = 0.255$$

$$M_{靶面} = M_{目标}M_{大气}M_{光学} = 0.21 \times 0.255 = 0.054$$

② 离焦影响的传递函数。假设总离焦量为 $\delta/2 = 0.05\text{mm}$,则

$$X = \frac{\pi \Delta V_N}{F_\#} = 0.63 \quad (2-29)$$

$$M_{离焦} = \frac{2 \times J_1(X)}{X} = 0.95 \quad (2-30)$$

③ 像移影响的传递函数。CMOS 推扫传递函数为

$$M_{推扫} = \frac{\sin(\pi d V_N)}{\pi d V_N} = 0.64 \quad (2-31)$$

像移匹配残余误差引起的传递函数下降。分析中假设 64 级 CMOS 像移匹配优于 0.3 个像元,则速度残余误差为

$$\Delta V_p / V_p = 4.7 \times 10^{-3} \quad (2-32)$$

由此像移匹配残差而得出的调制传递函数(MTF)为

$$M_{匹配} = \frac{\sin\left(\frac{\pi}{2}\frac{V}{V_N}M\frac{\Delta V_p}{V_p}\right)}{\frac{\pi}{2}\frac{V}{V_N}M\frac{\Delta V_p}{V_p}} = 0.96 \quad (2-33)$$

式中:取特征频率 $V = V_N$,CMOS 级次 $M = 64$。这是沿推扫方向上的 MTF。

沿 CMOS 方向上的 MTF 与偏流角匹配残余误差有关,根据平台控制精度,分析中假设偏流角匹配精度为 $16.5'$,64 级积分时间在沿 CMOS 方向上的匹配残余误差为

$$\Delta d / d = 4.7 \times 10^{-3} \quad (2-34)$$

则

$$M_{匹配} = \frac{\sin\left(\frac{\pi}{2}\frac{V}{V_N}M\frac{\Delta d}{d}\right)}{\frac{\pi}{2}\frac{V}{V_N}M\frac{\Delta d}{d}} = 0.96 \quad (2-35)$$

最后，得出由于像移产生的 MTF，在纵向上为

$$M_{纵} = M_{推扫} M_{匹配} = 0.64 \times 0.96 = 0.614 \quad (2-36)$$

在横向上为

$$M_{横} = 0.96 \quad (2-37)$$

④ CMOS 影响传递函数。影响 CMOS 静态 MTF 的因素有 3 个：像元几何尺寸大小、扩散和电荷转移效率。现代技术研制的 CMOS 的电荷转移效率大于 0.99995，对 MTF 的影响可忽略，因此扩散是除像元几何尺寸外影响 MTF 的主要因素。

如表 2-23 所列，CMOS 探测器的衬度传递函数（CTF）随波长增大下降较明显，在预估中取探测器的 MTF 为 0.55。

表 2-23 探测器 CTF 与波长对应关系

序号	波长/nm	CTF
1	450	0.84
2	600	0.76
3	700	0.64
4	850	0.50

⑤ 传递函数串分析结果与结论。

ⅰ 以上计算结果及其他 4 种目标对比计算结果如表 2-24 所列。

ⅱ 从表 2-24 中可以看到，对 4:1 的地物目标对比度，在两方向平均的地面观察图像最终调制度 $M_{平均} = 0.047$。

ⅲ 对应的对比度 $C_{平均} = 1.099$。

ⅳ 各种目标对比的 MTF 计算结果如表 2-24 所列，结果说明高分辨相机在轨 MTF 性能良好，满足使用要求。

表 2-24 各种目标对比的 MTF 计算结果

目标对比 C		2:1	4:1	6:1	10:1	20:1
$M_{目标}$		0.33	0.6	0.714	0.82	0.90
$M_{目标} \times M_{大气}$		0.21	0.45	0.58	0.71	0.84
$M_{光学}$		0.255				
$M_{离焦}$		0.95				
$M_{像移}$	$M_{推扫}$	纵向 0.64，横向 1				
	$M_{匹配}$	纵向 0.96，横向 0.96				
	$M_{像移}$	纵向 0.614，横向 0.96				

续表

目标对比 C		2∶1	4∶1	6∶1	10∶1	20∶1
MCMOS		0.55				
$M_{信号}$	纵向	0.017	0.037	0.047	0.058	0.069
	横向	0.027	0.057	0.074	0.091	0.107
对比度 $C_{信号}$	纵向	1.035	1.077	1.099	1.123	1.148
	横向	1.055	1.121	1.160	1.200	1.240

(2) 信噪比分析。相机信噪比指的是相机输出信号和噪声的比值,是表征相机辐射特性的重要参数。辐射分辨率表征的是相机辨认光谱辐亮度或反射率稍有差异的地面特征的能力,是相对于用几何形态识别目标的又一重要手段。信噪比一般定义为在一定光照条件下(如规定的入瞳辐亮度),相机输出信号 V_s 和随机噪声均方根电压 V_n 的比值,其可以用比值表示,也可用分贝表示。

OVS 相机有两种工作模式,分别是视频凝视成像模式和数字域 TDI 推扫成像模式。两种模式的信噪比计算方法一致,只是对应的积分级数 M 和积分时间 T_{int} 不同。

① 信号电子数计算。OVS 相机采用的是 GSENSE5130 型 CMOS 探测器,GSENSE5130 将光信号转换成电信号。在已知入瞳亮度 L 的条件下,由光学系统轴上点照度计算公式和探测器光电转换公式可以得出以下信号电子数的计算公式:

$$S = \frac{\pi L \tau T_{int} R_{CMOS}}{4F^2} \quad (2-38)$$

式中:S 为信号电子数(e^-)。L 为入瞳亮度(W/Sr·m²),可以利用 LOWTRON 软件获得不同太阳高度角和地面反射率下的入瞳亮度值。τ 为光学系统透过率,相机的光学系统透过率为0.75。F 为光学系统 F 数,相机的光学系统 F 数为7。T_{int} 为积分时间。视频模式下为曝光时间,以 10ms 进行计算;推扫模式下为级数与行时间的乘积,行时间为 165μs。R_{CMOS} 为 CMOS 探测器的灵敏度(e^-/(W/m²)·s),从 CMOS 手册可以获得探测器的灵敏度为 $3.64 \times 10^7 e^-$/(W/m²)·s。

② 噪声电子数计算。CMOS 的噪声主要由散粒噪声、暗电流噪声和暂态噪声 3 部分组成,噪声电子数的计算公式为

$$N = \sqrt{\sigma_{\text{shot}}^2 + T_{\text{int}}\sigma_{\text{dark}}^2 + \sigma^2 \text{temporal}} \quad (2-39)$$

式中：σ_{shot} 为散粒噪声，$\sigma_{\text{shot}} = \sqrt{S}$；$\sigma_{\text{dark}}$ 为暗电流噪声，$\sigma_{\text{dark}} = 15\text{e}^-/\text{pix/s}$；$\sigma_{\text{temporal}}$ 为暂态噪声，$\sigma_{\text{temporal}} = 1.95\text{e}^-$。

暗电流噪声和暂态噪声在器件手册上都可以查到。

③ 信噪比计算。信噪比计算公式为

$$\text{SNR} = 20\lg(S/N) \quad (2-40)$$

以太阳同步轨道为例，降交点在 8:00~15:30，从北纬 5°~35°，星下点太阳高度角为 10°~70°。计算地面反射率为 0.05、0.1、0.2、0.4，视频相机分别工作在视频模式和推扫模式下，在不同太阳高度角和地面反射率下的信噪比如表 2-25 与表 2-26 所列。

表 2-25 视频模式下信噪比计算结果 （dB）

反射率	太阳高度角/(°)				
	10	30	50	60	70
0.05	32.03039709	35.0235	36.36	36.823	37.1683
0.1	32.5407194	36.2017	37.8019	38.3295	38.6947
0.2	33.41054266	37.909	39.7797	40.342	40.7291
0.3	34.13493755	39.1313	41.1336	41.7119	42.109

表 2-26 推扫模式下信噪比计算结果 （dB）

级数	反射率	太阳高度角/(°)				
		10	30	50	60	70
5 级	0.05	29.76013191	32.8955	34.2718	34.7461	35.0991
	0.1	30.30125512	34.1093	35.7454	36.2823	36.6533
	0.2	31.21678635	35.8544	37.7531	38.3217	38.7128
	0.3	31.97347403	37.0963	39.121	39.7042	40.1042
10 级	0.05	32.41922946	35.7166	37.1401	37.6281	37.9904
	0.1	32.99445784	36.9727	38.6522	39.2005	39.5787
	0.2	33.96155434	38.7637	40.6968	41.2733	41.6693
	0.3	34.75537898	40.0296	42.0822	42.6714	43.0751
15 级	0.05	33.85522785	37.2961	38.7636	39.2644	39.6355
	0.1	34.45985872	38.5915	40.3121	40.8713	41.2564
	0.2	35.47223867	40.4258	42.3921	42.9763	43.377
	0.3	36.2993101	41.7148	43.7946	44.3896	44.797

续表

级数	反射率	太阳高度角/(°)				
		10	30	50	60	70
20级	0.05	34.80232634	38.3714	39.8798	40.3926	40.7721
	0.1	35.43256752	39.7033	41.4627	42.0323	42.4241
	0.2	36.48503315	41.5786	43.5768	44.1685	44.5739
	0.3	37.34204288	42.8898	44.9959	45.5967	46.0077
25级	0.05	35.48881601	39.1731	40.7196	41.2438	41.6313
	0.1	36.14156487	40.5391	42.3352	42.9148	43.313
	0.2	37.22976623	42.4533	44.4823	45.0812	45.4911
	0.3	38.11387683	43.7858	45.9175	46.524	46.9384

4. 高分辨成像像移补偿设计

对星载相机来说，飞行器轨道运动、地球自转和飞行器姿态变化会造成像点在焦平面上的相对运动，形成像移。但以上像移都有确定的值和方向，因此可采用在像移的合成矢量方向上进行像移匹配，即使数字域 TDI 时间延迟转移速率和合成矢量速度值相等，并调整飞行器运动方向与相机实际成像方向之间的夹角即偏流角来补偿像移。但由于相机本身的焦距误差和偏流角误差及飞行器飞行速度、飞行高度、姿态变化、侧视畸变，以及数字域 TDI 自身的转移速率的控制误差等一系列误差，最终使数字域 TDI 行转移速率和实际的地面目标的像的移动速度不完全同步，从而产生残余误差。像移是对相机分辨力影响最大的因素，因此对成像原理、像移计算和像移补偿误差进行分析是保证相机获得高分辨率图像的基本前提。

像移速度的计算方法可采用速高比法、坐标变换法和动态物像矢量共轭关系法等。当考虑姿态变化引起的像移速度计算时，采用坐标旋转变换的方法来实现。坐标变换有平移、旋转和缩放 3 种基本变换。为便于计算和表示坐标变换，采用齐次坐标变换矩阵是一种很方便的方法。采用坐标变换的方法计算像移速度，将地面物体在地理坐标系中的位置对应变换成像面坐标系中的像坐标，可以形成像移的分析表达式或计算模型。

卫星姿态的欧拉变换：根据欧拉定理，刚体绕固定点的角位移可以是绕该点的若干次有限转动的合成。因此，可将参考坐标系转动 3 次得到卫星本体坐标系，每次的旋转轴是被转动坐标系的某一轴，每次的转动角即为欧拉角。为了既满足大角度姿态机动，还要满足卫星偏航方向旋转与偏流机构偏流角大小相匹配,需要采用 1-2-3($X-Y-Z$) 的旋转方式,即每次转动的角度依次为 φ、θ、ψ,如图 2-42 所示,从而使偏航角度与偏流角相匹配。

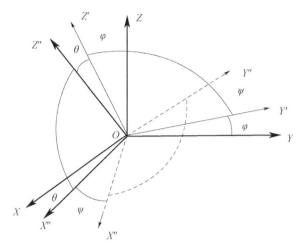

图 2-42 轨道坐标系到卫星本体坐标系 1-2-3 旋转的变换

明确相关轨道的设计参数后,下一步就可以分析和设计高精度像移补偿模型。高精度像移补偿模型对于高分辨率小卫星数字域 TDI 成像至关重要,在焦距很长,影像分辨率很高的情况下,应用各因素独立分析方法和正交投影分解方法受到很大的限制,必须寻求一种高精度的像移补偿分析计算方法,即齐次坐标变换方法。采用齐次坐标变换方法,将地面物体在地理坐标系中的位置变换到像面坐标系中的位置矢量,利用求导算出对应的速度矢量。像移补偿模型坐标变换过程是地理坐标系—地球坐标系—地心惯性坐标系—卫星轨道坐标系—卫星坐标系—相机坐标系—像面坐标系。坐标变换的方法中要补偿的像移运动包含了所有的运动因素,包括地球的自转运动、卫星的姿态运动、地面的地程高度等。这种方法实施的是精确的像移补偿,尤其适用于高分辨率长焦距相机。

基于推扫成像技术的卫星平台像移补偿重点在于卫星平台的机动和稳定控制能力,通过像移补偿方案设计偏流角控制值反馈给卫星,最终使卫星姿态控制系统完成成像中的姿态调整及实时像移补偿。

2.5.2 高光谱成像相机有效载荷设计

1. 光学系统设计

1)同轴双反系统

同轴双反系统是常见的反射系统,如图 2-43 所示。当主反射镜为抛物面,次反射镜为双曲面时,无限远轴上点无像差。当主反射镜与次反射镜都采用双曲面时,系统可同时消除球差和彗差;当主反射镜为椭球面,次反射镜为球面时,系统可消除球差。这种系统的优点是镜头的筒长与焦距比小,结构紧凑,会聚光路可以设计成通过反射镜的中心孔,使焦面位于主镜后,便于探测器组件的调整安装。但这类系统只能消除一两类像差,视场不能做得太大。

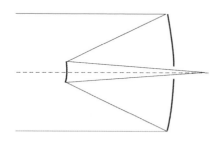

图 2-43　同轴双反系统

2) 同轴三反射镜消像散系统

同轴三反射镜消像散系统也称为三反射镜卡塞格林系统(TMC),如图 2-44 所示。其利用 3 个反射镜的 3 个二次曲面系数 K 校正球差、彗差和像散,合理分配 3 个反射镜的曲率半径校正像面弯曲。系统消杂光效果好,可以在第一次成像面处和调焦镜处放视场光阑来消除杂散光。另外,第三镜后面的平面折叠反射镜可作为像面调焦的调焦镜。但该系统只是在轴外的一条窄长的像面上得到好的成像质量,故只适合线阵探测器使用。

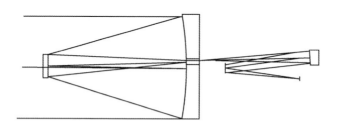

图 2-44　同轴三反射镜消像散系统

3) 二次成像离轴三反射镜系统

同轴系统结构简单,尺寸小,但视场角不能做大,并且都有中心遮拦,降低了理想衍射极限传递函数,所以发展了离轴三反射镜系统(TMA),如图 2-45 所示。

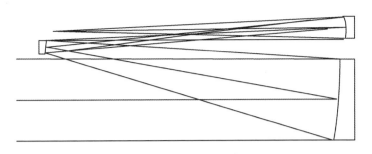

图 2-45　二次成像离轴三反射镜系统

该系统是二次成像系统,可以在第一像面放视场光阑消杂光。另外,出射光瞳在三镜和像面之间,入瞳与出瞳的缩小比很大,可放小的孔径光阑用于消杂光或类似于同轴三反系统,可放置小的平面折叠镜用于像面调焦。与同轴系统相比,该系统无中心遮拦,可以用较小的光学系统相对孔径达到相同的传递函数值,并且视场角大。其缺点是 TMA 系统的尺寸比同轴系统大,会占用较多的星上空间。另外,次镜的二次曲面系数较大,加工难度也比较大。

4)一次成像离轴三反射镜系统

二次成像离轴三反射镜系统由于孔径光阑在主镜上,光学系统很不对称,因此视场角不能做得太大。为了进一步扩大视场角,把孔径光阑放在次镜上,使光学系统比较对称,这样就形成了一次成像离轴三反射镜系统(图 2-46)。该系统可以设计成很大的视场角,但由于孔径光阑放在次镜上,视场角大时主镜和三镜的沿穿轨方向(X 方向)尺寸变得很大,这是一次成像离轴三反射镜系统的主要缺点。另外,其消杂光能力也不如二次成像系统。该系统的优点是视场角大,成像质量好。

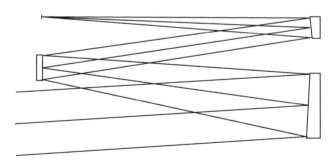

图 2-46　一次成像离轴三反射镜系统

5)透射式光学系统

透射系统的视场角大,如图 2-47 所示,可做到十几度或几十度,透过率为

0.6~0.7。透射式光学系统的筒长焦距比大,当光学系统焦距要求较大时,系统的体积质量大,不适合长焦距航天载荷的使用。但是,透射式光学系统易于加工、装调,制造费用低,特别适合焦距要求不高的轻小型相机的使用。

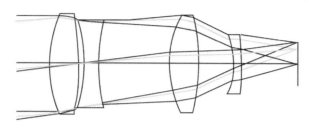

图 2-47　透射式光学系统

2. 光学系统指标

1) 系统焦距

根据载荷工作的轨道高度、地面分辨率、像元尺寸等参数确定焦距。轨道高度 $H=500\mathrm{km}$,像元分辨率 $b=10\mathrm{m}$,传感器像元尺寸 $a=4.25\mathrm{\mu m}$,由式

$$\frac{f'}{H}=\frac{a}{b} \qquad (2-41)$$

得出光学系统焦距为 213mm。

2) 系统视场角

3 片 CMOS 进行"品"字形拼接,如图 2-48 所示,覆盖其红色区域的最小外接圆直径为 77.05mm。

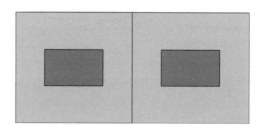

图 2-48　CMOS"品"字形拼接

光学系统的半视场角的计算公式为

$$\omega' = \arctan\frac{L}{2f'} \qquad (2-42)$$

式中：L 为 CMOS 对角线长度，$L = 77.05\text{mm}$；f' 为光学系统焦距，$f' = 213\text{mm}$；ω' 为光学系统半视场角。

可以计算出 $2\omega' = 20.5°$。

3）系统相对孔径

在焦距一定的情况下，孔径的变化即是相对孔径的变化，相对孔径越小，衍射限越低，Nyquist 频率处的 MTF 值也就越小。信噪比与相对孔径值的二次方成正比，透镜总质量大约与相对孔径三次方成正比。

综合考虑载荷信噪比与质量等因素，本方案将光学系统的相对孔径选为 1/4.5。

4）系统工作谱段

由技术指标可知，高光谱载荷工作谱段为 400～1000nm，其中分为 32 个谱段进行成像，所以光学系统要在 400～1000nm 谱段范围内进行色差校正及二级光谱校正。

5）畸变要求

因高光谱载荷主要成像模式为 TDI 推扫成像，系统对畸变的要求比较高，故要求系统的相对畸变要优于 0.1%。

6）远心要求

由于采用了渐变光谱滤光片进行分光成像，其位置在成像光路中，靠近 CMOS 芯片的位置，若采用一般光学系统，边缘视场的边缘条带在入射到滤光片时存在较大角度，会导致窄带滤光片中心波长的偏移，如图 2-49 所示，从而导致同一光谱条带成像数据中含有其他光谱信息。

图 2-49 传统光学系统滤光片中心波长偏移

高光谱载荷采用远心光路对系统进行设计,避免出现条带内光谱中心波长偏移现象。

7）光学系统设计选型

该系统焦距较长、视场大、相对孔径大、成像谱段宽,只能采用透射式光学系统对其进行设计。而在长焦距、宽谱段透射式光学系统中,其二级光谱校正比较困难,在进行光学设计时需使用超低色散镜片对其二级光谱进行校正。光学系统的形式采用匹兹瓦结构复杂化,加之光路形式为像方远心,需要在其后增加具有正光焦度的透镜来实现像方远心。

8）光学系统设计结果

综合以上设计指标及光学系统形式,对光学系统进行了设计,具体设计结果如下。

(1) 焦距:213mm。

(2) 入瞳直径:47.3mm。

(3) 相对孔径:1/4.5。

(4) 视场:20.5°。

(5) 谱段:400~1000nm。

(6) 相对畸变:0.035%。

(7) 镜片数:11 片。

(8) 最大口径:91mm。

(9) 筒长:223mm。

(10) 后工作距:51mm。

(11) 镜片质量:0.95kg。

光学系统设计结构如图 2 - 50 所示,三维效果如图 2 - 51 所示。

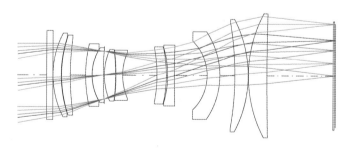

图 2 - 50　光学系统设计结构

图 2-51　光学系统设计结构三维效果

在像质评价方面,采用 MTF、点列图、像差曲线及各视场波前差的均方根 (RMS)值等方式对其性能进行评价。初步设计结果在 Nyquist 频率处的 MTF 曲线如图 2-52 所示,可以看出,在 120 线对 Nyquist 频率处,其各视场设计平均 MTF 优于 0.45,满足高光谱载荷的成像需求。

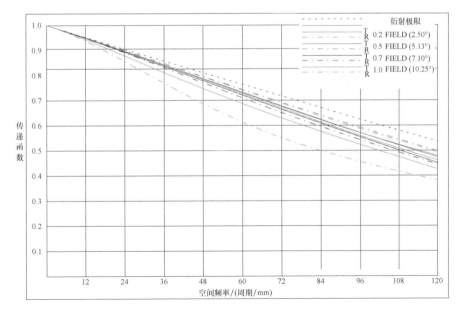

图 2-52　初步设计结果在 Nyquist 频率处的 MTF 曲线(见彩图)

系统点列图如图 2-53 所示,可以看出,系统边缘视场最大光斑 RMS 值直径为 5.8μm,完全满足系统成像需求。

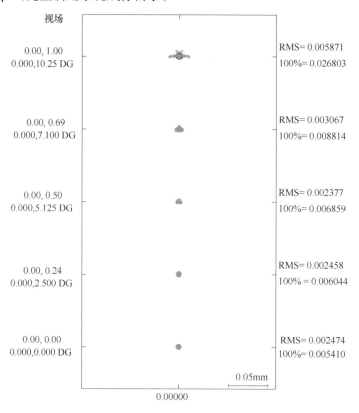

图 2-53 系统点列图

3. 结构分系统设计

载荷包括 4 个组件,分别是镜头组件、焦平面组件、调焦机构组件和遮光罩,如图 2-54 所示。

1) 镜头组件设计

镜头组件是镜片的支撑结构,直接影响系统的成像质量。因此,在设计过程中需要对镜头组件的刚度、稳定性、可装调性和热控实施等问题进行综合考虑,以满足系统的总体要求。镜头组件结构如图 2-55 所示,主要包括镜筒、镜室组件等。

镜筒采用图 2-56 所示结构,根据光学系统结构,镜筒采用筒型结构,并设置加强筋,保证结构的刚度和稳定性。为了满足镜片的力学环境适应性和可装调性,镜片设置镜室,通过胶层缓冲振动冲击和镜室结构进行定心装调。图 2-57

第 2 章 卫星星座及微纳卫星设计

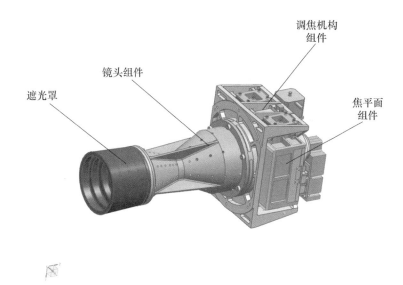

图 2-54 载荷结构

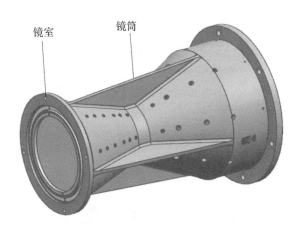

图 2-55 镜头组件结构

所示为镜室结构。

2) 遮光罩设计

遮光罩主要消除系统外杂散光对系统成像产生的影响,对结构的刚度要求相对较低,结构设计应以轻量化为主,采用了 1mm 厚的铝合金材料。遮光罩结构为锥形筒状结构,如图 2-58 所示,根据光路在内部设置了环装光阑,在镜筒组件和遮光罩之间设置了聚酰亚胺隔热垫。遮光罩设计满足了系统的使用要求。

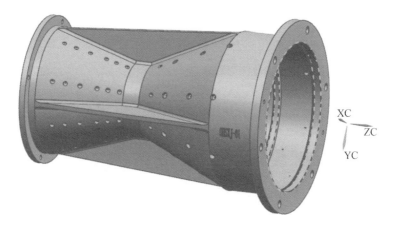

图 2-56 镜筒结构

图 2-57 镜室结构

图 2-58 遮光罩结构

3) 焦平面组件设计

焦平面组件由3片CMOS芯片组成,如图2-59所示。CMOS采用像元尺寸为4.25μm,有效像元数5056(H)×2968(V)的GSENSE5130水平搭接,相邻CMOS搭接50个像元,CMOS水平像元总数为15068,总长度为64.039mm,两行CMOS间距为30.986mm。

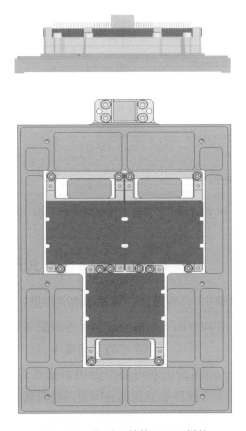

图2-59 焦平面结构CMOS拼接

本载荷焦平面组件采用机械交错拼接方案,在载荷像面的视场中心线两侧分两行上、下错开排列相邻的CMOS器件,在焦平面基板上加工好各片CMOS对应的通光槽、高精度的定位平面、CMOS调整垫拼接时,保证各片CMOS拼接后共面,然后在专用的拼接检测仪器上检测、调整各片CMOS器件的位置,分别保证两行CMOS器件的直线性、两行CMOS的平行性及像元搭接精度,调好后紧固,用胶固封。

图2-60为焦平面结构CMOS拼接尺寸,光学系统对交错拼接提出的精度

要求如下：

(1) 各片 CMOS 拼接后的共面性为 ±0.01mm。

(2) 两片 CMOS 间搭接精度为 ±0.002mm。

(3) 两行 CMOS 平行度为 ±0.002mm。

(4) 每行 CMOS 拼接后共线性为 ±0.002mm。

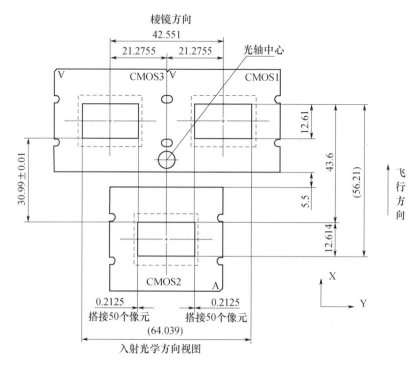

图 2-60　焦平面结构 CMOS 拼接尺寸

4）调焦机构设计

调焦机构结构如图 2-61 所示，主要由主框架、焦面组件、驱动组件、编码器组件等组成。其中步进电动机和编码器分别通过各自的底座与调焦主框架连接。为了保证整个调焦机构的均匀性和运动平稳性，结构采用了 4 根直线导轨的结构形式，可以满足系统指标要求。

调焦机构在工作过程中，步进电动机通过蜗轮蜗杆组件带动丝杠转动，丝杠螺母组件将丝杠的旋转运动转化为螺母的直线运动，螺母带动焦面组件沿光轴方向直线往复运动，从而实现焦面位置的调整，焦面组件的位置（调焦量）可以通过绝对式编码器反馈。

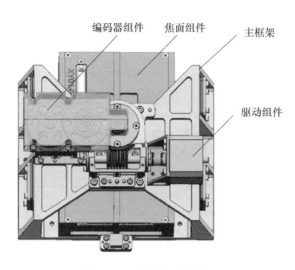

图 2-61　调焦机构结构

4. 传感器

高光谱卫星属于微小卫星,所以星上资源非常有限。所以,焦平面传感器选择了技术成熟、质量小、功耗小的 CMOS 传感器,并对该芯片进行改造,在其表面安装渐变式光谱滤光片,以完成光谱分光功能。图 2-62 所示为 G5130 型 CMOS 芯片,主要参数如表 2-27 所列,其量子效率曲线如图 2-63 所示。

图 2-62　G5130 型 CMOS 芯片

表 2-27　G5130 型 CMOS 芯片主要参数

参数	指标
感光区域/mm × mm	21.488 × 12.614
像元大小/μm × μm	4.25 × 4.25
像元数	5056 × 2968

续表

参数	指标
动态范围/dB	82
功耗/W	1.8

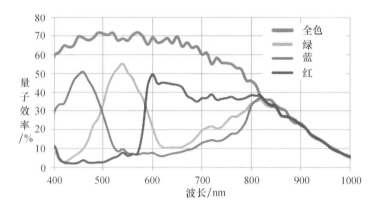

图 2-63　G5130 型 CMOS 芯片量子效率曲线（见彩图）

光谱滤光片和光谱滤光如图 2-64 和图 2-65 所示，其技术指标如下。

(1) 渐变滤光中心波长范围：400~1000nm。

(2) 带宽：$1.5\% \times \lambda_{center}$。

(3) 截止深度：OD4。

(4) 镀膜有效区域：21.5mm×12.7mm。

(5) 滤光片尺寸：33.2mm×33.2mm×1mm。

(6) 滤光片等光程：优于 $\lambda/6$。

图 2-64　CMOS 渐变滤光片改造

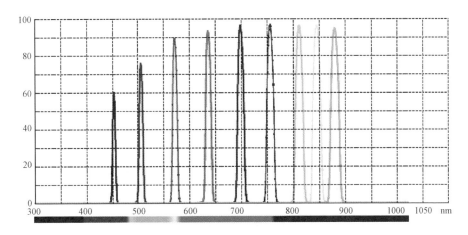

图 2-65　渐变滤光片光谱滤光

（7）光谱滤光渐变方向：沿 12.7mm 边方向渐变。

（8）光谱条带平直性：优于 0.01mm。

（9）光谱条带间平行性：优于 0.01mm。

（10）在滤光片边缘 3 个角位置设置基准十字线，给出十字线与有效镀膜区域的间隔尺寸，精度优于 0.005mm。

2.6　高光谱卫星有效载荷辐射定标设计

在影响遥感卫星数据质量的因素中，辐射定标的精度是其中重要的环节之一。辐射定标根据定标阶段的不同，可分为地面定标、在轨星上定标和在轨替代定标。地面定标是遥感定量化过程的第一步，地面定标就是在载荷研制阶段，利用实验室内部光源或外部太阳光，经过对载荷全面测量，了解载荷各种物理参数的过程。无论是对今后的在轨辐射定标还是后续的定量化反演，地面定标都具有不可替代的作用。

高光谱遥感卫星影像的应用完全依赖于影像的质量和空间信息提取技术。影像辐射定标校正作为影像预处理的重要内容之一，主要是通过消除或者减弱辐射误差带来的影像变化以提高传感器系统获取的地表光谱反射率、辐射率或者后向散射等量测值的精度，增强影像的可视化效果，为后续遥感影像的几何处理和地理空间信息提取提供高质量的影像。

本节针对高光谱卫星有效载荷辐射定标设计和计算，重点讲述实验室积分球标定数据的处理使用和在轨标定的积分模型及方法,通过经验模型简化标定。

2.6.1 地面标定数据的使用

1. 地面辐射定标的意义和作用

地面定标是评价载荷是否满足研制要求的依据。在卫星研制过程中,为了确保仪器上天后能实现目标的定量化反演,需要对仪器的研制过程提出各项指标要求。只有通过实验室内对仪器的各种特性进行全面测量,才能评价其已研制仪器是否满足最初的设计要求,也是卫星上天后能够进行定量化应用的前提。地面定标是在轨星上定标和在轨替代定标的基础。在轨星上定标是卫星在轨期间,利用星上定标设备对仪器的响应进行测量。星上定标精度很大程度上取决于星上定标设备测量的精度。而星上定标设备自身的测量精度和稳定性也需要在发射前利用地面设备进行实验室定标,确保星上定标设备自身的精度。在轨替代定标过程中需要用到各通道的中心波长、光谱响应函数等参数。另外,目前在轨替代定标通常采用线性定标公式,需要确保仪器响应具有很好的线性度。这些过程都只能在实验室实现。同时,地面定标也是评价载荷是否发生衰减的基础数据。

地面定标是实现遥感定量化反演的重要环节。遥感反演产品的精度主要取决于反演模型的精度和遥感数据的质量。而遥感数据的测量精度同仪器的信噪比、稳定性及响应线性度等密切相关。在对新的载荷进行定量化反演时,必须要考虑新载荷的光谱响应函数、中心波长、信噪比、辐射分辨率等仪器的基本参数,只有将这些参数输入反演模型中,并进行大量模拟试验,才有可能反演出高质量的定量化产品,保证卫星发射后遥感的定量化应用效果。

地面定标根据光源的不同,可分为实验室定标和外场定标两类。前者利用实验室内人造光源对载荷进行各项基本参数测量与辐射定标;后者利用太阳光作为光源,将发射前的载荷移到外界环境下,利用太阳光源进行辐射定标,得到载荷的辐射定标系数。

2. 地面定标的方法与原理

实验室定标又可分为光谱定标和辐射定标两个方面。光谱定标可以获得有关光谱的一些基本特征,如波段中心波长、波段宽度、波段光谱响应、半高宽及带外响应等;辐射定标又包括可见近红外波段定标和热红外波段定标,两者定标的光源分别为积分球(或漫反射板)和黑体。在实验室定标过程中,还会对仪器的暗电流、稳定性、均匀性、线性度、杂散光及动态范围等参数进行测量,确保研制仪器达到设计要求。

1) 光谱定标的方法与原理

光谱定标的任务是确定各通道光谱中心波长位置和光谱采样间隔,并测定出各通道的等效带宽和通带函数。波长定位误差直接影响辐射定标的精度。这里以光机所研制的"珠海一号"高光谱相机为例,介绍实验室光谱定标的具体过程和光谱定标结果。

光谱定标过程分3步:①用高压汞灯对单色仪进行定标;②测量各个通道的光谱响应曲线;③根据光谱响应曲线确定中心波长和带宽,得到取样间隔。

在正式进行光谱定标之前,利用汞灯特征谱线对光谱定标装置的波长位置准确性(图2-66和表2-28)进行了校准,波长定位精度在可见与近红外光谱区达到0.7nm,在短波红外区达到1.0nm。

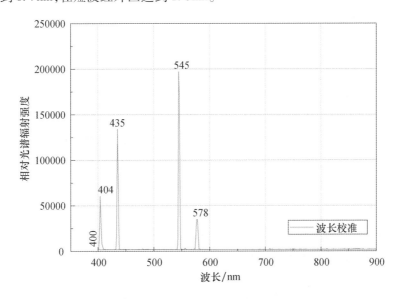

图2-66 光谱定标装置波长校准结果

表2-28 光谱定标装置波长校准数据

汞灯特征谱线/nm	光谱定标装置示值/nm	波长位置偏差/nm
404.7	404	-0.7
435.8	435	-0.8
546.1	545	-1.1
577.0	578	1.0

在整个定标过程中,谱带灯的能量及其分布、单色仪的波长精度与带宽、扩束系统的性能都将直接影响光谱定标结果。

(1) 单色仪的相对口径较小,所以由单色仪出口进入载荷系统的光能量较低,导致某些通道光谱定标精度下降或无法定标。同时,由于单色仪出射的光能量随波长不同而产生差异,影响了通道内的相对响应,也给光谱定标带来了一定的误差。

(2) 单色仪的相对孔径直接决定着它从辐射源接收的辐射能量。相对孔径小,接收的辐射能量就少,因而从单色仪出射的光就弱,这会给仪器探测带来困难。增大单色仪狭缝,虽可增加进入探测器的能量,但降低了单色仪的分辨率,影响了通道的相对光谱响应测量,使相对响应曲线变宽,降低了光谱定标精度。另外,光谱定标的精度直接受单色仪波长定标的影响,它不可能优于单色仪本身的波长精度。

(3) 在光学系统中,其响应函数受入射缝宽的影响较大。因此,要测量系统的光谱响应函数,必须让入射光充满仪器入射狭缝,均匀照明仪器视场,否则响应函数曲线会变形,从而影响定标结果的准确性。同时,为了有效地收集能量,扩束系统的相对孔径要与单色仪出口的相对孔径匹配。

2) 辐射定标的方法与原理

这里只介绍实验室定标中的可见光近红外辐射定标。对可见、近红外谱段的定标方法是利用 500W 的太阳模拟器照射漫反射板,漫反射板置于准直仪的焦面(或利用置于准直仪焦面的积分球),经准直仪产生的平行光照射载荷,改变太阳模拟器(或积分球)输出的辐亮度,测量载荷的输出量,从而对载荷可见、近红外谱段进行定标。

假设载荷各谱段的输出量与入瞳处谱段的辐亮度呈线性关系,则其定标方程为

$$\mathrm{DN}(m,n,l) = G(m,n)L_e(m,n) + \mathrm{DN}_0(m,n) \quad (2-43)$$

式中:DN 为载荷某谱段的计数值(数字量);G 为载荷某谱段的辐射响应度;DN_0 为载荷某谱段的零位计数值;m 为载荷的谱段号;n 为各谱段的探测器元数号;l 为辐亮度分档号;L_e 为载荷入瞳的等效辐亮度。

$$L_e(m,n,l) = \frac{\int_{\lambda_1}^{\lambda_2} L_\lambda(m,l) R_\lambda(m,n) \mathrm{d}\lambda}{\int_{\lambda_1}^{\lambda_2} R_\lambda(m,n) \mathrm{d}\lambda} \quad (2-44)$$

式中：L_e 为载荷入瞳处的光谱辐亮度；R_λ 为载荷光谱响应度；λ_1、λ_2 为某谱段的起始波长和终止波长；L_λ 为载荷接收到的表观辐亮度。

辐射定标就是将不同的 L_e 和 DN 值用最小二乘法计算出定标系数 G 和 DN_0。考虑到环境辐射对定标的影响，需保持测定环境恒定。"珠海一号"高光谱相机载荷辐射定标试验环境条件如下。

(1) 温度：24℃ ±3℃。

(2) 相对湿度：30% ~60%。

(3) 空气扰动：定标过程中门窗关闭，以尽量避免空气流动对试验带来的影响。

(4) 洁净度：10 万级。

(5) 防静电：相机本体和电控箱接地，接地电阻小于 1 Ω。

(6) 测试环境：暗室，屏蔽杂光。

热红外谱段的定标方法是利用置于准直仪焦面的黑体，经准直仪产生的平行辐射照射载荷，改变黑体温度，测量载荷的输出量，对载荷热红外谱段进行定标。根据黑体辐射普朗克定律，辐亮度与温度有一对应的关系，也可得出载荷输出量与黑体温度的方程式。

辐射定标试验选用较大积分球，使其出光口径覆盖相机全口径和全视场，对相机进行端对端的辐射定标。"珠海一号"高光谱相机辐射定标装置包括 4m 直径积分球光源和控制电源、光谱辐射计、监视探测器、计算机和定标光源控制软件及定标数据采集处理程序等。基于积分球光源的辐射定标装置如图 2 - 67 所示。

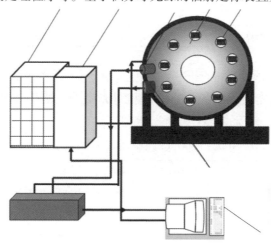

图 2 - 67　基于积分球光源的辐射定标装置

积分球光源的主要性能指标如下。

(1) 积分球光源内径:4m。

(2) 开口尺寸:φ1.6m。

(3) 不稳定性:<0.5%/4h。

(4) 非均匀性:<0.6%。

(5) 余弦特性误差:<2%。

3. 光谱定标数据的处理和使用

线性探测器测试单色仪各个谱段的相对辐射照度,如表2-29所列。

表2-29 光谱定标装置波长校准数据

波长/nm	相对辐射照度
400	217680.4823
450	529122.7496
500	992695.9804
550	1638070
600	2190280
650	2460040
700	2721460
750	2569830
800	2257290
850	2196020
900	2493310
950	2750790
1000	2759140

根据高光谱载荷各个通道的光谱响应数据,与光源各个波长的相对辐射照度相除,可求得高光谱相机各个通道的相对光谱响应矩阵。表2-30列举了400~1000nm几个谱段的相对波谱响应情况。

表2-30 400~1000nm几个谱段的相对波谱响应情况

波长/nm	400	500	600	700	800	900	1000
相对波谱响应	9.19E-07	3.02E-07	1.37E-07	2.21E-06	1.77E-07	3.21E-07	2.10E-06
	4.59E-07	2.01E-07	9.13E-08	2.28E-06	1.77E-07	3.61E-07	2.61E-06
	4.59E-07	2.01E-07	1.37E-07	2.06E-06	1.77E-07	4.02E-07	2.72E-06
	9.19E-07	2.01E-07	1.37E-07	1.76E-06	2.65E-07	4.42E-07	2.93E-06

续表

波长/nm	400	500	600	700	800	900	1000
相对波谱响应	9.19E-07	3.02E-07	1.83E-07	1.40E-06	2.65E-07	4.42E-07	2.93E-06
	4.59E-07	2.01E-07	2.28E-07	1.21E-06	2.65E-07	4.02E-07	2.97E-06
	9.19E-07	3.02E-07	1.83E-07	9.19E-07	2.21E-07	4.02E-07	3.01E-06
	9.19E-07	2.01E-07	1.37E-07	8.46E-07	2.65E-07	4.02E-07	3.08E-06
	9.19E-07	3.02E-07	9.13E-08	6.99E-07	2.65E-07	4.02E-07	3.01E-06

在"珠海一号"高光谱相机光谱定标中,单色仪以1nm的扫描步长从0.4~1μm进行光谱扫描,并通过快视软件保存32个通道的光谱响应数据。图2-68所示为"珠海一号"高光谱载荷OHS3-XJZ01载荷CMOS3探测器对应的B20谱段760nm的相对光谱响应曲线,根据相对光谱曲线取半峰值,可求得中心波长为760nm,带宽为5nm。

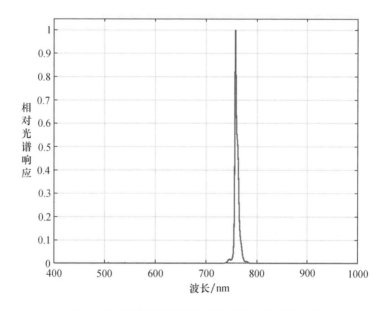

图2-68 高光谱载荷B20谱段相对光谱响应曲线

4. 辐射定标数据的处理和使用

遥感器的辐射特性包括仪器在不同状态下的暗电流、线性度、稳定性、均匀度等。通过对遥感器辐射特性的实验室测量,可以全面了解仪器的辐射特性,确保其研制仪器满足载荷设计要求,进而保证卫星在轨期间成像数据的质量。将遥感器安置在可调整的工作平台上,调整工作台,使相机的通光孔位于积分球辐射源中心,并使相机的光源垂直于积分球辐射源。

"珠海一号"高光谱相机是一种新型的高光谱成像系统,该高光谱成像系统由光学镜头、线性渐变滤光片和 CMOS 探测器组成。它利用线性渐变滤光片代替机械滤光片转轮,可通过推扫实现所有通道同时成像。相对于传统的分光方式,线性渐变滤光片分光技术具有体积功耗小、质量小、对平台的稳定性要求小等优点,在推扫成像的同时保留了较高的光谱分辨率。高光谱成像系统技术指标如表 2-31 所列。

表 2-31 高光谱成像系统技术指标

成像模式	推扫成像
地面像元分辨力	10m@500km
谱段范围	400~1000nm
带宽(FWHM)	≤15nm
通道数量	≥32
地面幅宽	150km
载荷本体质量	≤10kg

依据上述方法和原理,相机整个辐射定标过程在辐射定标实验室中利用积分球系统完成。由于通道数量较多,因此采取遍历积分球亮度的方法进行测量,分别采取相机在不同积分级数和不同增益条件下不同波长的成像数据。

1) 暗信号

相机的暗电流是目标特征辐射量无关的附加分量,其大小与波长、通道函数、器件的工作环境有关。其监测方法是让仪器在典型的工作条件下,挡住相机的入光孔进行测量。表 2-32 是高光谱相机 3 片 CMOS 探测器在一级、四级和八级积分情况下,中心波为 500~596nm 的暗电流平均值。

表 2-32 高光谱成像系统技术指标

波长/nm	1 级			4 级			8 级		
	CMOS1	CMOS2	CMOS3	CMOS1	CMOS2	CMOS3	CMOS1	CMOS2	CMOS3
500	0.016040	0.131870	0.087128	1.022000	1.181400	0.997030	2.508800	2.440500	2.035500
510	0.000000	0.046930	0.038224	1.003100	1.086800	0.990380	2.145900	2.262300	1.988200
531	0.003386	0.026147	0.019921	0.997180	1.006300	0.986230	2.029300	2.083100	1.964100
550	0.001495	0.085285	0.000000	1.657600	1.023700	0.983450	2.858600	2.038500	1.831800
560	0.000000	0.003291	0.007453	1.574700	0.994890	0.947500	3.096200	1.902100	1.919100
580	0.136520	0.000000	0.000000	1.572300	1.291600	0.996800	3.230500	2.803900	2.785800
596	0.113520	0.095815	0.415020	1.530300	1.374700	1.059800	3.096400	2.912300	2.916000

2）响应线性度

辐射响应线性度是指遥感器接收到的辐射量和输出的量化数值之间的线性关系，线性度是对遥感器进行绝对辐射定标的前提。相机响应同接收到的辐射量之间一般为线性关系，通常用线性相关度来衡量。高光谱相机辐射定标实验采用 4m 积分球，一共有 60 个辐亮度等级。表 2-33 所列为 4m 积分球光源辐亮度数值表，积分球辐亮度单位为 $W/(m^2 \cdot sr \cdot nm)$。

表 2-33　4m 积分球光源辐亮度数值

波长/nm	光谱辐射亮度/($W/(m^2 \cdot sr \cdot nm)$)						
	L01	L10	L20	L30	L40	L50	L60
450	0.14954	0.11945	0.09079	0.06296	0.03519	0.00989	1.59E-04
500	0.26746	0.21404	0.16258	0.11297	0.06295	0.01735	3.08E-04
550	0.4158	0.33342	0.25352	0.17602	0.09795	0.02649	5.10E-04
600	0.57406	0.46078	0.3504	0.24315	0.13529	0.0361	7.47E-04
650	0.70874	0.57002	0.43354	0.30082	0.16722	0.04403	9.63E-04
700	0.83001	0.67034	0.5111	0.35442	0.19688	0.05124	0.00118
750	0.89862	0.72485	0.55162	0.38222	0.2124	0.05476	0.00131
800	0.95272	0.77027	0.58624	0.40567	0.22528	0.05736	0.00143
850	0.96865	0.78418	0.59665	0.41248	0.22886	0.05755	0.00148
900	0.95364	0.77573	0.59108	0.40844	0.22668	0.05648	0.00149
950	0.90043	0.73454	0.56175	0.38779	0.21482	0.0531	0.00145

高光谱载荷在 1~8 级积分级数下，分别遍历积分球定标光源的辐亮度等级，测试高光谱载荷输出图像 DN 值随辐亮度变化之间的线性关系。由表 2-33 可知，线性渐变滤光片分光的高光谱成像系统在不同波段响应线性度均良好，在辐亮度 L60 等级处，500nm 和 700nm 亮度相差约 4 倍，但是输出图像灰度平均值约为 1.5 倍，说明在短波 500nm 处，高光谱相机信噪比较高，对于响应较弱的谱段可以加大积分时间来进行成像补偿。拟合结果如图 2-69 所示，高光谱卫星（A 星）相机 CMOS2 的 500nm（B3 谱段）和 700nm（B16 谱段）的响应线性测试曲线。从拟合结果可以看出，该高光谱相机数字输出值与入瞳辐亮度之间有良好的线性关系。

3）积分级数线性度

相机积分级数线性度是指在遥感器接收到的辐射量不变的情况下，积分级数和输出的量化数值之间的线性关系。高光谱相机采用数字域 TDI 积分技术

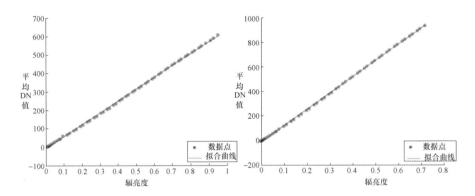

图 2-69　输出图像 DN 值随辐亮度变化之间的线性关系

来提高各个谱段信噪比,8 级积分即 8 行响应电荷累加输出,积分级数与输出量化数值呈线性变化。求相机积分级数在 1~8 级变化时,输出量化值是否呈线性变化用响应线性度的斜率随积分级数变化来表征。如图 2-70 所示,高光谱卫星 Z01 载荷 CMOS1 的 B2 谱段响应线性度的斜率随积分级数变化呈线性关系,指导在轨卫星根据地物亮度调节各个谱段成像参数。

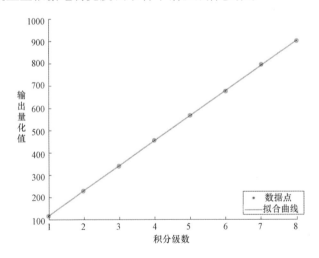

图 2-70　响应线性度的斜率与积分级数线性关系

4)增益调节线性度

当地物信号较弱时,如果不想增加曝光时间或者增加相机积分级数,可通过调节增益来提高相机输出 DN 值。在光源亮度保持不变的情况下,测试不同积分级数下相机输出图像灰度和增益数值之间的关系,由二者线性拟合的相关系数来表征,越接近于 1 表示拟合曲线效果越好。高光谱卫星 CMOS 探测器 B7

谱段输出 DN 值随增益变化关系测试结果如图 2-71 所示，相机输出 DN 值和增益线性关系较好。

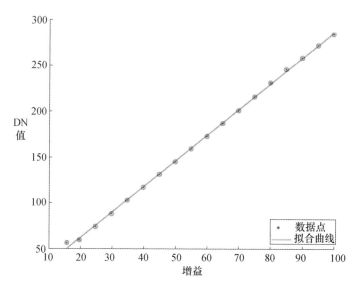

图 2-71　相机输出 DN 值与增益系数线性关系

5）相对辐射校正

高光谱卫星载荷通常采用多片探测器拼接的方式来增大载荷覆盖幅宽，不同探测器之间的响应会有差异，因此需要对所有探测器进行像元级的相对辐射校正，保证在轨拍摄图片拼接后灰度值趋于一致。根据每列像素 DN 均值为 DN_i，则

$$DN_i = k'_i L_e + b'_i \quad (2-45)$$

式中：L_e 为辐射亮度；k'_i、b'_i 整为每列像素 DN 值与辐亮度的线性关系系数，每片 CMOS 平均 DN 值为 $\overline{DN}$；k、b 为响应线性关系系数，则

$$\begin{cases} \overline{DN} = kr + b \\ \overline{DN} = k\dfrac{DN_i - b'_i}{k'_i} + b \\ \overline{DN} = \dfrac{k}{k'_i}DN_i - k\dfrac{b'_i}{k'_i} + b \\ \overline{DN} = k_i DN_i - b_i \end{cases} \quad (2-46)$$

通过测量多组不同亮度下的 $\overline{DN}$ 和 DN_i，经过线性拟合，可以求出相对辐射定标系数 k_i、b_i。相对辐射定标结果可通过各光谱的光响应非均匀性（PRNU）

来表示,计算在半饱和状态下所有探测器全部像元灰度值的标准偏差与算术平均的比值,用百分数表示。图 2-72 所示为高光谱相机 Z01 载荷的 B1 谱段和 B10 谱段相对辐射校正效果对比,其中蓝色线是相对辐射校正前的 CMOS1、CMOS2 和 CMOS3 的灰度曲线,红色线是相对辐射校正后的曲线。

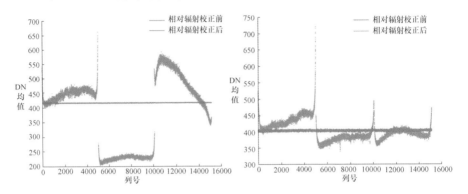

图 2-72 相对辐射校正效果对比

表 2-34 是各谱段相对辐射校正前后的 PRNU 对比,均低于 1%,高光谱载荷相对辐射校正效果良好。

表 2-34 相对辐射校正前、后的 PRNU 对比

谱段	校正前 PRNU/%	校正后 PRNU/%
B01	35.18	0.11
B02	33.99	0.49
B03	29.57	0.44
B04	24.77	0.44
B05	15.91	0.41
B06	14.09	0.49
B07	11.26	0.44
B08	10.5	0.42
B09	8.27	0.41
B10	7.67	0.4

2.6.2 基于大气模型的去积分模型处理

高光谱数据在采集过程中存在很多不确定因素,如空气成分的影响、太阳光照的影响、测量中几何关系的影响、地貌形状的影响、仪器设备的影响等。为

了获取高质量的高光谱数据,不断提高高精准度的光谱数据反演技术,除了高精准度的仪器定标技术外,还需要高精准度的大气校正技术。基于大气模型的去积分处理是高光谱数据处理的一个关键问题。

1. 基于大气辐射传输模型法

辐射传输模型的大气校正方法发展最早和精度最高,其建立在辐射传输理论的基础上。针对不同的研究条件,学者研发了多种大气辐射传输模型,目前有 30 多种大气辐射传输模型法,其中 FLAASH 模型、ATREM 模型、ATCOR 模型、6S 模型、MODTRAN 模型、LOWTRAN 模型等应用较为广泛。研究发现,通过辐射传输模型法求出的反射率精度较高,但运算复杂,需要大量大气参数,而大气参数的测量比较困难。Kaufman 曾指出,大气校正的基本方法就是获取与大气光学性质相关的参数(气溶胶光学厚度、气体吸收率、单向散射反照率等)。如果大气参数测得不准确,会影响到校正的精度,所以基于辐射传输模型的方法的应用受到一定的限制。

2. 直方图匹配法

如果两个区域的反射率一样,其中一个受到大气的影响而另一个没有受到大气的影响,且能辨别哪个区域受到大气的影响,那么可以采用直方图匹配法进行大气校正,通过没有受到大气影响区域的直方图对受到大气影响区域的直方图进行匹配处理。直方图匹配法实施起来非常容易,常用的遥感图像处理软件绝大多数有此功能。该算法的难点在于寻找两个反射率相同、受大气影响相反的区域,且气溶胶空间分布均匀。如果遥感图像范围很大且能分成若干小块,那么分别用这种方法校正将会取得更佳的效果。能见度变化剧烈、极不稳定的情况时该方法不适用,研究区域地表复杂的情况时该方法效果也不佳。

3. 不变目标法

不变目标法建立在高光谱遥感图像中存在不变目标这个假设条件基础之上,不变目标即遥感图像中反射辐射特性相对稳定的像元,且这些像元地理意义明确。不变目标在不同时相的图像反射率满足一种线性关系,这样就可以通过线性等式来描述不同时相的反射率关系。参考高光谱遥感数据与待校正高光谱遥感数据之间的线性关系如下:

$$y = ax + b \qquad (2-47)$$

式中:x、y 分别为参考高光谱遥感数据和待校正高光谱遥感数据;a 和 b 为线性关系中的参数,可通过最小二乘回归拟合求得。

a 和 b 的计算公式如下:

$$a = \frac{\sum_{i=1}^{n}(x_i - \bar{x})(y_i - \bar{y})}{\sum_{i=1}^{n}(x_i - \bar{x})^2} \tag{2-48}$$

$$b = \bar{y} - a\bar{x} \tag{2-49}$$

当不变目标及线性关系确定时,就可以对高光谱遥感图像进行大气校正。不变目标是一种相对大气校正,其本质是一种统计方法,但并不复杂,反而简单、直接。如果得到卫星过境实测数据,就可以进行绝对大气校正。

4. 基于地面线性回归经验模型法

基于地面线性回归经验模型法建立在地表目标反射率与遥感卫星器接收到信号存在着线性关系这个假设条件基础上,首先获取遥感图像中特定地物的灰度值与其成像时对应的地表目标反射光谱的测量值,建立地表目标反射率与灰度值之间的线性关系,利用该线性关系对整幅高光谱遥感图像进行校正。

基于地面线性回归经验模型法计算简单,意义明确,是一个相对简便的校正算法,国内外学者已多次成功运用该方法校正高光谱遥感影像。但该算法成本较高,需要大量的野外测量,而且对地面定标点要求较高。

5. 黑暗像元法

最理想的大气校正方法不需要野外测量数据,而仅仅通过高光谱遥感图像本身数据来进行校正,且能适用于偏远地区及历史数据。学者们因此提出了许多不需要野外测量数据的校正方法,其中黑暗像元法应用最为广泛。黑暗像元法主要利用高光谱遥感图像本身的数据,部分无法从图像中直接获取的信息可从前人研究文献中获取。黑暗像元法简单、直接,其校正结果符合一般应用精度要求。暗像元的寻找及校正模型的选择是黑暗像元法极为关键的两点。黑暗像元法一般采用简化的校正模型。假设地表为理想的朗伯体,天空辐照度各向同性,且不考虑大气偏振折射作用,通过遥感方程建立如下模型:

$$r = \frac{\pi(L - L_p)}{T_v(T_s E_0 \cos S + E_D)} \tag{2-50}$$

式中:r 为地物表面反射率;S 为太阳的天顶角;L 为光谱仪传感器接收到辐射值;T_s 为太阳辐射入射到地物过程中的大气透过率;T_v 为太阳辐射从地物反射到传感器过程中的大气透过率;E_0 为未进入大气层相应波段的太阳辐射亮度;E_D 为被大气散射辐射的太阳光漫射到地表的辐亮度。

式(2-50)中的 L 可以通过地面定标来求取,S 可以通过遥感图像拍摄日期与时间来确定,E_0 可以根据光谱响应函数求出。另外,还要确定 T_v、L_p、E_D、

T_S 4 个参数才能计算出 r。如果 T_v、L_p、T_S 这 3 个未知数采用不同的简化假设,T_v、L_p、E_D、T_S 这 4 个未知数采取不同的计算方法,将会得到不同的黑暗像元法。黑暗像元法忽略了大气多次散射作用与邻近像元效应,也没有考虑地形的差异,且暗像元的确定还带有一定的主观性。因此,高光谱遥感图像的校正精度较差,但这并不妨碍其受到广泛的应用。黑暗像元法以简单、快速、高效且不需要野外测量数据,仅需高光谱遥感图像自身信息等众多优点,受到了广泛的运用。如果高光谱遥感图像中没有大范围的湖泊或者浓密植被存在,如沙漠或者北半球冬天的图像,那么该方法不可使用。

2.6.3 基于典型地物测定法的标定

典型地物标定又称场地标定,是在地面上选取均匀区域作为辐射定标场,当卫星过境时,通过地面或者飞机上准同步测量,实现在轨卫星载荷的辐射定标。场地定标包括 3 种方法:反射率基法(RBM)、辐照度基法和辐亮度基法。

1. 反射率基法

反射率基法是在遥感卫星器过境的同时,在辐射校正场进行地面目标反射率因子和大气光学参量的同步测量,利用大气辐射传输模型计算出遥感卫星器入瞳处的辐亮度值,建立图像计数值与地面对应像元入瞳辐亮度值之间定量关系的一种方法。

国内外多家遥感卫星定标与检验机构开始基于均匀稳定目标场地的验证方法对遥感器进行长期在轨跟踪监测及场地定标,已获得了遥感器在辐射定标稳定性方面的数据。我国自 20 世纪 90 年代末建立敦煌定标场以来,已成功对风云卫星系列、中巴地球资源卫星系列、高分卫星系列等多颗卫星实现了绝对辐射定标,并且通过对场地数据的分析,发现敦煌场的地表反射率具有方向特性。图 2-73 所示是 Landsat-8 卫星的陆地成像仪(OLI)拍摄的敦煌定标场。

图 2-73 敦煌定标场

反射率基法的具体做法是：当卫星飞越定标试验场上空的同时，在地面进行场地地表反射比测量、场地周围大气消光测量和探空及常规气象观测，并记录场区各采样点的定位信息。通过对观测数据的处理，获得辐射定标计算的中间参数。将这些中间参数输入辐射传输模型，计算得到遥感卫星器入瞳处各光谱波段的表观辐亮度或表观反射率。另外，对卫星图像进行几何精校正，实现星地测区几何配准，提取并计算测区图像的平均计数值。将表观辐亮度或表观反射率与图像平均计数值比较，得到卫星各波段定标系数。

对遥感卫星器第 i 波段测量的等效表观辐亮度为

$$L_i = \int_{\lambda_1}^{\lambda_2} R_i(\lambda) \frac{L_i(\lambda) d\lambda}{\int_{\lambda_1}^{\lambda_2} R_i(\lambda) d\lambda} \quad (2-51)$$

式中：$R_i(\lambda)$ 为遥感器第 i 波段归一化的光谱响应函数；$L_i(\lambda)$ 为第 i 波段在波长 λ 处的表观辐亮度。

对于遥感卫星器第 i 波段，其等效的表观辐亮度 L_i 与遥感器探测到的计数值 DC_i 的关系为

$$L_i = \frac{(DC_i - DC_{0i})}{a_i} \quad (2-52)$$

式中：a_i 为遥感器第 i 波段辐亮度定标系数的增益；DC_{0i} 为计数值的偏移量。

遥感卫星器在波长 λ 处的辐亮度 $L_\lambda = (\theta_v, \theta_s, \varphi_v - \varphi_s)$ 可以表示为表观反射率 ρ_λ^*，即

$$\rho_\lambda^* = (\theta_v, \theta_s, \varphi_v - \varphi_s) = \frac{\pi d^2 (\theta_v, \theta_s, \varphi_v - \varphi_s)}{E_{0\lambda} \mu_s} \quad (2-53)$$

式中：$E_{0\lambda}$ 为大气外界的太阳辐照度；θ_s 和 φ_s 为太阳的天顶角和方位角；θ_v 和 φ_v 为遥感器观测的天顶角和方位角；$\mu_s = \cos\theta_s$ 为太阳天顶角的余弦；d^2 为平均与实际日-地距离之比。

在太阳垂直入射、平均日-地距离条件下，表观反射率 ρ_λ^* 与遥感图像计数值关系为

$$\rho_\lambda^* = (\theta_v, \theta_s, \varphi_v - \varphi_s) = \frac{(DC_i - DC_{0i})}{c_i} \quad (2-54)$$

式中：c_i 为遥感器第 i 波段辐亮度定标系数的增益；DC_{0i} 为计数值的偏移量。

假设遥感器各波段辐射响应特性为线性，如果遥感器各波段图像数据的偏移量近似为0（暗电流为0），则可以用单点法计算出 a_i，即获得绝对辐射定标系数，公式为

$$L_i = \frac{DC_i}{a_i} \quad (2-55)$$

若考虑探测器暗电流和噪声等因素影响,就必须利用两点法或多点法来计算绝对辐射定标系数的增益和偏移量。其中,两点法的定标公式为

$$\begin{cases} a_i = \dfrac{(DC_1 - DC_2)}{(L_1 - L_2)} \\ DC_{0i} = DC_1 - L_i a_i \end{cases} \quad (2-56)$$

多点法则需要采用最小二乘法计算,计算对应的增益 a_i 和偏移量 DC_{0i}。

遥感卫星器反射率法定标过程包括卫星同步(准同步)地表光谱和大气测量、星地光谱匹配、辐射传输计算、卫星计数值提取和定标系数确定等几个部分。反射率基法定标流程如图 2-74 所示。

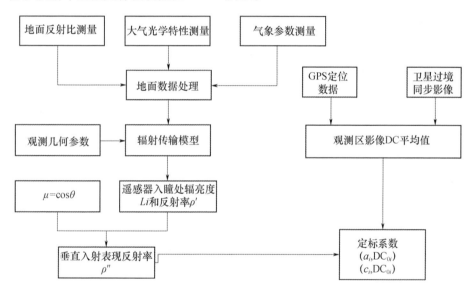

图 2-74 反射率基法定标流程

2. 辐照度基法

反射率基法的一个重要误差来源是对气溶胶模式的假设,不同的气溶胶模式对表现反射率的计算结果会产生较大影响。

辐照度基法在反射率基法基础上进行了改进。辐照度基法的实验过程与反射率基法基本相同,主要区别在于辐照度基法需要增加漫射辐射度与总辐射度的测量,以实测的漫射辐射与总辐射比值代替反射率基法中对气溶胶模式的假设,使得气溶胶模式的假设只对大气内反射率和大气球面反照率产生影响,

减小了由于气溶胶模式(气溶胶复折射指数和粒子谱分布)假设而带来的误差,提高了辐射定标的精度。将二者之比作为参量输入辐射传输模型,计算大气顶的辐射亮度值,实现卫星的辐射定标。辐照度基法最大的不确定性来自漫射与总辐射比测量的精度。

这种方法存在几个不足:首先,需要假定地面测量和卫星过境期间大气稳定;其次,要根据漫射与总辐射比测量时刻的太阳天顶角,经过内插或外推,计算出卫星过境时刻对应观测几何方向的漫射辐射与总辐射比值,计算过程较为复杂;最后,在测量漫射辐射时挡光器械遮挡直射光的同时,也挡住了一小部分漫射光,需要对这部分漫射辐射进行校正。

对于反射率为 ρ 的均匀 Lambert 地表,其表观反射率为

$$\rho^*(\theta_v,\theta_s,\varphi_v-\varphi_s) = T_g(\mu_s,\mu_v)\left[\rho_A(\theta_v,\theta_s,\varphi_v-\varphi_s) + \frac{\tau(\mu_s)\rho\tau(\mu_v)}{1-\rho s}\right] \tag{2-57}$$

式中:$\rho_A(\theta_v,\theta_s,\varphi_v-\varphi_s)$ 为大气本身产生的向上的程辐射反射率;ρ 为地表反射率;τ 为总的大气散射透过率;s 为大气半球反照率;$\tau(\mu_s)$ 与 $\tau(\mu_v)$ 分别为太阳—目标与目标—遥感器路径上的总大气散射透过率;T_g 为气体吸收透过率,臭氧、水汽等吸收气体的影响降低了可见光(如臭氧 Chappuis 吸收带)和短波红外大气窗区的表现反射率,吸收可以从散射过程中分离出来,单独用吸收测量来确定。

$\rho_A(\theta_v,\theta_s,\varphi_v-\varphi_s)$、$s$ 和 T_g 通过辐射传输计算模型得到。

其中,太阳—目标路径总的大气散射透过率 $\tau(\mu_s)$ 可以表示为

$$\tau(\mu_s) = e^{-\delta/\mu_s} + \frac{\int_0^{2\pi}\int L^0(\mu,\mu_s,\phi-\phi_s)\mu d\mu d\phi}{\mu_s E_s} = e^{-\delta/\mu_s} + \frac{E_d^0}{\mu_s E_s} \tag{2-58}$$

式中:$L^0(\mu,\mu_s,\phi-\phi_s)$ 为由散射过程产生的辐亮度;E_d^0 为到达地面的辐照度。

太阳天顶角方向的漫射辐射与总辐射之比定义为

$$\alpha_s = \frac{E_d(\mu_s)}{E_G(\mu_s)} = \frac{E_d(\mu_s)}{E_s\mu_s e^{-\delta/\mu_s} + E_d(\mu_s)} \tag{2-59}$$

式中:$E_d(\mu_s)$ 和 $E_G(\mu_s)$ 分别为漫射辐照度和总辐照度,$E_d(\mu_s)$ 包括大气内的漫射辐照度 $E_d^0(\mu_s)$ 及大气和地面间对直射光束和漫射分量的耦合项,可表示为

$$E_d(\mu_s) = \frac{1}{1-\rho s}[E_d^0(\mu_s) + \mu_s E_s e^{-\delta/\mu_s}\rho s] \tag{2-60}$$

则
$$\tau(\mu_s) = \frac{(1-\rho s)e^{-\delta/\mu_s}}{1-\alpha_s} \quad (2-61)$$

根据光路可逆原理，$\tau(\mu_v)$ 与 $\tau(\mu_s)$ 具有同样的含义，因此可表示为

$$\tau(\mu_v) = \frac{(1-\rho s)e^{-\delta/\mu_v}}{1-\alpha_v} \quad (2-62)$$

式中：α_v 为观测方向漫射辐射与总辐射的辐照度之比，则

$$\rho^*(\theta_v,\theta_s,\varphi_v-\varphi_s) = T_g\left[\rho_A(\theta_v,\theta_s,\varphi_v-\varphi_s) + \frac{e^{-\frac{\delta}{\mu_s}}}{1-\alpha_s}\rho(1-\rho s)\frac{e^{-\frac{\delta}{\mu_v}}}{1-\alpha_v}\right]$$
$$(2-63)$$

计算表现反射率要用到辐射传输程序，其最重要的输入数据是气溶胶光学厚度。气溶胶模式通过假定气溶胶的折射指数和粒子谱分布来选取，对表现反射率的计算精度来说，气溶胶模式假设带来的误差要大于测量误差的影响。

辐照度基法是把辐照度的测量结果代入，对气溶胶的假定只影响 ρ_A 和 s 的确定。s 是用于与辐照度测值进行地气耦合订正的那一项 $1-\rho s$；ρ_A 在高反射率目标情况下，其贡献相对来说较小。这一方法降低了对气溶胶的完整和准确描述的要求，并提高了定标精度。对辐照度基法方程使用测值 α_s 和 α_v，而 ρ_A 和 s 是把大陆模式和测量的气溶胶光学厚度输入 6S 模型中计算出来。遥感卫星器辐照度基法定标流程如图 2-75 所示。

3. 辐亮度基法

辐照度基法首先将一台标定过的稳定辐射计搭载在场地上空一定高度的飞机平台上，在卫星经过场地时刻同时对场地成像，保证观测几何同遥感卫星器基本相同，得到场地上空飞机高度处的辐亮度；然后对飞行高度至大气层顶的大气吸收和散射影响进行订正，得到大气层天顶的辐亮度。飞机飞行的高度一般在 3000m 以上，而大部分水汽和气溶胶集中在大气下部，因此所需的大气订正比在地面附近测量时要小得多。辐射计所在高度越高，大气订正越小。辐亮度基法具有以下几点特征。

（1）测量采用的辐射计必须进行绝对辐射定标，最终辐射定标系数的误差以辐射计的定标误差为主。

（2）由于仅需对飞行高度以上的大气进行订正，回避了低层大气的订正误差，有利于提高校正精度。

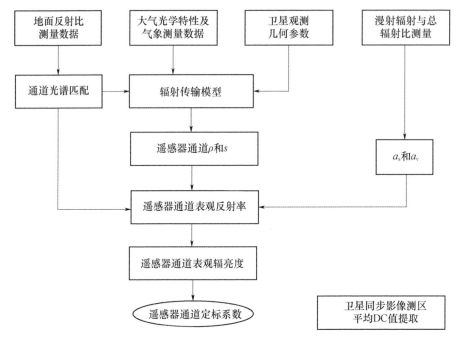

图 2－75　辐照度基法定标流程

(3) 由于搭载于飞机上的辐射计地面视场较大,可在瞬间连续获取大量数据,因此其对场地表面均匀性的要求较低。

辐亮度基法定标精度最高,同时对场地测量要求也最高。辐亮度基法需要利用飞机在卫星过境时刻用相同的观测几何对场地进行测量,所需费用巨大,对遥感器成功定标的次数有限。辐亮度基法的主要误差在于机载辐射计自身的定标精度及稳定性。另外,航空图像和卫星图像的互相配准、大气条件是否能够满足飞行要求都是辐亮度基法需要考虑的问题。飞机上搭载的辐射计应尽可能同卫星上的遥感器设置相同,在中心波长位置,光谱响应函数等参数上尽可能接近,以减小两台仪器辐亮度传递过程中的误差。基于上述原因,辐亮度基法在实际应用中采用的次数有限。

遥感卫星器辐亮度基法定标流程如图 2－76 所示。

4.3 种方法比较

国内外学者对反射率基法、辐照度基法、辐亮度基法 3 种场地辐射校正方法进行了深入的研究分析,对这 3 种场地辐射校正方法的定标特点进行了总结比较,结果如表 2－35 所列。

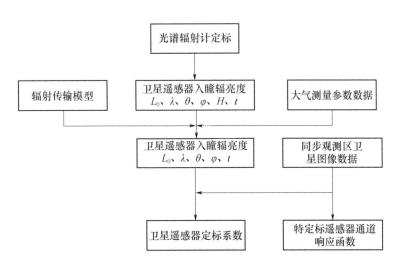

图 2-76 辐亮度基法定标流程

表 2-35 3 种场地定标方法特点比较

方法类型	反射率基法	辐照度基法	辐亮度基法
可定标波段	可见光—近红外	可见光—近红外	可见光—近红外
被标定的卫星空间分辨率	高分辨率	高分辨率、低分辨率	高分辨率
测量参数	地面目标反射率、大气光学特征参量	地面目标反射率、大气光学参量、漫射与总辐射比	地面目标反射率、大气光学特征参量
测量条件	星-地同步观测、星-地观测几何一致或进行观测角校正	星-地同步观测、星-地观测几何一致	星-地同步观测、星-地观测几何一致、机载辐射计经过严格光谱和辐射定标
大气传输模型	大气辐射传输模型	大气辐射传输模型	大气传输辐射模型
最终结果	遥感器入瞳处辐亮度	得到遥感器高度的表现反射率,进而求得遥感器入瞳处辐射度	遥感器入瞳处辐亮度
精度	精度较高	精度较高	精度高
优点	投入的测试设备和获得的测量数据相对较少,不仅省工、省物,而且满足精度要求	利用漫射与总辐射比描述大气溶胶的散射特征,减少了反射率基法中对气溶胶光学参量假设带来的误差	飞机飞行高度越高,需要的大气订正就越简单,精度就越高
缺点	需要对大气溶胶的一些光学参量做假设	数据测量相对较多,漫射与总辐射比在高纬度地区带来的误差较大	为了进行大气订正,还需要反射率的全部数据,因此该方法投入的设备、人力、资金较多

由表 2-35 可以得出如下结论。

(1) 反射率基法和辐照度基法都需要测量场区的反射率;而辐亮度基法测量的是辐亮度值,因此辐亮度法不仅可以对遥感卫星可见光/近红外波段进行辐射定标,同时也可以对卫星的热红外波段进行定标。

(2) 辐亮度基法利用飞机将辐计运载至高空,与在地面利用辐射计进行测量的反射率基法和辐照度基法相比,在一定的程度上更接近卫星的实际观测情况,定标精度相对较高,且对地表的均匀性要求较低。较反射率基法和辐照度基法相比,辐亮度基法更适合低空间分辨率卫星的定标。

(3) 反射率基法和辐照度基法都需要精确地测量场区的反射比,因此对场区的朗伯特性的要求高于辐亮度基法。

(4) 辐亮度基法在计算卫星入瞳辐亮度时,只需要对卫星—飞机之间的大气影响进行订正,而反射率基法和辐照度基法则需要订正整层大气,因此大气对辐亮度基法的定标精度影响较小。

2.7 系统可靠性与安全性设计

2.7.1 可靠性设计与分析

1. 可靠性准则

卫星的设计寿命为 3~5 年,其寿命末期的可靠度要优于 0.75,其他单机也应按照上述基本要求进行。可靠性设计准则如下。

(1) 尽量采用成熟技术,充分继承和采用经过飞行试验验证或已成功进行地面试验的成熟硬件和软件;在必须采用新方案和新技术时,其可靠性应有必要的保证,不因追求指标的先进性而损害了可靠性。

(2) 在满足功能、性能、可靠性要求的前提下尽量简化系统配置,减少硬件和软件的数量与规模,并力求做到"三化"设计。

(3) 在方案设计及工程研制阶段,应侧重进行失效模式和效果分析(FMEA)工作,对于复杂可靠性关键项目、关键组部件还要做 FTA。

(4) 强化影响卫星成败的关键分系统、组部件及核心技术的可靠性设计和验证实验,对重要的技术方案进行必要的地面数学和物理仿真验证。

(5) 按照卫星主动段和在轨运行段的环境影响程度,在设计阶段对结构和热控系统进行必要的影响分析和计算,在研制阶段进行充分的地面环境试验与验证。

（6）尽量消除单点故障，对于一些关键的分系统、组部件和设备，采用充分、合理的硬件和软件的冗余和容错设计。

（7）对卫星全寿命期内所经历环境与效应的影响进行充分分析，采取有效的抗辐射设计和单粒子事件防护措施。

（8）加强所选用元器件的管理，制定元器件大纲，严格产品设计过程中的元器件选用控制程序。

（9）计算机软件研制必须严格遵循软件工程化要求，应采用有效的设计技术和方法，选择易于编写、校正和修改的程序结构，采用模块化程序设计方法；应按软件规范对程序进行校验和测试，编制完整、规范的软件文档。

（10）按有关标准和规范的要求，对非电产品要有安全裕度的设计，元器件要降额使用，电路要进行潜通分析、容差设计和抗瞬态设计。

（11）在电路设计中，要加强CMOS电路防锁定、单粒子事件防护、电源母线的过电流保护和继电器正确选用等电路可靠性设计技术的应用。

2. 可靠性模型

以卫星的各项功能正常为判据，建立系统可靠性模型，对卫星的可靠性进行预计。卫星可靠性框图如图2-77所示。

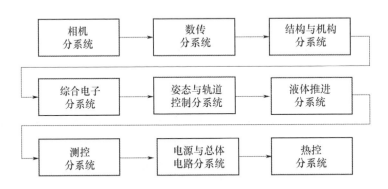

图 2-77 卫星可靠性框图

卫星可靠性指标设计如表 2-36 所列。

表 2-36 可靠性指标设计

项目名称	可靠性分配	可靠性预计
相机分系统	0.95	0.978
数传分系统	0.95	0.976

续表

项目名称	可靠性分配	可靠性预计
结构与机构分系统	0.985	0.988
综合电子分系统	0.97	0.984
姿态与轨道控制系统	0.95	0.972
测控分系统	0.98	0.985
电源与总体电路分系统	0.97	0.974
热控分系统	0.985	0.988
合计	0.77	0.87

2.7.2 安全性设计

安全性设计主要考虑母线保护设计和在轨系统安全性设计。

1. 母线保护设计

系统采用分散供配电体制，要求系统各设备与一次电源供电母线之间的接口必须绝对安全，不允许由于某台设备的故障影响到其他设备或者整星供电。其主要保护措施包括以下几方面。

（1）母线过电压、欠电压、过电流保护。

（2）部分设备在一次电源供电入口处加装控制开关。当该设备出现软故障时能够进行恢复抢救，当出现永久型故障时能够被彻底关闭。

（3）所有设备在其 DC/DC 模块输入端采用融丝、限流电阻或其他限流装置，以防设备短路对一次电源母线的影响。

（4）为防止设备启动或断开时瞬间大电流引起继电器触点拉弧，规定用电设备的启动电流须小于其正常峰值电流的 1.5 倍，时间为 2ms。

（5）配电器中设置有分系统一级的供电继电器，可控制通向任务载荷等设备的一次电源，当发生整星负载过大或能源不足时，为保证平台供电，必要时通过指令切断通向该区域的一次电源。

2. 在轨系统安全性设计

为了增加系统的在轨生存能力和可靠性，提高系统的自主管理能力，由可重构综合电子系统中心计算机完成系统的安全控制。根据系统部分遥测参数判断系统是否处于危险状态之中，如果条件满足自动发送安全指令，则主要目的为节省系统能源，保障系统的安全和寿命。危险状态的判断由嵌入各分系统的下位机完成,中心计算机再综合判断所有分系统的状态,并根据判断结果发送相应的指令系列。此外,各分系统自身具备安全保障模式,时刻判断各分系统单机工作状态和关键参数的安全阈值,一旦发生超限,立即停止当前工作,并发送指令至平台综合电子系统中心计算机,根据实际情况进行相应的保护操作或进入安全模式。

第3章
卫星地面系统设计及实施

商业遥感卫星系统的地面系统简称卫星地面系统,卫星地面系统采用一体化流程建设,一般由卫星运控中心、卫星数据中心、卫星数据处理中心、卫星应用服务产品中心和卫星数据管理及分发中心5个模块组成,如图3-1所示。本章以"珠海一号"星座卫星地面系统为例,详细介绍卫星地面系统的组成及功能。

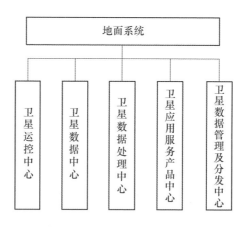

图3-1 卫星地面系统组成框图

3.1 卫星运控中心

卫星运控中心由需求管理平台、任务规划系统、卫星指令及上注、卫星运行监控、卫星地面站系统和卫星原始数据压缩与解压6个系统模块组成,各个系统模块前后衔接,流程化运转,如图3-2所示。

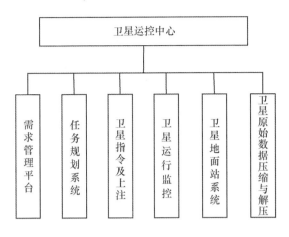

图 3-2 卫星运控中心组成框图

3.1.1 需求管理平台

1. 平台组成

需求管理平台由市场订单提交与管理、卫星轨道模拟、订单显示、拍摄需求提交与管理组成。

2. 主要功能

（1）市场订单提交及管理。市场部根据用户需求提交拍摄订单和拍摄要求，经审批后发送至需求平台，在订单管理处显示订单状态，可查询订单执行进度，待订单完成后需要结束订单，关闭订单状态，如图 3-3 所示。

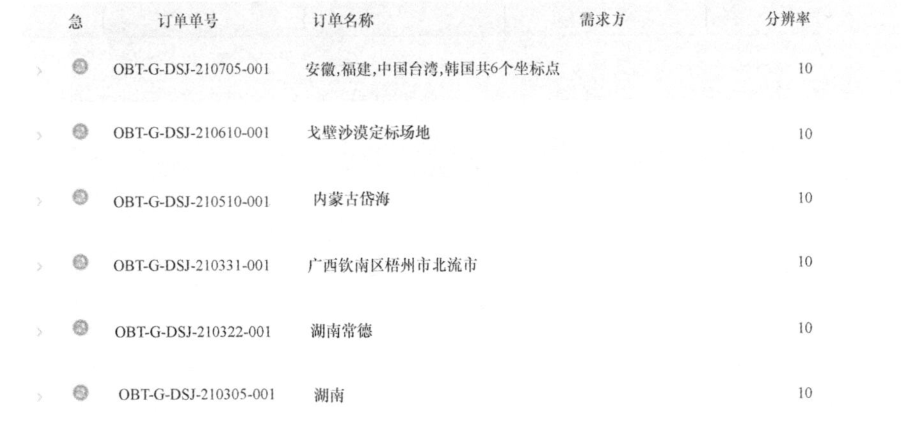

急	订单单号	订单名称	需求方	分辨率
	OBT-G-DSJ-210705-001	安徽,福建,中国台湾,韩国共6个坐标点		10
	OBT-G-DSJ-210610-001	戈壁沙漠定标场地		10
	OBT-G-DSJ-210510-001	内蒙古岱海		10
	OBT-G-DSJ-210331-001	广西钦南区梧州市北流市		10
	OBT-G-DSJ-210322-001	湖南常德		10
	OBT-G-DSJ-210305-001	湖南		10

图 3-3 市场订单提交及管理界面

(2) 卫星轨道模拟显示。根据卫星轨道要素和轨道模型计算卫星轨道信息,模拟卫星实时运行轨道,为拍摄选点提供依据,如图3-4所示。

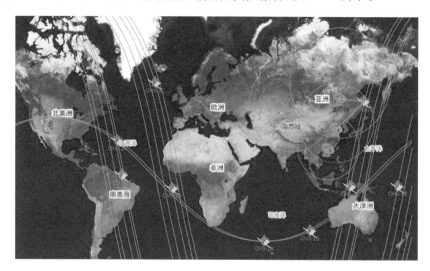

图3-4 卫星轨道模拟显示界面

(3) 订单显示。将市场订单提供的拍摄区域整合到天地图的矢量图上,提供可视化界面,便于拍摄选点,如图3-5所示。

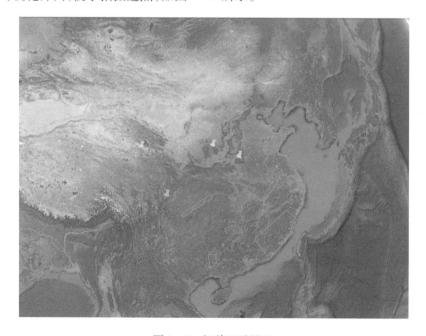

图3-5 订单显示界面

(4)拍摄需求提交与管理。结合卫星轨道、市场订单、实时云图,首先选择卫星拍摄任务,绑定市场订单后提交;然后对已提交的拍摄计划进行审核,审核通过后发送至任务规划系统,同时可以进行拍摄计划查询、统计,如图 3-6 所示。

卫星	交付时间	拍摄地点	计划状态
OVS-2A	2021-07-13 至 2021-07-14	卡利特里(意大利) 点击查看	已发送
OVS-2A	2021-07-13 至 2021-07-14	乌尔法(土耳其) 点击查看	已发送
OVS-2A	2021-07-13 至 2021-07-14	马雷(土库曼斯坦) 点击查看	已发送
OVS-2A	2021-07-13 至 2021-07-14	五家渠市(中国新疆) 点击查看	已发送
OVS-2A	2021-07-13 至 2021-07-14	包头市(中国内蒙古)	已发送

图 3-6 拍摄需求提交与管理界面

3.1.2 任务规划系统

任务规划系统是卫星运控中心的核心组成部分,主要功能包括卫星观测任务优化分配、地面接收系统任务分配及优化。下面针对各类卫星任务管控的功能特点进行了整合及汇总,主要包括以下方面。

(1)可对确定的任务进行访问计算和可视化显示,分析任务实施的可能性,支持多类型卫星观测任务的协同分析及任务规划。

(2)基于低轨道卫星通用任务规划算法,构建低轨道卫星通用任务规划系统,支持光学成像卫星任务规划,可对确定的卫星观测任务进行观测任务、接收任务、业务测控任务联合规划,支持中长期任务规划、周任务规划、日任务规划,形成联合任务规划预案。

(3)基于接收站网状态进行接收任务规划,计算卫星与地面站传输窗口,分配接收任务到具体的接收天线。地面站包括极地站、国内相关卫星数据接收站、数据中继卫星接收站、地面机动站。

(4)进行观测任务规划仿真评估,基于二维平面世界地图,仿真显示任务规划结果,评估任务规划效能。

1. 任务规划子系统

1）技术指标

（1）规划卫星数量：不少于 50 颗（可扩展）。

（2）规划地面站数量：不少于 10 个（可扩展）。

（3）规划策略：综合效益最优，任务数优先，重要任务优先。

（4）规划资源类型：卫星载荷资源、地面接收资源、业务测控资源等。

（5）卫星任务统筹时间：≤10min（针对 50 个任务、24h 以内）。

（6）多星多任务规划时间：≤25min（针对 50 个任务、24h 以内）。

（7）任务规划动态调整时间：≤5min（针对 1 个任务）。

2）功能组成

任务规划子系统由轨道计算、多星多任务统筹分析、多星多任务协同规划、任务规划算法服务及管理、任务规划方案管理、任务规划推演显示组成，如图 3-7 所示。

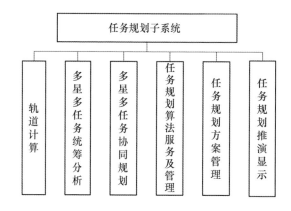

图 3-7　任务规划子系统功能组成

（1）轨道计算。轨道计算采用面向用户的人机交互界面设计，可进行卫星轨道根数管理及维护、轨道根数数据外发、按输入条件进行轨道计算、按配置或者轨道根数接收自动轨道计算、轨道计算结果存储等。

（2）多星多任务统筹分析。基于任务观测要求、目标特性，结合卫星观测能力及覆盖范围，初步确定卫星对任务的观测方式。对复杂任务进行分解，把一个大需求分解成多个卫星一次观测可以完成的小任务。分解处理后，生成可供任务规划使用的观测元任务。

多星多任务统筹分析功能人机交互界面如图 3-8 所示。

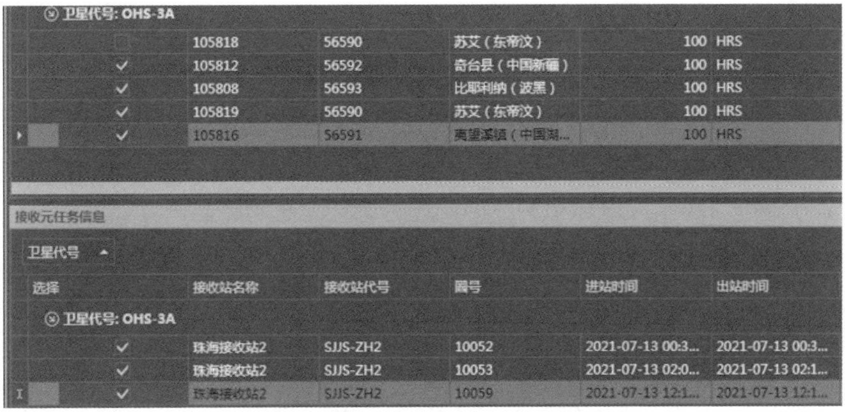

图3-8　多星多任务统筹分析功能人机交互界面

（3）多星多任务协同规划。首先获取经过任务分析处理后的各卫星观测元任务、各地面站接收元任务,结合星地资源,对协同观测任务进行多星任务关联分配,进行多星资源统筹预规划。然后根据重点任务保障需要、接收资源使用与分配策略,同时考虑卫星通用使用约束条件,对任务与资源进行统筹考虑与优化决策,生成任务规划预案。最后将观测任务分配到确定的卫星,将接收资源优化分配到具体的卫星。

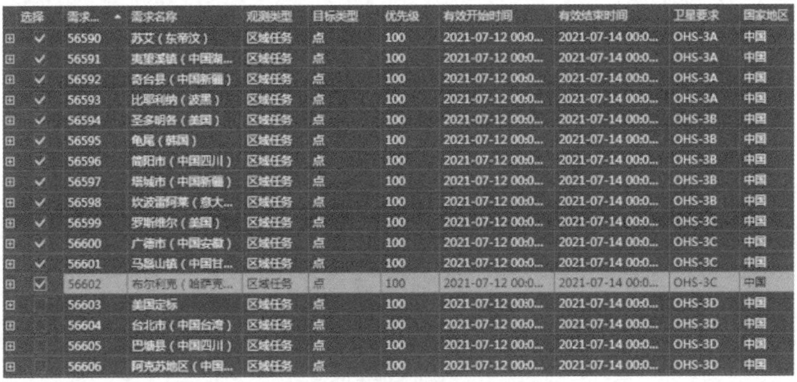

图3-9　多星多任务协同规划功能人机交互界面

基于多星多任务规划结果,进行单星或多星任务优化调度,进行任务调整与分配(包括任务的观测模式、数传模式、观测时长等),调用任务规划算法服务进行任务规划优化决策,优化卫星观测任务与数传任务,经过用户确认后生成满足任务需要及卫星载荷使用约束的任务规划方案。

多星多任务协同规划功能人机交互界面如图3-9所示。

（4）任务规划算法服务及管理。该功能提供适用于不同问题类型的典型任务规划算法,支持可配置的典型任务规划业务规则、任务规划策略与典型资源使用约束,包括适用于多星统筹规划的任务预规划算法服务、适用于区域任务动态分解规划的区域任务规划算法服务、适用于卫星使用特点的单星任务规划算法服务、适用于应急快速响应的动态调整任务规划算法服务。

算法服务管理功能主要对部署在计算机服务器上的各种规划算法进行远程管理;统一处理客户端的调用请求,根据调用请求启动不同的任务规划算法,返回计算结果,对各任务规划算法进行调度;记录算法运行日志,上报算法运行状态。

（5）任务规划方案管理。该功能对任务规划预案、任务规划方案进行管理,包括查询、统计、取消等。

（6）任务规划推演显示。该功能基于数据库技术或本地脚本,加载任意时间段的单星或多星任务规划方案;以二维平面世界地图为背景,推演显示任务规划安排情况。

2. 计划制订子系统

1）技术指标

（1）可编制计划类型:卫星观测计划、跟踪接收计划、数据处理计划、有效载荷控制计划、业务测控计划;

（2）单星计划制订时限:常规小于5min,应急小于2min。

2）功能组成

计划制订子系统功能主要包括计划制订、计划调整、计划管理、计划仿真推演,如图3-10所示。

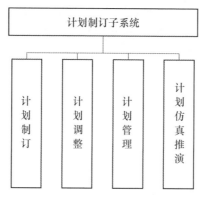

图3-10 计划制订子系统功能组成

(1) 计划制订。首先制订接收卫星侦察任务规划方案和数据接收任务规划方案,依据卫星轨道和侦察任务进行观测任务访问信息和跟踪接收预报精确计算,按照计算结果对侦察方案进行调整;然后按照卫星载荷控制要求计算载荷控制参数,生成侦察计划、有效载荷控制计划、数据跟踪接收计划、业务测控计划等;最后对计划进行约束检验,检验通过后保存各项工作计划。

计划制订功能人机交互界面如图 3–11 所示。

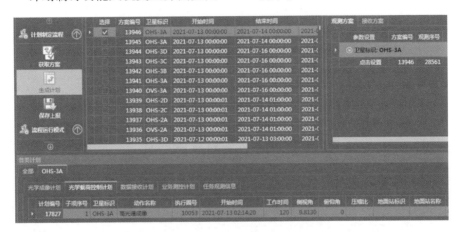

图 3–11　计划制订功能人机交互界面

(2) 计划调整。计划调整是对已经制订好的尚未执行的工作计划进行调整,可以对工作计划的执行时间和控制参数进行调整,调整后经约束检验通过后进行保存。

(3) 计划管理。计划管理是按条件查询工作计划,显示侦察计划、载荷控制计划、数据跟踪接收计划、业务测控计划的具体内容,统计工作计划的安排情况及资源使用情况,也可以进行计划取消等管理。

(4) 计划仿真推演。计划仿真推演以图形方式动态显示计划,推演卫星侦察计划执行过程,计划制订人员可以直观地了解到计划执行的详细情况。

3. 载荷控制子系统

1) 技术指标

(1) 载荷控制指令生成方式:自动生成、手动生成。

(2) 指令生成时间:≤3min。

(3) 应急指令生成时间:≤1min。

(4) 指令生成正确率:100%。

2）功能组成

载荷控制子系统由载荷控制计划获取验证、指令数据生成、指令数据比对、指令模板管理和指令发控等功能组成,如图3-12所示。

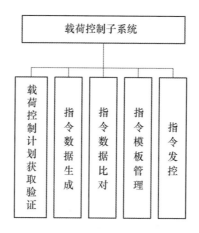

图3-12 载荷控制子系统功能组成

(1) 载荷控制计划获取验证。载荷控制计划获取验证用来接收、解析计划制订子系统生成的载荷控制计划,根据不同卫星的载荷控制约束,验证载荷控制计划涉及各参数的有效性、合法性,确保载荷的安全控制。

(2) 指令数据生成。指令数据生成负责将验证通过的载荷控制计划按照卫星载荷控制指令格式生成载荷控制指令;同时,能够将生成指令数据进行反演,还原成载荷控制参数,与载荷控制计划规定的参数进行对比,完成指令反演比对。

指令数据生成过程包括指令模板读取、循环冗余校验码(CRC)计算、指令序列和校验计算、将十六进制的字符串转换为byte数组、将byte数组装换为字符串、按照字节复制数据等处理。

指令数据生成功能人机交互界面如图3-13所示。

(3) 指令数据比对。指令数据比对负责接收不同台位上生成的指令数据,按位比对两个台位上生成的指令数据是否一致,比对一致的指令数据可进行保存,比对错误的指令数据则发出系统告警。

(4) 指令模板管理。根据卫星的设计文件与使用方式创建遥控指令模板,并且对生成的模板进行管理维护;将遥控指令模板与卫星载荷的动作进行映射,并对映射关系进行管理维护,实现对卫星遥控指令的管理维护。

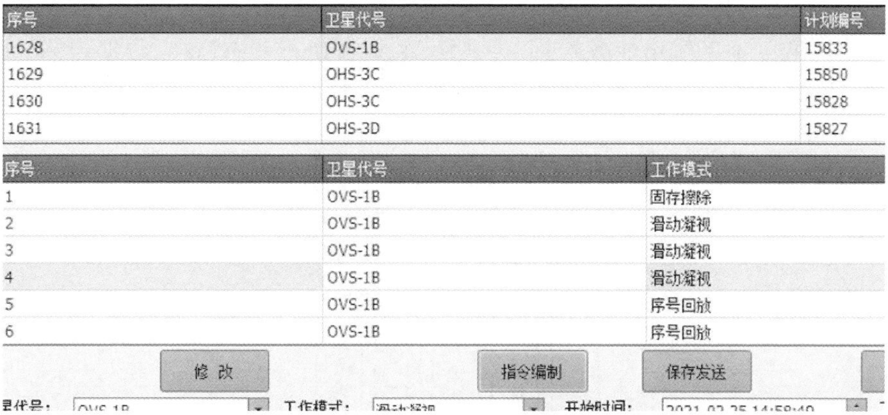

序号	卫星代号	计划编号
1628	OVS-1B	15833
1629	OHS-3C	15850
1630	OHS-3C	15828
1631	OHS-3D	15827

序号	卫星代号	工作模式
1	OVS-1B	固存擦除
2	OVS-1B	滑动凝视
3	OVS-1B	滑动凝视
4	OVS-1B	滑动凝视
5	OVS-1B	序号回放
6	OVS-1B	序号回放

图 3－13　指令数据生成功能人机交互界面

（5）指令发控。负责建立任务管控分系统与地面测控站的遥控指令数据传输链路，监视链路的连通状态，获取当前该型号待发送的指令数据，进行业务测控数据打包与检验，根据需要发送指令数据；也可以根据用户输入的直接指令代号从各型号直接指令数据库中获取相应的直接指令码，根据规范格式生成直接指令数据，进行打包发送。

指令发控功能人机交互界面如图 3－14 所示。

C0	C1	C2	C3	C4	C5	C6	C7	C8	C9
80	8D	13	00	B1	65	3B	00	01	11
30	00	00	00	00	00	00	00	B8	1E
41	09	06	01	0A	00	5A	00	0A	05
00	FF	00	80	BF	00	15	35	0F	EF
35	0F	EF	38	4E	00	CA	10	AA	35
66	AA	35	0F	EF	38	5D	0C	00	AA
0C	13	02	AA	35	0F	EF	38	63	0C
38	64	03	09	AA	AA	35	0F	EF	38
0F	EF	38	66	0C	30	08	68	35	0F
AA	35	0F	EF	38	68	0C	80	33	AA

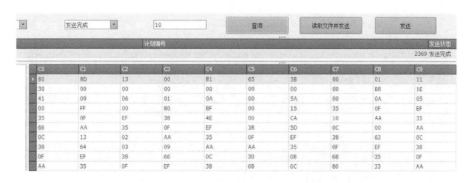

图 3－14　指令发控功能人机交互界面

4. 指挥调度子系统

1）技术指标

（1）调度审批方式：自动、人工。

（2）支持数据传输协议：传输控制协议（TCP）、用户数据报协议（UDP）、文件传输协议（FTP）、Web 服务。

2）功能组成

指挥调度子系统由业务管理、任务协调、业务执行状态监视、数据传输、业务统计等功能组成，如图 3－15 所示。

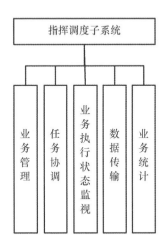

图 3－15　指挥调度子系统功能组成

（1）业务管理。负责业务管理组织、调度相关系统完成卫星各类需求、方案、计划、任务的制定和执行，负责定制系统业务流程，并监视计划执行过程，向相关系统提供符合接口规范的卫星轨道数据。

业务管理功能人机交互界面如图 3－16 所示。

方案编号	方案状态	卫星标识	规划起始时间
13856	审批通过	OHS-3D	2021-07-03 07:00:00
13855	审批通过	OHS-3C	2021-07-03 07:00:00
13854	审批通过	OHS-3B	2021-07-03 07:00:00
13853	审批通过	OHS-3A	2021-07-03 07:00:00
13852	审批通过	OVS-3A	2021-07-03 07:00:00
13851	审批通过	OHS-2D	2021-07-03 01:00:00
13850	审批通过	OHS-2C	2021-07-03 01:00:00
13849	审批通过	OHS-2A	2021-07-03 01:00:00
13848	审批通过	OVS-2A	2021-07-03 01:00:00
13847	审批通过	OHS-2D	2021-07-02 00:00:00
13846	审批通过	OHS-2C	2021-07-02 00:00:00
13845	审批通过	OHS-2A	2021-07-02 00:00:00
13844	审批通过	OVS-2A	2021-07-02 00:00:00
13843	审批通过	OHS-3D	2021-07-02 00:00:00
13842	审批通过	OHS-3C	2021-07-02 00:00:00
13841	审批通过	OHS-3B	2021-07-02 00:00:00
13840	审批通过	OHS-3A	2021-07-02 00:00:00
13839	审批通过	OVS-3A	2021-07-02 00:00:00

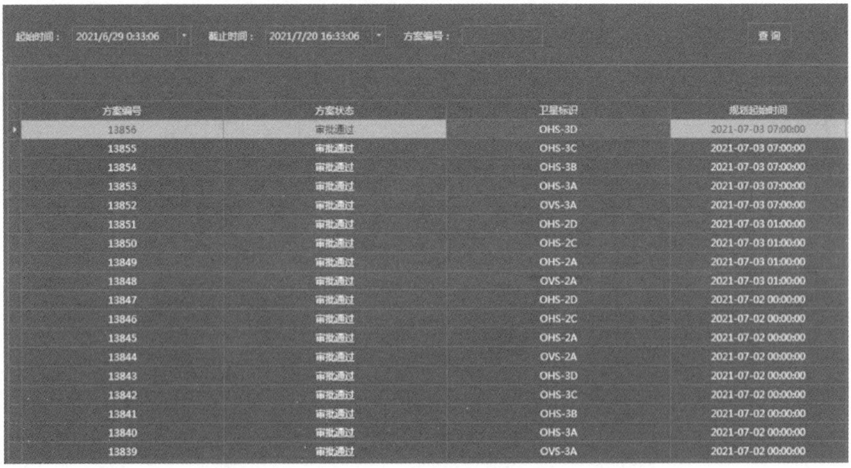

图 3－16　业务管理功能人机交互界面

（2）任务协调。负责协调相关系统完成卫星各类需求、方案、计划的取消调整，进行各类任务协同工作计划制订与协调，实现流程驱动及数据交换。

（3）业务执行状态监视。以卫星运行系统为执行单位，监视命令下达后卫星运控系统的任务执行情况，包括命令接收、命令执行、命令执行完成、命令完成成果数据回传等。

（4）数据传输。负责任务管控分系统与外部系统之间的接口数据和接口文件的传输，根据数据类型配置传输端口和传输服务，为其他应用业务功能提供网络传输服务。其传输方式主要包括数据帧，使用TCP、UDP、FTP。

（5）业务统计。负责统计各类业务信息，进行报表输出。

5. 测控业务管理子系统

1）技术指标

（1）支持测控业务动态调整。

（2）卫星根数接入方式：自动、人工。

（3）测控资源更新方式：消息驱动实时更新，人工调整。

2）功能组成

根据测控业务管理子系统功能需求，其主要由测控资源维护、卫星轨道根数维护、测控业务协调、测控业务管理组成，如图3-17所示。

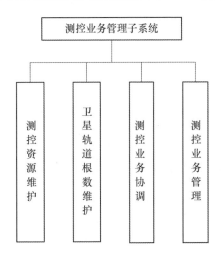

图3-17 测控业务管理子系统功能组成

（1）测控资源维护。测控资源维护实现测控资源维护管理，按照地面系统接口规范，梳理测控资源的信息项，实现测控资源定制管理（包括测控资源增加、修改、删除、查询能力);同时,定时接收各地面站发送的设备工作状态,更新测控资源状态。

(2) 卫星轨道根数维护。卫星轨道根数维护实现轨道根数维护管理,定时更新最新轨道根数,根据业务需要向相关系统发送轨道数据;提供人机交互界面,实现不同类型轨道根数的录入及相互转换。

(3) 测控业务协调。测控业务协调协调测控资源,进行测控资源使用计划制订与协调,发送给指挥调度子系统,实现流程驱动及数据交换。

(4) 测控业务管理。测控业务管理接收指挥调度子系统发送的业务测控计划和有效载荷注入计划,安排各地面站完成卫星指令上注;同时,接收各地面站发送的卫星遥测数据,转发给指挥调度子系统。

6. 资源管理子系统

1) 技术指标

可扩展支持的任务管控资源管理类型:卫星资源、接收资源、资源使用约束。

2) 功能组成

资源管理子系统主要包括卫星资源管理、接收资源管理、资源管理框架、资源约束管理、资源访问服务等功能,如图 3-18 所示。

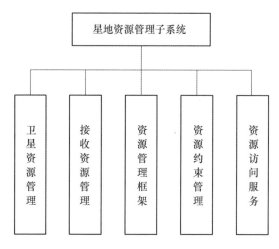

图 3-18 资源管理子系统功能组成

(1) 卫星资源管理。卫星资源管理按照星地接口规范和地面系统接口规范,梳理卫星资源的信息项,实现卫星资源定制管理,包括卫星资源增加、修改、删除、查询。

卫星资源管理功能人机交互界面如图 3-19 所示。

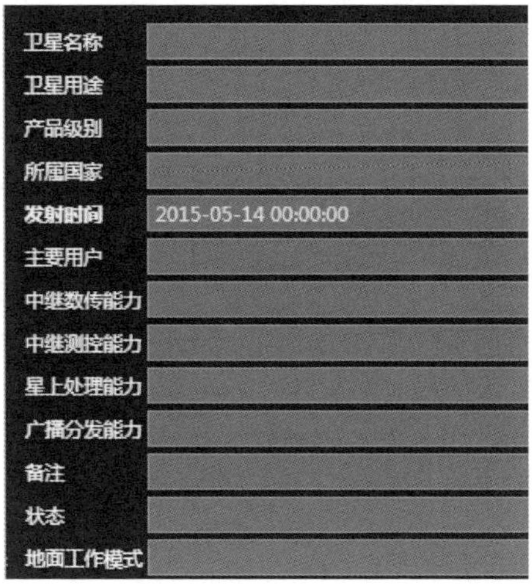

图 3-19　卫星资源管理功能人机交互界面

（2）接收资源管理。接收资源管理按照星地接口规范和地面系统接口规范，梳理接收资源的信息项，实现接收资源定制管理，包括接收资源增加、修改、删除、查询。

接收资源管理功能人机交互界面如图 3-20 所示。

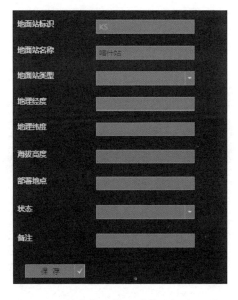

图 3-20　接收资源管理功能人机交互界面

（3）资源管理框架。资源管理框架按照模型确定资源管理的种类，按照模型的资源实体层次关系确定资源管理主表、子表显示内容。界面构建完成后，按照模型查询、加载资源数据。操作人员可按照模型的资源实体维护能力实现资源数据的维护，包括增加、删除、修改、查询等操作。

（4）资源约束管理。资源约束管理对任务协调和计划编制决策中使用的载荷使用规则、数据存储能力、数据处理能力等业务使用规则信息进行管理。

（5）资源访问服务。为了解决星地资源的统一访问问题，实现星地资源数据应用和物理数据库系统剥离，对物理数据库进行封装后，对外提供数据访问的网络服务接口。

3.1.3 卫星指令及上注

1. 卫星指令类型与传输方式

1）卫星指令类型

卫星成功入轨后，需要根据任务需求对卫星的工作模式进行调整，卫星的每一个工作模式都要上注不同的指令进行切换。以"珠海一号"卫星为例，卫星工作模式的对应指令如表 3-1 所列。

表 3-1 卫星工作模式的对应指令

工作模式	指令
对日三轴稳定模式	XXXXXXXE0018E2C001XXXXXXXXXXXXXXXXXXX07F07
推扫成像模式	XXXXXXX30018E2C001XXXXXXXXXXXXXXXXXXXE1047
凝视成像模式	XXXXXXX30018E2C001XXXXXXXXXXXXXXXXXXX0C127
凝视视频成像模式	XXXXXXX30018E2C001XXXXXXXXXXXXXXXXXXXFC337
直通成像模式	XXXXXXX30018E0C001XXXXXXXXXXXXXXXXXXX8856
压缩成像模式	XXXXXXX30018E2C001XXXXXXXXXXXXXXXXXXXC1047
条带凭借成像模式	XXXXXXX50018B7C001XXXXXXXXXXXXXXXXXXXC3047
偏航 90°成像模式	XXXXXXX30018E2C001XXXXXXXXXXXXXXXXXXXC0457
边拍边传工作模式	XXXXXXX30018E2C001XXXXXXXXXXXXXXXXXXXC0747
多点成像工作模式	XXXXXXX30018E2C001XXXXXXXXXXXXXXXXXXXC0647
夜间成像工作模式	XXXXXXX30018E2C001XXXXXXXXXXXXXXXXXXXC0247

续表

工作模式	指令
卫星侧摆成像模式	XXXXXXX30018E2C0001XXXXXXXXXXXXXXXXXXC0447
存储器工作模式	XXXXXXX30018E2C0001XXXXXXXXXXXXXXXXXXX544E6
数传任务工作模式	XXXXXXX30018E2C0001XXXXXXXXXXXXXXXXXXX00485
挑点回传工作模式	XXXXXXX30018E0C0001XXXXXXXXXXXXXXXXXXX00F88
安全模式	XXXXXXX50018B7C0001XXXXXXXXXXXXXXXXXXX0024851

常见卫星指令可以分为 3 种类型,分别是直接遥控指令、间接 OC 指令、数据块,如表 3-2 所列。

表 3-2 常见卫星指令

直接遥控指令		由应答机或者 UV 通信机译码
间接 OC 指令		由星务组件译码,以 OC 门的形式提供给指令使用者
数据块	数据型间接指令	以总线形式发送给各组件或星务组件自身立即执行
	程控指令	所有间接指令(数据型间接指令和间接 OC 指令)均可编码为程控指令
	各组件数据块	以总线形式发送给各组件或星务组件自身立即执行

在实际应用中,可以将卫星指令数据分为两种类型,一种是控制卫星平台、调整卫星各种参数的指令,称为平台指令;另一种是执行常规任务的指令,称为业务指令。业务指令一般会提前上注发送给卫星平台,为了保证卫星的安全,卫星在上注平台指令时会停止当前的任务动作,然后清除提前上注的所有业务指令,上注平台指令。

2) 卫星指令传输方式

卫星指令有两种传输方式:第一种是由应答机直接驱动执行的卫星指令,即直接卫星指令;第二种是注入数据到应答机,再经星务计算机发送到各个下位机驱动执行的卫星指令,即间接卫星指令。

2. 指令上注

1) 指令文件格式

卫星指令数据编制完成后会生成相应格式的文本文件,上注到卫星平台中心计算机进行识别和执行。

指令文件的一般命名规则为信息类型标识_卫星标识_地面站标识_上注开始时间_上注持续时间(s)_后缀。

2）指令上注程序技术指标

卫星指令上注程序为自动上注的指令程序软件，技术指标如下。

（1）应答机接收信号锁定时间不超过3min。

（2）每分钟上注指令大于20条。

（3）可进行S频率、X频率上注模式选择。

（4）可进行自动上注与手动上注切换。

（5）遥测数据实时接收并转发到遥测处理软件。

（6）指令前导码自动加密。

3）自动指令上注

如图3-21所示，此时UXB应答已锁定卫星信号，遥测数据接收稳定，程序读取卫星指令文件后即开始自动上注。

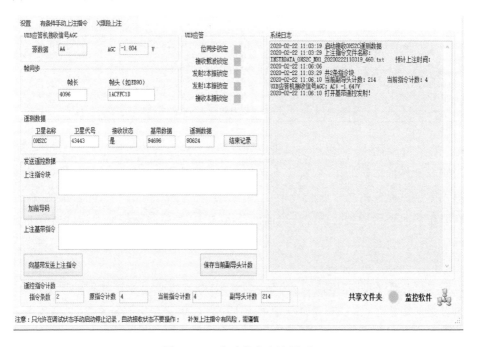

图3-21　自动指令上注界面

3.1.4　卫星运行监控

1. 卫星遥测监控

1）遥测监控流程

卫星遥测数据通过接收站接收并转发至遥测处理程序，在监控界面显示，然后保存入库。卫星遥测监控流程如图3-22所示。

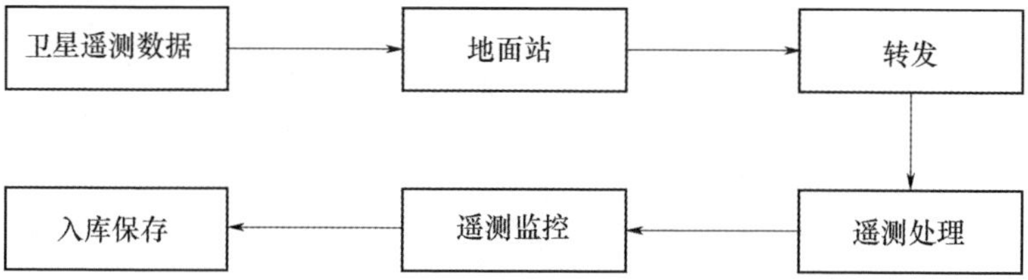

图 3-22　卫星遥测监控流程

2）卫星常见遥测参数

卫星遥测参数种类多,数据量大,其中常见遥测参数如表3-3所列。

表3-3　卫星常见遥测参数

太阳能电池阵电流	UV 应答机	热控18继电器开关状态
负载电流	磁强计	热控19继电器开关状态
母线电流	太阳敏感器 A	热控20继电器开关状态
蓄电池电压	太阳敏感器 B	热控21继电器开关状态
母线电压	GPS-1/5.2V 状态	热控22继电器开关状态
单体电压1	数字太阳敏感器2/5.2V 状态	热控23继电器开关状态
单体电压2	星敏感器 A	飞轮 X 轴
单体电压3	星敏感器 B	飞轮 Y 轴
单体电压4	星敏感器 C	飞轮 Z 轴
单体电压5	GPS-2/5.2V 状态	飞轮 S 轴
单体电压6	磁力矩器/5.2V 状态	测控 A 机
5.2V 备用2状态	5.2V 备用1状态	测控 B 机

3）遥测参数监控

卫星遥测参数种类多,数据量大,因此对于不同的遥测参数,可以通过参数、图形、列表等方式对卫星遥测数据状态进行监视显示,对异常状态进行报警,辅助操作员进行故障处理。系统状态监视功能如图3-23所示。

2. 卫星运行轨迹监控

卫星运行轨迹监控主要监控卫星运行状态和任务执行状态时的实时轨迹状态,以确保卫星正常执行任务,如图3-24所示。

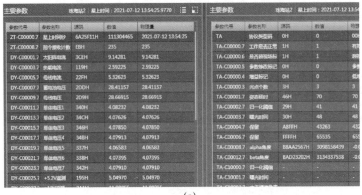

(a)

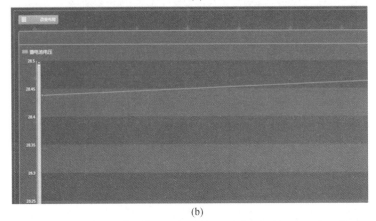

(b)

(c)

图 3-23 系统状态监视功能

(a)遥测参数参数显示;(b)遥测参数图形显示;(c)遥测参数列表显示。

图 3-24 卫星运行轨迹监控

3.1.5 卫星地面站系统

地面站系统一般由多个卫星地面站组成,主要功能是接收遥感卫星数据、卫星遥测数据,以及上注卫星指令。

地面站根据任务规划系统转发的卫星轨道根数文件计算卫星轨道,结合任务规划的接收计划或者上注计划控制地面天线跟踪卫星进行数据接收或指令上注。整个系统具备自动化接收和无人值守能力。

1. 地面站设计约束

选择合适的天线口径和技术指标可以有效提高地面站的性价比,卫星与地面通信一般会受到大气的干扰,所以在设计地面站的指标时不得不考虑大气对卫星的指令上注和数据接收的影响。根据"珠海一号"卫星的载荷技术设计指标,确定地面站的天线口径、工作频段、数传的接收速率,为避免大气的影响设计,选择 7.5m 口径的天线。7.5m 口径的天线接收时的增益和品质参数(G/T值)如下。

1) 增益

(1) S 频段收:$\geqslant 42.1 \text{dBi} + 20\lg(f/2.2) \text{dB/K}$。

(2) S 频段发:$\geqslant 41.4 \text{dBi} + 20\lg(f/2.025) \text{dB/K}$。

(3) X 频段收: ≥53.7dBi + 20lg(f/8.0)dB/K。

2) 系统品质因数(G/T 值)

在晴空、天线仰角 5°、环境温度 23℃下,整个接收频段内的系统品质因数(G/T 值)如下。

X 波段: ≥32.7dB/K + 20lg(f/8.0)。

S 波段: ≥20.0dB/K + 20lg(f/2.2)。

2. 卫星地面站布局设计

卫星地面站的布局依据从理论上说是建设的地理位置纬度越高越好,覆盖经度范围越广越好。以"珠海一号"卫星地面站为例,分别在漠河、高密、乌苏和珠海各建设一套,形成一个大三角的阵型,跨度大,覆盖范围广,极大地提高了地面站测控能力和接收能力。卫星地面站分布情况如图 3-25 所示。

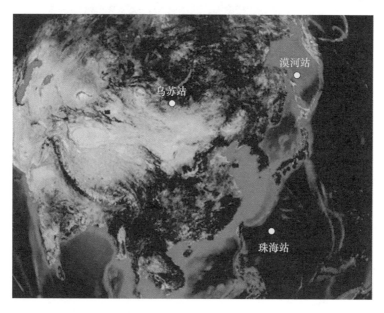

图 3-25 卫星地面站分布情况

3. 卫星地面接收天线设计

所有无线电设备都是依靠空间传播的电磁波工作的,而从超长波到毫米波段的电磁波的发射和接收都要通过天线来实现。天线将电路中的高频振荡电流或馈线上的导行波有效地转变为某种极化的空间电磁波,并保证电磁波按所需的方向传播(发射天线);或将来自空间特定方向的某种极化的电磁波有效地转变为电路中的高频振荡电流或馈线上的导行波(接收天线)。

上述定义表明天线具有如下功能。

（1）天线应能将高频电流能量尽可能多地转变为电磁波能量。首先要求天线是一个良好的电磁开放系统；其次要求天线与发射机（源）匹配或与接收机（负载）匹配，即电磁转换。

（2）天线应能使电磁波尽可能集中于所需方向上，或对所需方向的来波有最大的接收，即天线有方向性。

（3）天线应能发射或接收规定极化的电磁波，即天线有适当的极化。

（4）天线应有足够的工作频带。

（5）天线能根据卫星轨道根数进行轨道预报，输出卫星相对于地面站的过顶时间、方位角、俯仰角信息等，即轨道预报。

（6）天线在过顶期间自动对准并跟踪卫星，即接收捕获跟踪。

（7）能接收"珠海一号"微小卫星 X 波段下发的数传信号。

（8）能自动开关链路。在卫星过境期间，依据任务自动完成数传链路的开关状态切换，能自动形成地面站管理日志和遥控日志，能对地面站管理文件进行自动管理查询和存储，能对设备异常状态自动告警和报告。

上述都是天线所需要具备的基本功能，据此可定义若干参数作为设计和评价天线的依据。卫星地面接收天线设计需要考虑相应的指标和设计原则，常见的天线环境指标和项目设计原则如下。

（1）天线环境指标。

室外：工作时 -20～60℃，运输存储时 -20～70℃。

室内：工作时 0～30℃，运输存储时 -20～70℃。

① 环境相对湿度。

室外：12%～98%（无凝聚）。

室内：20%～80%（无凝聚）。

② 气候适应性（雨雪、风沙、冰雹）：应符合相关的国家军用标准。

③ 避雷保护设备：应符合相关的国家军用标准。

④ 电源、电压：220(1±10%)VAC，380(1±10%)VAC。

⑤ 频率：50(1±10%)Hz。

⑥ 室外设备抗风能力。

正常工作：稳定风速≤20m/s。

保全风速：12级风（40m/s）。

⑦ "三防"要求：室外设备具有防雨水、防锈蚀、防沙尘能力。

⑧ 电磁兼容性:《系统电磁兼容性要求》(GJB 1389A—2005)。

⑨ 寿命:15 年。

(2) 天线技术指标。

① 工作频率。

X 频段接收:79xx ~ 84xxMHz。

X 频段发射:71xx ~ 72xxMHz。

S 频段接收:22xx ~ 23xxMHz。

S 频段发射:20xx ~ 21xxMHz。

② 天线口径:7.5m,配套 7.5m 天线口径的天线罩。

③ 增益。

S 频段接收:$\geqslant 42.1\text{dBi} + 20\lg(f/2.2)\text{dB/K}$。

S 频段发射:$\geqslant 41.4\text{dBi} + 20\lg(f/2.025)\text{dB/K}$。

X 频段接收:$\geqslant 53.7\text{dBi} + 20\lg(f/8.0)\text{dB/K}$。

④ 系统品质因数(G/T 值)。

在晴空、天线仰角 5°、环境温度 23℃下,整个接收频段内的系统品质因数如下。

X 波段:$\geqslant 32.7\text{dB/K} + 20\lg(f/8.0)$。

S 波段:$\geqslant 20.0\text{dB/K} + 20\lg(f/2.2)$。

⑤ 极化方式。

S 频段发射:右旋圆极化。

S 频段发射:左旋圆极化。

X 频段:左旋或右旋圆极化,左、右旋通过切换开关控制,切换时间≤1s。

⑥ X 频段发射:右旋圆极化。

⑦ 跟踪方式:手动控制、程序跟踪、单脉冲自动跟踪。

⑧ 跟踪精度:X 波段自动跟踪精度优于 0.1 倍半功率波束宽度。

⑨ 测角精度:优于 0.1°(RMS)。

⑩ X 频段接收。

LNA 噪声温度:<60K(环境温度 23℃条件下)。

输入信号频率:7.95 ~ 8.45GHz。

信号带宽:50 ~ 500MHz 可调。

⑪ X 频段发射。

中频信号频率:70MHz。

射频频率范围:71xx~72xxMHz。

输入电平:-10~10dBm。

发射EIRP:>50dBW。

⑫ S频段发射。

中频信号频率:70MHz。

射频频率范围:20xx~21xxMHz。

输入电平:-10~+10dBm。

发射EIRP>50.68dBW。

⑬ S频段接收。

LNA噪声温度:<60K(环境温度23℃条件下)。

射频输入频率范围:22xx~23xxMHz。

下变频器调整步进:<1MHz。

中频信号频率:70MHz。

带内平坦度:100MHz±0.75dB。

输入电平:-60~-55dBm。

4. 卫星接收地点的选取

卫星地面站系统建站位置的好坏直接决定着发送和接收卫星信号质量的好坏、资金投入的多少,以及安装、使用、维修是否方便等多个工程实际问题。地面站站址的选择要兼顾3个主要原则:一是根据卫星星座数据传输整体性能要求在境内外选址布点,确定地面站数量及大致选址区域;二是接收站具有尽可能大的可视范围;三是接收站应尽量避开地面大的干扰源。在地面站的选址过程中,应该根据实际应用需求,综合考虑5个主要因素:地面站周边的物理遮挡、电磁环境、气候条件、地质地貌条件、维护管理。

(1) 物理遮挡。为达到尽可能大的可视范围,地面站一般要求天线四周无明显遮挡,避免对信号造成影响,重点是建筑物、山峰、山上树木及视野内高压输电线、电气化铁路等遮挡物。在通信方向上地形应开阔、无遮挡。通信方向上距天线50m以外,天线仰角不小于10°,距离天线50m以内,天际线仰角应低于工作仰角不小于15°,在工作方位角±15°范围内不得有不满足天际线仰角要求的障碍物存在。

(2) 电磁环境。电磁环境是保证卫星地面站正常发送、接收信号的重要条件。在工作频段范围内,不应有任何影响工作的干扰。因此,为了确保地面站系统的正常工作,必须对干扰信号有一定的限制要求。通常,卫星接收机的灵敏度要比卫星地面信号高出30dBm，因此地面站干扰信号应比接收机的灵敏度低30dBm以上才能保证设备正常工作。来自工业、科学和医疗设备的辐射干扰，落入接收机输入端的干扰信号强度应比正常接收电平低30dBm。

（3）气候条件。需要了解所选站址的气候条件，如风、雨、雪、冰雹、温度和湿度等，以便选择天线结构、类型和其他相应措施。一般情况下，当天线口径小于6m时，站址宜选在常年风速小于87km/h（10级风力）的地点；当天线口径大于6m时，站址宜选在常年风速小于118km/h（9级风力）的地点。此外，因雨、雪造成的天线表面冰凌厚度不超过2cm，超过此厚度时应该采取相应的技术措施。站址尽量不要选在多雷区，避免设备被雷击损坏，应采取避雷措施，以确保安全。

（4）地质地貌条件。站址场地要求坚实、稳固，应避开有山崩、滑坡、断层、洪水、雪崩、下沉、塌陷等灾害区，特别是对天线基础施工要考虑抗风性能和不发生基底倾陷现象，保证天线指向的精准度。

（5）维护管理。站址场地应满足天线、机房、生活用房建设的要求，宜靠近公用电网，要求不间断供电，最好能提供二路供电。站址宜选在交通便利、靠近水源、便于管理和方便生活的地点。

5. 卫星地面站工作模式

卫星数据接收及上传由任务计划驱动，任务计划可由卫星运控部门下达（X频段上行：数传72xxMHz）或由站任务管理与卫星监控分系统本地生成。地面站任务管理与监控分系统收到任务计划后，首先进行计划的合法性检验、冲突检测等，存储合理计划并分配设备资源，并向卫星运控部门发送计划确认信息（接收/拒收）；然后根据合理的任务计划生成可执行的工作计划，并加入计划队列，下达到各分系统执行。

执行卫星数据接收任务前，首先由站任务管理与监控分系统根据卫星星历数据计算天线引导数据文件，并向天伺馈分系统发送角度引导文件，控制任务相关设备配置工作参数，控制天线完成方位和俯仰预置。

根据运控中心的设计策略，卫星过境时，天线按照角度引导数据来控制天线跟踪卫星。为得到较大的跟踪捕获范围，系统可先采用S频段（测控下行）对卫星进行捕获跟踪，出现X频段（测控下行80xxMHz）信号后，切入X频段跟踪；若无S频段信号，系统也可直接进行X频段（测控下行80xxMHz）信号的捕获、跟踪。系统稳定跟踪卫星后，由天馈分系统及跟踪接收分系统进行遥感卫星数据的接收（X频段；数传下行82xxMHz）、解调，由记录分系统进行解调后原始数据的实时记录,并将原始记录数据实时或非实时转发到数传系统。

任务过程中,站任务管理与监控分系统实时监视计划进度及各业务设备的状态,并实时向运控部门上报。

卫星过境后,各业务设备向站任务管理与监控分系统提交工作计划执行结果报告,站任务管理与监控分系统形成最终任务计划结果报告,并提交运控部门。

3.1.6 卫星原始数据压缩与解压

1. 卫星数据存盘格式及传输协议

对于商业遥感卫星系统,获取卫星业务数据是关键。商业遥感成像系统获取的卫星大数据,将经过数传系统中的压缩单机、存储系统、信道编码调制模块3个功能模块的处理,传回卫星地面接收站。数据再由地面接收站解调解析,回传至卫星数据中心。

为了实现各种类型和特性的空间数据有效地通过空–地、地–空、空–空链路的传输,数据传输协议是关键。这也是卫星运控中心必须考虑的核心问题,应该首选可靠的通用数据传输协议。工程设计中,通常使用的是高级在轨系统(AOS)协议,该协议由国际空间数据系统协商委员会(CCSDS)提出。AOS协议需要交换的信息可分为几类,对于遥感系统来说,主要集中在:①小数据量的应用,包括卫星轨道遥测数据、任务规划数据、卫星工作状态参数等;②大数据量的应用,主要指遥感卫星业务数据。

影响AOS协议包业务吞吐量性能的主要因素有链路速率、编码方案、帧效率、包效率、信道误比特率。AOS数据帧结构通常包括同步帧头、飞行器标识、虚拟信道标识、版本号、帧计数、信号域、输入区、数据区、检验位等。AOS数据帧结构的解帧通常包括如下步骤。

(1)星上数据管理系统按AOS帧格式对不同类载荷数据进行组帧。

(2)对组帧后的数据进行信道编码、加扰、调制、功率放大。

(3)地面高速数据解调器对接收到的信号进行解调。

数据传输协议确定后,卫星运控中心需要配置无线电通信保障条件及无线电波段和信道,将卫星数据高效地传输回地面站,建议采用以下手段。

(1)对于数据量较小的遥测运控数据通信应用,采用S波段(数据上、下行)或X波段(数据上、下行。上行72xxMHz,下行80xxMHz)。

(2)对于数据量较大的遥感业务数据接收应用,采用X波段(数据下行:82xxMHz)。

2. 原始数据压缩原理

地面站接收到的遥感成像系统获取的数据是地面站系统解调解析了数传系统下传至地面站的数据。该数据是由数传系统的压缩单机进行压缩并存储、信道编码调制传回地面的。下面介绍压缩单机对成像系统的原始数据的压缩原理。

（1）视频压缩模式下，一幅图为 5056 像素 ×2968 行，分两个通道分别进行压缩，每个通道为 2528 像素 ×2968 行，将半幅图切割成 64 个压缩单元块，每个压缩单元块的大小为 316 像素 ×371 行。压缩单机对每个单元块分别进行压缩处理，并将辅助数据和压缩后的数据打包成 AOS 帧输出，如图 3-26 所示。

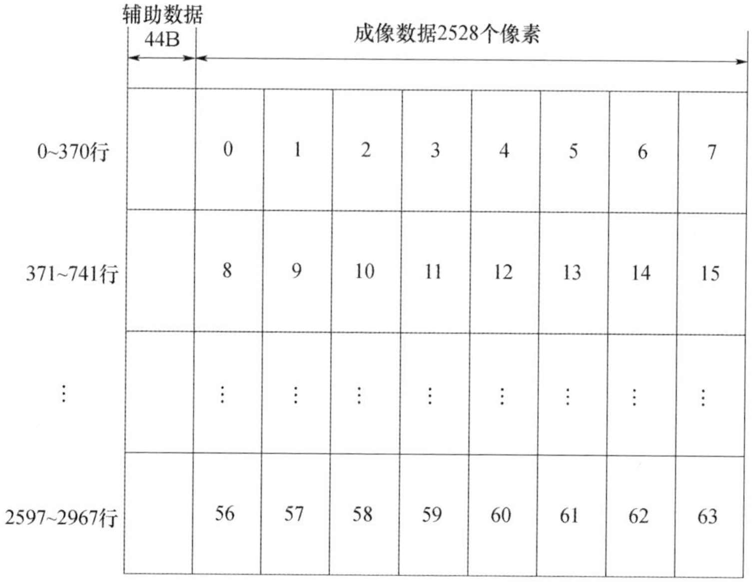

	辅助数据 44B	成像数据2528个像素						
0~370行		0	1	2	3	4	5	6	7
371~741行		8	9	10	11	12	13	14	15
⋮		⋮	⋮	⋮	⋮	⋮	⋮	⋮	⋮
2597~2967行		56	57	58	59	60	61	62	63

图 3-26　视频压缩模式下单通道图像分块

（2）推扫压缩模式下，每行 5056 像素，分两个通道分别进行压缩，每个压缩单元块的大小为 320 像素 ×128 行，解压后需要将每个通道最右侧多补的 32 像素去除。压缩单元块编号为每个通道单独计数，范围为 0~63。

（3）高光谱压缩模式下，每个谱段每个通道分别进行压缩，图像分割方法同推扫压缩。每个压缩单元块的大小为 320 像素 ×128 行，解压后需要将最右侧多补的 32 像素去除。压缩单元块编号为每个通道每个谱段单独计数，范围为 0~63。

3 种压缩模式下，每个压缩单元块输出的首帧 AOS 中含有对应辅助数据的行流水号（共 32bit）。视频压缩模式下为每 371 行输出行流水号，推扫压缩和高光谱压缩为每128行输出行流水号。

3. 压缩数据存储格式

压缩单机输出的数据采用AOS帧格式。

AOS帧格式定义如图3-27所示,帧长896B,有效数据880B。

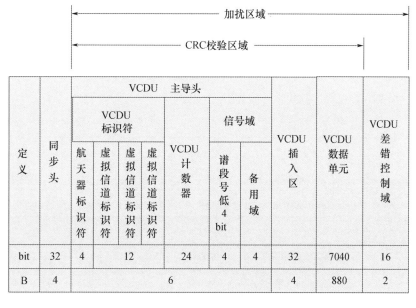

图3-27 AOS帧格式定义

(1)虚拟信道标识符:共12bit,3份冗余,如表3-4所列。

表3-4 虚拟信道标识符定义

序号	虚拟信道名称	虚拟信道标识符
1	CMOS1 通道1 数据	0001
2	CMOS1 通道2 数据	0010
3	CMOS2 通道1 数据	0011
4	CMOS2 通道2 数据	0100
5	CMOS3 通道1 数据	0101
6	CMOS3 通道2 数据	0110
7	CMOS4 通道1 数据	0111
8	CMOS4 通道2 数据	1000
9	CMOS5 通道1 数据	1001
10	CMOS5 通道2 数据	1010

(2) VCDU 计数器:为每个虚拟信道提供单独的计数。3B 无符号数,从 00 00 00 开始递增,至最大值 FF FF FF 后回卷至 00 00 00,再继续递增。

(3) 信号域:共 8bit。备用域共 4bit,其中 0bit 为 1 时,表示该帧为压缩模式下像素数据的首帧。1bit 用于标识直通模式或压缩模式,0 表示直通模式,1 表示压缩模式;2bit 用于标识辅助数据或像素数据,0 表示压缩模式下的辅助数据或直传数据,1 表示压缩模式下的像素数据;3bit 用于标识视频、推扫、高光谱数据,0 表示视频数据,1 表示推扫或高光谱数据;4~7bit 用于标识高光谱谱段数低 4bit。

(4) VCDU 插入区:共 4B,如表 3-5 所列。

表 3-5 VCDU 接口文件协议格式

工作模式	数据类型	D(31:28)	D(27:22)	D(21:16)
压缩模式 (像素数据帧)	高光谱谱段 1	0001	该帧所在的压缩单元块编号	000001
	高光谱谱段 2	0010		000010
	⋮	⋮		⋮
	高光谱谱段 32	0000		100000
	视频/推扫数据	0000		000000
压缩模式 (辅助数据帧)	视频/推扫/高光谱	0x0	0x00	000000
直通模式	视频/推扫/高光谱	0x0	0x00	起始帧标识 每行起始帧:3F 非起始帧:0

当该帧为压缩模式下像素数据的首帧时(备用域 0bit 为 1),0~15bit 表示行流水号的低 16bit;其余 AOS 帧(备用域 0bit 为 0)的 0~14bit 表示 VCDU 数据单元中的有效字节数,第 15bit 保留。

直通模式下,16~21bit 用于标识每行原始数据的起始帧,3F 为数据起始帧,非起始帧为 0x00;22~31bit 为 0x00。

(5) VCDU 数据单元:共 880B。

(6) VCDU 差错控制域:共 16bit,如表 3-6 所列。

表3-6 TLK2711输出接口协议格式

字节序号	D(15:8)	D(7:0)
1	0x1A	0xCF
2	0xFC	0x1D
3	航天器标识符 虚拟信道标识符	虚拟信道标识符
4	VCDU_count(23:16)	VCDU_count(15:8)
5	VCDU_count(7:0)	D(7:0)
6	VCDU_insert(31:24)	VCDU_insert(23:16)
7	VCDU_insert(15:8)	VCDU_insert(7:0)
8~447		
448	CRC(15:8)	CRC(7:0)

当该帧为压缩模式下像素数据的首帧时(备用域0bit为1),0~1bit用于标识高光谱谱段数高2bit,2~7bit用于标识压缩单元块编号,8~9bit用于标识高光谱谱段数高2bit,10~15bit用于标识行流水号的16~21bit。

4. 直通模式数据解压

直通模式下输出的AOS帧中,图像数据AOS帧如图3-28所示。

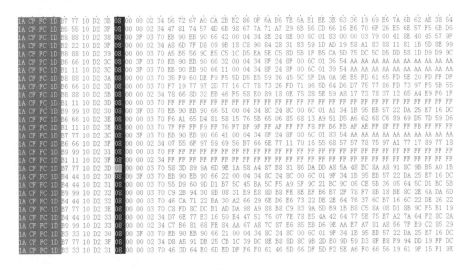

图3-28 直通模式下图像数据AOS帧

5. 压缩模式数据解压

压缩模式下输出的AOS帧中,图像数据AOS帧如图3-29所示。

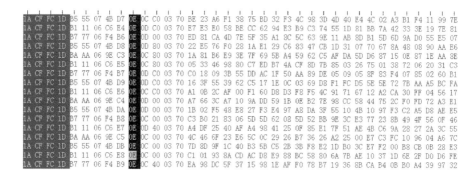

图 3-29 压缩模式下图像数据 AOS 帧

3.2 卫星数据中心

遥感卫星星座具有全天候、全方位、时空分辨率高、覆盖能力强、能全球获取海量遥感数据的特点,其获取数据能力强,数据量超大。随着卫星遥感业务急剧增长,通常影像数据、增值处理数据和数据产品会以每年几个甚至十几个拍字节(PB)的速度增长。为保证影像数据、增值处理数据和数据产品的数据安全性、管理便利性及数据分发的时效性,就需要对卫星数据中心的建设进行仔细设计。

3.2.1 卫星数据中心顶层设计

1. 控制流和数据流

(1) 控制流。运控中心制作好卫星任务规划指令后,将指令文件存储于在线存储特定目录,卫星地面站系统通过读取在线存储中的任务规划指令和两行根数实现卫星的成像拍摄和数据下传,并将获取的卫星遥测信息通过在线存储传输回运控中心。

(2) 数据流。卫星地面接收系统将接收的遥感数据全部按程序规划传输回在线存储,运控中心通过对原始数据进行 0 级解压后推送至数据处理系统。数据处理系统对 0 级数据进行生产后输出 L1 级标准数据并把数据推送到近线存储。质检部门对 L1 级标准数据质检后进行数据入库,数据管理系统将入库后数据转移到离线存储并利用数据库对其进行管理,以便后续数据的检索和分发。另外，在开展业务时产生的行业应用及产品等多源数据也会通过数据入库的方式存储到离线存储。离线存储通过存储设备的异步远程复制将指定数据备份到异地备份存储，如图3-30所示。

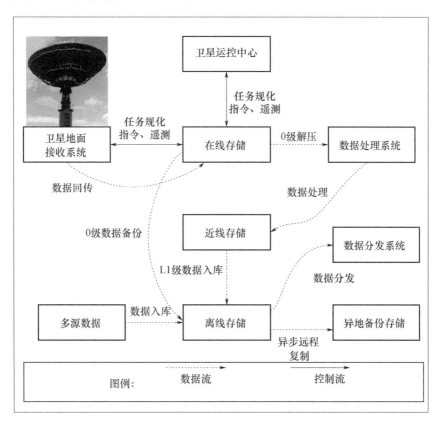

图3-30　地面系统数据流与控制流

2. 数据存储空间划分

由于不同环节的业务系统对数据存储系统的性能和容量要求不同，为了给卫星地面系统的各业务系统提供匹配的数据存储服务，卫星数据中心采用在线、近线和离线分级存储的方式进行数据存储。数据存储容量的建设及空间划分是根据卫星数据的采集能力、存储性能和业务开展的时效性决定的。为保证数据中心存储空间的高效利用，应采用根据实际业务需求分批扩容的方式进行建设。欧比特目前存储设备的存储容量为6PB，具体空间划分如表3-7所列。

表 3-7 存储空间划分

存储级别	容量	存储的数据类型	空间划分	存储角色
在线存储	110TB	卫星控制数据	1TB	临时中转仓库
		原始数据	19TB	
		0级数据	30TB	
		L1A级、L1B级数据	60TB	
近线存储	2PB	L1A级、L1B级数据	1.5PB	临时中转仓库
		热点数据	0.5PB	
离线存储	4PB	卫星原始数据	1PB	归档、分发仓库
		L1A级、L1B级数据	2PB	
		行业应用及产品等多源数据	1PB	

(1)在线存储。主要存储卫星控制数据、原始数据、0级数据和生产处理后的L1A级、L1B级数据。为了提高数据使用的时效性,数据在生产处理后需要及时转移到近线存储,以便进行下一步的数据操作。在线存储属于临时中转仓库的角色。

以"珠海一号"星座当前在轨12颗卫星为例,每天新增的数据量约15TB。由于0级数据为数据处理过程中的中间过程文件,完成数据处理后即可进行清除,原始数据也会归档到离线存储,因此在线存储建设110TB即可满足数据存储需求。

(2)近线存储。主要存储经过生产处理后由在线存储转移到近线存储的L1A级、L1B级数据和热点数据,近存储也属于临时中转仓库的角色。以"珠海一号"星座当前12颗卫星为例,每天产生的数据量约17TB,所以近线存储建设2000TB即可满足100天以上数据存储需求。

(3)离线存储。主要存储卫星原始数据、入库后的L1A级、L1B级数据和在开展业务时产生的行业应用及产品等多源数据,离线存储也属于归档和分发仓库的角色。离线存储的空间划分为卫星原始数据1PB、入库后的L1A级和L1B级数据2PB、行业应用及产品等多源数据1PB,共计4PB。

3. 数据备份中心的考虑

最近几年里,各大公司发生的数据泄漏事件、数据丢失事件造成的影响和结果不可谓不惨烈,严守数据安全是企业的底线,数据安全是关乎企业生死存亡的核心要素之一,因此建立一套贴合实际业务情况的容灾备份方案非常有必要。

以欧比特备份中心建设为例,其采用异地备份的容灾方案,基于存储设备复制的技术。欧比特以广东省珠海市的数据中心为主数据中心,负责日常所有业务系统的运行并提供数据服务,以贵州省贵阳市的数据中心为异地备份中心,负责保证各个业务系统持续提供服务及数据安全。当主数据中心发生故障之后,可以通过手工切换、域名系统(DNS)和超文本传输协议(HTTP)重定向的方式在12h内完成业务从主数据中心到异地备份数据中心的切换。欧比特异地备份架构如图3-31所示。

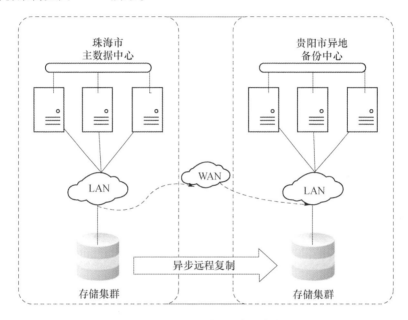

图3-31 欧比特异地备份架构

以下为欧比特备份中心建设的主要考虑因素。

1) 最优容灾方案的选择

(1) 数据容灾技术选择度量标准。在构建容灾系统时,首先考虑的是结合实际情况选择合理的数据复制技术。在选择合理的数据复制技术时主要考虑以下因素。

① 灾难承受程度。明确主数据中心可能承受的灾难类型,系统故障、通信故障、长时间断电、火灾及地震等各种意外情况所采取的备份、保护方案不尽相同。

② 业务影响程度。必须明确当主数据中心发生意外无法工作时,导致业务停顿造成的损失程度,即定义用户对主数据中心发生故障的最大容忍时间。这

是设计备份方案的重要技术指标。

③ 数据保护程度。是否要求数据库恢复所有提交的交易，并且要求实时同步，保证数据的连续性和一致性，这是备份方案复杂程度的重要依据。

(2) 数据容灾技术选择考虑因素。在选择数据复制策略时，需要考虑灾难发生时允许丢失的数据量、系统恢复时间、对通信链路要求、对生产性能影响、对现有环境的改造、实施复杂性、管理和维护难度、方案成熟度和成本等因素。

2) 容灾模式及技术的选择

(1) 容灾模式选择。卫星数据中心的数据主要可以分为非结构化的卫星影像数据和开展业务中产生的结构化数据。业务的连续性及数据安全的保障是在选择容灾模式时首要考虑的两个方面。在生产中心发生故障时，需要保证数据有一份相对完整的备份，需备份的数据如表3-8所列。

表3-8 需备份的数据

数据类型	备份方式	数据量	备注
原始数据	离线存储+硬盘物理备份	1PB	使用频率低，不需要异地备份
0级数据			中间数据不需要备份
L1A级数据			中间数据不需要备份
L1B级数据	离线存储+异地备份	2PB	
行业应用及产品数据	离线存储+异地备份	1PB	
业务系统数据	离线存储+异地备份	10TB	

(2) 异地备份地址选择。欧比特异地备份中心选择建立在贵州省贵阳市，贵州省贵阳市是中国骨干网络主节点城市，具有高海拔、低气温、低电价、非地震带等优点，是建立数据中心的理想区域，完全能够满足异地容灾对机房环境的要求。

(3) 数据复制技术选择。在比较和分析基于存储设备复制、网络复制、操作系统复制、文件系统复制、数据库复制和应用系统复制等数据复制技术后，结合卫星数据的特点，最后选择了基于存储设备的数据复制技术。基于存储设备的数据复制技术利用存储阵列自身的盘阵对盘阵的数据块复制，实现对生产数据的远程复制。存储设备的数据复制技术与上层应用无关，不占用上层应用服务器资源，是目前应用最广、最成熟的数据复制方案。

由于卫星数据中心的数据大部分为数据量较大的非结构化数据，加之异地灾备中心与数据中心距离较长，网络延迟相对较高，因此选择异步数据复制模式更加适合数据的传输。由于异地备份中心承担业务的使用率较低,因此其存储设备的配置可以适当低于主数据中心,以降低异地备份中心的建设成本。在主数据中心发生灾难时,可以直接利用灾备中心的数据建立运营支撑环境,为业务提供运营支持。同时,也可以利用灾备中心的数据恢复主数据中心的业务系统,从而能够让业务系统快速回复到灾难发生前的正常运营状态。

3.2.2 卫星数据存储中心设计

1. 卫星数据存储中心架构设计

卫星数据存储中心是卫星地面系统的重要组成部分,主要负责整个地面系统的数据交换和数据存储,为遥感卫星任务规化、数据接收、处理、存储和分发等环节提供支撑。卫星数据存储中心包含在线存储、近线存储和离线存线 3 部分。图 3-32 所示为卫星数据存储中心实景。

图 3-32 卫星数据存储中心实景

卫星数据存储中心的主要功能如下。

(1) 采用在线、近线和离线分级存储方式,为卫星地面处理系统提供长期、可靠、大容量、高带宽的数据存储。

(2) 提供卫星数据的全生命周期管理、保障服务,具备数据自动负载均衡、数据自愈等功能。

(3) 为其他分系统提供多访问协议支持,提供属性检索、数据访问等服务。

（4）具备接收地面站传送的卫星原始基带数据能力，并对数据传输过程实施监控。

（5）采用分布式架构，具备极高的可扩展性，支持在线扩展。

卫星数据存储中心设备及卫星数据存储中心管理界面如图 3–33 和图 3–34 所示。

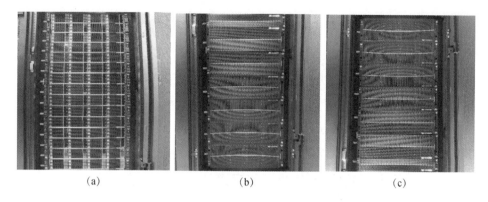

图 3–33　卫星数据存储中心设备

图 3–34　卫星数据存储中心管理界面

2. 卫星数据存储能力设计

1）存储容量

卫星遥感数据作为一种特殊的卫星大数据，存储量非常巨大，数据的重要性也非常高，需要海量的存储系统对数据进行保存，且存储容量和存储性能随着业务量的增长而增长。卫星遥感数据对存储容量的需求会高达上百拍字节（PB），这就要求整套存储系统具有极高的可扩展性,支持在线扩展,避免扩展时对业务系统造成中断。同时,合理的分级存储机制同样是提高效率和降低成本的有效手段。存储系统可分为在线、近线、离线等部分。在线存储系统的性能最好,容量相对较小,主要用于存储和处理生产影像数据的中间过程文件;近线存储系统的性能中等,容量较大,主要用于存放生产后入库前的影像数据和热点数据;离线存储一般为数据归档和分发存储,用于对卫星原始影像数据、开展业务时产生的行业应用及产品等多源数据进行归档,对质检后的数据进行归档和分发。

2)存储性能

卫星遥感的数据存储及处理对存储系统的性能要求很高,特别是并发 I/O 带宽。卫星遥感的原始数据主要为巨大的非结构化的文件数据,在对原始数据的处理过程中,同一套原始数据经常需要反复读取和处理。为避免成为性能瓶颈,引入分布式文件系统解决 I/O 密集时的瓶颈问题。

卫星数据存储中心对"珠海一号"卫星遥感数据与信息进行统一的存储管理,保证其归档安全,并为其他分系统提供数据与信息服务,是地面系统的数据存储管理中心。

按照"珠海一号"卫星星座的数据量计算,卫星数据存储中心的性能指标应满足如下要求。

(1)存储性能。在线存储单节点顺序读/写能力不小于 800MB/s,近线存储单节点顺序读写能力不小于 500MB/s,离线存储单节点顺序读写能力不小于 300MB/s。

(2)每天接收数据归档能力。具备每天归档 0 级数据 4TB、标准产品数据 32TB、多源数据 10TB 的能力。数据存储区采用在线、近线和离线的分级存储技术,在线存储作为中转仓库满足数据生产处理容量的要求,近线存储满足 100 天 L1B 级数据和热数据存储容量的要求,离线存储保证所有 L1B 级数据存储和分发、零级数据和多源数据归档长期保存的需求。

(3)数据归档与恢复时间。为满足卫星数据的高时效性的要求,数据从近线存储入库到离线存储采用消息队列的形式进行,入库 10GB 数据时间不大于 60s。数据自动化并行快速恢复,恢复速度不小于 1TB/h。

(4)支持至少 500 个用户对存储的并发请求与访问。

(5)可靠性与质量指标。

① 7×24h 不间断运行。

② MTBF 不小于 4400h。

③ 可用度 A 不小于 0.9999。

3）存储选型

存储选型时需要结合实际业务并遵循如下原则：安全可靠性、可扩展性、先进性、开放性、易维护性、经济性、绿色性。存储通常可以分为块存储、文件存储和对象存储 3 类。由于在卫星遥感的数据存储及处理过程中有同一命名空间的同一套原始数据经常需要反复读取、处理和挂载数十台服务器、工作站进行并行计算的需求，因此在线存储和近线存储选择了使用较小量容、成本相对较高、性能较高的文件存储。由于在归档和分发环境中对性能没有高的需求，因此选择了使用大容量、低成本、性能较低的文件存储。

在线存储、近线存储采用的是全对称、去中心化的分布式架构，系统的数据和管理数据（元数据）平均分布在各个节点上，避免了系统资源争用，消除了系统瓶颈。即使出现整节点故障，系统也能自动识别故障节点，自动重构故障节点涉及的数据和元数据，使故障对业务透明，完全不影响业务连续性。整系统采用全互联全冗余的组网机制，全对称分布式集群设计，实现存储系统节点的全局统一命名空间，从而允许系统中任何节点并发访问整系统的任何文件。另外，系统支持文件内的细粒度的全局锁，提供从多个节点并发访问相同文件的不同区域，实现高并发高性能读写。

在线存储采用 8 台华为 OceanStor 9000 P25 组成的一套存储集群，为保证存储的性能，每个节点配置 24 台块 600GB 15000r/min 的 SAS 硬盘；近线存储采用 15 台华为 OceanStor 9000 P36 组成的一套存储集群，为保证存储容量，每个节点配置 35 块 4TB 7200r/min 的 SATA 硬盘，如图 3－35 和图 3－36 所示。

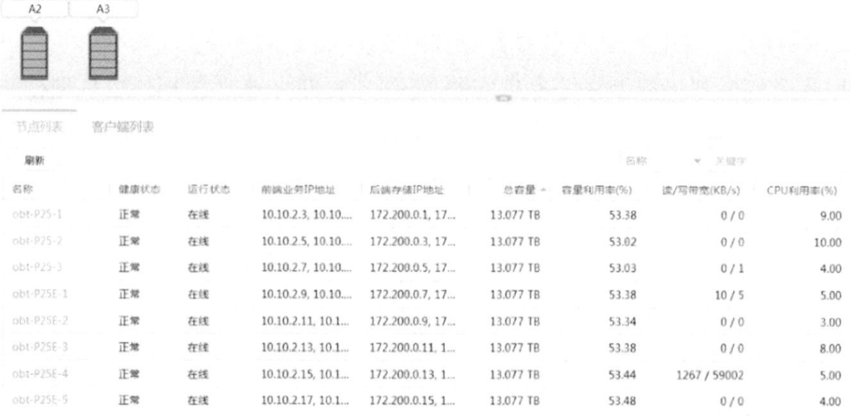

名称	健康状态	运行状态	前端业务IP地址	后端存储IP地址	总容量	容量利用率(%)	读/写带宽(KB/s)	CPU利用率(%)
obt-P25-1	正常	在线	10.10.2.3, 10.10....	172.200.0.1, 17...	13.077 TB	53.38	0 / 0	9.00
obt-P25-2	正常	在线	10.10.2.5, 10.10....	172.200.0.3, 17...	13.077 TB	53.02	0 / 0	10.00
obt-P25-3	正常	在线	10.10.2.7, 10.10....	172.200.0.5, 17...	13.077 TB	53.03	0 / 1	4.00
obt-P25E-1	正常	在线	10.10.2.9, 10.10....	172.200.0.7, 17...	13.077 TB	53.38	10 / 5	5.00
obt-P25E-2	正常	在线	10.10.2.11, 10.1...	172.200.0.9, 17...	13.077 TB	53.34	0 / 0	3.00
obt-P25E-3	正常	在线	10.10.2.13, 10.1...	172.200.0.11, 1...	13.077 TB	53.38	0 / 0	8.00
obt-P25E-4	正常	在线	10.10.2.15, 10.1...	172.200.0.13, 1...	13.077 TB	53.44	1267 / 59002	5.00
obt-P25E-5	正常	在线	10.10.2.17, 10.1...	172.200.0.15, 1...	13.077 TB	53.48	0 / 0	4.00

图 3－35　在线存储

名称	健康状态	运行状态	前端业务IP地址	后端存储IP地...	总容量	容量利用率(%)	读/写带宽(KB/s)	CPU利用率(%)
obt-P36-01	正常	在线	10.10.1.3, 10.1...	172.100.0.1, ...	127.284 TB	75.20	0 / 0	22.00
obt-P36-02	正常	在线	10.10.1.5, 10.1...	172.100.0.3, ...	127.284 TB	75.29	21 / 18	13.00
obt-P36-03	正常	在线	10.10.1.7, 10.1...	172.100.0.5, ...	127.284 TB	75.25	0 / 0	11.00
obt-P36-04	正常	在线	10.10.1.9, 10.1...	172.100.0.7, ...	127.284 TB	75.15	5 / 4	9.00
obt-P36-05	正常	在线	10.10.1.11, 10....	172.100.0.9, ...	127.284 TB	75.20	106 / 78	9.00
obt-P36-06	正常	在线	10.10.1.13, 10....	172.100.0.11,...	127.284 TB	75.29	109 / 63319	21.00
obt-P36E-1	正常	在线	10.10.1.15, 10....	172.100.0.13,...	127.284 TB	75.05	0 / 0	12.00
obt-P36E-2	正常	在线	10.10.1.17, 10....	172.100.0.15,...	127.284 TB	75.06	0 / 0	13.00
obt-P36E-3	正常	在线	10.10.1.19, 10....	172.100.0.17,...	127.284 TB	75.20	5 / 4	8.00
obt-P36E-4	正常	在线	10.10.1.21, 10....	172.100.0.19,...	127.284 TB	73.56	343 / 126607	5.00
obt-P36E-5	正常	在线	10.10.1.23, 10....	172.100.0.21,...	127.284 TB	75.12	5 / 5	11.00
obt-P36E-6	正常	在线	10.10.1.25, 10....	172.100.0.23,...	127.284 TB	75.09	3 / 2	10.00
obt-P36E-7	正常	在线	10.10.1.27, 10....	172.100.0.25,...	127.284 TB	75.09	4 / 11	14.00
obt-P36E-8	正常	在线	10.10.1.29, 10....	172.100.0.27,...	127.284 TB	75.09	5 / 4	6.00
obt-P36E-9	正常	在线	10.10.1.31, 10....	172.100.0.29,...	127.284 TB	75.14	0 / 0	6.00

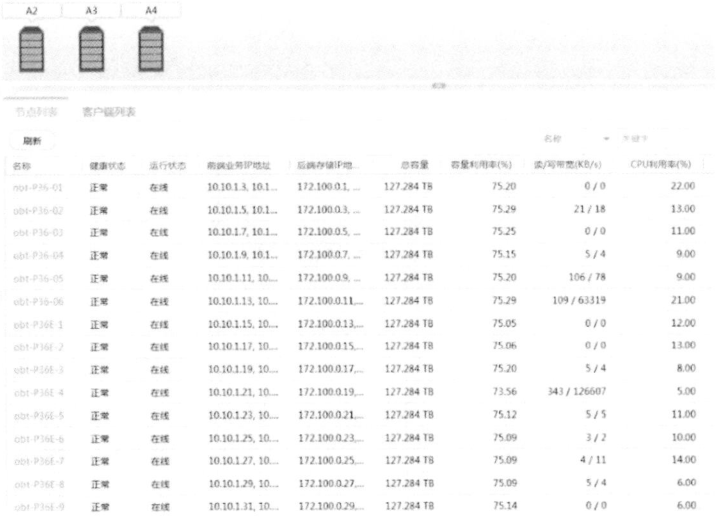

图 3-36 近线存储

离线存储在硬件层面选用主流厂商的存储服务器,保证设备本身的稳定性。欧比特的离线存储服务器采用 20 台 FusionServer 5288 V5 组成一套存储集群,为保证存储容量,每个节点配置 36 块 6TB 7200r/min 的 SATA 硬盘。存储软件层面利用开源项目 Hadoop 中的分布式文件系统(HDFS)和非结构化数据存储的数据库 Hbase 进行二次开发,构成欧比特数据管理与分发平台。通过 Nginx 相关模块可以访问 Hbase 和 HDFS 上的数据,并提供 HTTP 接口给应用层调用,其系统架构和底层架构如图 3-37 和图 3-38 所示。此方案已经通过遥感行业的验证,存储性能、安全性、可扩展性都可以得到保证,非常适合海量非结构化数据存储的场景。

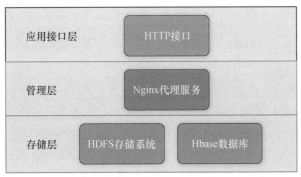

图 3-37 离线存储系统架构

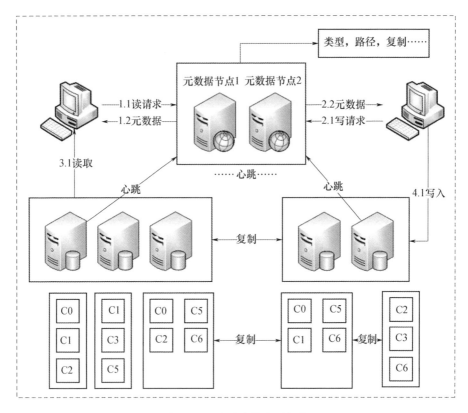

图 3-38 离线存储底层架构

3.3 卫星数据处理中心

地面数据处理系统对接收的卫星数据进行处理,生产多级影像产品。地面数据处理系统由预处理、几何辐射检校、产品质检 3 个分系统组成。

3.3.1 预处理分系统

预处理分系统是地面数据处理系统的主要分系统之一,负责对接收的数据进行格式解析,进行辐射校正处理和传感器校正产品生产处理,获取传感器校正产品,完成卫星 0 级数据到 1 级产品的自动生产和内部质量检查。

预处理分系统由 0 级数据预处理子系统、辐射校正子系统、定位模型构建子系统、单帧传感器校正产品生产子系统 4 个子系统组成,如图 3-39 所示。

预处理分系统的主要功能包括以下方面。

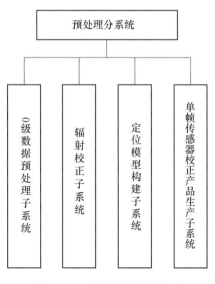

图 3-39 预处理分系统组成

(1) 对 0 级数据进行解析,获取卫星的轨道数据、姿态数据及影像的行时数据;同时,对姿态、轨道、行时等数据进行容错、优化、补偿等处理。

(2) 对 0 级图像数据进行相对辐射校正处理,包括对各个探元响应不一致性校正、死像元及异常探元处理等。

(3) 对辐射校正后的影像依据相机 MTF 曲线参数对图像进行 MTF 补偿处理,获取更高清晰度的影像。

(4) 面阵严密几何模型构建子功能的作用是负责分析从影像像素点到地面点严密转换过程的严密性和可应用性。

(5) 内方位元素模型分析。

1.0 级数据预处理子系统

0 级数据预处理子系统首先通过对接收到的卫星数据进行去格式解压缩,将图像数据和卫星平台数据分开存储,这样有助于后面的数据处理;然后对整理好格式的 0 级数据进行解析,得到用于建立几何模型的姿态、轨道及行时数据;同时,对这些数据进行容错、优化、补偿或剔除错误的数据,浏览图生成有助于整轨数据质量的检查。

0 级数据预处理子系统包含以下模块:去格式解压缩模块、数据记录与快视处理模块、分景编目模块、浏览图生产与自动云判模块,如图 3-40 所示。

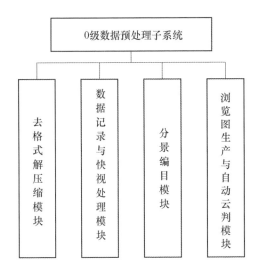

图 3-40　0级数据预处理子系统组成

（1）去格式解压缩模块。该模块对原始数据进行去格式解压缩,将图像数据和台辅助数据分开存储,便于后面的数据处理。

（2）数据记录与快视处理模块。该模块整理数据格式,统一数据命名,方便数据检索,同时生成数据快视图,方便运控人员浏览。

（3）分景编目模块。该模块对整理后的数据进行解析,获取姿态、轨道及行时数据,同时根据生产的需求将整轨数据进行分景处理。

（4）浏览图生产与自动云判模块。该模块可以生成浏览图,用于整轨数据的质量浏览,同时可以进行云量的判断处理。

2. 辐射校正子系统

辐射校正子系统通过利用卫星辐射定标数据,对逻辑分景后的数据进行相对辐射校正处理,包括对各个探元响应不一致性校正、死像元及异常探元处理等；可有选择性地对辐射校正后的影像进行 MTF 补偿处理,提高图像质量,为传感器校正产品提供基础级图像数据。

辐射校正子系统由相对辐射校正模块和 MTF 补偿模块组成,如图 3-41所示。

（1）相对辐射校正模块。该模块根据逻辑分景后0级数据的相机参数文件自动获取相对辐射定标系数文件(包括实验室定标系数、在轨定标系数等文件),根据定标系数对0级图像数据进行相对辐射校正,去除图像系统噪声、随机噪声和影响图像应用的条纹条带现象,提高影像辐射质量。

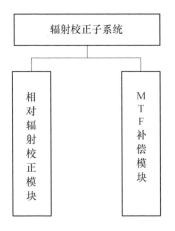

图3-41 辐射校正子系统组成

（2）MTF补偿模块。该模块针对辐射校正后的影像和相机MTF曲线参数对图像进行MTF补偿处理，获取更高清晰度的影像。

3. 定位模型构建子系统

定位模型构建子系统主要负责分析从影像像素点到地面点的严密转换过程的严密性和可应用性；分析有理多项式系数（RPC）模型是否能够替代传感器校正产品的严密模型，以及分析采用哪种形式的RPC模型、以何种虚拟格网布设方式与高程来替代各级产品的严密模型；并解算各级产品的RPC模型参数。

定位模型构建子系统由姿态模型构建模块、轨道模型构建模块、内方位元素构建模块、扫描时间模型构建模块、严密定位模型构建模块、RPC模型构建模块6个模块组成，如图3-42所示。

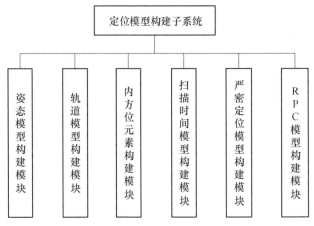

图3-42 定位模型构建子系统组成

（1）姿态模型构建模块。该模块读入卫星下传的离散姿态，构建卫星姿态模型，用以获取成像时刻的任意姿态。

（2）轨道模型构建模块。该模块读入卫星下传的离散轨道，构建卫星轨道模型，用以获取成像时刻的任意轨道。

（3）内方位元素构建模块。该模块根据载荷特征，基于高精度检校获取的畸变参数，建立成像内方位元素模型。

（4）扫描时间模型构建模块。该模块根据面阵凝视成像模式建立扫描时间获取模型，获取成像时刻。

（5）严密定位模型构建模块。该模块实现影像到地面、地面到影像的坐标转换。

（6）RPC 模型构建模块。该模块实现 RPC 模型参数解算、替代精度评估。

4. 单帧传感器校正产品生产子系统

单帧传感器校正产品生产子系统负责基于辐射校正后的图像数据文件，利用景轨道姿态数据生成理想无畸变面阵单帧传感器校正影像。

单帧传感器校正产品生产子系统由虚拟面阵构建模块、虚拟面阵定位模型构建模块、影像重采样模块和附加产品生产模块组成，如图 3-43 所示。

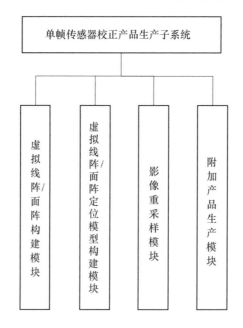

图 3-43　单帧传感器校正产品生产子系统组成

(1) 虚拟线阵/面阵构建模块。该模块基于几何定标获取的相机精确参数,依据虚拟面阵定义构建虚拟面阵内方位元素模型。其中,虚拟面阵为理想矩形面阵,不受相机畸变影响。

(2) 虚拟线阵/面阵定位模型构建模块。负责严密几何模型的最优构建,并解算各级产品的 RPC 模型参数。

(3) 影像重采样模块。该模块根据建立的定位模块对原始图像进行重采样。

(4) 附加产品生产模块。该模块生成传感器校正产品的附加产品,包括 SHP 文件、元数据文件 XML、浏览图、拇指图、RPC 参数文件、README 文件、Range 文件等。

3.3.2 几何辐射检校分系统

几何辐射检校分系统主要负责对卫星几何参数的在轨几何、辐射参数进行检校和验证。

几何辐射检校分系统主要由几何检校子系统和辐射定标子系统组成,如图 3-44 所示。

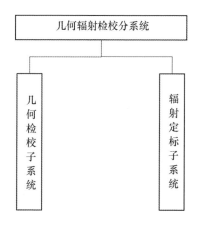

图 3-44 几何辐射检校分系统组成

(1) 几何检校子系统。几何检校子系统利用卫星精度检校数据,基于影像匹配算法提取地面特征点的像点坐标,对相机内方位元素进行定期在轨精确标定,对相机与星敏感器夹角参数进行定期在轨精确标定,从而为产品生产提供高精度内外参数。

(2) 辐射定标子系统。辐射定标子系统利用实验室定标数据提取实验室定标参数,实现相对校正和非线性响应修正;利用在轨均匀场数据提取在轨定标参数,为产品生产提供辐射处理数据。

1. 几何检校子系统

几何检校子系统利用卫星测图精度检校数据,对推扫和视频相机内方位元素进行定期在轨精确标定,对推扫和视频相机与星敏感器夹角参数进行定期在轨精确标定,对推扫和视频相机的摄影中心到 GPS 相位中心的位移矢量进行定期在轨精确标定,对卫星姿态的短周期变化和长周期变化进行在轨标定,对推扫和视频相机的内方位元素、外方位元素稳定性进行在轨检测。

几何检校子系统由影像异源高精度配准模块、视频相机内方位元素标定模块、视频相机外方位元素标定模块、视频相机内外方位元素联合标定模块、相机内方位元素稳定性检测模块、相机外方位元素稳定性检测模块 6 个模块组成,如图 3 - 45 所示。

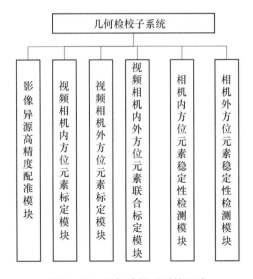

图 3 - 45　几何检校子系统组成

(1) 影像异源高精度配准模块。该模块通过影像的高精度配准技术及靶标控制点的提取技术获取用于检校的控制点。

(2) 视频相机内方位元素标定模块。该模块利用参考图像和卫星影像匹配提供的控制点或专用测绘标志提供的控制点,以内方位元素标定模型为基础进行内方位元素求解与精度评定等过程,实现视频相机内方位元素的精确标定。

(3) 视频相机外方位元素标定模块。该模块利用星上下传姿轨辅助数据或精密定姿定轨结果对视频相机的外方位元素进行几何检校。

（4）视频相机内外方位元素联合标定模块。该模块利用多个区域的多景影像及检校场数据构建多区域联合检校模型，进行联合检校，通过相机内方位元素稳定性限制条件精确标定出传感器内、外方位元素。

（5）相机内方位元素稳定性检测模块。该模块利用多区域、多时相检校获取的视频相机内方位元素监测内方位元素的变化及规律，探索内方位元素变化规律建模及补偿方法。

（6）相机外方位元素稳定性检测模块。该模块利用多区域、多时相检校获取的视频相机外方位元素监测外方位元素的变化及规律，探索外方位元素变化规律建模及补偿方法。

2. 辐射定标子系统

相机在轨成像条件复杂，传感器接收到的电磁波能量与目标本身辐射的能量是不一致的，由于太阳位置、大气条件、地形影响和传感器本身 CCD 响应非均匀性、光谱漂移等各种失真（这些失真不是地面目标的辐射），因此对图像的使用和理解造成影响，必须加以校正和消除。通过对卫星传感器进行相对辐射定标，给出辐射校正参数，为监测传感器的变化提供服务。辐射定标子系统包含 3 个模块：高精度辐射定标数据处理模块、相对辐射定标参数求解模块、辐射定标精度分析模块，如图 3-46 所示。

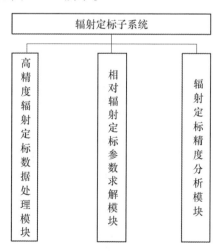

图 3-46　辐射定标子系统组成

辐射标定子系统是决定遥感卫星影像能否实现高精度定量反演的关键因素。子系统定义最终为稳定可用、符合功能需求的可执行软件，能完成卫星各传感器的在轨辐射定标,为影像的后续辐射处理提供高精度辐射定标参数,保证影像的辐射质量。

(1) 高精度辐射定标数据处理模块。该模块具备辐射定标图像数据提取与检查功能,完成实验室定标数据和在轨定标数据处理,包括实验室定标数据解析、在轨定标图像解析等。

(2) 相对辐射定标参数求解模块。该模块具备相机实验室原始定标数据和在轨场地定标数据处理功能,形成实验室定标参数和在轨场地定标参数,实现相对校正和非线性响应修正,具备相机相对辐射定标系数提取与修正功能,利用在轨标定数据进行影像统计、结果分析,完成在轨同步标定,并形成最终标定参数。

(3) 辐射定标精度分析模块。该模块具备相对辐射校正处理功能,以及影像相对定标精度分析和影像辐射一致性分析功能。

3.3.3 产品质检分系统

产品质检分系统可以对各级标准产品进行辐射质检和几何质检,分析得到各类质检结果和综合质检结果,客观记录数据质量情况,形成数据质检报告,并进行数据质检结果的统计分析,以可视化方式显示数据质量的变化情况,以便及时发现数据中存在的质量问题,控制并尽量减少生产过程中使数据质量下降的误差,形成一套完备的功能齐全、流程畅通的数据产品质检分系统。

产品质检分系统由标准产品辐射质检子系统、标准产品几何质检子系统和质检结果统计分析子系统 3 个子系统组成,如图 3-47 所示。

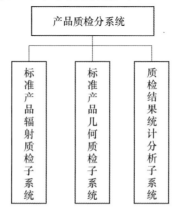

图 3-47 产品质检分系统组成

(1) 标准产品辐射质检子系统。该子系统对推扫图像各级标准产品(如传感器校正产品、系统几何纠正产)和视频图像标准产品(传感器校正帧序列产品)的灰度统计特征、纹理统计特征、辐射精度特征和多光谱波段配准精度指标进行统计分析,形成标准产品辐射质检报告,全面分析标准产品的辐射质量。

(2) 标准产品几何质检子系统。该子系统以精确的地面控制信息为基准,对含地理信息的推扫图像各级标准产品(如系统几何纠正产品)的内部几何精度(含角度变形精度和长度变形精度)和外部几何精度进行统计分析,形成标准产品几何质检和综合质检报告,全面分析标准产品的空间几何质量。

(3) 质检结果统计分析子系统。该子系统在原始数据质检、标准产品辐射质检和标准产品几何质检的基础上,结合用户需要,对一定时期特定传感器和特定类型的数据进行质检指标的统计分析,以可视化的柱状图和折线图等方式显示并打印质检结果统计分析报告,以便用户全面了解各类原始数据和标准产品数据的质量变化情况。

1. 标准产品辐射质检子系统

标准产品辐射质检子系统负责对图像和视频图像各级标准产品的辐射性能参数进行质量评价,全面了解各类标准产品在辐射方面的设计参数和数据质量,为产品数据的辐射分析和图像质量改善提供参考。标准产品辐射质检子系统由灰度统计特征质检模块、纹理统计特征质检模块、辐射精度特征质检模块、波段配准精度质检模块、辐射质检报告生成模块组成,如图3-48所示。

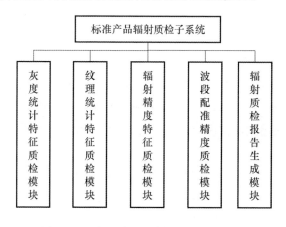

图3-48 标准产品辐射质检子系统组成

(1) 灰度统计特征质检模块。灰度统计特征质检模块主要采用灰度统计的方法,对整景标准图像产品的辐射均值、最小值、最大值、峰值、中值、亮度范围值、方差、标准差和信噪比等指标进行计算和评价。

（2）纹理统计特征质检模块。纹理统计特征质检模块主要对整景标准图像产品的信息熵、角二阶矩、细节能量、边缘能量、局部平稳、信息容量、对比度和清晰度等指标进行计算和评价。

（3）辐射精度特征质检模块。辐射精度特征质检模块负责统计反映图像信息量丰富程度的指标，主要对整景标准图像产品的偏斜度、陡度、边缘辐射畸变、增益调整畸变和功率谱等指标进行计算和评价。

（4）波段配准精度质检模块。波段配准精度质检模块用来评价多光谱标准产品的波段配准精度，能够根据相机 CCD 的设计参数及卫星在轨运行获取的多光谱失配现象提出可靠性较高的多光谱波段配准算法，评价多光谱波段配准精度，辅助分析影响波段配准精度的原因。

（5）辐射质检报告生成模块。辐射质检报告生成模块主要对图像的辐射质量做出总结性的结论，供以后系统参考使用。该模块根据推扫图像和视频图像标准产品的数据类型，将灰度统计特征质检结果（包括辐射均值、最小值、最大值、峰值、中值、亮度范围值、方差、标准差和信噪比等指标计算结果）、纹理统计特征质检结果（包括信息熵、角二阶矩、细节能量、边缘能量、局部平稳、信息容量、对比度和清晰度等指标计算结果）、辐射精度特征质检结果（包括偏斜度、陡度、边缘辐射畸变、增益调整畸变和功率谱等指标计算结果）和波段配准精度质检结果（各波段间配准精度统计指标计算结果）的全部指标项以 XML 报告的形式导出到产品对应的指定目录。

2. 标准产品几何质检子系统

标准产品几何质检子系统通过评价各级标准产品的内部几何精度（含长度变形精度和角度变形精度）和外部几何精度（绝对定位精度）等指标来检核该产品数据的空间几何性能。该子系统由控制点查询与下载模块、控制点匹配与筛选模块、内部几何精度质检模块、外部几何精度质检模块、几何综合质评和报告生成模块组成，如图 3-49 所示。

（1）控制点查询与下载模块。控制点查询与下载模块对含地理坐标的标准产品进行几何质检，需要事先引入地理参考数据，如控制点切片数据。该模块将待几何质检图像产品的经纬度最大范围作为检索条件，查询有精确地理信息的控制点库，寻找和图像产品区域相匹配的控制点切片，输出符合条件的控制点切片的存储路径，并将控制点切片下载到软件指定的工程目录，作为该景标准产品几何质检的初始参考数据集。

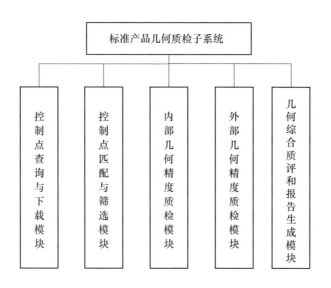

图 3-49　标准产品几何质检子系统组成

地面控制点图像片自动匹配获取控制点的基本思想如下：假设控制点图像片数据库已经建立，保存在数据库中的图像片都是在有精确地理编码的遥感图像上裁切出来的，这些图像片包含了明显地形特征且地理位置精确已知。

（2）控制点匹配与筛选模块。控制点匹配与筛选模块将待评价的标准产品与下载的区域范围内的控制点切片进行特征提取和影像匹配，将特征点位在待评价图像产品上的图像坐标与控制点切片上同一目标的空间位置精确对应。其中采用由粗到精的匹配策略，归一化互相关的匹配算法并对误匹配点进行探测和剔除，筛选出符合精度要求且均匀分布的多个匹配点位，并输出点位坐标文件，供图像产品内部和外部几何精度质检计算使用。

（3）内部几何精度质检模块。内部几何精度质检模块是在控制点匹配的基础上评价图像产品内部几何畸变情况，对误差大小和误差方向在整景图像上的分布情况进行表征。内部几何精度质检包括长度变形精度质检和角度变形精度质检，评价内容包括变形的绝对量和整幅图像变形的一致性。

（4）外部几何精度质检模块。外部几何精度质检模块用来评价整景图像在地理参考坐标系中的绝对位置，采用整景图像产品在地理参考坐标系中的绝对位置误差，即图像产品的绝对定位精度评价。该模块对图像产品上的地理位置和控制点切片对应点位提供的精确地理位置进行比较，计算图像中所有控制点位的纵向和横向偏差的算术平均值的均值和均方根误差,作为该景图像产品的外部几何精度指标。

（5）几何综合质评和报告生成模块。几何综合质评和报告生成模块根据标准产品的数据类型,将内部几何精度质检结果(含长度变形精度和角度变形精度)和外部几何精度质检结果(绝对定位精度)根据每个指标设定的优、良、中、差和不可用的各取值范围进行加权评分,得到该景图像产品的几何综合质检结果,最后将内部几何精度质检结果、外部几何精度质检结果和几何综合质检结果以 XML 报告的形式导出,供用户进一步统计分析和评价。

3. 质检结果统计分析子系统

质检结果统计分析子系统是在原始数据质检软件生成的推扫图像和视频图像原始数据质检报告、标准产品辐射质检软件生成的标准全色和多光谱产品辐射质检报告和标准产品几何质检软件生成的全色和多光谱标准产品几何质检报告的基础上,对各类原始数据质检指标、标准全色和多光谱产品辐射及几何质检指标进行综合统计分析,提供各类质检结果在一段时期内的变化情况。

质检结果统计分析子系统提供可视化的人工交互界面,用户可根据需要设定各类查询条件,包括传感器类型、产品类型、成像时间范围、产品生产时间范围等。质检结果统计分析子系统提交数据库查询请求,获取符合条件的卫星推扫图像和视频图像的原始数据和各类标准产品,并根据选定的质检指标类型查询并导出产品对应的质检指标项、标准产品辐射质检指标项和标准产品几何质检指标项。通过统计分析,以曲线和柱状图等形式将质检结果情况可视化反映出来,供用户浏览和进一步分析评价。质检结果统计分析子系统包含以下 3 个子模块:质检结果存储检索模块、变化趋势统计分析模块、统计图表生成打印模块,如图 3-50 所示。

（1）质检结果存储检索模块。质检结果存储检索模块主要为质检结果统计分析进行数据准备,由用户设置综合检索条件,包括传感器类型(含推扫相机和视频相机)、产品级别(推扫图像包括原始数据、传感器校正产品、系统几何纠正产品、精纠正产品和正射校正产品,视频图像包括原始数据和传感器校正帧序列产品)、成像时间范围(成像起始时间和成像结束时间)、产品生产时间范围(产品生产起始时间和产品生产结束时间)等,通过元数据属性信息进行查询,筛选出符合用户定义需求的已归档的样本数据,并将样本数据导入变化趋势统计分析的待分析数据集中。

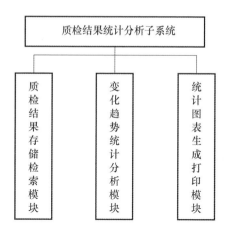

图 3-50 质检结果统计分析子系统组成

（2）变化趋势统计分析模块。变化趋势统计分析模块根据质检结果存储检索单元得到的待分析数据集类型和范围，以及用户灵活定义的质检结果统计分析指标类型，进行变化趋势统计分析指标的匹配运算和结果归档。其中，指标类型主要包括原始数据质检指标项（如整体误码率、有效误码率和稳定误码率等）、标准产品辐射质检指标项（如信噪比、方差和清晰度等）和标准产品几何质检指标项（如长度变形精度、角度变形精度和绝对定位精度等）。

（3）统计图表生成打印模块。统计图表生成打印模块负责将原始数据和各类标准产品质检指标变化趋势的统计分析结果以图示化整点图、折线图和柱状图等友好直观的形式反馈给用户，显示内容包括各质检指标项类型和统计分析结果，并提供统计图表的打印输出。

3.4 卫星应用服务产品中心

卫星应用服务产品中心在卫星数据中心遥感数据集成与管理的基础上，通过在主中心部署卫星应用产品生产业务管理系统，负责产品生产订单接收、解析、生产任务调度、数据调度、任务监控及管理、结果反馈等；在卫星数据中心部署数据存储及产品生产系统，负责遥感影像数据存储、数据处理及产品生产等，如图 3-51 所示。

卫星应用服务产品中心架构下卫星应用产品生产系统主要解决在卫星应用产品生产过程中面临的生产逻辑、流程组织、生产工作执行等问题。

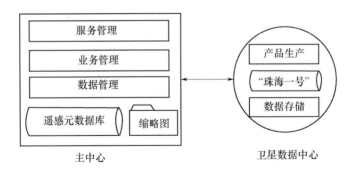

图 3－51　卫星应用服务产品中心架构下卫星应用产品生产系统框架

3.4.1　卫星应用服务产品生产系统架构

在大数据和云计算技术的发展之下，卫星服务产品的生产效率得到了显著提升。以遥感数据集群处理方式为主，借助高性能计算集群为处理核心，配置相应的遥感数据处理算法及软件，从而满足海量遥感数据的高效、高可靠性处理需求。概括来看，卫星应用服务产品生产系统自下而上可分为物理层、系统层、通信层、处理层、应用层 5 层架构，如图 3－52 所示。

（1）物理层，即硬件设备层，主要包括集群系统搭建所需要的计算节点、存储节点、管理节点、交换机等。其中，计算节点与存储节点之间往往通过万兆以太网或者 InfiniBand 网络互连构成高性能计算网络，而管理节点与存储节点之间则往往通过高速光纤网络互连构成存储访问网络。

（2）系统层，即高性能计算系统层，主要包括 Linux/Windows 操作系统、第四代扩展文件系统（EXT4）、网络文件系统（NFS）等。通过将硬件设备逻辑映射为统一的系统结构或存储结构，实现用户对于不同硬件的透明访问。

（3）通信层，即中间件层，主要利用 TCP/IP、UDP 等不同类型的通信协议实现各硬件设备间的通信。例如，并行计算系统通信采用消息传递机制（MPI），客户端与服务器之间采用面向对象中间件（ICE）实现用户管理，计算节点与管理服务器之间往往采用套接字 Socket 实现通信。

（4）处理层，即分布式处理或并行计算层，主要实现遥感数据处理算法的执行、计算等，如常用的遥感图像几何校正、融合、镶嵌、分类、变化检测等。

（5）应用层，即用户访问界面，用户可以通过鼠标点击等操作实现对于所需求的遥感数据处理功能的选择，或者对集群的运行状态进行查看。

第 3 章 卫星地面系统设计及实施

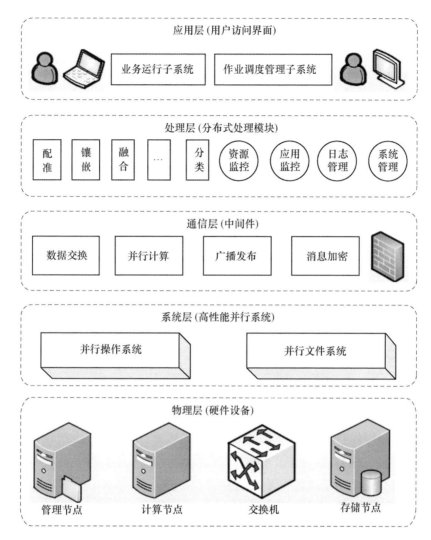

图 3-52 卫星应用服务产品生产系统体系架构

3.4.2 卫星应用服务产品生产工作流程

卫星应用服务产品生产主要是通过对于遥感数据各级产品层级关系的梳理,依据产品生产订单组织产品生产算法模块,使其成为一个逻辑上科学、合理的工作流程。

1. 卫星应用服务产品上下层级关系知识库

依据当前各行业应用对遥感数据处理需求,同时考虑卫星应用产品生产算法流程,将卫星应用服务产品分为 4 大层级,从上到下分别是 L1B 级数据产品、应用基础产品、反演指数产品、专题产品。各个层级根据产品生产方式及数据处理程度又可以分为多个子级,4 个大级及各个子级之间均具有上下层级关系,如图 3-53 所示。

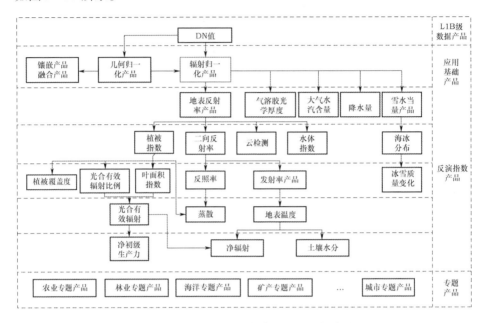

图 3-53 卫星应用服务产品上下层级关系

1）L1B 级数据产品

L1B 级数据产品是指从卫星直接接收的数据经过去格式、解压缩、辐射校正、系统几何校正之后得到的数据产品。

2）应用基础产品

应用基础产品是指由原始数据产品经过几何精校正、大气校正、镶嵌、融合等生成的几何归一化产品、辐射归一化产品、镶嵌产品和融合产品,是后续反演和专题产品的基础。

其中,几何归一化产品是指利用几何控制点将不同来源的遥感数据校正生成的在几何上能够互相对准的、空间无缝的影像集合;辐射归一化产品指的是经过辐射交叉定标、长时间序列辐射归一化、大气校正等操作得到的定量卫星应用产品;镶嵌产品指的是由两个或多个具有空间重叠区域的正射校正遥感影像拼接而成的数据产品;融合产品是指将不同来源的具有不同空间分辨率、光谱分辨率的遥感数据信息集成得到的数据产品,应用于从对象检测、识别、标识和分类到对象跟踪、变化检测、决策支持等方面。

第3章 卫星地面系统设计及实施

3）反演指数产品

反演指数产品是指由遥感影像反演得到的,反映陆地、海洋、气象变化特征的各种地球物理参数产品,如归一化植被指数(NDVI)、归一化水体指数(NDWI)、归一化干旱指数(NDDI)、归一化建筑指数(NDBI)、归一化雪指数(NDSI)等。

4）专题产品

遥感专题产品指直接面向农业、林业、矿产、海洋、智慧城市等行业应用的遥感专题数据或图件,往往需要借助专家知识,通过遥感数据信息反演、数据解译、制图等综合手段获得。

相较于L1B级数据的加工程度与价值量,应用基础产品、反演指数产品与专题产品又可以统称为深加工产品,或增值产品、加值产品。卫星应用服务产品列表如表3-9所列。

表3-9 卫星应用服务产品列表

序号	名称	英文名称	简称
1	L1B级数据产品	Digital Number	DN
2	辐射归一化	Radiometric Normalized	RN
3	几何归一化	Geometric Normalized	GN
4	镶嵌产品	Mosaic Products	MP
5	融合产品	Fusion Products	FP
6	地表反射率产品	Surface Reflectance	REF
7	气溶胶光学厚度产品	Aerosol Optical Depth	AOD
8	大气水汽含量产品	Total Content of Water Vapor	TCWV
9	降水量产品	Precipitation	PRE
10	雪水当量产品	Snow Water Equivalent	SWE
11	羟基异常指数产品	Hydroxyl Anomaly Index	HAI
12	硅化异常指数产品	Silicide Anomaly Index	SAI
13	归一化植被指数产品	Normalized Difference Vegetation Index	NDVI
14	增强植被指数产品	Enhanced Vegetation Index	EVI
15	抗大气植被指数产品	Atmospherically Resistant Vegetation Index	ARVI
16	二向反射分布函数产品	Bidirectional Reflectance Distribution Function	BRDF
17	云指数	Cloud Index	CLI
18	水指数产品	Normalized Difference Water Index	NDWI
19	海冰分布产品	Sea Ice Distribution	SID

续表

序号	名称	英文名称	简称
20	植被覆盖度产品	Vegetation Fractional Coverage	VFC
21	叶面积指数产品	Leaf Area Index	LAI
22	反照率产品	Land Surface Albedo	LSA
23	发射率产品	Land Surface Emissivity	LSE
24	冰盖及海冰温度产品	Snow Ice Temperature	SIT
25	光合有效辐射产品	Photosynthetically Active Radiation	PAR
26	蒸散产品	Evapotranspire	ET
27	空气动力学粗糙度产品	Aerodynamic Roughness Length	ARL
28	下行短波辐射产品	Downward Shortwave Radiation	DSR
29	地表温度产品	Land Surface Temperature	LST
30	冰雪质量变化产品	Iceand Snow Mass Change	ISMC
31	光合有效辐射吸收比例	Fraction of Photosynthetically Active Radiation	FPAR
32	下行长波辐射产品	Downward Longwave Radiation	DLR
33	土壤湿度指数产品	Soil Moisture Index	SMI
34	土壤亮度指数产品	Soil Brightness Index	SBI
35	植被净初级生产力产品	Net Primary Productivity	NPP
36	净辐射产品	Net Radiance	NRD
37	土壤水分产品	Soil Moisture	SM

2. 卫星数据产品生产流程

一般而言,卫星数据产品对于其生产算法具有一一对应关系。因此,基于卫星数据产品上下层级关系知识库、产品依赖关系知识库,构建了卫星数据产品生产逻辑流程组织推理规则,为卫星数据产品生产过程中的工作流构建提供指导,如图3-54所示。

根据用户提交的目标产品生产订单,首先需要根据产品名称去产品依赖关系知识库中查找其对应的较低一级数据产品,然后利用产品上下层级关系知识库验证查找结果的合理性。若查找出来的较低一级遥感数据产品不是辐射归一化或几何归一化产品,则需要继续递归查询卫星数据产品依赖关系知识库,同时辅助产品上下层级关系知识库进行合理性验证。

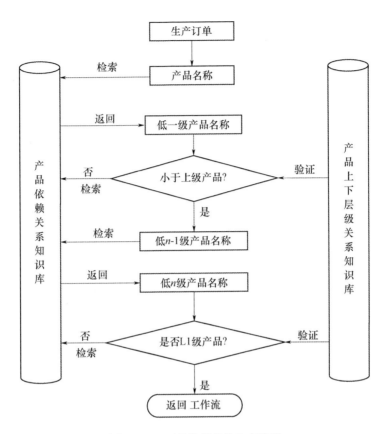

图 3-54　卫星数据产品生产流程

如用户提交净初级生产力(NPP)产品生产订单,根据产品依赖关系知识库可以得出其较低一级的数据产品为 LAI、PAR 和 FPAR,均不是 L1 级卫星数据产品,则分别递归查找 LAI、PAR 和 FPAR 的较低一级数据产品,直至递归到几何归一化或辐射归一化产品。最后,将整个过程查询出来的各级产品按先后关系排列,即可得出 NPP 产品生产的完整流程,如图 3-55 所示。

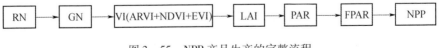

图 3-55　NPP 产品生产的完整流程

NPP 产品获得后,首先根据客户的感兴趣时间与感兴趣区域,获得相应的 L1 级高光谱数据,如图 3-56 所示;然后经过绝对辐射定标、大气校正、几何精纠正和镶嵌裁剪获得精处理产品,此处为地表反射率产品,如图 3-57 所示。

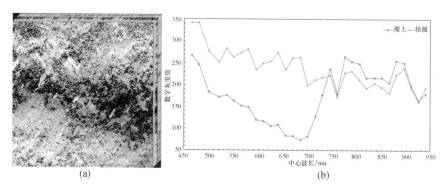

图 3-56 L1 级数据产品(见彩图)

(a)L1 级影像;(b)典型地物的数字灰度值曲线。

图 3-57 精处理产品(见彩图)

(a)地表反射率影像;(b)典型地物的地表反射率曲线。

植被 NPP 是绿色植物在单位时间、单位面积由光合作用产生的有机物质总量中扣除自养呼吸后的剩余部分,作为地表碳循环的重要组成部分,不仅直接反映植物群落在自然环境条件下的生产能力,表征陆地生态系统的质量状况,也是判定生态系统的碳源/汇和调节生态过程的主要因子。基于光能利用率原理的卡内基-埃姆斯-斯坦福大学方法(CASA),已被广泛应用于区域陆地 NPP,其是由遥感数据、温度、降水、太阳辐射,以及植被类型、土壤类型共同驱动的光能利用率模型。该模型中植被 NPP 是植被吸收光合有效辐射(APAR)、最大光能转化率(ε^*)、温度胁迫系数($T_{\varepsilon 1}$ 和 $T_{\varepsilon 2}$)和水分胁迫系数(W_ε)的函数。

$$NPP = f_{APAR} \times PAR \times T_{\varepsilon 1} \times T_{\varepsilon 2} \times W_\varepsilon \times \varepsilon^* \qquad (3-1)$$

式中:f_{APAR} 为 APAR 的分量,陆表太阳辐射 R_s 乘以 0.5 转化为 PAR,APAR = $f_{APAR} \times PAR$。

f_APAR是植被对光合有效辐射的吸收比例,反映了植被对 PAR 的吸收程度,其计算公式如下:

$$\text{NDVI} = \frac{\rho_\text{NIR} - \rho_\text{Red}}{\rho_\text{NIR} + \rho_\text{Red}} \quad (3-2)$$

$$\text{SR} = \frac{1 + \text{NDVI}}{1 - \text{NDVI}} \quad (3-3)$$

$$f_{\text{APAR}_\text{SR}} = \frac{\text{SR} - \text{SR}_\text{min}}{\text{SR}_\text{max} - \text{SR}_\text{min}} \times (f_{\text{APAR}_\text{max}} - f_{\text{APAR}_\text{min}}) + f_{\text{APAR}_\text{min}} \quad (3-4)$$

$$f_{\text{APAR}_\text{NDVI}} = \frac{\text{NDVI} - \text{NDVI}_\text{min}}{\text{NDVI}_\text{max} - \text{NDVI}_\text{min}} \times (f_{\text{APAR}_\text{max}} - f_{\text{APAR}_\text{min}}) + f_{\text{APAR}_\text{min}} \quad (3-5)$$

$$f_\text{APAR} = (f_{\text{APAR}_\text{SR}} + f_{\text{APAR}_\text{NDVI}})/2 \quad (3-6)$$

式中,$f_{\text{APAR}_\text{max}} = 0.95$;$f_{\text{APAR}_\text{min}} = 0.001$。

因此,获得的归一化植被指数产品 NDVI 如图 3-58 所示。

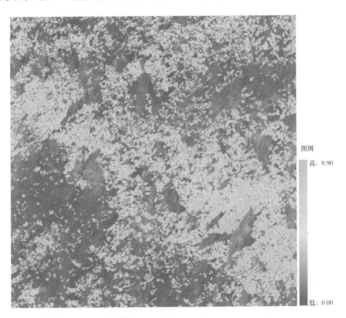

图 3-58 归一化植被指数产品(见彩图)

卫星数据产品生产逻辑流程组织完成之后,主中心即可以利用卫星数据产品生产数据源推荐方案进行数据准备及调度,并利用科学工作流引擎动态构建并执行物理工作流,同时借助资源监控软件进行工作流运行状态监控、管理等。

卫星数据中心提供 L1 级遥感数据,将从用户提交的产品订单出发,基于遥感数据产品依赖关系知识库,通过建立推理规则动态选择遥感数据。

如图 3-59 所示,各遥感数据产品生产订单需要解析 inputParametersData、inputParametersProducts 和 auxiliaryData 3 种类型参数,分别对应原始遥感数据产品、遥感增值产品及辅助数据(辅助数据只有在一些特殊的产品生产订单中使用)。对于原始遥感数据产品选择解析而言,首先根据 inputDataType 确定所需的数据,同类型原始遥感数据产品选择则由产品生产适宜性指数 productWeight 决定;对于遥感增值产品选择解析而言,主要由产品类型确定是否需要从增值产品库中直接提取,或者准备更多的遥感数据生产较低级别的遥感增值产品;对于辅助数据选择解析而言,则需要直接从辅助数据库中直接查找所需的辅助数据。当所有类型的数据选择解析完成之后,所需的各类型数据名称及存储位置将会被返回,以供卫星数据产品生产系统直接调用。

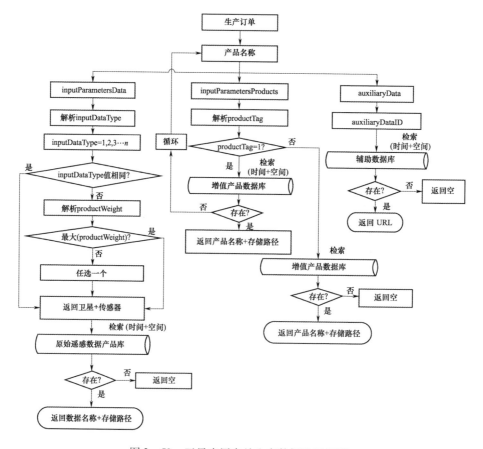

图 3-59 卫星应用产品生产数据选择规则

3.5 卫星数据管理及分发中心

遥感数据管理包括数据的集成、存储、管理、分发。遥感数据是一种与地理位置和时间直接关联的空间数据，其高效地集成管理在于针对遥感数据的分布式存储、空间覆盖、时间重访等特性，建立科学合理的多源遥感数据集成模式、海量数据存储体系、高效的数据管理服务及安全的数据分发服务。图3-60是"珠海一号"卫星星座遥感数据管理架构。

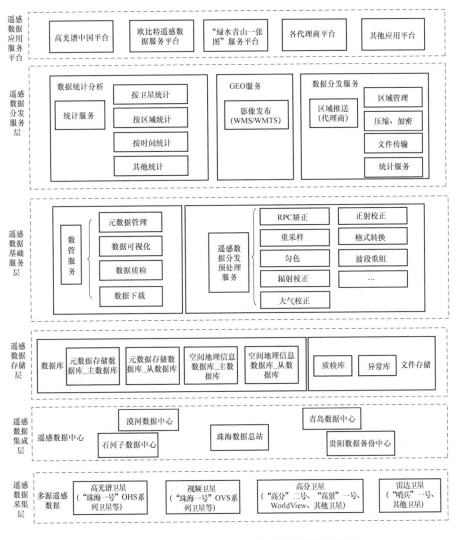

图3-60 "珠海一号"卫星星座遥感数据管理架构

3.5.1　多源遥感数据的集成

遥感数据集成就是在物理上或者逻辑上将若干个不同数据中心、不同数据源或者不同性质的多源遥感数据集中起来进行统一管理、分发与共享,并为用户提供透明、一致的数据访问。

由于遥感卫星种类繁多,卫星运营商家众多,不同遥感数据源由于其卫星、传感器物理参数等的不一致,造成了在空间分辨率、时间分辨率、波谱范围、投影标准、分幅标准等方面的差异。遥感数据集成首先需要解决的就是采用一定的集成标准将这些异构的多源遥感数据集中起来。不同类型的遥感数据源分别存储在不同的卫星数据中心,如风云卫星数据存储在气象卫星中心、海洋遥感数据存储在海洋卫星中心等。将这些在地理上分布式存储的遥感数据集成统一管理,则面临着网络传输效率、安全性等问题。不同遥感数据源的数据存储管理系统具有高度的自治性,对于所存储数据具有自主添加、更新、删除能力。因此,数据集成需要解决在原始数据存储管理系统与集成系统之间的数据一致性问题。

"珠海一号"卫星星座遥感数据管理平台集成了 8 颗 10m 分辨率的高光谱卫星数据、2 颗 0.9m 分辨率的视频卫星数据和 2 颗 1.98m 分辨率的视频卫星数据,后期随着"珠海一号"卫星星座的完善,将陆续集成高分辨率卫星数据和雷达卫星数据,以及陆续集成合作伙伴高分专项卫星数据查询接口、Sentinel 系列卫星数据查询接口,增强遥感数据的服务能力。

3.5.2　遥感数据存储方式

目前遥感数据的存储管理方式主要可以分为数据库管理方式、基于文件的文件系统管理方式及基于文件和数据库的混合管理方式 3 种类型。"珠海一号"卫星星座遥感数据管理平台采用基于文件和数据库的混合管理方式。

"珠海一号"卫星星座遥感数据管理平台使用空间地理数据库存储遥感影像属性数据及数据路径等信息,使用 PGsql 存储遥感影像的几何信息,将遥感影像的质检结果文件和异常信息文件采用文件管理方式管理。使用该种存储管理方式的用户还有欧洲航天局、天地图、中国资源卫星应用中心、中国国家气象卫星中心、中国国家海洋应用中心等。欧洲航天局数据中心通过建立统一的 SAFE 数据存档格式实现在线数据和近线数据的分级存储,采用卫星名称与时间为序的数据库实现数据管理。天地图采用"商业数据库 + 文件"的混合方式实现数据存储与管理,既支持数据库存储,又支持大文件存储。中国资源卫星应用中心数据实体按景组织存储,元数据采用商业数据库管理系统 Oracle 管理,数据产品采用包含地理信息的标记图像文件格式(GeoTIFF),对外提供 2 级归档产品。中国国家气象中心采用 SQL Server 与 Sybase 企业级数据库管理,数据实体按照条带组织,卫星分类与日期分类编目,卫星存档数据产品采用国际通用的科学数据格式(HDF)。基于文件和数据库的混合管理方式有效解决了随着数据的增加数据管理越来越困难的情况;同时,通过数据库系统管理数据路径也可以有效解决数据拓展的硬件问题。通过数据库本身的检索也非常方便,同时保持了文件系统较高的读写效率。但是,这种存储方式并没有解决文件系统的核心问题,无法保证数据的安全性和一致性,同时对分布式处理和并行计算的支持也不是很好。

3.5.3 遥感数据基础服务

"珠海一号"卫星星座数据管理平台提供基础数据管理服务,包含元数据管理、数据可视化、数据质检、数据下载和数据分发前的基础处理服务。

遥感数据元数据是遥感影像数据的描述性信息,是关于遥感影像数据的标识、成像时间、成像地点、产品级别、波段信息、数据质量、空间参考系等特征的信息,方便用户或者其他程序查询和使用特定的影像数据。"珠海一号"卫星星座管理平台基于 ISO 19115 - 2:2009 地理信息元数据标准,针对遥感数据的特点,建立了一个统一的遥感元数据标准格式,各分布式卫星数据中心的遥感元数据都需要在数据集成之前转换为该标准格式。

数据可视化是将遥感数据进行简单的波段选择合成,组合成真彩色、假彩色快速地展示在平台上,供用户预览判断数据的可用性。

数据质检通过数据管理平台对卫星数据处理中心生产的 L1 级数据进行条纹检测、云检测、位置判读,针对不符合要求的数据返回重新生产,符合质量要求的数据入库展示在平台上。

数据下载是用户通过管理平台批量筛选出符合自己要求的数据,选择并加入购物车,在购物车中进行订单价格核算,支付完成后,将订购的数据直接下载到本地磁盘,或者转储到云盘中。

遥感数据成像时,由于各种因素的影响,遥感影像存在一定的几何畸变、大气消光、辐射量失真等现象。这些畸变和失真现象影响了影像的质量和应用,必须进行消除。在遥感数据分发前,预处理模块通过 RPC 校正、重采样、匀色、辐射校正、大气校正、正射校正消除遥感影像的几何畸变、大气消光、辐射量失真等现象。遥感数据大都是由多个波段数据按照一定的数据格式存储的，通过格式转换、波段重组能够压缩数据大小，挑选出有用的波段数据，提高数据的传输效率。

3.5.4 遥感数据分发服务

"珠海一号"卫星星座数据管理平台数据分发采用开源的 GeoServer 地图服务器将遥感影像数据发布为网络地图服务（WMS）和网络地图切片服务（WMTS），根据卫星轨道条带或景组织方式按行政区域推送数据服务，通过数据管理平台能够准确地统计出各个卫星数据覆盖情况、各个行政区数据覆盖情况、各个时间段数据覆盖情况。

数据管理平台提供了多种数据检索方式，包括普通数据检索、卫星组网检索和基于空间位置的地图检索 3 种类型。普通数据检索方式中，用户通过选择卫星、传感器、时间和经纬度信息检索数据；卫星组网检索通过复合选择卫星、传感器进行检索；基于空间位置的地图检索是通过 Openlayers 构建数据管理地图服务平台，用户通过鼠标拉框选择，或者利用行政区划检索区域范围内的数据。时间范围条件既可以是连续的时间，也可以不是连续的时间。

3.5.5 遥感数据平台应用

基于"珠海一号"卫星星座数据管理平台相继推出了高光谱中国平台、欧比特遥感数据服务平台、"绿水青山一张图"服务平台、各代理商平台和其他应用平台等。高光谱中国平台将"珠海一号"卫星星座中高光谱卫星拍摄的全国各地的高光谱影像拼接成一张图，涵盖全国各个城市，是全世界第一张覆盖中国的高光谱影像。"珠海一号"遥感数据服务平台展示了目前"珠海一号"卫星星座在轨的 8 颗高光谱卫星和 4 颗视频卫星采集的所有数据，供用户查询购买使用。"绿水青山一张图"服务平台囊括了"珠海一号"卫星星座在内的高光谱卫星、视频卫星和其他卫星平台提供的高分卫星、雷达卫星和航空摄影测量在内的全产业遥感数据应用服务，涵盖自然资源、生态环境、交通运输、应急管理等业务板块，是遥感数据应用的高度集合。各代理商平台是通过代理商面向全国各个节点城市定点推广"珠海一号"卫星数据服务平台，扩大"珠海一号"卫星星座的影响力，服务于智慧城市建设。

第4章 卫星数据处理技术

在商业遥感卫星系统中,卫星大数据的有效处理是建立地面数据应用系统的关键环节。在卫星数据处理过程中,需要解决卫星在轨辐射定标、大气辐射校正、几何校正、镶嵌匀色、云判等问题,这些问题的解决对遥感卫星数据处理技术具有普遍意义。

本章就卫星在轨辐射定标、大气辐射校正、几何校正、镶嵌匀色、云判等卫星大数据处理的关键技术展开论述。

4.1 卫星在轨辐射定标

4.1.1 在轨辐射定标

随着空间遥感技术的深入发展及遥感产品定量化应用要求的不断提高,卫星成像设备(或空间遥感器)的高精度定标日益显现其必要性和重要性。成像系统辐射定标是遥感产品定量化的前提,数据的可靠性及定量化应用水平很大程度上取决于定标精度。只有经过定标的高光谱遥感数据才能从图像中提取真实的地物物理参量,才能比较不同地区或不同时间获取的高光谱遥感数据,才能将高光谱遥感数据与不同遥感器、光谱仪甚至系统模拟数据进行比较分析[16]。

在轨辐射定标按照定标顺序的先后分为相对辐射定标和绝对辐射定标。一般情况下,相对辐射定标是建立不同探测元之间响应差异的相对关系;绝对辐射定标则是在此基础上,建立输出的数字量化值(DN)与所对应的入瞳处的辐射亮度值(L)间的定量关系。基于上述过程建立的方程及对应的定标系数可将遥感器获取到的 DN 图像进行计算得到入瞳辐亮度图像数据,实现系统辐射校正。

根据定标依赖的不同,在轨辐射定标可分为星上定标和替代定标。星上定标是在遥感卫星器系统中建立定标系统装置,遥感卫星器在轨运行过程中,定期应用星上定标系统对遥感器的光谱辐射响应变化进行相对或绝对辐射定标的过程[17]。MODIS、NPP VIIRS、LANDSAT 系列等均具有完善的星上定标系统。

对于没有星上定标系统的遥感器,在轨后则主要是将辐射定标场地或已定标的高精度遥感器作为参考源,进行在轨辐射替代定标,前者为场地定标,后者为交叉定标。其中,交叉定标方法要求遥感器过境时间、观测条件相同或者相近,主要实现绝对辐射定标。

1. 相对辐射定标

在遥感图像的预处理过程中,通常相对辐射定标是预处理的第一步,先于绝对辐射定标、大气辐射校正和地形辐射校正,它是进行辐射校正的基础。

相对辐射校正的种类主要包括影像整体的辐射不均匀、条带噪声、坏线等。这些问题源于各个探测器响应差异、传感器电子链路增益和偏置差异、探测器暗电流差异等引起的探测器对同一亮度响应值的差异。按照校正系数获取的不同方式进行分类,相对辐射定标方法可分为三大类:定标法、统计法和综合法[18]。

1) 定标法

定标法是指通过传感器定标的方法获取相对辐射校正系数,从而用于遥感影像的相对辐射校正。由于相对辐射校正系数来源于定标实验,因此定标法需要特殊的训练数据。其数学模型如图 4-1 所示。

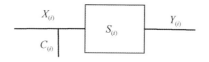

图 4-1 定标法的数学模型

图 4-1 中,$X_{(i)}$ 为原始遥感影像,$C_{(i)}$ 为训练数据,$S_{(i)}$ 为传感器定标模型,$Y_{(i)}$ 为校正后的遥感影像,则有

$$Y_{(i)} = X_{(i)} S(i, C_{(i)}) \tag{4-1}$$

依据训练获取的不同阶段,定标法主要分为发射前的实验室相对辐射定标、室外相对辐射定标,以及发射后的星/机上内定标和场地相对辐射定标,其

中后两项属于在轨辐射定标方式。

（1）星载内定标由遥感器内定标系统完成，在轨定标时内置定标以标准灯、控温黑体等作为标准光源，向阳定标直接引入太阳、月亮或使用漫反射板引入太阳辐射的反射作为光源。内定标的优点在于能够提供经常性、高精度的定标，但内定标系统结构复杂、成本高、体积大，对于小卫星和航空传感器难以实现。随着内定标系统的老化，原有的相对辐射定标系数的不确定性也越来越大。

（2）场地相对辐射定标利用地表的均匀自然场景（如大面积的海洋、冰盖或沙漠等）进行定标，当卫星过顶时实施同步地面观测，以求解相对辐射定标系数，又称为均匀景统计法。例如，Bindschadler[19]等研究了基于夜晚深海成像来进行均匀景统计法，为了保证在成像条件相同的情况下获取暗电流数据，需要遵循以下规则：①夜间成像，无太阳等辐射影响，同时考虑到深海水体反射率低，可获取纯净的暗电流数据；②天气晴朗，降低大气带来的散射等影响；③多次反复成像，计算多次成像的均值，以保证暗电流数据的稳定性。

该方法主要是利用图像的 DN 值的均值来计算增益系数。设第 i 个探测元的 DN 值的列平均值为 Q_i，N 是一排探测元的总数，则相对增益 NG_i 和 Q_i 之间的关系如下：

$$NG_i = \frac{Q_i N}{\sum_{j=1}^{N} Q_j} \tag{4-2}$$

2）统计法

与定标法不同，统计法不需要特殊的训练数据，通过分析和统计直接从图像中提取校正系数，从而对影像进行校正。其数学模型如图 4-2 和式（4-3）所示。

图 4-2 统计法的数学模型

图 4-2 中，$X_{(i)}$ 为原始遥感影像，$M_{(i)}$ 为数学校正模型，$Y_{(i)}$ 为校正后的遥感影像，则有

$$Y_{(i)} = X_{(i)} M_{(i)} \tag{4-3}$$

按照数学校正模型 $M_{(i)}$ 的实现原理不同，统计法可分为以下几种方法。

(1) 灰度值归一化或匹配法。该方法的基本原理是假定输入/输出之间满足如下关系：

$$Y_{ij} = K_{ij}X_{ij} + B_{ij} \tag{4-4}$$

式中：X_{ij} 为探测器的实际响应信号；Y_{ij} 为均匀校正后的探测器信号；K_{ij} 和 B_{ij} 分别为相对辐射定标系数增益和偏移量；i 和 j 为像元编号。

在无法得到增益 K_{ij}、偏移量 B_{ij} 的具体参数的情况下，直方图均衡法[20]认为可以通过将不同探测器成像子矩阵按其各自直方图均衡到 X_{ij} 的直方图上，这种方法要求图像是均匀场景或者图像的行数远远大于探测器的个数。直方图匹配法[21]是计算每个探测器的直方图，并匹配到某个参考探测器的直方图上，达到对图像相对辐射校正的目的。矩匹配法[22]假设每个传感器对地物探测的辐射分布是均衡的，传感器之间的增益 K_{ij} 与偏移量 B_{ij} 线性相关，调整各个传感器数据的均值方差到同一个参考值，从而去除条带噪声。在地物复杂导致假设不满足的情况下，这类方法会带来"带状效应"[23]。

(2) 空域滤波法。根据条带噪声空间分布的规律性空域滤波法主要有3种处理方式，第1种是采用最近邻、平均值或中值替代的方法，利用周围的像素值将坏像元填补。坏像元是指 CCD 上的坏点，其输出恒定为 0 或者最大值。第2种是借助模板卷积的方式替换原有像元的灰度值。第3种是对原始图像的列均值和方差进行平滑处理，获得一组新的列均值和方差，从而求解相对辐射校正系数。平滑处理的方式主要有平均值滤波法、多项式拟合滤波法、移动窗口滤波法、相邻列均衡法等。空域滤波法的运算速度快，效率高，对于遥感影像中规律性的条带噪声具有明显的去除效果；其不足之处是在去除条带的同时也能去除影像的某些细节，使整个影像趋于平滑[15]。

(3) 频率滤波法。将条带当作高频周期噪声，采用快速傅里叶变换(FFT)或者小波变换分离出噪声成分，然后利用反变换得到去噪后图像。按照变换方法的不同，频率滤波法可分为傅里叶变换法和小波变换法。傅里叶变换法常用的滤波器有理想低通滤波器、Butterworth 低通滤波器、指数低通滤波器、功率滤波器、有限脉冲响应滤波器等。小波变换法有小波阈值法、"Teager 能量算子"方法、小波系数去除法、小波收缩法。频域滤波法在滤波的同时往往会损失一些地物边界信息。

(4) 基于最大后验概率模型(MAP)模型的方法。通过建立基于 MAP 的影像复原模型，根据矩匹配的方法确定探元的增益 K_{ij} 和偏置 B_{ij}。该方法尚存在的问题是在对像素的偏导数求最小值的过程中有可能降低地面分辨率。统计线性条带去除法假设传感器响应函数偏移量B_{ij}已经被校正,在对数域对图像进行建模。

(5) 光谱相关法。该方法的原理是充分利用高光谱影像的光谱相关性。光谱矩匹配法采用光谱相关性取代空间相关性,比较同一传感器不同波段的统计量,从而校正具有条带噪声的波段。基于子空间的条带噪声去除方法将信号和噪声分别投影到两个垂直的子空间中,从而将噪声去除,只保留有效信号[24]。图像正则化低秩方法采用低秩表示法寻找不同波段子图像的高光谱相关性,并在目标函数中采用图像正则化矩阵保留高光谱数据原始的局部结构,从而在去除条带的同时,保持图像更清晰和更高的对比度。

(6) 匀光匀色法。该方法是以影像匀光匀色为目标的校正方法。基于变分 Retinex 理论的遥感影像不均匀性校正方法[25],利用变分最优化技术和投影归一化最速下降法求解成像瞬间的照度分布,并以此为基础对遥感影像的灰度不均匀性进行校正。与传统的基于照明反射模型的同态滤波法、Mask 匀光法相比,该方法在校正效果和效率方面均存在明显优势。

(7) 基于单向变分模型法。此方法将去除沿条带方向噪声和保留垂直条带方向细节作为优化目标,运用梯度下降法求解去噪图像,在去除条带时也去除了部分条带方向边缘细节信息[26]。

与定标法相比,统计法的优势是不需要训练数据,能够在传感器定标系统失效或使用困难时取代定标法;但其存在的问题是校正结果依赖图像的选取、数学校正模型的选取,具有一定的人为性,而且获取的定标系数精度普遍较低。

3) 综合法

综合法同时具有定标法和统计法的特征,通过两种途径实现:定标与统计综合的方法、不同校正算法综合的方法。

定标法与统计法综合实现了两种方法的优势互补,在星上内定标系统不能完全消除影像条带噪声的情况下,Landsat TM、Landsat ETM、Landsat ETM + 、MODIS 系列等均采用统计法辅助进行影像质量的改善。

不同校正算法可以相互综合各类校正算法的优点,如 Rakwatin[27]等应用直方图匹配法用于校正 CCD 探元之间的条带和镜面条纹,迭代加权最小二乘彩块化滤镜用于消除噪声;F. Tsai[28]等采用边缘检测和线条跟踪算法进行条带位置的确定,采用三次样条函数生成新的像元灰度值,用于替代条带像元。Jung[29]等利用影像每列数据的统计特征,判断坏线所在的峰值位置,然后采用矩匹配法或插值方法消除坏线。

在对高光谱遥感影响开展相对辐射校正前,应该从遥感影像处理的实际需求出发,分析影像中存在的问题,有针对性地选择合适的校正方法或组合方法开展校正。

2. 绝对辐射定标

场地定标是在轨后绝对辐射替代定标的主要方法,当遥感器过境辐射定标场地上空时,在定标场地选择若干像元区,同步测量地表光谱反射率和大气参数等参量,结合大气辐射传输模型计算得到入瞳处各通道的辐射亮度 L,建立其与遥感器对应输出 DN 数量关系,求解定标系数。场地定标的一般基本技术流程如下[30]。

(1) 获取空中、地面及大气环境数据。

(2) 计算大气气溶胶光学厚度。

(3) 计算大气中水和臭氧含量。

(4) 分析和处理定标场地及训练区地物光谱等数据。

(5) 获取遥感器在定标场地及训练区目标数据时的几何参量及时间。

(6) 将测量及计算的各种参数代入大气辐射传输模型,求遥感器入瞳处辐亮度。

(7) 计算定标系数。

(8) 进行误差分析,讨论误差成因。

目前场地定标的常用方法有反射率基法、辐照度基法、辐亮度基法 3 种[31]。

1) 反射率基法

反射率基法是在遥感卫星器过顶时同步测量地表目标的反射率和大气光学参量(如大气光学厚度、大气垂直柱水汽含量等),利用辐射传输模型计算大气的散射和吸收情况,从而计算得到表观反射率。计算式(4-5),通过式(4-6)转换得到入瞳辐亮度,进而求得辐射定标系数。

$$\rho^*(\theta_s, \theta_v, \phi_{v-s}) = \rho_a(\theta_s, \theta_v, \phi_{v-s}) + \frac{\rho_t}{1-s\rho_t} T(\theta_s) T(\theta_v) \quad (4-5)$$

$$L = \rho^* \cos(\theta_s) E_0 / (d^2 \cdot \pi) \quad (4-6)$$

式中: ρ_t 为同步测量的地表反射率; ρ_a 为大气程辐射反射率; S 为半球反照率; $T(\theta_s)$ 和 $T(\theta_v)$ 为太阳与观测方向的总透过率; ρ^* 和 L 为地表目标的表观反射率和入瞳辐亮度; E_0 为大气层顶的太阳辐照度; d^2 为日地距离。

2) 辐照度基法

辐照度基法又名改进的反射率法[31],可通过加入实测的漫总比(向下漫射与总辐射度值的比值)以回避反射率法中对气溶胶模型所做的假设,从而减少气溶胶模型假设带来的散射误差。其相应的表观发射率计算公式为

$$\rho^*(\theta_s,\theta_v,\phi_{v-s}) = \rho_a(\theta_s,\theta_v,\phi_{v-s}) + \frac{\rho_t}{1-s\cdot\rho_t}\frac{e^{-\tau/\mu_s}}{1-\alpha_s}\frac{e^{-\tau/\mu_v}}{1-\alpha_v} \quad (4-7)$$

式中:μ_s 和 μ_v 为 $\cos\theta_s$ 和 $\cos\theta_v$ 的值;τ 为光学厚度;α_s 和 α_v 为太阳方向和观测方向的漫总比值。

3)辐亮度基法

辐亮度基法主要基于机载辐射计测量的辐射值求得遥感卫星器的入瞳辐亮度,采用经过严格光谱辐射度标定的辐射计,通过航空平台实现与遥感卫星器观测几何相似的同步测量,从而实现遥感卫星器的标定[32]。

上述测量原理决定了辐亮度法具有以下特点[33]。

(1)测量采用的辐射计必须进行绝对辐射定标,且最终辐射校正系数的误差以辐射计的定标误差为主。

(2)由于仅需对飞行高度以上的大气进行校正,回避了低层大气的校正误差,因此有利于提高校正精度。

(3)由于搭载于飞机上的辐射计地面视场较大,可在瞬间连续获取大量数据,因此对场地表面均匀性的要求较低。

通过上面3种方法均可计算得到入瞳辐亮度,结合相对辐射定标后的 DN 值,可计算得到绝对辐射定标系数,即

$$a_i = L_i/NG_i \quad (4-8)$$

式中:a_i 为第 i 波段的绝对辐射定标系数;L_i 为第 i 波段定标场区域的入瞳辐亮度;NG_i 为图像上对应区域第 i 波段的 DN 值。

4)辐射校正场

目前很多国家建立了辐射校正场,美国在白沙导弹基地(WSMR)、爱德华空军基地干湖床(EAFB)和索诺拉沙漠(SD),法国在马赛市附近的 La Crun 地区,欧洲航天局在非洲撒哈拉沙漠,日本与澳大利亚合作在澳北部沙漠地区均选取大面积均匀区域作为辐射校正场,以保障高精度的场地辐射定标。下面介绍我国主要辐射校正场情况。

(1)敦煌辐射校正场。国家卫星气象中心组织有关应用和科研单位于1994年12月确定敦煌作为可见光和近红外波段辐射校正场[34]。敦煌辐射校正场位于甘肃省敦煌市西部约15km 的戈壁滩上,党河洪积扇中部,东西长约60km,南北长约40km,地理坐标位于 40.04°N~40.28°N、94.17°E~94.5°E,地

势北高南低,平均海拔1140m。该场地没有经常性的径流,地势平坦,水平坡度小于1%,周围区域有稀疏植被,中心区域没有任何植被覆盖,属于典型的高原大陆性气候,年平均降水量不足30mm,年蒸发量为2200~2400mm,平均晴空日数可达111.3天,水平能见度多数大于10km,地表主体为裸露平坦的砂石、泥土,其中砾石分布均匀,主要为黑色、灰色和白色,粒径范围为0.2~8.0cm,平均反射率为0.2左右,地面是较好的朗伯体[35]。

（2）包头高分辨遥感综合定标场。综合考虑自然环境、地理区位、定标技术要求、支撑设施等多种因素,科技部国家遥感中心选定位于大青山与乌拉山之间的内蒙古巴彦淖尔市乌拉特前旗明安乡(109.629°E、40.852°N)为国家高分辨遥感综合定标场,是高分辨遥感综合定标技术系统的综合集成平台。该区域平均海拔为1307m,属中温带大陆性季风气候,年平均降水量400mm左右,年蒸发量可达2000mm,年日照数3000h左右,大气洁净,场区面积广阔,地势平坦,地表层为黄色沙壤土,观测区的沙壤土反射率在可见光与近红外谱段的平均相对差异为3.0%左右,气候、大气及地表条件适合在春秋季节进行在轨场地辐射定标。定标场地配备有地面自动观测仪器,开展地表反射率和入瞳辐射计算所需的局部环境/大气参数的连续测量。

（3）相对辐射定标与绝对辐射定标的不确定性讨论。空间相机一般先进行相对辐射定标,然后进行绝对辐射定标。相对辐射定标和绝对辐射定标之间存在着一定的联系和影响。一方面,相对辐射定标的精度会对像质产生影响。例如,使用MTF作为像质评价手段时,MTF本质上就是图像对比度。而相对辐射定标是校正探测元的非均匀性,如果相对辐射定标不准确,像元间的对比度就必然存在误差,就会对图像的MTF产生影响。另一方面,绝对辐射定标不会影响像质,但是绝对辐射定标是在相对辐射定标被认为准确的基础上进行的。因此,如果相对辐射定标的误差不能被消除,就必然会对绝对辐射的辐射定标产生影响,辐射定标误差也就会在这个过程中被传递下去。

相对辐射定标多采用多点法进行定标,而绝对辐射定标则采用实验室积分球进行定标,联合两点定标公式(4-9)和绝对辐射定标数学模型公式(4-8)可得

$$L_{ij} = (K_{ij}X_{ij} + B_{ij})/R_{ij} \quad (4-9)$$

由此可以看出,相对辐射定标系数在绝对辐射定标中有所体现。因此,相对辐射定标不确定性将被传递到绝对辐射定标中来。在实际的辐射定标工作中,为了提高定标精度,必须对两者之间的不确定性传递影响进行分析。在整

个辐射定标流程中,可采用统一标定的均匀面光源对相机系统进行绝对辐射定标和相对辐射定标。因此,在计算由相对辐射定标造成的最终辐射定标综合不确定性时,应着重考虑由相对辐射定标算法带来的误差和辐射定标光源自身产生的均匀性误差[36]。

3. 高光谱微纳卫星辐射定标

1) 相对辐射定标

"珠海一号"卫星星座 02 组卫星由 5 颗卫星组成,包括 1 颗视频卫星和 4 颗高光谱卫星(OHS)。高光谱卫星搭载线阵推扫式传感器,每个传感器由 3 片 TDI-CCD 组成,每片 CCD 由 32 波段构成,在推扫成像过程中条纹大量存在,如图 4-3 所示。

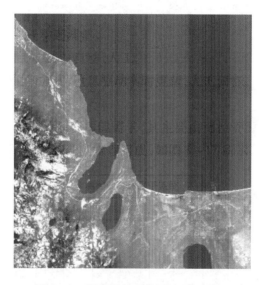

图 4-3 影像测量系统原理(见彩图)

"珠海一号"高光谱数据辐射校正方案解决了卫星在轨一段时间后(常规约为 6 个月)实验室定标无效情况下,基于在轨影像获取高精度辐射定标系数进行辐射校正的问题。卫星发射后在轨运行阶段,利用在轨影像统计出相机各 CCD 探元或探元组在不同相机参数下的辐射响应参数,对相机进行定标。

在卫星入轨一段时间后,由于相机所处环境及相机自身的衰变导致实验室定标数据无效,自适应选择在轨影像统计的定标方法,根据卫星当前运行时的相机状态获取在轨统计的定标系数对影像进行辐射校正,可以在获取较好的图像处理结果的同时保证后续处理对影像质量的要求。定标后样例图如图 4-4 所示。

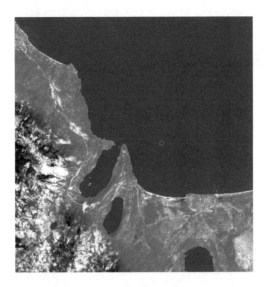

图 4-4　定标后样例图(见彩图)

在轨统计定标算法基于以下假设：①样本量足够的情况下,每个探元的均值和方差趋于一致；②探元线性响应。基于此,利用式(4-10)和式(4-11)计算传感器相对校正系数：

$$\text{Gain}_{\mu_i} = \mu_i / \mu_r \qquad (4-10)$$

$$\text{Gain}_{\sigma_i} = \sigma_i / \sigma_r \qquad (4-11)$$

式中：μ_i、σ_i 为传感器第 i 个探测器成像数据的均值和标准差；μ_r、σ_r 为参考标准差和参考均值。

参考值的选择是通过将传感器所有的均值和标准差进行排序,通过选择中间值进行明确。

但卫星传感器实际成像数据往往在探测器响应范围内不均匀分布,如地物亮度绝大部分位于传感器的中亮度区间内；低亮度区间几乎无地物亮度存在；高亮地物如云、雪、冰等往往超出了传感器的响应范围,造成传感器成像饱和等。因此,实际统计时并不是将所有影像都参与计算最终系数,而是依据均值方差阈值将图像分类,如图 4-5 所示。

分类后计算不同亮度范围内的校正系数,同时在高均值高方差下计算系数对传感器低、中、高 3 个亮度范围校正效果均较好。定标结果如图 4-6 所示。

图4-5 多种地物类型图像分类

图4-6 统计定标前后对比
(a)高亮度区校正前;(b)高亮度区校正后;(c)低亮度区校正前;(d)低亮度区校正后。

2）偏航辐射定标

考虑遥感卫星敏捷机动的特点，可在90°偏航成像情况下，解决偏航定标数据处理分析难题，获取更高精度的在轨辐射定标系数，提高辐射校正精度。辐射定标过程中为了获取相机各个探元间非均匀响应关系，通常需要一个统一的基准，如实验室定标的积分球、在轨定标的均匀场等。但是，卫星在轨后无法高频次地进行均匀场定标，且这里的均匀场也只是理论上的"均匀"，这些都限制了定标的频次及精度。90°偏航定标则较好地解决了定标频次和定标基准问题。90°偏航定标是将卫星平台或相机进行90°旋转，同时适时适地进行地球旋转补偿，按此状态进行成像定标的一种方法。该方法保证了CCD各个探元成像时所获取的辐射亮度完全相等。常规成像模式与偏航成像模式如图4-7所示。

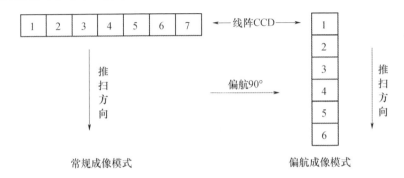

图4-7　常规成像模式和偏航成像模式

偏航模式实际在轨成像图像示例如图4-8所示。

图4-8　偏航模式实际在轨成像图像示例

偏航定标数据处理过程如下。

(1) 将获取的偏航数据规则化。

此处主要为了后面数据处理的方便而进行,图 4-9 为原始 90°偏航定标图像。

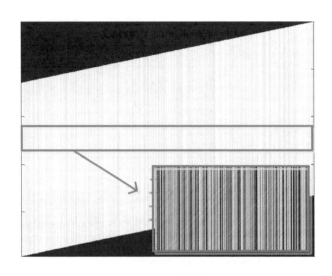

图 4-9　原始 90°偏航定标图像

规则化后 90°偏航定标图像如图 4-10 所示。

图 4-10　规则化后 90°偏航定标图像

(2) 基于规则化偏航定标图像定标系数获取。

统计每个探元的平方 Q_{ij}^2 与相邻列的乘积 $Q_{ij}Q_{ij+1}$,式中 i 为定标图像的第 i 行,j 为定标图像的第 j 列。按下式计算相对增益:

$$\begin{bmatrix} \sum_i Q_{i1}^2 & -\sum_i Q_{i1}Q_{i2} & 0 & 0 & 0 & \cdots & 0 \\ -\sum_i Q_{i2}Q_{i1} & 2\sum_i Q_{i2}^2 & -\sum_i Q_{i2}Q_{i3} & 0 & 0 & \cdots & 0 \\ \vdots & \ddots & \ddots & \ddots & \ddots & \ddots & \vdots \\ 0 & \cdots & 0 & 0 & -\sum_i Q_{im-1}Q_{im-2} & 2\sum_i Q_{im-1}^2 & -\sum_i Q_{im-1}Q_{im} \\ 0 & \cdots & 0 & 0 & 0 & -\sum_i Q_{im}Q_{im-1} & \sum_i Q_{im}^2 \end{bmatrix}$$

$$\begin{bmatrix} r_1 \\ r_2 \\ \vdots \\ r_{m-1} \\ r_m \end{bmatrix} = \begin{bmatrix} \approx 0 \\ \approx 0 \\ \vdots \\ \approx 0 \\ \approx 0 \end{bmatrix} \qquad (4-12)$$

对计算得到的相对增益进行归一化处理。卫星成像原始偏航数据并不能直接用于定标,需将数据进行规则化操作。规则化操作后图像(图4-11)每一行表示传感器所有探测器对同一地物的响应关系[图4-12(a)],图像列方向则为本次偏航定标所覆盖探测器成像灰度范围[图4-12(b)]。本次偏航数据对 B1-CCD1 而言,覆盖探测器灰度范围为[298,931]。

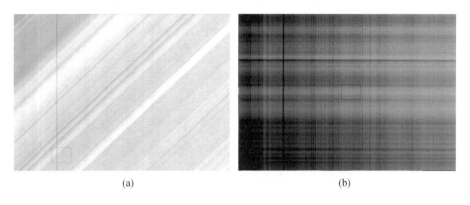

图 4-11 偏航图像规则化操作(B1-CCD1)

(a)原始数据;(b)规则化后数据。

如图 4-12(a)所示,对 B1-CCD1 而言,传感器在左侧出现突然变"暗"探测器组,同相邻探测器灰度差异在 100DN 以上;探测器从左到右灰度逐渐变大,且到 4500 列左右突然变小,直至 CCD 边缘。同时,所有探测器灰度差异大于 200DN,按均值 600 计算时 CCD1 探测器响应差异超过 33%,同常规 5% 差异相比而言差异过大。

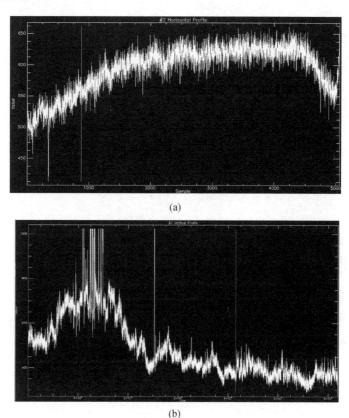

图 4 – 12　偏航图像规则化操作后行列方向灰度响应关系（B1 – CCD1）
(a)规则化后行方向灰度响应关系；(b)列方向灰度范围。

如图 4 – 12(b)所示，本次偏航灰度覆盖范围为 298 ~ 931（排除饱和1023），算在主要成像范围内。在探测器线性响应前提下，通过中高亮度范围也可实现有效标定。

偏航定标前后对比如图 4 – 13 所示。

3）精度评价指标

相对辐射定标精度用于评价经相对辐射定标后 CCD 各探测器间响应系统误差去除情况，主要采用条纹系数和列均值标准差两个指标来评价有

$$\delta = \frac{\sqrt{\frac{1}{n}\sum(\bar{X}_i - \bar{\bar{X}})^2}}{\bar{\bar{X}}} \qquad (4-13)$$

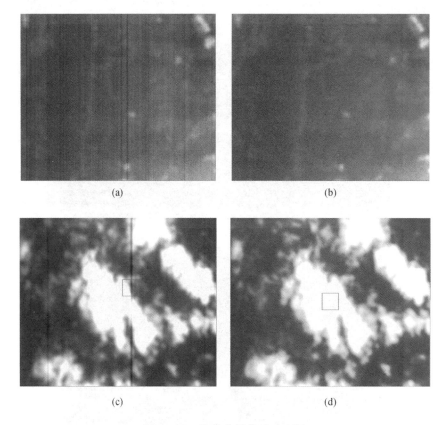

图 4 – 13 偏航定标前后对比图

(a)低亮度数据偏航定标前；(b)低亮度数据偏航定标后；
(c)高亮度数据偏航定标前；(d)高亮度数据偏航定标后。

$$\text{Streaking} = \frac{\left|\frac{\overline{X_{i-1}} + \overline{X_{i+1}}}{2} - \overline{X_i}\right|}{\overline{X_i}} \qquad (4-14)$$

式中：$\overline{X}$ 为一幅图像的均值；$\overline{X_i}$ 为第 i 列 $i = 1, 2, 3, \cdots, n$ 的列均值。

对条纹系数而言，当条纹系数大于 0.25% 时图像有目视可见条纹噪声；对列均值标准差而言为统计误差，要求统计后精度优于 3%（1δ）。

由于精度评价过程中要尽量消除不同地物的纹理、亮度等因素的影响，因此最好选择均匀场进行精度评价（没有云雾干扰的沙漠、海洋等）。但是，由于目前拍摄的遥感数据大多存在不同类型的地物，均匀场很少，同时云雾对图像的干扰也比较大，因此此处通过对"珠海一号"高光谱 A 星数据整幅图像进行裁剪得到我们所需的均匀场部分，OHS – A 星精度评价数据概况与评价结果如

表 4 – 1 与表 4 – 2 所列。

表 4 – 1　OHS – A 星精度评价数据概况

数据名称	数据探元（CCD）	数据大小/像素（长×宽）	数据概图
HAM1_20180813221413	CCD1	3400 × 1800	
HAM1_20180813221413	CCD2	1280 × 2050	
HAM1_20180813221413	CCD3	1500 × 1200	
HAM1_20180812222302	CCD1	2240 × 2100	

续表

数据名称	数据探元（CCD）	数据大小/像素（长×宽）	数据概图
HAM1_20180812222302	CCD2	2700×2200	
HAM1_20180812222302	CCD3	1800×1800	

表4-2 OHS-A星精度评价结果

Band	列均值标准差/%			平均条纹系数/%		
	CCD1	CCD2	CCD3	CCD1	CCD2	CCD3
B1	0.63	0.47	0.81	0.06	0.08	0.06
B2	0.64	0.57	0.88	0.06	0.08	0.06
B3	0.66	0.65	0.87	0.06	0.08	0.06
B4	0.66	0.65	0.81	0.06	0.07	0.07
B5	0.59	0.64	0.80	0.07	0.07	0.08
B6	0.53	0.70	1.32	0.08	0.07	0.08
B7	0.55	0.75	1.02	0.07	0.07	0.07
B8	0.63	0.88	0.95	0.07	0.08	0.08
B9	0.73	0.97	0.77	0.08	0.09	0.09
B10	0.77	1.07	0.83	0.08	0.09	0.08
B11	0.83	1.12	0.81	0.07	0.09	0.08
B12	0.95	1.14	0.89	0.07	0.09	0.08

续表

Band	列均值标准差/%			平均条纹系数/%		
	CCD1	CCD2	CCD3	CCD1	CCD2	CCD3
B13	0.97	1.24	0.85	0.08	0.10	0.09
B14	1.01	1.22	0.88	0.08	0.10	0.09
B15	1.10	1.22	0.98	0.08	0.10	0.08
B16	1.05	1.11	0.82	0.09	0.10	0.11
B17	1.74	0.99	1.07	0.10	0.10	0.10
B18	1.32	0.77	0.91	0.10	0.09	0.10
B19	2.28	0.55	2.48	0.12	0.07	0.10
B20	2.05	0.61	1.66	0.15	0.07	0.13
B21	1.85	0.49	1.46	0.14	0.06	0.16
B22	1.62	0.31	1.15	0.11	0.06	0.12
B23	1.68	0.52	1.14	0.12	0.07	0.12
B24	1.79	0.37	2.85	0.13	0.07	0.11
B25	1.59	0.31	0.94	0.12	0.06	0.11
B26	1.64	0.48	1.14	0.11	0.06	0.11
B27	1.49	1.07	1.10	0.11	0.09	0.11
B28	1.39	0.88	1.45	0.09	0.08	0.08
B29	2.52	1.93	2.33	0.14	0.11	0.14
B30	0.95	0.67	1.12	0.10	0.10	0.11
B31	0.89	0.97	1.19	0.09	0.09	0.12
B32	0.65	0.79	1.25	0.10	0.10	0.10

如表4-2所列,OHS-A星的列均值标准差均小于3%,集聚分布在1%附近;平均条纹系数在0.06%~0.15%波动,说明本次对OHS-A星的定标效果较好,定标精度优于3%。

4.1.2 几何标定

从遥感卫星影像中提取信息,要把遥感影像投影在某一固定的参照系中并修改原始影像所在的几何变形,以便进行影像信息的几何量测、相互比较和复合分析[37]。因此,如何将遥感影像精确地投影到规定的参照系中,准确消除原始影像存在的几何变形是遥感影像处理和应用的一项关键技术。

遥感卫星传感器的地面几何定标是一项艰巨而烦琐的工作,而我国在这方面的研究刚刚起步。在几何定标精度方面,国内卫星的定标精度比国外相差

1~2个数量级;在卫星几何定标方法上,我国仍处于起步阶段,与国外存在较大差距[38]。以 CBERS1-02 和 CBERS2-03 等国内卫星传感器为例,现有研究工作包括影像的外定向、传感器相对与卫星平台的静态几何参数定标,而相机内方位与轨道位置、姿态等动态参数的定标工作并未开展。而国外的 SPOT、IKONOS、ALOS 等已有一套成熟的检校流程和方法,如 SPOT 卫星传感器将定位误差划分为静态系统误差、动态误差等,并根据误差类型有针对性地采用相应的定标方法,逐渐形成了由内定向、外定向、区域网平差等步骤构成的一整套完整成熟的定标流程;IKONOS 卫星传感器也通过内部参数检校、外部参数检校、区域网平差等步骤,极大地提高了影像的定位精度。

近年来,我国卫星影像的分辨率稳步提高,但是星载传感器在轨几何定标技术和方法仍远远落后于传感器的发展步伐,这导致国产卫星影像定位精度大大降低,并成为制约我国测绘卫星应用系统发展的瓶颈。如果不采用及时、有效的技术方法和手段,卫星影像的发展应用将受到极大的制约,卫星资源将造成巨大浪费。因此,全面开展遥感测绘卫星系统在轨几何定标相关技术的研究和应用实践,既是提高国产卫星传感器成像几何质量和影像产品应用效能的必然要求,也是当前我国遥感卫星系统发展的必然趋势。

1. 坐标系

线阵推扫光学卫星几何定位涉及的坐标系主要包括影像坐标系、相机坐标系、本体坐标系、轨道坐标系、地心惯性坐标系(ECI)及地固坐标系(CTS)。

1)影像坐标系

影像坐标系以影像的左上角点为原点,以影像的列方向为 x 轴方向,以影像的行方向为 y 轴方向,其大小由像素点的行列号确定,如图 4-14 所示。

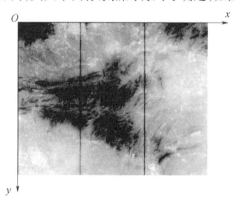

图 4-14 影像坐标系

2）相机坐标系

相机坐标系以相机投影中心为原点，Z 轴为相机主光轴且指向焦面方向为正；Y 轴平行于 CCD 阵列方向，X 轴大致指向卫星飞行方向，三轴指向满足右手坐标系规则，如图 4-15 所示。

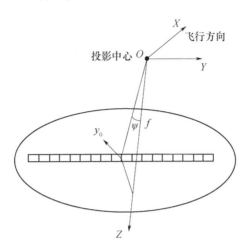

图 4-15　相机坐标系

3）本体坐标系

本体坐标系是与卫星固联的坐标系，通常取卫星质心作为原点，取卫星 3 个主惯量轴为 XYZ 轴（图 4-16）。其中，OZ 轴由质心指向地面为正，OX 轴以指向卫星飞行方向为正，OY 轴由右手坐标系规则确定[39]。

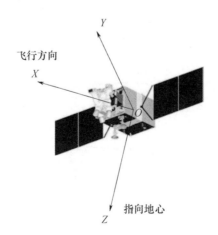

图 4-16　本体坐标系

4) 轨道坐标系

轨道坐标系是关联星上与地面的过渡坐标系,如图4-17所示。其原点为卫星质心,OX 轴大致指向卫星飞行方向,OZ 轴由卫星质心指向地心,OY 轴依据右手坐标系规则确定[39]。

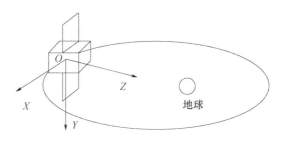

图 4-17 轨道坐标系

5) 地心惯性坐标系

地心惯性坐标系以地球质心为原点,以原点指向北天极为 Z 轴,以原点指向春分点为 X 轴,Y 轴由右手坐标系规则确定,如图4-18所示。由于岁差章动等因素的影响,地心惯性坐标系的坐标轴指向会发生变化,给相关研究带来不便。为此,国际组织选择某历元下的平春分、平赤道建立协议惯性坐标系[40]。在遥感几何定位中通常使用的是 J2000.0 历元下的平天球坐标系,本书称之为 J2000 坐标系。

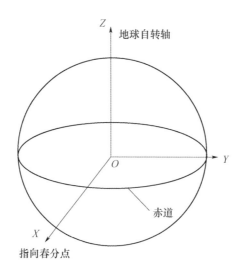

图 4-18 地心惯性坐标系

6) 地固坐标系

地固坐标系与地球固联,用以描述地面物体在地球上的位置。其原点位于地球质心,以地球自转轴为 Z 轴,由原点指向格林尼治子午线与赤道面交点为 X 轴,Y 轴由右手坐标系规则确定,如图 4 – 19 所示。

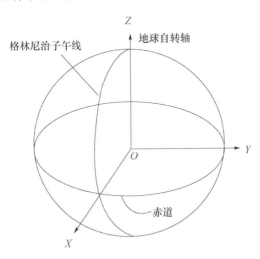

图 4 – 19　地固坐标系示意图

由于受到地球内部质量不均匀等因素的影响,地球自转轴相对于地球体产生运动,从而导致地固坐标系轴向变化。因此,国际组织通过协议地极建立了协议地球坐标系。

2. 坐标转换

1) 影像坐标系与相机坐标系的转换

对于影像坐标 (x_i, y_i)(为了后文表述清晰,以 x_i 为影像行,y_i 为影像列),其对应的相机坐标 (x_c, y_c, z_c) 如下:

$$\begin{bmatrix} x_c \\ y_c \\ z_c \end{bmatrix} = \begin{bmatrix} f\tan\psi \\ (y_i - y_0)\lambda_{ccd} \\ f \end{bmatrix} \quad (4-15)$$

式中:f 为相机主距;ψ 为 CCD 阵列沿轨向偏场角;y_0 为主视轴(过主点垂直于 CCD 线阵的垂点)对应位置;λ_{ccd} 为探元大小。

2) 相机坐标系与本体坐标系的转换

相机坐标系与本体坐标系的转换关系由相机安装决定,该安装关系在卫星发射前进行测量。对于相机坐标 (x_c, y_c, z_c),其对应的本体坐标 (x_b, y_b, z_b) 为

$$\begin{bmatrix} x_b \\ y_b \\ z_b \end{bmatrix} = \begin{bmatrix} \mathrm{d}x \\ \mathrm{d}y \\ \mathrm{d}z \end{bmatrix} + R_{\mathrm{camera}}^{\mathrm{body}} \begin{bmatrix} x_c \\ y_c \\ z_c \end{bmatrix}, R_{\mathrm{camera}}^{\mathrm{body}} = R_y(\phi_c) R_x(\omega_c) R_z(\kappa_c) \quad (4-16)$$

式中，$\begin{bmatrix} \mathrm{d}x \\ \mathrm{d}y \\ \mathrm{d}z \end{bmatrix}$ 为相机坐标系原点与本体坐标系原点偏移；$R_{\mathrm{camera}}^{\mathrm{body}}$ 为相机坐标系相对于本体坐标系的转换矩阵；$R_y(\phi_c)$、$R_x(\omega_c)$、$R_z(\kappa_c)$ 分别为绕相机坐标系 y 轴、x 轴、z 轴旋转 ϕ_c、ω_c、κ_c 组成的旋转矩阵。

式(4-16)中，偏移值、旋转角度值均通过在地面阶段测量获取。

3）本体坐标系与轨道坐标系的转换

本体坐标系与轨道坐标系的原点重合，可以通过三轴旋转完成坐标系间的相互转换，而旋转角度可通过卫星上搭载的测姿仪器获取。本体坐标(x_b, y_b, z_b)对应的轨道坐标(x_o, y_o, z_o)为

$$\begin{bmatrix} x_o \\ y_o \\ z_o \end{bmatrix} = R_{\mathrm{body}}^{\mathrm{orbit}} \begin{bmatrix} x_b \\ y_b \\ z_b \end{bmatrix}, R = R_y(\phi_b) R_x(\omega_b) R_z(\kappa_b) \quad (4-17)$$

式中：$R_{\mathrm{body}}^{\mathrm{orbit}}$ 为本体坐标系相对于轨道坐标系的转换矩阵；ϕ_b、ω_b、κ_b 为由星上测姿设备获取的本体坐标系相对于轨道坐标系的姿态角。

4）轨道坐标系与地心惯性坐标系的转换

假定 t 时刻卫星在 J2000 坐标系下的位置矢量为 $\boldsymbol{p}(t) = [X_s, Y_s, Z_s]^{\mathrm{T}}$，速度矢量为 $\boldsymbol{v}(t) = [V_x, V_y, V_z]$，则 t 时刻轨道坐标系与 J2000 坐标系的转换矩阵为

$$\boldsymbol{R}_{\mathrm{orbit}}^{\mathrm{J2000}} = \begin{bmatrix} a_X & b_X & c_X \\ a_Y & b_Y & c_Y \\ a_Z & b_Z & c_Z \end{bmatrix}, c = -\frac{p(t)}{\|p(t)\|}, b = \frac{c \times v(t)}{\|c \times v(t)\|}, a = b \times c$$

$$(4-18)$$

5）地心惯性坐标系与地固坐标系的转换

地心惯性坐标系及地固坐标系有两种转换方式：传统的基于春分点的转换方式及基于天球中间零点的转换方式。下面以基于春分点的转换方式为例给出了转换流程[41]，如图4-20所示。

目前遥感影像几何处理中通常选用 WGS84 椭球框架下的协议地固坐标系，因此本书将其简称为 WGS84 坐标系。

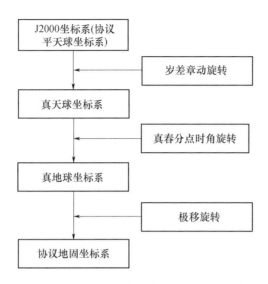

图 4-20 地心惯性坐标系与地固坐标系的转换

3. 内外方位元素

在轨成像过程中,由于发射过程中的应力释放及在轨后热环境等的剧烈变化,会使得载荷状态发生改变,从而导致地面测量值失效,无法用于高精度几何定位。因此,需要通过在轨检校恢复星上成像几何参数,分析卫星存在的各类误差特性,结合其各类载荷具体的系统设计指标,选择各种成像模式。这里以严格成像模型为例进行说明,将待检校参数分为内、外定标参数两类[42-47],并构建在轨几何检校模型,如下式所示:

$$\begin{Bmatrix} \tan[\psi_x(s)] \\ \tan[\psi_y(s)] \\ 1 \end{Bmatrix} = \lambda R_{body}^{camera}(pitch,roll,yaw) \times \left(R_{J2000}^{body} R_{WGS84}^{J2000} \begin{bmatrix} X_g - X_{gps}(t) \\ Y_g - Y_{gps}(t) \\ Z_g - Z_{gps}(t) \end{bmatrix}_{WGS84} - \begin{bmatrix} B_X \\ B_Y \\ B_Z \end{bmatrix}_{body} \right)$$

$$\left. \begin{aligned} \psi(s) &= XLOS\_0 + XLOS\_1 \times S + XLOS\_2 \times S^2 + XLOS\_3 \times S^3 \\ \psi(s) &= YLOS\_0 + YLOS\_1 \times S + YLOS\_2 \times S^2 + YLOS\_3 \times S^3 \end{aligned} \right\} \quad (4-19)$$

式中:pitch、roll、yaw 为外定标参数,描述卫星成像过程中相机和星敏安装角的安装等外部系统误差的综合影响;XLOS_0、XLOS_1、XLOS_2、XLOS_3、YLOS_0、YLOS_1、YLOS_2、YLOS_3 为内定标参数,描述相机焦平面上 CCD 各探元指向角;S 为探元号;ψ_x 和 ψ_y 为具体某个探元在相机坐标下两个方向的指向角;λ 为像方矢量和物方矢量的比例系数;(X_g,Y_g,Z_g) 与 $(X_{GPS},Y_{GPS},Z_{GPS})$ 分别为像点对应的物方点及 GPS 天线相位中心在 WGS84 坐标系下的坐标(后者由卫星上搭载的 GPS 观测获取); $R_{\text{WGS84}}^{\text{J2000}}$、$R_{\text{J2000}}^{\text{body}}$、$R_{\text{body}}^{\text{camera}}$ 分别为 WGS84 坐标系到 J2000 坐标系的旋转矩阵、J2000 坐标系到卫星本体坐标系的旋转矩阵、卫星本体坐标系到相机坐标系的旋转矩阵($R_{\text{J2000}}^{\text{body}}$ 由卫星上的星敏观测得到,$R_{\text{body}}^{\text{camera}}$ 则在卫星发射前由实验室检校);$(B_x,B_y,B_z)_{\text{body}}$ 为从传感器投影中心到 GPS 天线相位中心的偏心矢量在卫星本体坐标系下的坐标,该坐标通常在发射前由实验室测量;t 为当前参数,是一个随时间变化的量。

4. 几何定标

传感器几何定标的目的在于精确确定用于构建传感器严格成像模型的各项参数,主要可分为内定向误差参数和外定向误差参数两大类。

内定向误差参数主要描述影像几何形状和位置的失真导致的像点偏离其正确成像位置的点位误差,除了内方位元素(像主点和相机主距)改变量外,还有相机摄影物镜光学畸变、CCD 本身的形变、位移及旋转,以及大气折光误差等。摄影物镜光学畸变主要是指物镜光学系统设计、制作和装配误差,如径向畸变和偏心畸变等;CCD 形变、位移及旋转主要是由于发射过程及在轨环境等因素导致的 CCD 像元及阵列的变形和移位。以上参数是进行传感器内定向误差参数检定的重点。此外,由于大气折光、动态扫描过程中地球旋转和遥感器本身结构性能等因素的影响,会发生影像像元相对于地面的实际位置产生挤压、伸展、扭曲或偏移的现象。

外定向误差参数主要包括影像外方位元素(位置和姿态)误差描述参数及多传感器相对位置关系参数。在机载 GPS/IMU 系统中,存在 GPS 和 IMU 偏心矢量、IMU 视轴偏心角及 GPS 和 IMU 漂移误差;在星载定轨测姿传感器中,定轨系统测定的一般是卫星平台的质心,与真正意义上的投影中心存在相对固定的空间偏移,在定姿系统中存在星敏感器光轴指向误差、星地相机光轴夹角测定误差及姿态角内插误差等;此外还包含星敏感器观测数据中高、低频误差及慢性漂移误差。对多镜头 CCD 相机而言,卫星发射及在轨失重可能引起正视与前视(后视)相机主光轴夹角发生改变。

1)几何定标模型建立

卫星在轨运行中,通常采用 GPS 设备测量其相位中心在 WGS84 坐标系下的位置及速度矢量。星敏及陀螺等定姿设备测量卫星成像姿态;当星敏参与定姿时,利用观测数据最终确定卫星本体相对于 J2000 坐标系的姿态;当星敏不参与定姿时,则通常测量卫星本体相对于轨道坐标系的姿态。当前国内在轨的线阵推扫卫星均采用星敏定姿,因此几何定位模型中仅考虑 J2000 坐标系下的姿态测量数据。

相机随着卫星的运动而推扫成像,各行影像符合中心投影原理。依据相关坐标系定义及转换,可构建线阵推扫光学卫星几何定位模型如下:

$$\begin{bmatrix} X \\ Y \\ Z \end{bmatrix} = \begin{bmatrix} X_s \\ Y_s \\ Z_s \end{bmatrix}_t + m \left(R_{J2000}^{WGS84} R_{body}^{J2000} \right)_t \left\{ \begin{bmatrix} D_x \\ D_y \\ D_z \end{bmatrix} + \begin{bmatrix} d_x \\ d_y \\ d_z \end{bmatrix} + R_{Camera}^{Body} \begin{bmatrix} f\tan\psi \\ (y_i - y_0)\lambda_{ccd} \\ -f \end{bmatrix} \right\} \quad (4-20)$$

式中:$[X_s \quad Y_s \quad Z_s]_t^T$ 为 t 时刻 GPS 相位中心在 WGS84 坐标系下的位置矢量;$(R_{J2000}^{WGS84})_t$ 为 t 时刻 J2000 坐标系相对于 WGS84 坐标系的转换矩阵;$[D_x \quad D_y \quad D_z]^T$ 为 GPS 相位中心在本体坐标系的坐标;m 为比例系数。

根据线阵推扫成像特征,卫星在不同位置、不同姿态条件下对地面成像而获取各行影像,理论上需要任意成像时刻的卫星位置、姿态信息以实现影像几何定位。但由于星上搭载设备的测量频率有限,卫星仅能下传一定频率的离散轨道、姿态及行扫描时间用于后续几何处理。例如,目前国产高分光学卫星轨道数据频率在 0.25~1Hz,姿态数据频率普遍在 0.25~4Hz。因此,研究轨道、姿态、行时的内插模型,从离散测量数据中尽可能准确地恢复卫星成像几何参数,是几何定位的基础。

(1) 轨道模型。卫星在轨运行遵循轨道动力学规律,但由于地球引力场及各种摄动因素等的影响,其最终轨迹较为复杂。基于卫星下传轨道数据,结合航天器动力学相关理论,可以较准确地确定卫星运动轨迹,从而获取成像内任意时刻的轨道数据。但该方法建立的模型过于复杂,不便用于遥感影像的几何定位。考虑到卫星轨道运行的平稳性,可以通过在短时间内采用拉格朗日内插或多项式拟合对轨道进行建模,从而避开复杂的卫星受力分析。

(2) 拉格朗日内插模型。对卫星下传的离散轨道数据 $(p,v)_{t_i}$,时刻 t 的轨道数据可以采用邻近的 n 个离散数据按如下公式内插获取:

$$p_t = \sum_{i=0}^{n} p_{t_i} \left(\prod_{\substack{j=0 \\ j \neq k}}^{n} \frac{t - t_j}{t_i - t_j} \right), \quad v_t = \sum_{i=0}^{n} v_{t_i} \left(\prod_{\substack{j=0 \\ j \neq k}}^{n} \frac{t - t_j}{t_i - t_j} \right) \quad (4-21)$$

式中:p_{t_i}、v_{t_i} 分别为 t_i 时刻卫星下传的位置、速度矢量。

(3) 多项式拟合模型。通过卫星下传的离散轨道数据拟合出卫星位置矢

量、速度矢量与时间的多项式模型，利用该模型可以计算任意成像时刻的轨道数据，即

$$\begin{cases} X = x_0 + x_1 t + x_2 t^2 + \cdots + x_n t^n \\ Y = y_0 + y_1 t + y_2 t^2 + \cdots + y_n t^n \\ Z = z_0 + z_1 t + z_2 t^2 + \cdots + z_n t^n \\ V_x = vx_0 + vx_1 t + vx_2 t^2 + \cdots + vx_n t^n \\ V_y = vy_0 + vy_1 t + vy_2 t^2 + \cdots + vy_n t^n \\ V_z = vz_0 + vz_1 t + vz_2 t^2 + \cdots + vz_n t^n \end{cases} \quad (4-22)$$

利用卫星下传的轨道数据，通过最小二乘解求式（4-22）中的多项式系数。

2）姿态模型

目前国内外卫星普遍通过星敏测量卫星在 J2000 坐标系下的成像姿态，并用单位四元数表示并下传到地面。可采用以下两种方法对卫星下传的离散姿态四元数进行内插，获取任意成像时刻的姿态。

（1）将姿态四元数转换成欧拉角，再建立欧拉角与时间的多项式模型。

（2）采用球面内插模型直接对四元数进行内插。

但方法（1）存在以下缺点：①使用过程中涉及复杂耗时的三角函数计算，且三角函数存在多解等问题；②卫星成像姿态平滑性受平台稳定性影响大，多项式模型无法精确拟合姿态抖动：以"一景资源"三号的姿态数据为例，将其姿态四元数转换为欧拉角后，三次多项式无法对其精确拟合。因此，在高精度几何定位中，方法（2）更常用，我们仅对方法（2）的原理进行阐述。

对于指定时刻 t，其取邻近 t_0、t_1 时刻的四元数 q_0，q_1，则内插公式为

$$q_1 = \eta_0(t) q_0 + \eta_1(t) q_1 \quad (4-23)$$

式中：$\eta_0 = \dfrac{\sin[\theta(t_1-t)/(t_1-t_0)]}{\sin\theta}$；$\eta_1 = \dfrac{\sin[\theta(t-t_0)/(t_1-t_0)]}{\sin\theta}$，$\sin\theta = q_0 q_1$。

3）行时模型

国内部分在轨卫星没有采用高精度的秒脉冲计时，星上按照一定频率记录并下传扫描行成像时间。由于 TDI-CCD 成像过程中会对积分时间进行调整，因此在进行扫描行成像时间内插时不能直接采用邻近样本线性内插，而需要顾及积分时间跳变。

假设第 l_0 行的成像时间为 t_0，当前行积分时间为 τ_0，第 l_1 行成像时间为 t_1，当前行积分时间为 τ_1，则对于第 $l(l_0 \le l \le l_1)$ 行的成像时间 t，若 $\tau_0 = \tau_1$，则

$$t = \frac{[t_0 + \tau_0(l-l_0)] + t_1 - \tau_1(l_1-l)}{2} \quad (4-24)$$

若 $\tau_0 \neq \tau_1$,则

$$t = t_0 + \tau_0(l_x - l_0) + \tau_0(l_1 - l_x)$$

$$l_x = \frac{(t_1 - t_0 + \tau_0 l_0 - \tau_1 l_1)}{\tau_0 - \tau_1} \quad (4-25)$$

式中:l_x 为积分时间跳变时刻的成像行。

随着硬件技术的发展,今年发展的国产光学卫星采用硬件秒脉冲来实现高精度时间同步,星上记录了每一行图像的成像时间。因此,仅需要对非整数行影像的成像时间进行线性内插。对于任意影像行 l,记 $l_0 = \text{INT}(l), l_1 = \text{INT}(l) + l$,它们对应的成像时间分别为 t_0、t_1,则 l 行成像时间为

$$t = t_0 + (t - t_0)(l - l_0) \quad (4-26)$$

4)几何定标的方法

对卫星传感器的几何参数进行在轨定标,定标结果提供给数据处理分系统以提高产品几何质量。几何定标内容包括星相机内方位元素及其物镜的光学畸变差值定标、星敏感器主光轴与正视相机主光轴夹角定标及多线阵相机交会角定标等。

几何定标可分为实验室定标方法和在轨定标方法两类。其中,对布设有大量控制点的实验场进行航天摄影,后通过区域网空中三角测量的整体平差运算,同时确定外方位元素和描述像点坐标系统误差的附加参数的自检校定标法,其定标结果最具有参考价值。

(1)实验室定标。实验室定标是根据定标的内容和要求,利用实验室的定标设备进行几何特性的定标工作。实验室定标设备包括平行光管、高精度经纬仪、二轴定标平台及定标数据处理软件等。

在装校车间对相机做好光机装调后,将相机安装到二轴精密转台上,然后对相机做必要的调整,即先用经纬仪利用正倒镜测量将大平行光管调水平,后通过转台旋转使相机对平行光管进行扫描,并对相机进行调整,使相机能从视场一端扫描到另一端。线阵 CCD 的线列方向需平行于转台的水平轴,这样利用定标设备,就可以对相机的内参数进行定标。

实验室定标的优点是定标过程在室内进行,可以不受天气等环境因素的影响,且利用摄影机检校的专门设备,检校过程比较标准和规范。但实验室定标是一种静态的检校方法,实验室的环境温度、湿度、气压等条件可能与摄影机工

作时的实际情况差别较大,导致定标结果与实际情况不相符。

(2) 在轨定标。在测量型传感器内参数的定标过程中,所采用的外方位元素一般来自卫星定轨测姿数据。而由星载 GPS、星敏感器、陀螺等直接测定或经过一定处理后得到的定轨测姿数据,目前的精度水平还不能满足摄影测量处理的要求,因此在卫星影像数据处理中,常通过空间后方交会或区域网空中三角测量方法解算传感器在摄影时刻的位置和姿态,可提高外方位元素精度,最终提高几何定标的精度。

对于框幅式相机,可以采用空间后方交会的方法求解相机投影中心的位置和姿态。对于三线阵相机,外方位元素可通过多项式拟合,再用光束法通过空中三角测量计算相机投影中心的位置和姿态。

对于推扫式线阵 CCD 相机而言,所获取的遥感影像每一个取样周期均有 6 个外方位元素,理论上完全严格解算每一取样周期独立的 6 个外方位元素是不可能的。因此,摄影测量的处理要比每张像片只有 6 个外方位元素的框幅式像片处理复杂得多。同样,对于星载线阵传感器来说,其摄影时刻的外方位元素是瞬时变化的,但由于摄影平台在高轨道空间运行时,空间大气环境干扰甚小,同时又采用了惯性平台等姿态控制技术,姿态变化率很小,因此外方位角元素常可用低阶多项式来拟合,然后采用空中三角测量的方法,利用一定数量的地面控制点来实现对摄影参数的在轨定标。

① 恒星检校法。恒星检校法是基于"特定地点、特定时间的恒星方位角和天顶距为已知"的原理进行的摄影机检校。该方法一般在夜间进行检校作业,主要是利用恒星的天球坐标为参考系,使用摄影机对恒星进行较长时间的曝光摄影,然后量测已知方位的数十至数百个恒星的像点坐标,并通过程序计算出被检校摄影机的内方位元素和光学畸变系数。

② 实验场检校法。实验室检校不能充分考虑动态摄影的实际条件(如航摄机各部分的温度、机舱的温度、空气密度和光谱成分等),往往造成较大的偏差。比较完善的方法就是使摄影检定的条件最大限度地接近动态摄影时的条件,即要求建立几何检校实验场,并按照精度要求布设若干已知空间坐标的地面标识点。当被检校的摄影机对实验场进行拍摄后,可按一定的数学关系,如单片空间后方交会或光束法平差等方法求解内方位元素及其他影响光束形状的参数。实验场一般由一些已知空间坐标的标志点组成,可以是室内三维控制场、室外三维控制场甚至是为相机检定而选择的人工建筑物等。实验场多为三维,有时也用二维控制场。

③ 自检校法。自检校法就是把可能存在的系统误差作为待定参数,列入区域网空中三角测量的整体平差运算之中。附加参数的设置可以根据摄影机结构及成像特点使之合理反映内方位元素、物镜光学畸变差、胶片变形(或 CCD 器件畸变和移位)、底片压平(或 CCD 器件表面不平整)或其中的一部分,有时也采用特殊设计的简单多项式。自检校法同时适用于量测型摄影机和非量测型摄影机,也是目前应用广泛的一种摄影机检定方法。

5. 几何定标精度评价

我们主要依据最小二乘平差理论来衡量光束法平差方法的精度,即依据误差传播定律来检验平差的理论精度,根据检查点(控制点)的真实值与平差值的较差对实际精度进行评价与衡量[48]。

1) 理论精度

按最小二乘法原理进行平差时,除了计算所要求的未知参数外,还可进行精度的估计,即求出平差值的权系数及由平差值导出的某些函数值的权系数。

设间接观测平差的误差方程组为

$$Ax = L + V \qquad (4-27)$$

其相应的法方程式为

$$A^{\mathrm{T}}PAx = A^{\mathrm{T}}PL \qquad (4-28)$$

或简记为

$$Nx = u \qquad (4-29)$$

式中:$N = A^{\mathrm{T}}PA$;$u = A^{\mathrm{T}}PL$;A 为误差方程组的系数矩阵;L 为其常数项矢量;P 为观测值的权矩阵。

由法方程式解出未知参数矢量 x 为

$$x = N^{-1}u = N^{-1}A^{\mathrm{T}}PL \qquad (4-30)$$

再按广义的方差传播定律,可得平差参数矢量 x 的权系数矩阵为

$$\begin{aligned}
Q_{xx} &= (N^{-1}A^{\mathrm{T}}P)(P^{-1})(N^{-1}A^{\mathrm{T}}P)^{\mathrm{T}} \\
&= (N^{-1}A^{\mathrm{T}}PP^{-1}P^{\mathrm{T}}AN^{-1}) \\
&= N^{-1}NN^{-1} \\
&= N^{-1} \qquad (4-31)
\end{aligned}$$

由权系数矩阵的对角线元素,可以求得各点平差坐标的权系数:$Q_{X_iX_i}$、$Q_{Y_iY_i}$ 和 $Q_{Z_iZ_i}$。其相应的标准误差为

$$\begin{cases} \sigma_{x_i} = \sigma_0 \sqrt{Q_{X_i X_i}} \\ \sigma_{y_i} = \sigma_0 \sqrt{Q_{Y_i Y_i}} \\ \sigma_{z_i} = \sigma_0 \sqrt{Q_{Z_i Z_i}} \end{cases} \qquad (4-32)$$

式中:σ_0 为单位权标准误差,其按下式计算:

$$\sigma_0 = \sqrt{\frac{V^T P V}{r}} \qquad (4-33)$$

式中:r 为多余观测的数目;σ_0 为需要由实际获得的数据求出。

有时,我们对于 σ_0 值的确定并不很感兴趣,而只着重于研究下列的比值:σ_{X_i}/σ_0、σ_{Y_i}/σ_0 和 σ_{Z_i}/σ_0,它们是衡量区域网中三角测量精度的一组相对指标。

此外,还可以取区域网平差坐标的最大标准误差来描述区域网的精度,即 $(\sigma_{X_i})_{\max}$、$(\sigma_{Y_i})_{\max}$ 和 $(\sigma_{Z_i})_{\max}$。

2)实验精度

研究区域网平差精度问题的另一种方法是实验法,这就要求有一个很好的实验场,具有大量的地面控制点。为了取得可靠的精度数据,需要进行较大数量的实验。把每个点用摄影测量方法得出的坐标值同已知坐标相比较,将其差值当作"真误差"来看待,于是可以写出其中误差为

$$\begin{array}{l} \text{RMS}_X = \sqrt{\dfrac{\sum\limits_{i=1}^{n_c}(X_i^c - X_i^P)^2}{n_c}} \\[2mm] \text{RMS}_Y = \sqrt{\dfrac{\sum\limits_{i=1}^{n_c}(Y_i^c - Y_i^P)^2}{n_c}} \\[2mm] \text{RMS}_Z = \sqrt{\dfrac{\sum\limits_{i=1}^{n_c}(Z_i^c - Z_i^P)^2}{n_c}} \end{array} \qquad (4-34)$$

式中:n_c 为检查点的数目;X_i^c、Y_i^c 和 Z_i^c 为真实地面坐标值;X_i^P、Y_i^P 和 Z_i^P 为定标后的地面坐标值。

6. 高光谱数据几何定标实例

1)几何定标方法

OHS 卫星载荷虽为面阵 CMOS 载荷,但其各个谱段的成像原理符合线阵推扫成像。其成像几何定位模型可构建如下:

$$\begin{bmatrix} X \\ Y \\ Z \end{bmatrix}_{\text{WGS84}} = \begin{bmatrix} X_s \\ Y_s \\ Z_s \end{bmatrix}_{\text{WGS84}} + m \boldsymbol{R}_{\text{J2000}}^{\text{WGS84}} \boldsymbol{R}_{\text{body}}^{\text{J2000}} \boldsymbol{R}_{\text{cam}}^{\text{body}} \begin{bmatrix} x - x_0 - \Delta x \\ y - y_0 - \Delta y \\ -f \end{bmatrix} \quad (4-35)$$

式中:$(X \quad Y \quad Z)_{\text{WGS84}}^{\text{T}}$ 为像点对应地物点在 WGS84 坐标下的空间直角坐标;$(X_s \quad Y_s \quad Z_s)_{\text{WGS84}}^{\text{T}}$ 为成像时刻卫星在 WGS84 坐标系下的位置矢量;$\boldsymbol{R}_{\text{J2000}}^{\text{WGS84}}$ 为 J2000 坐标系与 WGS84 坐标系的转换矩阵;$\boldsymbol{R}_{\text{star}}^{\text{J2000}}$ 为星敏定姿基准与 J2000 坐标系的转换矩阵,由星上姿态测量获取;$\boldsymbol{R}_{\text{cam}}^{\text{body}}$ 分别为星敏安装矩阵和相机安装矩阵,均由地面测量获取;$(x \quad y)$ 为影像坐标,$(x_0 \quad y_0)$ 为主点坐标,f 为主距,$(\Delta x \quad \Delta y)$ 为由相机内方位元素误差引起的像点偏移。

OHS 卫星几何定标模型主要考虑载荷安装误差、姿轨系统误差、相机畸变补偿。其中,轨道系统误差与姿态系统误差具有等效性,可统一建模补偿。针对载荷安装误差,其与姿态系统误差对几何定位的影响完全一致,同样可以等效为姿态系统误差。因此,可采用式(4-36)中 $\boldsymbol{R}_u$ 所示的偏置矩阵对姿态系统误差进行补偿,同时消除载荷安装误差、姿轨系统误差对几何定位的影响。$\boldsymbol{R}_u$ 定义如下:

$$\boldsymbol{R}_u = \begin{bmatrix} \cos\varphi & 0 & \sin\varphi \\ 0 & 1 & 0 \\ -\sin\varphi & 0 & \cos\varphi \end{bmatrix} \begin{bmatrix} 1 & 0 & 0 \\ 0 & \cos\omega & -\sin\omega \\ 0 & \sin\omega & \cos\omega \end{bmatrix} \begin{bmatrix} \cos\kappa & -\sin\kappa & 0 \\ \sin\kappa & \cos\kappa & 0 \\ 0 & 0 & 1 \end{bmatrix} \quad (4-36)$$

针对相机畸变,OHS 单谱段是采用 CMOS 面阵中的若干条线来模拟 TDI-CCD 推扫,因此单个谱段的畸变模型可以采用式(4-36)所示指向角模型。

式(4-35)和式(4-36)中,s 为影像列。因此,OHS 单谱段的几何定标模型如下所示:

$$\begin{bmatrix} X \\ Y \\ Z \end{bmatrix}_{\text{WGS84}} = \begin{bmatrix} X_s \\ Y_s \\ Z_s \end{bmatrix}_{\text{WGS84}} + m \boldsymbol{R}_{\text{J2000}}^{\text{WGS84}} \boldsymbol{R}_{\text{body}}^{\text{J2000}} \boldsymbol{R}_u \boldsymbol{R}_{\text{cam}}^{\text{body}} \begin{bmatrix} a_0 + a_1 s + a_2 s^2 + \cdots + a_i s^i \\ b_0 + b_1 s + b_2 s^2 + \cdots + b_j s^j \\ 1 \end{bmatrix} \quad (i,j \leqslant 5)$$

$$(4-37)$$

考虑 $\boldsymbol{R}_u$ 与 a_i、b_j 的相关性较强,采用 $\boldsymbol{R}_u$ 与 a_i、b_j 两类参数迭代求解的方法完成几何定标,则单个谱段控制点数不少于 $\dfrac{(3i+3j+6)}{2}$ 即可完成几何定标。

OHS 相机有 32 个谱段,需要对各个谱段进行几何定标。由于 32 个谱段的光谱响应差异较大,若对各谱段分别与检校场的数字正射影像图(DOM)匹配获取控制点后再进行几何定标,则会由于控制精度差异而导致各谱段定标精度不一致。考虑相邻谱段成像时间间隔短,光谱响应差异相对较小,相邻谱段间的配准精度将高于谱段与 DOM 的配准精度,因此提出相邻谱段递推式几何定标方法来完成所有谱段的几何定标。其步骤如下。

(1) 以检校场 DOM 为参照,选择与 DOM 影像辐射特性最为接近的谱段作为起推谱段(假设为谱段 N),利用高精度匹配算法对谱段 N 和 DOM 进行匹配,获取控制点,并按照所示模型求解谱段 N 的 $\boldsymbol{R}_u$ 与 a_i、b_j。

(2) 根据(1)中求解的定标参数,构建 N 谱段的几何定位模型。

(3) 对谱段 $N-1$ 与谱段 N 进行配准,获取同名点对(x_i^{N-1},y_i^{N-1},x_i^N,y_i^N)。根据(2)中构建的谱段 N 几何定位模型计算像点(x_i^N,y_i^N)对应的地面坐标(X_i^N,Y_i^N,Z_i^N),以(x_i^{N-1},y_i^{N-1},X_i^N,Y_i^N,Z_i^N)为谱段 $N-1$ 的控制点,按式(4-36)求解谱段 $N-1$ 的 $\boldsymbol{R}_u$ 与 a_i、b_j,并更新谱段 $N-1$ 的几何定位模型。

(4) 重复步骤(3),直至完成谱段 1 的几何定标。

(5) 对谱段 $N+1$ 至谱段 32,按照步骤(3)和(4),递推完成几何定标。

2) 几何定标

实验收集的数据为 2018 年 10 月 28 日成像的高光谱 A 星数据,该数据成像区为湖北区域,影像总大小为 15168 像素×8147 像素。对应收集了湖北全景的 DOM 和数字高程模型(DEM)控制数据,其中湖北区域 DOM 分辨率约 2m,DEM 分辨率约 15m。实验数据的缩略图如图 4-21~图 4-23 所示。

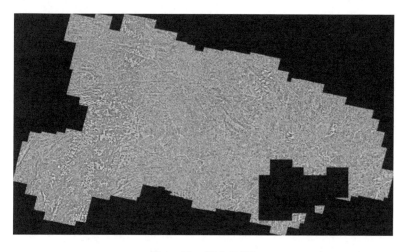

图 4-21 湖北 DOM

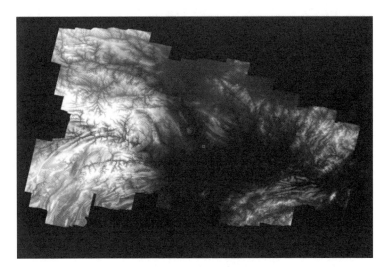

图 4-22 湖北 DEM

图 4-23 HAM1_20181010205644_0007_L1_MSS_B15 影像

对 A 星载荷的第 15 谱段进行几何定标处理。如图 4-24 所示,首先利用自动匹配算法对 HAM1_20181010205644_0007_L1_MSS_B15 影像和湖北 DOM 影像进行匹配,最终在 HAM1_20181010205644_0007_L1_MSS_B15 影像的 1~8000 行范围内获得控制点总计 13972 个。利用该控制点对 A 星进行几何定标,并评估定标后的几何精度,以此反映相机畸变、动态误差的影响。定标精度评估如表 4-3 所列。

图 4-24　HAM1_20181010205644_0007_L1_MSS_B15 影像控制点分布

表 4-3　定标精度评估　　　　　　　　　　　　　　　　（像素）

类型	列			行			平面精度
	Max	Min	RMS	Max	Min	RMS	
外定标	138.29	71.96	98.31	54.67	29.13	40.59	106.36
内定标	3.42	0.00	0.60	3.27	0.00	0.45	0.75

　　由于外定标主要消除的是卫星姿态、轨道测量系统误差，相机安装系统误差，无法消除内方位元素误差和外方位随机误差，因此经过外定标后残留的定位误差主要体现了内方位元素误差（相机畸变等）和外方位元素中的随机动态误差；而内定标是在外定标的基础上进一步消除内方位元素误差，因此内定标后的定位误差主要体现了外方位元素的随机动态误差。

　　图 4-25 所示为定位误差（含沿轨误差和垂轨误差）随影像 x 和影像 y 的变化规律。虽然高光谱卫星载荷是 CMOS 面阵，但是其单谱段利用 CMOS 面阵上的若干条线模拟 TDI 推扫模式进行成像，因此其成像机理本质上应等同于线阵推扫。因此，定位误差随 x 的变化规律反映内方位元素误差，而随 y 的变化则反映外方位元素随机动态误差。

　　如图 4-25(a)所示，由于卫星在轨调焦、波段重构等操作，星上真实相机参数相较发射前的实验室测量参数变化较大，因此消除外方位元素系统误差后的定位误差仍在 106 个像素左右（约合 1060m）；进一步进行内定标后，能够有效地消除内方位元素系统误差，定位精度提升至 0.75 个像素左右。但从图 4-25(b)中可以明显看出，该景影像 8000 行范围内受到了姿轨随机误差的影响，随机误差的最大影响幅值接近 1 个像素。

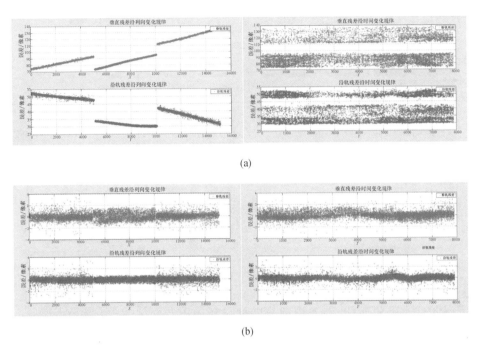

图 4-25　HDM1_20180928204226_0010_L1_MSS_B15 影像定标残差图
(a)外定标精度;(b)内定标精度。

为了降低随机误差的影响,可以缩小定标范围。对于推扫卫星,设想几何处理的范围仅为一行图像。由于一行图像可以看成瞬时成像,因此不受随机误差影响。将 HAM1_20181010205644_0007_L1_MSS_B15 影像的定标范围设定为 5000~8000 行,重新匹配获取控制点 11855 个。控制点分布如图 4-26 所示,定标精度评估如表 4-4 所列。

图 4-26　HAM1_20181010205644_0007_L1_MSS_B15 影像 5000~8000 行控制点分布

表 4-4　定标精度评估　　　　　　　　　　　　　　　　　（像素）

类型	列			行			平面精度
	Max	Min	RMS	Max	Min	RMS	
外定标	81.26	15.31	47.57	69.58	31.37	54.06	72.01
内定标	1.10	0.00	0.33	1.15	0.00	0.31	0.45

对比图 4-27(a)和(b)缩短用于几何定标的影像成像时间,可以有效降低随机误差对精度的影响。最终内定标精度优于 0.5 个像素,最大误差在 1 个像素左右。

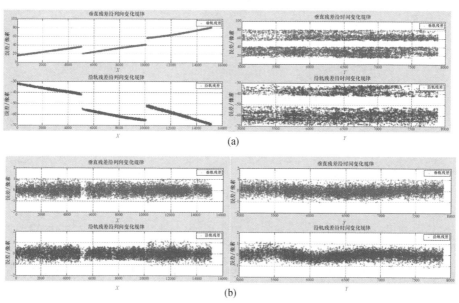

图 4-27　HAM1_20181010205644 影像定标残差
(a)外定标精度;(b)内定标精度。

3) 定标精度验证

欧比特兼顾影像数据量大小和实际应用需求,按照单片 CMOS 的 32 谱段配准影像作为基本产品进行发布。因此,只针对单片 CCD 进行几何定标精度验证。

为了充分验证定标参数的正确性和有效性,将定标参数补偿后,选取不同成像时间数据,通过相邻谱段配准、小交会角自由网平差、区域制图平差对检校精度进行验证。

(1) 相邻谱段配准。选取 HAM1_20180912220642 轨数据,采用高精度配准算法,相邻谱段配准精度如表 4-5 所列。

表4-5 相邻谱段配准精度　　　　　　　　　　　　（像素）

传感器	列			行			平面精度
	Max	Min	RMS	Max	Min	RMS	
CCD1	0.451	0.00	0.226	0.458	0.00	0.229	0.322
CCD2	0.395	0.00	0.193	0.456	0.00	0.224	0.295
CCD3	0.392	0.00	0.187	0.482	0.00	0.229	0.295

如图4-28~图4-30所示,定标补偿后,相邻谱段配准精度约0.3个像素,满足后续应用的需求。

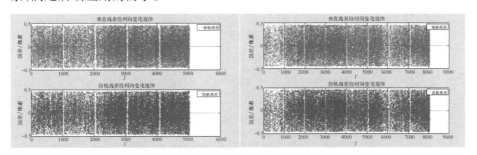

图4-28　HAM1_20180912220642 CCD1 相邻谱段配准精度

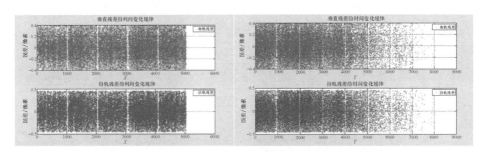

图4-29　HAM1_20180912220642 CCD2 相邻谱段配准精度

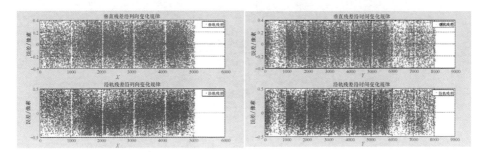

图4-30　HAM1_20180912220642 CCD3 相邻谱段配准精度

（2）区域制图平差。影像内精度是单景影像不同像点或多时相影像同名点的几何定位精度一致性的表现,对卫星影像的应用效果有重要意义。为避免高程的影响,选择了两轨有重叠部分的小交会角数据进行影像内精度验证,分别对 3 片 CCD 数据进行自由网平差,实验结果如下。

① CCD1。图 4-31 是 CCD1 影像及连接点分布情况。

图 4-31　CCD1 影像及连接点分布情况

采用自动匹配算法,得到连接点 176 个,平差结果如表 4-6 所列。

表 4-6　连接点无控区域网平差结果

测区	连接点/个	连接点中误差(像素个数)		
		x	y	平面
张掖	176	0.586	0.792	0.985

② CCD2。图 4-32 是 CCD2 影像及连接点分布情况。

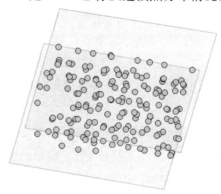

图 4-32　CCD2 影像及连接点分布情况

采用自动匹配算法,得到连接点 173 个,平差结果如表 4-7 所列。

表 4-7 连接点无控区域网平差结果

测区	连接点/个	连接点中误差(像数个数)		
		x	y	平面
张掖	173	0.765	0.736	1.062

③ CCD3。图 4-33 是 CCD3 影像及连接点分布情况,采用自动匹配,共使用连接点 167 个,平差结果如表 4-8 所列。

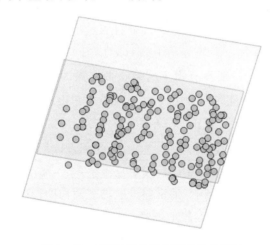

图 4-33　CCD3 影像及连接点分布情况

表 4-8　连接点无控区域网平差结果

测区	连接点/个	连接点中误差(像素个数)		
		x	y	平面
张掖	167	0.795	1.128	1.380

目前业务系统单 CMOS 生产模式下 1 景影像的长度约 8000 行,成像时间约 1s,成像时间短,姿态测量误差可以在带控条件下被消除,影像内精度主要受限于平台稳定度,可达到 1 个像素左右。通过单片 CCD 平差,也验证了影像内精度约为 1 个像素,满足后续应用的需求。

4.2　大气辐射校正

传感器接收入瞳辐亮度是地面辐射与大气相互作用的结果,而地表遥感监测与应用以遥感反演得到的地表辐射信息为基础,在太阳－大气－目标－大气－遥感器的成像过程中,存在多种因素与地表辐射特征共同作用形成入瞳辐亮度。Vermote 和 Tanre[49] 分析归结为以下几个方面。

(1) 太阳辐射源的影响。大气层外的太阳辐射量与太阳高度角、日地距离相关,需要基于太阳常数、日地距离与太阳高度角计算得到。

(2) 大气散射作用。大气散射是指电磁辐射受到大气分子瑞利散射或气溶胶的米散射等作用,散射一方面削弱了入瞳能量,另一方面由于散射到入瞳方向的程辐射而增加了与地表无关的辐射量。其中,气溶胶成分复杂多变,影响较大,确定气溶胶的光学特性,消除其影响是大气校正的一个主要内容。

(3) 大气吸收作用。大气分子中的 O_2、O_3、H_2O、CO_2、CH_4、N_2O 等对电磁辐射有吸收作用,它们一般具有稳定的吸收带位置,但吸收强度与要素浓度密切相关,其中 H_2O 含量随时空变化较大,其他要素浓度比较稳定。因此,确定水汽含量,消除其影响是大气校正的一个主要内容。

(4) 观测几何(太阳天顶角、观测天顶角、相对方位角)与地物海拔、遥感器高度共同决定电磁辐射在大气中的传输路径。

(5) 地物表面特征的影响。通常假设地物表面为朗伯体,即地物各个方向反射能量相同。但事实上大多数地物都不是朗伯体,而是各向异性的漫反射。此外,由于大气散射的存在,邻近像元的反射光可能进入目标像元视场从而影响辐射量,这部分贡献被称为交叉辐射。

(6) 地形因素的贡献,目标高度与坡向也会对辐射造成影响。

可见,为获得地表辐射信息,需要消除大气等外来因素引起的影响,该过程即为大气辐射校正。由于反演后的地表辐射信息一般为反射率,因此其也被称为反射率反演。地表反射率主要基于大气辐射传输理论,利用大气辐射传输模型与软件进行反演得到,但当大气参数缺乏时,也可基于统计学模型求得相对反射率。

4.2.1　大气辐射传输模型与软件

大气削弱和散射的乘性和加性效应及太阳光谱形状等的影响可以利用辐射传输模型来进行计算,从而去除大气效应等外来影响,反演得到地表反射率。目前,基于大气辐射传输理论的主要模型有 6S、MODTRAN,在此基础上发展的典型大气辐射校正软件主要为 ACTOR、FLAASH 等。

1. 6S 模型

1986 年,法国 Université des Sciences et Technologies de Lille(里尔科技大学)大气光学实验室 Tanré 等为了简化大气辐射传输方程,开发了太阳光谱谱段的卫星信号模拟(Simulation of the Satellite Signal in the Solar Spectrum,5S),用来模拟地气系统中太阳辐射的传输过程并计算卫星入瞳处辐射亮度。1997 年,Eric Vemote 对 5S 进行了改进,发展到太阳光谱谱段的卫星信号的二次模拟(Second Simulation of the Satellite Signal in the Solar Spectrum,6S),2015 年更新为考虑矢量偏振特性的 6S V2.1。

该模型在假定无云大气的情况下,考虑了水汽、CO_2、O_3 和 O_2 的吸收,分子和气溶胶的散射及非均一地面和双向反射率的问题,采用逐次散射法(SOS)计算散射作用以提高精度,计算时的光谱积分步长为 2.5nm。

6S 模型计算过程考虑的因素,即需要输入的参数如下。

(1) 太阳、地表与遥感器间的几何关系:太阳天顶角、观测天顶角、太阳方位角、观测方位角。

(2) 大气模式:定义了大气的基本成分含量与温湿度廓线。6S 模型包括无气体吸收、热带、中纬度夏季、中纬度冬季、近极地夏季、近极地冬季、美国标准大气共 7 种模式,也可以通过输入水汽、臭氧、压强、温度廓线数据自定义大气模式,并支持修改美国标准大气模式的水汽和臭氧含量。

(3) 气溶胶模式:定义了主要的气溶胶参数,如气溶胶相函数、非对称因子和单次散射反照率等。6S 模型包括无气溶胶、大陆型、海洋型、城市型、背景沙漠型、生物质燃型、平流层气溶胶共 7 种模式,也可以自定义每个成分的体积含量或采用 size 分布函数定义模式,并支持基于太阳光度计测量结果定义模式等。

(4) 气溶胶光学厚度:也可输入能见度,模型换算得到气溶胶光学厚度。

(5) 地面海拔高度。

(6) 遥感器高度:支持星载、航空与地面设备。

(7) 遥感器的光谱波长信息:支持自定义输入波长信息,也支持大量主流遥感器的可见光短波红外范围的波段选择。

(8) 地表反射特性:支持均一地表与非均一地表两种情况。在均一地表中包括是否考虑方向性两种情况,其中方向性提供了 hapke 等 9 种模型。

此外,6S 模型在输入参数中加入了工作模式选择功能,可选择输入反射率或辐射亮度,从而决定模型是正向模拟还是反向反演。当 RAPP < -1 时是正向模拟,即计算入瞳辐射亮度;当 RAPP > 0(辐射亮度)或 -1 < RAPP < 0(反射

率)时,均表示反向过程,即进行大气校正。

在 6S 模型的输出文件中不仅包括输入文件的全部内容,而且包括所有的计算结果,主要有各种辐射参量计算结果、大气吸收和散射参量及大气校正结果。对图像进行反射率反演时基于 6S 模型计算结果中的 3 个参数 x_a、x_b 和 x_c,采用下式计算校正后的反射率:

$$\rho = y/(1 + x_c \times y)$$
$$y = x_a \times L_i - x_b$$
(4 – 38)

式中:ρ 为校正后的反射率;L_i 为 i 波段的经定标后的辐射亮度。

2. MODTRAN 大气校正模型

MODTARN 大气校正模型是由美国空军地球物理实验室(AFGL)开发的大气辐射模型,模型是在 LOWTRAN 模型的基础上发展而来的,改进了 LOWTRAN 模型的光谱分辨率较低的情况,可计算紫外到长波红外光谱范围(0 ~ 50000/cm, > 0.2μm)内视距方向的(LOS)大气光谱透射率和辐射信息。它是基于大气层分层并认为水平均匀的辐射传输(RT)物理模型来实现的一种快速准确计算方法。MODTRAN 大气校正模型的基本算法包括透过率计算、多次散射处理、几何路径计算等,考虑了包括大气分子和气溶胶颗粒的吸收/发射和散射、地表的反射和发射、太阳/月球辐射和球面折射的影响等[50]。

以 MODTRAN4 为例,MODTRAN4 的输入参数全部在扩展名为 tp5 的 tape5 文件中。tape5 由一系列的 CARDS(输入行)组成,包括 5 个部分:控制运行参数、遥感器参数、大气参数、观测几何条件和地表参量。

第 1 类为控制运行参数,如采用何种辐射传输程序、是否进行多次散射计算等,这些主要在 CARD1 中完成。CARD5 提供了多重复计算的选项。

第 2 类为遥感器的参数,如遥感器的通道参数、观测的波束(波长范围)。其中,CARD1A 中有是否输入遥感器通道响应函数的选项,在 CARD1A3 中输入通道响应函数的文件名,在 CARD4 中输入模拟计算的波长范围(涵盖所有波段,稍长)。

第 3 类即大气参数,其中大气类型通过 CARD1 中的选项确定,其他具体参数包括气溶胶主要通过 CARD2 来进行选择。

第 4 类为观测几何条件。在 CARD1 中有关于几何条件的选项,另外在 CARD3 中主要为几何参数的输入选项。它通过多种方式组合来实现几何参数的输入,可根据计算的方便进行选择。

第 5 类为地表参量。在 CARD1 提供了地表参数设定的初步选项,只好在 CARD4 根据 CARD1 中设定的参数对地表的参数进行具体设定。

由于辐射传输算法涉及的参数很多,因此 tape5 文件非常复杂,同时 tape5 文件必须严格地写入或由输入子程序生成。设定这些参数后,就可以用 MODTRAN 来模拟大气辐射传输过程,求解大气校正参数。

基于 MODTRAN4 进行大气校正的过程为:根据观测几何、大气条件等设置 tape5 文件,并设定一组多个反射率值 ρ_t,基于 MODTRAN4 求得对应的入瞳辐射亮度 $L(\mu_v)$ 与其他辐射量,根据辐射量间的关系,计算求得式(4-39)中大气校正所需的参数 $L_0(\mu_v)$、$T(\mu_v)$、S、F_d(分别为程辐射、上行透过率、大气半球反照率和太阳下行总辐射)。

$$L(\mu_v) = L_0(\mu_v) + \frac{\rho_t}{1-\rho_t S} F_d T(\mu_v) \qquad (4-39)$$

因此,当辐亮度值为 $L_i(\mu_v)$ 时,其大气校正后的反射率值为

$$\rho_i = \frac{L_i(\mu_v) - L_0(\mu_v)}{F_d T(\mu_v) + S[L_i(\mu_v) - L_0(\mu_v)]} \qquad (4-40)$$

目前,MODTRAN 的版本已发展到 MODTRAN6,它包含了逐线积分方法 (LBL)的辐射传输计算选项,从而可实现最高 0.2/cm 光谱分辨率的大气辐射计算[51]。同时,目前 MODTRAN 在进行 C、IDL、MATLAB、Python 等不同语言的研发,便于与其他应用程序接口集成;并在研制一种通用应用程序编程接口(API),以助于将 MODTRAN 集成到操作系统和第三方软件中;同时,还在开发用户友好的图形用户界面(GUI)。

3. ACTOR 辐射校正软件

ATCOR 是由德国宇航中心的 Richter 博士主持研发的大气校正软件。该软件共有 3 个模式,其中 ATCOR2 是针对中小视场角遥感卫星器获取的平坦地区图像数据,支持的遥感器类型为多光谱和热红外波段遥感器;ACTOR3 是针对中小视场角遥感卫星器获取的平坦区域或山区的图像数据,支持高光谱遥感器;ATCOR4 则是针对机载的光学与热红外扫描仪获取的图像数据进行大气校正[52]。

该软件采用 IDL 语言开发,独立运行于 Windows、Linux、UNIX 等操作系统,不依附于其他图像处理软件。其基于图像用户界面输入对应的遥感器参数、观测条件、大气参数等,区别于 MODTRAN、6S 模型,可直接对输入的一幅图像进行大气校正。该软件基于 MODTRAN5 形成大气参数查找表,实际计算时,针对输入的各项参数对查找表进行插值计算,获得各项大气校正系数,从而实现精确快速的大气校正。该软件具有去除霾、云的阴影和薄/卷云、建筑物阴影、批量处理和分段处理、热红外波段校准、气溶胶光学厚度反演、水汽含量反演、基

于DEM的山区辐射校正等功能。

4. FLAASH 辐射校正模块

ENVI 软件的 FLAASH 大气校正模块假设地表为平坦朗伯体,可实现可见光到短波红外谱段范围内的多光谱数据、高光谱数据、航空数据的快速大气校正要求,输入的图像数据是 BIL 或 BIP 格式。FLAASH 耦合了 MODTRAN 5.2 的辐射传输模型代码,支持 MODTRAN 各种标准的大气模式和气溶胶模式,并且可以进行邻近效应纠正,基于图像进行能见度计算,实现邻近波段的波谱平滑,获得地物较为准确的地表反射率和辐亮度等物理模型参数。FLAASH 模块可基于 1135nm、940nm、820nm 波段进行水汽含量反演,也可基于 660nm 和 2100nm 进行气溶胶参数反演。若无法进行水汽含量反演,则采用大气模式对应的水汽含量进行计算或用户输入;若无法进行气溶胶反演,则可以基于用户输入的能见度进行计算[53]。

4.2.2 反射率反演统计学模型

光谱反演的统计学模型主要有经验线性法(EL)、内部平均法(IARR)、平场域法(FF)。

1. 经验线性法

经验线性法假定图像 DN 值与反射率 R 间存在线性关系:

$$\text{DN} = kR + b \tag{4-41}$$

因此,该方法需要确定两个以上具有一定面积大小的均匀区域作为目标,其中一个反射率高为亮目标,一个反射率低为暗目标。卫星过境或者航空飞行时同步实测两个目标点的地面反射率,并计算图像上对应像元区域的图像 DN 值,从而利用线性回归模型求出系数 k、b[54],最后利用上述公式对图像进行反射率反演。为保障反射率反演精度,对目标区域有如下要求。

(1) 尽可能选择各向同性的均一地物。

(2) 地物在光谱上要跨越尽可能宽的地球反射光谱段。

(3) 选取点与待反演区域为同一海拔高度与大气条件。

2. 内部平均法

内部平均法是假定一幅图像内部的地物充分混杂,整幅图像的平均光谱基本代表了大气影响下的太阳光谱信息。因而,把图像某个像元的 DN 值与整幅图像的平均 DN 值的比值确定为相对反射率如下:

$$\rho_\lambda = R_\lambda / F_{\lambda n} \tag{4-42}$$

式中:ρ_λ 为相对反射率;R_λ 为像元 DN 值;$F_{\lambda n}$ 为全图平均 DN 值。

3. 平场域法

平场域法是选择图像中一块面积大且亮度高而光谱响应曲线变化平缓的区域,利用其平均光谱辐射值来模拟当前大气条件下的太阳辐射。将每个像元的 DN 值除以该区域的平均 DN 值作为地表反射率,以此来消除大气的影响,如下:

$$\rho_\lambda = R_\lambda / F_{\lambda p} \qquad (4-43)$$

式中:ρ_λ 为相对反射率;R_λ 为像元 DN 值;$F_{\lambda p}$ 为平场域的平均 DN 值。

使用平场域法消除大气影响并建立反射率光谱图像有两个重要的假设条件:①平场域自身的平均光谱没有明显的吸收特征;②平场域的 DN 值主要反映的是当时大气条件下的太阳辐射情况。为避免人工进行平场域选择带来的问题,张兵等提出了一种平场域自动搜索(AFFF)[55]技术方法。

4.2.3 高光谱微纳卫星的大气辐射校正

2018 年 10 月 26 日,高光谱微纳卫星 OHS-2D 过境包头定标场,定标场成像在第二片 CMOS 上,在包头定标场沙地观测区选取了中心区域 20×20 像元进行场地定标,如图 4-34 所示。定标场同步自动观测获取了沙地反射率和大气参数数据,利用反射率基法对其进行了在轨绝对辐射定标。高光谱相机 OHS-2D CMOS2 在轨辐射定标影像为 2018 年 10 月 26 日对包头定标场地成像的 L1A 级影像,计算出包头定标场地的沙地观测区各通道的平均灰度值,将影像各通道平均灰度值$\overline{DN_i}$和表观辐亮度 L_i^* 相除,即可得到各通道的辐射亮度定标系数$GAIN_i$,如图 4-35 所示。

图 4-34 包头定标场地区域的 OHS-2D 图像

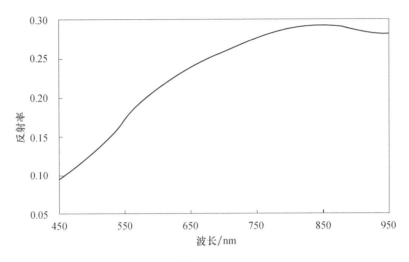

图4-35 包头定标场地沙地观测区平均反射率

沙地反射率测量时间为卫星过境后的前后1h,光谱测量设备为地物光谱仪 SVC HR768,在可见近红外谱段光谱分辨率为3.5nm。将仪器自动测量获取的多组反射率数据平均值作为沙地反射率,如图4-35所示。从图4-35中可看出,在可见近红外谱段地表反射率在0.1~0.3,无明显的吸收峰。

在距离观测的沙地区域1.5km位置布设了太阳分光光度计CE318,以推算场地上空大气总消光光学厚度、气溶胶消光光学厚度、臭氧、水汽含量等大气参数,利用Langley法反演得到了场地气溶胶光学厚度。水汽含量利用探空观测获得,臭氧含量从NASA网站获取。根据当天天气状况,大气类型设定为中纬度冬季大气,气溶胶模型为乡村型。在此基础上,基于大气辐射传输模型6S进行表观反射率计算,进而求得各波段的表观辐亮度L_i^*。输入的主要大气参数如表4-9所列。

表4-9 大气主要参数

大气参数	550nm气溶胶光学厚度	大气水汽含量/(mg/cm²)	臭氧含量/(μg/L)	大气模式	气溶胶类型
具体指标	0.0388	0.3118	280	中纬度冬季	乡村型

求得20×20像元各波段的平均灰度值$\overline{DN_i}$,将其与相应的表观辐亮度L_i^*相除,即可得到各通道的辐射亮度定标系数$Gain_i$,如图4-36所示。

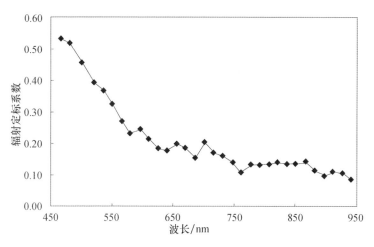

图4-36　高光谱相机 OHS-2D CMOS2 辐射定标系数

为评估绝对辐射定标系数的精度与适用性,将该系数应用于2018年8月16日的新疆石河子 OHS-2D 高光谱图像,并对辐亮度图像基于 FLAASH 进行大气校正,选取典型地物,将反演的反射率与同步测量的地表反射率进行对比分析来进行初步评价。选取的典型均匀地物高光谱影像分布如图4-37所示,其中黄色为长势旺盛的棉花冠层,红色为稀疏生长的蔬菜地,绿色为颜色暗淡的水塘。

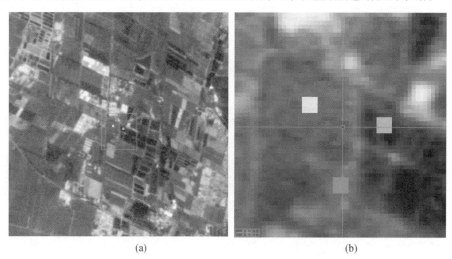

图4-37　典型均匀地物在高光谱影像分布(见彩图)
(a)新疆石河子 OHS-2D 高光谱图像;(b)局部放大图。

图4-38~图4-40分别为3种典型地物的反射率反演结果与实测地物反射率情况。从图4-38~图4-40中可以看出,反演的地物光谱与实测光谱幅

值接近,整体上光谱波形接近,只有水体在部分谱段存在一些差异,但其幅值绝对差异很小,而且水体信号弱,反演难度大。为定量分析其差异性,采用相对差异量(见式(4-44))对两者进行计算,结果如图 4-41 所示。从图 4-41 中可得,3 种典型地物的绝大多数通道的相对差异小于 10%,只有极少数的通道的差异大于 10%。可见,在轨辐射定标系数具有一定的适用性,可用于该遥感器的绝对辐射校正。

$$CV = \frac{2|Re\ f_{True} - Re\ f_{FLAASH}|}{|Re\ f_{True} + Re\ f_{FLAASH}|} \qquad (4-44)$$

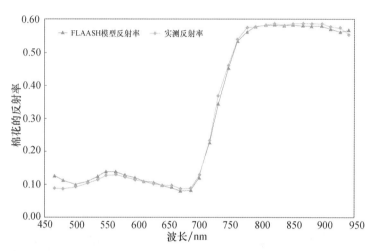

图 4-38　长势旺盛的棉花冠层的反射率数据比较(见彩图)

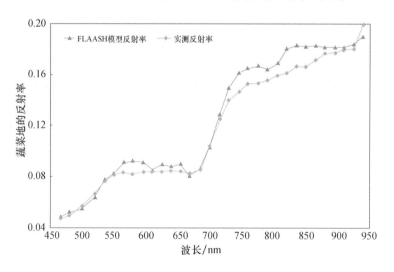

图 4-39　稀疏生长的蔬菜地的反射率数据比较

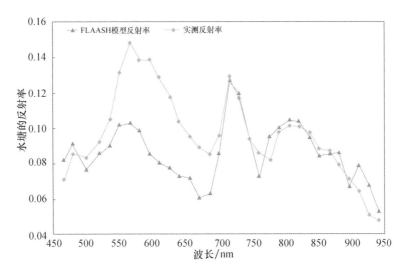

图 4-40　颜色暗淡的水塘的反射率数据比较(见彩图)

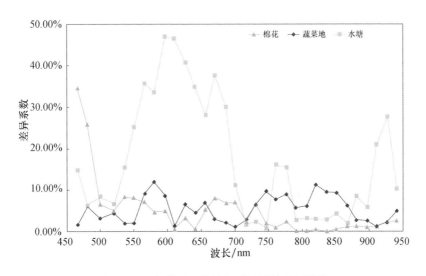

图 4-41　各典型地物的相对差异性(见彩图)

4.3　几何校正

随着目前信息行业对地理信息的需求大量提升,人们对地理信息数据的现势性与内容要求也越来越高,DOM 作为地理信息数据产品之一,是制作地形图、建立基础信息数据库的基础,因此它具有重要意义。

卫星遥感影像 DOM 是利用卫星遥感数据和数字高程模型,通过倾斜纠正和投影差进行改正,修正因卫星姿态引起的传感器误差及地形起伏引起的像点位移,再进行影像镶嵌和色彩处理,根据图幅范围进行剪裁,叠加图廓整饰数据生成的影像数据集。DOM 定位精度高、信息丰富、直观真实,同时具有地图几何精度和影像特征,直观形象地反映地形、地貌、地物状况。其既可作为地图分析的基础数据,应用于影像解译、灾情评估、土地变化监测等方面,也可从中提取自然资源和社会经济发展的历史信息或最新信息,为防治灾害和公共设施建设规划等应用提供可靠依据,并能提取、派生新信息,实现地图修测更新,在洪水监测、河流变迁、旱情监测、土地覆盖与土地利用等土地资源的动态监测、荒漠化监测与森林监测(成林害虫)、海岸线保护、生态变化监测等方面具有重大作用。

高光谱遥感影像作为一种光谱分辨率极高的遥感数据,光谱分辨率达到几纳米,波段数达到几十甚至上百个,可以获取地物详细、近乎连续的光谱曲线,在农业、林业、水环境等应用领域能够充分有效地监测地球环境动态变化,使遥感定量反演成为可能。高光谱影像作为一种遥感数据,也有必要生产制作 DOM。与普通光学遥感影像不同的是,高光谱影像中没有全色波段,因此 DOM 制作中省去了影像融合这一步骤。DOM 制作主要包括两大部分:影像正射校正和影像镶嵌。影像正射校正是利用数字高程模型和地面控制点将影像纠正为既包含正确平面位置又保持原有丰富信息的 DOM;影像镶嵌即影像拼接,是将两幅或多幅互为邻接(数据源和时相可能相同或不同)的遥感影像通过彼此间的几何拼接、色调调整、合理去除重叠部分等图像处理,镶嵌成为一幅无缝、色调统一,且带有地理坐标的新图像,以满足遥感影像多方面领域的应用需求。图 4 - 42 是 DOM 制作的整体流程。本节就 DOM 的制作进行详细阐述。

正射校正是根据选择的校正模型,利用在影像上选取的地面控制点(GCP),结合影像范围内 DEM,对影像进行倾斜改正和投影差改正,将影像重采样成为正射影像。它是对影像几何畸变纠正的一个过程,其本质是将中心投影转变为垂直平行投影,改正像片倾斜和地形起伏造成的像点位移,获取每个像点平面实际位置。

正射校正的关键步骤主要包括校正模型选择、GCP 选取和重采样。

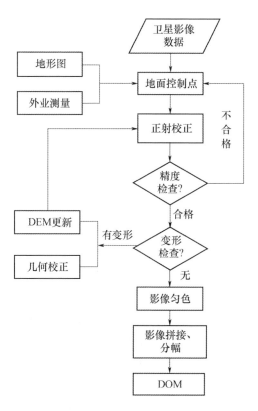

图 4-42 DOM 制作流程

4.3.1 校正模型

传感器成像几何模型是关于影像像点二维平面坐标和对应地面点三维空间坐标之间相互关系的表示，是建立影像几何定位处理的基础，主要分为两类：严密的物理传感器模型和通用传感器模型。严密的物理传感器模型的建立考虑了实际成像过程中造成变形的物理因素，包括卫星的位置、姿态、传感器镜头畸变、大气折射、地形起伏等，涉及传感器物理构造、成像方式及各种成像参数等，利用成像物理条件构建成像几何模型，与实际物理传感器息息相关。其主要代表是严格轨道模型，需要已知传感器的轨道参数和姿态参数等。通用传感器模型利用一组数学函数关系式来表达地面点和相应像点之间的几何关系，回避了成像过程中的物理意义和实际成像几何过程，更能适应传感器成像方式多样化的发展要求，主要包括物理模型、多项式纠正模型、有理函数模型、直接线性变换模型、有理函数模型(REF)等。

1. 物理模型

对于地形起伏大或影像侧视角大的地区,利用成像的卫星轨道参数、传感器参数及 DEM,对影像进行严密的物理模型纠正。纠正时首先恢复影像的成像模型,如此才能构建原始摄像几何;然后利用数字高程模型配合卫星轨道参数进行纠正,逐点修正影像因地形起伏产生的像点移位。根据成像模型来纠正投影差,利用现有的地图三维坐标或外业控制点三维坐标对影像进行控制纠正,最后得到正射影像。此方法要求控制点均匀分布于整景影像。

2. 多项式纠正模型

多项式纠正模型形式简单,原理直观明了,并且计算较为简单,特别是对地面相对平坦的情况,具有较好的精度。该模型将遥感影像的总体变形近似看作平移、缩放、旋转、仿射、偏扭、弯曲及更高次的基本变形综合作用的结果,利用地面控制点的图像坐标与其同名点的地面坐标,通过平差原理计算多项式中的系数,然后用该多项式对图像进行纠正。该方法要求数量足够且分布均匀的地面控制点,多项式的阶数一般不大于 3 次,以避免阶数太高易产生解的不稳定。模型定位精度与控制点精度、分布、数量及研究区地形有关,在控制点上拟合好,但在其他点的内插值会有偏离。由于多项式纠正只纠正控制点处的平面变形,不考虑地面高差,因此校正成果会受到地面高程变化的影响,若影像范围不大且高程起伏不明显,校正精度尚可;当倾斜角大于 10°时,就不再适合用多项式纠正。多项式纠正模型一般适用于没有 DEM 且地面起伏不大的地区或精度要求较低的情况。

3. 有理函数模型

有理函数模型直接建立像点和空间坐标的关系,不需要内外方位元素,回避成像几何过程,是各种传感器几何模型一种更广义的表达形式,是对不同传感器模型更为精确的表达,能适用于各类传感器,也是目前众多商业卫星公司采用的模型。它的缺点是模型解算复杂,运算量大,并且要求控制点数目相对较多;但其优点是由于引入较多定向参数,模拟精度很高。

有理函数模型与多项式模型类似,不同的是它采用多项式转换系数,考虑地面高程信息。一种是基于 RPC 文件的有理数模型,数据供应商根据严格成像模型推算出有理函数模型参数,以 RPC 或 RPB 文件提供,精度依赖于严格传感器模型,存在一个系统误差,一般可利用少量的 GCPs 进行区域网平差,改善精度;另一种是基于 GCPs 的有理函数模型,不考虑卫星和传感器参数,参数由地面控制点与 DEM 推算,该方法需要较多的控制点,精度与地形、GCPs 的质量、数量和分布相关。

有理函数模型将像点坐标(r,c)表示为以相应地面点空间坐标(P,L,H)为自变量的多项式的比值：

$$\begin{cases} r_n = \dfrac{\text{NumL}(P_n,L_n,H_n)}{\text{DenL}(P_n,L_n,H_n)} \\ c_n = \dfrac{\text{NumS}(P_n,L_n,H_n)}{\text{DenS}(P_n,L_n,H_n)} \end{cases} \quad (4-45)$$

式中：

$\text{NumL}(P_n,L_n,H_n)$
$= a_0 + a_1 L_n + a_2 P_n + a_3 H_n + a_4 L_n P_n + a_5 L_n H_n + a_6 P_n H_n + a_7 L_n^2 +$
$a_8 P_n^2 + a_9 H_n^2 + a_{10} P_n L_n H_n + a_{11} L_n^3 + a_{12} L_n P_n^2 + a_{13} L_n H_n^2 +$
$a_{14} l_n^2 p_n + a_{15} P_n^3 + a_{16} P_n H_n^2 + a_{17} L_n H_n^2 + a_{18} P_n H_n^2 + a_{19} H_n^3 \quad (4-46)$

$\text{DenL}(P_n,L_n,H_n)$
$= b_0 + b_1 L_n + b_2 P_n + b_3 H_n + b_4 L_n + b_5 L_n P_n + b_6 P_n H_n + b_7 L_n^2 +$
$b_8 P_n^2 + b_9 H_n^2 + b_{10} P_n L_n H_n + b_{11} L_n^3 + b_{12} L_n P_n^2 + b_{13} L_n H_n^2 +$
$b_{14} l_n^2 p_n + b_{15} P_n^3 + b_{16} P_n H_n^2 + b_{17} L_n H_n^2 + b_{18} P_n H_n^2 + b_{19} H_n^3 \quad (4-47)$

$\text{NumS}(P_n,L_n,H_n)$
$= c_0 + c_1 L_n + c_2 P_n + c_3 H_n + c_4 L_n + c_5 L_n P_n + c_6 P_n H_n + c_7 L_n^2 +$
$c_8 P_n^2 + c_9 H_n^2 + c_{10} P_n L_n H_n + c_{11} L_n^3 + c_{12} L_n P_n^2 + c_{13} L_n H_n^2 +$
$c_{14} l_n^2 p_n + c_{15} P_n^3 + c_{16} P_n H_n^2 + c_{17} L_n H_n^2 + c_{18} P_n H_n^2 + c_{19} H_n^3 \quad (4-48)$

$\text{DenS}(P_n,L_n,H_n)$
$= d_0 + d_1 L_n + d_2 P_n + d_3 H_n + d_4 L_n + d_5 L_n P_n + d_6 P_n H_n + d_7 L_n^2 +$
$d_8 P_n^2 + d_9 H_n^2 + d_{10} P_n L_n H_n + d_{11} L_n^3 + d_{12} L_n P_n^2 + d_{13} L_n H_n^2 +$
$da_{14} l_n^2 p_n + d_{15} P_n^3 + d_{16} P_n H_n^2 + d_{17} L_n H_n^2 + d_{18} P_n H_n^2 + d_{19} H_n^3 \quad (4-49)$

其中，(P_n,L_n,H_n)为正则化的地面坐标，(r_n,c_n)为正则化的影像坐标。

$$\begin{aligned} L_n &= \frac{L - \text{LAT\_OFF}}{\text{LAT\_SACLE}} \\ P_n &= \frac{P - \text{LONG\_OFF}}{\text{LONG\_SACLE}} \\ H_n &= \frac{H - \text{HEIGHT\_OFF}}{\text{HEIGHT\_SACLE}} \\ r_n &= \frac{r - \text{LINE\_OFF}}{\text{LINE\_SACLE}} \\ c_n &= \frac{c - \text{SAMP\_OFF}}{\text{SAMP\_SACLE}} \end{aligned} \quad (4-50)$$

式中：LAT_OFF、LAT_SCALE、LONG_OFF、LONG_SCALE、HEIGHT_OFF 和 HEIGHT_SCALE 为地面坐标的正则化参数；LINE_OFF、LINE_SCALE、SAMP_OFF 和 SAMP_SCALE 为影像坐标的正则化参数。

$$\begin{cases} r = \dfrac{(1 L_n P_n H_n \cdots L_n^3 P_n^3 H_n^3)(a_0 a_1 \cdots a_{19})^{\mathrm{T}}}{(1 L_n P_n H_n \cdots L_n^3 P_n^3 H_n^3)(1 b_1 \cdots b_{19})^{\mathrm{T}}} \\ c = \dfrac{(1 L_n P_n H_n \cdots L_n^3 P_n^3 H_n^3)(c_0 c_1 \cdots c_{19})^{\mathrm{T}}}{(1 L_n P_n H_n \cdots L_n^3 P_n^3 H_n^3)(1 d_1 \cdots d_{19})^{\mathrm{T}}} \end{cases} \quad (4-51)$$

80 个多项式系数加上 10 个正则化参数共同构成了有理函数模型的 RPC 文件。模型中由光学投影引起的畸变表示为一阶多项式，地球曲率、大气折射及镜头畸变等由二阶多项式趋近，其他未知畸变用三阶多项式进行模拟。利用 RPC 文件并结合 DEM 即可完成影像的正射校正。

4.3.2 控制点选取

无论采取何种校正模型，控制点是关键。正射校正后影像的精度直接取决于控制点精度、分布和数量。

有 3 种获取 GCP 的方法：利用野外测量、利用同级或更大比例尺 DOM、利用同级或更大比例尺 DLG。利用外业测量获取的控制点精度最高，但工作量最大，费用最多；利用 DOM 选取控制点的总体工作量最小，位置容易把握，但先期影像精度对纠正结果影响较大，容易造成误差传递；利用 DLG 找点精度较高，尤其对于人工规则地物精度很高，但自然特征有图形概括的成分，易造成误差传递，工作量也不大。

GCP 应满足一定的位置和分布。GCP 的分布要均匀，影像四角附近均至少要有一个 GCP，局部控制点太密会造成影像局部扭曲。当地形高差较大时，GCP 的垂直分布也非常重要，在最高和最低点或其附近要有 GCP。GCP 应选择在明显、精确定位、近地面且恒久的同名地物或地貌特征点上。优先选择道路近似直角的交叉点、运动场、游泳池和花坛等，农村地区可选择小路的交叉点；尽量避免选取有高差的房顶、立交桥、高架路和树等，避免选择经常变化的水面边界和林地的边界等；相邻景与景之间一定要选择公共点，以免引起相邻影像的明显错位，如图 4-43 所示。

控制点选取也要有一定的数量保证，点数太少会造成控制不全面，离控制点越远的像元误差越大（变形与距离呈正比）。控制点的多少对平原地区纠正精度的高低影响不显著，但对于高山地而言，控制点的增加可均匀有效地控制不同高度的影像,纠正的可靠性显著增加。控制点也并非越多越好,实验证明,当控制点达到一定数目时,控制点的增加并不能显著提高模型精度。另外,若增加的控制点精度不高,可能会使整个模型的精度降低。依据经验,一般情况下基于 GCP 的有理函数模型控制点数控制在每景 25~30 个最好。

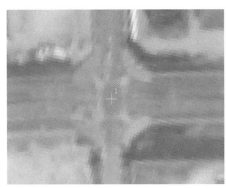

图 4 – 43　控制点选择

4.3.3　影像重采样

利用校正模型进行几何变换后,像元中心位置通常会发生变化。由于求得的像点不一定恰好落在原始像片上像元的中心,要获得该像点灰度值,需要根据输出栅格上每个像元在输入栅格中的位置,对输入栅格按一定规则进行重采样,进行栅格值的重新计算,建立新的栅格矩阵。当希望得到不位于矩阵(采样)点上的原始函数 $g(x,y)$ 的数值时就需进行内插,即重采样。

根据卷积核的不同,重采样方法分类各异。下面介绍常用的 3 种方法:最邻近像元法、双线性插值法、双三次卷积法。

1. 最邻近像元法

最邻近像元法是将最邻近的像元灰度值作为重采样后的灰度值,直接取与 $P(x,y)$ 点位置最近像元 N 的灰度值为该点灰度作为采样值,即

$$I(P) = I(N) \tag{4-52}$$

式中: N 为最邻近点,其影像坐标值为

$$\begin{aligned} x_N &= \mathrm{INT}(x+0.5) \\ y_N &= \mathrm{INT}(y+0.5) \end{aligned} \tag{4-53}$$

最邻近像元法最为简单,计算速度快且不破坏原始影像的灰度信息,但其几何精度较差,最大可达 0.5 个像元。

2. 双线性插值法

双线性插值法的卷积核是一个三角形函数,其表达式为

$$W(x) = 1 - (x), 0 \leq |x| \leq 1 \tag{4-54}$$

双线性插值法的像素位置对应关系如图 4-44 所示。

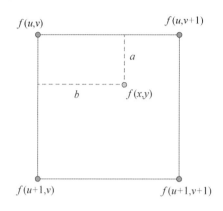

图 4-44 像素位置对应关系

设 $g(x',y')$ 的上像素坐标为 (x',y') 的点对应于原影像 $f(x,y)$ 的坐标为 (x,y),(u,v) 为 (x,y) 坐标取整后的结果,则可由 (x,y) 的 4 个邻点灰度值插值求此处的灰度值。

令 $a = x - u, b = y - v$,则 $g(x',y')$ 的灰度值按如下公式计算:

$$g(x',y') = f(x,y) = b\,t_1 + (1-b)t_2 \tag{4-55}$$

式中:

$$\begin{aligned} t_1 &= af(u+1,v) + (1-a)f(u+1,v+1) \\ t_2 &= af(u,v+1) + (1-a)f(u,v) \end{aligned} \tag{4-56}$$

$f(x,y)$ 为 (x,y) 处的灰度值。双线性插值法几何精度较好,但计算时间较长,在一般情况下双线性插值法较适宜。

3. 双三次卷积法

双三次卷积法中,卷积核利用三次样条函数。对任意一点进行重采样时,需要该点四周 16 个原始像元参加计算。设 (x',y') 对应原始图像中的 (x,y),则 (x',y') 处的灰度值 $g(x',y')$ 可按照 (x,y) 处的灰度值 $f(x,y)$ 计算,但 (x,y) 不位于原始图像的整像素位置,因此该处的灰度值可以参考其相邻的 16 个像素的灰度值计算。假设 (u,v) 为 (x,y) 坐标取整后的结果,则其周围 16 个像素组成的邻点矩阵为

$$B = \begin{bmatrix} f(u-1,v-1) & f(u-1,v) & f(u-1,v+1) & f(u-1,v+2) \\ f(u,v-1) & f(u,v) & f(u,v+1) & f(u,v+2) \\ f(u+1,v-1) & f(u+1,v) & f(u+1,v+1) & f(u+1,v+2) \\ f(u+2,v-1) & f(u+2,v) & f(u+2,v+1) & f(u+2,v+2) \end{bmatrix} \quad (4-57)$$

$g(x',y')$ 可以按照下式求取:

$$g(x',y') = f(x,y) = ABC \quad (4-58)$$

式中:

$$A = [s(1+b) \, s(b) \, s(1-b) \, s(2-b)]$$
$$C = [s(1+a) \, s(a) \, s(1-a) \, s(2-a)]$$
$$s(w) = \begin{cases} 1 - 2|w|^2 + |w|^3, & |w| < 1 \\ 4 - 8|w| + 5|w|^2 - |w|^3, & 1 \le |w| < 2 \\ 0, & |w| \ge 2 \end{cases}$$

双三次卷积法几何精度高,但是计算时间很长,比较费时。

4.4 镶嵌匀色

影像镶嵌关键的技术问题一是如何将多幅影像从几何上拼接起来;二是消除几何拼接以后的图像上因灰度(或颜色)差异而出现的拼接缝。镶嵌时应对多景影像进行严格配准,镶嵌误差不低于配准误差,镶嵌区保证一定程度重叠。另外,镶嵌时除了要满足在镶嵌线上相邻影像几何特征的一致性外,还要求相邻影像的色调均匀、反差适中。如果两幅或多幅相邻影像时相不同,使得影像光谱特征反差较大,应在保证影像上地物不失真的前提下进行匀色,尽量保证镶嵌区域相关影像色彩过渡自然平滑。

影像镶嵌基本要求如下。

(1) 镶嵌前应先进行各波段影像的灰度匹配,保证色调均匀、反差适中。
(2) 应进行接边纠正处理,以便镶嵌便捷,平滑过渡。
(3) 应避免使用简单的矩形镶嵌。
(4) 镶嵌后影像应清晰,色彩均匀。

4.4.1 镶嵌步骤

遥感影像镶嵌是将两幅或多幅遥感图像拼接在一起构成一幅整体图像的

过程。该过程通常先对每幅图像进行几何纠正,将它们划归到统一的坐标系中;然后对它们进行裁剪,去掉重叠的部分;再将裁剪后的多幅图像镶嵌在一起;最后消除色彩差异,形成一幅宽幅的图像。

对校正过的影像进行镶嵌要经过以下步骤。

(1) 将每景影像校正到相同的地图投影和大地水准面,并采用相同的重采样方式,保证待拼接的影像分辨率相同。

(2) 选定其中一景要镶嵌的影像作为基准影像。基准影像与第 2 景影像通常会有一定程度的重叠(如 20% ~ 30%),在重叠区确定一个有代表性的地理区。

(3) 在重叠区域根据实际情况进行走线,尽量选择线性地物作为镶嵌线。使用镶嵌线将待镶嵌影像裁切,将裁切结果写入镶嵌结果的对应位置。

(4) 影像匀色,使得相邻影像间色彩一致,无明显色差。在基准影像上,按照指定条件对该区域进行对比度拉伸,提取基准影像上该地理区的直方图。采用直方图匹配算法将提取的基准影像直方图应用到第 2 景影像,这就使两幅影像具有了相近的灰度级特性。最后的镶嵌影像中若有明显缝隙,常通过羽化的方法解决该问题。镶嵌影像理论上应该看起来像是连续完整的一景影像。

4.4.2 镶嵌线

镶嵌线处理可细分为重叠区镶嵌线的寻找及拼接缝的消除。镶嵌线的处理质量直接影响镶嵌影像的效果。在镶嵌过程中,即使对两幅影像进行了色调调整,两幅影像接缝处的色调也不可能完全一致,为此还需对影像的重叠区进行色调平滑,以消除拼接缝。

相邻景影像进行镶嵌时,影像取舍要合理、有效,应尽量保留时相新、质量好的影像,用镶嵌线去掉有云、噪声的图像区域,以便于保持图像色调的总体平衡,产生浑然一体的视觉效果。在镶嵌线处应无裂缝、地物错位、模糊、锯齿、重影、晕边等现象。在重叠区内选择一条连接两边图像的镶嵌线,使得根据这条镶嵌线拼接起来的新图像浑然一体,不露拼接的痕迹。镶嵌线需选择合理,镶嵌时应尽量保证地物、地块的完整性,因此镶嵌线要尽可能沿着线性地物走,如在河流、道路、线性构造等线装地物或地块边界等明显分界处进行过渡,以便镶嵌影像中的拼缝尽可能消除,使不同时相影像镶嵌时保证同一地块完整,有助于地类判读和其他应用。

1. 镶嵌重叠区影像的合理选择原则

根据影像成果的有效范围情况,保证在重叠区域合理使用各种影像资源。

(1) 高分辨率成果优先于低分辨率成果。

(2) 同期影像质量好的成果优先于质量相对差的成果(影像质量包括光谱信息、噪声、斑点、饱和度、云雪覆盖等)。

2. 镶嵌线选择原则

镶嵌线走线如图4-45所示。镶嵌线选择原则如下。

(1) 镶嵌线应尽量选取线状地物或地块边界等明显分界线,以便使镶嵌图像中的拼缝尽可能地消除,不同时相影像镶嵌时保证同一地块内纹理、色彩自然过渡,以利于判读。

(2) 应避免利用建筑物、线性地物作为拼接边界,对于山区影像,应人工选取拼接边界。

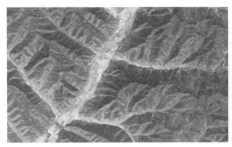 

图4-45 镶嵌线走线

4.4.3 影像匀色

影像匀色是指定颜色标准(由基准影像确定),批量对单张影像进行匀色,自动消除单张影像内及多张影像间的明暗、色差等问题。影像匀色是遥感影像数字镶嵌技术中的一个关键环节。不同时相或成像条件存在差异的影像,由于要镶嵌的影像辐射水平不一样,影像的亮度差异较大,若不进行色调调整,镶嵌在一起的几幅图,即使几何位置配准很理想,但由于色调各不相同,也不能很好地应用于各个专业。另外,成像时相和成像条件接近的影像也会由于传感器的随机误差造成不同像幅的影像色调不一致,从而影响应用效果,因此必须进行色调调整,包括影像内部的色彩平衡及影像间的色彩平衡。

选择有代表性的区域用于色调匹配。在遥感图像上有时会有云及各种噪声,在选择匹配区域时要避开这些区域,否则会对匹配方程产生影响,从而降低色调匹配的精度。要想选择有代表性的区域,建立准确的色调匹配方程,应认真、仔细地分析、对比相邻两图像公共区域的图像质量和特点,然后采用不规则的多边形(而不是简单的矩形)来界定用于建立色调匹配方程的图像区域。这样既可避开云、噪声,又可获得尽可能大的、有代表性的图像色调匹配区域。

目前影像匀色主要是以目视解译为准则进行的,要求整幅影像以反差适中、图像清晰、色彩美观、信息丰富、便于目视解译为准则。传统的均衡算法以相邻影像的重叠区为基础,主要方法有基于直方图的方法,基于相邻影像方差、均值的色调均衡方法,基于影像信息熵的色调均衡方法等。

1. 基于直方图的方法

直方图是一种简单且重要的图像分析工具,如图 4-46 所示,统计图像中具有某种灰度的像素个数,反映了图像中不同灰度级像素出现的相对频率,横坐标是灰度级,纵坐标是灰度级出现的频率。

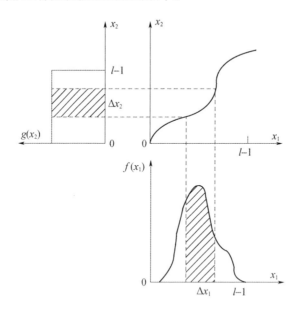

图 4-46 直方图变换

基于直方图的色彩均衡,主要是利用影像的灰度直方图客观反映出一幅影像的灰度分布这一特征,相邻影像的重叠区域的灰度直方图在理想条件下应该是一致的。常用基于一阶直方图映射的方法,主要是根据相邻影像灰度分布进行灰度线性变换,即将影像的直方图映射到另一直方图上,进而达到使相邻影像重叠区的灰度直方图形状最大限度的一致。其中心思想是将原图像的灰度直方图从比较集中的某个灰度区间变成在全部灰度范围内的均匀分布。

2. 基于相邻影像方差、均值的色调均衡方法

一幅影像的均值反映了它的色调与亮度,标准差则反映了它的灰度动态变化范围,并在一定程度上反映了它的反差。考虑到镶嵌范围内的地物的相关性,理想状态下,镶嵌多源影像在色彩空间中应该是连续的,应该具有相似一致的色调、亮度、反差和灰度动态变化范围,即具有近似一致的均值和标准偏差。因此,一般来说,要实现多源影像之间的色彩均衡,应该使不同影像具有相似一致的均值和标准偏差。

不同范围内的影像在地物色彩信息上一般存在色彩差异,但差异是局部的,整体信息的变化则很小。影像的整体信息可以通过均值、方差等统计参数反映出来,因此可以对多源影像以标准参数为参照,进行标准化的处理,达到获取影像之间均值、方差等的映射关系。以某一景或条带影像的灰度值的均值和方差为标准,映射到另一景或条带的影像灰度值的均值和方差,尽量使其均值和方差与标准影像的均值和方差一致或接近。若一次映射后的色调不能很好匹配,则需要进行多次调整,以达到比较满意的色调匹配效果。

3. 基于影像信息熵的色调均衡方法

该方法主要是根据相邻影像条带的重叠区,以信息熵映射的方法对其中的一景条带影像进行信息熵的转换,使相邻影像条带存在的色调差异趋于一致。影像匀色前后对比如图4-47所示,假设左边影像条带的最大、最小灰度值和信息熵分别为g_{Lmax}、g_{Lmin}和H_L,右边影像条带的最大、最小灰度值和信息熵分别为g_{Rmax}、g_{Rmin}和H_R。左右影像条带中的第i灰度级的百分率为$P_L(i)$、$P_R(i)$,则

$$H_L = -\sum_{g_{Lmin}}^{g_{Lmax}} P_L(i)\log_2 P_L(i)$$
$$H_R = -\sum_{g_{Rmin}}^{g_{Rmax}} P_R(i)\log_2 P_R(i)$$
(4-59)

以左边的影像为参考,对右边影像进行映射,则映射计算公式如下:

$$g_R(i,j) = \frac{H_L}{H_R}[g_R(i,j) - g_{Rmin}] + g_{Lmin} \qquad (4-60)$$

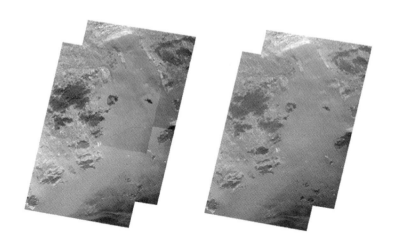

图 4-47　影像匀色前后对比(见彩图)

此外,众多学者也提出了很多不同的影像匀色方法。中国科学院蒋红成[56]提出了重叠区域的补偿均衡算法,该算法对存在亮度差异的图像均衡时,效果好于直方图规定的效果,能消除色彩不平衡的问题。但该算法的推广性不强,移植性没有得到保障。钱永刚等[57]提出了采用色调调整批处理的方法来实现海量遥感数据的色调一致性调整,利用卷积模板与距离加权算法来实现多幅遥感图像的数字镶嵌。易尧华等[58]在详细分析造成大型影像库中色调差异成因的基础上,通过比较几种影像数字镶嵌时常采用的色调过渡匹配平衡方法,提出了一种充分考虑影像本身特征的相邻相关影像色调调整平滑过渡方法;同时,为了减少大幅面影像调整时调整误差的空间传递性,给出了基于四叉树的多次调整法。王密和潘俊[59]针对建立大型无缝影像数据库的影像数据特点,在深入分析与比较现有处理方法的基础上,基于变换,提出了一种改进的色彩平衡处理方法。该方法可以兼顾整体信息与局部信息,在处理大型无缝影像数据库色彩平衡问题时,既可以减小每张影像的处理误差,又可以消除处理误差的空间传递和积累问题,还便于辐射分辨率的保持。实验表明,该方法可以有效解决大型无缝影像数据库的色彩平衡问题。郭仕德等[60]等应用高空间分辨率遥感影像环境制图时提出了一种切片分区域操作的方法进行整幅影像的色彩匹配与还原,基本思想是先在整幅影像中选取一个典型区域,对该区域的色彩进行调整,调整的方法包括直方图调整、色彩平衡调整和曲线调整等,使之最大限度达到要求;然后以该区域为标准样本,对其他区域进行切片,分别进行调整,收到了较好的效果。

4.5 云判处理

高光谱遥感是20世纪80年代兴起的新型对地观测技术,具有光谱分辨率高、图谱合一、数据量大、信息冗余等特点[61],具有近似连续的地物光谱信息,在地物目标探测领域具有独特的优势,广泛应用于大气、植被生态、海洋、农业、军事侦察、环境监测等领域。但由于受到大气及云层的影响,许多卫星拍摄的影像存在云层遮挡问题,导致卫星下传的影像很多都是无用的。根据国际卫星云气候计划流量数据(ISCCP-FD)提供的全球云量数据显示,地球表面66%以上区域经常被云覆盖[62]。因此,排除含有大量云的影像,不进行地面系统的生产,这样不仅可以减小卫星下传的负重,还可以提高地面数据处理的效率。众多学者针对云的特性进行了云检测方法的研究[63]。目前云检测算法可以分为阈值法和模式分类法[64]。Long等[65]利用红波段与蓝波段比值来确定阈值,通过比较阈值来确定像素的类别,该算法会受到环境和仪器的影响,不具有普适性。Vittorio和Emery[66]提出了自适应阈值云罩算法,杨俊等[67]提出一种基于最大类间方差的自适应阈值云检测方法,相比传统固定阈值算法,具有很大的通用性,但影像中云含量很高或很低,或者含有雪时,云检测精度会受到影响。目前对雪的提取主要有阈值法像元统计、监督和非监督分类、归一化差值雪指数(NDSI)和混合像元分解法[68]。其中,NDSI法是基于雪对可见光与短波红外波段的反射特性和反射差的相对大小的一种测量方法[69],是目前较常用、精度较高的积雪提取方法之一。

4.5.1 遥感图像云检测方法分类

1. 传统检测方法

目前传统检测方法主要分为阈值法、纹理分析法和统计学法3大类。

(1) 阈值法。阈值法的关键是阈值的选取,随着云检测精度要求的提高,云检测使用的阈值也由早期的固定阈值逐步发展为动态阈值、自适应阈值和多波段组合阈值等[70]。

(2) 纹理分析法。纹理分析法的本质是利用目标物内部属性的相似性和目标物之间边界的不连续[71],如曹琼等[72]和Christodoulou等[73]分别基于两个和多个纹理特征量进行云检测的研究。

(3) 统计学法。用于云检测的统计学法主要分为统计方程法和聚类分析法。统计方程法利用样本数据建立模拟公式计算云的反射率或亮温来进行云检测[74]；聚类分析法是根据不同地物类型的像元观测值存在着明显差别的原理实现云检测，最常用的有 C 均值聚类、ISODATA 聚类及模糊聚类等[75]。

2. 人工智能方法

人工智能方法主要包含人工神经网络、支持矢量机(SVM)和模糊逻辑算法等。人工神经网络主要使用自组织特征映射(SOM)、概率神经网络(PNN)和最大似然分类(MLC)3 种神经网络进行云和地面的区分[76,77]。后续学者在此基础上又发展了多层感知神经网络等云检测方法[78]。20 世纪 90 年代发展起来的 SVM 算法也已经被应用到云检测上，并比起基于常规的分类检测方法具有明显的优势。此外，模糊逻辑算法作为一种具有决策能力的监督学习方法，以模糊集合论作为基础，根据隶属度的大小，通过调整输入数据特性达到对云最优化的分类[79]。

4.5.2　常用卫星数据的云检测方法

1. Aqua 卫星数据云检测

比较流行的卫星数据云检测方法是 MODIS Cloud Mask，该方法利用 MOD35 的 19 个通道数据和地形等辅助数据，根据不同的路径采用不同的云检测方法。但此方法使用了较多的波段数量和相关辅助数据，导致检测结果容易受到地表类型等因素的影响。针对不同的下垫面，赫英明等[80]利用 SVM 的 MODIS 数据分类方法对陆地和海洋进行了云检测实验，尽管达到了检测目的，但该方法表现出一定的地域局限性和对先验知识较显著的依赖性。为了改善先验知识限制的问题，也有学者提出基于模糊集合理论的模糊 C 均值聚类法，但该算法仍需进一步改进对辐射特征相似的冰雪和云的区分方法[81]。此外，基于多时相信息的方法也被运用在 FORMOSAT–2、VENUS、Landsat 和 Sentinel–2 等影像的云检测研究中[82,83]。与相对成熟的 MODIS 云检测方法及 MODIS 单视场的云检测产品相比，至今还没有更好的 AIRS 云检测方法。目前 AIRS 上的云检测还依赖于低光谱分辨率探测器上提供的有限的云特性[84]。随着 MODIS 已能提供较成熟的云检测产品，一些学者提出将 AIRS 与 MODIS 的像素点进行空间匹配后，AIRS 视野的云检测效果与 MODIS 云检测产品结果能很好地对应。另外，该方法与 MODIS 云检测产品精度紧密相关，若 MODIS 云检测有 5% 的误差，则 AIRS 云检测误差就会达到 5.62%[85]。

2. Landsat 卫星数据云检测

针对 Landsat 卫星数据云检测中遇到的难题,国内外学者进行了许多相关研究。Vermote 和 Saleous[86]利用 LEDAPS 大气校正工具生成一个内部云掩模实现云检测,并作为 NASA 官方软件工具免费下载和推广;Irish[87]提出了适用于地球大部分地区的自动云覆盖估算方法,但该方法在南极洲会把高亮度的雪误判成云。后续的大多方法都是基于以上两种经典方法展开的,其中值得一提的是,Zhu 和 Woodcock[88]提出了一种面向对象的 Fmask(Function of Mask)云检测方法,该方法利用云匹配技术和云层高度迭代算法进行云检测研究。经验证明,Fmask 方法检测云层的总体精度(96.41%)高于 ACCA 方法(84.8%),同时检测标准差(3.2%)也低于 ACCA 方法(11.9%),但 Fmask 方法对薄云的检测率有待进一步提高。Zhu 和 Woodcock[89]及蒋嫚嫚和邵振峰[90]在 Fmask 方法基础上分别提出了基于时间序列的 Tmask(Multitemporal Mask)和基于主成分变换的 PCA_Fmask 云检测方法,都相应提高了遥感影像云检测精度;Zhu 等[91]通过增加 Sentinel-2 数据也实现了对薄卷云的有效检测。

3. 静止卫星数据云检测

常用的静止卫星有美国的地球静止轨道环境业务卫星(GOES)系列、欧洲第二代静止轨道气象卫星(MSG)、日本地球静止气象卫星(GMS)和我国的"风云"二号气象卫星(FY-2)等。地球静止卫星具有能短时间内对所研究区域进行连续观测的优势,在周期短、变化快和尺度小的灾害性天气系统的监测预报中起着非常重要的作用[92],因此基于静止卫星的云检测研究尤为重要。自 20 世纪 70 年代开始,国际上就利用 GOES 系列卫星开展云检测研究。其早期研究大多针对下垫面单一的海洋地区影像,利用阈值法进行云检测取得了较好效果,进而逐渐转换到陆地影像[93]。针对陆地影像,一些改进的基于光谱阈值检测法在白天的效果比较明显,但对于夜间的云检测精度往往不高[93],而且精度与季节、下垫面的地物类型及其异质性有关。为此,一些更稳健的方法(时空动态阈值、局部自适应阈值和贝叶斯概率阈值等方法)应运而生[94]。

4. 新一代观测卫星数据云检测

为提出温室气体效应对策,解决碳循环研究过程中数据的来源问题,日本和美国相继发射了温室气体观测卫星(GOSAT)、轨道碳观测者(OTC)及轨道碳观测者 2 号(OTC-2)。然而,由于云等大气因素的影响,无法获取准确的温室效应气体含量,因此进行有效的云检测至关重要。GOSAT 荷载的云和气溶胶成像仪(CAI)可以直接观测会导致测量误差的云层和气溶胶,提高温室气体的观测精度[95]。针对 GOSAT 数据,Taylor 等[96]提出的 TANSO – CAI 和 TANSO – FTS 检测法在海洋地区的云检测准确度达到了 90%,并在 OTC – 2 中得到了相同的实验结果。

4.5.3 云检测方法定性比较

由于不同云检测方法适用的条件不同,直接比较不同方法的性能优劣有一定难度。拟从复杂度、普适性和效率 3 个方面定性地比较阈值法、统计学和神经网络法 3 种云检测方法的优缺点,如表 4 – 10 所列。

表 4 – 10　不同方法的定性比较结果

方法	复杂度	普适性	效率
阈值法	较低	较低	较高
统计学法	适中	适中	适中
神经网络法	较高	较高	较低

阈值法和统计学法简单、易于实现,而神经网络法最复杂。方法复杂度往往决定着方法效率,因此在方法效率上,一般是阈值法效率较高,其次是统计学法,最后是神经网络法。当然,这种顺序并不是绝对的,如需要利用统计分析来设定多组阈值时,阈值法的检测速度也会很慢。此外,传感器的波段设置和下垫面的地物类型都会影响云检测效果,神经网络法因其可以智能地训练数据集,在普适性方面优于统计学法和阈值法。

4.5.4 高光谱数据云检测方法研究

为了提高数据生产效率,在卫星数据 1 级产品生产之前对数据进行简单的云量判断,去掉云量较大的数据可以节省计算资源,提高数据生产效率。该研究基于云光谱特性,结合"珠海一号"高光谱影像数据特点进行云检测。图 4 – 48 为"珠海一号"高光谱数据。

云检测技术流程如图 4 – 49 所示,主要包含利用基于空间信息的 k – means 算法进行云提取、云样本选择及统计计算、计算归一化差异指数进行云检测。

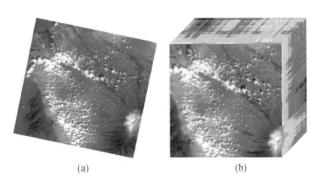

图 4-48 "珠海一号"高光谱数据(见彩图)

(a)"珠海一号"高光谱数据(假彩色合成);(b)图谱立方体显示。

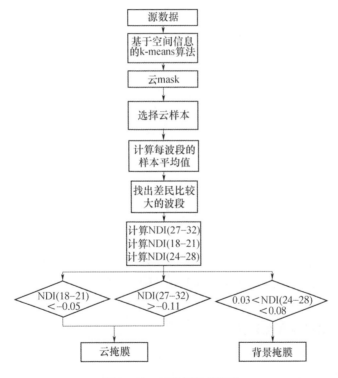

图 4-49 云检测技术流程

1. 基于空间信息的 k-means 算法进行云提取

基于空间信息的 k-means 算法在经典的 k-means 算法基础上添加了空间信息,考虑像素及其四连通领域的像素值,用 5 分量矢量 V_s 来表示像素 s。对

矢量 V_s 从大到小进行排序,虽然损失了每个像素到彼此的空间定位信息,但能够产生各向同性的性质(图 4-50)。如果像素处于同质区域,矢量 V_s 与矢量 $V_{max}(255,255,255,255,255)$ 共线,则称 V_{max} 为均匀轴;如果像素处于异质区域,该矢量方向将远离均匀轴;如果像素处于云区,该矢量范数会很大,所以云的质心应该初始化为均匀轴上的最大矢量。

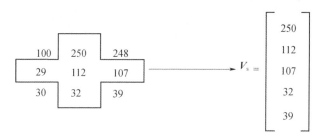

图 4-50 邻域像素及对应的矢量

基于空间信息的 k-means 算法的具体步骤如下。

(1) 根据情况选择合适的类别数(8~9类)。

(2) 初始化第 k 个 ω_j 类的类中心 $V_j^c(0)$。

(3) 迭代循环第 i 步,如果 $V_j^c(i)$ 距离 V_s 最近,则 V_s 表示的 s 像素归为该类。

(4) 当所有的像素都被归为某类时,则计算新的类中心 $V_j^c(i+1)$。约束云类中心保持在均匀轴上,新的云类中心 V_{clouds}^c 则为 (p,p,p,p,p),其中 p 为该云类的中值。

(5) 当 V_j^c 保持不变时终止迭代,否则返回第(3)步继续迭代。

通过基于空间信息的 k-means 算法,可以很好地将云从影像中提取出来。根据经验,k 取 8 或 9 可以得到比较好的结果。

2. 云样本选择及统计计算

通过基于空间信息的 k-means 算法将云和雪提取出来后,接下来需对云和雪进行分离。根据选择的样本,依据云和雪在不同波段中波谱响应不一致原理进行云和雪分离。

手动选择云的样本,选择样本的原则如下:

(1) 选择云和雪最亮的部分。

(2) 均匀覆盖到所有的云和雪。

(3) 样本中尽量不要含有混合像元,便于区别云和雪的光谱差异特性。

根据所选样本计算不同波段中的样本均值,如表4-11所列。

表4-11 云样本均值

波段	云均值	波段	云均值
1	941.660388	17	511.429158
2	951.787702	18	483.644048
3	900.60353	19	549.807298
4	816.582432	20	404.270731
5	823.162027	21	519.345355
6	781.341721	22	519.938645
7	755.761566	23	472.046215
8	745.306824	24	400.06078
9	615.246171	25	407.216178
10	645.514836	26	393.48776
11	666.74983	27	368.841999
12	694.401945	28	444.031845
13	575.859102	29	423.25704
14	631.033486	30	358.922075
15	641.472328	31	262.734226
16	498.351486	32	298.595471

3. 计算归一化指数进行云检测

根据计算出的样本均值,可以计算两两波段之间的差值,如表4-12所列,求出云表现差异比较大的两个波段。

表4-12 波段差值

波段号	云样本差值
27—32	70.24653
18—21	-35.70131
24—28	-43.97106

利用式(4-61)分别对27和32波段、18和21波段、24和28波段计算归一化差异指数(NDI):

$$\mathrm{NDI} = \frac{\mathrm{FLOAT}[\mathrm{FLOAT}(b_1) - \mathrm{FLOAT}(b_2)]}{\mathrm{FLOAT}[\mathrm{FLOAT}(b_1) + \mathrm{FLOAT}(b_2)]} \quad (4-61)$$

$$\begin{cases} \text{NDI}(18\text{—}21) < -0.05 \\ \text{NDI}(27\text{—}32) > 0.11 \\ 0.03 < \text{NDI}(24\text{—}28) < 0.08 \end{cases} \quad (4-62)$$

由式(4-62)并且根据归一化差异指数中云的统计结果可以计算云提取的阈值。由 18 波段和 21 波段的归一化指数结果可以看出,取值小于 -0.05 可以将部分云分离出来;对于 27 波段和 32 波段,取值大于 0.11 可以将部分云分离出来;最后将两个云分离结果进行合并,得到最终的云 mask。原始影像和云提取结果如图 4-51 和图 4-52 所示。

图 4-51 原始影像(近红外假彩色)(见彩图)

图 4-52 云提取结果(见彩图)

4.6 高光谱遥感数据处理技术

4.6.1 数据降维

高光谱数据可以看作三维图像,在空间维的基础上增加一维光谱信息,其中空间维描述地表二维空间特征,光谱维则揭示图像每一像元的光谱曲线特征,实现了遥感数据图像维与光谱维信息的有机融合。高光谱数据的光谱分辨率可以达到纳米数量级,数据体积十分庞大,而且高光谱数据光谱范围窄,谱间相关性强,信息冗余较大,由此给存储、传输和处理带来了很多问题。利用高光谱遥感图像对地物分类时,若利用全部波段进行分类,计算量太大,光谱波段对分类学习未必全是重要和有效的。另外,分类算法的复杂度会随着特征空间维数的增加而增加,即特征空间的高维度会加剧分类的负担;而且,由于高维数据空间的特点,容易出现"维数灾难"问题,影响到后续的处理效果。因此,在对高光谱数据进行处理之前,需要保留用于分析的重要信息的同时去除大量的数据冗余,将高维数据变换到有意义的低维表示。

一般来说,降维算法主要从两个方面进行,特征选择是直接从原始波段空间选择若干波段用于后续处理,约简后的特征是原始数据的子集;特征提取则是对原始数据集中一个或若干个原始波段按照一定的操作函数进行变换,然后选择若干分量作为后续处理应用的特征子集。

光谱特征提取(Spectral Feature Extraction)是通过原光谱空间或者其子空间的一种数学变换来实现信息综合、特征增强和光谱减维的过程。特征提取方法首先对原始高光谱数据进行数学变换,然后选取变换后的前 n 个特征作为降维之后的 n 个成分,实现数据降维,如图 4-53 所示。

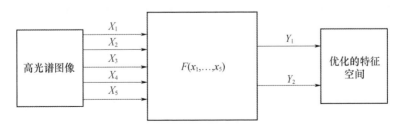

图 4-53 高光谱图像特征提取

光谱特征选择(Spectral Feature Selection)是针对特定对象选择光谱特征空间中的一个子集,该子集是一个缩小了的光谱特征空间,但它包括了该对象的主要特征光谱;另外,在一个含有多种目标对象的组合中,该子集能够最大限度地区别于其他地物。特征选择的目的是选择原始高光谱数据的一个波段子集,该波段子集能够尽量多地保留原始数据的主要光谱特征或者提高原始数据的地物类别可分性,即要按照一定的标准选择一个最优的波段组合。所以,波段选择问题实际上是一个组合优化问题,选择波段组合的标准也称为评价函数或者目标函数。目标函数在波段选择中非常重要,能够直接影响选择到的波段子集的质量。根据目标函数的计算是否需要先验的地物光谱特征信息,可将波段选择算法分为监督的和非监督的两类,如图4-54所示。

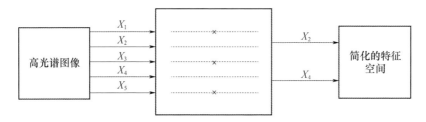

图4-54 高光谱图像特征选择

在分类问题的原始提法中,已经把待处理像素表示为一个由n个特征组成的矢量$X=(x_1,x_2,\cdots,x_n)$,特征降维的任务是考察输入像素中包含的各特征,删减对分类没有贡献或关系不大的特征,保留对分类贡献率较大的特征。因此,特征降维的过程就是根据某种评价准则,对每个特征波段按照这种准则进行排序,选出排序位置靠前的特征波段。因此,特征降维过程不仅降低了输入空间的维数,缩小了求解问题的规模,降低了计算量,更重要的是可以得到很好的决策函数,提高分类的准确率。特征选择是通过删减特征,把输入所在的空间R^n降维到维数较低的空间$R^d(d<n)$。特征提取也是进行降维,但它是通过一个变换,把输入样本所在的空间R^n映射到维数较低的空间$R^d(d<n)$,因此特征提取是特征选择的拓展。

1. 主成分分析

主成分分析(PCA)是一种基本的高光谱数据降维方法,在高光谱数据压缩、去相关和特征提取中发挥了巨大的作用,如图4-55所示。PCA变换也称为霍特林变换(Hotelling Transform)或K-L(Karhunen-Loeve)变换,是一种线性变换,变换后各主成分分量彼此不相关,且随着主成分编号的增加该分量包含的信息量减少。PCA 的直观解释可以用图 4 – 55 给出,输入集合为二维离散点,从图中可以看出这些点大都落在通过原点的倾斜 45°的直线 l 附近,即该直线方向是离散点散落的主要方向,因而在与该直线垂直的方向上,离散点的分布域则比较集中。为此,可以将该二维离散点表示为各个点在直线 l 上的投影,从而将原始的二维输入转化为一维输入。

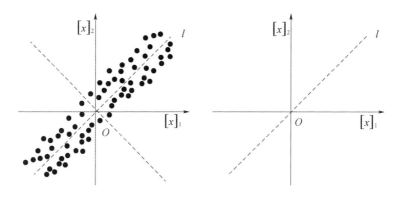

图 4 – 55 主成分分析二维空间

PCA 算法的实现步骤如下。

(1) 对于给定的原始训练样本集 $T = \{(x_1,y_1),(x_1,y_1),\cdots,(x_n,y_n)\} \in (R^N,Y)$,$x_i \in R^N$,$y_i \in Y = \{-1,1\}$,$i = 1,2,\cdots,n$,设降维后的维数 $d < n$。

(2) 构造集合 $\{x_0,x_1,\cdots,x_n\}$,其中 $x_0 = x$,计算该集合的协方差矩阵,如下:

$$\boldsymbol{\Sigma} = \frac{1}{n+1} \sum_{i=0}^{n} (\boldsymbol{x}_i - \overline{\boldsymbol{x}})^{\mathrm{T}} (\boldsymbol{x}_i - \overline{\boldsymbol{x}}) \qquad (4-63)$$

式中:$\overline{\boldsymbol{x}} = \dfrac{1}{n+1} \sum_{i=0}^{n} \boldsymbol{x}_i$。

(3) 求协方差矩阵 $\boldsymbol{\Sigma}$ 的最大 d 个特征值相应的 d 个互相正交的单位特征矢量 $v_1,v_2,\cdots,v_d$。

(4) 用特征矢量 $v_1,v_2,\cdots,v_d$ 组成投影矩阵 $\boldsymbol{V} = [v_1,v_2,\cdots,v_d]$。

(5) 计算 $\overline{\boldsymbol{x}}_i = \boldsymbol{V}^{\mathrm{T}}(\boldsymbol{x}_i - \overline{\boldsymbol{x}})$,$i = 0,1,\cdots,n$ 得到的 $\tilde{x} = \tilde{x}_0$ 和 $\tilde{x}_1,\tilde{x}_2,\cdots,\tilde{x}_n$ 分别为输入 x 和 $x_1,x_2,\cdots,x_n$ 降维后的矢量。

2. 最小/最大自相关因子分析

最小/最大自相关因子(MAF)是 Paul Switzer 提出的替代多元图像的 PCA 的一种数学变换方法。其基本假设是感兴趣信号有高自相关性,噪声有低自相关性。通过在模型中构建具有观测结构的附加信息,对具有相关性的遥感数据集进行 MAF 变换，会生成不相关的、按空间自相关特性排序的多光谱数据集；若分量按空间自相关性从大到小排序，即为最大自相关因子分析，相反为最小自相关因子分析。MAF 是一种基于 PCA 的多元变换，PCA 可使数据方差最大化。MAF 需寻求一种变换，使得邻近像素的空间自相关最大。各波段数据线性组合后，第一分量具有最大空间自相关，高次分量与低次分量正交，空间自相关值比低次分量小，同时高于更高次分量的空间自相关值。已有研究表明，这种分析方法能更好地体现观测矢量各分量的次序。

地统计学中研究的变量在空间上不一定是完全独立的，可能存在着空间上的联系，需要揭示随机变量的空间相关结构——变量性质随距离的相关关系。MAF 方法顾及图像数据的空间本质，利用了地统计学理论，不仅需要计算图像数据的方差-协方差矩阵，还需计算原图像与空间漂移后图像的差分的协方差矩阵。

最大自相关因子方法的计算原理与过程如下：设有随机变量 $\boldsymbol{Z}^T = [Z_1(x), \cdots, Z_m(x)]$，$Z(x)$ 是位置 x 上的一个多维观测。根据地统计学，假定 $Z(x)$ 满足 $E\{Z(x)\} = 0, D\{Z(x)\} = \Sigma$。空间移位可以由 $\boldsymbol{\Delta}^T = [\Delta_1, \Delta_2]$ 表示，空间协方差函数由 $\text{Cov}\{Z(x), Z(x+\Delta)\} = \boldsymbol{\Gamma}(\Delta)$ 定义。$\boldsymbol{\Gamma}$ 具有如下性质：$\boldsymbol{\Gamma}(0) = \Sigma$，$\boldsymbol{\Gamma}(\Delta)^T = \boldsymbol{\Gamma}(-\Delta)$。对于 $Z(x)$ 与 $Z(x+\Delta)$ 在某一方向上的投影的相关性，即 $\text{Cov}\{\boldsymbol{a}^T\boldsymbol{Z}(x), \boldsymbol{a}^T\boldsymbol{Z}(x+\Delta)\}$，有：

$$\begin{aligned}\text{Cov}\{\boldsymbol{a}^T\boldsymbol{Z}(x), \boldsymbol{a}^T\boldsymbol{Z}(x+\Delta)\} &= \boldsymbol{a}^T\boldsymbol{\Gamma}(\Delta)\boldsymbol{a} = [\boldsymbol{a}^T\boldsymbol{\Gamma}(\Delta)\boldsymbol{a}]^T \\ &= \boldsymbol{a}^T\boldsymbol{\Gamma}(\Delta)^T\boldsymbol{a} = \boldsymbol{a}^T\boldsymbol{\Gamma}(-\Delta)\boldsymbol{a} \\ &= \frac{1}{2}[\boldsymbol{\Gamma}(\Delta) + \boldsymbol{\Gamma}(-\Delta)]\boldsymbol{a}\end{aligned} \quad (4-64)$$

引入 Σ_Δ，Σ_Δ 是关于 Δ 的一多元变异函数，即有：

$$\begin{aligned}\Sigma_\Delta &= D\{Z(x) - Z(x+\Delta)\} = E\{[Z(x) - Z(x+\Delta)][Z(x) - Z(x+\Delta)]^T\} \\ &= E\{Z(x)Z(x)^T - Z(x)Z(x+\Delta)^T - Z(x+\Delta)Z(x)^T + Z(x+\Delta)Z(x+\Delta)^T\} \\ &= E[Z(x)Z(x)^T] - E[Z(x)Z(x+\Delta)^T] - E[Z(x+\Delta)Z(x)^T] \\ &\quad + E[Z(x+\Delta)Z(x+\Delta)^T] \\ &= 2\Sigma - [\boldsymbol{\Gamma}(\Delta) + \boldsymbol{\Gamma}(-\Delta)]\end{aligned} \quad (4-65)$$

满足 $\boldsymbol{\Gamma}(\Delta) + \boldsymbol{\Gamma}(-\Delta) = 2\Sigma - \Sigma_\Delta$，则式(4-65)可以表达为 $\text{Cov}\{\boldsymbol{a}^T\boldsymbol{Z}(x), \boldsymbol{a}^T\boldsymbol{Z}(x+\Delta)\} = \boldsymbol{a}^T\left(\Sigma - \frac{1}{2}\Sigma_\Delta\right)\boldsymbol{a}$，且有相关性，即

$$\text{Corr}\{\boldsymbol{a}^{\text{T}}\boldsymbol{Z}(x),\boldsymbol{a}^{\text{T}}\boldsymbol{Z}(x+\Delta)\} = \frac{\boldsymbol{a}^{\text{T}}\left(\Sigma - \frac{1}{2}\Sigma_{\Delta}\right)\boldsymbol{a}}{\boldsymbol{a}^{\text{T}}\Sigma\boldsymbol{a}}$$

$$= 1 - \frac{1}{2}\frac{\boldsymbol{a}^{\text{T}}\Sigma_{\Delta}\boldsymbol{a}}{\boldsymbol{a}^{\text{T}}\Sigma\boldsymbol{a}} \tag{4-66}$$

拟最大化自相关,只需 Rayleigh 商最小。Rayleigh 商的求解可参考如下公式:

$$R(\boldsymbol{a}) = \frac{\boldsymbol{a}^{\text{T}}\Sigma_{\Delta}\boldsymbol{a}}{\boldsymbol{a}^{\text{T}}\Sigma\boldsymbol{a}} \tag{4-67}$$

由 $\Sigma_{\Delta}\boldsymbol{a} = \Sigma\boldsymbol{a}\lambda$,求得特征值 $\lambda_1 \leqslant \cdots \leqslant \lambda_m$ 和 $\boldsymbol{a}_1,\cdots,\boldsymbol{a}_m$ 特征矢量。利用特征矢量 $\boldsymbol{a}$ 对多波段数据进行投影变换,可得各分量图像有 $Y_i(x) = \boldsymbol{a}_i^{\text{T}}\boldsymbol{Z}(x)$,并且各分量满足以下关系,即

1) $\text{Corr}[Y_i(x), Y_j(x)] = 0, i \neq j$

2) $\text{Corr}[Y_i(x), Y_i(x+\Delta)] = 1 - \frac{1}{2}\lambda_i$

3) $\text{Corr}[Y_1(x), Y_1(x+\Delta)] = \inf_a \text{Corr}\{\boldsymbol{a}^{\text{T}}\boldsymbol{Z}(x),\boldsymbol{a}^{\text{T}}\boldsymbol{Z}(x+\Delta)\}$

$\text{Corr}[Y_m(x), Y_m(x+\Delta)] = \sup_a \text{Corr}\{\boldsymbol{a}^{\text{T}}\boldsymbol{Z}(x),\boldsymbol{a}^{\text{T}}\boldsymbol{Z}(x+\Delta)\}$ (4-68)

$\text{Corr}[Y_i(x), Y_i(x+\Delta)] = \inf_{a \in M_i} \text{Corr}\{\boldsymbol{a}^{\text{T}}\boldsymbol{Z}(x),\boldsymbol{a}^{\text{T}}\boldsymbol{Z}(x+\Delta)\}$

$M_i = \{a | \text{Corr}\{\boldsymbol{a}^{\text{T}}\boldsymbol{Z}(x), Y_j(x)\} = 0, j = 1,\cdots,i-1\}$

3. F - 分值特征选择方法

F - 分值特征选择方法是一种简单有效的特征选择方法,对于给定的原始训练样本集 $\{(x_1,y_1),(x_2,y_2),\cdots,(x_n,y_n)\} \in (R^N, Y), x_i \in R^N, y_i \in Y = \{-1, 1\}, i = 1,2,\cdots,n$,记其正类点和负类点的个数分别为 num_+ 和 num_-,分别计算每个特征正类点、负类点和全部样本的特征平均值如下。

$$\begin{cases} [\bar{x}]_k^+ = \frac{1}{\text{num}_+}\sum_{y_i=+1}[x_i]_k, k = 1,2,\cdots,N \\ [\bar{x}]_k^- = \frac{1}{\text{num}_-}\sum_{y_i=-1}[x_i]_k, k = 1,2,\cdots,N \\ [\bar{x}]_k = \frac{1}{n}\sum_{i=1}^{n}[x_i]_k, k = 1,2,\cdots,N \end{cases} \tag{4-69}$$

并由此定义训练样本集第 k 个特征的 F - 分值为

$$F(k) = \frac{([\bar{x}]_k^+ - [\bar{x}]_k)^2 - ([\bar{x}]_k^- - [\bar{x}]_k)^2}{\frac{1}{\text{num}_+ - 1}\sum_{y_i=+1}([x_i]_k - [\bar{x}]_k^+)^2 + \frac{1}{\text{num}_- - 1}\sum_{y_i=-1}([x_i]_k - [\bar{x}]_k^-)^2}$$

$$k = 1, 2, \cdots, N \quad (4-70)$$

式(4-70)中,$([\bar{x}]_k^+ - [\bar{x}]_k)^2 - ([\bar{x}]_k^- - [\bar{x}]_k)^2$反映了正类点和负类点在第$k$个特征上的差异程度,$\frac{1}{\text{num}_+ - 1}\sum_{y_i=+1}([x_i]_k - [\bar{x}]_k^+)^2$和$\frac{1}{\text{num}_- - 1}\sum_{y_i=-1}([x_i]_k - [\bar{x}]_k^-)^2$分别反映了在第$k$个特征上正类点和负类点各自的分散程度。对于某个特征波段k,F-分值越大,说明该特征越能区分这两个类别,因此F-分值就可以作为选择特征的一个标准。

F-分值特征选择算法步骤如下。

(1) 对于给定的原始训练样本集$T = \{(x_1, y_1), (x_1, y_1), \cdots, (x_n, y_n)\} \in (R^N, Y), x_i \in R^N, y_i \in Y = \{-1, 1\}, i = 1, 2, \cdots, n$,设降维后的维数$d < n$。

(2) 按照式(4-70)计算样本集的N个F-分值:$F(1), F(2), \cdots, F(N)$。

(3) 把N个F-分值按照从大到小的顺序重新排列为$F(k_1), F(k_2), \cdots, F(k_N)$,使得$F(k_1) \geq F(k_2) \geq \cdots \geq F(k_N)$取上式中前$d$个最大的值对应的下标$\{k_1, k_2, \cdots, k_d\}$,这些下标对应的特征即为我们要选择的特征。

(4) 递归特征消除方法。

对原始训练样本集直接使用线性支持矢量机,求解最优分类超平面的过程中会求解得到最优分类超平面的法矢量$w^* = (w_1^*, w_2^*, \cdots, w_N^*)$。若该法矢量的某个分量$w_j^* = 0$,则决策函数$f(x) = \text{sgn}(\sum_{i=1}^{N} w_i^*[x]_i + b^*) = \text{sgn}(\sum_{i \neq j} w_i^*[x]_i + b^*)$在判决的过程中不包含第$j$个特征$[x]_j$,因此该特征是可以被删除的。与这种情况类似,当最优分类超平面法矢量w^*的某个分量的绝对值$|w_j^*|$相对较小时,认为该分量对分类的贡献也较小,因此该特征也是可以被删除的。但为了减少每次删除特征后对支持矢量的模型构建的影响,限定每次只能删除一个特征,即每次求出最优分类超平面对应的法矢量w^*后,只删除对应于w^*的绝对值最小的那个分量的特征,然后利用其余特征组成新的训练集。重复以上步骤,直到余下的特征数满足事先给定的特征降维维数。

递归特征消除算法步骤如下。

(1) 对于给定的原始训练样本集$T = \{(x_1, y_1), (x_1, y_1), \cdots, (x_n, y_n)\} \in (R^N, Y), x_i \in R^N, y_i \in Y = \{-1, 1\}, i = 1, 2, \cdots, n$,选取经过特征选择后要保留的

特征的个数 d。置 $k=0$，构造训练集 $T_0 = T$。

（2）对训练集使用线性支持矢量分类机，求出最优分类超平面的法矢量 w^*，找出其绝对值最小的分量，从训练集 T_k 中删除与该分量对应的特征，得到训练集 T_{k+1}。

（3）若 $k+1 = n-d$，则算法停止，此时 T_{k+1} 中保留的特征即为选择的特征；否则，置 $k = k+1$，转向步骤（2）。

（4）最大噪声分数。

当某噪声方差大于信号方差或噪声在图像各波段分布不均匀时，基于方差最大化的 PCA 并不能保证图像的质量随着主成分的增大而降低。这里引入最大噪声分数变换（MNF），该变换根据图像质量排列成分。描述图像质量的参数有很多，MNF 主要采用信噪比（SNR）与噪声比例。

这里假设 $X = [x_1, x_2, \cdots, x_p]^T$ 是 $p \times N$ 维矩阵，行矢量组的均值矢量 $E(X) = 0$，协方差矩阵 $D(X) = \Sigma$。假设 $X = S + N$，式中 S 和 N 分别指信号与噪声，且 S 和 N 不相关，由此 $D(X) = \Sigma = \Sigma_S + \Sigma_N$，式中 Σ_S 和 Σ_N 分别是 S 和 N 的协方差矩阵。假设噪声为加性噪声，以噪声方差与该波段总方差的比来表征噪声比例 $\text{Var}\{N\}/\text{Var}$。MNF 是一种线性变换，则有 $Z_i = a_i^T X, i = 1, 2, \cdots, p$。$Z_i$ 的噪声比例在所有正交于 $Z_j (j = 1, 2, \cdots, i-1)$ 的成分中最大，这里将 a_i 标准化，$a_i^T \Sigma a_i = 1$。由此，MNF 变换表示为

$$Z = A^T X \quad (4-71)$$

式中：线性变换系数矩 $A = [a_1, a_2, \cdots, a_p]$ 为矩阵 $\Sigma^{-1}\Sigma_N$ 的特征矢量矩阵，则有 $\Sigma^{-1}\Sigma_N A = \Lambda A$。

其中，对角线矩阵 Λ 为特征值矩阵，第 i 个元素为特征值 λ_i，对应成分的噪声比例为

$$\frac{\text{Var}\{a_i^T N\}}{\text{Var}\{a_i^T Z\}} = \frac{a_i^T \Sigma_N a_i}{a_i^T \Sigma a_i} \quad (4-72)$$

求解矢量 a_i 的问题变成求解广义特征值和特征矢量的问题 $\det(\Sigma_N - \lambda\Sigma) = 0$。由此可知，变量 Z_i 的 SNR 为 $\text{SNR} = \dfrac{1}{\lambda_i} - 1$。

MNF 变换是基于图像质量的线性变换，变换结果的成分按照信噪比的大小排序，因此不同的噪声对于 MNF 变换的影响不同。这里主要考虑两种噪声存在的情况：一是不相关的噪声均匀分布在图像的各个波段，二是仅图像的一个波段存在噪声。当方差为 σ_N^2 的噪声均匀分布在图像的各个波段且彼此不相关

时,噪声均匀分布在数据高维空间的各个方向上。由噪声比例公式 $\mathrm{Var}\{N_i(x)\}/\mathrm{Var}\{Z_i(x)\}$ 可知,当某个方向的噪声比例最大时,该方向上的数据总方差(信息量)最小,MNF 变换结果与 PCA 变换结果相同。当噪声仅存在于图像的一个波段时,PCA 变换不能保证随着主成分增加图像质量降低。此时,通过 MNF 变换可以将噪声从该波段中分离出来,也可以通过其他波段对该波段信号(仅包含噪声的波段)进行最佳估计来分离噪声。

4. 独立成分分析

独立成分分析(ICA)起源于 20 世纪 80 年代,其主要目的是解决盲源分离问题(Blind Source Separation)。其基本思路是将多维观察信号按照统计独立的原则建立目标函数,通过优化算法将观测信号分解为若干独立分量。在处理实际问题时,该假设符合实际情况,因为在现实世界的很多源信息均服从非高斯分布,如大部分语音和图像。另外,该假设也说明独立成分分析中不可能采用普通的基于二阶统计量的方法,而是需要利用更高阶的统计量来分析信息。独立成分分析方法的独特优势使得其在图像处理、模式识别、语音识别、雷达信号处理及生物医学领域得到了广泛的应用。

设 $x_i(t)$ 是一组用 N 个传感器阵列接收的 N 维观测信号,其中 $i=1,2,\cdots,N$,N 表示观测信号的通道序数,$t=1,2,\cdots,T$ 表示观测数据的长度,$x_i(t)$ 是由若干源信号经过混合后产生的。ICA 的目的就是从这 N 个观测信号 $x_1(t),x_2(t),\cdots,x_N(t)$ 中找出隐含在其中的源信号 $s_j(t)$,其中 $t=1,2,\cdots,p$,这些源信号描述观测信号 $x_i(t)$ 的最本质特征。在不失一般性的情况下,设混合的随机变量和独立源信号均为零均值,ICA 模型用矩阵形式来定义。令 $\boldsymbol{X}=(x_1,x_2,\cdots,x_N)^\mathrm{T}$ 为 $N\times T$ 维观测信号,$\boldsymbol{S}=(s_1,s_2,\cdots,s_p)^\mathrm{T}$ 是 $p\times T$ 维未知源信号,则 ICA 的线性模型可表示为

$$\boldsymbol{X}=\boldsymbol{AS}=\sum_{i=1}^{p}a_is_i,\ i=1,2,\cdots,p \qquad (4-73)$$

式中:s_i 为独立分量;$\boldsymbol{A}=(a_1,a_2,\cdots,a_p)$ 为一满秩的 $N\times p$ 矩阵,称为混合矩阵。

由式(4-73)可以看出,各观测数据 x 由各独立源信号 s 经过 a 线性加权得到。独立源信号 s 是隐含变量,不能通过直接测量获得。由于混合矩阵 $\boldsymbol{A}$ 是未知的,因此可利用的信息仅为观测矢量 $\boldsymbol{x}$。若没有任何条件约束或假设限制,仅由 $\boldsymbol{X}$ 估计出 $\boldsymbol{A}$ 和 $\boldsymbol{S}$,则式(4-73)的解不唯一,得到的结果也不具有实际意义。因此,ICA 对整个提取过程加入了一定的限制条件,从而使方程解唯一。ICA 的目的是,在混合矩阵 $\boldsymbol{A}$ 和源信号 $\boldsymbol{S}$ 未知的情况下,仅利用源信号 $\boldsymbol{S}$ 是独立的这一假设,尽

可能真实地分离出源信号。ICA 也可以描述为,以分离结果相互独立为目标,找出一个线性变换分离矩阵 W,希望输出信号 Y 尽可能真实地逼近源信号 S,其中 Y 是对源信号的一个估计,也是 ICA 的最终结果 $Y = WX = WAS$。

4.6.2 信息提取技术

高光谱成像技术将二维空间图像技术和一维光谱技术相结合,形成三维光谱图像,它不仅可以表征地物的图像特征,还可以表征某一像素点的光谱特性。与传统图像相比,高光谱图像具有波段多、波段窄、图谱合一等特性,能以较高的可信度识别地物。近年来,随着统计理论、模糊理论、模式识别、机器学习等方法研究的广泛化,多种高光谱图像分类算法相继发展起来。根据分类过程中是否包含训练样本,高光谱遥感图像基本分类算法可分为监督分类和非监督分类。

高光谱图像数据将地物光谱信息和图像信息融为一体,其数据具有两类表述空间:几何空间和光谱特征空间[97]。

(1) 几何空间:直观表达每个像元在图像中的空间位置及它与周边像元之间的相互关系,为高光谱图像的处理与分析提供空间信息。

(2) 光谱特征空间:高光谱图像中的每个像元对应多个成像波段的反射值,近似连续的光谱曲线表达为一个高维矢量,矢量在不同波段值的变化反映了其所代表的目标的辐射光谱信息,描述地物的光谱特性与波长之间的变化关系。其优势是特征维度的变化及扩展性。对于同样的高光谱数据,能够从最大可分性的角度在更高维的特征空间中观察数据分布,或者映射到一系列低维的子空间。因此,将高光谱像元矢量作为高维特征空间里的数据点,根据数据的统计特性来建立分类模型。模式识别成为图像分类的理论基础,基于该方法的分类方式成为应用最广泛的分类方式。光谱特征空间的弱点是无法表达像元间的几何位置关系。

从高光谱图像分类框架(图 4-56)中可以看出,其核心问题的解决方案在于两方面:一是特征挖掘,特征是高光谱图像的重要依据,通过变换和提取得到不同地物类别具有最大差异性的特征,能够极大地提高感兴趣类别的可分性程度;二是分类器设计,利用适合的分类器有利于发现复杂数据的内涵,如非线性特征等,从而提高高光谱图像分类的精度。

高光谱图像分类方法按照分类器设计不同可划分为监督法、非监督法、半监督法、混合法、集成法和多级法六大类[98]。张兵[99]根据参与分类过程的特征类型及其不同的描述,将高光谱图像分类算法划分为基于光谱特征分类、整合空间与光谱特征分类。

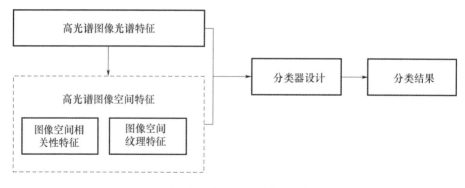

图 4-56 高光谱图像分类框架

（1）基于光谱特征分类。光谱特征是高光谱图像中区分地物的决定性特征，基于光谱特征分类囊括了高光谱图像分类的大部分方法。它主要包括 3 个方面。

① 谱曲线分析，即利用地物物理光学性质来进行地物识别，如 1997 年童庆禧等就用了光谱夹角填图。

② 谱曲线分析谱特征空间分类，主要分为统计模型分类方法与非参数分类方法。基于统计模型的最大似然分类是传统遥感图像分类中应用最为广泛的分类方法，最小距离、马氏距离分类器均为最大似然法特定约束条件下的变形。非参数分类算法一般不需要正态分布的条件假设，主要包括决策树、神经网络、混合像元分类及基于核方法的分类，如支持矢量机和子空间支持矢量机等。此外，针对小样本问题提出的半监督分类、主动学习方法可利用有限的已知训练样本挖掘大量的未标记像元样本。目前，基于稀疏表达的高光谱图像分类越来越受到关注，它针对高光谱数据的冗余性特点，将高维信息表达为稀疏字典与其系数的线性组合。采用稀疏表达对高光谱图像进行处理，能够简化分类模型中参数估计的病态问题，随后将稀疏理论与多元逻辑回归、条件随机场模型、神经网络等方法结合，获得优化的分类方法。研究表明，非参数分类器在复杂区域分布中能够提供比传统分类器更好的分类结果。

③ 其他高级分类器：多以模式识别及智能化、仿生学等为基础引入图像分类，如基于人工免疫网络的地物分类、群智能算法及深度学习等。

（2）整合空间-光谱特征的图像分类。图像相邻像元间总存在着相互联系，称为空间相关性。这主要是由于遥感器在对地面上一个像元大小的地物成像过程中，同时吸收了周围地物反射的一部分能量。这种分类可以分为光谱-空间特征同步处理和后处理两种策略。同步处理可以将空间特征与光谱特征提取并融合后合并为高维矢量进行归一化处理,直接输入基于分类器得到结果;也可以利用支持矢量机将两种特征变换到不同的核空间中,通过多核复合进行分类。后处理可以理解为在光谱分类结果的基础上进行后续优化处理。

1. 高光谱图像信息提取的基本方法

1) 光谱角匹配

光谱角匹配(SAM)是一种基于广义夹角的高光谱图像分类方法,它自动将图像光谱与各个光谱或者光谱库进行比较。根据遥感的物理基础,地物的反射光谱在很大程度上可以决定地物类型,据此得到基于 SAM 的分类算法。通过将测量光谱矢量映射成一系列代表该矢量与参考光谱矢量相似性的角度值,实现由测量空间到特征空间的变换。计算两个光谱之间的光谱角可以确定它们之间的相似程度,光谱矢量的维数就是波段数。未知光谱 t 与参考光谱 r 之间的相似度为

$$\alpha = \arccos \frac{\langle t, r \rangle}{\| t \| \ \| r \|} \tag{4-74}$$

以标准光谱或从图像中直接提取的已知点的平均光谱为参考,将图像中的每个像素矢量与参考光谱矢量求广义夹角 α。α 越小,二者的相似程度越大。在一般应用中,常常从图像中选取 α。

2) 最大似然法

最大似然判别函数是统计模式识别的参数方法。该方法要用到各类先验概率 $p(\omega_i)$ 和条件概率密度函数 $p(X/\omega_i)$,其中先验概率 $p(\omega_i)$ 通常根据各种先验知识给出;而 $p(X/\omega_i)$ 则是首先确定其分布形式,然后利用训练场地估计这种形式中用到的参数。分布形式的估计方法有最大熵法、多项式法等多种方法。设 $p(X/\omega_i)$ 为 d 维特征数据空间中的第 $i(i=1,2,\cdots,N)$ 类概率密度函数,$p(\omega_i)$ 是数据集中第 i 类发生的概率,则判决 x 属于 ω_i 类而不属于 ω_j 类,等价于 $p(X/\omega_i)p(\omega_i) \geq p(X/\omega_j)p(\omega_j)$。

在实际应用中,概率密度函数常被假设为正态或高斯分布,此时类概率密度函数表示为

$$g(X) = \ln[p(\omega_i)] - \frac{1}{2}\ln\left|\sum\nolimits_i\right| - (X-\mu_i)^T \sum\nolimits_i^{-1} (X-\mu_i) \tag{4-75}$$

最大似然法应用十分广泛,是一种较成熟的监督分类方法。

3）决策树分类方法

决策树分类方法是以特征值，如光谱值、光谱运算指标、主成分等为基准值，分层逐次进行比较运算的分类方法。其常用的算法有 ID3、C5.0 和 CART 等。决策树的工作过程就是找出分类能力最好的属性变量，把数据分成多个子集，再用分类能力最好的属性对每个子集进行划分，如此迭代，直到所有子集仅包含一个类别或样本数量小于某阈值。

4）人工神经网络方法

人工神经网络方法（BP 神经网络）采用网络状的神经元互联结果模拟生物神经系统对现实世界的认识和反映，由输入层、隐含层和输出层组成，中间可以包含多个隐含层。人工神经网络方法已被广泛应用于传统遥感图像分类，适合处理没有一定分布如正态分布、定性或名义的数据。对于高光谱图像来说，有以下几个方面的问题：需要一定数量的训练样本；波段数量较多，需要很长的迭代时间，且不易找到全局最优解；人工神经网络的结构参数值不能事先确定，需要根据具体数据的实验来确定；单以训练样本的平均系统误差作为系统网络学习过程的标准，可能会出现过度拟合现象，最终导致训练网络失去泛化性能。

5）支持矢量机方法

和传统分类方法相比，支持矢量机用于高光谱分类具有比较好的效果，因为支持矢量机不受现象的影响。支持矢量机的高泛化性能主要是由于其最优超平面使得训练样本在高维特征空间的距离最大。

设 d 维的训练样本 $X_i \in R^d, i = 1, 2, \cdots, n$。由两类点组成，如果 X_i 属于第一类，则标记为 1；如果属于第二类，则标记为 -1。从中取大小为 n 的样本作为训练集 $(x_i, y_i), i = 1, 2, \cdots, n, y_i = 1$ 或 -1。学习的目标是要构造一个判别函数，将两类模式尽可能正确地区分出来。

如果该训练样本是线性可分的，则必然存在某个超平面，将两类样本完全分开：

$$w \cdot x_i + b = 0, i = 1, 2, \cdots, n$$

构造并求解对变量 $w \in R^d$ 及 $b \in R$ 的最优化问题：

$$\begin{cases} \min: \dfrac{1}{2} \| w \|^2 \\ \text{s.t.} : y_i(w \cdot x_i + b) \geq 1, i = 1, 2, \cdots, n \end{cases} \quad (4-76)$$

这样判别函数为

$$f(x) = \text{sgn}(w \cdot x + b) \quad (4-77)$$

如果这 n 个训练样本是线性不可分的,则可以将原问题通过核函数 $\phi(\cdot)$ 映射到高维空间中,这样最优化问题就变为

$$\begin{cases} \max: \sum_{i=1}^{n} \alpha_i - \dfrac{1}{2} \sum_{i=1}^{n} \sum_{j=1}^{n} \alpha_i \alpha_j \beta_i \beta_j \phi(x_i) \cdot \phi(x_j) \\ \text{s.t.} : \sum_{i=1}^{n} \alpha_i y_i = 0, 0 \leqslant \alpha_i \leqslant C, i = 1,2,\cdots,n \end{cases} \quad (4-78)$$

式中：$\phi(x_i) \cdot \phi(x_j) = K(x_i, x_j)$。

实际应用中,有以下 3 种核函数被广泛使用,其中 RBF 核函数使用得最多。

(1) 多项式核函数：

$$K(x_i, x_j) = (x_i \cdot x_j + 1)^d \quad (4-79)$$

(2) RBF 核函数：

$$K(x_i, x_j) = \exp(-\gamma \parallel x_i - x_j \parallel^2) \quad (4-80)$$

(3) Sigmoid 核函数：

$$K(x_i, x_j) = \tanh[w \cdot (x_i \cdot x_j) + b] \quad (4-81)$$

2. 精度评价方法

高光谱遥感图像分类完成后,需要对其分类效率及精度进行评价。遥感影像的分类精度评价一般是以地面实际调研数据和分类结果进行比较。随着遥感技术的革新,高光谱图像分类精度评价标准与统计学相结合,趋于多样化。目前常用的高光谱图像分类精度评价指标有混淆矩阵(CM)、总体分类精度(OA)、Kappa 系数分析、生产者精度(PA)、用户精度(UA)等。

4.6.3 混合像元分解

1. 混合像元分解技术概述

成像光谱仪以像素为单位记录采集到的地物光谱信息,如果一个像素仅包含一种地物类型,则称这种像素为端元。而实际地物类型是复杂多样的,受高光谱遥感图像空间分辨率的限制,大部分的像素包含多种不同地物信息,因此这些像素被称为混合像素。图 4-57 所示为端元和混合像素的物理机制。为了提升高光谱图像的处理精度,进一步提高遥感的定量精度,不能将大量存在的混合像素当一个整体处理,而是需要深入解析构成混合像素的各端元信息,这就是混合像元分解技术的意义。

高光谱图像的混合像元分解有两个基本目的:确定组成混合像元的基本地物和计算各个基本地物在混合像元中所占比例。前者称为端元提取(Endmember Extraction),后者称为丰度反演(Abundance Inversion),这两者是实现混合像

元分解的核心步骤[100]。为了实现混合像元分解,需要利用数学模型描述混合像元形成的物理过程。根据对物理过程抽象程度的不同,高光谱图像光谱混合模型可以分为线性光谱混合模型(LSMM)和非线性光谱混合模型(NLSMM)。地物的混合和物理分布的空间尺度大小决定了非线性的程度,大尺度的光谱混合通常被认为是一种线性混合,而小尺度的物质混合则是非线性的,如图4-58所示。

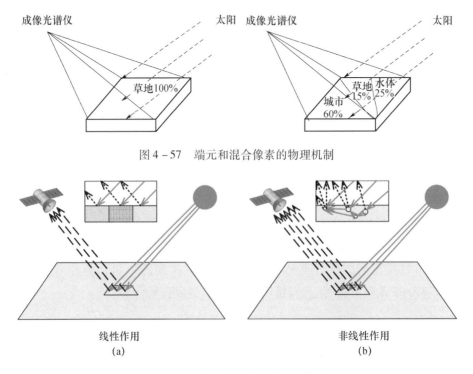

图4-57 端元和混合像素的物理机制

图4-58 高光谱图像光谱混合模型
(a)线性光谱混合;(b)非线性光谱混合。

LSMM和NLSMM模型一般是将端元光谱作为单条曲线进行处理,忽略了端元光谱存在的变异性[101]。在光谱变异对混合像元分解影响的研究中,比较代表性的工作有两方面:一是在已有的线性混合模型基础上考虑光谱变异,用一个有限的光谱集合代表端元可能发生的各种变异情况;二是扩展现有的模型,对光谱变异程度进行建模,如正态组分模型[102-103],它用概率来描述光谱的不确定性,将端元视为一个呈给定概率分布的随机变量。该方法利用特定参数来表示端元光谱变异,其好处是这种方法在不存在纯像元的数据中也可以估计端元。

2. 线性光谱混合模型

线性光谱混合模型是假设太阳入射辐射只与一种地物表面发生作用,且物质之间没有相互作用,每个光子仅能"看到"一种物质并将其信号叠加到像元光谱中。线性光谱混合模型在混合像元问题中被广泛使用,这是因为其在一定条件下能够符合光谱混合过程的物理原理,且形式简单,易于设计算法和分析比较。若像元 r 由 m 个端元组成,则线性光谱混合模型可表示为 $r = \sum_{j=1}^{m} a_j e_j + \varepsilon$,式中,$a_j$ 为 e_j 在 r 中所占比例(丰度),ε 为模型误差项。该模型有两个约束条件:① $a_j \geq 0$ 的非负约束;② $\sum_{j=1}^{m} a_j = 1$ 的归一化约束。

LSMM 有 3 种描述方法,分别为物理学描述、代数学描述和几何学描述。

1)物理学描述

高光谱图像混合像素的光谱信息是由像素内部各个不同地物"纯"的光谱面积加权平均得到的,如图 4-59 所示,y 表示一个像素的光谱信息,由 A、B、C、D 4 种地物构成,它们所占的面积比例分别为 a、b、c、d,则 y 可以表示为

$$y = Aa + Bb + Cc + Dd \tag{4-82}$$

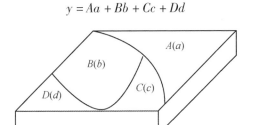

图 4-59 LSMM 物理学描述

这里所说的"纯"光谱用端元表示,它是一个相对概念,即在一定范围内被认为是单一的地物。

2)代数学描述

高光谱图像混合像素的光谱用代数描述方法可以表示为端元矩阵 $\boldsymbol{E}$ 与丰度矢量 $\boldsymbol{a}$ 的乘积,如下:

$$\boldsymbol{y} = [e_1, e_2, \cdots, e_n] \begin{bmatrix} a_1 \\ a_2 \\ \vdots \\ a_n \end{bmatrix}^{\mathrm{T}} \tag{4-83}$$

式中：y 为像素光谱，是已知信息，高光谱图像端元矩阵 $E=[e_1,e_2,\cdots,e_n]$，可以从图像信息中获取，也可以采用实地测量的光谱；丰度矢量 $a=[a_1,a_2,\cdots,a_n]$，为未知量。

3）几何学描述

高光谱图像具有空间维和光谱维，像素在其 L 维光谱空间中是一个点，这些数据点集合呈现出凸面单形体结构，而端元位于凸面单形体的顶点上，混合像素位于由端元构成的单形体的面或者内部。

如图 4-60 所示，在二维光谱空间中，高光谱数据集呈现的凸面单形体为三角形，端元 A、B、C 位于三角形的顶点，而混合像素位于由端元 A、B、C 构成的三角形内部或者 3 条边上，其中端元由实心圆表示，混合像素由空心圆表示，位于三角形 BC 边上的混合像素由端元 B、C 组成，位于内部的混合像素由端元 A、B、C 组成。在三维空间中端元位于四面体的顶点，依此类推，可以得出 n 维空间像素分布情况。

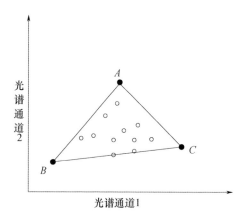

图 4-60　LSMM 几何学描述

3. 非线性光谱混合模型

非线性光谱混合模型是在线性模型中增加了光子与物体接触时的能量传递过程和光子在不同物体之间的多重散射，它可以分为专用模型和通用模型[104]。专用模型主要依据辐射传输理论，并且针对特定的地物类型。最有代表性的专用模型有 Hapke[105] 建立的针对星球表面矿物的 Hapke 模型、李小文和王锦地[106]建立的针对植被结构化参数的几何光学模型、Suits[107]建立的针对植被冠层的 Suits 模型，还有同样针对植被冠层的 SAIL 模型[108]等。通用模型不针对特定地物类型，避免引入复杂的物理过程。Singer 和 McCord[109]首先提出了两端元双线性模型,并将其应用于火星表面物质的分析;Zhang 等[110]提出了土壤和植被之间光谱相互作用的两端元双线性模型。Nascimento 和 Bioucas – Dias[111]提出了一种多端元双线性的 NM 模型,如下:

$$r = E\alpha + \sum_{i=1}^{m-1}\sum_{j=i+1}^{m} \beta_{i,j} \odot e_j + \varepsilon \quad (4-84)$$

同时,满足约束条件:

$$\sum_{k=1}^{m} \alpha_k + \sum_{i=1}^{m-1}\sum_{j=i+1}^{m} \beta_{i,j} = 1 \quad (4-85)$$

式(4 – 84)中,⊙表示 Hadamard 积,即

$$e_i \odot e_j = \begin{pmatrix} e_{1,i} \\ \vdots \\ e_{L,i} \end{pmatrix} \odot \begin{pmatrix} e_{1,j} \\ \vdots \\ e_{L,j} \end{pmatrix} = \begin{pmatrix} e_{1,i}e_{1,j} \\ \vdots \\ e_{L,i}e_{L,j} \end{pmatrix} \quad (4-86)$$

该项的意义是将双线性相互作用项作为额外的端元。同样,Fan 等[112]也提出了一种双线性的 FM 模型,该模型由一个一般非线性混合方程的有限泰勒展开式推导得到,具有与式(4 – 86)同样的形式,但约束条件为

$$\begin{cases} \sum_{k=1}^{m} \alpha_k = 1 \\ \beta_{i,j} = \alpha_i \alpha_j \end{cases} \quad (4-87)$$

Raksuntorn 和 Du[113]将二次非线性项加入 LSMM 中,并将端元可变性加入分析过程中。Halimi 等[114]提出了广义双线性模型,与 NM 和 FM 相似,该模型也是在 LSMM 的方程上加入端元光谱的交叉乘积项。相比于 FM 模型,广义双线性模型在式(4 – 88)中的双线性项中增加了相互作用系数 γ_{ij},可得

$$r = E\alpha + \sum_{i=1}^{m-1}\sum_{j=i+1}^{m} \gamma_{ij} \alpha_i \alpha_j e_i \odot e_j + \varepsilon \quad (4-88)$$

同时,对丰度和相互作用系数约束为

$$\begin{cases} \alpha_k \geq 0; k = 1,\cdots,m \\ \sum_{k=1}^{m} \alpha_k = 1 \\ \gamma_{i,j} \in [0,1]; i = 1,\cdots,m; j = i+1,\cdots,m \end{cases} \quad (4-89)$$

式中:$\gamma_{i,j} \in [0,1]$,因为两次反射的路径相对只经过一个地物的独立路径更加长,所以信号的强度变小。

显然,当 $\gamma_{i,j} = 0$ 时,广义双线性模型即为 LSMM;当 $\gamma_{i,j} = 1$ 时,广义双线性

模型即为 FM。

4. 端元提取

端元提取是高光谱图像混合分解技术中的一个至关重要的部分,端元信息的获取情况直接影响光谱解混结果的好坏。目前主要有两种方法获取端元,一种是通过实际外业测量建立的地物光谱库中提取的端元,另一种是从高光谱图像中自动提取。由于受各种因素(天气、地域、时间、传感器性能等)的影响,实测的端元数据与高光谱遥感图像中的光谱信息往往相差很大,无法满足应用需求。因此,一般情况下,会采用端元自动提取算法直接从高光谱遥感影像中提取端元信息用于后续的光谱分解。

从端元提取的顺序上划分,端元提取算法可以分成两种:一种是同时端元提取算法(Simultaneous Endmember Extraction Algorithm),此方法中的所有端元是同时提取的,拥有优良性能,因为端元之间的影响非常小,甚至达到可以忽略的程度。另一种是序列端元的提取方法(Sequential Endmember Extraction Algorithm),按排列顺序来选择端元。此方法的优点是求解简单,一目了然;不足之处是后续提取出的端元受此前端元的影响非常大,导致性能极其不稳定,效果差。

从影像中端元的存在类型上划分,端元提取算法可以分为两种:一种是端元识别法(Endmember Identification Algorithm),其优点为原理简单,容易理解,即是设定影像中有纯像元,能够在数据库中直接搜索最优的像元进行端元提取。另一种是端元生成法(Endmember Generation Algorithm),在遥感数据空间里需要生成端元。该方法比端元识别法烦琐,在绝大多数情况下几乎不存在纯像元,只是由于受到传感器空间分辨率的约束条件,在应用方面更具有实用性和普遍性,拥有更优的性能。

典型的端元提取算法有内部最大体积法(N-FINDR 算法)、纯像素索引法(PPI)、凸锥分析法、迭代误差分析法及顶点成分分析法等。这些算法当中,N-FINDR 算法的端元提取原则为在全部样本点中提取一组端元,使得这些端元在高维特征空间中组成的凸体体积最大。下面简要介绍 N-FINDR 端元提取算法和纯像素索引法。

1) N-FINDR 端元提取算法

高光谱图像中的所有像素在特征空间中组成一个高维凸体结构,表征待测地物属性信息的端元点位于高维凸体的顶点,而非端元点则分布在高维凸体结构的内部(棱上或面上)。因此,端元提取过程可转化为寻找相应的凸体顶点,使得由这些顶点组成的凸体在特征空间中具有最大的体积。

p 个像素 $e_1, e_2, \cdots, e_p$ 张成的凸体体积为

$$V(e_1, e_2, \cdots, e_p) = \frac{\left|\det\begin{bmatrix} 1 & 1 & \cdots & 1 \\ r_1 & r_2 & \cdots & r_p \end{bmatrix}\right|}{(p-1)!} \tag{4-90}$$

式中:$r_1, r_2, \cdots, r_p$ 为 $e_1, e_2, \cdots, e_p$ 降维后对应的 $(p-1)$ 维矢量,目的是保证可以进行行列式计算。

2) 纯像素索引法

纯像素索引法利用了端元为遥感图像在特征空间中形成的凸体顶点的特点,在特征空间中产生若干条具有随机方向的直线,并将原始数据中所有的样本点在这些具有随机方向的直线上进行投影,之后统计落在每条直线上位于端点的两个样本点的个数,这些样本点即为选择出来的光谱端元。显然,某个像素对应的纯像素的计数积分越高,说明其是端元的可能性越高。经过足够多次投影后,可以根据每个像素的计数积分判定端元。

5. 丰度反演

混合像素分解技术就是研究如何从每个像素的实际光谱数据中提取出各种地物成分所占的比例。常用的丰度反演算法有最小二乘算法、滤波矢量算法、基于端元投影矢量算法及基于单形体体积算法等。本书主要介绍最常用且反演效果相对较好的丰度约束最小二乘算法。假设需要被处理的图像中存在 p 个端元,端元矩阵为 $\boldsymbol{E} = [e_1, e_2, \cdots, e_p]$,丰度矢量为 $\boldsymbol{a} = [a_1, a_2, \cdots, a_p]$,$n$ 为误差项。将高光谱图像中的任意混合像素 x 表示为 p 个端元在丰度值 $a_1, a_2, \cdots, a_p$ 下的线性组合,即

$$x = \boldsymbol{E}\boldsymbol{a} + n \tag{4-91}$$

由于高光谱图像的波段数 L 足够大,因此式(4-91)中的端元矩阵 $\boldsymbol{E}$ 为列满秩矩阵。若将式(4-91)理解为方程组,则为超定方程组,可以通过最小二乘法求解。将其建模为最小二乘误差问题,可得

$$\min_{a} \left\{ (x - \boldsymbol{E}\boldsymbol{a})^{\mathrm{T}} (x - \boldsymbol{E}\boldsymbol{a}) \right\} \tag{4-92}$$

由于丰度表示端元在混合像素中所占的比例,因此应该满足"非负"及"和为1"两个特性。在传统的最小二乘算法中加入丰度约束,就获得了反演效果相对较好的丰度约束最小二乘算法。根据丰度约束限制程度,最小二乘丰度反演算法可以分为无约束最小二乘法、"和为1"约束最小二乘法、"非负"约束最小二乘法和全约束最小二乘算法。

1) 无约束最小二乘算法

在不考虑任何约束条件的情况下,仅用最小二乘算法求解,可得到无约束解为

$$\hat{a}_{\text{UCLS}}(x) = (\boldsymbol{E}^{\text{T}}\boldsymbol{E})^{-1}\boldsymbol{E}^{\text{T}}x \quad (4-93)$$

2) "和为1"约束最小二乘法和"非负"约束最小二乘法

在求解式(4-93)时,考虑丰度系数的"和为1"约束,可得

$$\min_{a}\{(x-\boldsymbol{E}a)^{\text{T}}(x-\boldsymbol{E}a)\},\ \sum_{j=1}^{p}a_j = 1 \quad (4-94)$$

在"和为1"约束条件下,可得式(4-94)的部分约束解为

$$\hat{a}_{\text{UCLS}}(x) = \left[\frac{I_{(\boldsymbol{E}^{\text{T}}\boldsymbol{E})^{-1}\boldsymbol{1}\boldsymbol{1}^{\text{T}}}}{\boldsymbol{1}^{\text{T}}(\boldsymbol{E}^{\text{T}}\boldsymbol{E})^{-1}\boldsymbol{1}}\right]\hat{a}_{\text{UCLS}}\frac{(\boldsymbol{E}^{\text{T}}\boldsymbol{E})^{-1}\boldsymbol{1}}{\boldsymbol{1}^{\text{T}}(\boldsymbol{E}^{\text{T}}\boldsymbol{E})^{-1}\boldsymbol{1}}\right] \quad (4-95)$$

式中:I_m 为 m 阶单位矩阵;$\boldsymbol{1} = [1,1,\cdots,1]^{\text{T}}$ 为全1的 m 维列矢量。

"非负"约束最小二乘法在"非负"约束条件下,可得

$$\min_{a}\{(x-\boldsymbol{E}a)^{\text{T}}(x-\boldsymbol{E}a)\},\ a_j \geq 0 \quad (4-96)$$

在"非负"约束条件下的解不能通过简单的算子得到,Lawson 提出了利用迭代算法来获得最优解的方法。在此基础上,Bro 和 Jong 提出了更为快速的优化方法 FFNLSa 和 FFNLSb。Chang 成功地将这种方法引入高光谱图像丰度反演求解算法中。

3) 全约束最小二乘算法

为求解全约束,即同时满足"非负"及"和为1"的约束下,最小二乘丰度反演算法的解,可以将"非负"约束中求得的解代入式(4-96),则

$$\min_{a}\{(x-\boldsymbol{E}a)^{\text{T}}(x-\boldsymbol{E}a)\},\ a_j \geq 0\ 且\ \sum_{j=1}^{p}a_j = 1 \quad (4-97)$$

6. 高光谱光谱混合分解算法

根据设计思路,以线性光谱混合模型为基础的端元提取算法又可以分为几何学方法、统计学方法、稀疏回归方法和人工智能方法等类型[115]。其中,几何学方法的研究历史最为悠久,算法最为丰富。典型的几何学方法包括 PPI、NFINDR、VCA、SGA、SMACC、AVAMX、SVMAX、MVSA、MVES、RMVES 和 MVC-NMF 等。统计学方法将光谱解混视为一个统计推理问题,主要包括独立成分分析、依赖成分分析[116]和贝叶斯分析等。稀疏回归方法是一类基于半监督学习的光谱解混方法,通常需要一个过饱和光谱库作为先验知识,主要包括 SPICE[117]、SUnSAL[118]、SUnSAL/TV 和 L1/2-NMF[119]等。

近年,基于 LSMM 模型的混合像元分解算法的研究大多集中在已有算法的改进优化及其他信息或者方法的引入上。例如,针对 N-FINDR 算法的体积计算优化、针对 VCA 算法不稳定和 SGA 算法计算复杂度高等缺点提出的 MVHT 算法、基于空间像素纯度指数的端元提取算法、线性滤波方法、光谱最小信息熵方法、支持矢量机法、空间信息辅助算法等。

人工智能方法可以将 LSMM 转化为一个组合优化问题(基于纯像元假设)或连续优化问题(无纯像元假设),然后利用人工智能算法进行求解,主要涉及人工智能算法中的群智能算法。首先,Zhang 等[120-121]分别利用蚁群优化算法和离散粒子群算法,通过求解组合优化形式的 LSMM 模型的方法进行端元提取;Zhang 等[122]采用精英蚂蚁策略对蚁群优化的端元提取算法做了进一步改进;Gao 等[123]比较了不同预处理方式对离散粒子群端元提取结果的影响,同时提出了基于蚁群优化的多算法融合端元提取策略[124];近期,Sun 等[125]利用人工蜂群算法完成了不依赖纯像元假设情况下的端元提取。

根据端元存在的情况,LSMM 模型求解算法可分为纯像元算法和最小体积算法。前者假设图像中的每个纯地物都对应一个端元,而后者假设图像中至少一个纯地物不存在端元。针对这两种情况的求解也有所不同,如 NFINDR 算法属于前者,端元来自图像中的像元,需要从图像中搜索出可以构成最大单形体体积的像元作为端元;而 MVSA 属于后者,主要寻找可以包容图像中所有像元的最小体积的点作为端元,端元不一定在图像中存在(图 4-61)。

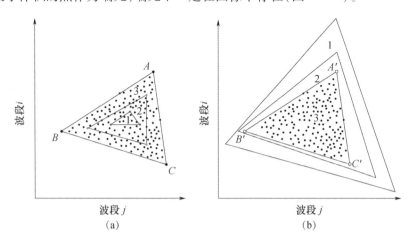

图 4-61 NFINDR 算法与 MVSA 算法示意
(a)NFINDR 算法;(b)MVSA 算法

4.6.4 目标探测算法

高光谱图像目标探测通常被看作一个二值分类器,目的是将图像中的像素标记为目标或者背景。基于高光谱图像的目标探测是高光谱遥感应用的重要方向之一,涵盖了环境监测、城市调查、矿物填图和军事侦察等诸多领域。与传统的基于高空间分辨率遥感影像的目标探测算法不同,高光谱目标探测主要是依据目标与地物在光谱特征上存在的差异进行检测识别。高光谱图像中目标存在主要包括3种类型:小存在概率目标、低出露目标和亚像元级目标。其中,小存在概率目标是指在图像中分布很少的弱信息目标;低出露目标是指目标在图像中广泛分布,但被其他地物遮挡,仅有少量表面暴露,如草原上依稀出露的岩石和树丛中隐藏的车辆编队等;亚像元级目标主要是指尺寸小于遥感器空间分辨率的目标。

高光谱遥感目标探测方法与传统的基于空间特征的目标探测方法有着本质区别,虽然高光谱数据空间分辨率不高,但其丰富的光谱信息弥补了这一点不足,而且在足够高的光谱分辨率条件下,感兴趣的目标会表现出诊断性光谱特征或者会在背景地物中显示为一种"数据异常",利用这些信息完全可以将亚像元级目标或者小存在概率目标提取出来,这就是通常所指的目标探测。而非监督方法是对目标和背景信息都一无所知,这种情况一般称为异常检测。

进行高光谱图像目标探测时,对于已知目标先验知识的情况,通过突显目标、抑制背景来实现目标与背景的分离;对于未知目标先验知识的情况,则检测图像上某一点与其周围像素点之间差异的大小,并根据门限值判定是目标还是背景。绝大多数高光谱图像目标探测算法是依据统计信息和先验知识得到决策函数 $D(x)$;然后将图像样本像元光谱 x 代入 $D(x)$ 中,得到统计值 $y = D(x)$;最后比较统计值 y 与阈值 η 来判定其是目标还是背景。常用的判决表达式如下:

$$D(x) \begin{cases} > \eta \to 目标 \\ < \eta \to 背景 \end{cases} \tag{4-98}$$

式中:$D(x)$ 为探测统计值;x 为某像素的丰度矢量;η 为判决门限。

$D(x)$ 的参数值只取决于该幅高光谱图像的先验知识。通过改变决策函数 $D(x)$ 的表达式或者门限值 η,便可获得一系列性能各异的检测算子。检测算子的设计方法有很多种,其中就包括最简单的基于似然比的检测方法。对于一幅高光谱图像,可以有如下两种假设:H_0(不是目标像素)、H_1(是目标像素)。$P(x$

$|H_0)$ 和 $P(x|H_1)$ 分别表示在两种假设下的条件概率密度,则可以定义似然比为

$$D(x) = \frac{P(x|H_1)}{P(x|H_0)} \tag{4-99}$$

高光谱图像目标探测算法可以分为两类:基于概率统计和子空间模型的方法及基于稀疏表示的方法。传统的基于概率统计和子空间模型的方法需要目标光谱作为先验知识,目前存在于各个方面的普遍问题就是当前算法在精度方面存在一定问题,这些精度主要包括各种准确性及图像噪声方面。在目标光谱不够准确的情况下,相应的图像数据及算法精度会出现比较明显的下降。

异常检测(AD)是应用模式识别或统计学方法来探测和标记不同于杂乱背景的地物像元。在高光谱异常目标检测算法中,算子不需要目标物光谱的先验信息,而是将光谱特性不符合全局或局部背景光谱信号模型的像元判定为目标。

1. RX 异常检测算法

Reed 和 Yu[126] 提出了一种在未知背景信息的条件下检测未知光谱特性的目标地物的光谱异常检测算法,称为 RX 算子。RX 算子被认为是多光谱/高光谱图像异常检测的基准,已经在许多高光谱的应用领域中得到成功应用。RX 算法是一种从广义似然比检验(GLRT)导出的恒虚警(CFAR)自适应异常检测算法。CFAR 允许检测器使用一个单一的阈值来维持所期望的虚警率。在 RX 算法中,假设图像中的背景统计可以被建模为一个多维高斯分布,这一分布的均值和协方差均由其所在的图像中像元的统计与估计得到。假设高光谱图像中的某一像元 $\boldsymbol{x} = [x_1, x_2, \cdots, x_p]^T \in R^p$,其具有 p 个光谱波段。将这一像元作为待检测观察的对象,则其对应的 RX 算法输出表示为

$$\mathrm{RX}(x) = (\boldsymbol{x} - \hat{\boldsymbol{\mu}}_b)^T \hat{\boldsymbol{C}}_b^{-1} (\boldsymbol{x} - \hat{\boldsymbol{\mu}}_b) \tag{4-100}$$

式中:$\hat{\boldsymbol{\mu}}_b$ 为从待检测的高光谱图像中估计得到的背景像均值;$\hat{\boldsymbol{C}}_b$ 为其对应的背景协方差矩阵。

RX 算法计算的是待检测像元光谱与其全局(或局部)背景均值的马氏距离的平方。背景均值和协方差矩阵可以用高光谱图像中的全部像元进行全局估计,也可以用一个同心双滑动窗口模型对图像的局部像元进行估计。在使用全局方法估计背景协方差矩阵 $\hat{\boldsymbol{C}}_b$ 时,将背景分布假设为一个单高斯分布是不恰当的。因此,提出了一些新的方法来对背景分布进行建模,如使用多维高斯分布、线性或随机混合模型,或者一些可以将背景分割成为若干个簇的聚类技术等。局部 RX 算子的统计信息(背景均值与协方差矩阵)用每个待检测像元为

中心的同心双滑动窗口来估算而得。同心双滑动窗口包括一个小的内窗口中的区域(IWR)和一个较大的外窗口中的区域(OWR)。内窗口尺寸的大小根据图像中感兴趣的典型目标的大小的假设来确定。有时会使用一个环绕内窗口的保护空口来防止目标像元影响背景参数的估计。这里需要注意的是，与全局 RX 算法相比，局部 RX 算法需要的计算更为复杂，这是因为在使用局部算法时，需要对每一像元的同心双滑动窗口的背景参数进行估计，并频繁对矩阵进行求逆运算。

RX 算子是高光谱异常检测中广泛应用的标准比对算法。近年来很多学者对 RX 算子进行了改进，包括 Chang 等[127-128]提出的基于协方差矩阵的 NRXD、MRXD、LPD、UTD 等及基于相关矩阵的 NRXD、MRXD、CRXD 等。

2. 基于核方法的异常目标检测

由于 RX 算法建立在多元正态分布的基础上，算法假设整幅场景中的数据表现为多个正态分布的组合，而实际应用中高光谱数据的地物分布是复杂多变的，很难满足这一特性；同时，由于经典 RX 算子只利用了高光谱数据的低阶统计特性，却忽视了其几百个波段中含有丰富的非线性信息，这些都将影响算子最终检测效果，尤其是在复杂多变背景条件下的异常目标检测。为了解决这个问题，非线性算法被提出，用来检测图像中的异常目标，即核方法。核方法的重要意义在于，它将原始数据映射到高维特征空间内，使得映射后的数据具有较好的线性结构，提高算法的非线性处理能力。最为常用的基于核方法的异常检测算法为核 RX 算法和支持矢量数据(SVD)描述算法。

将原始高光谱数据的光谱信号非线性映射到高维特征空间中，使得在原始空间中线性不可分的成分经过非线性映射到高维特征空间后线性可分，从而更好地分离背景和目标信息。通过非线性映射函数 Φ，最终得到非线性核 RX 算法的一般表达式，如下：

$$\text{KRX}[\Phi(r)] = (\boldsymbol{k}_r^T - \boldsymbol{k}_{\hat{\mu}_b}^T)\boldsymbol{K}_c^{-1}(\boldsymbol{k}_r - \boldsymbol{k}_{\hat{\mu}_b}) \quad (4-101)$$

从式(4-101)中可以看出，KRX 算子不需要知道具体的非线性映射函数 Φ，也不需要高维特征空间的点积运算，而是通过核函数将该点积运算转换为低维输入空间的核函数，从而能够简单地利用核 RX 进行异常检测。

SVD 用于高光谱图像异常目标检测时，需要构造非线性分类器，使具有共同特性的同一类样本尽可能被包含在一个最小超球体内，而其他类别的样本对象最大程度地限制在该超球体外，寻找满足该要求的最小封闭超球并用判别准则使该类与其他类样本分开，即通过求取最小超球体的分界面可以完成异常检测的目的。

3. 基于子空间的异常目标检测

Chang 等[128]构造了一系列基于信号子空间投影和最小二乘的匹配检测算法,包括基于正交子空间投影的方法(OSP)、基于非监督扩展波段维数的推广正交子空间投影(GOSP)、基于光谱后验信息的正交子空间投影方法(POSP)、基于斜子空间投影的算法(OBP)、基于非监督矢量量化的子空间投影算法(UVQTSP)、基于杂波噪声模型的子空间投影算法(ISP)及噪声子空间投影算法(NSP)。

OSP 算法是一种基于几何方式的子像素点检测算法。这一类目标检测方法是从信号处理的匹配滤波理论演化而来的,它不需要确定数据的统计模型,而通常是从线性混合模型中直接推导。其具体思路如下:首先用 RX(或其他异常算子)得到图像中最大的异常点 α_1,然后将每个像元投影到该点的正交补空间中,接着用相同的异常算子作用于投影后的图像,可以得到第 2 个异常点 α_2,然后将每个像元投影到 α_2 为基底的正交补空间中,同样的方法得到图像中第 3 个最大异常像元 α_3。依此类推,可得到一系列的异常像元 $\{\alpha_1, \alpha_2, \cdots, \alpha_n\}$,直到图像中再没有明显的异常出现(一般情况下,从图像中提取出的异常像元数可设为样本协方差矩阵的阶数)。OSP 算子表达式为

$$\delta_{osp}(\boldsymbol{x}) = \boldsymbol{d}^T(\boldsymbol{I} - \boldsymbol{U}\boldsymbol{U}^\#)\boldsymbol{x} \qquad (4-102)$$

式中:矢量 $\boldsymbol{x}$ 为待检测光谱信号;$\boldsymbol{d}$ 为异常端元;$\boldsymbol{U}$ 为背景端元矩阵;$\boldsymbol{I}$ 为 $m \times m$ 的单位矩阵。

4. 基于稀疏表示的高光谱图像目标检测算法

基于稀疏表示的高光谱图像目标检测算法是用一系列字典原子的线性组合来表示待检测像元的光谱,将检测过程转化为求解最优字典原子系数的优化问题。其具有不需要假设背景和目标像元的数学分布模型,更不要求字典原子之间的相互独立同分布。由于背景和目标本身的地物特征,它们的光谱会属于不同的光谱子空间,表示它们光谱的字典原子就不相同,然后根据字典原子的系数大小和位置检测目标。

利用稀疏理论表示高光谱图像数据集时,图像中的像素可以用字典中各原子的线性组合来表示,每一个像元光谱用字典原子的线性组合来表示。假设有一个高光谱图像数据 X 和一个由 N_D 个训练样本 $\{d_i\}_{i=1,2,\cdots,N_D}$ 组成的超完备字典 $\boldsymbol{D}$,高光谱图像 X 中的一个 B 维光谱矢量 $\boldsymbol{x}$,则 $\boldsymbol{x}$ 用字典 $\boldsymbol{D}$ 的线性组合可以表示为

$$x \approx \alpha_1 d_1 + \alpha_2 d_2 + \cdots + \alpha_{N_D} d_{N_D}$$
$$= \underbrace{[d_1 d_2 \cdots d_{N_D}]}_{D} \underbrace{[\alpha_1 \alpha_2 \cdots \alpha_{N_D}]^{\mathrm{T}}}_{\alpha} = D\alpha \quad (4-103)$$

式中:超完备字典 D 为 $B \times N_D$ 的矩阵,其每一列的原子都代表一个 B 维光谱;α 为未知的要求解的 N_D 维矢量,表示各个原子在这一线性组合中的比例。

根据稀疏表示的理论可以得出,α 是一个具有稀疏特性的矢量,只有少数几个系数是非零的。

高光谱图像目标检测可认为是一种特殊形式的二元分类,即分为背景类和目标类。因为光谱由字典原子的线性组合表示,可以根据表示像元光谱使用的字典原子属于背景子字典还是目标子字典来判断该像元的归属。因此,当存在一个未知的检测像元 x 时,可以假设它在一个由背景子空间和目标子空间共同组成的空间里。它的光谱可以近似地由背景子字典 D_b 和目标子字典 D_t 中所有的训练样本原子的线性组合来表示,即

$$x \approx \alpha_1^b d_1^b + \alpha_2^b d_2^b + \cdots + \alpha_{N_b}^b d_{N_b}^b + \alpha_1^t d_1^t + \alpha_2^t d_2^t + \cdots + \alpha_{N_t}^t d_{N_t}^t$$
$$= \underbrace{[d_1^b d_2^b \cdots d_{N_b}^b]}_{D_b} \underbrace{[\alpha_1^b \alpha_2^b \cdots \alpha_{N_b}^b]^{\mathrm{T}}}_{\alpha_b} +$$
$$\underbrace{[d_1^t d_2^t \cdots d_{N_t}^t]}_{D_t} \underbrace{[\alpha_1^t \alpha_2^t \cdots \alpha_{N_t}^t]^{\mathrm{T}}}_{\alpha_t}$$
$$= D_b \alpha_b + D_t \alpha_t = \underbrace{[D_b \quad D_t]}_{D} \underbrace{\begin{bmatrix} \alpha_b \\ \alpha_t \end{bmatrix}}_{\alpha} = D\alpha \quad (4-104)$$

式中:D 为背景子字典 D_b 和目标子字典 D_t 构成的 $B \times (N_b + N_t)$ 的矩阵;α 为未知的稀疏的 α 维的系数权矢量。

给定超完备字典 D,则矢量 α 为求出具有最少非零项且最能够准确恢复原图像稀疏矢量,需要求解如下的凸优化问题:$\hat{\alpha}$ = argmin $\|\alpha\|_0$ s. t. $D\alpha = x$,其中 $\|\cdot\|_0$ 表示求解 l_0 范数,但是求解最小化 l_0 范数问题是一个 NP – hard 问题。根据 α 满足稀疏的特性,用求解 l_1 范数问题来近似地替代求解 l_0 范数的优化问题:$\hat{\alpha}$ = argmin $\|\alpha\|_1$ s. t. $D\alpha = x$。

通过追踪算法来求解这一优化问题,根据得到的稀疏矢量重构稀疏图像,则重构图像与原始图像有所不同,两者之差即为残差。稀疏矢量 $\hat{\alpha}$ 包含背景的系数矢量 $\hat{\alpha}_b$ 和目标的系数矢量 $\hat{\alpha}_t$,并且其是使用字典原子个数最少的系数权矢量。当 $\hat{\alpha}$ 已经成功求解出来时,因为不同物质的残差不同,根据该特性可以区分目标与背景。其具体方法是通过比较重构残差的值来判断地物像元 x 的

归属：

$$\begin{cases} r_{\rm b}(x) = \| x - D_{\rm b}\hat{\alpha}_{\rm b} \|^2 \\ r_{\rm t}(x) = \| x - D_{\rm t}\hat{\alpha}_{\rm b} \|^2 \end{cases} \quad (4-105)$$

因此，检测器的最后输出设定为 $R(x) = r_{\rm b}(x) - r_{\rm t}(x)$。设定一个门限 δ，如果 $R(x) > \delta$，则将像元 x 确定为目标，否则将像元 x 确定为背景。

在稀疏表示模型中只考虑了单个像元的光谱特性，而没有考虑图像中蕴含的空间相关性。由于图像本身的特性，在高光谱的图像空间中，相邻的像元有很大可能归属于同种类别，即其光谱具有高度的相关性。另外，若这些像元位于背景或目标的内部，则这时它们的光谱的差别很细微，这些差别主要来自传感器的噪声和大气状况，并不是地物本身的特性造成的。如果考虑邻近的多个像元，则使用空间相关性对像元矢量的稀疏表示进行制约。其中一个最简单的方法是使用一个联合稀疏性模型，假设与相邻像元的稀疏矢量都有一个共同的稀疏表示。在联合稀疏模型中，邻近像元可被一个给定的字典表示为

$$\hat{S} = \text{argmin} \| S \|_{\text{row},0}, DS = X \quad (4-106)$$

式中：$\| S \|_{\text{row},0}$ 为矩阵 S 中的非零行的个数。

基于稀疏表示的检测算法的另一个需要特别注意的问题是如何构造合适的超完备字典，即背景子字典 $D_{\rm b}$ 和目标子字典 $D_{\rm t}$。此超完备字典可以根据给定的训练样本数据进行设计。但是，在实际的目标检测应用中，通常都缺少训练样本数据，特别是目标类的训练样本数据。字典的原子通常是随机地从测试图像本身中选择一些像元光谱矢量。

第 5 章
卫星数据标准及 AI 算法评估方法

本章主要对国内外已发布的相关遥感卫星国家标准或行业标准进行梳理，阐述如何编制适用于商业遥感微纳卫星的相关技术标准或规程，对人工智能深度学习和 AI 算法在遥感数据处理中应用的评估规范及方法进行论述。

5.1 国内外相关技术标准或规范

5.1.1 国内相关技术标准或规范

1. 中国标准化组织

全国遥感技术标准化技术委员会(SAC/TC327)[129-130]是国家标准化管理委员会(2006 年 12 月)批准成立的标准化技术工作组织,受国家标准化管理委员会领导,负责全国遥感技术领域标准化技术归口工作,主要涉及遥感器研制、对地观测数据数传与接收、对地观测数据存档、对地观测数据处理与产品、定标与真实性检验、遥感试验等领域的标准化工作。该技术委员会于 2008 年 3 月正式成立。中国科学院光电研究院(现隶属中国科学院空天信息研究院)为全国遥感技术标准化技术委员会秘书处的承担单位,负责全国遥感技术标准化技术委员会的日常工作。

2. 已发布的相关技术标准或规范

根据全国标准信息公共服务平台公布[131]的数据,截至 2019 年 5 月,遥感相关的国家标准共 32 项,按照 ICS 分类(参考资料),涉及数学、自然科学(12 项),计量学和测量、物理现象(1 项),电信、音频和视频工程(4 项),信息技术、办公机械(7 项),航空器和航天工程(5 项),农业(2 项),建筑材料和建筑物(1 项),详细说明如表 5-1 所列。

第 5 章 卫星数据标准及 AI 算法评估方法

表 5-1 现行遥感卫星的相关国家标准或规范一览表

序号	标准号	标准名称	状态	发布日期
1	GB/T 37151—2018	基于地形图标准分幅的遥感影像产品规范	现行	2018年12月28日
2	GB/T 36100—2018	机载激光雷达点云数据质量评价指标及计算方法	现行	2018年3月15日
3	GB/T 36301—2018	航天高光谱成像数据预处理产品分级	现行	2018年6月7日
4	GB/T 36296—2018	遥感产品真实性检验导则	现行	2018年6月7日
5	GB/T 36297—2018	光学遥感载荷性能外场测试评价指标	现行	2018年6月7日
6	GB/T 36299—2018	光学遥感辐射传输基本术语	现行	2018年6月7日
7	GB/T 36300—2018	遥感卫星快视数据格式规范	现行	2018年6月7日
8	GB/T 35642—2017	1:25000 1:50000 光学遥感测绘卫星影像产品	现行	2017年12月29日
9	GB/T 35643—2017	光学遥感测绘卫星影像产品元数据	现行	2017年12月29日
10	GB/T 34509.1—2017	陆地观测卫星光学遥感器在轨场地辐射定标方法 第1部分:可见光近红外	现行	2017年11月1日
11	GB/T 34509.2—2017	陆地观测卫星光学遥感器在轨场地辐射定标方法 第2部分:热红外	现行	2017年11月1日
12	GB/T 34514—2017	陆地观测卫星遥感数据分发与用户服务要求	现行	2017年11月1日
13	GB/T 33987—2017	S/X/Ka 三频低轨遥感卫星地面接收系统技术要求	现行	2017年7月12日
14	GB/T 33988—2017	城镇地物可见-短波红外光谱反射率测量	现行	2017年7月12日
15	GB/T 33700—2017	地基导航卫星遥感水汽观测规范	现行	2017年5月12日
16	GB/T 32874—2016	机载 InSAR 系统测制 1:10000 1:50000 3D 产品技术规程	现行	2016年8月29日
17	GB/T 32453—2015	卫星对地观测数据产品分类分级规则	现行	2015年12月31日
18	GB/T 31011—2014	遥感卫星原始数据记录与交换格式	现行	2014年9月3日
19	GB/T 31010—2014	色散型高光谱遥感器实验室光谱定标	现行	2014年9月3日
20	GB/T 30115—2013	卫星遥感影像植被指数产品规范	现行	2013年12月17日
21	GB/T 28874—2012	空间科学实验数据产品分级规范	现行	2012年11月5日
22	GB/T 29391—2012	岩溶地区草地石漠化遥感监测技术规程	现行	2012年12月31日
23	GB/T 28923.1—2012	自然灾害遥感专题图产品制作要求 第1部分:分类、编码与制图	现行	2012年10月12日

续表

序号	标准号	标准名称	状态	发布日期
24	GB/T 28923.2—2012	自然灾害遥感专题图产品制作要求 第2部分:监测专题图产品	现行	2012年10月12日
25	GB/T 28923.3—2012	自然灾害遥感专题图产品制作要求 第3部分:风险评估专题图产品	现行	2012年10月12日
26	GB/T 28923.4—2012	自然灾害遥感专题图产品制作要求 第4部分:损失评估专题图产品	现行	2012年10月12日
27	GB/T 28923.5—2012	自然灾害遥感专题图产品制作要求 第5部分:救助与恢复重建评估专题图产品	现行	2012年10月12日
28	GB/T 28419—2012	风沙源区草原沙化遥感监测技术导则	现行	2012年6月29日
29	GB/T 14950—2009	摄影测量与遥感术语	现行	2009年2月6日
30	GB/T 15968—2008	遥感影像平面图制作规范	现行	2008年6月20日
31	DB/T 77—2018	地震灾害遥感评估　地震烈度	现行	2018年12月26日
32	DD2014—14	机载成像高光谱遥感数据获取技术规程	现行	2014年7月

5.1.2　国外相关技术标准或规范

1. 国际标准化组织

国际标准化组织(ISO)[132]是一个全球性的非政府组织,成立于1946年,是国际标准化领域中一个十分重要的组织。ISO负责目前绝大部分领域(包括军工、石油、船舶等垄断行业)的标准化活动。

ISO现有117个成员,包括117个国家和地区[133]。ISO的最高权力机构是每年一次的全体大会,其日常办事机构是中央秘书处,设在瑞士日内瓦。中央秘书处现有170名职员,由秘书长领导。ISO的宗旨是"在世界上促进标准化及其相关活动的发展,以便于商品和服务的国际交换,在智力、科学、技术和经济领域开展合作"。ISO通过它的2856个技术结构开展技术活动,其中技术委员会(SC)共611个,工作组(WG)2022个,特别工作组38个。同时,ISO与国际电工委员会(IEC)在电气工程和电子工程领域保持紧密合作关系。IEC成立于1906年,是世界上成立最早的国际性电工标准化机构。IEC曾于1947年并入ISO,1976年又从ISO中分立出来。

我国于1978年加入ISO,在2008年10月的第31届国际化标准组织大会上正式成为ISO的常任理事国;代表我国参加ISO的国家机构是国家技术监督局(CSBTS)。

ISO(下辖)地理信息技术委员会(ISO/TC211,Geographic Information/Geomatics)[134]具体负责数字地理信息(Geographic Information)领域标准化,具体包括以下内容。

(1) 为直接或间接与地理空间定位有关的目标或现象信息制定一整套结构化标准,规范地理信息数据管理(包括定义和描述)、采集、处理、分析、查询和表示。

(2) 为不同用户、不同系统、不同地方之间的数据转换提供方法和服务。

(3) 与其他相关信息技术标准和可能的数据标准相联系,为使用地理信息数据的部门提供标准框架。

目前,参加 ISO/TC 211 的积极成员(P 成员)有 29 个,观察员(O 成员)有 27 个,并和许多有关国际组织密切合作。我国从 1994 年该组织成立起即参与工作,1995 年起成为积极成员。国内的技术归口主管部门为国家测绘局,国家基础地理信息中心具体承担技术归口管理工作,主要任务是组织国内专家参与 ISO/TC 211 国际标准制定,组团参加 ISO/TC 211 的全体会议和工作组会议,代表我国对该组织制定的标准、技术规范等提出修改意见并投票等。

ISO/TC 211 下设工作组、联合工作组(JWG)及联合任务执行组(JTF),各类工作组都有特定的工作重心[135-136]。同时,工作组接受各类顾问组(AG)的支持。ISO/TC 211 的组织建构如图 5-1 所示。

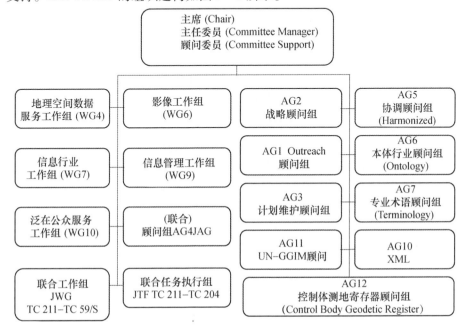

图 5-1 ISO/TC 211 的组织建构

ISO/TC 211 已由最初的 5 个工作组,即框架和参考模型工作组(WG1)、地理空间数据模型和算子工作组(WG2)、地理空间数据管理工作组(WG3)、地理空间数据服务工作组(WG4)、专用标准工作组(WG5),发展成地理空间数据服务工作组(WG4)、影像工作组(WG6)、信息行业工作组(WG7)、信息管理工作组(WG9)及泛在公众服务工作组(WG10)5 个工作组。

2. 各工作组的相关技术标准研究和制定任务说明

ISO/TC 211 各工作组的相关技术标准研究和制定任务说明如表 5 - 2 所列。

表 5 - 2 ISO/TC 211 各工作组的相关技术标准研究和制定任务说明

工作组	标准研究	制定任务
WG4	地理空间数据服务	WG4 是在 1994 年的第一个工作计划中建立的。WG4 从一开始就与开放地理空间信息联盟(OGC)紧密合作,OGC 制定的标准在此过程的后期提交给 ISO,ISO 制定的标准被批准为 OGC 标准。(WG4 要求 OGC 提交对 ISO/TC 211 至关重要的标准)。这项工作现已列入 AG4JAG 的议程。 WG4 主要关注地理空间服务,但由于工作组之间的工作分配,还包括其他主题,如注册、一致性和测试、编码、描绘等。
WG6	影像	WG6 针对图像、网格和覆盖数据及相关元数据解决了地理信息领域的标准化问题。工作组对与遥感传感器有关的遥感和地球观测方面进行了标准化,包括传感器的定位、传感器的校准和验证及从信息捕获到数据编码的遥感数据产生流的验证。标准化包括网格结构及覆盖几何和功能的定义,包括 Imagery、网格和覆盖数据的编码及各种编码格式的元数据。
WG7	信息行业	WG7 侧重于与地理特征的概念建模相关的标准化问题,包括特征目录、字典和寄存器中的地理特征的文档。这项工作包括特定领域的应用模式的标准化(如土地管理领域模型、土地覆盖等)。工作组还解决有关地理信息资源(数据和服务)描述的元数据问题,支持语义 Web 的本体,以及作为地理特征地理配准机制的解决方案。
WG9	信息管理	涵盖控制信息结构或传输的任何过程,在其存储和组织中分析和分发到数据(信息)的地理空间应用,以支持存储、结构或检索行动中的任何地理信息应用,包括控制数据格式、存储(输入)或按内容检索(查询)。这包括支持任何和所有地理空间应用程序的数据的存储、检索、分发和结构。

续表

工作组	标准研究	制定任务
WG10	泛在公众服务	为用户提供从任何地方和任何时间到地理信息和服务的无缝访问。ISO TC 211/WG10 的范围是制定和维护一套处理 UPA–GI 的标准。这项工作的目标是让任何"智能"设备的用户体验直观易懂,并且易于使用。为实现此目标,应在 UPA 架构内有效管理从各种来源收集的上下文信息。

3. ISO/TC 211 标准制定方式

ISO/TC 211 研制地理信息标准时采用了结构化方式,将各项标准通过参考模型相联系,使用统一的概念模式语言,使得这些项目成为一个有机的整体,以求得最大限度的协调一致。为了保证标准本身的质量,已经成立了质量控制特别工作组(ISO/TC 211/SWG – QC),其任务是制定标准质量控制的指导性文件。

5.2 商业遥感卫星相关技术标准编制研究

5.2.1 编制需求

编制商业遥感微纳卫星自主运控及数据获取、产品制作等技术标准,首先要对现有的遥感卫星运控及卫星数据产品管理等相关技术标准进行梳理,要到相关的卫星公司进行实地调研,了解商业遥感微纳卫星自主运控和数据产品制作及分发等全过程。

1. 现有卫星运控方面

长期以来,我国的遥感卫星运控和卫星数据处理与分发等基本上是由政府财政投资建设、政府所属单位负责实施,如中国遥感卫星地面接收站、中国资源卫星应用中心及气象、海洋、环境、自然资源等部委成立的卫星应用中心。

中国遥感卫星地面站从 1986 年正式投入运行,现有密云站、喀什站、三亚站,形成了覆盖全国疆土的卫星地面接收站网格局。2016 年 12 月 15 日,在瑞典基律纳建立了中国北极接收站。地面站是为全国提供遥感卫星数据及空间遥感信息服务的非营利的公益类单位,主要任务是接收、处理、存档、分发各类地球对地观测卫星数据,为全国各行各业提供服务,同时开展卫星数据接收与处理及相关技术的研究。

由于商业遥感卫星起步晚,产业布局涉及卫星研制、卫星发射、卫星在轨运行管理、数据管理及应用服务等全产业链,民营卫星公司一切从零开始,卫星运控和数据产品各自为政,技术规定自成一体。例如,除"高景"一号卫星由中国遥感卫星地面站负责接收数据,由中国航天科技集团公司所属中国四维测绘技术有限公司控股的公司运营,并由中国四维下属北京航天世景信息技术有限公司全球独家分发数据。另外,"北京二号"、"吉林一号"、"珠海一号"及"千乘一号"等商业遥感卫星分别由二十一世纪、长光、欧比特、千乘探索公司各自建立了卫星地面站和卫星测控系统,负责承担在轨卫星的任务测控和卫星数据接收。

商业卫星公司的卫星运行管理模式一般由任务中心和地面站组成。例如,长光计划建设3个卫星地面接收站,即长春站、喀什站和三亚站,接收天线的直径分别为5.4m和12m。"珠海一号"卫星的运管由欧比特负责,计划在国内建设6个卫星地面站,在境外建设1个卫星地面站,目前已经完成了珠海、黑龙江漠河、新疆石河子、山东青岛4个卫星地面接收站的建设。二十一世纪建设了自己的地面接收站,接收"北京二号"卫星数据。千乘探索公司计划在新疆及海外建设地面接收站,并已在北京建设了卫星地面接收站。

2. 现有卫星数据方面

中国资源卫星应用中心于1991年10月成立,是由国家发改委和国防科工委(现为国防科工局)负责业务领导、中国航天科技集团公司负责行政管理的科研事业单位。其主要负责我国对地观测卫星数据处理、存档、分发和服务设施建设与运行管理,拓展卫星应用领域,为国家经济建设和社会发展提供宏观决策依据,为全国广大用户提供各类对地观测数据产品和技术服务,并提供研究成果。

商业遥感卫星如"北京二号"、"吉林一号"、"珠海一号"及"千乘一号"商业遥感卫星分别由二十一世纪、长光、欧比特、千乘探索公司各自处理和制作数据产品,有自己的销售渠道和用户群。

"北京二号"、"吉林一号"和"千乘一号"在轨卫星以多光谱商业遥感卫星为主,有些民营卫星公司也计划发射高光谱微纳卫星和雷达卫星。

"珠海一号"在轨运行的有4颗视频卫星、8颗高光谱卫星,共12颗微纳卫星。欧比特建设了地面站、机房及配套条件,满足卫星下传采集数据的需求。卫星运管中心负责编制任务调度软件、遥控处理软件、轨道确定与计算分析软件、遥测数据解析软件、卫星状态监视软件、运管数传站状态监控软件等相关卫星操作软件,具备星座管理能力、轨道计算、分析能力与运管能力。数据传输中心具备对卫星大数据的处理能力和数传网络管理能力。卫星运营中心包括地面运营系统与卫星地面运管系统,负责各个卫星的测控、指挥及运营,并接收卫星发回的数据。卫星大数据处理中心包括卫星地面大数据处理系统与卫星地面大数据应用系统,负责卫星等原始数据的处理,完成系统的任务调度和控制协调,实现遥感卫星产品的生产、存储、管理、分发及受理用户的需求,为用户提供多种产品应用服务。

3. 现有遥感卫星的技术标准方面

表 5-2 已经对现行遥感卫星的相关国家标准或规范进行了汇总,下面以其中 7 个现有技术标准为例,对商业遥感微纳卫星在执行中的适用性进行探讨。

(1)《遥感产品真实性检验导则》(GB/T 36296—2018)。

(2)《陆地观测卫星光学遥感器在轨场地辐射定标方法 第 1 部分:可见光近红外》(GB/T 34509.1—2017)。

(3)《遥感卫星原始数据记录与交换格式》(GB/T 31011—2014)。

(4)《机载成像高光谱遥感数据获取技术规程》(DD2014—14)。

(5)《卫星对地观测数据产品分类分级规则》(GB/T 32453—2015)。

(6)《航天高光谱成像数据预处理产品分级》(GB/T 36301—2018)。

(7)《陆地观测卫星遥感数据分发与用户服务要求》(GB/T 34514—2017)。

1)《遥感卫星原始数据记录与交换格式》(GB/T 31011—2014)

《遥感卫星原始数据记录与交换格式》(GB/T 31011—2014)规定了遥感卫星原始数据记录与交换格式的数据文件的组织结构、数据头信息及辅助信息相关字段内容,以及文件命名方法,用以规范我国遥感卫星原始数据在记录、交换和处理过程中的一致性。该标准适用于遥感卫星下行数据在实时记录、传输和处理环节中实现数据格式标准化管理,指导格式数据的形成与格式数据的使用。遥感卫星地面系统集成与设备研制、遥感卫星数据产品标准化管理及系统运行与维护等方面可参照使用。

由于商业遥感微纳卫星的载荷不同等因素,商业遥感卫星及微纳卫星高光谱数据的原始数据记录与交换格式参照执行该标准,其文件名与该标准的内容有增加或减少。其文件名短,可方便数据排序、查找和后续数据处理时增加其他标识。例如,"珠海一号"高光谱卫星的原始数据文件名为 HDZ1_20191211122850.dat,"千乘"一号卫星原始数据文件名为 QS1-01_MS_20191221_104917.dat。

2)《机载成像高光谱遥感数据获取技术规程》(DD2014—14)

《机载成像高光谱遥感数据获取技术规程》(DD2014—14)涵盖了航空高光谱遥感调查涉及的仪器设备选用、飞行方案设计、飞行测量、数据产品的分组检查与制作、资料移交等各环节及相应的参数,既为高光谱遥感调查单位提供了操作性强的规范,又为质量控制单位提供了质检标准。

但是,由于机载成像与星载成像的平台不同,数据获取的方法各异,因此需要编制适用于星载高光谱遥感成像的技术规程。

3)《卫星对地观测数据产品分类分级规则》(GB/T 32453—2015)、《航天高光谱成像数据预处理产品分级》(GB/T 36301—2018)和《陆地观测卫星遥感数据分发与用户服务要求》(GB/T 34514—2017)

《卫星对地观测数据产品分类分级规则》(GB/T 32453—2015)规定了卫星对地观测数据产品的分类分级规则,并确立了卫星对地观测数据产品的分类分级体系,适用于卫星对地观测数据产品生产、管理与服务中的产品分类分级,也适用于高光谱数据产品在内的对地观测数据产品分类分级。

《航天高光谱成像数据预处理产品分级》(GB/T 36301—2018)及《陆地观测遥感卫星数据分发与用户服务要求》(GB/T 34514—2017)规定了陆地观测遥感卫星数据的分发要求、服务要求、服务流程、用户管理要求及其他相关技术支持和技术服务等内容,适用于陆地观测卫星在国内的遥感数据分发与用户服务标准化管理,其他遥感卫星数据产品分发与用户服务可参照使用。

由于通用高光谱产品的高光谱范围为360~2500nm,在轨运行的"珠海一号"高光谱微纳卫星的波谱范围是400~1000nm,谱段数可在256中任选32个。另外,商业卫星公司在遥感数据的分发和用户服务方面主要是根据需求进行定制服务,提供不同的产品,因此产品分级可分为基础产品和标准产品(或增值产品),在基础产品和标准产品中再细分等。

4)《陆地观测卫星光学遥感器在轨场地辐射定标方法 第1部分:可见光近红外》(GB/T 34509.1—2017)。

《陆地观测卫星光学遥感器在轨场地辐射定标方法 第1部分:可见光近红外》(GB/T 34509.1—2017)规定了陆地观测卫星可见光近红外遥感器在轨场地辐射定标的一般要求、数据获取、技术流程与计算方法、不确定度分析等内容,适用于陆地观测卫星可见光近红外遥感器在轨场地辐射定标。

商业微纳遥感卫星综合考虑其载荷大小、成本控制等要素,一般难以搭载先进的星上定标器。因此,以实验室定标为基础,在轨场地辐射定标为主,交叉定标为辅的辐射定标方法成为主流方法。该标准适用于商业微纳遥感卫星的在轨场地辐射定标,其技术流程满足定量遥感要求。

随着商业遥感的蓬勃发展,组网成星座观测成为热点,传统地基辐射定标方法效费比低,单次定标不确定性大,难以满足商业微纳遥感星座多卫星、高频次、高精度辐射定标等问题。因此,面向常态化运行需求的可见光近红外载荷地基自动辐射定标方法逐步发展起来。国内外相关机构和学者在自动化外场辐射定标方面进行了大量探索性工作。美国的 Railroad Valley 场地、法国的 La Crau 场地、纳米比亚的 Gobabeb 场地与中国的敦煌定标场地、包头定标场地各自布置了地表与大气自动观察设备,因此,商业微纳遥感星座可在满足该标准的基础上,广泛应用以上外场定标场地进行高频次、高精度的在轨场地辐射定标。

5)《遥感产品真实性检验导则》(GB/T 36296—2018)

《遥感产品真实性检验导则》(GB/T 36296—2018)规定了遥感产品真实性检验的检验对象、参考对象、基本要求、评价指标和检验方法,给出了遥感产品真实性检验的普适性规范和原则,适用于遥感产品的普适性、真实性检验。

该标准考虑了微纳卫星高光谱数据产品检验的普适性和针对性,还提出了一些具体的规定,以便适用于商业卫星数据产品的实际性检验。

5.2.2 编制要求

随着商业遥感卫星的快速发展,特别是越来越多的商业小卫星和微纳卫星发射升空,现有的相关技术标准或规范不能适用于商业小卫星和微纳卫星。为此,依据商业遥感卫星的特点、卫星自主运控、卫星产品制作和卫星数据分发等要求,我们对编制适用于商业遥感微纳卫星的技术标准进行了研讨。

1. 编制商业遥感微纳卫星技术标准的必要性和可行性

商业遥感微纳卫星目前以高光谱微纳卫星为主,高光谱成像具有光谱分辨率高、图谱合一的独特优势。随着高光谱遥感信息机理、图像处理和多学科应用方面研究的重要突破和成像光谱技术的日趋成熟,我国高光谱遥感得到快速发展,并在国土、地质矿产、海洋等自然资源调查、林业、农业、水利、交通、生态环境监测、文物保护和自然灾害监测等业务中逐渐得到广泛应用,产生了显著的社会经济效益。

随着我国商业遥感卫星的发展,高光谱微纳卫星陆续发射,高光谱微纳卫星具有体积小、功耗低、星上存储大、空间分辨率高、幅宽大、可编队组网、重访周期短、可根据用户需求研制、卫星制造成本低、自主运管等特点,微纳卫星高光谱数据的应用越来越广泛,从政府各行业、企事业单位、教学、社会大众都有需求。但是,在商业遥感高光谱微纳卫星的自主运营,卫星数据产品的制作、分级、数据格式、质量控制等方面已发布的相关技术标准尚不能完全适用,增加了卫星数据推广应用的难度和效率。因此,为保障商业遥感卫星正常运营,满足民营卫星公司对商业遥感卫星自主运控及卫星数据产品标准化、模块化和为用户提供服务的需求,参照我国现有的遥感卫星数据产品分级、航天高光谱成像数据预处理产品分级等技术规程,根据国产商业卫星实际运营情况和高光谱数据获取等,我们认为,在广泛调研分析和归纳、整理、规范、完善等工作基础上,就卫星的运营、数据获取、数据处理、产品制作、产品分级、质量检查、数据分发及存档管理的基本要求进行科学的、系统的定义和阐述,提出制定适用于微纳卫星自主运控及其产品制作的技术规程是十分必要的。编制微纳卫星的相关技术标准必须与现行的法律法规、国家标准、行业标准相一致,与已经颁布实施的相关标准和文件协调配套、各有侧重是可行的。

2. 编制商业遥感微纳卫星技术标准的目的和意义

编制商业遥感微纳卫星自主运控及数据获取、产品制作等技术标准的目的是通过规定商业卫星公司的卫星运控和数传等,以及微纳卫星数据产品分级、制作、数据产品质量检验、产品归档和分发等,促进商业遥感卫星在民用和商用中的规范化应用,指导类似的商业卫星的卫星运控,提高微纳卫星数据产品的利用率,使商业遥感卫星有序和高效发展。

3. 编制商业遥感微纳卫星技术标准的先进性及创新性

编制商业遥感微纳卫星自主运控及数据获取、产品制作等技术标准的先进性、创新型主要体现在首次提出适用于商业卫星的运营模式的技术规程;首次系统地梳理和规范商业卫星的自主运营,如任务规划、卫星地面站数据接收及综合误码率等要求;较全面地归纳微纳卫星数据处理、产品制作、产品检验等技术要求。

编制商业遥感微纳卫星自主运控及数据获取、产品制作等技术标准的产业化情况主要体现在为民营卫星公司在商业卫星自主运控、数据获取、数据处理、产品制作、产品归档管理和分发等方面提供一定的技术支持。

4. 编制商业遥感微纳卫星技术标准的基本原则

编制商业遥感微纳卫星自主运控及数据获取、产品制作等技术标准的基本原则有以下几点。

(1) 实用性原则。充分体现在轨运行的商业光学卫星、视频卫星、高光谱微纳卫星等特点,兼顾科学性、实用性、普适性及针对性。

(2) 先进性原则。基于在轨运行的商业卫星自主运营和微纳卫星高光谱数据产品及应用实例编制。

(3) 统一性原则。所规范的内容、方法和工作程序等,以及相关术语与相关标准、规范保持严格的统一。

(4) 规范性原则。严格按照《标准化工作导则 第1部分:标准的结构和编写》(GB/T 1.1—2009)的要求进行编制。

5.3 商业遥感卫星数据产品通用信息规范

商业遥感卫星数据产品通用信息规范可以参照《卫星对地观测数据产品分类分级规则》(GB/T 32453—2015)、《航天高光谱成像数据预处理产品分级》(GB/T 36301—2018)及《陆地观测卫星光学数据产品格式及要求》(GB/T 38198—2019)。

5.3.1 数据产品分类分级规则

1. 数据产品分级分类规则

光学数据产品按照光谱探测范围、光谱分辨率和探测方式划分为全色数据产品、多光谱数据产品、高光谱数据产品、紫外数据产品、热红外数据产品和激光雷达数据产品6个种类。

(1) 全色数据产品。探测波长在 $0.36 \sim 0.9 \mu m$ 范围内,由单通道波段传感器获取的目标物体反射率数据产品及对其加工处理得到的影像数据产品。

(2) 多光谱数据产品。探测波长在 $0.36 \sim 2.5 \mu m$ 范围内,由光谱分辨率在 λ(波长)/10 数量级范围内的传感器获取的目标物体反射率数据产品及对其加工处理得到的影像数据产品。

(3) 高光谱数据产品。探测波长在 $0.36 \sim 2.5 \mu m$ 范围内,由光谱分辨率在 λ(波长)/100 数量级范围内(一般优于 20nm)的传感器获取的目标物体反射率或辐射温度数据产品及对其加工处理得到的影像数据产品。

(4) 紫外数据产品。探测波长在 $0.1 \sim 0.4 \mu m$ 范围内,由工作在紫外波段的传感器获取的目标物体反射率数据产品及对其加工处理得到的影像数据产品。

(5) 热红外数据产品。探测波长在 3～15μm 范围内，由工作在热红外波段的传感器获取的目标物体辐射温度数据产品及对其加工处理得到的影像数据产品。

(6) 激光雷达数据产品。通过发射 532nm、1064nm 等波长的激光脉冲获取探测目标的距离等信息并对其加工处理得到的影像数据产品。

2. 分级体系与规则

1）分级体系

(1) 依据卫星对地观测数据产品加工处理水平（辐射校正、几何校正、数据融合、参量反演等）进行分级，分级体系由级、子级、扩充级组成，共分为 0～6 级产品，各级产品根据需要可以细分为子级或扩充级。

(2) 0 级是对地面站接收的数据经解格式等处理得到的原始数据产品。

(3) 1 级、2 级产品属于各行业、各领域普遍应用的基础类数据产品，其分级按照辐射校正、几何校正的处理水平划分。

(4) 3～6 级产品属于各行业、各领域的增值类数据产品，是根据应用需求通过与地面控制点或数字高程模型及专题应用信息集成处理得到的数据产品。

(5) 0 级和基础类数据产品中包括与部分基础地理信息要素叠加产生的相应级别数据产品。

(6) 子级数据产品是在 1～6 级数据产品基础上根据单项数据处理水平进一步划分的产品。

(7) 扩充级数据产品是在子级产品基础上进一步细分的产品。

(8) 不同类别卫星对地观测数据产品采用的分级指标内容和度量标称有所差异。部分光学、微波数据产品分级指标的属性项及其度量单位可参见附 2.1.5 产品分级。

2）分级规则

(1) 0 级（L0）。L0 级数据产品是指按条带、按景或按区域分发的经过解格式、解压缩处理的原始数据产品。

(2) 1 级（L1）。L1 级数据产品是由 L0 级数据经过辐射校正的数据产品，可根据辐射校正处理程度分为 2 个子级。

子级 1（L1_1）：经过相对辐射校正的产品。

子级 2（L1_2）：经过绝对辐射校正的产品。

(3) 2 级（L2）。L2 数据产品是在 L0～L1 级数据基础上，经过系统几何校正的数据产品，可根据辐射校正处理程度分为 3 个子级。

子级 1(L2_1):仅经过系统几何校正的数据产品。

子级 2(L2_2):经相对辐射校正和系统几何校正的数据产品。

子级 3(L2_3):经绝对辐射校正和系统几何校正的数据产品。

(4) 3 级(L3)。L3 数据产品是在 L0~L2 级数据基础上,经过地面平面定位控制完成几何精校正的数据产品,包括叠加空间定位基础要素的数据产品,可根据影像辐射校正程度和地面定位的几何精度进一步划分子级和扩充级。

子级 1(L3_1):仅经过系统几何精校正的数据产品。

子级 2(L3_2):经相对辐射校正和几何精校正的数据产品。

子级 3(L3_3):经绝对辐射校正和几何精校正的数据产品。

(5) 4 级(L4)。L4 级数据产品是在 L0~L1 级数据基础上,利用地面控制点和数字高程模型进行几何地形校正的数据产品,可根据辐射校正、影像阴影去除等处理程度不同划分子级和扩充级。

子级 1(L4_1):仅经过几何地形校正的数据产品。

子级 2(L4_2):经相对辐射校正和几何地形校正的数据产品。

子级 3(L4_3):经相对辐射校正和几何地形校正的数据产品。

(6) 5 级(L5)。L5 级数据产品是在 L0~L4 级数据基础上,经融合和参量反演以及通过专业数据或信息进行集成处理后得到的专业应用数据产品,可根据处理程度细分形成子级和扩充级。

其按照影像融合程度划分子级 1~3。

子级 1(L5_1):经像素级融合的数据产品。

子级 2(L5_2):经特征级融合的数据产品。

子级 3(L5_3):经决策级融合的数据产品。

其从参数反演的视角划分子级 4~6。

子级 4(L5_4):完全基于参量本身的反演产品。

子级 5(L5_5):采用交叉检验方法进行验证的参量反演产品。

子级 6(L5_6):经过现场真实性检验的参量反演产品。

(7) 6 级(L6)。L6 级数据产品是在 L3~L5 级数据基础上,采用三维表达的数据产品。

子级 1(L6_1):由 L3 级及以上数据产品生产的不可量测的三维表达数据产品。

子级 2(L6_2):由 L4 级及以上数据产品生产的可量测的三维数据产品。

子级3(L6_3):由L4~L5级数据产品生产的可支持专业信息分析和过程虚拟表达等功能的三维数据产品。

(8)级别的标识。级别的标识由级标识、子级标识和扩展级标识组成。其中级和子级的标识采用字母L和阿拉伯数字组合表示,如表5-3所列。

表5-3 光学和微波数据产品的分级标识

分级		级标识	子级	子级标识
0级产品	0级	L0	—	—
基础类数据产品	1级	L1	子级1	L1_1
			子级2	L1_2
	2级	L2	子级1	L2_1
			子级2	L2_2
			子级3	L2_3
增值类技术产品	3级	L3	子级1	L3_1
			子级2	L3_2
			子级3	L3_3
	4级	L4	子级1	L4_1
			子级2	L4_2
			子级3	L4_3
	5级	L5	子级1	L5_1
			子级2	L5_2
			子级3	L5_3
			子级4	L5_4
			子级5	L5_5
			子级6	L5_6
	6级	L6	子级1	L6_1
			子级2	L6_2
			子级3	L6_3

5.3.2 数据产品信息

数据产品信息基本结构包括文件组成及类型、目录结构及命名规则、数据产品文件格式等。

1. 文件组成及类型

不同级别产品的文件组成及类型如表5-4所列。

第 5 章　卫星数据标准及 AI 算法评估方法

表 5-4　不同级别产品的文件组成及类型

产品级别	文件组成	文件数量/景	文件类型
0 级产品	影像数据文件	每个传感器对应一个文件	GeoTIFF/HDF5
	浏览图文件	每个传感器对应一个文件	JPEG
	拇指图文件	每个传感器对应一个文件	JPEG
	产品描述文件	每个传感器对应一个文件	XML
1 级产品	影像数据文件	每个传感器对应一个文件	GeoTIFF/HDF5
	浏览图文件	每个传感器对应一个文件	JPEG
	拇指图文件	每个传感器对应一个文件	JPEG
	产品描述文件	每个传感器对应一个文件	XML
	参数文件	每个传感器对应一个文件	RPB
2 级产品	影像数据文件	每个传感器对应一个文件	GeoTIFF/HDF5
	浏览图文件	每个传感器对应一个文件	JPEG
	拇指图文件	每个传感器对应一个文件	JPEG
	产品描述文件	每个传感器对应一个文件	XML
	参数文件	每个传感器对应一个文件	RPB

注：1. 高光谱 0~2 级产品的影像数据文件类型均为 HDF5。
　　2. 上述文件组成是基本组成，可依据实际需求补充或增加其他类型文件。

2. 目录结构及命名规则

1）目录结构

目录结构格式为"卫星标识/数据类型/产品级别/传感器标识/接收站标识/采集日期"，具体内容如下。

（1）卫星标识：卫星代号全称的缩写，如 OHS、OVS。

（2）数据类型：用于区分不同类型数据的标识，如 PRODUCT。

（3）产品级别：数据产品的级别，如 LEVEL0、LEVEL1、LEVEL2。

（4）传感器标识：有效载荷英文全称的缩写，如 PMS、MUX、WFI。

（5）接收站标识：地面接收站英文全称的缩写，如 MYN、GUA、SAY。

（6）采集日期：卫星成像日期（北京时间），如 2008-09-07（年-月-日）。

2）命名规则

命名中包含几项规定，具体如下。

（1）（E/W）经度为景中心经度，要求单位均为度，精确到小数点后 1 位。

（2）（N/S）纬度为景中心纬度，要求单位均为度，精确到小数点后 1 位。

(3) Lx 产品号,x 表示产品级别,可以为 0、1、2;产品号是指生产产品的序列号。产品文件命名规则如下。

(1) 压缩包文件命名:卫星标识_传感器标识_(E/W)经度_(N/S)纬度_采集日期_Lx 产品号. tar. gz。

示例:GF1_PMS1_E121.7_N32.6_20171222_L00002870720. tar. gz。

(2) 0、1、2 级产品文件命名:卫星标识_传感器标识_(E/W)经度_(N/S)纬度_采集日期_Lx 产品号_传感器. tiff。

示例:GF1_PMSL_E121.7_N32.6_20171222_L100002870720 – PAN1. tiff。

(3) 浏览图文件命名:卫星标识_传感器标识_(E/W)经度_(N/S)纬度_采集日期_Lx 产品号 – 传感器. jpg。

示例:GF1_PMS1_E121.7_N32.6_20171222_L100002870720 – PAN1. jpg。

(4) 拇指图文件命名:卫星标识_传感器标识_(E/W)经度_(N/S)纬度_采集日期_Lx 产品号 – 传感器_thumb. jpg。

示例:GF1_PMS1_E121.7_N32.6_20171222_100002870720 – PAN1_thumb. jpg。

(5) 产品描述文件命名:卫星标识_传感器标识_(E/W)经度_(N/S)纬度_采集日期_Lx 产品号 – 传感器. xml。

示例:GF1_PMSL_E121.7_N32.6_20171222_L100002870720 – PAN1. xml。

3. 数据产品文件格式

(1) 影像数据文件格式。影像文件为 GeoTIFF 格式或层次式文件格式(第 5 版)(HDF5),其中 GeoTIFF 格式参见相关规范。

(2) 浏览图文件格式。浏览图文件采用联合图像专家小组(JPEG)格式,其行列比与实际影像一致,列值固定为 1024 个像素。

(3) 拇指图文件格式。拇指图文件采用 JPEG 格式,其行列比与实际影像一致,列值固定为 50 个像素。

(4) 参数文件格式。RPC 文件格式为 RPB。

(5) 产品描述文件格式。产品描述文件为可扩展置标语言(XML)格式,版本为 1.0,文件编码 UTF – 8(8 – bit Unicode Transformation Format)。

5.4 AI 深度学习算法评估方法

参照《人工智能深度学习算法评估规范》(ALOSS—01—2018)(AIOSS 联盟团体标准 T/CESA 1026—2018,中国人工智能开源软件发展联盟 2018)规定,本节描述面向卫星数据处理的人工智能深度学习算法评估指标体系、评估流程,以及需求阶段评估、设计阶段评估、实现阶段评估和运行阶段评估等内容。

本方法适用于指导深度学习算法的开发方、用户方及第三方等相关组织对深度学习算法的可靠性开展评估。

本节涉及的术语和定义如下。

(1) 可靠性(Reliability)。在规定的条件下和规定的时间内,深度学习算法正确完成预期功能,且不引起系统失效或异常的能力。

(2) 可靠性评估(Reliability Assessment)。确定现有深度学习算法的可靠性所达到的预期水平的过程。

(3) 算法失效(Algorithm Failure)。算法丧失完成规定功能的能力的事件。

(4) 精确率(Precision)。对于给定的数据集,预测为正例的样本中真正例样本的比例。

(5) 查全率(Recall)。对于给定的数据集,预测为真正例的样本占所有实际为正例样本的比例。

(6) 准确率(Accuracy)。对于给定的数据集,正确分类的样本数占总样本数的比例。

(7) 响应时间(Response Time)。在给定的软硬件环境下,深度学习算法对给定的数据进行运算并获得结果所需要的时间。

(8) 对抗性样本(Adversarial Examples)。在数据集中通过故意添加细微的干扰形成输入样本,受干扰之后的输入导致模型以高置信度给出错误的输出。

(9) 置信度(Confidence)。总体参数值落在样本统计值某一区内的概率。

5.4.1 评估指标体系

1. 概述

基于深度学习算法可靠性的内外部影响考虑,结合用户实际的应用场景,本标准给出了一套深度学习算法的可靠性评估指标体系。本评估指标体系如图 5-2 所示,包含 7 个一级指标和 20 个二级指标。在实施评估过程中,应根据可靠性目标选取相应指标。

2. 算法功能实现的正确性

算法功能实现的正确性用于评估深度学习算法实现的功能是否满足要求,应包括但不限于下列内容。

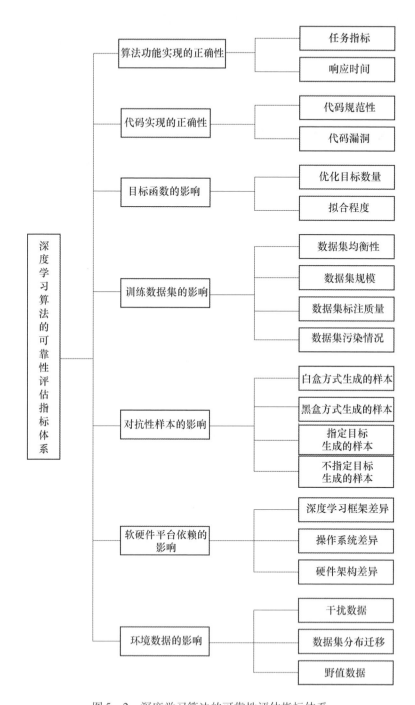

图5-2 深度学习算法的可靠性评估指标体系

（1）任务指标。用户可以根据实际应用场景选择任务相关的基本指标，用于评估算法完成功能的能力，如分类任务中的精确率、查全率、准确率等，目标检测任务中的平均正确率等，算法在使用中错误偏差程度带来的影响等。

（2）响应时间。

3. 代码实现的正确性

代码实现的正确性用于评估代码实现功能的正确性，应包括下列内容。

（1）代码规范性。代码的声明定义、版面书写、指针使用、分支控制、跳转控制、运算处理、函数调用、语句使用、循环控制、类型转换、初始化、比较判断和变量使用等是否符合相关标准或规范中的编程要求。

（2）代码漏洞。代码中是否存在漏洞。

4. 目标函数的影响

目标函数的影响用于评估计算预测结果与真实结果之间的误差，应包括下列内容。

（1）优化目标数量。优化目标数量包括优化目标不足或过多。优化目标过少容易造成模型的适应性过强，优化目标过多容易造成模型收敛困难。

（2）拟合程度。拟合程度包括过拟合或欠拟合。过拟合是指模型对训练数据过度适应，通常由于模型过度地学习训练数据中的细节和噪声，从而导致模型在训练数据上表现很好，而在测试数据上表现很差，也即模型的泛化性能变差；欠拟合是指模型对训练数据不能很好地拟合，通常由于模型过于简单造成，需要调整算法，使得模型表达能力更强。

5. 训练数据集的影响

训练数据集的影响用于评估训练数据集带来的影响，应包括下列内容。

（1）数据集均衡性。数据集包含的各种类别的样本数量一致程度和数据集样本分布的偏差程度。

（2）数据集规模。通常用样本数量来衡量，大规模数据集通常具有更好的样本多样性。

（3）数据集标注质量。数据集标注信息是否完备并准确无误。

（4）数据集污染情况。数据集被人为添加的恶意数据的程度。

6. 对抗性样本的影响

对抗性样本的影响用于评估对抗性样本对深度学习算法的影响，应包括下列内容。

(1) 白盒方式生成的样本。在目标模型已知的情况下,利用梯度下降等方式生成对抗性样本。

(2) 黑盒方式生成的样本。在目标模型未知的情况下,利用一个替代模型进行模型估计,针对替代模型使用白盒方式生成对抗性样本。

(3) 指定目标生成的样本。利用已有数据集中的样本,通过指定样本的方式生成对抗性样本。

(4) 不指定目标生成的样本。利用已有数据集中的样本,通过不指定样本(或使用全部样本)的方式生成对抗性样本。

7. 软硬件平台依赖的影响

软硬件平台依赖的影响用于评估运行深度学习算法的软硬件平台对可靠性的影响,应包括下列内容。

(1) 深度学习框架差异。不同的深度学习框架在其支持的编程语言、模型设计、接口设计、分布式性能等方面的差异对深度学习算法可靠性的影响。

(2) 操作系统差异。操作系统的用户可操作性、设备独立性、可移植性、系统安全性等方面的差异对深度学习算法可靠性的影响。

(3) 硬件架构差异。不同的硬件架构及其计算能力、处理精度等方面的差异对深度学习算法可靠性的影响。

8. 环境数据的影响

环境数据的影响用于评估实际运行环境对算法的影响,应包括下列内容。

(1) 干扰数据。由于环境的复杂性产生的非预期的真实数据,可能影响算法的可靠性。

(2) 数据集分布迁移。算法通常假设训练数据样本和真实数据样本服从相同分布,但在算法实际使用中,数据集分布可能发生迁移,即真实数据集分布与训练数据集分布之间存在差异性。

(3) 野值数据。一些极端的观察值。在一组数据中可能有少数数据与其余的数据差别比较大,也称为异常观察值。

5.4.2 评估流程

1. 概述

深度学习算法的可靠性评估流程如图 5-3 所示,包括确定可靠性目标、选择评估指标、需求阶段的评估、设计阶段的评估、实现阶段的评估、运行阶段的评估及得出评估结论 7 个内容。

第 5 章 卫星数据标准及 AI 算法评估方法

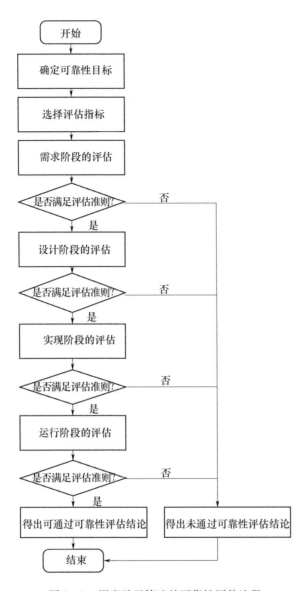

图 5-3 深度学习算法的可靠性评估流程

2. 确定可靠性目标

应通过以下步骤确定深度学习算法的可靠性目标。

1）场景分析

针对深度学习算法实现的功能发生算法失效从而导致软件系统产生一个风险时,需要对其所处的运行环境与运行模式进行描述,既要考虑软件系统正确使用的情况,也要考虑可预见的不正确使用的情况。

2）风险分析

（1）应通过多种途径开展有关深度学习算法失效的风险识别，如通过头脑风暴、专家评审会、质量历史记录及软件失效模式和影响分析等技术识别深度学习算法发生算法失效的风险。

（2）应识别风险的后果，如对环境或人员是否有伤害、需要完成的任务是否有影响等。

（3）风险事件应由运行场景和算法失效的相关组合确定。

（4）应以能在深度学习算法所在的软件系统层面观察到的输出来定义结果。

3）风险等级评估

针对每一个算法失效，应基于确定的理由来预估潜在风险。风险严重性等级如表5-5所列。

表5-5 风险严重性等级

风险严重性等级	描述
灾难级	算法失效导致系统任务失败，或对安全、财产和业务等造成灾难性影响
严重级	算法失效导致系统任务的主要部分未完成，或对安全、财产和业务等造成严重影响
一般级	算法失效导致系统完成任务有轻度影响，或对安全、财产和业务等造成一般影响
轻微级	算法失效导致系统完成任务有障碍但能够完成，或对安全、财产和业务等造成轻微影响或无影响

风险等级的评估可以基于对多个场景的综合性考虑，同时风险严重性等级的确定应基于场景中有代表性的个体样本。

4）可靠性目标的确定

根据算法失效的风险等级，建立深度学习算法的可靠性目标，如表5-6所列，其中可靠性目标从高到低依次分为A、B、C、D 4个级别。

表5-6 深度学习算法的可靠性目标

可靠性目标	可靠性目标说明	风险严重性等级对应说明
A	避免算法失效造成灾难级风险	灾难级
B	避免算法失效造成严重级风险	严重级
C	避免算法失效造成一般级风险	一般级
D	避免算法失效造成轻微级风险	轻微级

3. 选择评估指标

不同可靠性目标的深度学习算法在各个阶段中选取的可靠性评估指标不同，因此在面向算法的需求阶段、设计阶段、实现阶段和运行阶段的可靠性评估过程中应确定与之对应的评估指标。

4. 评估准则

开展可靠性评估工作应遵守以下准则。

（1）各阶段评估通过的准则应同时满足如下要求。

① 选取的某一级指标下的二级指标全部通过。

② 选取的某阶段的一级指标全部通过。

（2）深度学习算法可靠性评估通过的准则应满足：面向算法需求阶段、设计阶段、实现阶段及运行阶段4个阶段的可靠性评估均通过。

5. 各阶段评估

各阶段评估工作应满足以下要求。

（1）面向深度学习算法的需求阶段、设计阶段、实现阶段、运行阶段4个阶段实施评估活动。

（2）通过当前阶段的评估是进入下一阶段评估的前提条件之一。

（3）4个阶段的评估活动有完整的顺序关系。

（4）各阶段评估活动的输入、关键活动及输出要求详见5.4.3节。

（5）各阶段可靠性评估结果均应以阶段评估报告的形式进行输出，其内容至少应包括以下内容。

① 深度学习算法的可靠性目标。

② 开展可靠性评估的阶段名称。

③ 针对算法在本阶段开展可靠性评估工作所选择的评估指标及针对评估指标的评估结果。

④ 该阶段的可靠性评估结果。

6. 得出评估结论

面向深度学习算法的需求阶段、设计阶段、实现阶段及运行阶段4个阶段均通过评估，深度学习算法可靠性通过评估并达到目标要求；否则未通过评估。

5.4.3 各阶段评估

1. 需求阶段的评估

1）概述

深度学习算法需求阶段是通过调研和分析，理解用户和项目应用的功能、性能等具体要求，最后确定算法应实现的功能性需求、非功能性需求和应满足的设计约束的阶段。

面向深度学习算法需求阶段的可靠性评估工作，指运用可靠性分析方法，通过对算法功能实现的正确性和软硬件平台依赖的影响等进行评估,以确定算法的需求满足可靠性目标要求。

2)前提条件

开展本阶段可靠性评估工作前至少应获取深度学习算法的可靠性目标。

3)输入

开展本阶段可靠性评估工作的输入至少应包括以下内容。

(1)软件系统的需求说明书。

(2)系统设计规范。

(3)软硬件接口规范。

(4)深度学习算法的需求。

(5)深度学习算法的功能概念,包括其目标、功能、运行模式及状态。

(6)深度学习算法的运行条件与环境约束。

4)关键活动

对应确定后的算法需求阶段的可靠性目标选取评估指标,并从以下关键活动中选取与评估指标对应的关键活动,实施评估工作。

(1)对算法功能实现的正确性进行评估。

① 分析需求阶段设定的任务指标要求是否影响可靠性目标。

② 分析需求阶段设定的响应时间要求是否影响可靠性目标。

(2)对软硬件平台依赖的影响进行评估。

① 分析深度学习框架差异对算法带来的影响。

② 分析操作系统差异对算法带来的影响。

③ 分析硬件架构差异对算法带来的影响。

5)输出

本阶段可靠性评估结果应以阶段评估报告的形式进行输出,至少应包括以下内容。

(1)阶段名称与深度学习算法的可靠性目标。

(2)针对算法在本阶段开展可靠性评估工作选择的评估指标及针对评估指标的评估结果。

(3)本阶段的可靠性评估结果。

2. 设计阶段的评估

1)概述

深度学习算法的设计阶段是根据算法需求阶段得到的需求分析,设计出满足设计约束并能够实现任务功能性需求、非功能性需求的深度学习目标函数及相应的算法,并选取合适的训练数据集的阶段。

面向深度学习算法设计阶段的可靠性评估工作,指运用分析或评审等方法,对算法功能实现的正确性、训练数据集的影响及目标函数等进行评估,以确定算法的设计满足可靠性目标要求。

2)前提条件

开展本阶段可靠性评估工作前至少应完成以下工作。

(1)深度学习算法需求阶段的可靠性评估工作;

(2)深度学习算法的设计工作。

3)输入

开展本阶段可靠性评估工作的输入至少应包括以下内容。

(1)深度学习算法需求阶段的可靠性评估报告。

(2)深度学习算法的可靠性评估目标。

(3)深度学习算法的功能说明。

(4)深度学习算法所在的软硬件系统的接口规范。

(5)深度学习算法的训练数据集。

(6)深度学习算法的设计说明。

4)关键活动

对应确定后的算法可靠性目标选取评估指标,并从以下关键活动中选取与评估指标对应的关键活动实施评估工作。

(1)对算法功能实现的正确性进行评估。

① 分析设计完成后任务指标要求是否满足需求阶段设定的相应要求。

② 分析设计完成后响应时间要求是否满足需求阶段设定的相应要求。

(2)对训练数据集进行分析。

① 分析训练数据集是否存在不均衡情况。

② 分析训练数据集规模是否满足训练需求。

③ 分析训练数据集标注质量是否满足训练需求。

④ 分析训练数据集是否受到污染。

(3)对目标函数的影响进行分析。分析优化目标数量是否满足算法需求。

5)输出

本阶段可靠性评估结果应以阶段评估报告的形式进行输出,其内容至少应包括以下内容。

（1）阶段名称与深度学习算法的可靠性目标。

（2）针对算法在本阶段开展可靠性评估工作所选择的评估指标及针对评估指标的评估结果。

（3）本阶段的可靠性评估结果。

3. 实现阶段的评估

1）概述

深度学习算法实现阶段是对算法设计阶段设计的算法进行编程实现，包括利用数据集对深度学习算法开展训练、测试与验证等活动。

面向深度学习算法实现阶段的可靠性评估工作，指运用分析和测试等方法，对算法功能实现的正确性、代码实现的正确性、目标函数的影响及对抗性样本的影响等进行评估，以确定算法的实现满足可靠性目标要求。

2）前提条件

开展本阶段可靠性评估工作前至少应完成以下工作。

（1）深度学习算法设计阶段的可靠性评估工作。

（2）深度学习算法的实现工作。

3）输入

开展本阶段可靠性评估工作的输入至少应包括以下内容。

（1）深度学习算法需求阶段的可靠性评估报告。

（2）深度学习算法设计阶段的可靠性评估报告。

（3）深度学习算法的可靠性评估目标。

（4）深度学习算法所在的软硬件系统的接口规范。

（5）深度学习算法的训练数据集。

（6）深度学习算法的对抗性样本。

（7）深度学习算法的设计说明。

（8）深度学习算法的功能说明。

（9）深度学习算法的源代码。

4）关键活动

对应确定后的算法可靠性目标选取评估指标，并从以下关键活动中选取与评估指标对应的关键活动实施评估工作。

（1）对代算法功能实现的正确性进行评估。

① 验证算法实现后的任务指标是否达到需求阶段设定的相应要求。

② 验证算法实现后的响应时间是否达到需求阶段设定的相应要求。

(2）对代码实现的正确性进行评估。

① 分析代码是否满足相应的编程规范或指南。

② 验证代码是否存在漏洞。

(3）对目标函数的影响进行评估：分析算法的拟合程度对算法可靠性的影响。

(4）对对抗性样本的影响进行分析。

① 分析白盒方式生成的样本对算法的影响。

② 分析黑盒方式生成的样本对算法的影响。

③ 分析指定目标方式生成的样本对算法的影响。

④ 分析不指定目标方式生成的样本对算法的影响。

5）输出

本阶段可靠性评估结果应以阶段评估报告的形式进行输出，至少应包括以下内容。

(1）阶段名称与深度学习算法的可靠性目标。

(2）针对算法在本阶段开展可靠性评估工作所选择的评估指标及针对评估指标的评估结果。

(3）本阶段的可靠性评估结果。

4. 运行阶段的评估

1）概述

深度学习算法运行阶段是在实际应用场景下运行包含深度学习算法的软件系统的阶段。

面向深度学习算法运行阶段的可靠性评估工作，指针对实际运行环境使用的数据进行分析，对算法功能实现的正确性、软硬件平台的依赖影响和环境数据的影响等进行评估，以确定算法的运行满足可靠性目标要求。

2）前提条件

开展本阶段可靠性评估工作前至少应完成以下工作。

(1）深度学习算法实现阶段的可靠性评估工作；

(2）深度学习算法在目标运行环境中的部署工作。

3）输入

开展本阶段可靠性评估工作的输入至少应包括以下内容。

(1）深度学习算法的可靠性评估目标。

(2）深度学习算法需求阶段的可靠性评估报告。

(3）深度学习算法设计阶段的可靠性评估报告。

(4) 深度学习算法实现阶段的可靠性评估报告。

(5) 深度学习算法运行中使用的真实数据。

(6) 包含深度学习算法的软件系统。

4) 关键活动

对应确定后的算法可靠性目标选取评估指标,并从以下关键活动中选取与评估指标对应的关键活动实施评估工作。

(1) 对算法功能实现的正确性进行评估。

① 验证算法运行时任务指标是否达到需求阶段设定的相应要求。

② 验证算法运行时响应时间是否达到需求阶段设定的相应要求。

(2) 软硬件平台依赖对算法运行的影响。

① 分析深度学习框架差异对算法带来的影响。

② 分析操作系统差异对算法带来的影响。

③ 分析硬件架构差异对算法带来的影响。

(3) 分析环境数据对算法运行的影响。

① 分析环境干扰数据对算法运行的影响,可以参考以下几个方面。

i. 算法输入对象所处环境的复杂情况。

ii. 算法输入对象自身环境的复杂情况。

iii. 算法输入对象的传输过程的复杂情况。

iv. 算法输入对象的数据产品的复杂情况。

② 分析数据集分布发生迁移对算法运行的影响。

③ 分析野值数据对算法运行的影响。

5) 输出

本阶段可靠性评估结果应以阶段评估报告的形式进行输出,至少应包括以下内容。

(1) 阶段名称与深度学习算法的可靠性目标。

(2) 针对算法在本阶段开展可靠性评估工作所选择的评估指标及针对评估指标的评估结果。

(3) 本阶段的可靠性评估结果。

5.4.4 算法可靠性评估指标选取规则

表5-7给出了深度学习算法的可靠性评估指标的选取规则,针对不同级别的深度学习算法可靠性目标开展相关评估活动。

表 5－7 深度学习算法的可靠性评估指标的选取规则

阶段	可靠性目标	算法功能实现的正确性		代码实现的正确性		目标函数的影响		训练数据集的影响				对抗性样本的影响				软硬件平台依赖的影响			环境数据的影响		
		任务指标	响应时间	代码规范性	代码漏洞	优化目标数量	拟合程度	数据集均衡性	数据集规模	数据集标注质量	数据污染情况	白盒方式生成的样本	黑盒方式生成的样本	不指定目标生成的样本	指定目标生成的样本	深度学习框架差异	操作系统差异	硬件架构差异	干扰数据	数据集分布迁移	野值数据
需求阶段	A	●	●	--	--	--	--	--	--	--	--	--	--	--	--	--	--	--	--	--	--
	B	●	●	--	--	--	--	--	--	--	--	--	--	--	--	--	--	--	--	--	--
	C	●	○	--	--	--	--	--	--	--	--	--	--	--	--	--	--	--	--	--	--
	D	●	--	--	--	--	--	--	--	--	--	--	--	--	--	--	--	--	--	--	--
设计阶段	A	●	●	●	●	●	●	--	--	--	--	--	--	--	--	--	--	--	--	--	--
	B	●	●	●	●	●	●	--	--	--	--	--	--	--	--	--	--	--	--	--	--
	C	●	○	○	○	○	○	--	--	--	--	--	--	--	--	--	--	--	--	--	--
	D	●	--	--	--	--	--	--	--	--	--	--	--	--	--	--	--	--	--	--	--
实现阶段	A	●	●	●	●	--	--	●	●	●	●	●	●	●	●	●	●	●	--	--	--
	B	●	●	●	●	--	--	●	●	●	●	●	●	●	●	●	●	●	--	--	--
	C	●	○	○	○	--	--	○	○	○	○	○	○	○	○	○	○	○	--	--	--
	D	●	--	--	--	--	--	--	--	--	--	--	--	--	--	--	--	--	--	--	--
运行阶段	A	●	●	--	--	--	--	--	--	--	--	--	--	--	--	●	●	●	●	●	●
	B	●	●	--	--	--	--	--	--	--	--	--	--	--	--	●	●	●	●	●	●
	C	●	○	--	--	--	--	--	--	--	--	--	--	--	--	○	○	○	○	○	○
	D	●	--	--	--	--	--	--	--	--	--	--	--	--	--	--	--	--	--	--	--

注："●"表示对于指定的深度学习算法可靠性目标，必须选择的二级指标；"○"表示对于指定的深度学习算法可靠性目标，推荐选择的二级指标；"--"表示不适用。

5.5 AI算法处理结果的评判方法

5.5.1 遥感数据集

基于深度学习的人工智能方法强烈依赖于大容量、高精度的样本数据集。如果认为深度学习是人工智能时代的"引擎",那么数据就是深度学习的"燃料",缺少了数据的深度学习就像是高速公路上燃油耗尽的汽车停滞不动,所以深度学习的人工智能时代也是"数据驱动"的时代。

计算机视觉领域像 ImageNet、COCO 的开源数据库极大地刺激了深度学习的发展。然而在遥感领域,像 COCO 这样的大容量、高质量的开源数据集比较缺乏。这将导致两个问题:一是研究者将在收集试验数据上花费大量精力;二是使用不同的非开源数据集,对理论和方法间的定量比较造成障碍,阻碍了深度学习在遥感中的快速进展。

综合互联网上的检索结果,目前遥感领域常用的开源数据集如表 5-8 所列。

表 5-8 遥感领域常用的开源数据集

编号	名称	单位	内容
1	Inria	法国国家信息与自动化研究所	一个城市建筑物检测的数据库,标记只有建筑、非建筑两种,且是像素级别标记,可用于地物分类。训练集和数据集采集自不同的城市遥感图像
2	DOTA	武汉大学 华中科技大学	2806 幅遥感图像,大小约为 4000 像素 × 4000 像素,188282 个实例,分为 15 个类别
3	UCAS-AOD	中科大模式识别实验室	标注的航天遥感目标检测数据集,只包含两类目标:汽车、飞机,以及背景负样本。样本数量如下:1000 张图像中包含飞机 7482 架,510 张汽车图像中包含汽车 7114 辆,此外还有 910 个反例样本
4	NWPU VHR-10	西北工业大学	标注的航天遥感目标检测数据集,共有 800 幅图像,其中包含目标的 650 幅,背景图像 150 幅,目标包括飞机、舰船、油罐、棒球场、网球场、篮球场、田径场、港口、桥梁、车辆 10 个类别

续表

编号	名称	单位	内容
5	RSOD – Dataset	武汉大学	包含4类目标,数目分别如下。 飞机:446 幅图中有4993 架飞机。 操场:189 幅图中有191 个操场。 立交桥:176 幅图中有180 个立交桥。 油桶:165 幅图中有1586 个油桶。
6	UC Merced Land – Use Data Set	美国加州大学默塞德分校	图像大小为256 像素×256 像素,共包含21 类场景图像,每一类有100 张,共2100 张
7	WHU – RS19 Data Set	武汉大学	图像大小为600 像素×600 像素,共包含19 类场景图像,每一类大概50 张,共1005 张
8	SIRI – WHU Data Set	武汉大学	图像大小为200 像素×200 像素,共包含12 类场景图像,每一类有200 张,共2400 张
9	RSSCN7 Data Set	武汉大学	图像大小为400 像素×400 像素,共包含7 类场景图像,每一类有400 张,共2800 张
10	RSC11 Data Set	中国科学院	图像大小为512 像素×512 像素,共包含11 类场景图像,每一类大概100 张,共1232 张
11	AID dataset	华中科技大学 武汉大学	图像大小为600 像素×600 像素,共包含30 类场景图像,每一类200 ~400 个样本

高光谱遥感数据的形式和应用方式与传统遥感存在较大不同,目前公开的数据集中,航空高光谱遥感领域的数据集较为常见,而具有影响力的卫星高光谱遥感开源数据集比较少。常用机载高光谱开源数据集如表5-9 所列。

表5-9 常用机载高光谱开源数据集

编号	名称	单位	内容
1	Indian Pines	美国普渡大学	AVIRIS 成像仪于1992 年对美国印第安纳州一块印度松树地进行成像,截取尺寸为145 像素×145 像素进行标注,作为高光谱图像分类测试用途。波长范围为 $0.4 \sim 2.5 \mu m$,波段数220 个,分辨率约为20m
2	Pavia University	意大利帕维亚大学	德国机载反射光学光谱成像仪在2003 年对意大利的帕维亚城所成的像的一部分高光谱数据。该光谱成像仪对 $0.43 \sim 0.86 \mu m$ 范围内的115 个波段连续成像,所成图像的空间分辨率为1.3m。该数据的尺寸为610 像素×340 像素,共包含9 类地物,包括树、沥青道路、砖块、牧场等

续表

编号	名称	单位	内容
3	Salinas	—	AVIRIS 对美国加州的 Salinas 山谷成像,空间分辨率为 3.7m。该图像有 224 个波段,尺寸为 512×217。该图像总共分为 16 类,包括休耕地、芹菜等
4	HYDICE	HYDICE Program Office	HYDICE 传感器对美国华盛顿地区成像,具有 0.75m 的空间分辨率和 10nm 的光谱分辨率。该数据集包含 148 个光谱波段、316 行和 226 列
5	雄安数据集	中国科学院上海物理研究所	由高分专项航空系统全谱段多模态成像光谱仪采集,光谱范围为 400～1000nm,波段数为 250 个,影像大小为 3750 像素×1580 像素。地物类别共计 19 类,包括水稻茬、草地、榆树、白蜡、国槐、菜地、杨树、大豆、刺槐、水稻、水体、柳树、复叶槭、栾树、桃树、玉米、梨树、荷叶、建筑
6	Washington DC	弗吉尼亚州光谱信息技术应用中心	由 Hydice 传感器获取的一幅航空高光谱影像,数据包含从 0.4～2.4μm 可见光和近红外波段范围的共 191 个波段,数据大小为 1208 像素×307 像素。地物类别包括屋顶、街道、铺碎石的路、草地、树木、水和阴影
7	DFC2018 Houston	—	是 2018 年 IEEE GRSS Data Fusion 比赛所用的数据集。该数据由 University of Houston Dr. Saurabh Prasad 的实验室制作公开,是多传感器数据,包含 48 个波段的高光谱数据(1m)、3 波段的 LiDAR 数据(0.5m),以及超高分辨率影像(0.05m)。该数据集包含 20 类地物
8	Chikusei	东京大学	此航空高光谱数据由 Headwall Hyperspec – VNIR – C 传感器于日本筑西市(Chikusei)拍摄,拍摄时间为 2014 年 7 月 29 日。该数据包含 128 个波段,范围是 343～1018nm,大小是 2517 像素×2335 像素,空间分辨率是 2.5m。共有 19 类地物,包含城市与农村地区
9	Cuprite	—	该数据集于 1997 年由机载可见红外成像光谱仪(Aviris)收集,覆盖了美国内华达州的 Cuprite 地区。原始图像有 224 个波段,波长范围为 370～2480nm,空间分辨率为 20m

5.5.2 地物分类评价方法

遥感影像地物分类常用的精度评价指标有混淆矩阵（CM）、总体分类精度（OA）、Kappa 系数（Kappa Coefficient），以及针对单类精度评估的错分误差（CE）、漏分误差（OE）、制图精度（PA）和用户精度（UA）。随着深度学习的发展，语义分割技术被大量运用于遥感影像中的地物分类，其精度评估方式与遥感地物分类的评估方式基本相同，部分评估指标对照如表 5-10 所列。

表 5-10 语义分割与遥感地物分类评价指标对照

语义分割常用指标	遥感地物分类指标
像素准确率（Pixel Accuracy）	总体分类精度
像素精确率（Precision）	用户精度
像素召回率（Recall）	制图精度

1. 混淆矩阵

混淆矩阵用于比较遥感影像分类结果与实际调研数据之间的差异，反映了各个分类结果的精度，并将其呈现在一个矩阵中。其中，矩阵的每行代表的是预测类别，每列代表的是实际类别。对于 n 个类别的混淆矩阵，其形式 X_{CM} 如表 5-11 所列。

表 5-11 混淆矩阵

实测类别	预测类别				实测总和
	1	2	⋯	n	
1	x_{11}	x_{21}	⋯	x_{n1}	X_{+1}
2	x_{12}	x_{22}	⋯	x_{n2}	X_{+2}
⋮	⋮	⋮	⋮	⋮	⋮
n	x_{1n}	x_{2n}	⋯	x_{nn}	X_{+n}
分类总和	X_{1+}	X_{2+}	⋯	X_{n+}	X

其中，x_{ij} 表示研究区中属于 i 类的像元被分到了 j 类中去的像元总数；n 为类别总数；X_{i+} 是混淆矩阵的列和，表示预测的 i 类像元总数；X_{+j} 是混淆矩阵的行和，表示 j 类的实际像元总数。可以看出，被正确分类的像元数目 x_{ii} 沿着混淆矩阵的对角线分布。

表 5-12 给出了一个包含耕地、水体、背景 3 个类别的地物分类混淆矩阵。

其中,第1行第2列数据表示研究区中属于耕地类的像元被分到了水体类像元的总数为16。

表 5-12 地物分类混淆矩阵

混淆矩阵/像元		预测类别			实测总和
		耕地	水体	其他	
实际类别	耕地	239	16	6	261
	水体	21	73	9	103
	其他	16	4	280	300
分类总和		276	93	295	664

2. 总体分类精度

总体分类精度等于被正确分类的像元总和除以总像元数,被正确分类的像元数目沿着混淆矩阵的对角线分布,总像元数等于所有真实参考源的像元总数。根据表5-11,可得

$$OA = \frac{\sum_{i=1}^{n} x_{ii}}{\sum_{i,j}^{n} x_{ij}} \tag{5-1}$$

OA值虽然能很好地表征总体分类精度,但由于其是正确分类的整体占总像元数的百分比,因此不能体现分类器对每类像元的分类精度,尤其对于类别与像元个数极度不平衡的包含多类地物的高光谱数据来说,总体分类精度会受容量大的类别的影响,无法表示各类地物的分类结果。根据表5-12计算:

$$OA = \frac{592}{276+93+295} = 0.8916$$

3. Kappa 系数

Kappa系数用于一致性检验,也可以用于衡量分类精度。Kappa系数代表分类器所得的分类结果与完全随机分类所得结果相比错误降低的比例。其计算方法为

$$k = \frac{p_o - p_e}{1 - p_e} \tag{5-2}$$

式中:p_o 为被正确分类的像元除以总像元数,即OA;p_e 为机遇一致性。在表5-11中,每一类的实际像元个数分别为 $X_{+1}, X_{+2}, \cdots, X_{+n}$,而预测像元个数分别为 $X_{1+}, X_{2+}, \cdots, X_{n+}$,总样本个数为 n,则有

$$p_e = \frac{X_{+1}X_{1+} + X_{+2}X_{2+} + \cdots + X_{+n}X_{n+}}{n^*n} \tag{5-3}$$

根据上节计算 $p_o = OA = 0.8916$。根据表 5-12 计算：

$$p_e = \frac{261 \times 276 + 103 \times 93 + 300 \times 295}{664 \times 664} = 0.3858$$

$$k = \frac{0.8916 - 0.3858}{1 - 0.3858} = 0.8235$$

Kappa 系数计算结果分布区间为 $-1 \sim +1$，其中意义如表 5-13 所列。

表 5-13 Kappa 系数的意义

Kappa 系数	评价结果（实际类别与预测结果）
Kappa = -1	完全相反
-1 < Kappa < 0	比随机分类还差，在实际应用中无意义
Kappa = 0	相当于随机分类
0 < Kappa < 1	比随机分类强，在实际应用中有意义
Kappa = 1	完全一致

通常情况下，Kappa 系数分布在 $0 \sim 1$，一般分为 5 个区间来表示不同级别的一致性，如表 5-14 所列。

表 5-14 一致性评价区间

Kappa 系数	评价结果（实际类别与预测结果）
0.00 ~ 0.20	极低的一致性（slight）
0.21 ~ 0.40	一般的一致性（fair）
0.41 ~ 0.60	中等的一致性（moderate）
0.61 ~ 0.80	高度的一致性（substantial）
0.81 ~ 1.00	几乎完全一致（almost perfect）

4. 错分误差

错分误差是指分到某一类的所有像元中分类错误的总数（混淆矩阵该类列中除去对角线位置）与预测为该类的像元总数（混淆矩阵中该类列的总和）比值。根据表 5-11 可得如下公式：

$$CE_i = \frac{X_{i+} - x_{ii}}{X_{i+}} \tag{5-4}$$

错分误差反映在混淆矩阵的列中。以表 5-12 为例，分类器分类后，耕地共有 276 个像元，其中正确分类 239 个像元，21 个水体和 16 个其他像元被错分为耕地，则

$$错分误差_{(耕地)} = \frac{21 + 16}{276} = 0.1341$$

5. 漏分误差

漏分误差指分类器将整个图像的某一类所有实际像元被错误分到其他类的像元数(混淆矩阵该类行中除去对角线位置)与该类实际总数(混淆矩阵中该类行的总和)的比值。漏分误差反映在混淆矩阵的行中。根据表 5-11 可得以下公式:

$$\text{OE}_i = \frac{X_{+i} - x_{ii}}{X_{+i}} \quad (5-5)$$

以表 5-12 为例,耕地的真实参考像元有 261 个,其中正确分类 239 个,16 个像元错分为水体,6 个像元错分为其他,则

$$\text{漏分误差}_{(耕地)} = \frac{16+6}{261} = 0.0843$$

6. 制图精度

制图精度指分类器将正确分为某一类的像元数(混淆矩阵对角线值)与该类实际总数(混淆矩阵中该类行的总和)的比值。根据表 5-11 可得以下公式:

$$\text{PA}_i = \frac{x_{ii}}{X_{+i}} \quad (5-6)$$

以表 5-12 为例,耕地的真实参考像元有 261 个,其中正确分类 239 个,则:

$$\text{制图精度}_{(耕地)} = \frac{239}{261} = 0.9157$$

容易得到制图精度 = 1 - 漏分误差,指标的意义相当于深度学习的查全率。

7. 用户精度

用户精度是指正确分到某一类的像元总数(混淆矩阵对角线值)与预测为该类的像元总数(混淆矩阵中该类列的总和)比值。根据表 5-11 可得以下公式:

$$\text{UA}_i = \frac{x_{ii}}{X_{i+}} \quad (5-7)$$

以表 5-11 为例,分类器总共划分为耕地有 276 个像元,其中正确分类 239 个像元,则

$$\text{用户精度}_{(耕地)} = \frac{239}{276} = 0.8659$$

用户精度 = 1 - 错分误差,指标的意义相当于深度学习的精确率。

5.5.3 目标检测评价方法

目标检测常用的评价指标有精确率、召回率、交并比(IoU)、F1 分数(F1-score)。在深度学习领域,还有其他更复杂的目标检测算法模型评估指标,如

Precision – Recall 曲线、mean Average Precision(mAP)等较适合在做学术研究时使用。如表 5 – 15 所示,目标检测包含检测和分类。为方便说明,作如下定义。

正样本:属于某一类别的样本,对该类来说就是正样本。

负样本:不属于某一类别的样本,对该类来说就是负样本。

表 5 – 15 目标检测

混淆矩阵		预测值	
		正样本	负样本
真实值	正样本	TP	FN
	负样本	FP	TN

TP(True Positive):正样本被正确识别为正样本。

TN(True Negative):负样本被正确识别为负样本。

FP(False Positive):假的正样本,即负样本被错误识别为正样本。

FN(False Negative):假的负样本,即正样本被错误识别为负样本。

1. 精确率

精确率表示检测器的检测结果中,预测为正样本的样本中,正确预测为正样本的概率,即

$$\text{Precision} = \frac{TP}{TP + FP} \tag{5 – 8}$$

2. 平均精确率

平均精确率(Mean Precision)是多类别检测中对各个类别的精确率求均值。

3. 召回率

召回率表示在原始样本的正样本中被正确预测为正样本的概率,即

$$\text{Recall} = \frac{TP}{TP + FN} \tag{5 – 9}$$

4. 平均召回率

平均召回率(Mean Recall)是多类别检测中对各个类别的召回率求均值。

5. 交并比

交并比表示检测器产生的候选框与真实标记框的交叠率或者重叠度,即它们的交集与并集的比值。重叠度越高,该值越大。最理想的情况是完全重叠,即交并比的比值为 1,如图 5 – 4 所示。

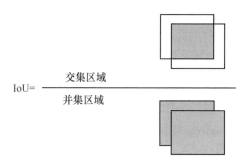

图 5-4　IoU 计算方法示例

6. 平均交并比

平均交并比(mIoU)是在计算每一类的交并比的基础上求均值。

7. F1 分数

F1 分数综合考虑了精确率和召回率,是精确率和召回率的调和平均,即

$$F1 - \text{Score} = \frac{2\text{Precision} \times \text{Recall}}{(\text{Precision} + \text{Recall})} \quad (5-10)$$

8. 平均 F1 分数

平均 F1 分数(mean F1 - Score)是在计算每一类的 F1 分数的基础上求均值。

表 5-16 列出了论文《遥感影像建筑物提取的卷积神经元网络与开源数据集方法》在 WHU building dataset 数据集上使用目标检测方法进行建筑物检测的典型取值数据。

表 5-16　算法在 WHU building dataset 数据集指标结果

指标	Recall	Precision	IoU
MASKR - CNN	0.791	0.835	0.830
改进 MASKR - CNN	0.796	0.834	0.843

5.5.4　高光谱反演评价方法

1. 拟合程度

拟合程度(R - squared Score)指回归曲线对观测值的拟合程度,R^2 的值越接近 1,说明回归曲线对观测值的拟合程度越好;反之,R^2 的值越小,说明回归曲线对观测值的拟合程度越差,即

$$R^2 = 1 - \frac{\sum (Y_{\text{actual}} - Y_{\text{predict}})^2}{\sum (Y_{\text{actual}} - Y_{\text{mean}})^2} \quad (5-11)$$

2. 均方误差

均方误差(MSE)反映估计量与被估计量的差异程度,是指参数估计值与参数真值之差平方的期望值。MSE 可以评价数据的变化程度,MSE 的值越小,说明预测模型描述实验数据具有越好的精确度,即

$$\text{MSE} = \frac{1}{N}\sum_{t=1}^{N}(Y_{\text{actual}} - Y_{\text{predict}})^2 \qquad (5-12)$$

3. 平均绝对误差

平均绝对误差(Mean Absolute Error)反映预测值误差的实际情况,即

$$\text{MAE} = \frac{1}{N}\sum_{t=1}^{N}|(Y_{\text{actual}} - Y_{\text{predict}})| \qquad (5-13)$$

4. 均方根误差

均方根误差(Root Mean Squared Error)衡量观测值同真值之间的偏差,其意义在于开根号后,误差的结果就与数据是一个级别的,可以更好地来描述数据。标准误差对一组测量中的特大或特小误差反应非常敏感,所以标准误差能够很好地反映测量的精密度,即

$$\text{MSE} = \sqrt{\frac{1}{N}\sum_{t=1}^{N}(Y_{\text{actual}} - Y_{\text{predict}})^2} \qquad (5-14)$$

5.5.5 评判指标在卫星图像处理中的应用

在实际生产中需要结合具体应用需求选取更为直观可靠的评判标准。对于某些应用场景,其本身可能对算法提供的结果就存在特殊要求,直接对指标选取产生影响。

例如,在森林防火中使用深度学习方法进行实时监测时,由于每处火点都具有较高的危险性,为了提高安全性,宁可发生错分,也不能发生漏分,因此在算法评判上要确保足够低的漏分误差,可对错分误差适当宽容;而在建筑物检测统计这样的应用场景中,对算法处理结果的要求应该是尽量准确地反映真实情况,减少错误的分类概率,因此选取总体分类精度是一个比较适宜的选择。

1. 案例一:地物分类

语义分割技术目前被广泛应用于遥感影像地物分类,可以提取范围广泛的空间分布信息,生成逐像素分类结果。具体的像素特征提取方法和分类器对分类结果的准确性都有决定性的影响。本案例讲述了冬小麦产区空间分布提取算法研究中评判指标的挑选与应用。

遥感最显著的特点是能够进行大面积的同步观测，常常需要对大范围的地面影像数据进行分析，而语义分割技术的基本目标是清楚地区分给定对象类别与其他类别，即正样本与负样本。本案例中选择了 317 个不重叠的 960 像素×720 像素子区域，并标记了 7 种目标像素类别（图 5-5），即冬小麦、建筑、道路、水体、农业建筑、未开垦耕地、林地和一种其他像素类别，各类别样本的百分比如表 5-17 所列，训练后模型测试的分类精度评价结果如表 5-18 所列。

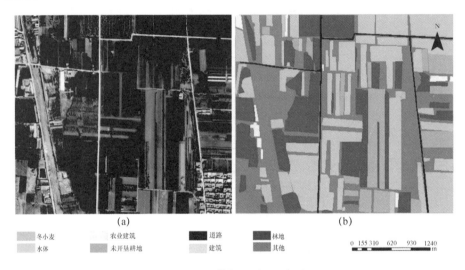

图 5-5 图像标签对（见彩图）
(a)原始图像；(b)像素标记图像。

表 5-17 各类别样本的百分比

类别	样本总量百分比/%
冬小麦	39.00
建筑	19.01
道路	0.81
水体	0.90
农业建筑	0.10
未开垦耕地	24.12
林地	9.01
其他	7.05

表 5-18　分类精度评价结果

指标	数值/%
OA	94.40
Kappa	88.9
建筑物 UA	96.45
道路 UA	87.72
水体 UA	91.12
农业建筑 UA	92.07
未开垦耕地 UA	84.76
林地 UA	89.01
其他 UA	90.05

统计分析表明,其他类别(负样本)与样本总量百分比达到 7.05%,分类器测试总体分类精度为 94.4%,Kappa 系数为 88.9%。实际上,在更大范围的遥感数据分析中,其他类别(负样本)的占比值可能会更高。假设将总体分类精度作为模型应用的评判标准,势必造成其他类别(负样本)的预测准确率主导总体分类精度指标,导致目标地物类别的预测准确率难以表达。因此,实际应用中多用 Kappa 系数来评判模型的总体效果,并计算出各类别的用户精度或制图精度,以消除负样本对研究者判断模型效果时造成的影响。

2. 案例二:目标检测

与一般应用场景不同的是,不同类别之间尺度变化极大是目标检测在遥感影像中面临的挑战。此外,由于遥感影像本身的尺寸也非常大,因此常采用滑动窗口检测和重采样多次检测的方式,保证最终的检测效果。

在本例中,选择 55 景高分辨率遥感影像对汽车、船舶、飞机、机场跑道进行标记。该组影像空间分辨率为 0.15~0.3m,像素尺寸为 2000 像素×2000 像素~8000 像素×8000 像素,各类别样本数如表 5-19 所列,以 7:3 的比例将样本分为训练集和测试集。训练完毕后模型在验证集上的部分预测结果及评估结果如图 5-6 所示和表 5-20 所列。

表 5-19　各类别样本数

类别	训练样本	测试样本
小汽车	9312	2330
飞机	161	69
机场跑道	31	14
船舶	547	166

(a) (b)

图 5-6 部分预测结果

(a)小车检测;(b)飞机/机场/船舶检测结果。

表 5-20 评估结果

类别	$F1 - Score_{IoU > 0.5}$
小汽车	0.90
飞机	0.87
机场跑道	0.60
船舶	0.91

本例中设置 IoU 阈值为 0.5,当模型的预测框与样本标注框的 IoU 大于 0.5 时,视为预测正确。我们希望模型有尽量少的漏检和误检,因此评估指标选择了 F1-Score,该指标同时兼顾了召回率和精确率。根据评估容易分析出,由于机场跑道相较于其他类别样本数量相对稀少,因此在训练时算法模型的优化方向被其他多数类别所主导,导致最终训练出来的模型在小样本类别中表现欠佳,这指示了算法模型需要改进的方向。

综上所述,IoU/mIoU 作为机器学习中目标检测的标准度量,有必要采用该指标来评判模型的总体效果。根据算法应用效果的侧重点,可以选择性增加召回率或精确率指标。如果需要同时兼顾召回率和精确率,则 F1-Score 也是必要的。

第 6 章
卫星大数据应用

遥感卫星技术是促进空间科学及航天技术不断深入发展、不可缺少的重要组成部分,是观测地球环境变化和人类活动影响的"眼睛",更是发展商业遥感卫星产业不可或缺的技术。卫星载荷技术的发展,使得未来的遥感卫星朝着覆盖全光谱域的方向发展。但是现阶段,光学遥感仍然是遥感技术发展和应用的重点。光学遥感根据波长可以分为紫外遥感、可见光遥感、红外遥感与微波遥感。其中,应用最为广泛的当属可见光遥感应用、红外遥感应用和微波遥感应用。

从 1972 年卫星影像公开到目前为止,光学卫星的数量、遥感能力和卫星大数据处理能力都在飞速发展。在过去 10 年中,随着硬件载荷技术不断进步及遥感产业的迅猛发展,卫星获取的光谱波段数量成倍增加,商业光学成像卫星数量也在迅速增加。目前,数百颗商业遥感卫星——有些已经以星座的形式在组网运行,正在日夜不停地为人类服务。人类这种对地球观测信息掌控的原动力,使得光学卫星影像实现了从"足球场到足球"的观测能力的提高,继而推动了遥感科学技术在各个专业领域广泛应用。

从电磁波谱角度来看,紫外遥感在入海口浑浊水体、海上溢油、大气校正等方面发挥主要作用;可见光和近红外波段则通过相互结合成为农作物健康监测、林地分类的重要信息来源;短波红外和红光波段,或者近红外波段和红光波段的比值常常作为大气模型选择的依据和大气透射系数的估算参数;热红外波段主要用于地表温度监测,为森林火灾信息汇总提供依据;微波则与地表粗糙程度紧密相关,通过微波和光学的结合,可对清洁大洋水体进行浅水深度反演。此外,微波遥感也被用于地表干燥程度判断、大气剖面、海洋浪高估计、潮汐能和海洋风能场地规划。从大气窗口来看,光学遥感卫星的发展主要局限于近地表的大气条件(云、雨、雾、尘埃)。从数据角度来看,如何能够将现有光学遥感卫星数据进行融合,建立统一的数据基础,则是当前开展遥感应用所要面对的重要挑战。从遥感的行业应用来看,光学遥感应用主要局限仍是算法模型和适用性场景应用方向的确定。

地表主要包括植被、裸露的土地及较浅的水体,光学高光谱遥感卫星影像利用固体地表反射太阳电磁能量的特性进行定量遥感反演。在太阳光照射下,不同的地物因其自身属性会对特定的光谱进行吸收和反射,据此可以根据不同的吸收和反射特征进行目标地物的识别,并得到被测物体的空间信息、内部结构及相关属性等丰富信息。因此,地物的光谱特征是探测物质外部形状和内在属性的重要根据。

与其他非绿色物体如水体、山石、土壤、沙漠等地物类别不同,绿色农作物的光谱曲线更为明显,这是由于植物的叶片色素含量、氮素含量、含水量及其他理化参数的不同会产生特定吸收和反射波段,表现出更明显的光谱曲线[137],一般绿色植被的光谱曲线如图 6-1 所示。由图 6-1 可知,350~670nm 光谱被叶绿素吸收用于光合作用,在两个吸收谷 350nm 和 670nm 之间有一个明显的反射峰(540nm 附近),在 740~1300nm 产生一个突起的较高反射率区域,这也是绿色植物区分于其他地物较为明显的特征。大于 1300nm 的后续波段由于水分的吸收,反射率产生了下降趋势。

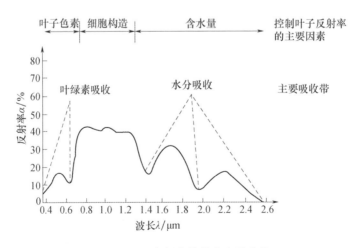

图 6-1　一般绿色植物的光谱曲线

植被的光谱反射特性或发射特性主要取决于其生物化学参数和形态结构特征,这些特征与植被的种类、生长发育特征及健康状况等因素密切相关[138-139]。健康植被的反射率光谱曲线通常呈现"峰与谷"的特征。在 400~760nm 波段(可见光)反射率较低,受叶绿素影响,在 550nm 波段(绿光)处出现一个小反射峰;在 450nm 波段(蓝光)和 650nm 波段(红光)附近具有较强的吸收作用,形成一个吸收谷。受季节或病虫害等因素影响时,植被叶片中的叶黄素、叶红素等起了主导作用,对绿光的吸收加强,而对红光的吸收减弱,因此,植被叶片变黄或者变红。在 760~1300nm 波段(近红外)大部分能量产生反射,形成一个高的反射峰。从可见光到近红外,即 760~1100nm 波段反射率急剧上升,形成植被光谱最显著的特征"红边"。不同的植被在这一区间光谱特征曲线明显不同,特别是"红边"的位置、高度和斜率,常用于区分不同植被类型。在 1100~1300nm 波段反射率相对平坦,主要影响因素是植被细胞结构。在 1300~2500nm 波段(红外)反射率则主要受含水量的影响,反射率光谱曲线的波状形态更为明显,通常表现为 3 个吸收谷和 2 个反射峰。此外,植被的反射率光谱曲线还受覆盖度和下垫面等因素的影响。

通过高光谱数据反演农作物叶绿素浓度的原理在于,农作物呈现绿色是由于叶绿素对绿色波段较为敏感,反射率较高。农作物冠层呈现绿色或深绿色是由于健康状态时叶绿素含量较多,光合作用能力较强。当叶绿素含量减少时,植物则处于淡黄色。农作物的叶绿素含量和可见光波段的波谱曲线有很好的相关性,通过高光谱数据进行定量遥感农作物的平均叶绿素含量在理论上是可行的。

森林是陆地生态系统的主体,具有丰富的物种多样性,能够为人类的生存和发展提供丰富的物质资源,在维持全球生态平衡中具有关键作用[140-141]。森林的分布具有广泛性、复杂性和动态性,这也决定了林业资源调查的艰巨性和复杂性[142]。常见的林业植被指数方法主要利用原始波段光谱反射率之间比值、差分、线性组合等多种组合来突出波段间的差异,揭示隐含的植被信息,能够定性定量地评价植被覆盖度、生长活力及生物量等生态参数[143],而且能够减弱太阳角度、大气、阴影、地形等乘性因子带来的影响[144-145]。高光谱数据和植被叶片光谱曲线特征之间存在重要联系。基于高光谱数据计算得到的植被指数也称为窄波段植被指数,其利用高光谱数据特定的光谱区域和连续的光谱特征构造的系列函数,拥有更大的光谱变化空间,可以提高林业定量遥感精度[146]。图 6-2 为"珠海一号"星载 OHS 高光谱影像立方体及典型红树植物反射率光谱曲线。

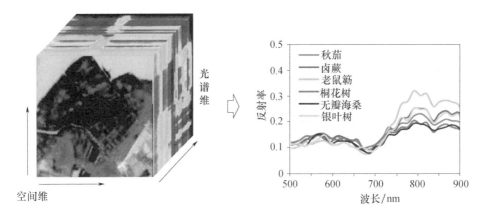

图6-2 "珠海一号"星载OHS高光谱影像立方体及
典型红树植物反射率光谱曲线(见彩图)

高光谱遥感具有纳米级超高光谱分辨率和多波段连续成像的优势,星载高光谱遥感平台能够在更大尺度上对区域乃至全球范围内的森林植被变化监测提供数据支撑,在森林植被监测研究中的应用前景十分广阔,可被用于森林植被识别与分类制图、森林植被的生物化学物理参数反演、森林健康监测、生态监测等应用研究,在森林资源监测与管理实践中占有重要地位。

矿物填图是高光谱技术最成熟、最能发挥其优势的应用领域。应用高光谱数据,根据岩矿标型波谱特征,可直接识别大量岩矿信息,特别是识别与成矿作用密切相关的蚀变矿物,圈定矿化蚀变带,分析蚀变矿物组合,定量或半定量估计相对蚀变强度和蚀变矿物含量,评价地面化探异常,追索矿化热液蚀变中心,圈定找矿靶区。矿物识别技术在地质找矿和矿产资源评价中都发挥了重要作用。同时,美国和澳大利亚等国的应用事例和国内的一些试验结果表明,高光谱还可探测一些蚀变矿物和一些造岩矿物的成分及结构变异特征,用以分析蚀变带的空间分带、成矿成岩作用的温压条件、热动力过程和热液运移的时空演化。矿物识别技术不仅可用于地质调查和找矿,而且对土壤土质调查、土质退化(沙漠化和盐碱化)监测、矿山环境监测等也都有重要意义[147]。

高光谱遥感经过几十年的发展,在地质调查应用领域目前已基本形成了包括辐射校正与定标、图像重建、波谱分析、地物识别、物化参量反演、建模拓展等比较完整的技术体系,建立了多种地物识别和参数反演模型,开发了一些通用和专用处理软件,在岩矿识别、地质制图、固体矿产和油气勘探、月球和行星探测等方面的应用都取得了明显成效。

水利不仅是农业的基础,也是国民经济的基础设施和基本产业。我国有着独特的地理气候条件,极易遭受水旱灾害的侵袭。与此同时,水资源空间分布不均加剧、水土流失、水质恶化及生态环境恶化等一系列水利问题也亟待解决。

自1980年起,水利部遥感应用中心的建立拉开了我国水利遥感序幕,此后遥感技术被广泛应用到水利当中。遥感技术具有探测范围大、信息获取速度快和不受地面环境因素影响的特点,为快速、客观、动态地监测地表水文水资源要素提供了有效的技术手段。特别是高光谱遥感卫星获取的高光谱遥感影像具有光谱分辨率高等特征,有机融合了图像维与光谱维信息,能够将反映物质组分的地物光谱曲线与反映地物空间分布格局的影像相结合,可以同时进行水体表面状况与其性质的空间信息监测,在水利行业应用领域具有巨大的优势。

目前,光学遥感卫星涵盖了应急与灾害监测、陆地遥感与监测、内陆水与海洋环境遥感监测、大气环境遥感监测四大应用范围,本章将按上述行业应用分类进行介绍,阐述光学遥感卫星监测不可替代的重大作用,并结合实际应用场景展示部分应用案例。

6.1 应急与灾害监测

近年来,各类自然灾害频发,给社会经济带来重大损失,对人类生命安全造成严重威胁。开展灾害预警分析和实时监测能够客观地预测灾害发展趋势,评估灾害现状,为各决策部门提供技术支撑,实现防灾减灾服务。高光谱遥感凭借其精细光谱信息,在灾害地物识别和灾害预警预报中发挥重要作用,为快速、准确的灾害监测提供了全新思路和方法。"珠海一号"高光谱卫星星座建设的逐步开展,能够为防灾减灾提供充足、可靠的遥感数据。下面简述高光谱遥感卫星在干旱、洪涝、雪灾、生物灾害等方面发挥的重要作用。

6.1.1 干旱及洪涝监测

1. 干旱监测

遥感干旱监测主要侧重于农业干旱的监测,农业干旱指农作物在生长期内因缺水而影响正常生长,导致减产三成以上的灾害,简称旱灾。农业干旱受到降水、土壤含水量、作物需水等因素的影响,土壤含水量变化是影响农作物长势的主要因子[148]。遥感监测干旱通过建立遥感获得的植被情况、地表温度、热惯量等参数与土壤含水量等干旱监测指标的关系来间接监测干旱。高光谱将光谱和成像技术有机结合,在获取地物光谱信息的同时也获取了地物的空间信息,且实现了纳米级光谱分辨率。高光谱遥感以其特有的优势在定量遥感中发挥了巨大作用,其应用的广度也在不断延伸。在干旱胁迫的监测应用方面,高光谱遥感也具备传统多光谱遥感没有的优势,能够捕捉到更加细微的干旱响应信号,且能在干旱监测中更早地监测到植被的早期干旱[149-151]。

利用高光谱数据进行干旱监测从原理上可以分为3类。

(1) 土壤水分降低造成土壤光谱反射率、地表温度变化。

(2) 干旱胁迫导致植被生理过程发生变化,造成冠层及叶片光谱属性改变,对植冠的光谱反射率产生显著影响。

(3) 植被指数和作物冠层温度变化:当农作物所需水量供应正常时,生长期内植被指数通常在一定的范围内波动,且冠层温度也较为平稳。如果发生干旱,农作物需水量将不能被满足,这不仅影响作物生长,还会降低植被指数,并导致冠层温度升高。

张川利用环境减灾卫星高光谱数据反演多种光谱植被指数,为干旱监测提供了依据[152]。谷艳芳等利用 ASD Fieldspec HH 光谱仪测定不同水分胁迫下冬小麦高光谱反射率、红边参数和对应的生理生态参数,探询了不同干旱胁迫下小麦的高光谱特征,证实利用冬小麦的高光谱特征及红边参数能够判断冬小麦的生育后期长势和农田水分胁迫程度,为有效利用高光谱卫星数据进行干旱监测提供借鉴[153]。

2. 洪涝监测

洪涝灾害是指因气象等原因使水位异常升高,冲破堤岸,淹没田地、房屋,淹死人畜并引发疾病等自然灾害现象。2020 年,入汛以来中国南方地区发生多轮强降雨,造成多地发生较为严重的洪涝灾害。根据国家统计部门统计,2020 年中国南方洪涝灾害造成 6346 万人次受灾,直接经济损失 1789.6 亿元。因此,对洪涝灾害的发生范围、变化情况进行全方位的实时监控,获取及时、客观、准确的洪涝灾情信息,是抗灾减灾工作中必不可少的重要环节。卫星遥感监测是获取陆地表面宏观、动态信息的有效手段,卫星提供的灾情信息比其他常规手段有着更快速、客观和全面等优越性,洪涝灾害遥感监测技术在世界各国已经得到广泛应用。

利用遥感影像开展洪涝监测主要包含以下内容。

(1) 洪涝预警:主要发挥气象遥感卫星实时、动态监测的作用,对降水、云层变化等进行气象监测。

(2) 洪涝实时监测:结合多源遥感数据及区域土地利用现状,区分包括水体、建筑物、土壤、山地、植被等不同下垫面类型,动态提取洪水淹没范围,估算受灾面积,并及时转移受灾人群。

(3) 灾情评估:洪水过后,土壤含水量增加,反射率降低,由此估算受灾作物过水面积和土壤过水程度,为灾情评估提供依据。

高光谱遥感成像谱段多,谱段连续,从而可实现图谱合一,具备提供更丰富且细致的地表信息表达能力,可对宽波段探测方式中不可识别的地物进行有效识别。它能够以更丰富的光谱信息采集能力捕捉到洪涝周边地区复杂多变的特征,实现洪水淹没范围的快速准确提取,因此在洪涝灾害监测中有明显优势。

6.1.2 雪灾监测

雪灾又称白灾,频发于我国青藏高原、北疆、内蒙古和东北一带,是我国三大牧区冬春季最主要的自然灾害。长时间积雪和大量降雪引起的雪灾会使牲畜因觅食困难和挨冻而死亡,也会造成低温冷害、房屋倒塌,交通、电力、通信中断等次生灾害,从而对人们的生产、生活及生命财产安全形成巨大威胁。卫星遥感技术以其覆盖广、实时性强等优点成为雪灾监测的重要手段,尤其对于地域辽阔、地形复杂和雪灾频发的地区,遥感技术已经成为不可或缺的监测工具。"白雪皑皑"——这是我们对雪最直观的认识,同样雪在遥感影像中也非常高亮,这是由于在可见光范围内,雪的反射率很高,在蓝光波段即490nm左右可达80%。随着波长的增加,雪的反射率开始渐次下降,在近红波段之后降幅明显,直接降到20%左右。因此,雪的光谱特征与其他自然地物相比具有显著特点(云除外)。另外,雪的光谱特征会受到雪花絮状分裂形态、积雪不同的松紧程度和雪花结晶体大小、形状的显著影响。通常,其反射率光谱特征变化特点为:新降未融化的雪 > 表面融化的雪 > 湿的融化的雪 > 重新冻结的雪。对雪灾的监测,即是对冰雪的覆盖度、粒径、地表液态水含量、混杂物与深浅等性质的监测。郝晓华等基于"天宫一号"高光谱成像仪获取的高光谱短红外波段的数据(SWI),研究开发了一种结合 VCA 组分自动提取技术和稀疏回归解混方法的积雪面积比例制图算法,提取了积雪面积比例图积雪粒径图[154]。Saha 等利用 EO-1 Hyperion 高光谱数据,基于谱角映射分类方法(SAM)和粒径指数(GI)方法对雪粒径进行了估算,并利用归一化差分积雪指数(NDSI)绘制了积雪覆盖图[155]。

6.1.3 火灾监测

1. 森林火灾监测

森林火灾的发生不仅会危害森林的健康,还会波及人类的生命安全。森林火灾的发生特点如下。

(1)由于森林分布面积广,且枝繁叶茂,具备一定的隐蔽性,因此导致森林火灾在发生初期并不能很快被察觉,通常在察觉时,火灾已经燃烧到一定程度且发生蔓延,快速扑灭的难度极大。

(2)由于火灾具有蔓延迅速、突发性强的特点,且受风向的影响,因此容易发生复燃。

火灾发生地的温度要远远高于周边区域,高光谱遥感技术可以利用温度敏感通道实时监测林区温度异常区域,一旦检测到火灾发生,结合林区相关数据进行汇总和分析,便可以快速确定火势蔓延方向与燃烧的地表生物量等情况,从而制定高效的营救或扑灭方案,减少或避免产生不必要的牺牲和损失[156]。

高光谱数据在森林火灾监测的应用主要有以下几方面。

(1)火险等级的评定和划分。利用"珠海一号"高光谱数据,可以根据植被光谱曲线实现精细分类,由此区分如落叶阔叶林、常绿阔叶林、针叶林等不同的森林植被类型,还可识别湿叶、干叶、枯叶等不同程度的树叶类型。利用 GIS 地理信息技术,通过空间叠加分析、缓冲区分析等一系列处理,评定、划分森林火险等级。

(2)林火蔓延趋势分析。林火发生后,森林植被从树冠、树干至林下根部甚至土壤中的种子被烧伤或烧死,导致林地区域植被光谱特征发生明显变化。利用多时相"珠海一号"高光谱数据进行不同植被指数计算,根据其指数变化情况及光谱曲线变化圈定过火区域,计算受灾面积,为后续林火蔓延趋势分析和火势的有效控制提供数据支撑。

(3)火灾后植被恢复状况监测。利用"珠海一号"高光谱数据定量反演叶绿素含量,计算森林叶面积指数,监测灾后森林植被长势,实现森林植被恢复状况监测。

在火灾预防方面,主要是识别燃料类型、覆盖情况及植被含水量等参数。燃料类型和覆盖监测主要通过光谱混合物分析法(SMA)确定[157],燃料水分含量可以从具有高吸水性的光谱区域中的高光谱中推导出[158]。Mallinis 等利用 Hyperion 高光谱数据,采用支持矢量机分类方法,区分和绘制地中海燃料类型,达到70%的总体准确度[159]。然而,Roberts等通过检测木质纤维素带达到检测火灾危险区域的目的,一定程度上避免了Hyperion数据SNR较低带来的影响[160]。

灾后评估与恢复方面主要是开展植被退化、灾害恢复等方面的研究。Numata等利用Hyperion数据监测火灾后植被退化,获得了较高的总体准确度[161]。杨思全等采用HJ-1A高光谱数据研究了黑龙江逊克县森林大火后植被恢复情况,利用支持矢量机分类法进行表面特征识别,在此基础上将图像区域分为7类,并对分类类型进行统计分析。结果表明,HJ-1A高光谱数据在表面特征精细分类方面具有很大的潜力,分类准确率为91.8%,结果为灾后恢复监测提供了有用的参考[162]。

2. 草原火灾监测

草原火灾是由于自然或者人为原因导致的在草原上发生燃烧的灾害,火源主要包括雷击、陨石坠落等自然火源和焚荒、吸烟、烧纸等人为火源。草原火灾的发生除了与火源紧密相关外,更多的是与可燃物在空间上如何分布有着紧密关系,利用高光谱数据计算区域内草原植被指数,利用热红外影像数据计算地表温度,并反演草原中植被含水量,由此判定草的干枯程度,分析草原可燃物的空间分布规律,能为草原火灾预警提供有效的数据支撑。

根据植被指数将草原分为荒漠化草原、典型草原分布区、农林交错区,由此划定不同的草原火险等级,并且根据多时相数据及火灾前后光谱变化情况估算草场过火面积。

6.1.4 生物灾害监测

生物灾害是由于人类生产生活不当、破坏生物链或在自然条件下的某种生物的过多过快繁殖(生长)而引起的对人类生命财产造成危害的自然事件,对人类生命和生存环境造成重大伤亡和破坏,主要包括植物灾害、动物灾害和微生物灾害。

常见的植物灾害有水华、赤潮、外来物种入侵等。高光谱遥感数据由于其精细的光谱特征,因此能够捕捉水华、水草和水体细微的光谱差异,从而精确识别水华和水草。Fang等基于多源卫星数据对小型水体的蓝藻水华进行联合监测,HJ-1A\BCCD、GF-1WFV和Landsat-8OLI的监测结果一致性良好,一致性精度达到99.5%[163]。Casey用Hyperion数据反演海草生物特征参数,包括水下水生植被盖度、叶面积指数(LAI)和生物量等[164]。多项研究采用HyspIRI数据进行叶绿素a、藻蓝蛋白反演及巨型海藻或马尾藻的动态监测[165-166],利用卫星、机载和野外数据评估 HyspIRI 高光谱数据的空间分辨率、时间分辨率和光谱分辨率对捕获巨藻生物量和生理状态变化的适用性。结果表明，HyspIRI 数据的空间、时间和光谱覆盖能力将为巨藻生态学和生物物理提供新的见解。

动物灾害主要包括各种病虫害等。由于各种害虫或者细菌、真菌等微生物侵害导致农作物、森林等植被发生病害，从而导致植被光谱特征发生变化甚至截然相反。根据高光谱影像数据定量反演的植被光谱曲线，可以判定植被健康状况，由此进行诊断及控制。Zhang 等提出了全谱段植被指数（VIUPD），该指数计算利用了整个高光谱波段的有效信息，更能表现出植被的细微变化。该指数不受传感器影响的特性，使得基于 VIUPD 建立的模型精度更高，有利于构建高光谱数据长时间序列植被指数，满足植被健康监测需求[167-168]。

6.1.5 沙尘暴

沙尘暴是全球干旱、半干旱地区特有的一种灾害性天气。由于人类活动程度加强或自然等因素影响，地表土壤裸露和土地荒漠化现象日益严重，强风过境时裸露地表的土壤或沙尘被吹到空中形成沙尘暴天气现象，致使大气透明度降低，造成不同程度的大气污染。沙尘暴对生态系统、大气环境的破坏力极强，是一种灾害性天气，往往发生在沙漠及临近的干旱和半干旱地区，我国北方是沙尘暴频发区。对沙尘发生区域和强度的准确监测是有效预警和预报沙尘灾害及研究沙尘气候环境效应的首要问题之一，卫星遥感覆盖范围大，观测频次稳定，逐渐成为全球监测沙尘气溶胶特征的有效手段。正是基于此，对沙尘暴和沙尘气溶胶的卫星遥感研究从 20 世纪 80 年代开始持续受到国内外学者们的关注，从未间断。高光谱影像在沙尘暴监测的应用中可划分为 3 个层次。

（1）利用沙尘和下垫面背景的光谱差异，对沙尘暴进行有效识别。

（2）定量提取沙尘暴相关信息，如沙尘光学厚度、含沙量等，建立定量沙尘暴信息提取模型。

（3）通过下垫面参数反演，包括土地利用现状提取、不同类型植被指数计算、植被覆盖度计算、土壤含水量估计等，并结合相关资料，长期动态监测与综合分析沙尘暴形成、发展、壮大及沉降，为制定合理的防治规划提供依据。

在沙尘的遥感研究中，红外辐射因其能够定量遥感沙尘光学厚度，受地表温度、大气温度廓线和地表比辐射率的不确定性等因素的影响较小，且不受白天和夜间观测条件限制的独特优势，受到各国研究学者们的重视。同时，沙尘高度是除光学厚度以外刻画沙尘特征的另一个非常重要的参数。近年来，随着新型星载红外高光谱仪器的投入使用,使得沙尘高度、沙尘粒子有效半径等参数的定量遥感成为可能。Klüser 等利用高光谱红外探测仪(IASI)数据,在对数据进行沙尘亮温及光谱特性分析的基础上,结合奇异矢量分解的方法,给出了一种利用高光谱红外数据反演光学厚度的新方法[169]。权晓晶利用 RTTOV 快速辐射传输模式,对不同气溶胶成分的 IASI 光谱辐射效应进行了敏感性模拟分析。在此基础上,权晓晶针对 2009 年 3 月的一次典型沙尘个例,应用 AIRS 辐射观测数据产品,择优选择反演通道对,进行了沙尘信息的定量反演[170]。徐辉等从沙尘气溶胶的微观角度出发,研究了典型沙尘气溶胶粒子在热红外波段的散射特性和消光特性,以及它们对比辐射率的影响。通过求解热红外辐射传输方程,徐辉等正向模拟和分析了典型沙尘气溶胶的热红外亮温光谱特征,建立形成了可广泛应用于沙尘气溶胶参数反演的热红外散射数据集[171]。

6.2　陆地遥感与监测

6.2.1　林业遥感

1. 树种识别

森林树种的识别与分类制图一直是林业遥感研究的热点,也是林业管理的基础工作,其对林业资源的监测与管理具有重要实践意义。遥感技术已经成为森林资源监测的重要手段,但常规的遥感数据只能应用于区分森林群落类型,其得到的树种识别精度不能满足实际应用需求。森林植被间的差异除了受其自身生化成分及含量、冠层结构和年龄等影响外,还受到土壤性质、雨量、地形等环境因素的影响。高光谱遥感可探测目标地物间的微小光谱差异,已广泛用于精确识别树种的研究。基于高光谱数据的树种识别研究主要侧重于叶片、冠层光谱数据和高光谱影像(包括有人机载、无人机载和星载)。

1) 针对森林植被叶片、冠层光谱特性进行树种识别

宫鹏等利用 PSD1000 光谱仪获取的美国加州针叶树树种实地光谱数据,识别了当地 6 种主要针叶树树种;与此同时,也证实了高光谱遥感在树种识别中的应用潜力[172]。刘秀英等利用 ASD 地物光谱仪获取冠层高光谱数据,结合光谱变换技术,有效识别了杉木、雪松、小叶樟和桂花树[173]。Vaiphasa 等利用 ASD 地物光谱仪在实验室内测量 16 种红树的叶片光谱数据,探讨了高光谱数据在树种水平红树林遥感监测的可行性[174]。

2）高光谱影像（有人机载、无人机载和星载）

有人机载成像仪主要包括小型机载成像光谱仪（CASI）[175]、AVIRIS[176]、APEX[177]、PHI[178]等，其获取的高光谱影像取得了系列研究成果，新兴的无人机载高光谱影像也开始在树种识别中受到关注和重视[179-180]。星载高光谱影像以高光谱分辨率、大范围观测和周期性数据获取等特点，在林业应用研究中表现出很大的应用潜力。Koedsin 与 Vaiphasa 利用 EO-1 Hyperion 高光谱影像识别了 5 种红树树种，分类精度为 92%，并指出可通过区分叶片纹理进一步提高分类精度[181]。Chakravortty 等利用印度孟加拉西南桑德本生物圈保护区 EO-1 Hyperion 高光谱影像，结合光谱解混技术，进行红树林识别与分类制图[182-183]。需要指出的是，已有研究通常受到可用星载高光谱数据源有限和星载高光谱影像空间分辨率较低（如 Hyperion）等因素的制约。

国产高光谱卫星数据的应用研究也一直是国内对地观测领域关注的重点。Sun 等利用"环境一号"HJ-1A/1B CCD 时间序列影像进行盐沼植被分类与物种识别[184]。庞勇等结合覆盖云南省西双版纳地区的"天宫一号"TG-1 高光谱数据和 Landsat 影像进行热带森林覆盖制图与变化检测[185]。Wang 等以 TG-1 高光谱影像为数据源进行深圳湾红树林的监测研究[186]。

相比于传统森林调查方法和多光谱遥感技术，高光谱遥感能够有效提高森林树种识别精度，可以满足森林资源精确监测与精细化管理的应用需求。森林树种识别方法主要根据具体的应用需求和数据源特点等确定。在现阶段，基于高光谱遥感的森林树种识别研究在数据源和处理技术等方面仍存在很大的发展空间。

2. 生物物理参数反演

森林植被生物物理参数主要包括 LAI、生物量、光合有效辐射吸收率（Fraction of Absorbed Photosynthetic Active Radiation，FAPAR）及植被覆盖度等，是森林植被生态系统研究的关键参数[187]。LAI 作为植被的最重要结构参数，既是地表蒸散模型的重要输入参数，又是决定生物量和产量的关键因子，一直是森林生物物理参量遥感评测的研究焦点。LAI 一般被定义为单位地表面积上的所有叶片面积之和，是一个无量纲参数。生物量是预测森林产量、反映林分特征动态和健康状况的有效参数，被定义为单位地表面积上的所有植物体质量的总和，通常指的是干物质质量，即将植物体烘干后称重的质量。郁闭度通常指森林内树冠的垂直投影面积与林地面积的比值，是反映林分密度、评价森林生产力和分解率的重要的林分因子，也是判定森林状况和进行森林碳储量、蓄积量和生物量估测的重要指标[188]。其取值范围为[0,1]，其中0代表无植被，1代表植被冠层完全郁闭。FAPAR是确定NPP、干物质累积和作物产量的重要变量，也是陆地表面能量收支和陆地－大气交换水文学模型的重要参数。

高光谱分辨率的植被图像高光谱遥感可直接获取植被LAI、生物量、FAPAR等生物物理参数。遥感反演森林植被生物物理参数的方法由基于定位实验的经验模型逐步发展为半经验统计模型和生物物理模型方法，如表6-1所列。

表6-1 生物物理参数反演方法

方法	指数
多元统计分析方法	LAI、生物量、郁闭度
光谱特征分析方法	LAI、郁闭度
生物物理模型	LAI、生物量、郁闭度

1）多元统计分析方法

宫鹏等基于CASI高光谱数据，结合植被指数，采用变量相关性和多元逐步回归的方法，对美国俄勒冈州针叶林LAI进行估算[189]。Pu和Gong[190]基于高光谱遥感数据，采用波段选择法(SB)、PCA和小波变换法(WT)3种方法，建立美国加州大学伯克利分校布洛杰特森林多元回归预测模型，预测和映射基于像素的郁闭度(CC值)和LAI值。申鑫等[191]利用机载LiCHy(LiDAR、CCD和Hyperspectral)传感器的高光谱和高空间分辨率数据进行信息提取和数据融合，构建多元回归模型来反演江苏省国营虞山林场森林生物量。

2）基于光谱特征分析的方法

姚雄等[192]以福建省西北部为研究区，采用ISI921VF-256野外地物光谱辐射计和LAI-2200冠层分析仪获取毛竹林分冠层光谱反射率和LAI值，利用随机森林回归、支持矢量回归和反向传播神经网络法构建了毛竹林分冠层LAI高光谱估测模型。曾源等[193]基于高光谱遥感数据，利用线性光谱混合模型和几何光学模型，提取三峡库区的龙门河森林自然保护区森林结构参数，反演得到森林冠层郁闭度及平均冠幅的定量分布图。

3）物理模型方法

Sandmeier和Itten[194]利用室内GEO-3700观测的高光谱数据分析了双向反射分布方法(BRDF)的影响因子，研究发现，采用二向性反射模型，结合实测的高光谱数据能提高森林 LAI 反演精度。部分学者从不同角度(树叶分布、树枝)测量树冠,构建了适合北方针叶林 LAI 的 4-Scale 和 5-Scale 反演模型。Banskota 等[195]利用美国威斯康星州两个不同阔叶林的 Aviris 数据和原位 LAI 测量数据,使用离散小波变换(DWT)从高光谱数据中提取有用特征的波段,通过三维辐射传输模型、离散各向异性辐射传输(DART)模型的反演,估计森林 LAI。邱赛[196]利用 HJ-1A/HSI 高光谱数据和 ICESat-GLAS 波形数据构建了吉林省汪清林业局经营区森林地上生物量 SVR 模型,并生成森林地上生物量分布图,研究结果表明森林地上生物量估测值与实测值存在极显著的线性关系,能够满足林业应用的需要。

目前对植被光谱特征、叶片物理和结构特征、群体树冠的结构之间关系等研究还在不断深入[197],这些研究在利用定标的成像光谱数据进行生态定量化和应用方面发挥着非常重要的作用。

3. 生物化学参数反演

森林植被主要包括叶绿素、营养元素(氮、磷)、纤维素、木质素、可溶性糖、淀粉和蛋白质等生物化学参数。叶绿素 a 和叶绿素 b 既是影响植被光能利用效率的重要因子,也是植被进行光合作用的重要参数,同时也是吸收光能的主要物质。由于土壤中的氮储量对冠层叶绿素浓度具有较强的响应,因此常被用作氮亏缺的敏感指示器。植物叶面积、冠层形态和内在生理特征受植物营养元素状况影响,与光谱特性密切相关。叶片氮通过与蛋白质和植物色素的相互结合,对植被的光合作用、叶片呼吸和净初级生产起着重要的调节作用。随着高光谱遥感技术的发展,大面积监测植物的营养状况(如营养胁迫)和长势取得了很大进展,在区域乃至全球尺度上估算生化参数信息对于研究和理解生态系统过程及描述和模拟生态系统十分重要[82]。

对于林木的生物化学参数的高光谱反演在国内外已经进行了多项研究,使用统计模型、光谱特征、物理模型(如几何光学模型、辐射传输模型)在小尺度范围及大尺度范围都有相关报导,如表 6-2 所列。

表 6-2 生物化学参数反演方法

研究方法	反演参数
统计模型	叶绿素浓度、营养元素浓度
光谱特征模型	营养元素浓度
物理模型	叶绿素浓度

1) 统计模型

Zarco 等[198]对西班牙科尔多瓦 LaHarina 农场中的 20hm² 橄榄园进行实验,利用高光谱照相机在 2011 年夏季到秋季一共 7 次飞行,提供了对叶绿素荧光的时空趋势、窄带生理指标和结构指标的评估。Stagakis 等[199]在 2006 年至 2008 年针对地中海的半落叶灌木夹竹桃生态系统探讨 CHRIS/PROBA 传感器高光谱影像透过窄带指数及不同视角监测植被生物物理及生化特性的潜力,结果表明,701nm 与 511nm 或 605nm 结合的 SSI 在叶绿素测定中表现出最佳的性能。对于类胡萝卜素的估计,在类胡萝卜素吸收边缘的一条带(511nm)与一条红色带结合表现最好,而基于两条吸水带(945nm、971nm)的归一化指数被证明是一种有效的水分指数。Kokaly 和 Clark[200]先对反射率光谱去包络,然后利用吸收深度(吸收面积)进行归一化,在此基础上采用逐步多元回归方法对植物氮、木质素和纤维素含量进行估测,获得了很好的验证效果。Yi 等[201]利用回归模型法、人工神经网络(ANN)、基于主成分分析的人工神经网络(PC – ANN) 3 种方法分别反演水稻氮含量的能力,研究结果表明回归模型法表现最优。

2) 光谱特征模型

Yang 等[202]以冬小麦高光谱数据为数据源,开发基于氮的 PROSPECT 模型,利用偏最小二乘回归(PLSR)构建反射率与相应的叶片氮密度(LND)的模拟 N – PROSPECT 模型,并提取了较高精度的冬小麦叶片氮密度。浦瑞良和宫鹏[203]利用高光谱数据在美国俄勒冈州中西部区域对植被进行实验,利用多元统计和光谱微分技术估计冠层生化浓度[总叶绿素(TC)、总氮(TN)和总磷(TP)]。Ryu 等[204]等采用 SMLR 和 PLSR 模型对水稻的 AISA 数据进行氮含量测量。

3) 物理模型

杨曦光等[205]利用 PROSPECT 和 SAIL 模型实现了 Hyperion 影像反演东北大兴安岭中心地带区域冠层水平叶绿素含量,研究发现反演精度达到 77.02%。对于大尺度范围内的叶绿素含量反演,此模型具有较高的估算精度。Croft[206]利用联系树冠(四尺度)与叶片(前景)模式的方法,探讨根据 CASI、Landsat5 TM 和 MERIS 卫星图像数据,使用辐射传输模式估测加拿大安大略省阔叶林与针叶林的叶片叶绿素含量的能力。

与传统多光谱遥感技术相比,成像高光谱遥感技术综合了图谱合一、连续波段多等特点,在一定程度上减少了外界因素对森林理化参数反演的影响,同时又可以获取更多,如木质素、纤维素、红边位置参数等植被及光谱特征参数,进而能更好地估测植被理化信息。基于高光谱分辨率的光谱吸收特征信息提取可以完成部分植被生物化学成分定量填图。植被生化参数的精确估算对于生物多样性评价、陆地覆盖表征、生物量建模及碳通量估算[207]等都具有非常重要的意义,应用遥感技术估测叶片和冠层水平上生化参量的时空变化规律有助于了解植物生产率、凋落物分解速率及营养成分有效性,为林业资源管理提供了理性依据。

4. 森林健康监测

自20世纪以来,全球森林面积萎缩和质量下降导致了一系列生态环境事件发生,使得森林健康问题备受众多学者的关注,森林健康正在或已经成为林业科技中的一个新方向,并得到越来越广泛的承认。同时,它又作为众多相关学科交叉融合的平台,服务于森林可持续经营和区域可持续发展[208]。影响森林健康的因素众多,森林不健康的形式各异,且随地区和森林类型发生变化,问题较为复杂[209]。传统的原地观测与受控实验等方法不仅需要大量的人力物力,而且难以实现时间序列的可比性,具有较大的局限性;而遥感光谱数据可与森林资源数量、稳定性、结构、功能和干扰等指标建立较好的相关关系[210]。高光谱遥感技术与传统的遥感技术相比,不但具有大尺度、快速获取图像信息的优点,还有图谱合一和光谱连续的绝对优势,能准确识别植被及精确分类,在植被信息提取方面取得了显著成果[211]。目前高光谱遥感主要从森林资源调查、森林生态功能评估、森林健康风险控制、森林植被参数提取4个方面呈现在森林健康应用领域中[212]。

1) 指标评价体系

森林健康评价体系中的指标可以是一个实体,能够用来测量评价现状和目标环境的趋势[213];也可以是一个术语,包括有关评估的生物、人口、种群、生态系统的组成部分、过程和特征[214],但由于指标性能和良好程度会发生变化,因此在森林生态系统水平上定义合适、敏感的指标是困难的。大部分森林健康评价是基于景观/区域尺度层次的,如肖智慧和叶金盛采用综合指数法,以森林蓄积生长量、乔木树种多样性、植物生物量、植被覆盖度、有机质含量、森林灾害程度作为指标,构建森林健康评估体系,并结合固定样地调查数据,评估广东省森林生态系统健康状况[215]。余新晓等提出了分形指数、景观多样性、小班健康分级指数、病虫害程度作为北京山区森林健康评价的具体指标[216]。指数法虽然将定性比较转换为了定量比较,清晰明了,但在影响因素较多时难以进行定量化[217]。Medina等通过机载高光谱传感器拍摄智利拉尔科国家自然保护区的高光谱图像提取植被指数,结合红边拐点的定位技术检测南洋杉个体的患病情况[218]。Rossini等通过机载高光谱传感器并结合地面样地调查,实验选出总叶绿素浓度来评估昆虫袭击、夏季干旱及空气污染下的森林状况[219]。

2）模型法

国外学者对森林健康的研究时间较长，提出较多的可参考模型，其中以 Costanza 等提出的系统健康公式 VOR 模型最具有代表性，为森林健康的研究奠定了基础。施明辉等提出的趋势模拟法把多时间尺度和多空间尺度结合，采用信息技术、网络分析、模型模拟等方法进行森林健康评价[220]。目前我国没有统一的评价方法，陆凡等针对值域宽、易分等级的森林提出健康距离法[221]；李秀英以森林结构、土壤、抵抗力、生产力 4 个指标构造出森林生态系统健康指数公式（FEHI），通过专家打分法确定各个指标的权重来计算森林健康指数[222]。不同地区难以适用一个统一的评价模型，甚至同一地区不同的评价模型得到的结果也有较大差别。权重可以通过层次分析法、模糊综合判定法等得以确定，这种结果存在很大的主观成分。麻坤利用 HJ - 1A - HIS - L2 级高光谱数据提取植被指数作为森林健康评价指标，通过筛选指标、指标赋权重，构建了森林健康评价模型，并从小班和样地两个方面验证该评价模型，最后分析森林健康与林分因子的相关性[223]。伍南采用地面高光谱技术测定地面点光谱曲线，提取植被指数、红边特征、病情指数，并结合反演的叶绿素含量对森林进行病虫害监测[224]。Olsson 等基于 MODIS 提取的 NDVI 指数，并引入了季节轨迹的年度偏移来监测森林落叶，该方法还可以监测昆虫爆发和季节内反弹[225]。

3）综合指数评价法

综合指数评价法是指在确定一套合理的森林生态系统健康评价指标体系的基础上，对各项健康指标进行加权平均，构造出一个综合指标，用以综合评价森林健康状况的一种方法[226]。国内的森林健康评价体系并不成熟，国外的评价体系由于良好的森林监测系统，在活力、恢复力、组织结构、维持生态系统服务、管理的选择，以及投入的减少、对相邻系统的危害和人类健康的影响等方面发展得比较完善[227]。谭三清等采用复杂网络和综合指数法对森林健康状况进行了评价分析，计算出不同尺度的健康指数，为森林可持续发展提供依据；肖风劲等根据不同年限的全国范围遥感资料、气象资料、森林统计资料及森林样地调查资料，基于生态系统健康理论原理，从活力（V）、组织结构（O）和恢复力（R）3 个评价指标着手，对中国森林生态系统的健康状况和空间格局分别进行了评价分析[228]。综合指数评价法不仅能综合反映森林生态系统的健康状况，而且也能反映森林生态系统受到干扰后的自我修复能力，适用于所有生态系统，是目前应用较广泛的一种评价方法[229]。但由于其综合结果高度抽象，有时即使方法使用不当，从评价结果也很难看出。那日苏利用 HJ - 1A - HIS - L2 级高光谱数据提取植被指数、红边指数构建森林健康评价模型,分析了森林健康指数与林分、地形、气候、土壤等因子的相关性[230]。Vyas 和 Krishnayya 通过不同季节的 Hyperion 数据及偏最小二乘回归分析测量森林的不同化学和物理参数,运用 PLS 模型对柚木和竹子进行监测,结果表明该模型在类似热带覆盖物上具有适用性[231]。

5. 湿地生态监测

湿地是由陆地和水体共同作用下形成的一种特殊的生态系统,对防洪抗旱、气候调节和保护生物多样性等方面具有不可替代的作用[232]。其中,红树林是陆地向海洋过渡的特殊森林生态系统,同时也是湿地生态系统特殊的重要组成部分[233]。高光谱遥感技术在湿地植被的监测、精细分类、生物量估算等方面的应用已大量报导,在湿地水体信息提取、湖泊边界划分及水位线提取等方面也取得了系列研究成果,同时也被广泛应用于湿地土壤湿度和土壤含水量的反演研究中[233-236]。

国内外学者更多的是用高光谱遥感技术进行湿地植被分类和参数反演等,近年来随着更多优质数据源的出现,多源数据的融合成为大趋势。李凤秀等结合湿地小叶章冠层高光谱反射率实测数据构建植被指数,并筛选与叶绿素 a (Chl – a)含量具有最佳相关性的植被指数建立最佳估算模型[237]。林川等采用 ASD Field Spec 3 地物光谱仪获取了野鸭湖典型湿地植被光谱,并构建了研究区域的湿地植物群落含水量的高光谱估算模型[238]。Hu 等基于黄河三角洲湿地的 CHRIS 高光谱遥感影像,结合光谱特征和纹理空间信息,采用深度卷积神经网络分类算法进行滨海湿地高光谱分类[239]。高原等基于 EO – 1 Hyperion 高光谱和 Landset TM 多光谱两种数据,采用支持矢量机方法,分析了两种数据源的湿地遥感分类效果[240]。曹晶晶等基于无人机载 UHD185 高光谱影像,采用面向对象分析方法实现了红树林物种精细分类。Schmid 等以多角度高光谱 CHRIS 数据为数据源,对湿地退化监测进行研究[241]。Salem 等基于 AISA 高光谱影像提取被油污染的湿地和海岸线,并指出高光谱数据能够克服多光谱数据的局限性[242]。Onojeghuo 和 Blackburn 利用机载 AISA 高光谱影像与机载 LiDAR 影像,采用图像压缩算法进行芦苇床轮廓制图研究[243]。

湿地生态系统环境多样,植物组成和结构复杂,致使它具有高度的不稳定性和脆弱性。高光谱遥感能够捕获到地物细微光谱信息,可用于具有相似光谱特征的地物精细分类研究,为湿地生态监测提供了重要手段和数据源。目前,基于多种平台的高光谱数据源,包括地面实测、机载和无人机载、遥感卫星获得的高光谱数据在湿地信息提取、物种分类、遥感制图等方面得以成功应用。

6.2.2 农业遥感

遥感技术具有覆盖面广、周期短、成本低等大量优势,在大面积开放式农业的生产调查、评价、监测和管理中具有特有的作用。从 20 世纪 70 年代出现商用资源卫星后,伴随高维度、高光谱和高时间分辨率遥感数据的接连出现,遥感技术在现代化农业发展中做出了突出贡献。遥感卫星在农业方面的应用从早期的土地利用类型和覆盖面积预测、农作物估产,发展到精准农业中农作物生命周期实时监测、农作物精细分类、农作物信息的快速获取与解析等多层次和多方面。遥感技术的高时空分辨率、高精准、低成本等特点得到充分的挖掘,农业遥感应用正逐步向天空地一体化协同观测体系发展。

对农作物的精准识别和分类是进一步开展农作物面积、种类、长势等分析的基础,对于精准农业发展、环境保护调查、农作物产量估测和灾害监测等有着重要的意义。传统的评估方法是对一些农作物生化指数进行定量分析,将叶片采集到实验室,用化学分析方法提取相关理化参数,进而用公式进行含量的计算。该方法虽然精度较高,但费时、费力、费钱,实时性差,且不适用于大面积监测。近年来,随着遥感空间技术的发展,通过遥感影像解译法进行农作物类型识别逐渐成为一种主流方式[244]。高光谱遥感数据的波段多,数据含有丰富的光谱信息和空间信息,数据获取周期时间短,而且还能够探测到相对于其他遥感技术难以探测的物质。因此,高光谱遥感技术在农业中能够更准确地实现对农作物精准识别分类、产量估测、精准施肥等应用。

1. 作物参数反演

1) 分类后处理

在分类过程中由于一些因素影响会导致分类结果中产生小面积的图斑,因此需对这些图斑进一步去除与修改,现如今常用的方法包括聚类处理(Clump)、过滤处理(Sieve)与主次分析(Majority/Minority Analysis)。

主次分析是采用类似于卷积滤波的方法将影像中较大类别的虚假像元归到该类中,定义一个变换核尺寸。主要分析(Majority Analysis)利用变换核中占像元数最多的像元类别来替代中心像元的类别,次要分析(Minority Analysis)利用变换核中占像元数最少像元类别来替代中心像元的类别[245]。因此,小图斑处理利用主要分析,以此来增加分类结果的准确性。

2) 分类精度评估

利用"珠海一号"高光谱卫星数据根据各地物光谱特征构建分类决策树进

行农作物分类提取,其结果如图6-3所示,整个研究区域内实测数据将地物分为玉米、大豆、花生、红薯、蔬菜、草地、林地、其他植被和非植被(水体、建筑、裸地和道路)8类。

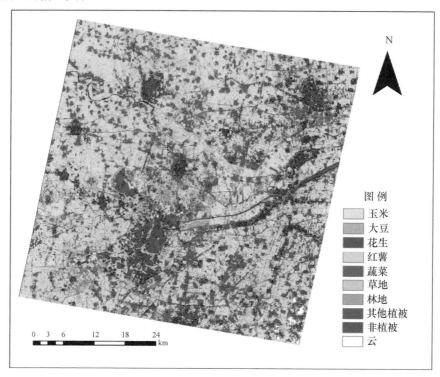

图6-3 研究区农作物分类结果(见彩图)

对影像的分类结果采用混淆矩阵的方法进行精度评价,结果如表6-3所列。

表6-3 分类结果精度验证 (%)

类别	花生	林地	玉米	大豆	红薯	蔬菜	草地	其他
花生	86.89	0	0	0	0	0	0	0
林地	0	96.43	0	0	0.13	0	0.45	0
玉米	13.10	0	90.74	0.04	0	0	0	0
大豆	0.01	0.17	9.21	99.96	0	0	0	0
红薯	0	0	0.03	0	97.19	0	0	0
蔬菜	0	0	0	0	0	82.11	0	0
草地	0	0	0.01	0	0.11	0	99.22	0
其他	0	3.57	0	0	2.57	17.89	0.33	100
Kappa 系数 = 0.95								
总体精度 = 95.94%								

针对这 8 种高光谱地物的分类结果，整体分类结果精度较高，总体分类精度达到了 95.94%，Kappa 系数为 0.95。上述情况表明，在高光谱遥感地物分类过程中，对数据进行降维获取最佳波段，在某些方面能够提高地物分类结果的精度和质量。8 种地物分类结果中，花生、玉米、大豆、红薯、蔬菜具有较高的分类精度，花生和玉米存在小部分混分，由于遥感影像不可避免会存在"同谱异物"现象，导致蔬菜和其他植被存在混分现象。在进行训练样本的选择过程中，由于人工的参与，部分样本选择会有所差错。因此，能够说明，有效的数据降维与合理的分类器选择，两者相结合在一定程度上能够提高地物分类精度，同时也能够提升工作效率。

为了验证小麦分类结果的准确性，采用分类叠加的效果，将分类后的小麦叠加到原始影像上，根据小麦影像叠加影像，如图 6-4 所示，可以看出，小麦在研究区的范围内的分类结果比较精确，这对于以后利用"珠海一号"卫星高光谱影像做地物分类的研究有着很大的帮助，并可在此基础上对高光谱数据分类算法和高光谱影像数据信息提取开展更深的研究。

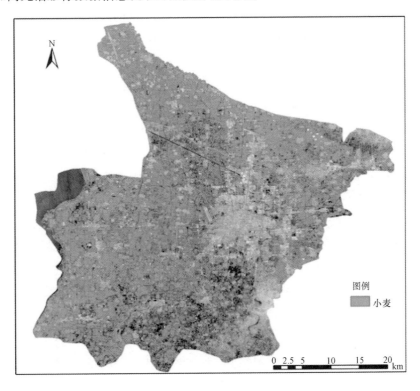

图 6-4　小麦分类结果（见彩图）

以 OHS-2A 高光谱分辨率数据为数据源,以精准地物分类为研究对象,采用 MNF 降维和支持矢量机相结合的方法,得到了研究区地物分类的结果,并对其进行了精度评估。然后利用 MNF 进行降维,有效减少数据的冗余,提高工作效率,增强地物分类结果的精度。由于在进行目视解译的过程中人为地选择训练样本会产生误差,如果在借助于计算机自动分类的同时将人机交互解译、外业调绘有机结合起来,会进一步提高地物分类的精度[249]。

高光谱遥感数据的图谱合一的优势,有助于决策者能够比较准确地掌握地物分布结果和相应的变化,有利于根据市场做出快速准确的决策,为精准农业发展做出更好的贡献。

2. 农作物估产

农作物估产是基于不同作物独有的波谱特征,利用遥感技术对作物产量进行监测预告的一种技术。利用遥感影像的光谱波段信息可以反演农作物的生长信息(如叶绿素),通过建立生长信息与单产之间的相关模型,可获取作物产量信息。

分光光度法是确定小麦实际平均叶绿素含量的传统方法,该方法基于化学试剂的提取,但是这种方法会对叶片造成无法修复的损害。另一种方法是使用活叶绿素仪。活叶绿素仪不会对植被叶片造成损害,因此现在更常用活叶绿素仪,通过显示窗口可以直接读取 SPAD 值,测量范围跨度较大(-9.9~+199.9),精度也较高(±1.0 SPAD 单位)[246]。

综合考虑,叶绿素实地数据的采集可使用 SPAD 值叶绿素仪采集。SPAD 值可以直接通过公式实现平均叶绿素浓度的转化。具体的 SPAD 值与平均叶绿素浓度的转化公式为平均叶绿素浓度(mg/cm^2) = 0.0003394SPAD - 0.0041103。由此,由原始 SPAD 值数据经计算后可以得到小麦平均叶绿素浓度。

遥感估算植被中叶绿素含量的 3 种常用方法包括:①多元统计分析法,如利用植被指数;②基于特征光谱位置变量的分析技术;③辐射传输模型反演法[247]。下面以多元统计分析法为例,介绍相应的应用方法。

通过不同的降噪方法和降维方式对获得的高光谱图像进行分类,然后叠加在原始数据上,得到小麦的感兴趣区域(图 6-5)。在对研究区进行实地数据采集时应选择晴天、无风,并把时间尽量控制在 11:00~15:00,减少一些外在因素的影响。通过采取平均分布的原则一共采取了 51 个点,以后续补充的 2016~2019 年光谱数据及其理化参数为基础,总共 72 个点。选取 1~42 点为小麦叶绿素含量的实验点,43~72 点为小麦叶绿素含量验证点,以小麦叶绿素含量作为因变量,其他数据如光谱原始反射率及各种植被指数作为自变量建立数字模型。这里主要运用的植被指数包括 NDVI、Vogelmann、红边指数 1(VOG1)、植被增强指数(EVI)、红绿比值指数(RG)、比值植被指数(SR)及归一化氮指数(NDNI)6 种,并结合波段信息(蓝波段、红波段、近红外波段、短波红外波段)的反射率对小麦叶绿素含量进行反演。具体植被指数计算公式、作用、意义及范围如下[248]。

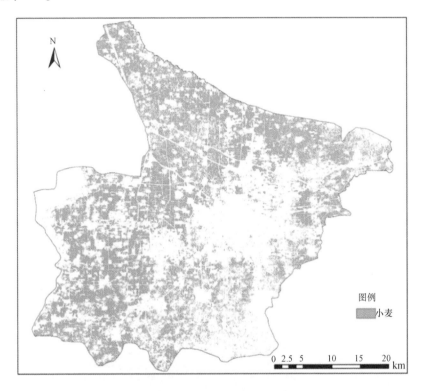

图 6-5　小麦区域裁剪图(见彩图)

NDVI 在植被研究中较为常见、是一种比较基础的植被指数,当 LAI 值相对较高时,植被茂盛时其敏感度会降低。其计算公式为

$$\text{NDVI} = \frac{\rho_{\text{NIR}} - \rho_{\text{RED}}}{\rho_{\text{NIR}} + \rho_{\text{RED}}} \tag{6-1}$$

式中: ρ_{NIR} 为近红外波段; ρ_{RED} 为红波段。

NDVI 值的范围为[-1,1],在绿色植被区域 NDVI 值集中在 0.2~0.8。

SR 作为一种较为常见的植被指数,在 LAI 很高时,其灵敏度会降低。其计算公式为

$$SR = \frac{\rho_{NIR}}{\rho_{RED}} \tag{6-2}$$

SR 值的范围是[0,30]，绿色植被区域的 SR 一般集中在[2,8]。

EVI，在 NDVI 的基础上加入蓝色波段，增强了植被信号。其计算公式为

$$EVI = 2.5\left(\frac{\rho_{NIR} - \rho_{RED}}{\rho_{NIR} + 6\rho_{RED} - 7.5\rho_{BLUE} + 1}\right) \tag{6-3}$$

式中：ρ_{BLUE} 为蓝光波段。

EVI 值的范围为 $-1 \sim +1$，绿色植物的 EVI 值集中在 $0.2 \sim 0.8$。

VOG1 对一些植物理化参数(如色素含量、水含量、冠层)比较敏感，根据这一特性，可将其用于精细农业中的建模应用。其计算公式为

$$VOG1 = \frac{\rho_{740}}{\rho_{720}} \tag{6-4}$$

VOG1 值的范围在[0~20]，绿色植被区域值集中在[4~8]。

通过前期采集的数据，并分别计算各种植被指数及各波段反射率与反演点数据建立相关反演模型，最终得到最佳反演模型是以 NDVI 作为自变量，平均小麦叶绿素含量(mg/cm^2)作为因变量建立的一次线性函数模型 $Chl\_a = 0.0142X + 0.0026$，具体如图 6-6 所示。

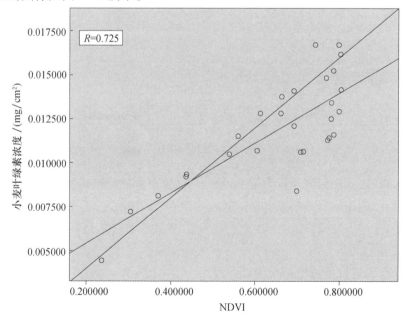

图 6-6　NDVI 与小麦平均叶绿素浓度模型

由图 6-6 得到反演小麦叶绿素浓度的最佳反演模型 Chl_a = 0.0142X + 0.0026。通过最佳模型及前期获取的验证点数据能够得到模拟值与真实值的数据,具体如图 6-7 所示,计算得到的模拟值和实测值的相关系数(R)为 0.817。

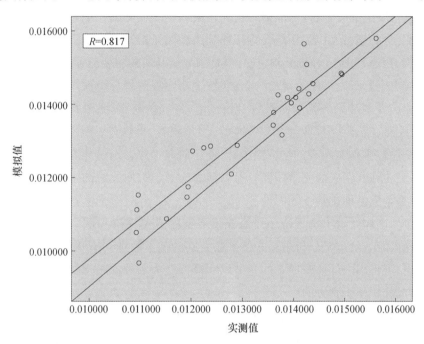

图 6-7 验证点模拟值与实测值数据

6.2.3 地质遥感

1. 矿物精细识别

高光谱遥感使定量遥感和精细(精准)遥感跃升到一个新的高度,尤其是在地质领域,高光谱遥感使对地表岩石和矿物的物质组成等微观信息识别成为可能。高光谱矿物精细识别可分为 3 个层次,分别为矿物的种类识别、成分识别和丰度反演。种类识别是指对岩石中的矿物组成成分进行识别,成分识别是指对矿物中不同金属离子的含量比值或金属离子的相对含量进行识别,丰度反演是指对在岩石中目标矿物的相对含量或含量百分值进行反演[250]。

1)高光谱矿物识别研究进展

高光谱矿物识别的是矿物的物质组成成分、内部晶格结构等相关的电子或分子振动过程所产生的对电磁波反射和吸收的差异,特别是所形成的吸收谱带特征的不同。根据这些差异,进而对不同矿物进行识别和区分。

高光谱矿物识别的基本原理是利用在太阳电磁能量的激发下岩石和矿物对电磁能量的吸收作用差异。在 0.4~2.5μm 光谱区间内,矿物、岩石和电磁波之间相互作用的两种主要过程或形式是吸收和反射,从根本上来说,其可总结为和该物质组成成分、内部晶格结构等相关的电子或分子振动过程。矿物的光谱特征(吸收谱带)主要由有限的几种基团和离子产生,阳离子主要包括 Fe^{3+} 和 Fe^{2+},羟基(OH^-)和碳酸根(CO_3^{2-})是阴离子基团的主要组成成分,它们主要控制或决定岩石光谱的表现行为。同时,诊断性光谱特征可通过成像光谱数据来反映。许多常见矿物如明矾石、滑石、绢云母、伊利石、绿泥石、叶蜡石、绿帘石、蛇纹石、白云石、石膏、方解石、高岭土、蒙脱石、褐铁矿、菱镁矿等,在 0.4~2.5μm 波段内都有特有的特征吸收峰,便于研究工作者通过成像光谱数据来识别它们。因此,在成像光谱图像上可以精确地圈定它们组成的蚀变岩带或成矿带,并编制成各种矿物专题图件。

(1) 矿物光谱识别方法。成像光谱数据的重建光谱和矿物的实测光谱或标准光谱的定量比对分析是高光谱矿物识别的基本原理。近几年来,根据本质的不同,可将国内外比较成熟的光谱识别模型分为 3 种,即光谱匹配方法、模式识别方法、智能识别方法[251]。

① 光谱匹配方法。以重建光谱与实测光谱的相似性度量为基础。

基于光谱相似性是将重建光谱和参考(实测)光谱进行比较,通过在某种光谱的相似性测度(如光谱角、光谱距离)下计算端元与像元的光谱相似性来识别矿物信息。距离法(欧式距离、马氏距离)[252]、光谱角[253]、匹配滤波、光谱信息散度[254-255]、混合调制匹配滤波等是常用的光谱匹配方法。按所采用的数据,光谱匹配可分两类,分别为间接匹配和直接匹配。间接匹配是对光谱数据进行变换或编码,利用变换或编码后的数据进行匹配,如光谱编码匹配[256]、光谱傅里叶频谱的相位和振幅[1]、小波和分维数[257-258]等匹配方法;直接匹配是将重建光谱与参考(实测)光谱数据直接进行匹配。光谱匹配还可分为整体光谱和局部光谱匹配,整体光谱匹配依据整个光谱的形状特性,影响较小的是光谱定标、照度和光谱重建精度,影响较大的是矿物光谱的不确定性,且对矿物光谱的细微变化不敏感,易受地形、周围环境等外界干扰,无法重点突出吸收谷谱形的相似性;局部光谱匹配只使用诊断性光谱吸收带特征,对矿物光谱的细小变化敏感性差,仅使用了一些特定的光谱特征,易受图像的光谱定标、信噪比和光谱重建精度等因素的影响[259]。

按所检测的目标,光谱匹配可分为全像元和亚像元匹配。全像元匹配是以像元为单位,对像元中是否有目标物质(矿物)及其和其他像元对比的相对含量进行检测;同理,想要探测比像元尺寸小得多的物质在像元中的含量或者在像元中所占百分比,则应采用亚像元方法。截至目前,其最具有代表性的方法是光谱匹配滤波和混合像元分解。其中,混合像元分解的基本原理是把像元光谱表示成像元中各成分端元光谱及端元在像元中所占百分比的某种函数,在已知像元光谱及另外一些参数(如成分端元、端元比例)的情况下,求解未知参数。通常是先确定成分端元,然后反演各端元在像元中所占的百分比。目前国内外研究得比较成熟的混合像元分解模型是线性混合模型、几何光学模型、随机几何模型、概率混合模型和模糊混合模型[260]。

② 模式识别方法。以诊断性光谱吸收谱带的特征参量为基础。

基于光谱特征参量信息提取采用局部光谱识别方法,即以诊断性光谱吸收谱带的特征参量为基础。光谱吸收谱带的特征可通过一些特征参数进行度量,分别为谱带的波长位置(P)、宽度(W)、斜率(K)、波段深度(H)、面积(A)和对称度(S)等[261]。谱带的波长位置(P)为吸收谱带的谷底(极小值点)对应的波长;宽度(W)定义为吸收谱带半极值的宽度;斜率(K)定义为谱带两侧肩部连线的角度,可用公式 $K = \tan^{-1}[(R_e - R_s)/(\lambda_e - \lambda_s)]$ 计算,其中 R_e 和 R_s 分别为左右肩部的强度,λ_e、λ_s 为它们所对应的波长;波段深度(H)为谱带极小值点和谱带两侧肩部连线的长度;面积(A)为谱带曲线和两侧肩部连线所组成图形的面积;对称度(S)为谱带左右两边对称程度的度量,可以用左半部分面积和总面积 A 相比,也可以用左肩部到达谷底的波长宽度和谷底波长相比。这种方法对矿物光谱的细小变化较敏感,但仅采用了一些特定的特征,易受图像的光谱定标、信噪比和光谱重建精度等因素的影响。其代表性的方法有光谱特征拟合(SFF)、光谱吸收指数(SAI)和吸收谱带定位分析(AABP)等。

③ 智能识别方法。以矿物光谱知识和矿物学为基础。

智能识别方法以矿物光谱知识和矿物学为基础,选取合适的、具有鉴别能力的光谱参量或者具有诊断性的光谱特征,建立适宜的识别规则来识别矿物。其所采用的光谱参量或特征可以是整个光谱的相似性测度,如与实测(标准)光谱的匹配度或匹配率,也可以是一些特定的谱带参量,也可以两者同时使用[262-263]。识别规则一般取 if – and – then 的形式。规则可以有 3 种表达方式:①存在性判别(唯一性判别),即在满足某种条件的情况下,可认为某种矿物是存在的;②否定性判别,即当出现某个或某些特征时,某种矿物是一定不会存在的;③似然性判别,根据条件情况判定待识别矿物存在的可能性。智能识别方法结合了全光谱匹配和特征谱带识别方法,具有上述 2 种方法的优点,且结合专家系统方法建立了新的识别规则,大大提高了识别的可靠性及自动化程度。

智能识别系统最有代表性的是美国地调局提出和发展的 Tricorder 系统,它结合了光谱特定谱带参量及光谱的相似性测度,运用最小二乘法将去除连续统的标准(实测)光谱与重建光谱进行拟合,综合判别指标为拟合度、该连续统在吸收谱带中心处的大小和特定吸收谱带的深度,该方法对矿物种类的识别有较高的准确率。但是由于某些矿物,特别是和成矿作用相关的热液蚀变矿物,本身的波谱特征变化较小,易受岩石中矿物混合光谱的影响,会误判波谱特征相近的一些矿物。例如,Alvaro 和 Crósta 在美国加州 Bodie 和 Paramount 地区利用 AVIRIS 进行矿物填图试验的对比结果表明,Tricorder 虽然比光谱角方法更能识别矿物种类,但对高岭石(kaolinite)、蒙脱石(Montmorillonite)、伊利石(Illite)、埃洛石(Halloysite)等矿物仍会产生混淆和误判[264]。

甘甫平等[265]通过对矿物光谱的变化规律进行分析,并对光谱参量的稳定性与敏感性进行评价,提出了建立矿物识别谱系的思想,参照或借鉴矿物学的分类方法,在可见至反射红外光谱区间,分别以主要吸收谱带、谱带精细特征、谱带组合特征和谱带变异特征为基础,对矿物进行"类 – 族 – 种 – 亚种"逐层识别,构成判别决策过程的树状结构,并提出和研发了"高光谱矿物分层谱系的识别方法",这为后续国内高光谱矿物填图技术在地矿领域的发展奠定基础,该方法的核心思想是目前高光谱遥感矿物识别的主流思想。

(2)矿物丰度反演。光谱矿物丰度识别是以测量光谱的某些特征为依据,定量或定性地对矿物在地质体中的相对含量(丰度)进行反演。目前,反演地质体中矿物含量的依据和方法主要有:①依据光谱匹配度;②诊断吸收谱带的强度,即吸收谱带深度。

(3)光谱混合分解。目前,影响矿物丰度反演的主要问题是矿物的混合效应和混合模型问题。反射光吸收谱带的强度是矿物的本征吸收强度、散射特性和矿物丰度的函数[266]。王润生实验表明混合光谱的光谱反射率可用混合矿物光谱反射率的线性组合来表示,特征谱带强度和矿物的百分含量可看作线性相关,因此矿物的相对含量可以通过吸收谱带的强度变化来估计。其对矿物的相对含量反演具有一定的实际意义,但是谱带深度还受光谱重建精度等因素的影响,带有较大的不确定性,会对分析结果造成影响。

同时,岩石中矿物的混合光谱为矿物粒度的非线性函数。不同粒度、不同矿物之间的混合、不同波段偏离线性的程度都会有所不同。目前,在矿物丰度反演研究中无论是根据谱带强度,还是混合像元分解,都近似认为矿物光谱的混合为线性混合,这不可避免地会带来一定的误差。Hapke[267]、Johnson 和 Smith[268]、Mustard 和 Pieters[269]研究认为,平均单散射反照率是成分端元单散射反照率(SSA)以各成分在断面上的相对几何特征(如密度、面积比、颗粒直径)为权的线性组合,即对单散射反照率进行转换,将非线性混合进行线性化,再进行光谱分解。需要注意的是,因为反演的等效效应光谱解混具有多解性,因此所选取的端元极大程度地决定了解混结果。目前端元选择多为先验经验或已知端元。

另外,通过混合光谱分解算法获得的矿物"丰度"信息实际上是各端元光谱在混合光谱中的百分比,即矿物的光谱丰度。目前,矿物的含量指标一般是用矿物的光谱丰度来表示。但是实际上,矿物的光谱丰度和该矿物在岩石中的真实含量或所占百分比存在一定差异。首先,矿物的光谱丰度只是该矿物占能识别出的且被选为端元的所有矿物的百分比,但是在所使用的光谱区间中,没有考虑非光谱活性的矿物;其次,矿物光谱的线性混合和矿物含量或质量的线性混合存在差异,矿物光谱不仅和矿物的含量有关,还和岩石反射面上矿物所占的密度、表面积、颗粒度等相关。因此,必须先对光谱丰度进行定标和转换,才能对端元矿物在岩石中的丰度进行反演。

(4) 矿物成分识别。矿物成分识别通常是对矿物中不同金属离子的含量占比或金属离子的相对含量进行识别,主要表现在对矿物类质同象精细区分。矿物的类质同象是指用其他价键相似的金属离子替代矿物晶格中的金属离子,进而不改变矿物晶体结构的现象。类质同象置换与成岩成矿时的岩浆组分浓度、温压条件、氧逸度等地质环境息息相关,对矿物成分的差异及其在三维空间中的变化进行识别,对恢复成矿成岩时的地质环境及温压条件,探究热动力过程及热液运移的时空演化,钻研元素的富集及赋存状态,建立成熟的矿床成因模型,对地质找矿进行指导,都发挥着重要作用。

矿物类质同象虽然不对矿物的晶体结构产生改变,但是会改变矿物的晶格常数,从而导致晶格振动或电子能级(电子过程)的频率及强度发生变化。这些变化在矿物的波谱上常表现为精细特征的改变及吸收谱带波长位置的位移。根据这些精细特征,可半定量或定性地对矿物中金属离子的相对含量或含量占比进行反演,如白(绢)云母类: $Al \longleftrightarrow (Fe,Mg)$ 置换,生成钠云母(paragonite)、白云母、多硅白云母(phengite)等不同类型的亚种;绿泥石类: $Fe^{2+} \longleftrightarrow Mg$、Ca,产生铁绿泥石、镁绿泥石、铁镁绿泥石、钙绿泥石。

类质同象矿物波谱的差别一般都比较精细、微小,识别和区分它们需要有足够的光谱分辨率和信噪比。遥感矿物成分的定量反演中最有成效的是定量反演白云母中 At 的含量[270-273],而其他一些矿物的成分探测目前仍停留在实验室或地面光谱的研究,如伊利石[274]、绿泥石[275-276]、黄钾铁矾和明矾石[277]等。

2) 综合光谱特征增强匹配度和特征参量识别方法

在分析、总结已有高光谱矿物识别方法的理论基础上,认为决定识别效果的重要因素在于重建光谱与标准光谱的光谱匹配度或相似度测算。为此,甘甫平等[278]基于模拟的混合光谱,分析了常用的光谱匹配度识别算法的识别能力,如光谱角、相关系数、信息散度、匹配滤波、特征拟合等。识别指数和待识别矿物含量的相关系数是各识别指数对矿物识别能力的评价方法。相同矿物(端元与待识别矿物相同)的相关系数越大,不同矿物(端元与待识别矿物不同)的相关系数越小,该识别指数的识别能力越强。经对比分析,认为匹配滤波方法相较其他匹配方法在矿物识别的能力上具有一定优势,但是总体识别能力与实际要求还有一定的差距。通过分析发现,导致上述匹配度方法识别能力低的原因有两方面:①易受光谱背景干扰;②易受光谱特征强度的影响。

在此基础上,甘甫平提出一种新的算法——基于光谱特征增强的匹配度法。光谱特征增强的基本原理是,假设光谱是反射率为1的端元光谱和光谱自身的线性组合,通过调整二者的比例系数(比例可为负),直到参考光谱最小位置处参考光谱和影像光谱完全重合。

例如,Cuprite 地区的 AVIRIS 高光谱数据,对明矾石进行匹配识别,识别方法分别为光谱特征增强匹配度法及匹配滤波方法。从匹配结果上看(图6-8),基于光谱特征增强匹配法识别的明矾石范围明显要比匹配滤波法广泛。以匹配结果为依据,检查影像光谱,在图6-9中点1匹配滤波未识别出明矾石信息,但是影像光谱检查发现该点确实含有明矾石;在点2和点3匹配滤波方法识别出了明矾石信息,但是光谱特征增强匹配法未能识别出明矾石。通过对影像光谱进行检查发现,点2和点3处没有明矾石信息,可能是绢云母信息导致。从对比结果上来看,光谱特征增强匹配度法和匹配滤波法相比,其对明矾石的识别正确率得到了极大的提高,提升至了95%以上。从中可以得出,光谱特征增强匹配法比匹配滤波法识别矿物信息的检出限更低,正确率更高。

图 6-8 明矾石匹配结果(见彩图)[213]

(a)AVIRIS 假彩色合成图;(b)匹配滤波结果;(c)光谱特征增强匹配结果。

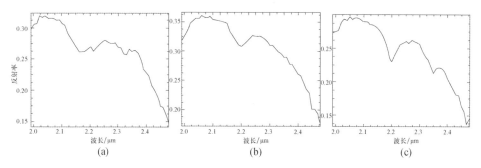

图 6-9 检查点影像光谱[213]

(a)点1;(b)点2;(c)点3。

基于光谱特征增强匹配度法明显提高了矿物信息的正确率和检出率,但是仅仅依靠匹配度还无法实现矿物信息的精细识别。例如,类质同象矿物类,或光谱特征较相似的矿物,仅用匹配度是很难进一步区分的。对类质同象矿物类的精细区分主要是根据其特征吸收位置的变化,如钠云母、白云母、多硅云母的区分依据是其在 2210nm 处的特征吸收位置变化;而针对具有光谱特征相似的矿物类的区分主要是根据次级吸收特征的差异,如白云母类与蒙脱石的区分主要依据其在 2340nm 处的次级吸收特征,蒙脱石在 2340nm 基本没有吸收特征。

基于上述考虑,依据分层谱系矿物识别思想,提出了综合光谱特征增强匹配度法和特征参量的高光谱遥感矿物识别方法。该方法在光谱特征增强匹配度算法的结果基础上,依据"类–族–种–亚种"识别规则,进行相关特征参量计算,进而实现逐层识别和精细区分。该方法可以计算大量的光谱特征参量,能反映出较小光谱特征变化,因而该方法在某种程度上也包含了光谱解混的功能。由此,该方法在实现矿物精细识别的同时,还可根据不同矿物信息的特征吸收深度对其丰度进行反演。该方法已在航空/航天高光谱遥感矿物识别实践中得到了较好的应用。

2. 地质环境信息反演

随着对矿物精细识别技术的成熟和实践应用的增加,发现高光谱矿物信息在特定的地质系统中能够反映出一定成矿地质环境信息,进而对其形成或存在的温度、压力、酸碱度等条件进行分析。利用高光谱矿物信息开展成矿地质环境反演主要是根据具有特定成因环境的矿物信息、矿物组合信息及矿物成分变化信息/类质同象等。

例如,在热液成矿系统中,不同的蚀变矿物组合对应着一定的 pH 范围和温压条件(参见表 6-4 和图 6-10)。其中常见的蚀变组合有泥化、绢英岩化、高级泥化、青磐岩化等。泥化蚀变矿物的形成条件是,热液系统冷却退化低温(<250℃)阶段,或外生流体混入程度增加的环境,在中低 pH(为 4~5)、相对低温条件(200~250℃)下,主要是低温高岭石及蒙脱石,含少许的伊利石组矿物;高级泥化主要反映较强的酸性环境,形成条件是低 pH(≤4)条件,含有高温黏土(如地开石或叶腊石)、石英、水铝石和明矾石等矿物,其中明矾石含量越高,其酸性越强,即 pH 越小。

绢英岩化形成条件:与泥化蚀变相似的 pH 范围及较高的温度 >250℃ 条件,酸性流体会导致长石类矿物发生水解,即导致绢云母和云母出现,会含少许的绿泥、石英石等矿物[279]。

表 6-4 成矿环境与矿物组成的关系

序号	矿物信息		成矿环境
1	矿物组合		图 6-10
2	矿物成分	绢云母/伊利石:四面体位 Al/Si 和八面体位 Al/(Fe + Mg 等)类质替换	(1) 主要受流体的压力、温度、pH 影响。 (2) 在造山型金矿环境下,主要影响因素是温度,温度越高,Si 含量越高。 (3) 在斑岩型、浅成低温热液等岩浆流体中,主要影响因素是温度和 pH,温度越高 Si 含量越高,pH 则影响相反。 (4) 在变质矿床环境中,主要影响因素是温度和压力,温度、压力越高,Si 含量越高
3		明矾石:K/Na 类质替换	(1) 主要受流体温度影响。 (2) 温度越高,Na 含量越高
4		绿泥石:Fe/Mg 类质替换	(1) 主要受流体温度影响。 (2) 温度越高,Mg 含量越高
5	矿物结构	高岭石/地开石结晶度	(1) 结晶度越好,形成温度越高。 (2) 搬运型低于原地型高岭石/地开石的结晶度

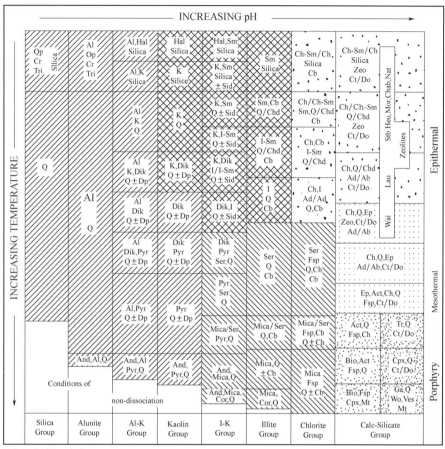

Mineral Abbreviations:
Ab-albite;Act-actinolite;Ad-adularia;Al-alunlte;And-andalusite;Bio-biotite;Cb-carbonate (Ca,Mg,Mn,Fe);
Ch-chlorite;Chab-chabazite;Chd-chalcedony;Ch-Sm-chlorite-smectite;Cor-corundum;
Cpx-clinopyroxene;Cr-cristobalite;Ct-calcite;Do-dolomite;Dik-dickite;Dp-diaspore;Ep-epidote;
Fsp-feldspar;Ga-gamet;Hal-halloysite;Heu-heulandite;I-illite;I-Sm-illite-smectite;K-kaolinite;
Lau-laumontite;Mt-magnetite;Mor-mordenite;Nat-natrolite;Op-opaline silica;Pyr-pyrophyllite;
Q-quartz;Ser-sericite;Sid-siderite;Sm-smectite;Stb-stilbite;Tr-tremolite;Tri-tridymite;
Ves-vesuvianite;Wai-wairakite;Wo-wollastonite;Zeo-zeolite

图 6-10 热液系统中常见的蚀变矿物

Ab—钠长石;Act—阳起石;Ad—冰长石;Al—明矾石;And—红柱石;Bio—黑云母;Cb—碳酸盐(Ca, Mg, Mn, Fe);Ch—绿泥石;Chab—菱沸石;Chd—玉髓;Crn—刚玉;Cpx—单斜辉石;Crs—方石英;Cal—方解石;Dol—白云石;Dik—地开石;Dsp—硬水铝石;Ep—绿帘石;Fsp—长石;Grt—石榴石;Hal—埃洛石/多水高岭石;Hul—片沸石;Ill—伊利石;Kln—高岭石;Lmt—浊沸石;Mca—云母;Mag—磁铁矿;Mor—发光沸石;Ntr—钠沸石;Opl—蛋白石;Pyr—叶腊石;Qtz—石英;Ser—绢云母;Sd—菱铁矿;Sme—蒙脱石;Stb—辉沸石;Tr—透闪石;Trd—鳞石英;Ves—符山石;Wrk—斜钙沸石;Wo—钙沸石;Zeo—沸石。

青磐岩化形成条件:近中性到碱性条件,为循环对流的大气水流体和围岩反应产生弱氢交代,致使绿泥石、绿帘石出现。

通过分析矿物的类质同像,探究其形成时的物理、化学条件,为成矿地质环境分析提供指示信息。例如,绢云母受四面体位 Al/Si 及八面体位 Al/(Fe + Mg)等类质替换影响,其特征在 2200nm 附近吸收位置发生变化,沿着长波方向,Al 含量减少;沿着短波方向,Al 含量增高。明矾石的 K/Na 类质替换主要表现在 1480nm 处吸收位置发生变化,沿长波方向,Na 含量增加;沿短波方向,K 含量增加。绿泥石的 Fe/Mg 类质替换主要表现在 2250nm 附近发生变化,沿长波方向,Fe 含量增加;沿短波方向,Mg 含量增加。压力、流体温度、pH 是影响绢云母的类质同象的主要因素,但在不同的地质环境中,三者对其影响权重各不相同。明矾石的类质同象主要是受温度影响,温度越高,Na 含量越高;绿泥石的 Fe/Mg 类质替换同样主要受流体温度的影响,温度越高,Mg 含量越高。

此外,通过物光谱的精细特征变化,还可以分析矿物的晶体结构,如高岭石结晶度。当高岭石结晶度由低变高时,次级吸收特征位置由 2180nm 向 2160nm 漂移,且吸收深度逐渐变深。高岭石结晶度主要受形成温度影响,温度越高,结晶度越好。

3. 矿山环境信息反演

矿山的开采、选冶、矿渣堆放、尾矿库等过程生成的酸可以溶出含有重金属的离子,产生矿山酸性废水,随着矿山降雨和排水使之带入水环境(如河流等)或直接流入土壤,对水体、土壤和植被等造成重金属污染和 pH 变化。目前,矿山环境监测主要有 4 种方法,分别是矿区次生矿物识别、对土壤等重金属元素含量反演、依据次生矿物或水体对 pH 估算、矿区植被污染信息提取等,然后在此基础上进行矿山环境动态变化监测。

矿山活动在不同的环境条件下会产生一系列矿物组合或次生矿物。次生矿物的演化规律和形成的物理化学条件可通过对次生矿物的识别得到指示,从而评估矿山环境[280-281]。不同次生矿物,特别是含铁矿矿物的生成,都有着不同的 pH 范围[282-283]。Kopačková[284]在进行捷克 Sokolov 褐煤矿山 pH 环境研究时,发现当 pH <3.0 时有黄钾铁矾、黄铁矿或褐煤等存在,有时只含其中的一两种,有时三种都有;当黄钾铁矾和针铁矿伴生时,pH 升高(3.0~6.5);但是针铁矿单独存在时,pH 为中性或较高(>6.5);并采用以多谱段光谱特征拟合(MRSFF)技术,对上述矿物进行了识别和填图,由此估算出矿区和外围地表 pH。甘甫平在江西德兴铜矿区通过水体在 600nm 附近的光谱吸收特征差异,识别出了尾矿区水体中的酸性水、中性水和碱性水。

受矿区地质背景、开采活动等影响,矿区植被的长势理化特征也有所差异,如矿山环境特征能够通过植被光谱特征的"蓝移""红移"等主要吸收特征参数的变化来反映[285-286]。因为矿山污染情况十分复杂,不仅需要研究矿山污染对植被光谱的影响,还需研究植被生长过程受矿山污染物的影响等问题,所以了解一定时间序列中植被光谱反射率随植被的生长而出现的动态变化特征,接着通过遥感异常信息提取技术,可靠有效地提取出受矿山不同类型的污染导致的植被异常。

矿区直接污染源信息就是重金属或有害成分的含量及其分布情况,利用遥感技术开展矿区重金属元素信息反演是重要的技术手段之一[287]。近几年来,重金属成分含量反演主要是通过矿区水系沉积物和土壤等地物中的重金属成分含量和地面反射光谱特征参量建立统计模型[288-289]。这种模型会受到矿区环境的影响,不同的矿区环境对应不同的特征参数。目前利用光谱技术对重金属成分含量的反演还处于探索研究阶段,后续的研究工作还有待深入。

4. 应用案例

1)矿物填图与找矿预测

高光谱在矿物填图中的优势不仅是其较多光谱数据识别矿物信息的正确性高、区分矿物种类能力强,而且还可对矿物的组成成分信息进行区分。采用综合光谱特征增强匹配度算法和特征参高光谱遥感矿物识别方法,利用GF-5高光谱遥感卫星影像数据在西部基岩裸露相对较好地区开展矿物填图应用,对矿物种类、矿物成分、矿物相对丰度3个层次开展卫星高光谱矿物精细识别与填图,如图6-11~图6-13所示。

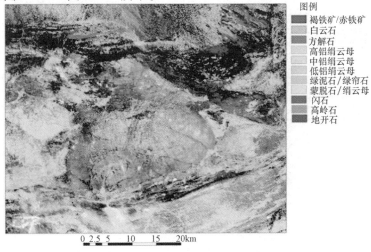

图6-11 GF-5卫星高光谱矿物分布(见彩图)

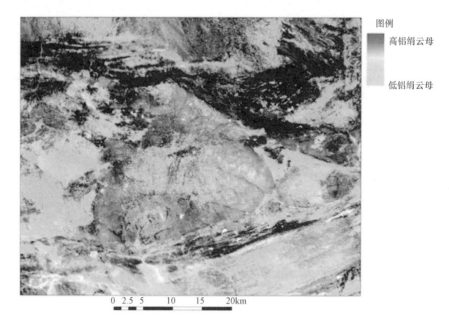

图6-12 GF-5卫星高光谱绢云母成分(见彩图)

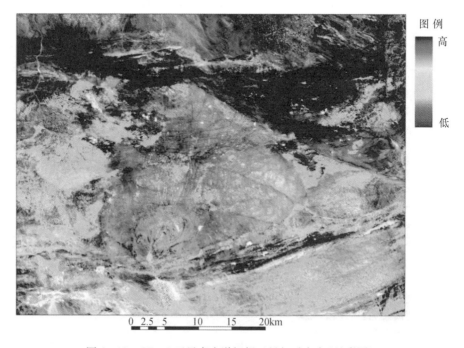

图6-13 GF-5卫星高光谱铝绢云母相对丰度(见彩图)

从图6-11所示的填图结果上看,其矿物种类及其分布特征与实际地质背景吻合,识别矿物种类齐全。同时,还对区内绢云母矿物成分信息进行了精细识别,从图6-12上看,该区北部以低铝绢云母为主,中部中、低铝绢云母含量较高,南部主要为高、中铝绢云母。这种现象不仅是不同地质单元的表现,也可能是后期地质作用造成的。另外,还对不同矿物的相对含量进行反演(图6-13),这对该矿物成因分析和地质指示意义具有重要作用。

利用高光谱影像数据所能识别的矿物主要是蚀变矿物,如绢云母、高岭石、地开石、透闪石、绿泥石等;还有一些矿物既可以是矿床中的蚀变矿物,也可以是矿床的赋矿岩石信息,如碳酸盐岩矿物(方解石、白云石等),可在成矿过程中形成或者重结晶,也可作为铅锌、金、锑、汞等矿床的赋矿围岩。另外,还有一些矿物信息可直接指示矿(化)体的存在,如菱铁矿、黄铁矿和赤铁矿等。同时,根据矿物的成分信息和丰度信息可对其成因和形成环境进行分析,进而评价其成矿和找矿意义。因此,正是根据矿物上述属性,并结合地质背景,利用高光谱矿物信息开展矿产资源调查。从GF-5卫星高光谱数据在矿物识别应用情况上看,随着卫星高光谱数据的不断获取,其覆盖范围越来越广,今后卫星高光谱将在区域性矿物填图和找矿预测方面具有大的发展空间。

在高光谱找矿预测实践应用中,利用高光谱遥感开展找矿预测主要有相似类比找矿预测法、特定矿物目标找矿预测法,以及目前的"成矿地质背景+高光谱矿物信息+矿床成矿模式"三位一体找矿预测方法[290]。随着实践应用的增加,高光谱遥感矿物信息与成矿地质理论结合越来越紧密,找矿预测效果越来越显著。

(1)高光谱遥感相似类比找矿预测法。高光谱遥感相似类比找矿预测法与地质找矿方法中的相似类比法原理一致,即根据已知矿(化)区段的高光谱矿物分布和组合特征,在其周边及外围相同地质背景地段寻找相似的矿物组合。如图6-14所示,对已知矿区内高光谱矿物进行分析,认为区内褐铁矿和绢云母的组合对矿(化)体具有很强的指示作用,据此在该已知矿区南部约1.5km处发现具有相似的褐铁矿和绢云母矿物组合,且均受近东西向断裂控制,呈条带状产出。经野外实地验证,发现多条石英脉,经采样分析单个样品含量最高的达42.81g/t。

(2)高光谱遥感特定矿物目标找矿预测法。特定矿物目标找矿预测法具有很强的针对性,对寻找特定矿床类型具有指示意义。例如,在祁连山西北端镜铁山地区,经过分析发现该区域内沉积变质型铁矿很是发育,且含铁矿物主

图 6-14 高光谱遥感找矿预测(见彩图)

要为赤铁矿、磁铁矿和菱铁矿。利用高光谱遥感,可根据赤铁矿和菱铁矿特殊的光谱特征快速对其进行识别和提取。从图 6-15 可见,镜铁山黑沟矿段的已知铁矿体[图 6-15(a)中红线圈定范围]与提取的赤铁矿分布一致。根据在该地区反演得到的菱铁矿及赤铁矿信息,在该地区发现多处铁矿(化)点。

图 6-15 镜铁山黑沟铁矿区影像和赤铁矿含量分布(见彩图)[290-291]

(a)镜铁山黑沟铁矿区影像;(b)赤铁矿含量分布。

(3) 高光谱三位一体找矿预测方法。随着高光谱遥感找矿预测实践的不断深入,高光谱遥感矿物信息与成矿地质理论结合得越来越紧密,初步提出了"成矿地质背景+高光谱矿物信息+矿床成矿模式"三位一体的高光谱遥感找矿预测模型。该模型直观地显示出了调查区成矿地质背景、主要矿床类型及其产出的地质环境、各矿床类型的成矿模式及其蚀变矿物空间组合特征(图6-16)。根据该模型,结合区内高光谱矿物信息及其产出的地质背景,可快速、有针对性地圈定预测区段。以往高光谱遥感找矿预测多是根据矿床的经典蚀变组合模型来开展的,但是实际应用中很难在地表发现其完整的蚀变组合情况。而该找矿预测模型可根据不同矿床的蚀变组合空间分布特征,结合其产出地质背景,即使只有蚀变外带发育,也会将其圈定出来。在实践应用中,该找矿预测模型得到很好的验证。

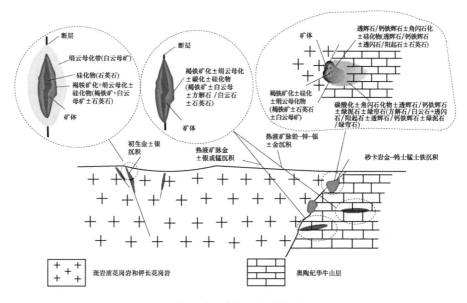

图6-16 高光谱遥感找矿预测模式(见彩图)

在实践应用中,利用高光谱遥感高光谱分辨率的特点,根据地质矿产调查的应用需求,总结出地质矿产调查体系,分为基础信息产品和综合分析信息产品两大类。基础信息产品包括影像图、矿物成分信息分布图、矿物丰度分布图、矿物种类分布图,综合分析信息产品包括高光谱遥感找矿预测图、蚀变异常分布图。蚀变异常分布图是在综合分析其产出地质背景、分布形态,与岩体、构造等地质体的空间关系及其丰度信息等要素后,圈定出可能具有找矿或示矿作用的矿物信息,用曲线将其范围圈定出来。高光谱遥感找矿预测,是根据蚀变异常分布,进一步分析各异常组合特征,并根据预测模型确定具有进一步找矿或成矿潜力的区段。

2）土壤矿物识别应用

土壤是岩石风化的产物，是地球表面一层疏松的物质，其成分受母岩、环境、成土过程及耕作历史等因素影响。土壤成分主要包括石英、白云母、黑云母、辉石、长石等原生矿物；成土过程中产生了铁铝氧化物、黏土类矿物等次生矿物，包括高岭石、黄钾铁矾、赤铁矿、黄铁矿、蒙脱石、滑石、针铁矿等，以及有机质和水。土壤中矿物成分不仅决定着土壤物化属性，也会影响土壤肥力等指标。例如，次生黏土矿物引起粒径细小，具有一定的胶体特征，对土壤的吸附性、黏着性等物化性质具有重要影响，其吸附性又可使土壤具有保肥与供肥能力。因此，对土壤矿物识别其属性、质量等要素分析提供了重要参考资料。不同的土壤成分含量和各种类型的土壤呈现出不同的光谱曲线特征，是识别土壤类型和土壤成分的主要依据。

在南方地区大量发育红土，利用 GF-5 卫星高光谱数据对红土中矿物信息进行识别。在云南某地红土区进行矿物填图结果显示，红土中大量褐铁矿和赤铁矿等含三价铁信息，同时还有绢云母等黏土矿物（图6-17）。野外实地验证发现，含赤铁矿信息高的土壤颜色较红，云母类矿物含量相对较少（图6-18）。该矿物识别结果可为土壤属性和用途进行分类。

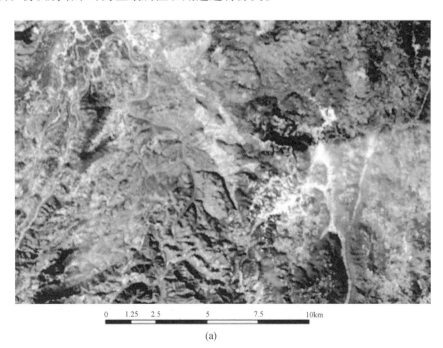

(a)

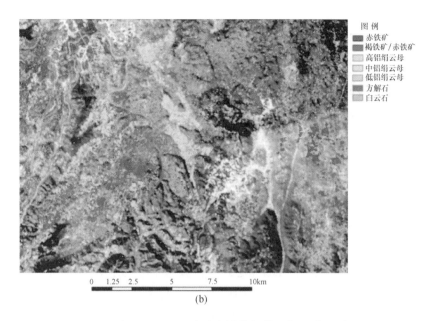

(b)

图 6-17 红土区 GF-5 真彩色影像与其矿物识别(见彩图)

(a)红土区 GF-5 真彩色影像;(b)矿物识别。

图 6-18 褐铁矿和赤铁矿混合发育的红土和以赤铁矿为主的红土

(a)褐铁矿和赤铁矿混合发育的红土;(b)以赤铁矿为主的红土。

6.2.4 水土保持与水文监测

1. 水土保持

1) 土壤含水量反演

土壤含水量在全球陆地与大气的物质能量交换中占据极为重要的地位,是陆地地表参数反演的关键,同时是植被生长发育繁衍的基本条件和农作物产量估算模型中的核心参量。遥感具有高频次观测、广域拍摄成像的特点,通过收集特定谱段电磁反射能量信息,可以实时高效定量反演观测土壤含水量信息。土壤含水量的遥感监测手段包括可见光-近红外、热红外及微波技术手段。热红外波段监测利用下垫面温度的空间分布间接反演土壤含水量的分布,主要包括密度分割法、日夜温差法等;微波遥感土壤含水量监测主要分为主动微波法和被动微波法两种,依据土壤的介电特性依赖于土壤的水分变化,采用统计的方法建立经验回归模型,具备广泛的应用前景;而高光谱遥感土壤含水量监测主要依靠从可见光到近红外的丰富光谱信息,分析影响土壤水分变化的光谱特征及其他影响因子,模拟土壤的辐射平衡和热惯量,从而达到估算土壤表层含水量的效果,且高光谱遥感监测方法多是建立土壤含水量与特定反射率的关系统计模型进行定量反演[292]。

高光谱遥感具有几十至上百个窄谱段,其连续的地表反射率光谱曲线充分表达地物细微的差异,使得在宽波段无法探测的地物在高光谱遥感中得以实现监测。高光谱数据监测土壤含水量,模拟与选择影响土壤的辐射平衡和热惯量的谱段,进行统计分析,建立土壤含水量与土壤反射率间的经验回归模型,实现对土壤含水量的监测。地物光谱吸收或反射特征的波谱宽度一般为10~40nm,传统多光谱传感器采用全色、蓝、绿、红、近红宽谱段,半高波宽大于50nm,难以满足土壤含水量监测需求。而高光谱遥感一般设计的波段宽度在10nm以内,并以其连续的反射率光谱曲线建立地物特征的细微差异。因此,高光谱遥感的光谱分辨率可以用于表达土壤含水量对光谱不同谱段的吸收与反射特征。土壤作为复杂的物质,其反射光谱受到土壤含水量的影响,还受到土壤有机质含量与矿物成分等因素的影响,所以定量反演土壤含水量指数离不开高光谱遥感的地物细微差异的表达能力。

国内高光谱遥感反演土壤含水量的研究很多,取得了不少成果,但依然存在很多方案需要优化。可见光-近红遥感对土壤的有效穿透深度有限,只能收集土壤表层几微米的湿度与温度信息,需模拟土壤辐射平衡与热惯量模型表征土壤表面湿度状况,从而更好地建立土壤反射率和含水量信息的统计回归关系。

魏娜[293]等在吉林省黑土类土壤区,利用光谱微分、特征波段提取、多元回归分析等方法,分析了土壤反射光谱和土壤含水量之间的关系,并通过统计回归分析方法对土壤含水量进行了反演。李晨等[294]为探讨滨海盐土土壤含水量和土壤表面机载高光谱反射率关系,全面研究了350～2500nm谱段范围内土壤含水量与土壤反射光谱的统计回归关系,建立土壤含水量反演经验回归的定量模型,获得较高的回归验证精度。刘焕军等[295]大量测定吉林省黑土土壤的表面光谱反射曲线,分析认为黑土土壤的光谱反射率在400～2500nm范围内有5个吸收谷,分别位于510nm、650nm、1420nm、1921nm、2206nm附近,为高光谱遥感的特征谱段的设计与选择提供参考。姚艳敏等[296]选择吉林省黑土土壤为主要研究对象,通过对黑土土壤样品实验室高光谱反射率进行主成分变换分析,分析了土壤含水量与土壤反射光谱的统计回归关系,建立了土壤含水量定量反演方程。

2) 洪水监测

洪涝灾害是人类居住环境中严重的自然灾害之一,具有范围广、季节性强、突发性强、损失大与救援难度高等特点,给国民经济和人民生命财产安全带来严重威胁与侵害。遥感卫星观测技术由于具有恶劣环境观测能力强、周期性重访等独特优势,被广泛应用于洪涝灾害的前期预警、动态监测与灾后救援。

目前用于洪水监测的遥感影像主要包括 Landsat 系列、SPOT、NOAA、MODIS、高分系列、风云卫星系列与海洋卫星系列等,其跟踪冷热空气、热带风暴与台风等大型降雨的生成,评估各地区的降水量与雨水汇集转移路线,从而建立洪涝经验模型,提前预警洪涝易发区域,长期建立洪涝疏通基础措施,短期转移人民群众与财产。然而洪涝易发区域环境复杂,若仅使用多光谱影像进行洪水监测,容易产生以下问题:①多光谱影像包含较少的光谱信息,会对水、植被、不透水层和土壤等地物的真实光谱造成干扰,影响洪水边界的提取精度;②洪水水深和水质信息是评估洪水危害程度的重要指标,但是当前基于多光谱影像和DEM高程数据库获取洪水水深和水质信息的可靠性存疑。

高光谱遥感成像谱段多,谱段连续从而实现图谱合一,具备提供更丰富且细致的地表信息表达能力,可对宽波段探测方式中不可识别的地物进行有效识别。它能够以更丰富的光谱信息采集能力捕捉到洪水及周边地区复杂多变的特征,实现洪水范围的快速准确提取,因此在洪水监测中有明显优势。同时,利用高光谱影像监测洪水深度和水质信息也成为可能。通过修正基于多光谱影像提取水深的模型,一些学者利用高光谱影像数据绘制出了特定水域的水底深度分布图并取得较高精度,为利用高光谱影像估算洪水深度提供实践佐证。此外,洪水灾害危害力大,常伴随房屋倒塌和水质严重恶化等现象。水体泥沙含量和污染浓度的反射光谱中具有一些明显的吸收谷与反射峰,高光谱遥感以其特有的连续窄光谱成像的特性能成功捕捉以上特征,故对洪涝灾害带来的水体质量恶化的影响具有定量评价效果。利用高光谱影像,当发生洪水和潜在的污染时,可对水质进行监测,以此快速判断受灾区域水是否可以安全饮用。

城市作为人类生活工作娱乐与国民经济增长的主要地区,其生产与运营对地球环境和全球气候的影响逐渐受到各国人民与领导的关注。城市的扩张改变了自然条件下的土地覆盖情况,生态用地逐渐被不透水面所替代,不透水层覆盖度上升,增加了发生洪涝灾害的风险。史培军等[297]收集和整理各城市化的水文资料,认为城市降雨径流增加的主要因素是城市化过程中不透水面积的显著增加。

从遥感监测的分类角度来说,城市不透水层中的混合人工建筑物区域包括建筑物、公路、广场、机场、停车场等多种类型。城市不透水面的遥感监测方法较多,可以利用线性光谱混合分析法进行端元提取与光谱解混,其将城市遥感影像中的各像素都一致视为不透水面、植被和土壤3种地类的线性组合叠加。现有的关于线性光谱混合分析法的研究工作大部分针对国外成熟的多光谱影像 Landsat TM/ETM + 和 Terra ASTER,受制载荷发射时的技术和工艺水平,以上影像光谱分辨率较低,不透水面与其他地物的光谱特征的细微差异难以完全地表征出来,其寻找不透水面和土壤、植被的端元与解混的精度不高。

唐菲和徐涵秋[298]使用线性光谱混合分析模型进行端元提取与光谱解混,提取相同区域的时相较近的 Hyperion 和 Landsat TM/ETM + 影像的不透水面区域,研究表明 Hyperion 高光谱影像提取不透水面的能力优于多光谱影像 Landsat TM/ETM + ,而选择特征波段构成的 Hyperion 影像的提取精度最高,这主要是因为 Hyperion 影像的连续成像的谱段带来数据的冗余,进而影响提取精度。夏俊士等[299]以徐州市为例,利用地球观测卫星 EO − 1 高光谱数据 Hyperion 监测城市不透水层的变化情况,研究表明徐州市不透水层比例在持续增加,尤其在城市边缘区更是显著增加,其主要驱动因素是人类经济活动带来的城市扩展和土地利用改变。王曦[300]针对中等空间分辨率的高光谱影像在城市/郊区遥感方面的利用进行了比较全面的分析,研究发现在同类地物光谱曲线幅度差异较大的情况下,使用复合端元做全约束的线性解混可以有效减少误差,提高相关系数。

3) 干旱监测

干旱是指长期无雨或少雨,水分不足以满足人的生存和经济发展的气候现象。决定地区干旱与否是非常困难反复的事情,受诸多因素的影响,如降水时空分布、地表蒸发、植被蒸腾、气候气温、土壤墒情、自然与人工灌溉条件、主要作物种植结构与生长繁衍期的抗旱能力,以及工业和城乡用水水源地等。遥感干旱监测利用可见光-近红、热红外、微波等遥感技术可反演地表参数或大气参数,建立地域干旱指标体系,将难以定量表达的干旱现象概括到易于理解的数学或物理模型。基于遥感技术的干旱监测可以从以下两个方面展开。

(1) 土壤含水量监测。土壤含水量的差异会引起高光谱影像反射率的细微变化,此类监测主要有热惯量法、蒸散法、下垫面间接反演法。

(2) 土植被生理状态参数反演。水分胁迫长期会造成植被生理过程的变化,从而改变植被冠层的反射光谱特征,并显著影响叶子的光谱反射。这类方法已有大量研究,以植被指数法为主。

纵观以上研究,对于地表反照率、地表温度、植被指数等,需要精确地反演,从而建立起精确的定量模型;而对于植被生理参数及土壤盐渍化,在某些特定波长的谱段具有独特的光谱吸收和反射特征,土壤水分对波长很敏感,需要较为狭窄的谱段才能检测到。因此,传统的多光谱遥感无法满足这些需求。

高光谱遥感成像技术具有高光谱分辨率、图谱合一的独特优势,在电磁波谱的紫外、可见光、近红外和中红外区域设计足够窄且连续的波段成像,高光谱图像能对观测区地物的各像素获取连续的光谱曲线,能在目标地物上获得空间信息,同时又能获得比多光谱更为丰富的波谱数据信息。利用丰富的波谱数据信息可以提取特征信息,建立定量遥感模型,对地物进行判别、分类、提取。高光谱数据精细的光谱波段有利于地表参数反演模型的波段选择;同时,高光谱遥感使得光谱信息要素的定量或半定量分类识别成为可能,能提高遥感高定量分析的精度和准确性。因此,对于干旱监测,高光谱遥感相比多光谱遥感的应用潜能更大。

农作物冠层光谱是干旱遥感监测的重要参考标准,针对不同作物的研究表明,不同植被冠层光谱对于水分存在着不同的敏感性,Filella 和 Penuelas[301]对400nm 波段处,红边位置 700nm 处,以及对 NDVI 等植被指数的研究也发现了水分含量对反射率的影响。田庆久和王纪华等[302-303]对干旱胁迫下的小麦进行了光谱分析,也证明了通过光谱反射率可以诊断小麦和玉米的缺水情况。

目前,限制高光谱遥感最大的瓶颈是数据的获取问题,现有的高光谱卫星传感器数量有限,因此能推广使用的高光谱遥感数据数量有限,高光谱遥感的精细化和定量的优势自然也就没有发挥完全。今后随着高光谱遥感的科学与技术的发展与进步,会涌现出大量关于定量的干旱监测的研究,从而弥补当前的研究空白。

2. 水文估计与模拟

1) 农田水情

我国西北地区的干旱半干旱地区的农牧业几乎完全依赖人工灌溉,而现今灌溉农业面临诸多困难,如干旱信息获取、作物节水灌溉手段、土壤盐渍化改良等。西北地区灌溉区由于种植轮耕不合理,土壤盐渍化逐渐严重,土壤盐渍化已经成为世界性的问题。大面积的土壤盐渍化不同程度地影响作物生长,有的地方甚至绝产,土地被荒弃,给农业带来很大的损失。因此,对土壤盐渍化进行监测预报很有必要,有备无患,建立合理的种植机制、施肥灌溉和轮耕修养制度,减少土壤盐渍化,促进种植业的可持续发展。遥感技术能提供宏观的、实时的、连续动态的地面观测信息,其空间分辨率与光谱分辨率决定其在灌溉区定量反演的能力。

土壤盐碱化是耕地利用和农业发展的主要制约因素之一,我国盐渍土分布广泛,主要集中在西北地区,总面积约为 $3600 \times 10^4 km^2$,约占全国可利用土地面积的 4.88%。通过盐碱地整治改良,提高耕地质量,增加耕地面积,是保障国家粮食安全的重要举措。通过对改良盐碱地的实时监测,分析盐碱地改良的障碍因子,有利于指导盐碱地改良工作。传统经典的田间采样监测方法费时、费力、费资源,而高光谱遥感技术从技术性上改善了费时、费力与费资源的传统土壤调查评价方法,提高了工作效率,并且保证了农田土壤信息调查评价的广度、效率和精度。

利用高光谱数据进行定量遥感反演时,通过主成分分析,土壤盐分含量与特定波长的光谱强度值显著相关。利用特定波长的光谱反射信息进行统计回归分析,构建回归模型,进行土壤盐分的反演具有较高精度。利用高光谱数据对土壤盐分进行定量反演,同步进行少规模的地面采样测试,有利于实现土壤盐渍化的快速诊断和宏观监测。高光谱影像具有广泛的应用性,选取特定的高光谱谱段进行定量反演,通过对 350~2500nm 波长范围的所有光谱反射率与土壤盐碱化进行相关分析,遴选特征波段。在实际遥感定量反演应用中,可以采用反射率及对数、微分或倒数等数学变换构造特征谱段,或者采用已知的谱段指数进行定量反演。采用与土壤性质密切相关的光谱信息进行作物长势的间接预测,对于作物长势也可以采用直接测定作物的光谱特征进行研究。另外,选用波长为492nm和682nm的谱段信息进行盐分定量反演,选用波长为1399nm和1545nm的谱段信息进行毛管孔隙度的反演。而目前遥感影像并非采集连续波段的光谱值,只是在几个离散的波段以不同的波段宽度(常为100~200nm量级)来获取图像,遥感影像的波长并不连续,而且各个遥感影像采集的传感器波长范围有一定限制,所以并不是所有通过高光谱优选的波长都能顺利推广应用到遥感影像的定量解译。这就需要在进行高光谱特征研究过程中,根据待解译的遥感影像种类,有目的地选定波长范围和光谱指数,以利于定量解译模型的推广应用和宏观监测。

例如,则买买提等[304]在新疆渭干河-库车河三角洲绿洲开展了土壤含盐量和光谱反射率的相关性研究,建立了基于高光谱遥感数据的土壤盐分回归经验模型。李志等[305]在新疆博斯腾湖开展了土壤光谱反射率与含盐量逐波段的相关性研究,进一步验证和改进了土壤含盐量的高光谱反演模型。孙亚楠等[306]在河套灌区永济灌域进行了盐渍化土壤的水溶性盐基离子高光谱综合反演模型研究,研究的模型具有较好的适应性。

2) 水文地质

水文地质主要研究地下水的分布和形成规律、地下水的物理性质和化学成分、地下水资源及其合理利用、地下水对工程建设和矿山开采的不利影响及其防治等。遥感技术在水文地质领域中的应用已由最初的含水岩组定性识别,逐步发展到地下水补径排、水质及污染、水资源量等方面的定量估算。

目前,高光谱遥感影像应用于水文地质研究的基本方法大致可分为两类:水文地质信息分析法和环境因素信息法。前者直接从高光谱影像中提取地层岩性、地形地貌等信息,推断出地下水的补给、排泄及赋存信息。该方法基于传统水文地质的理论认识与假设,需结合大量的野外水文地质考察,可用于大面积岩溶裂隙水存储量的宏观调查与评价,但评价精度十分有限。后者则利用高光谱遥感收集植被等地物光谱特征信息,根据与地下水相关的环境因子的时间变化和空间分布规模反演地下水的水质、水量时空变化,有效利用了地下水作为生态系统的有机组成部分的特点,通过植被等地物光谱特征间接反映土壤、地下水信息。

高光谱遥感技术在土壤包气带重金属污染监测、土壤含水率和地下水位预测、地下水水质研究等水文地质问题研究中表现出巨大的应用潜力,展望高光谱遥感水文地质应用研究的发展趋势,主要包括:①通过土壤和植被的反射光谱信息实现对研究区包气带土壤重金属污染状况的大面积、短周期连续快速监测;②在高光谱图像中提取构造、地层岩性等地质和水文地质特征,以环境指示因子(如植被)为有效补充,获取饱和带地下水环境信息;③通过高光谱图像识别植被类型,计算植被覆盖度,分析叶片反射光谱特征并建立模型反演土壤含水量和地下水位,为研究和保护缺水地区生态环境提供数据支撑。

Jin 等[307]利用高光谱遥感数据和潜层地下水数据,发现银川盆地潜层地下水的溶解性总固体对植被的生长有影响。Serranti 和 Bonifazi[308]通过垃圾填埋场的黏土防渗层的光谱特性进行监测并分析其污染水平,用黏土层的污染物含量变化来反映地下水被污染的潜在风险。Tevi 和 Tevi[309]基于光谱分类技术,结合地物野外实地测量数据,辅助空间分析、插值处理功能,建立了关键地物目标的识别反演模型,提高了对浅层含水层水质信息提取的准确度。

3) 水文模拟

观测和模拟是研究和认识水循环过程的两个基本手段。水文模型是水文过程、洪水预报、水资源管理等不可或缺的工具。模型依靠内在的动力学机制可以开展时空连续模拟,能够对复杂的水文现象和过程进行较精确的描述;而观测则可以提供研究对象真实状态的最直接信息,并且能给模型的发展提供一定的先验知识。近年来,由于遥感技术的飞速发展,大量的遥感数据被广泛地用来反演陆地水循环相关地表变量,弥补了常规站点的不足,给水文观测和模拟带来了空前的机遇。

遥感技术不仅能为水循环分析提供土壤、植被、地质、地貌、地形、土地利用和水系水体等本底信息,还可以为水文模型的建立和驱动提供降水、区域蒸散发和土壤水分信息,为缺资料区的水文模拟提供了可能。自 20 世纪 60 年代遥感技术产生以来,遥感技术已成为流域水资源模拟中获取气象要素和下垫面信息的一种有效手段,水文工作者利用气象卫星、陆地资源卫星、微波技术等遥感手段进行水文科学的研究,取得了巨大的成就。

遥感信息驱动水文模型是遥感定量化发展的必然趋势。从最初为水文模拟提供土地覆盖和 DEM 等输入数据开始,遥感现在可提供的数据产品种类越来越多,时空精度越来越高,种类可包括降水、蒸散发、土壤湿度、雪盖、太阳辐射参数、地面温度及季节性陆表结构参数(如植被结构和水文粗糙度)等,空间精度可达米级,时间分辨率可达每日或更高。

由于高光谱遥感数据波段较多,因此能提供丰富的植被指数信息和土壤水含量信息,同时也能提供地表温度和土地利用信息等,在水文模拟研究中有着巨大的潜力。

此外,高光谱遥感影像经像元分解、地物识别(植被类型分类)、植被覆盖度计算和叶片反射光谱特征分析等可以很好地反演土壤水含量和地下水位,对于水文信息反演研究有着独特的优势。

彭定志[310]建立了基于 RS 和 GIS 的水文模型,特别地,结合 MODIS 高光谱遥感数据确定改进的 SCS 模型参数,进行流域径流模拟,为开展无资料地区的水文预报进行了一定的尝试。侯磊[311]以日径流过程中的分布式模拟为对象,利用 MODIS 高光谱数据等多源数据,从提取流域水系信息、获取更加符合实际的分布式降雨、气温、蒸发、积雪覆盖等信息开始,对分布式水文模拟的建立和应用进行了研究。何咏琪[312]结合 MODIS 和 EO-1 等多源遥感积雪观测资料,选取代表我国高寒山区流域典型特征的新疆玛纳斯河流域和青海八宝河流域作为研究区,建立了次网络积雪分布模型,并利用已有的多种积雪水文模型优势,建立了新的积雪水文模型。

6.3 内陆水与海洋环境遥感监测

6.3.1 水色遥感基本原理

水与人类的生存发展密切相关。全球变暖引起的水循环变异和极端水文气候现象变化成为当前世界关切的问题之一,而遥感则是反映全球水循环变化过程的一个重要手段。随着高时间分辨率、高空间分辨率和高光谱分辨率遥感数据的出现,以及对水体定量遥感与反演的深入研究,运用遥感技术对水体信息进行提取,已经成为当下水利遥感技术深入研究的重点方向。同时,水动力模拟的深入也为水质估计和预测提供了基础理论支撑。水体按照水色遥感的分类一般分为一类和二类水体,其中一类水体主要指清洁的大洋水体,而二类水体则包含近岸水体和内陆水体,两者的主要区别是其光学散射和吸收的主导成分不同。

从理论上来说,水体的光谱特性主要是进入水体的透射光与水中叶绿素、泥沙、黄色物质、水深、水体热特征等进行相互作用后的结果。一般来说,黄色物质在 $0.41\mu m$ 处存在明显的吸收峰,因此一般选取 $0.43 \sim 0.65\mu m$ 作为测量水体叶绿素的最佳波段;不同泥沙浓度,在 $0.58 \sim 0.68\mu m$ 的波谱范围内会出现峰值现象,所以近红外波段常被用来研究水中悬浮物浓度变化[313]。对于大气纠正而言,特别是对大气气溶胶散射的纠正,一般避开水汽和臭氧,通常选用 0.7~0.71μm 及 0.85~0.89μm 两个波段。目前,荧光波段也被用来进行长江口的大气校正,并取得了一定成果。由于离水反射率信号强度较小,原始影像的处理过程往往受大气校正环节影响,同时还需要考虑 BRDF 的作用,因此对于高动态、高浑浊度的内陆水体来说很难构建统一化的算法模型。而离水反射率、水体吸收散射系数、水体理化指标等技术理论的研究,为大数据驱动下水体信息的提取、反演和模拟提供了理论基础。同时,遥感数据的高空间分辨率、高光谱分辨率、高时间分辨率和数据模式也呈多样化发展。目前欧洲航天局的 R2RCC 就是在 MERIS 的基础上进行再次训练和校正的神经网络模型,这也推动着水色遥感和 AI 的结合。未来,或许能够出现类似 ImageNet 一样适用于全球的 AI 计算模型,为全球水环境治理提供解决方案。

6.3.2 内陆水监测与应用

1. 水资源管理

1) 水体信息提取

地表水体信息的准确获取能够为众多应用提供支撑,如水资源调查、水资源监测、水政执法、洪涝灾害监测评估、水文地质调查及湿地资源调查等。如今水体信息提取已成为国内外学者研究的重点方向。利用遥感影像对水体信息进行提取,常用方法有单波段法、多波段法和水体指数法。单波段法通过对一个波段的阈值分割来判定目标是否为水体,多波段法和水体指数法利用波段之间的组合和运算来提取水体信息。目前对于多光谱遥感影像的水体信息提取已经存在许多较为有效的方法,由于多光谱数据波段数目少、波谱不连续、光谱分辨率低等,因此在很大程度上限制了其在水体信息提取与分类应用中的准确性和可靠性[314]。而高光谱影像则能够提供近乎连续的地物光谱曲线,因此能为水体信息的提取提供更好的条件。直至目前,国外常用的高光谱卫星数据主要包括欧洲航天局的 CHRIS/PROBA 高光谱数据和美国的 Hyperion 高光谱数据等。环境减灾小卫星(HJ-1A)星上的超光谱成像光谱仪(HSI)是中国第一个高光谱成像光谱仪,其主要是采用静态干涉成像光谱技术。

王向成和田庆久[314]通过对辽东湾地区的水体、土壤及植被等主要地物波谱特征及海水与淡水的波谱特征进行对比分析,确定了高光谱遥感数据中的水体敏感波谱区间及区别海水与淡水的特征波谱区间;另外,还提出了斜率法和海水与淡水分离的双吸收深度模型,其中斜率法可基于高光谱数据的水体信息提取。贾德伟等[315]利用"环境一号"卫星上搭载的成像光谱仪,基于 NDVI 和 NDWI,提出了一种新的水体指数(IWI)。其在研究区的实验结果表明,IWI 指数相较于传统的 NDWI 指数,对水体提取精度有明显的提升。

由于多光谱遥感影像中的波段数有限,无法获得连续的地物光谱曲线,因此当基于多光谱遥感影像开展水体信息提取时,在水陆边界处易将水体与其他地物类型混淆,即产生水陆混合像元。而高光谱遥感影像利用波谱的连续性,可对水陆混合像元进行分解。周炜等[316]通过构建 NDWI 获得水陆边界混合像元作为候选区,继而开展地物光谱特征分析,拟合光谱曲线,排除悬浮泥沙、水深等因素对水体提取的影响,并利用线性光谱混合模型实现了水体边界的精细化提取。现有的比较成熟的方法是建立多个遥感指数进行综合权重的判断,利用 MODIS、LandSat、Sentinel 等卫星进行全球的水体提取。但对于近岸浅水区的混合像元分解来说,仍缺少可靠稳定的分解提取方法,这也使得很多算法模型需要剔除近岸浅水区域的像元。

随着传感器技术和遥感平台的不断发展,高光谱遥感影像不仅拥有高光谱分辨率,同时也将拥有越来越高的空间分辨率。目前国内商业高光谱数据的分辨率达到了 10m,对比以前有了质的飞跃,因其在开展基于此类影像的水体信息提取时,在传统基于光谱特征分析的基础上,同时利用影像空间的纹理特征信息,实现多层次特征的集成利用,已成为提升水体自动解译精度的关键之一。为此,Fauvel[317]提出了一种基于光谱和空间特征融合的高分辨率遥感图像分类方法。该方法的主要步骤包括:①通过形态学区域过滤,生成自适应邻域,以对空间上下文进行建模;②邻域中所有像素的中值用作邻域中所有像素的新值,以实现原始图像的空间平滑;③将原始图像视为光谱特征图像,将经过空间平滑处理的图像视为空间特征图像。使用两个径向基核函数分别对光谱和空间特征图像进行建模。通过核函集成,利用 SVM 实现高光谱遥感影像分类。

高光谱遥感的出现为水体精细光谱获取和水体提取提供了可能,促进了遥感卫星技术在水体信息提取方面的发展,在水资源调查评估、洪涝灾害监测等方面得到了广泛应用。

2) 浅水探测

在水文学的应用研究中,一个非常重要的方面就是对浅水的检测,包括对水深、水下类型和水中隐藏物体的检测。浅水检测具有非常重要的应用,其主要包括登陆海滩的进出状况评估、海图规划、海岸线管理、环境监测和资源开发等方面。

遥感仪器的发展促进了浅水探测技术的产生和发展,浅水探测技术主要经历了 3 个阶段,分别为常规遥感、多光谱遥感和高光谱遥感。在常规遥感中,机载或星载遥感图像可以提供海洋和湖泊不同颜色和亮度的图像数据,通过不同的颜色和亮度信息,可以大致确定水深。但是,由于其具体颜色不符合特定的光学特性集,因此人们怀疑其水深信息提取的可靠性。随着多光谱遥感技术的出现和发展,获得的数据比常规遥感数据多出了一维光谱信息,大大提高了水深检测的准确性。但是,水下探测仍然存在缺陷,这主要是由于多光谱遥感数据的波段数较少。

高光谱遥感的出现弥补了多光谱遥感波段较少的不足。随着水体物理特性和水下特性的变化,它可以为水深检测和水下类型检测提供一组最佳光谱带。同时,高光谱图像处理技术的发展,还能通过光谱图像中的光谱信息获取水中的隐藏物体信息。

施英妮[318]根据收集到的有关海域水体的光学特征,利用半解析海洋辐射传输模型模拟了典型浅水区的高光谱遥感反射率数据,建立了 3 层人工神经网络模型,利用获得的模型进行浅海深度反演;并在 2010 年[319]采用同样的模拟方法生成高光谱遥感反射率数据,采用光谱微分技术实现了浅海海底沉积物的反演,有效区分了泥沙类沉积物和植物类沉积物。周燕[320]基于 Hyperion 高光谱遥感数据,选取美国 Chesapeake 海湾部分地区及中国海南岛的南部海域,通过辐射传输直接反演方法反演获得海域水深,并利用 QAA 算法最终获取了水体的固有光学参数。蔡文婷[321]利用高光谱数据与声纳数据的互补优势,实现了浅水水下地形的构建。具体而言,采取多源数据的融合策略,将半监督流形学习的降维思想引入高光谱降维中,获得最优遥感水深信息特征空间用于指导声纳数据的内插,取长补短,达到提高精度的目的。

3) 冰雪识别

冰雪是冰冻圈的重要组成部分、地球上淡水资源的主要存在形式,也是地球表面活跃的自然元素之一。冰雪可以调节地表能量平衡和气体交换,是区域水循环稳定的关键因素和全球气候环境最敏感的指示因子,对工农业生产发展具有重要影响,也是对我国造成社会经济损失较大的自然灾害之一。遥感卫星是识别和监测积雪的唯一有效手段,特别是在气候条件恶劣、气象情报严重不足并且人迹罕至的山区和牧区。

高光谱遥感图像中对冰雪识别的基本原理是:利用冰雪自身的光谱特性与裸地、植被、沙地、水面等典型地物和云的光谱特性之间的差异,通过对遥感数据中各区域光谱特性的分析,从而对冰雪区域进行准确的识别和判断。高光谱遥感可利用数十至数百个连续、细分的光谱波段对目标区域同时成像,对比波段较少的多光谱遥感影像,高光谱影像在获取地表图像信息的同时,可获得更多的光谱信息,其对光谱与图像的结合,不仅在信息丰富程度方面有了极大的提高,在处理技术上,其对冰雪的光谱数据也可以进行更为合理、有效的分析和处理。

目前,国内外专家已经基于高光谱遥感数据发展了多种冰雪的识别算法和产品,但是高光谱对云雾的穿透能力较弱,同时在夜间接收到的可见光能量较弱,因此其对冰雪的监测识别易受天气和时间的影响。为避免上述问题的发生,目前主要是将高精度的光谱遥感数据和全天候的微波遥感数据相结合。

李震和施建成[322]利用高光谱图像的光谱特征,建立了高光谱图像的相关数据库及其对应的"地面真相",并利用MODIS积雪制图算法和ASTER混合像元分解雪盖制图算法在应用方面进行了验证。王剑庚等[323]通过建立单变量雪粒径高光谱遥感估算模型进行了雪粒径的反演,取得了较好的试验效果。郝晓华[324]利用从"天宫一号"的高光谱成像仪中获取的短波红外数据,绘制了积雪面积比例图和雪粒径图,证明了其在民用方面的适用性。

2. 富营养化监测

水是生物圈所有生物生存和繁衍的基石,而其中的淡水也是人类社会稳步发展最重要的物质。湖泊及河流是可利用的淡水资源的主要存在形式。我国作为水资源大国,淡水资源总量位于世界第六。可是,由于人口基数大,因此我国的人均淡水资源仅为世界平均值的25%左右,是一个严重缺水的国家。不仅如此,近年来我国内陆水体的污染情况越来越严重,导致日常供需矛盾越演越烈。水体的富营养化、毒污染及热污染是我国内陆水体污染的主要形式,其中富营养化现象在人群聚居地最常见。

1) 水体富营养化的定义

由于人类的日常或过度活动,水体中的营养物质不断聚集,藻类及其他水生生物在高营养条件下过度繁殖,水体颜色逐渐变为绿色或褐色,水体透明度明显下降,水中溶解氧降低,水质逐渐恶化,在严重时甚至发生"水华",使整个水体生态平衡发生改变或破坏。池塘、水库、湖泊等为富营养化的多发地带。富营养化水体的判定一般认为是水体中含氮量大于0.2mg/L,含磷量大于0.02mg/L。

根据美国国家环境保护局(EPA)规定:水体总磷含量大于20~259g/L,叶绿素a含量大于10g/L,水体透明度小于2.0m,深水处的饱和溶解氧量小于10%的湖泊可判定为富营养化水体。

2）水体富营养化的主要原因

（1）天然形成因素。

一方面湖泊水库长时间从天然降水中吸收氮、磷等营养物质；另一方面土壤中的营养物质不断进入湖泊水库，营养程度上升，使得浮游植物和其他水生植物不断繁殖，为草食性的昆虫和其他小动物提供食物，这些动物死后又被植物分解，消耗了大量的氧气，水中溶解氧的不足又导致动物死亡，如此循环反复，导致水体富营养化。上述循环过程在没有人为因素的影响下是非常缓慢的，一般条件下需要几百年甚至几千年。

（2）人为影响因素。

① 工业废水的排放。工业废水水体中往往含有较多的氮和磷，而它们正是水体富营养化的主要条件。经调查，化工原料及化工产品制造业、农副食品加工业、纺织业、造纸业、纸制品业等行业的废水中氮和磷的含量都相当高。近年来，工业排放的废水逐年递增。据报道，2014年全国工业废水排放量为205.3亿t。由于技术与资金的缺乏等原因，大部分工业废水仅经过简单处理甚至未经任何处理就直接排入江河等水体中。

② 生活废水的排放。随着经济的不断发展，人们生活水平不断提高，生活废水也大量增加。据调查，2001年生活废水的排放量已超过工业废水的排放量，生活废水已逐渐取代工业废水，成为水体富营养化的最大污染源。生活废水中含有大量的有机物营养物质，其中氮、磷等营养物质便是湖泊水库富营养化的重要因素。

③ 农业退水（含化肥）。随着城市化建设的加快，人们耕种所用肥料逐渐从农家肥变成有机肥，在降大雨和灌溉时，这些有机肥又容易发生流失现象，其中氮、磷等营养物质便通过土壤流入地下水或者湖泊水库，从而导致水体富营养化。另外，圈养家畜的粪便也含有大量的氮、磷等营养物质，同理也容易通过土壤进入湖泊水库，导致水体富营养化的发生。

3）富营养化遥感监测

水体富营养化是由于水体中含有过多的氮、磷和其他营养物质，从而导致藻类过度生长而引起的水体营养失衡现象，这也是全世界都在面临的一个水体污染问题。一般评价湖泊水库水体的营养状况时主要是观察富营养化的后果，一般表现为生物量是否过度增长和湖库水体光学性质的变化两个方面。由于水体富营养化的机理较为复杂，因此有学者便提出了一些富营养状态指数，这些指数通过选取几种对水体有重要影响的水质参数来联合评价富营养状态，其中叶绿素浓度、透明度浓度、总磷浓度和深层水层溶解氧饱和度等水质参数对水体富营养化都有重要影响。在富营养化评价方法中,综合营养状态指数法的应用最为广泛。

20世纪70年代,多光谱传感器逐渐被应用于湖泊水体的富营养化监测。早期用于水体富营养化监测的多光谱遥感影像有美国陆地卫星Landsat的MSS和TM数据、ETM+数据、E0—1ALI数据,法国SPOT卫星的HRV数据等,其中水体遥感监测中最常用的是TM数据。由于多光谱遥感数据的光谱分辨率较低,难以识别出水质参数的诊断吸收特征,利用单个指标难以评价水体富营养化程度,因此其评估准确性较差。

随着遥感技术的发展,将高光谱遥感数据应用于水质监测的研究越来越普遍,其光谱分辨率可达纳米级,具有更高的光谱分辨率,因此可以得到诊断目标的光谱特性,从而克服了遥感信息模型参数或条件的约束,避免了常规遥感的问题,提高了多参数的反演精度。高光谱遥感主要包括成像光谱仪数据和非成像光谱仪数据。成像光谱仪结合了二维图像和地面物体,将地图与遥感技术结合起来。高光谱非成像光谱仪是一种现场光谱仪,可用于多种目的,尤其是用于地面物体的光谱分析。

除了以上两种遥感光谱数据类型外,通常使用的光谱遥感数据还有中光谱遥感数据,主要包括Terra和Aqua上的MODIS数据、MERIS数据,这两者在特定的水质波段地方拥有相对较高的光谱分辨率及空间分辨率。MODIS的空间分辨率有3种,分别是250、500和1000,一次覆盖全球只需1~2日,相比较来说监测周期较短,可实现对大面积的水质动态监测。

随着利用遥感技术在富营养化水体监测和评价中研究的深入,利用遥感技术监测湖泊富营养化有了长足的进步。但由于水体本身复杂的光学特性、传感器接收的辐射数据容易受到外界环境的干扰,以及遥感数据处理方法不成熟等原因,使得遥感监测方面尚存在一些不足,具体如下。

(1)水体总的反射率较低,目前各种遥感监测方法的精度仍不够高。

(2)由于水体具有非常复杂的光学性质,且遥感监测受区域性和季节性的影响严重,因此遥感定量模型的准确性和适用程度还需要提升。

(3)遥感技术应用于监测和评估湖泊富营养化的发展多数是针对大面积的湖泊,而对于小型湖泊和水库等的研究仍有待提高。

(4)富营养化水体监测中,比较理想的是对水体叶绿素a和悬浮物浓度提取和反演模型的研究,而对于水体中其他参数的科学研究存在不足,且仅适用于小部分区域,研究结果也不具有通用性。

（5）遥感图像的大气校正仍是富营养化遥感需要攻克的难关。

因此，对湖泊水库水体富营养化遥感监测的研究方向还能在以下几个方面进行深入。

（1）可研究水体中氮、磷等水质参数的光谱特征和光学性质，以建立更准确的遥感估算模型。

（2）结合多种遥感数据，提高反演精度，建立通用的反演模型。

（3）加强小型湖泊和水库富营养化监测与评价的研究。

（4）深入研究大气校正理论和方法，提高校正精度，建立一种针对水体高光谱遥感影像的大气校正算法。

3. 污染源监测

1）污染来源

水环境中江河水体污染的污染源主要可以归为以下3类。

（1）农业污染：主要是由于农村畜牧养殖和农作物种植过程中产生的废物和化学物质未经过合理处置，并流入自然水体，导致农村自然水体受到污染。

（2）生活污染：人类日常生活中产生的污水未经处理便直接排放到天然水体中。

（3）工业污染：尽管工业废水的总量少于生活污水，但其中可能包含化学药剂和重金属，如果不经处理便直接排放到天然水中，对环境的破坏通常比生活污水和农业污水更为严重。

遥感技术的发展为污染源动态监测开辟了一条新途径，为进一步监测和处理水质奠定了基础。利用高光谱影像获得大面积范围内水质的空间分布和动态的定量分析，利用高分辨率影像获取工业园区、农业区、居民区、养殖区的分布及可能的污染源影响范围，将水质污染空间分布特征与土地利用类型结合，提取区域内水体污染源的分布情况及影响范围信息，结合实地调查资料，深入分析污染源的来源、类型、现状和分布范围等信息，为水体污染的监测和治理提供依据。

2）技术原理

准确地识别水体污染源是治理水体污染的前提和基础。常见水体的陆地污染源主要包括生活用水污染源、耕地与农田剩余营养污染源、工业废水污染源等类型，造成污染的成分主要包括TN、TP等富营养物质和悬浮泥沙、藻花水华、可溶性有机物质（CDOM）、重金属等。目前，对污染源的识别与研究主要集中在不易被人们肉眼识别的污染源，主要包括地下水污染源识别、重金属污染源识别、点污染源和面污染源识别及恶臭污染源识别等。不同于土地利用类型解译,由于水质遥感信号弱,水体污染源难以通过遥感影像进行直接研判,必须要进行水质遥感反演。

通过局部放大反演结果来分析污染物浓度局部变化情况,结合水体边界范围和流动方向,可将污染物局部变化类型归纳为均匀无变化型、分段间歇式变化型、栅格状变化型、"陡增缓释"变化型、"缓增缓释"变化型等局部变化类型,其各自特征如下。

(1)均匀无变化型。污染物浓度在一定范围内无明显变化,一直维持着较高的污染物浓度。图6-19所示为广州市增城区增塘水库,其叶绿素浓度高且在水库范围内均匀分布,范围与水库边界基本一致。

图6-19 污染物浓度均匀无变化型(见彩图)

(2)分段间歇式变化型。污染物浓度在河流区域内分段间歇式出现。如图6-20所示,北江上游的热水池、黄牛滩村和石螺村等河段悬浮泥沙浓度出现间歇式增高,经现场勘查,确定为局部采砂引起的悬浮泥沙污染。

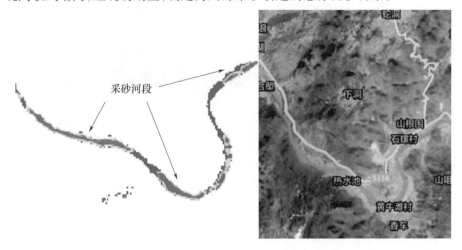

图6-20 污染物浓度分段间歇式变化型(见彩图)

(3) 栅格状变化型。污染物浓度在一定区域内呈规则栅格状交替变化。图 6-21 所示为广州市南沙区某水产基地,其 COD 浓度随养殖池呈栅格状(或棋盘状)变化。

图 6-21　污染物浓度栅格状变化型(见彩图)

(4)"陡增缓释"变化型。污染物浓度在水流上游突然增大,并在水流下游逐渐降低。图 6-22 所示为北江上游半江镇附近出现的工业污染,表现为 COD 及叶绿素浓度陡然增高,并随水流方向逐步稀释扩散,如图 6-22 所示。

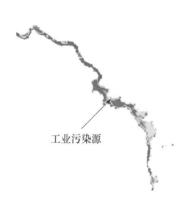

图 6-22　污染物浓度"陡增缓释"变化型(见彩图)

(5)"缓增缓释"型。污染物浓度在流域内缓慢增加又逐步稀释。图 6-23 所示为广州城区新界商业广场附近,其特征是 COD 及叶绿素浓度偏高,总体表现为轻度污染,污染物浓度增长和稀释降解均较慢。

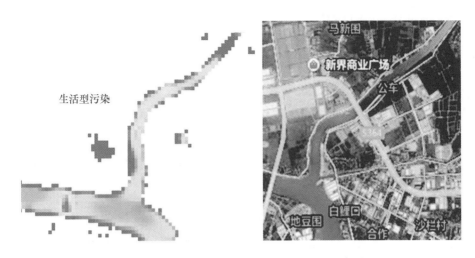

图6-23 污染物浓度"缓增缓释"变化型(见彩图)

6.3.3 海洋环境遥感监测与应用

1. 海洋污染监测

1)赤潮与绿潮监测

赤潮与绿潮均是海洋中藻类、原生动物和细菌大规模暴发性增殖导致的现象,不同的藻类表现为不同的水体色彩特征,海洋藻类的暴发是我国主要的海洋灾害之一。研究表明,我国近岸海域在1995年至2014年发生赤潮约1160次,累计发生面积214700 km^2,其中较大经济损失的赤潮灾害有70余次,导致经济损失达到36亿元[325]。频发的赤潮对海洋生态系统、水产养殖业和滨海旅游业等构成较大影响。赤潮、绿潮等现象发生的主要原因目前认为是海上养殖、内陆高营养化水体的排入和海水温度的快速升高。赤潮发生具有分布范围广、周期短和变化快的特点,现场观测难以满足业务监测要求[326]。

遥感技术具有大面积连续实时观测的优势,已成为海洋赤潮、绿潮监测的重要手段。赤潮/绿潮遥感监测依赖于其构成的主要藻种特征。赤潮发生时,藻类聚集形成藻团,使得局部水体叶绿素浓度升高,引起水体光谱特性的变化,进而产生有别于正常水体的光谱特征。例如,在赤潮发生海域,其特征光谱在荧光波段(685nm)附近会出现遥感反射率峰值。利用其对应藻类的光谱特征差异,可对赤潮和绿潮等藻类爆发现象进行监测。

目前,赤潮与绿潮的遥感探测算法主要包括波段比值法、光谱差异法、浓度异常法等。光谱差异法是赤潮/绿潮监测中应用最为广泛的探测算法,代表性的有荧光基线法(FLH)[327,328]、最大叶绿素指数(MCI)。其中 FLH 是应用较多的光谱差异算法,详细如下:

$$\mathrm{FLH} = L_2 - \left[\frac{L_1 - L_3}{\lambda_1 - \lambda_3} \times (\lambda_2 - \lambda_1) + L_1 \right] \qquad (6-5)$$

式中:L_1、L_2、L_3 为 FLH 算法应用的 3 个波段辐亮度值($mW/(cm^2 \cdot sr \cdot nm)$);$\lambda_1$、$\lambda_2$、$\lambda_3$ 分别为 3 个对应波段的波长(nm)。

之后,Hu 和 Feng[165] 对 FLH 算法进行了修改,消除了水体可溶性有机物对 FLH 算法的影响,算法形式详细如下:

$$n\mathrm{FLH} = n\mathrm{Lw}(\lambda_1) - \left\{ n\mathrm{Lw}(\lambda_2) + [n\mathrm{Lw}(\lambda_3) - n\mathrm{Lw}(\lambda_2)] \times \frac{\lambda_1 - \lambda_2}{\lambda_3 - \lambda_2} \right\} \qquad (6-6)$$

式中:λ_1、λ_2、λ_3 分别为 FLH 算法应用的 3 个波段的对应波长(nm);$n\mathrm{Lw}(\lambda_1)$、$n\mathrm{Lw}(\lambda_2)$、$n\mathrm{Lw}(\lambda_3)$ 分别为对应 3 个波段归一化离水辐亮度值($mW/(cm^2 \cdot sr \cdot nm)$)。

2) 溢油

不同厚度的海面油膜在可见光波段的表现基本相同,与清洁海水相比在近红外波段上存在明显差异。海面上的重油油膜平滑了海水表面,使得微波成像的后向散射系数明显减小。除利用 SAR 进行溢油监测外,高光谱遥感数据含有更加丰富的目标信息,能够通过其光谱和纹理特征与海面油膜相似的伪目标提供更精确的监测结果。目前,主要采用 SAR 配合多光谱数据实现海面溢油范围的识别和划定,随着高光谱数据的补充,可以更精确地获得海面溢油的范围和厚度特征。

高光谱油膜探测主要针对重油的监测,采用 699nm 和 675nm 处重油表现出的不同特征来进行分类提取。其主要方法包括归一化溢油指数法、吸收基线高度模型和反比模型。石油的乳化程度导致其高光谱特征存在差异,利用反射峰(595nm、699nm)和吸收谷(675nm、762nm)对海面油膜进行识别,同时根据 560nm 处的反射和(SAR)的散射特征进行纯海水特征的分离,如图 6-24 所示。

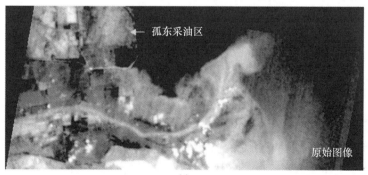

(a)

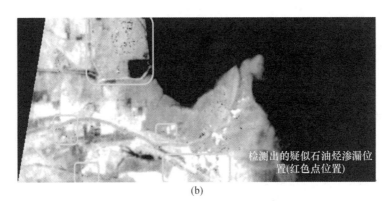

(b)

图 6-24　石油烃渗漏区 HJ-1 高光谱图像提取（见彩图）

基于卫星高光谱影像的海面溢油监测,通过小波变换等尺度转换算法获得溢油多尺度特征,针对溢油和清洁水体开展两者高光谱特征差异提取,结合溢油的空间纹理特征引入卷积神经网络(CNN)深度学习算法,研究构建海面溢油多尺度特征深度学习的高精度检测模型。

（1）小波变换。离散小波变换方法具有良好的时频局部化、尺度特征化的特点,在遥感尺度转换中得到了广泛应用。离散小波变化的实质是通过逐步细化空间域采样步长提取图像的细节信息,分离不同尺度的空间特征图像。Daubechies 小波是 Daubechies 从两尺度方程系数 $\{h_k\}$ 出发设计出来的离散正交小波,假设 $P(y) = \sum_{k=0}^{N-1} C_k^{N-1+k} y^k$,其中 C_k^{N-1+k} 为二项式的系数,则有

$$|m_0(\omega)|^2 = \left(\cos^2 \frac{\omega}{2}\right)^N P\left(\sin^2 \frac{\omega}{2}\right) \tag{6-7}$$

式中:$m_0(\omega) = \dfrac{1}{\sqrt{2}} \sum_{k=0}^{2N-1} h_k \mathrm{e}^{-ik\omega}$。

（2）深度学习方法。深度卷积神经网络(DCNN)能有效地学习高光谱数据的深层光谱特征。按照维度来说,高光谱相比传统照片提供了更为细致的光谱分割采样,其维度不再仅仅是 3,而是达到几十甚至几百。不同的光谱信息特征表现了地物目标对电磁波强度的吸收和散射特性,为了提取地物目标的不同特征,使用不同的卷积核进行卷积操作,每个卷积核检测特征图上与海面溢油特征相同的光谱特征,实现同一个输入特征图上的权值共享。卷积层的前向传播计算公式如下:

$$Q_s^t = f\left(\sum_{r \in V} Q_r^{t-1} * k_{rs}^t + b_s^t\right) \tag{6-8}$$

式中:Q_s^t 为在特征层 t 层中输出特征图 s 的激活值;V 为特征层 t 层中的特征图;k_{rs}^t 为卷积核,连接着特征层 $t-1$ 层的输入特征图 r 与特征层 t 层的输出特征图 s;b_s^t 为特

征层 t 层中与输出特征图 s 相关的偏置;＊为卷积运算;$f(\cdot)$ 为 sigmoid 激活函数。

2. 海洋水色反演

海水水质反演主要针对一类大洋水体来进行,其主要特征是光学信号受藻类、黄色物质和浅水区底质的影响,泥沙不再是主导信号。同时,相比于内陆水体复杂的大气校正来说,现有海洋的大气校正模型相对简单。同内陆水体一样,其水色反演主要针对叶绿素、悬浮物、透明度、黄色物质和盐度的估计。

1）叶绿素 a

叶绿素 a 是初级生产力估算基础,是水体中藻类进行光合作用的重要色素,其浓度常被用来表征藻类生物量。叶绿素 a 激发荧光,并在蓝光和红光波段表现为吸收特征。由叶绿素主导的大洋水体的吸收光谱和荧光光谱随着叶绿素 a 浓度的变化而变化,致使水体遥感反射率光谱发生变化。

叶绿素 a 浓度反演算法分为统计经验算法、半分析算法和物理模型 3 类。统计经验算法利用遥感反射率光谱(或荧光光谱)与叶绿素 a 浓度的统计关系进行建模,代表性的有蓝－绿波段比算法(如 OC2、OC3、OC4)、蓝－绿波段差算法、红－近红外波段比算法。相对而言,蓝－绿波段模型更适用于大洋清洁水体,而红－近红外波段比算法适用于近岸海域。

红－近红外波段比值算法形式如下：

$$C = a_0 X^{a_1} \tag{6-9}$$

$$X = \left[\frac{R_{rs}(\lambda_{NIR})}{R_{rs}(\lambda_{red})} \right]$$

式中:$R_{rs}(\lambda_{NIR})$ 和 $R_{rs}(\lambda_{red})$ 分别为近红外、红光波段遥感反射率。

2）悬浮物

水体悬浮物由有机颗粒物和无机颗粒物组成,其浓度常常用来划分一类水体和二类水体,是水质评价的重要指标之一,可直接影响水体光学吸收特征。研究发现,在近岸海域,悬浮物浓度与长波段的遥感反射率或比值呈现良好的相关性。大洋中水体的浊度则与近红外波段息息相关。由于大洋水体悬浮物含量较低,因此悬浮物浓度遥感反演的研究主要集中在近岸海域(特别是河口区)和内陆水体,所采用的模型以经验模型为主。

针对我国黄东海近岸二类水体,唐军武建立了悬浮物浓度反演模型：

$$\lg(C_{SPM}) = a + b[R_{rs}(555) + R_{rs}(670)] - c\left[\frac{R_{rs}(490)}{R_{rs}(555)}\right] \tag{6-10}$$

式中:a、b、c 为模型系数。

付东洋等利用实测数据构建了珠江口海域冬春季悬浮物浓度经验模型(图 6 – 25),公式如下:

$$SPM = aX + b \quad (6-11)$$
$$X = B_1/B_2$$

式中:B_1、B_2 波段需要根据季节调整。

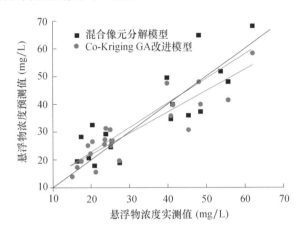

图 6 – 25　基于 HJ – 1AHIS 的混合光谱分解模型悬浮物反演结果(见彩图)[176]

3)透明度

水体透明度反映了光在水中的垂直透射程度,是最基本的海洋水文参数。透明度(水体的浑浊程度)与水体各组分含量及其吸收、散射特性直接相关。可见光的全波段漫射衰减系数和透明度具有较好的相关性,可通过反演 $K_d(\lambda)$ 来估计水体透明度。

在透明度反演模型方面,Lee 等[329]利用 400 ~ 700nm 波段的最小漫衰减系数建立了透明度半分析反演模型:

$$Z_{SD} = \frac{1}{2.5\mathrm{Min}(K_d^{tr})}\ln\left(\frac{|0.14 - R_{rs}^{tr}|}{C_t^r}\right) \quad (6-12)$$

式中:C_t^r 为人眼对比度阈值,通常取为 0.013;R_{rs}^{tr} 为最小漫衰减系数对应波段的遥感反射率;K_d^{tr} 为水体在 410 ~ 665nm 的漫衰减系数。

$$K_d(\lambda) = (1 + 0.005\,\theta_s)a(\lambda) + 4.26[1 - 0.52\,e^{-10.8a(\lambda)}]b_b(\lambda)\left[1 - 0.265\frac{b_{bw}(\lambda)}{b_b(\lambda)}\right]$$

$$(6-13)$$

式中:θ_s 为太阳天顶角,根据卫星入境时间与经纬度进行计算;$a(\lambda)$、$b_b(\lambda)$ 和 $b(\lambda)$ 由 QAA 模型计算得到。

3. 近海岸环境监测

1）海岸线

海岸线是海陆分界沿线，计算时按照多年大潮的平均高潮潮位来确定，海岸线种类多样，有基岩为主的岸线、砂岩为主的岸线、人工岸线、粉砂淤泥为主的岸线和生物岸线等。不同类型的海岸线在卫星影像中表现出不同的空间特征和光谱特征，同一岸线类型在不同时间也具有不同的影像特征。海岸带具有复杂多样的地物环境，多光谱数据受制于光谱分辨率，遥感影像上水、植被、不透水层和土壤的光谱特征难以体现出来，分类不精确、不明显。面对海岸线、海岸带的监测任务，采用高光谱数据结合高分辨率影像数据能够为地物的分类提取提供更为合理的基础数据源。不同类型海岸线在遥感影像中呈现出不同的空间特征和光谱特征，基于高光谱影像和现场数据建立的遥感解译标志集，获取不同类型海岸线的空间特征和光谱特征信息，开展不同类型海岸线高光谱空谱特征信息差异性分析，遴选不同类型海岸线空谱特征信息组合，再采用聚类算法提取海岸线信息。

2）滨海湿地

滨海湿地一般指海岸带中不同潮位之间的部分。根据《湿地公约》定义，滨海湿地指海陆间被水面淹没的沿海低地、潮间带和低潮时不超过 6m 的浅水区域。滨海湿地在地形上包括盐滩、潮滩、潮沟、浅滩、海滩、泥潭沼泽、沙坝、沙洲、红树林、珊瑚礁、海草床、海湾、海岛等，是鸟类的重要栖息地和鱼类等水生动物的繁育场所，具有极高的生态服务价值。滨海湿地的地物类型复杂多样，变化很快，而且大部分区域为无人区，无法进行人工的地面调查，因此对滨海湿地变化的动态监测必须采用遥感技术。

现有的多光谱数据仅能够对地物划分大类，无法开展高精度的复杂地物类型分类和定量遥感监测，如潮滩混生植被类型、健康状况等信息提取，植被生物量和覆盖度等定量信息监测。高光谱遥感具有更高的光谱分辨率，能够更精细地展现地物的光谱特征，特别是针对复杂场景的信息提取（滨海湿地地物类型分类）和定量信息监测等方面。利用滨海湿地调查，建立遥感解译标志，并基于高光谱遥感数据和地物光谱数据获取不同地物类型的特征光谱，采用支持矢量机、神经网络算法、最大自然分类法等方法，可实现对滨海湿地典型地物类型的分类和目标识别，如图 6-26 所示。或者遴选不同地物光谱特征波段，建立基于高光谱植被指数（表 6-5）的典型地物光谱库，包含潮滩植被、海草床、珊瑚礁和红树林等植被类型，以实现植被盖度、生物量、碳储量的估算。

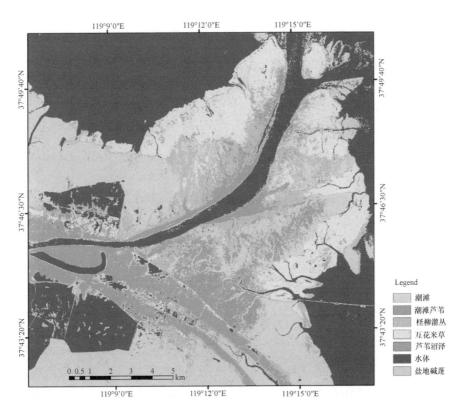

图 6-26　基于 OHS 影像的黄河口滨海湿地地物分类（见彩图）

表 6-5　植被指数定义

植被指数	计算公式	说明
NDVI	$\dfrac{\rho_{NIR}-\rho_{Red}}{\rho_{NIR}+\rho_{Red}}$	归一化植被指数
SRI	$\dfrac{\rho_{Red}}{\rho_{NIR}}$	比值植被指数
SAVI	$\dfrac{\rho_{NIR}-\rho_{Red}}{\rho_{NIR}+\rho_{Red}+0.5}(L+0.5)$	土壤调节植被指数
MSAVI	$0.5\left[2(\rho_{NIR}+1)-\sqrt{(2\rho_{NIR}+1)^2-8(\rho_{NIR}-\rho_{Red})}\right]$	修正土壤调教植被指数
DVI	$\rho_{NIR}-\rho_{Red}$	差值植被指数

续表

植被指数	计算公式	说明
MVI	$\sqrt{(\rho_{NIR}-\rho_{Red})/(\rho_{NIR}+\rho_{Red})+0.5}$	修正植被指数
NVI	$(\rho_{777}-\rho_{743})/\rho_{763}$	新植被指数
TVI	$\dfrac{1}{2}\begin{bmatrix}(\rho_{750}-\rho_{550})\times(\lambda_{750-550})+\\(\rho_{670}-\rho_{550})\times(\lambda_{670-550})+\\(\rho_{670}-\rho_{550})\times(\lambda_{750-670})\end{bmatrix}$	三角植被指数
TCARI	$3\left[(\rho_{700}-\rho_{670})-0.2(\rho_{700}-\rho_{550})\left(\dfrac{\rho_{700}}{\rho_{670}}\right)\right]$	变换吸收反射率指数
OSAVI	$1.16(\rho_{800}-\rho_{670})/(\rho_{800}+\rho_{670}+0.16)$	优化土壤调剂植被指数

3）岛礁监测

岛礁监测对于国家领土和海洋渔业具有深远的战略影响,其传统的发现和侦测方式为渔船作业,但由于管理的深度问题,往往使得岛礁从发现到接管的周期非常长。采用遥感方式则能够以更快的速度和更高的准确性为岛礁管理提供数据来源保障。岛礁一般位于大洋,周围水质清澈,出露水面程度低。采用多光谱数据常常无法判定其构成,最佳的监测方式是采用高分辨率影像、SAR 影像和高光谱影像进行联合观测、识别。一般方法为采用 SAR 对整个海面进行观测,获得风浪环境较好的后向散射系数,以此来判定区域内出露岛礁状况。采用高分辨率影像对 SAR 得到的海面后向散射系数较强的范围进行观测,获得准确的岛礁位置。同时,依靠高光谱数据获得高光谱观测信息,以确定岛礁的成因条件和周围环境(如海水内珊瑚生长状况、珊瑚礁的白化程度)。

SAR 常常采用特征阈值分割法进行计算,也可利用卷积神经网络来进行特征像元的提取。高分辨率影像则通过机器学习算法获得岛礁范围识别框。高光谱数据利用光谱信息特征和光谱角进行特征匹配算法的实现。光谱角度匹配法也称为光谱角度填图,是一种夹角余弦方法,它将高光谱图像的 N 个波段的光谱响应作为 N 维空间的矢量,通过计算它与最终光谱单元的光谱之间的广义夹角来表征其匹配程度,夹角越小,则地物越相似。两个矢量广义夹角用反余弦表示,公式为

$$\theta = \arccos\frac{TR}{|T||R|} \qquad (6-14)$$

即

$$\theta = \arccos \frac{\sum_{i=1}^{n} t_i r_i}{\sqrt{\sum_{i=1}^{n} t_i^2} \sqrt{\sum_{i=1}^{n} r_i^2}} \qquad (6-15)$$

式中:θ 值越小,T 和 R 的相似性越大;t_i 为测量光谱;r_i 为参考光谱;n 为波段数。

6.4 大气环境遥感监测

6.4.1 大气红外辐射传输和遥感

尽管经济的迅猛增长提高了人类生活质量,但是伴随而来的大气污染问题也愈加严重。二氧化碳(CO_2)、甲烷(CH_4)、一氧化二氮(N_2O)、氟氯烃化物(CFCS)等温室气体的无限制排放,使得温室效应日益加剧。此外,由于大量可吸入颗粒物(PM2.5)、二氧化氮(NO_2)、二氧化硫(SO_2)等大气污染物的排放,空气质量状况已经引起全世界的关注。

目前,在天气、气候、环境等领域,气象卫星观测手段起着巨大的作用,气象卫星成像仪红外通道模拟的研究可为气象卫星数据反演、成像仪指标检验和评价提供重要的理论支持。气象卫星成像仪红外通道模拟是指模拟成像仪各红外通道观测到的亮温(以下简称为通道模拟)。通道模拟主要有基于辐射传输模型和基于光谱匹配的两种主流算法[330]。

常用的辐射模型为传递模型,已经被广泛应用于气象卫星通道模拟中,其可以随时进行辐射模拟。该方法对于数值同化的数值天气预报模型有很好的效果,但是要以输入更多的参数作为补偿。大气校正的过程因为复杂的辐射传输变得更为困难,要根据不同的限制条件来确定不同的辐射传输模型。

近年来,欧美国家对高光谱大气探测仪的重视程度大大增加,已经有多种红外大气探测仪投入使用,如光栅式(AIRS)和干涉式(IASI)红外探测仪。国内外对采用通道补偿、光谱匹配等方法的研究使得基于光谱匹配的方法进行通道模拟成为可能[331]。基于光谱匹配的方法进行通道模拟是一种常用的技术手段,适用于多种大气条件,可以对混合目标进行辐射模拟,并且这种方法避免了复杂的大气校正过程。但是,由于原始卫星轨道的限制,其模拟的时间和区域不可避免地受到了影响。

由于传统卫星在大气垂直探测中的不足及经典大气辐射传输算法的限制,

已经无法满足星载高光谱分辨率红外大气辐射传输的计算模型。高光谱的概念在 20 世纪 90 年代初逐渐被人们所熟知,大气探测仪相继被研制出来。大气探测可以利用光栅和干涉技术来实现。其中,干涉技术对于仪器的要求没有光栅技术要求那么高,也可以达到相同的探测效果。

红外探测仪是一种利用红外波段来遥感地球大气与地表参数垂直分布的仪器,具有随着不同波长平均辐射程度进行同步变化的特点,即权重函数位于不同高度大气层,并且在大气的空气窗区域及气体吸收带翼区和中心位置设置了不同的通道对大气垂直结构进行探测,采用的分光技术主要包括滤光片分光、光栅分光和干涉分光等。遥感参数主要包括三维大气温度、湿度分布、大气状态及云、气溶胶和臭氧等大气成分的三维垂直结构及地气系统的辐射收支等。此类仪器观测数据和产品的应用范围主要针对数值天气预报、空气质量监测、气候变化监测、全球辐射能量收支、大气微量气体变化等领域。

大气辐射传输理论是卫星定量遥感的基础,描述了电磁波在大气中的传播输送过程。大气中空气对电磁波的吸收具有选择性,红外波段吸收的主要气体包括水蒸气、二氧化碳和臭氧,吸收强度由分子跃迁形成的吸收光谱线决定。散射过程仍然存在于大气中,散射强度取决于入射电磁波的波长及散射粒子的性质和大小。

红外大气辐射传输计算的核心是透过率的计算。在计算红外波段的大气透射率时,吸收气体在每个条带中包含大量独立的吸收光谱线,并且每个吸收线的形状随高度的变化而变化,因此计算红外波段的气体吸收非常复杂且耗时。在大气红外辐射传输计算中,最准确的方法是采用逐线积分(Line By Line)方式,即计算给定波数区间内所有吸收线的贡献,其计算精度可以达到 0.5%[332],具有较高的准确度,目前已经普遍用于气候模式的辐射研究。

关于卫星高光谱红外大气探测的正演模拟研究数的计算,根据具体应用的要求,科学家们提出了许多快速红外透射率算法。其中带模式是简化普透射率的传统方法,普遍用于计算气候系统模型中的辐射过程,可以出色地计算平均路径下的气体吸收。解决非平均路径需将其等效为平均路径,在不能足够考虑到非灰大气吸收中压力对结果造成的影响时,就会给散射问题的解决造成困难。目前,气候模式中多采用 K 分布(大气辐射计算中的吸收系数分布)和相关 K 分布方法[333]处理辐射过程。

随着卫星红外被动遥感技术的发展,尤其是卫星红外高光谱仪器的成长,卫星信道的辐射传输模拟需要考虑信道响应函数内谱线和谱线扩展的总吸收。

K 分布方法在现实的大气计算中需要引入非均匀层相关性假设,其准确度尚不能达到红外高光谱通道辐射亮度计算的要求。

在天气晴朗无散射情况下,太阳辐射的影响可以忽略不计,大气顶沿上方红外单色大气辐射传输计算,可以离散化地表示为

$$R_v = \sum_{i=1}^{N}(T_{v,i-1} - T_{v,i})B_{v,i} + \varepsilon_{vs}T_{v,N}B_{v,s} + (1-\varepsilon_{vs})T_{v,N}\sum_{i=1}^{N}(T_{v,i}^* - T_{v,i-1}^*)B_{v,i}$$

(6-16)

式中:R_v 为大气顶探测辐射亮度,v 代表频率;$B_{v,i}$ 为第 i 层大气普朗克函数;$B_{v,s}$ 为地球表面大气普朗克函数;ε_{vs} 为地表发射率;$T_{v,N}$ 为传播路径上地球表面到大气顶的透射率,N 为大气分层总数(第一层为大气层,第 N 层为大气底层);$T_{v,i}$ 和 $T_{v,i}^*$ 分别为传播路径上大气顶及地球表面到第 i 层大气透射效率。

6.4.2 大气污染监测

大气污染物种类繁杂,根据光谱特征可以得到的较为常见的污染物有二氧化硫、霾和挥发性有机物(VOC)。高光谱遥感反演可对常见污染物浓度的变化进行监测并及时做出预警。

大气中二氧化硫的时空变化及其气粒转化会对全球辐射能量平衡、人体健康及生态系统平衡等产生重大影响。作为监测城市空气健康状况和火山喷发事件预警的重要指标,利用遥感卫星技术实现高精度、连续实时的二氧化硫含量及其时空分布监测具有非常重要的科学研究意义和应用价值。遥感卫星技术可弥补传统地面站点观测在空间尺度上的不足,补充大气污染物监测数据库,对城市群与区域尺度大气污染进行动态监测和预报。

卫星探测被广泛应用于定量化评估火山二氧化硫排放总量和城市地区工业二氧化硫排放。然而,二氧化硫在大气中含量较低,其吸收作用在卫星探测信号中呈弱信号,且受到高浓度臭氧在紫外反演波段的强烈吸收干扰,因此对二氧化硫进行高精度的定量反演具有相当的难度。遥感卫星监测反演算法一直是大气污染监测的重点和热点研究内容,其精度直接决定卫星反演产品的应用研究范围[334]。

BRD 算法以其对边界层二氧化硫的较高探测敏感性,被广泛应用于城市区域二氧化硫排放监测、区域输送特征、复合污染事件及工业煤电厂点源排放等方面的研究。在 BRD 算法反演技术及改进、重点城市大气污染和火山喷发事件监测、不同卫星产品交叉比对、地面验证和误差分析等方面,国内外学者已进

行了大量的研究。然而,由于 BRD 二氧化硫反演产品中的较高噪声,使得 BRD 算法不利于进行每日实时的城市污染监测,常需要使用周平均或月平均以获取低噪声的二氧化硫总量分布图。

PCA 算法可弥补 BRD 算法在数据噪声方面的不足,该方法可有效降低反演结果的噪声,可用于边界层二氧化硫总量的反演。

臭氧监测仪 OMI 搭载在 NASA EOS/Aura 卫星上并于 2004 年 7 月 15 日成功发射,其主要目的是研究大气成分及其与气候变化的关系。它利用太阳同步轨道的天底观测方法,是近紫外 – 可见光波段的高光谱传感器,波长范围为 270 ~ 500nm,视场角为 114°,监测范围约 2600km,天底象元空间分辨率为 $13 \times 24km^2$,赤道过境当地时间约 13:30,可实现每天全球覆盖。由于 OMI 具有较高的光谱分辨率、空间分辨率、信噪比及每日全球覆盖等优势,其大气观测二氧化硫产品被广泛应用于火山喷发监测及预警、城市污染气体监测、空气质量预报和城市源排放清单估算等方面的研究[334]。

霾颗粒物大部分由空气中悬浮着的微小的、相对湿度较小的颗粒组成,从概念来看,霾是大气气溶胶的一种。但是,国内外流行的卫星传感器和反演算法只能在晴天监测大气气溶胶。以气溶胶观测领域具有代表性的 NASA 对地观测系统 EOS/MODIS 为例,它不能支持我国霾天的气溶胶光学厚度产品。其主要原因如下:①云对气溶胶产品有很大的影响,而以 MODIS 数据为典型的多通道云检测方法常常会出现错误识别的情况。②MODIS 标准的暗像元算法不适用于反射强度高的区域,而在植被覆盖率较高的地区有较好的效果;而雾霾天气会造成可见光至近红外波段反射率增强,进一步造成错误识别,严重影响观测结果。③由地基观测的结果得到,霾颗粒的光学性质与晴天气溶胶模型有较大的不同,经典的晴天气溶胶模式也不适用于霾光学厚度反演[335]。

卫星在可见光波段(0.38 ~ 0.74μm)主要观测来自地表、云层等反射的太阳辐射。在一定的太阳高度角下,卫星收到的辐射信号及反映在遥感图像上的色调通常与物体的反射程度成正比。从定量遥感角度来看,云和气溶胶等反映在卫星信号上的强度可以用光学厚度来表示。相对于云和气溶胶来说,霾的光学厚度通常介于 1 ~ 3;天气晴朗时的气溶胶光学厚度一般比较小,值的范围在 0.7 以下;而云的光学厚度则可高达 10 以上。在图像处理时,霾与晴空区域之间一般情况下没有明显的界线,而云通常与晴空区之间的界线相对明显。

在近红外(0.7 ~ 2.5μm)的水汽强吸收路径,霾颗粒的反射因素主要来源于其影响半径。由监测结果发现,我国频发的灰霾是由高浓度的微小颗粒物组成的,包括黑碳、有机粒子、硫酸盐、硝酸盐、铵盐等,粒子直径相对较小($0.001\sim 10\mu m$),平均$1\sim 2\mu m$。由于霾粒子能够散射波长较长的太阳光,因此从遥感图像上看起来呈黄色或灰白色。云和雾粒子是由液态水或冰晶构成的,其散射光与波长没有很强的关系,在遥感图像上一般呈白色。

在中红外、远红外路径($2.5\sim 25\mu m$)上,云、雾、霾、地面等具有不同的亮度温度。由于霾主要位于边界层,受下垫面影响严重,因此它与地球表面的亮温差较小,而与云(尤其是高层冷云)的亮温差则较大。因此,可以通过设定不同的红外通道亮温和亮温差阈值来进行霾像元识别。

近年来,对大气中的有毒挥发性有机物的遥感观测采用了遥感傅里叶变换红外光谱技术(RS-FTIR)结合化学计量学和计算机层析(CT)手段。遥感傅里叶变换红外光谱技术由于具有分辨率和灵敏度高,可以同时进行多组分测定,先决条件需求少,能够进行全天候、连续、实时、自动监测等特点,因此被认为是最有潜力的技术。

第 7 章

多源数据应用服务平台建设

商业遥感卫星体系的建立,使得我们可以获取海量的卫星影像。不同类型的卫星将获取时间各异、性质各异、指标各异的遥感数据,卫星大数据本身也是多源的。在工程实践中,我们也会通过天、空、地、海传感器获取更多的多源异构和多维动态的数据流,以更好地服务于市场需求。面对这些数据的实时动态性、主题针对性、内容复合性、载体多样化、表现形式个性化、制作方法现代化、应用泛在化等特征,多源异构大数据在理论、技术和应用体系的巨大变化。

如何高效地对多源异构、存储分散、动态变化的大数据进行融合应用,以满足市场的需求?首先需要建立一个可以融合多源异构的数据库,采用各种先进技术包括人工智能,对大数据智能分析与数据挖掘,开发一套高效的、通用化的应用服务平台。

为了适应不同的应用需求,提高不同卫星遥感数据的应用水平,利用更多的多源异构数据,快捷地服务于政府管理、城市建设及人们的日常生活,商业航天公司在探索建设多源数据应用服务平台。其中,"绿水青山一张图"综合应用服务平台就是欧比特推出的一个平台化产品,其目标就是以自然资源、生态环保、农业农村、应急管理、智慧城市、智慧交通等不同行业的多源遥感数据为应用核心和基础,为智慧城市、数字政府建设提供强力的数据支撑。

7.1 综合应用服务平台建设原则

"绿水青山一张图"综合应用及服务平台的建设目标是基于"智慧城市综合服务平台"及现有成果,结合多源遥感数据的采集、处理和服务,建成遥感监测数据产品服务体系,以丰富"智慧城市综合服务平台"的数据服务和服务内容。

"绿水青山一张图"项目生产的各类基于高空间分辨率数据、高光谱数据及雷达数据的成果专题图,由智慧城市综合服务平台对外发布,如图7-1所示。该服务平台在自然资源、生态环保、农业农村、应急管理、海洋监测、智慧城市、交通管理等领域有着广泛应用。面向政府各业务部门提供遥感监测产品服务包括如下内容。

(1) 多源对地观测数据的整合。它包括遥感卫星(多光谱、高光谱、雷达)影像,辅以航空遥感影像及物理网传感数据。

(2) 业务定制的支持。针对具体需求设计相应的数据采集方案及采集平台组合方案,以满足指定的数据采集要求。

(3) 应急响应机制。基于遥感卫星星座,采用在线服务方式,由专业的运营团队直接对接政府及商业部门,确保应急机制下的服务能力。

图7-1 "绿水青山一张图"平台

"绿水青山一张图"产品体系的建设包括数据采集体系及数据处理体系的建设,基于智慧城市数据中心,建成"绿水青山一张图"(遥感监测成果数据)产品服务体系,为行业部门提供数据定制、数据查询分析、数据分发等服务。

"绿水青山一张图"平台的建设原则如下。

(1) 资源共享,节约投资。人类生活中的所有活动都带有地理信息,为了记录和利用这些信息,各行各业都在建设相关的地理信息平台,在未打通行业间数据信息壁垒前,相同的数据信息会经历多次重复采集,导致数据安全问题、财政负担及基层工作的增加。"绿水青山一张图"平台是以遥感数据支撑为主的地理信息平台,它力图为行业提供通用的地理信息平台,为政府部门间提高地理空间数据和信息的共享服务，有效减少数据二次乃至多次采集，节约"数字政府"建设投资成本。

（2）数据融合，综合应用。"绿水青山一张图"平台将人类活动产生的地理信息和时间信息进行关联，通过平台将信息进行整合分析，提取有效信息综合应用。"绿水青山一张图"平台提供一体化的数据存储方案有利于各部门通过资源整合构建多源数据体系，为建设"数字政府"服务体系奠定基础；用户也可以分享数据资源、开发接口和其他关于地理信息功能软件的服务。

（3）技术集成，提高效率。"绿水青山一张图"的平台是一个基于云计算的平台，是集成了大数据技术、数字摄影测量技术、地理信息系统技术、云技术、互联网技术、物联网技术、区块链技术、虚拟现实技术、遥感技术、行业管理技术、人工智能技术等，涵盖了各个行业部门的应用服务，大大提高了信息应用效率，保障"数字政府"为社会公众提供高可用的服务。

（4）多级应用，快速构建。平台系统采取分布式异构 GIS 系统技术和地理信息共享技术，可根据用户需求，提供包括影像数据及专题信息服务、业务系统应用、私有云在内的一站式服务，以及不同的模块，适应多种用途，灵活快速，可满足快速搭建适应省、市、县（区）各级政府业务需求的定制化系统。

（5）统一标准，合作共建。按照数据类型进行标准化分类入库，为平台数据分析提供良好的数据基础。矢量数据按尺度、要素分成若干分库、子库，影像数据按照地面分辨率分成若干分库，三维数据按要素分库，地名地址数据按区划分库等，制定统一的标准和详细的分类规则，便于数据重构和大数据管理。系统采取统一的技术标准、管理标准及工作标准，实现快速集成，形成有机和谐友好的综合体，以提高科学性、先进性、完整性、协调性，达到合作共建的目标。

（6）安全可靠，智能合约。平台系统建立了基于身份、规则、角色的安全策略，从用户的角度出发，以业务为导向，从智能合约、共识机制、私钥安全、权限管理等维度，按需求引入区块链技术，分布式账本、分布式网络，构建共识机制。结合人工智能、物联网等前沿技术，完善安全管理。

7.2 平台构架设计

"绿水青山一张图"项目利用遥感、地理信息系统、全球定位导航系统、移动互联网络、云计算、"互联网＋及大数据"等新兴技术，继承国土"一张图""多规合一""数字水利"、污染源普查等基础成果，建设集地图展示、远程会商、应急指挥、实时共享于一体的"绿水青山一张图"通用管理及辅助决策管控平台;通过整合多源遥感数据和地理空间数据,提供时空大数据分析、信息挖掘,实现自然资源、生态环境、农业、林业、城建等相关行业的数据采集、数据处理、数据查询分析、数据分发及导航定位等功能,为政府部门提供一体化的智能地理时空大数据管理平台,如图 7-2 所示。

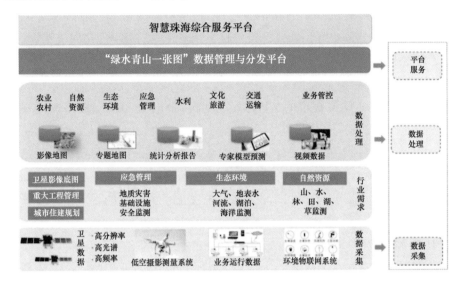

图 7-2　绿水青山服务的功能体系

7.2.1　标准规范体系建设

1. 数据标准

详见第 5 章。

2. 服务标准(网络服务标准)

所有空间数据及其查询分析服务均通过 OGC 标准服务提供。OGC 标准服务主要包括网络地图服务(WMS)、网络地图瓦片服务(WMTS)、网络要素服务(WFS)、网络覆盖服务(WCS)和网络处理服务(WPS)等。主要内容如下:

(1)网络地图服务。网络地图服务是利用具有地理空间位置信息的数据制作地图,将地图定义为地理数据的可视化表现,能够根据用户的请求,返回相应的地图,包括 PNG、GIF、JPEG 等栅格形式,或者 SVG 或者 WEB、CGM 等矢量形式。

(2)网络地图瓦片服务。瓦片地图服务提供对遥感影像或遥感信息产品等的快速访问服务。瓦片地图服务是为满足多用户并发时对遥感影像或遥感信息产品等访问的高性能需求而组织实现的数据访问服务,是一种获取地理空间信息的快速解决方案。瓦片地图服务是最常见的 GIS 服务。瓦片地图服务提供符合 OGC 标准的 WMS 服务接口或 WMTS 服务接口。

(3) 网络要素服务。空间数据服务允许通过 Web 获取矢量数据或栅格数据。空间数据服务提供 OGC 标准的 WMS 服务接口、WFS 服务接口、WCS 服务接口或者 Web Services 的 Restful 标准的接口来实现空间数据的访问或编辑。

(4) 空间分析服务。在地理信息共享平台业务应用系统中涉及很多专业的分析模型,这些模型以空间数据为基础,分析结果需要在用户应用中展示。空间分析服务提供 OGC 标准的 WPS 服务接口或者 Web Services 的 Restful 标准的接口。

(5) 空间查找服务。空间查找服务基于空间数据服务来实现,支持通过关键字对存储在空间数据库中的关键内容进行查找。

(6) GIS 目录服务。GIS 目录服务提供基于服务元数据的目录查找服务和 GIS 服务列表。

3. 产品标准(企业标准)

依据卫星对地物观测数据产品加工处理水平(辐射校正、几何校正、数据融合等)进行分级,分级体系由级、子级、扩充级组成。

详细内容可参照本书第 5 章。

7.2.2 技术架构

"绿水青山一张图"平台基于层次化、松耦合的设计思路,提供了一个高弹性、高可靠性、开放的平台架构,该架构满足智慧城市的长期发展需要。

通过技术平台的不断优化,实现技术平台的标准化和组件化,从而实现模块化的业务快速构建。此外,在技术平台层面将采用集群部署,从而保证系统的高可靠性,并且支持随着用户量、使用量增长在技术平台层面的平滑扩展。

该平台的总体技术架构如图 7-3 所示。

该平台的数据分发流程如图 7-4 所示。

从架构技术逻辑上,该平台主要分为数据处理层、能力层、应用层。

1. 数据处理层

数据处理层主要由数据采集融合平台和大数据中心组成,完成数据的采集、ETL 处理及数据入库功能。

第 7 章 多源数据应用服务平台建设

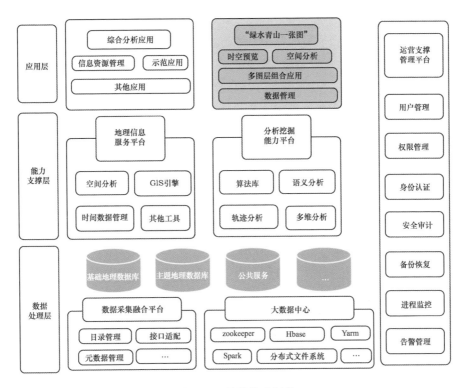

图 7-3 总体技术架构

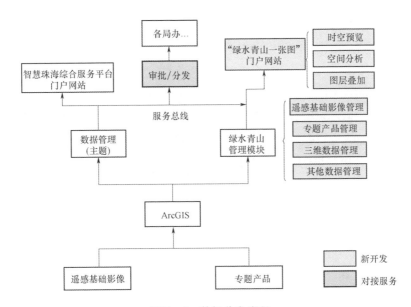

图 7-4 数据分发流程

1）数据采集融合平台

数据采集融合平台通过前置子系统与城市政务信息资源共享平台对接,各部委办局业务系统、数据库数据,或者直接对接部分智慧应用和其他应用实现数据采集;并进行清洗、校验、转换、过滤,数据存入数据库。各数据源系统和数据消费系统都需要在数据采集融合平台上进行数据编目、目录订阅、数据交换等操作;平台提供多种数据访问方式,使得各类系统可灵活访问城市信息库中的数据。

2）大数据中心

大数据中心为"绿水青山一张图"平台提供大数据计算和存储支撑,基于分布式存储和分布式计算,为城市信息库提供稳定高效的海量数据存储,为分析服务提供分布式计算能力。"绿水青山一张图"平台对大数据中心的服务进行封装并对外提供服务,构建"分析即服务"应用。

2. 能力层

能力层包括地理信息服务平台和分析挖掘能力平台。能力层的能力可以供"绿水青山一张图"平台内部调用,用于应用层开发。

1）地理信息服务平台

地理信息服务平台提供和地理信息紧密联系的相关功能,如数据生产、GIS制图和开发、地理编码管理、图层管理、二三维地图展示、专题图制作等。通过地理信息服务平台,部委办局可以通过门户使用该平台提供的主题地理图层服务,实现在线地图二次开发和空间地理分析服务。

2）分析挖掘能力平台

分析挖掘能力平台为用户提供大数据分析挖掘能力。它包括常见的数据分析/挖掘工具、通用算法,利用云计算与云存储平台的计算能力进行挖掘分析,得到对用户有价值的分析结果。该平台提供联机分析处理(OLAP)、报表和图形化等工具,用于分析结果的展示。利用该平台可实现语义分析、轨迹分析等功能。

3. 应用层

应用层为用户提供了各子平台的服务入口,如城市"绿水青山一张图"平台。

"绿水青山一张图"应用基于城市基础地理信息数据,提供统一的地理信息服务平台,使各部门可以快速构建与地图相关的业务系统,实现跨部门的业务协同。"绿水青山一张图"应用可为用户提供在线帮助。

"绿水青山一张图"平台应用架构如图7-5所示。

图7-5 "绿水青山一张图"平台应用架构

该平台通过与各部委办局系统及智慧应用数据交换,实现数据的采集和融合,并实现现有应用系统的集成,通过多种终端,面向市领导、部委办局工作人员提供"绿水青山一张图"应用和城市综合分析应用,并对部委办局和应用开发人员提供数据开放和能力服务。

"绿水青山一张图"应用为各部委办局提供统一的遥感影像专题图和地形图服务,支持数据提取和批量导入/导出,提供快速制图模板工具及相关配套文档,支持基础地图服务和数据共享服务,支持二三维地图的在线展示和图层控制。各部委办局在 GIS 服务方面的需求(政务外网)可通过"绿水青山一张图"应用得以满足。

各部委办局及应用开发者基于综合服务平台开放的数据和能力,可实现业务应用的快速开发。

7.2.3 安全保障体系建设

1. 数据安全

综合服务平台采用云计算中心的云计算与云存储平台存储架构保证数据的高效安全存储访问。系统建立数据存储、传输、销毁和数据访问等环节的安全功能,确保数据在分布式存储、不同数据存储方式传输、数据对外服务等环节的数据安全。

由于数据的不稳定性,可分别采用定期全备份、差分备份、按需备份和增量备份策略来保证数据的安全。目前被采用最多的备份策略主要有完全备份、增量备份和差分备份 3 种。

2. 身份认证

综合服务平台的用户认证通过云计算中心的证书服务器进行统一对接认证。

系统必须确认每位登录用户的真实身份,而通常采用的账号密码登录方式都有一个通病,即这些信息容易泄露。而采用 CA 证书将可以有效预防这一问题。在传统的对称加密基础上,PKI/CA 提供的不对称密钥机制可以有效地解决数据的对称加密、对称解密、不对称加密、不对称解密、数字签名、签名验证、不可否认等问题。

3. 授权方式

权限模型要解决的问题是:根据对用户授权的情况鉴权,确定登录用户拥有哪些模块、哪些资源的操作权限。

本平台的授权方式基于角色的访问控制(RBAC)模型,即权限不直接授予用户,而是先分配给角色,通过角色将权限授予用户,如图 7-6 所示。

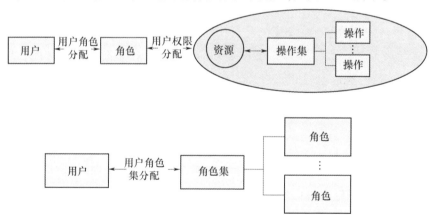

图 7-6　权限模型

4. 数据传输安全

用户访问共享数据时,通过 PKI/CA 身份认证系统严格控制和验证用户访问权限,防止数据随意泄露;数据发布方只通过前置 Web Service 访问数据缓冲池对外提供数据访问,确保源数据库的安全;数据传输过程中,同时采用 DES 和 RSA 加密算法加密数据,保证数据传输过程的安全。

7.3 平台关键技术

7.3.1 "资源池"建设技术

当系统的资源可以随时使用但不随时创建与产生时,称之为资源池。资源池一般用于解决资源的获取成本过高或资源总数过少时需要频繁使用的问题。常见如数据库连接池、线程池等,都是由于频繁创建或销毁连接、线程或对象等会极大浪费系统资源,从而增加了响应时间,影响到了系统性能。而云资源池作为可统一管理、调配及监控的网络资源、存储资源、计算资源等构成的集合,能够实现各种不同资源的统一管理与分配,从而促进资源集约化,实现项目与资源分离,为各类应用平台提供基础承载。

因此,资源池这一技术主要用于云计算技术建设,提供集中软硬件资源,实现网络、存储、服务器等基础配置的集约建设,为电子政务系统建设提供了统一的基础设施。其总体技术架构如图 7-7 所示。

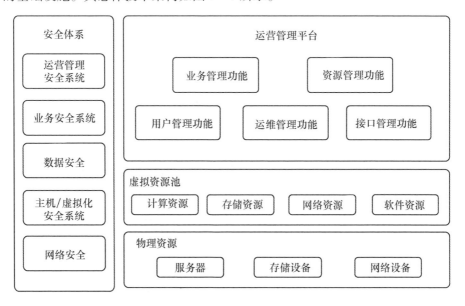

图 7-7 总体技术架构

其关键建设技术如下。

1. 主机虚拟化技术

主机虚拟化是指在一台物理主机上虚拟出多个虚拟机(VM),各个VM之间互相隔离,并能同时运行相互独立的操作系统,这些客户操作系统(Guest OS)通过虚拟机管理器(VMM)访问实际的物理资源并进行管理。

主机虚拟化的核心是虚拟化软件(Hypervisor),它分为两个阵营:商业软件(代表有VMWare ESXi和CitrixXenServer等)和开源软件(代表有Xen和KVM等)。商业软件具有成熟、稳定、功能丰富、技术支持强等特点,但是成本较高。开源软件以免费获胜,产品免费。尽管开源软件仍然需要技术支持费用,但总成本远远低于商业软件。应根据承载业务的重要性、自身维护人员的技术实力和资金状况灵活选择实际技术。

2. 存储虚拟化技术

存储虚拟化(分布式计算和存储技术)的目的是实现低成本、高效率的海量数据存储和数据处理,并满足大规模结构化和非结构化数据挖掘、分析和处理的应用需求。存储虚拟化技术通常用于集成和重用现有存储资源。通过存储虚拟化技术,可以将多组异构存储虚拟化为一组大容量存储设备,以供多个系统共同使用。其可采用的方式主要如下。

(1) 基于主机层的存储虚拟化,即在主机操作系统中加装代理软件。该方式的维护与配置相对复杂,但支持功能及特性全面,适用于大规模、异构环境较复杂、存在大数据量交互的异构存储环境。

(2) 基于存储层的存储虚拟化,即其中一个存储设备是主要存储设备,代理访问其余存储。此方法存在设备兼容性和单点故障的问题。如果要集成多种类型的存储设备,则不建议使用此方法。

(3) 基于存储网络层的虚拟化,其依赖于在存储网络中添加相应的虚拟化设备,以实现存储网络中存储设备的虚拟化。此方法的维护和配置相对简单,但受前端控制服务器的堆叠数量限制,适用于数据读写量少的简单异构存储环境。

存储集成时,有必要综合考虑各种因素,如不同方法对原始存储数据的影响、存储池的成本及现有存储设备的特性等。

7.3.2 基于云计算的时空大数据分布式存储管理技术

为了发挥时空大数据的价值,需要在数据共享方面取得突破。因此,时空大数据的有效存储和管理是数据共享和利用当前面临的一个问题,它向传统计算机技术提出了数据密集、计算密集、高并发访问和时间、空间密集型挑战,传统的地理信息公共服务平台已无法满足智慧城市建设的要求。另外,计算机信息技术已进入云计算和大数据时代,新的计算模型和技术为地理空间科学发展中遇到的问题提供了新的解决方案。时空信息云平台是空间云计算的具体实现,是智慧城市建设的重要组成部分。数据分布式存储技术是指通过网络来实现对企业中的各个机器中的磁盘空间使用,同时可以将这些分散在不同磁盘上的存储资源集合起来构成一个虚拟的存储设备;数据分散在企业的各个设备上,又可以构成一个虚拟的数据集合。

基于分布式系统的存储方法主要包括分布式数据库和分布式文件系统。分布式数据库是数据库技术和计算机网络技术相结合的产物,它使用现有的成熟的关系数据库技术将数据存储在数据库中,数据可以分布在多个节点上。分布式数据库适用于结构化数据存储。分布式文件系统是指一种文件系统,其中网络中的普通分散存储节点形成逻辑上集中的存储设备,并且这些存储节点通过网络相互通信和控制。由分布式文件系统管理的物理存储资源通过计算机网络连接到存储节点,每个存储节点可以分布在不同的位置,并且节点之间的通信和数据传输是通过网络进行的。存储节点也可以分布在不同的位置,并且存储资源可以是虚拟技术提供的本地硬盘或网络块存储设备。其架构如图 7-8 所示。

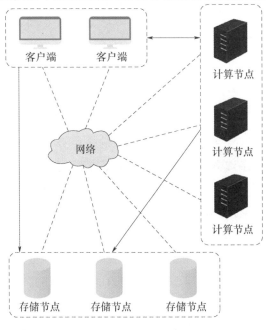

图 7-8 分布式文件系统架构

图像等数据作为空间大数据的组成部分之一,具有单个文件大、整体数据量大的特点,对设备的容量有较大的需求。它的存储方法已从传统的集中式文件系统发展到当前的分布式文件系统。使用 iSCSI 技术来构建分布式文件系统来存储图像和其他数据,这样可以充分利用分散的存储空间,实现跨平台的分布式文件系统。通过配置共享存储管理空间和大数据,可以在计算节点上分别创建它们。在数据库实例中,节点之间通过网络相互通信以监视其他节点的状态,并且所有节点都可以读取数据。其架构如图 7-9 所示。

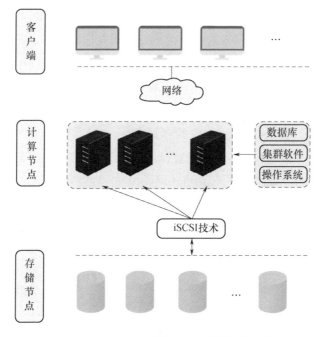

图 7-9　基于 iSCSI 技术的分布式数据库架构

将分布式集群安装在分布式文件系统的主服务器节点上,使用文件共享服务软件为所选目录建立网络共享,并提供存储空间以供网络中其他服务器共享访问,就像访问本地文件中的数据一样。在分布式文件系统体系结构中,图像和其他数据存储在每个节点上,并且可以根据相应的规则来分布数据。图像的索引数据和其他数据存储在分布式数据库中,并且与存储在分布式文件系统中的数据本身建立连接。当用户需要导入空间数据时,会将其分配给相应的服务器以提交请求。某些系统在内存中建立缓存,从而提高了读取和修改空间数据的效率,并定期调用将缓存内容写入的功能。在硬盘中,将其标记用于导入文件。这时开始读取数据,服务器将首先进行缓存,如果缓存中没有此类数据,它将寻找磁盘,直到找到为止,并在启动时检查是否有新的磁盘。如果有更新,则首先将这些更新写入系统的高速缓存中,然后将更新数据调用到文件中,最后服务器将旧文件删除并开始为用户提供新的访问数据。

7.3.3 时空大数据分析与数据挖掘技术

随着互联网、物联网和云计算的高速发展,数据获取手段向多元化方向发展,数据种类不断多样化,促使时空相关的数据呈现出"爆炸式"的增长趋势,时空信息与大数据的融合标志着正式进入时空大数据时代。

时空数据挖掘是数据挖掘领域的前沿研究课题,它致力于开发和应用新兴的计算技术来分析大量的时空数据,并揭示时空数据中的宝贵知识。时空大数据的数据分析和挖掘是一个复杂而庞大的项目,其按照层次结构的不同划分为4个部分:云计算平台、时空数据准备、数据挖掘算法和时空数据分析,如图7-10所示。云计算是整个系统架构的底层计算平台,作为目前主流的大规模并行计算平台,它有助于时空大数据的数据管理和分析处理。借助云计算的

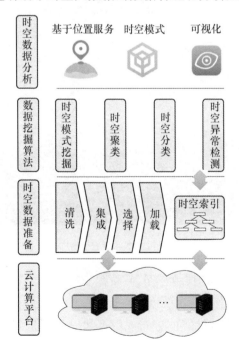

图7-10 面向大数据的时空数据挖掘系统架构

处理能力,可以完成时空大数据的清洗、集成、选择和加载等准备过程。为了支持数据挖掘算法中的分析型查询操作,还需要为时空数据建立索引。此外,时空数据挖掘的系统架构还包含经典的数据挖掘算法,借助于这些方法可以实现面向时空数据的各种应用,包括基于位置服务、时空模式发现和可视化分析等任务。

7.3.4 基于云计算的分布、并列、协同数据处理技术

国外在海量空间数据管理领域起步较早,在遥感影像管理系统方面的研究取得较多的成果,其中比较著名的是 Google 公司的 GoogleEarth。Google 公司主要使用 Kevhole 提供的快鸟影像和其他卫星数据,影像预先按照金字塔进行处理,Google 总共提供了 20 多级影像金字塔,所有的卫星影像处理为 256×256 的像素瓦片,按照四叉树方式对每一个瓦片进行索引编码,然后根据用户请求的地理坐标拼接为显示所有的影像地图,如图 7-11 所示。

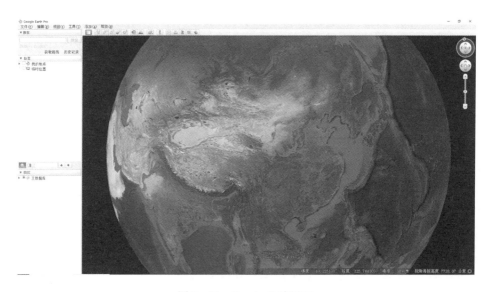

图 7-11　Google 地球界面

基于云计算的数据管理与存储,其特点主要有动态、分布式、异构等,对数据处理系统的研发带来了一定的困难。针对此问题,已有学者从协同计算的分析入手,提出一种基于云计算的分布式数据协同处理机制,这是一种可行的云计算数据处理的思路与方法。

7.4 平台应用及服务

7.4.1 自然资源

1. 平台服务内容

自然资源监测主要是针对自然资源部的相关工作内容进行划分，主要涉及山、水、林、田、湖、草、海的总量控制和变化，具体包括以下几个方面。

（1）国土资源监测。针对国土资源监测，使用高空间分辨率卫星影像结合高光谱卫星影像监测国土资源分布，利用计算机解译方法结合目视解译方法提取出陆域范围内各类国土资源利用类型，制作土地利用现状分类图，摸清国土资源利用现状，为国土部门管理提供辅助支持。根据调查的国土资源分类标准构建国土资源分类体系，确定需要划分的类别，利用高光谱影像数据光谱信息丰富的特性，结合高空间分辨率卫星影像数据空间分辨率高的特性，从地物的光谱特征和形状纹理特征多方面构建地物分类特征变量，采用C5决策树算法、人工神经网络方法、支持矢量机分类法、面向对象分类方法构建国土资源分类方法体系，通过对比各方法的执行效率和分类精度确定最佳的分类方法，使用最优的分类方法从影像中提取出各类地物。然后，对初步的分类结果进行分类后处理，包括碎斑处理、类别合并修改、分类结果统计，优化分类结果。最后，使用国土资源存档数据和野外调查数据随机抽取任意位置的数据和分类结果进行对比，评定分类精度，精度高于90%输出分类结果，小于90%人工干预重新调整分类参数执行分类，直到精度达到要求。

（2）森林分布监测。城市森林的分布在影像上呈现为大面积、成块化的特点，尤其是离城市较为偏远的森林，其分布尤为密集。利用归一化植被指数，能够提取目标区域的森林，再通过野外实地调研并结合高分辨率遥感影像建立地物影像解译标志，通过解译标志用目视解译方法对提取的林地进行精修和二级类划分，可根据实际林地类型分为灌木林地、疏林地等类型，通过野外实地调研进行精度验证，最终制作森林分布专题图，主要监测内容为森林分布位置、分布范围、面积等信息。建立城市陆域范围的森林生态指标库，基础影像分辨率优于1m。全域范围更新周期为一年两次，对重点区域（森林公园、自然保护区等）进行短周期监测，监测频次为每月一次，综合野外调研数据结果对森林资源遥感监测结果进行更新。基于多期遥感影像专题制作，可结合多期成果分析城市森林面积变化情况、范围变化等信息。

（3）森林健康监测。多年来，人工林种植由于无性系单一和品种单一，使森林生态环境发生巨大变化,再加上营林单位或者林农过度使用化学除草剂,消除一些与桉树、松树伴生的杂草和灌木,使得害虫没有食物来源,导致桉树、松树病虫害的大发生,严重影响树木的正常生长,降低了木材的产量和质量,对营林单位和林农造成巨大损失。由于植被的光谱反射或发射特性是由其化学和形态学特征决定的,因此这种特征与植被的发育、健康状况及生长条件密切相关。当植物生长状况发生变化时,如植物因受到病虫害,其冠层结构、叶子的色素比例等与健康植被相比发生变化,其波谱曲线的形态也会随之改变。高光谱遥感通过对不同类型植被的生物物理化学成分含量的估算可以获得较为精细的植被生态学信息,充分利用高光谱数据丰富的光谱特性,监测森林焦枯病、青枯病、松材线虫病、薇甘菊等森林健康问题,实现遥感领域对森林健康有效的、大尺度的高精度的评估,生成森林健康评价专题图,为相关部门管理提供辅助支持。

(4) 园林绿化监测。城市市区园林的分布具有小面积、分布零散的特点,要从遥感影像上提取出城市市区的绿化植被的分布范围,需要影像有较高的分辨率,从而尽量减小混合像元的干扰,提高城市园林绿化用地的提取精度。采用高空间分辨率数据进行监测,可根据《第三次全国土地调查工作分类》标准及地物纹理特征、颜色特征、位置特征等特征建立影像解译标志,利用归一化植被指数对建成区内植被绿地进行提取,通过目视解译和解译标志对提取的植被绿地进行精细分类,监测频率为每季度一次,可对重点区域进行重点监测,每月监测一次。监测内容主要包括分布区域、分布面积的提取,在完成多期监测的基础之上,利用变化监测技术提取城市园林绿化变化范围,可根据野外验证样本点,对监测结果进行精度验证及精修。

(5) 湿地分布监测。湿地资源包括河流、库塘、沼泽、滨海等湿地类型,其储存了大量的水资源。以《第三次全国土地调查工作分类》中湿地分类标准为基础,可根据各地的具体需求,将湿地分为湖泊湿地、沼泽湿地、滨海湿地等多种类型。利用以下特征对各类型进行提取:河流的面积比较大,长度较长,采用面积和长宽比形状特征对河流进行提取。提取完河流后生成掩膜文件,对非河流继续分类,坑塘的形状呈现矩形且面积较小,湖泊的圆度信息强于水库与沟渠,沟渠的面积与宽度较小,采用面积、形状及宽度指数区分三者;由于水库的位置固定,形状特殊,因此采用目视解译的方法进行提取。最后将现场踏勘调研数据用于验证和辅助修改遥感监测结果,并制作湿地现状分布专题图。

(6) 生态红线监测。生态红线指生态空间范围内具有特殊重要生态功能、必须强制性严格保护的区域,是保障和维护国家和区域生态安全的底线和生命线,通常包括具有重要水源涵养、生物多样性维护、水土保持、防风固沙、海岸生态稳定等功能的生态功能重要区域,以及水土流失、土地沙化、石漠化、盐渍化等生态环境敏感脆弱区域。遥感技术应用于生态红线范围内的违法违建现象监测主要包括以下几个方面。

① 生态红线内城镇扩张违法监测。

② 生态红线内湿地占用违法监测。

③ 生态红线内林地破坏违法监测。

④ 生态红线内耕地占用违法监测。

(7) 生态修复监测。为有效监测生态修复的工程进展及工程质量,需利用卫星影像数据,按一季度一次的频率对各地生态修复工程中的山水林田湖草的生态状态进行监测和评估。运用高光谱遥感卫星数据和高分辨率影像的解译能够对生态修复工程的空间位置、数量、覆盖面积及工程进度和实施效果进行监测,并且经过多期影像对比,对生态修复工程结束后的生态效果进行监测,辅助有关部门对生态修复工程进行有效监管。

(8) 永久基本农田监测。监测全市范围内基本农田的用地变化情况。利用遥感影像对全市的基本农田的变化情况进行监测,对于保护永久基本农田、保证粮食产量具有重要意义。

(9) 地质灾害监测及预警。我国在城市化发展过程中,剧烈的人为活动(移山填海、开辟场地)诱发大量的地质灾害,给国民经济造成了严重损失。针对地质灾害的监测需求,本方案利用卫星 SAR,实施对地全天候、全天时的观测;采用合成孔径雷达干涉测量(InSAR)技术,获取地表三维信息。其中,在 InSAR 技术上发展起来的 DInSAR 技术及永久散射体(Permanent Scatter)技术对于地表形变的变化非常敏感,可以获取厘米级甚至毫米级的形变监测精度。相对于水准测量和 GPS 等常规监测方法,InSAR/PSInSAR 技术可大范围地获取地表形变信息,并具有毫米级形变监测精度,是一种高效、经济的监测方式。其监测内容包括地质灾害监测及城市基础设施稳定性监测。

(10) 规划建设用地变化趋势监测。通过遥感卫星技术及时、准确地监测城乡规划用地及其变化情况,并对相同区域的不同时间的影像数据进行比对,比较相同区域在不同年份的变化情况,提取出有变化的图斑。在地图上展示通过影像对比变化图斑要素,查询各图斑信息,通过比对分析,确认疑似违法建筑,对确认的疑似违法建筑建立事件追踪档案库。针对违法建筑性质进行分门别类的管理,生成各类专题图,如指标超标、侵占农田、限建区违建等,可以按照区域、流域等进行图形展示。

（11）全市数字高程。运用机载 LiDAR 获取的数据包含地面点、植被点、建筑物等的三维坐标的点云,从中提取出 DEM。需要从这些点云中分离出植被点、建筑物点和错误点,提取出地面特征点,然后利用这些点通过不规则三角网或者格网构建 DEM。利用机载 LiDAR 采集点云密度约 $3pts/m^2$,地面分辨率 $0.03m$,通过计算机软件自动分类,获取不同类型地物的界面,生成 DEM。而 DEM 的生成主要采取自动匹配高程点、人工采集地形特征线这两种方式相结合。自动匹配高程点按规定的格网间距对每个格网 DEM 进行立体编辑,使所有格网点切准地面。高程点编辑通过立体模型,直接察看 DEM 立体格网点是否紧贴在影像立体模型上,针对单个格网点高程进行精确调整。对特殊地形,如山头、洼池、鞍部等地形待征点、特征线（包括山脊线、山谷线、面状水域水涯线、断裂线等）进行立体三维数据采集,最终生成全市 DEM 成果。

（12）全市现有建筑物高程。三维城市模型以其丰富的空间信息、真实直观的表达方式,得到越来越广泛的应用。而机载 LiDAR 作为一种新型的遥感手段,能够快速、直接地获取三维空间的坐标信息。建筑物作为城市区域关键的地表特征之一,在现代城市规划建设、灾害防治与三维数字模拟等方面有着重要的应用。传统方式中,在现有的平面基础地理信息数据中重新进行立体测图以获取缺失的高程信息,劳动强度大且效率低;利用遥感立体成像技术或者多向重复航拍来获取不同拍摄角度的建筑物立体像对,利用立体像对质检的视差关系来计算建筑物的高程信息,采集过程复杂,效率低下,难以实现大面积工作;基于机载 LiDAR 数据生成 DSM 深度影像后,利用遥感光学影像得到全市建筑物的空间分布,二者相融合,最终实现对全市现有建筑物的空间分布及高程信息的采集。

（13）海岸带开发利用变化监测。基于高空间分辨率卫星影像对滨海城市全域海岸带开发利用的变化情况进行监测,获取开发利用现状,并对现状进行更新,提取变化情况。其监测目标包括具有自然属性、以提供生态服务或生态产品为主题功能的陆域生态空间;以农业生产和农村居民生活为主题功能,承担农产品生产和农村生活功能的区域空间;以城镇居民生产生活为主体功能的陆域空间;保障海洋生态安全,构建灾害防御屏障具有关键作用,承担生态服务和生态系统维护、灾害防御为主体功能的海洋空间;保障渔业和海洋生物医药产业发展为主体功能的海洋空间;用于港口和临港产业发展、重点基础设施建设、能源和矿产资源开发利用、拓展滨海城市发展的海域,主要以承担海洋开发建设和经济集聚、匹配城镇建设布局为主体功能的建设用海。

2. 结果展示

高光谱国土遥感监测如图 7-12 所示,高光谱森林健康监测如图 7-13 所示,遥感影像园林分布提取如图 7-14 所示,湿地分布提取如图 7-15 所示,SAR 地质形变灾害监测如图 7-16 所示。

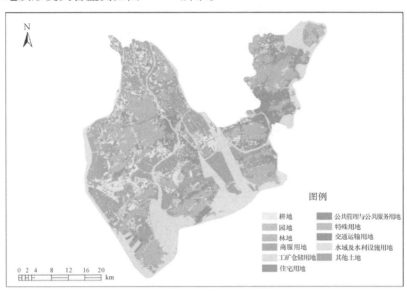

图 7-12 高光谱国土遥感监测(见彩图)

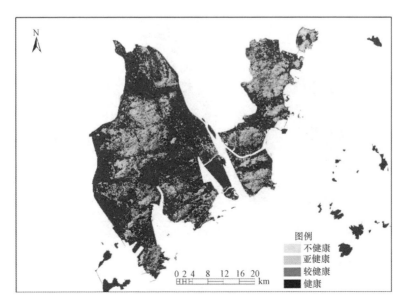

图 7-13 高光谱森林健康监测(见彩图)

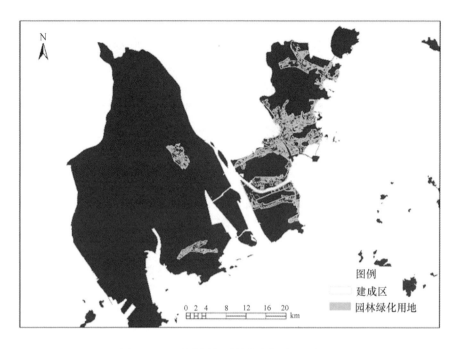

图 7-14 遥感影像园林分布提取(见彩图)

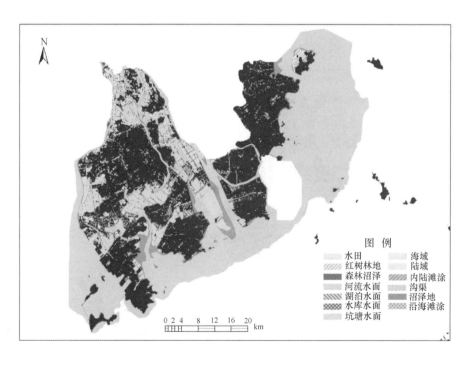

图 7-15 湿地分布提取(见彩图)

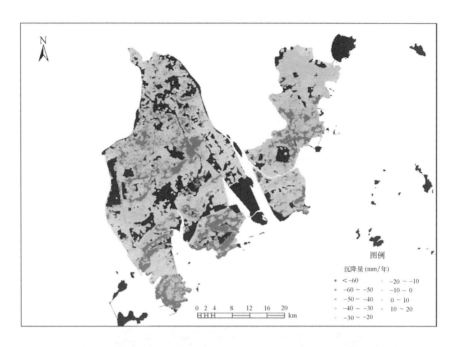

图 7-16　SAR 地质形变灾害监测(见彩图)

3. 广州市海珠区植被 LAI 提取

森林 LAI 指数对于评价森林的生产力、健康程度有重大意义,而实测树冠 LAI 虽然可以获得较高精度,但需较高的劳动成本,且会破坏森林,在空间尺度上具有局限性。因此,大尺度上的 LAI 估测主要依赖于光学仪器地面测量和遥感技术的结合。在传统的各种森林的 LAI 提取中,宽波段遥感数据使用较多,常利用各种精度不高的植被指数。本研究以广州市海珠区为研究对象,利用高光谱数据提取森林 LAI,光谱分辨率更高且波谱信息更加丰富,为获得更高精度的结果提供了基础;另外,在构建森林 LAI 模型时,考虑到分树种构建模型精度更高,因此本研究将构建针对不同树种的 LAI 估算模型。

1) 实验区域

以广州市海珠区为监测区,海珠区由广州河段前珠江水系,后航道环绕,全区总面积 90.40km^2。其多年平均气温 23.6℃,年内气温冷热异常,各月变化幅度大。珠海区区域内自然资源丰富,自然树木主要分布在乡村地区及周围的台地,以杂木林为主;人工林以小叶桉林、台湾相思林、马尾松和竹林等为主。其中,杂木林主要生长在一些比较低缓的岗地,如漱珠岗;生林以常绿阔叶林为主,种类丰富,包括朴树、破布叶、潺胶木、盐肤木、阴香等;人工栽培的树种主要是凤凰木、银合欢等混生。马尾松主要分布在仓头、北山等岗地,小叶桉主要分布在北山、黄埔、赤沙等岗地;台湾相思林主要分布在琶洲、石榴岗等岗地;竹林分布比较广泛,尤其是在一些村落,包括仓头、红卫、北山、赤沙、石溪、官洲、琶洲、凤和等地,在赤沙、官洲分布数量较多。

2) 数据获取及影像预处理

高光谱数据来源是"珠海一号"高光谱卫星数据,数据采集时间为 2019 年 3 月 26 日和 4 月 17 日。根据研究区的植被分布状况在研究区确定采样地点,样本点分布如图 7-17 所示。使用 LAI 测量仪对研究区 120 个测量点进行 LAI 实测,包括 60 个针叶林测量点和 60 个阔叶林测量点。采样工作在光线良好,天气晴朗的室外进行。每个点以树木点为中心测量 4 个不同方向的 LAI,再取 4 个方向的 LAI 值的平均值作为最终样本点的实测值。

图 7-17　广州市海珠区植被 LAI 实测样本点分布(见彩图)

3) 模型建立

选取常用的 SVM、随机森林回归(RF)和反向传播(BP)神经网络三种机器学习模型建立 LAI 的估算模型。

(1) SVM。SVM 以统计学习理论为基础,采用结构风险最小化准则,是一种新型的机器学习算法,其精度高、可泛化使用且运算速率较高。目前,SVM 已是数据挖掘和机器学习领域的重要手段。SVM 分为线性 SVM 和非线性 SVM。其中,非线性 SVM 具有更高的精度,其原理是把训练数据的非线性映射到更高纬度的特征空间之中,并且在高纬度的特征空间中找到一个超平面,使正例和反例之间的隔离边缘最大化。SVM 的实现步骤如下:首先,在样本可分的前提下,用一个线性函数来代表最优分类面;然后,通过二次规划求解实现训练过程并通过惩罚因子将其转化为对偶规划;最后,得到决策函数。常用的核函数有线性核函数、高斯核函数、多项式核函数、多二次曲面核函数和二层神经网络核函数。有研究表明,在高光谱图像分类中,利用SVM将光谱信息和纹理信息结合作为特征,比单一利用光谱信息得到的分类结果精度要更高。

(2) RF。RF算法是 Leo Breiman 和 Adele Cutler 于2001年提出的利用多棵树对样本进行训练并预测的一种回归分类器。它是一种以决策树为基础的有放回的取样方法,由许多分类回归数组合而成,最终通过投票机制实现结果的预测。RF算法取预测结果的简单平均作为回归结果,在实现过程中进行了2次采样,不进行减枝并防止过拟合情况的出现。分割节点的随机变量数(mtry)和决策树的数量(ntree)是构建随机森林模型的关键核心所在。

(3) BP 神经网络。利用神经网络方法能够高精度反演 LAI。BP 神经网络是目前应用较广的一种方法,它是一种多层前馈神经网络,训练算法为误差逆向传播算法。BP 神经网络是一个由多层网状结构组成的人工神经网络,它是一个从输入到输出高度的非线性的映射,包括输入层、隐含层和输出层,且每层都由若干神经元组成,通过阈值和权重实现神经元之间的连接,每层神经元会对下一层的神经元产生影响,同层神经元间没有联系。

输入层的节点个数是输入矢量的维数,输出层的节点个数为输出矢量的维数。当各节点阈值不同时,任一闭区域的连续函数可用隐含层的网络逼近,而 m 维到 n 维的映射可通过3层BP网络模拟。隐含层的节点数的确定是研究重点,其常用的经验公式如下:

$$H = 2I + 1 \tag{7-1}$$

$$H = \sqrt{(I+O)} H = \sqrt{(I+O)} + \alpha, \alpha \in [1,10] \tag{7-2}$$

$$H = \log_2 I \tag{7-3}$$

式中:H 为隐含层的节点数;I 为输入层的节点数;O 为输出层的节点数;α 为常数。

BP 神经网络常用的传递函数如下:

$$f(\mu) = \frac{1}{1 + e^{-\mu}} \tag{7-4}$$

$$f(\mu) = \frac{1}{1 + e^{-2\mu}} f(\mu) = \frac{1}{1 + e^{-2\mu}} \tag{7-5}$$

其基本使用思路如下：首先对网络进行初始化，然后通过输入层将训练数据集输入，用户自己设定或随机选取阈值，网络根据权值学习训练，后通过输出层得到输出数据；通过输出数据和目标数据集对比，并计算目标数据和计算数据的误差；再把误差反向传播到隐藏层并进行分配，网络根据返回的误差，结合输入的数据集调整权值阈值，再重新对网络进行训练，当误差消除到足以满足用户需求时即停止训练。首先将实测点对应的植被指数输入输入层，将实测点的 LAI 实测值作为网络输出的期望值；然后对网络进行仿真训练，得到最适模型。通过均方根误差（RMSE）和估测精度（EA）来检验模型的精度：

$$\text{RMSE} = \sqrt{\frac{1}{n}\sum_{i=1}^{n}(y_i - x_i)^2} \tag{7-6}$$

$$\text{EA} = \left(1 - \frac{\text{RMSE}}{\text{Mean}}\right) \times 100\% \tag{7-7}$$

4）结果与分析

分类前利用各种植被指数与 LAI 构建的回归模型如表 7-1 所列。将乔木分为落叶林和阔叶林，分别构建植被指数和 LAI 的回归模型，如表 7-2 和表 7-3 所列。

表 7-1　分类前植被指数和 LAI 的回归模型

植被指数	线性回归方程	R^2	指数回归方程	R^2
SR	$y = 1.1327x - 0.4532$	0.6418	$y = 0.3892e^{1.5893x}$	0.6209
NDVI	$y = 3.3297x - 2.3202$	0.6822	$y = 0.4965e^{2.1134x}$	0.6798
SAVI(0.1)	$y = 5.0997x - 3.1203$	0.6798	$y = 0.7285e^{4.3290x}$	0.6776
SAVI(0.3)	$y = 5.2908x - 4.4214$	0.6926	$y = 0.7522e^{1.9298x}$	0.6911
SAVI(0.5)	$y = 4.3298x - 2.9200$	0.6805	$y = 0.5218e^{2.4479x}$	0.6898
ARVI(0.5)	$y = 6.3713x - 3.9027$	0.6521	$y = 0.7129e^{2.234x}$	0.6435
ARVI(1)	$y = 6.0761x - 4.6539$	0.6623	$y = 0.5076e^{2.2865x}$	0.6599
TGDVI	$y = 3.3409x - 1.3489$	0.6599	$y = 0.2397e^{3.1683x}$	0.6612
MNDVI	$y = 2.1385x - 0.9543$	0.6656	$y = 0.8923e^{1.2379x}$	0.6568
MSR	$y = 5.2078x - 4.5702$	0.6523	$y = 0.8398e^{2.2384x}$	0.6511
FREP	$y = 5.6340x - 4.4950$	0.6823	$y = 0.4201e^{2.0134x}$	0.6819

表7－2 阔叶林植被指数和LAI的回归模型

植被指数	线性回归方程	R^2	指数回归方程	R^2
SR	$y=4.3024x-3.5867$	0.6698	$y=0.1124e^{2.7843x}$	0.6524
NDVI	$y=3.7827x-4.2345$	0.6814	$y=0.8856e^{1.7893x}$	0.6821
SAVI(0.1)	$y=5.7892x-4.2517$	0.6828	$y=0.3899e^{2.9085x}$	0.6719
SAVI(0.3)	$y=5.3928x-4.9872$	0.6919	$y=0.9904e^{3.3896x}$	0.6923
SAVI(0.5)	$y=4.6571x-3.9082$	0.6901	$y=0.3457e^{2.4278x}$	0.6895
ARVI(0.5)	$y=4.0125x-2.0122$	0.6425	$y=0.0984e^{2.0987x}$	0.6417
ARVI(1)	$y=3.2567x-0.9237$	0.6431	$y=0.5098e^{1.2394x}$	0.6512
MNDVI	$y=2.0156x-0.3450$	0.6711	$y=0.4905e^{1.8843x}$	0.6618
TGDVI	$y=1.8267x-0.2255$	0.6653	$y=0.1298e^{4.0934x}$	0.6609
MSR	$y=3.3125x-1.0099$	0.6512	$y=0.3057e^{4.1459x}$	0.6509
FREP	$y=5.2343x-3.9986$	0.6901	$y=0.1985e^{4.1153x}$	0.6933

表7－3 针叶林植被指数和LAI的回归模型

植被指数	线性回归方程	R^2	指数回归方程	R^2
SR	$y=1.4598x-0.0987$	0.6418	$y=0.8986e^{2.3095x}$	0.6109
NDVI	$y=3.3455x-2.9987$	0.6822	$y=0.6921e^{2.1348x}$	0.6798
SAVI(0.1)	$y=4.2688x-3.0987$	0.6898	$y=0.5675e^{4.0983x}$	0.6776
SAVI(0.3)	$y=5.2657x-4.5981$	0.6926	$y=0.1439e^{3.5635x}$	0.6911
SAVI(0.5)	$y=4.1099x-2.5132$	0.6805	$y=0.7620e^{2.0164x}$	0.6898
ARVI(0.5)	$y=6.1523x-3.2098$	0.6521	$y=0.1748e^{1.9846x}$	0.6435
ARVI(1)	$y=4.4935x-1.0734$	0.6623	$y=0.9965e^{4.0985x}$	0.6599
TGDVI	$y=1.7022x-0.2734$	0.6599	$y=0.5792e^{3.2287x}$	0.6612
MNDVI	$y=2.5044x-0.1075$	0.6656	$y=0.7983e^{0.8751x}$	0.6568
MSR	$y=2.4043x-0.9872$	0.6523	$y=0.5057e^{2.9983x}$	0.6511
FREP	$y=5.9026x-4.5090$	0.6823	$y=0.1208e^{3.8973x}$	0.6819

各回归曲线如图7－18～图7－20所示,将40个检验样本点带入未分类模型,将20个样本点带入阔叶林和针叶林模型,得到估测LAI和实测LAI之间的回归模型。在分类前后,植被指数和LAI的关系及回归方程有明显变化,所以分类这个步骤有一定的实际意义。综合以上分析,得到LAI在不同条件下和最适植被指数的最优模型如下:未分类,$y=0.4965e^{2.1134x}$;阔叶林,$y=0.9904e^{3.3896x}$;针叶林,$y=4.1099x-2.5132$。

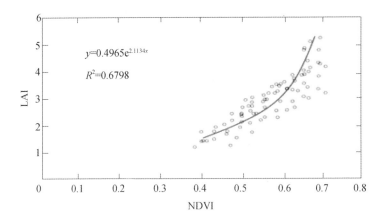

图 7-18　分类前 LAI 和 NDVI 回归曲线

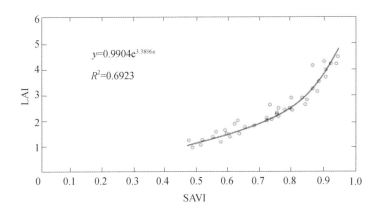

图 7-19　阔叶林 LAI 和 SAVI 回归曲线

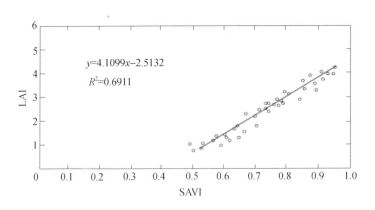

图 7-20　针叶林 LAI 和 SAVI 回归曲线

利用实测数据对应的测试样本部分构建检验集,将 32 个波段的光谱特征和 8 个植被指数作为输入特征,构建 3 类机器学习模型。SVM 模型选取高斯核函数,惩罚因子 C 为 10,核函数参数 σ 为 0.1。在构建 RF 模型时,随机变量数 mytry 和决策树的数量 ntree 这两个参数对模型精度有影响。本研究区 mytry 为 2~8,步长为 2;ntree 为 500~5000,步长为 200。最后得到的 RF 模型最优参数如表 7-4 所列。

表 7-4 RF 模型最优参数

模型	ntree	mtry	RMSE
RF 分类前	1200	2	0.3671
RF 阔叶林	2000	4	0.3424
RF 针叶林	1800	4	0.3560

选择 3 层网络标准结构,进行 5 折交叉验证优化,把 tansig 函数作为输入层到隐含层的传递函数,把 logsig 函数作为隐含层到输出层的传递函数,结合时间效率,最后确定训练次数为 1000,隐藏的神经元数目为 15。BP 神经网络模型精度随迭代次数的变化如表 7-5 所列。

表 7-5 BP 神经网络模型精度随迭代次数的变化

模型	RMSE					
	fold1	fold2	fold3	fold4	fold5	平均
BP 分类前	0.3293	0.3243	0.3105	0.3203	0.3231	0.3241
BP 阔叶林	0.3182	0.3123	0.3099	0.3042	0.3078	0.3101
BP 针叶林	0.3109	0.3245	0.3122	0.3138	0.3165	0.3154

通过比较估测值和实测值,评估不同模型的预测能力,对实测值和估测值的关系进行回归分析,得到的精度如表 7-6 所列,可知 SVM、RF、BP 算法都取得了较高精度,其中 BP 神经网络算法的估测能力最强。和前面提到的回归模型中最优模型相比,RF 和 BP 算法都取得了比回归模型更优的拟合精度,SVM 模型低于回归模型的精度,原因可能是最优核函数和人为参数的选取使模型未达到最优效果。这几类机器学习算法中,分类后的 LAI 模型仍然优于分类前的 LAI 模型,说明研究区的乔木分类后构建 LAI 模型可有效提高 LAI 估算模型的精度。

表 7-6 机器学习预测模型及其精度

乔木	模型	R^2	RMSE	EA/%
SVM 分类前	$y=1.1231x-0.2032$	0.7022	0.4533	80.93
SVM 阔叶林	$y=1.1209x-0.2024$	0.7109	0.4212	81.93
SVM 针叶林	$y=0.9053x+0.1683$	0.7135	0.4668	80.66
RF 分类前	$y=1.1197x-0.1987$	0.7402	0.3671	83.37
RF 阔叶林	$y=0.9134x+0.1763$	0.7503	0.3424	84.02
RF 针叶林	$y=0.9121x+0.1825$	0.7402	0.3560	83.74
BP 分类前	$y=1.0923x-0.0879$	0.7624	0.3241	85.09
BP 阔叶林	$y=0.9627x+0.0576$	0.7831	0.3101	86.98
BP 针叶林	$y=1.0725x-0.0723$	0.7659	0.3154	86.86

从上述分析可以看出,在先分类的情况下,采用 BP 神经网络分别对构建阔叶林 LAI 估算模型和针叶林 LAI 估算模型具有最高精度。因此,将整个研究区的特征值输入构建的 BP 神经网络模型中,得到的研究区的 LAI 如图 7-21 所示。海珠区的 LAI 分布主要集中在 0.5~4,其中 1.5~3 尤为集中,只有少数高于 4 或是低于 0.5。另外,在阔叶林成片分布的区域,尤其是南洲镇和官洲镇,LAI 相对较高。

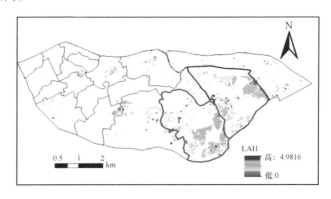

图 7-21 广州市海珠区 LAI 估算结果(见彩图)

研究提取了 SR、NDVI、SAVI、ARVI、TGDVI、MNDVI、MSR、FREP 共 8 种植被指数,在植被指数基础上,本研究基于统计学原理,构建了 LAI 和不同植被指数的关系,结合实测 LAI,分别用线性回归模型和指数回归模型进行了拟合,并利用测试集进行检验。分别利用 SVM、RF、BP 神经网络 3 种机器学习模型,将所有的植被指数和所有波段的光谱特征同时作为输入参数,对 LAI 进行了估算,结果如图 7-21 所示。相比回归模型,RF 和 BP 神经网络模型具有更高的精度。其中,

BP 神经网络模型的精度最高,分类前实测 LAI 和估算 LAI 的回归方程的 EA 达到了 85.09%,分类后阔叶林的实测 LAI 和估算 LAI 的回归方程的 EA 达到了 86.98%,针叶林的实测 LAI 和估算 LAI 的回归方程的 EA 达到了 86.86%。高光谱图像的窄波段信息的筛选和应用在机器学习模型中得以更好地实现。

研究中对乔木分类不够精细,构建的模型不够针对性。本研究采用的高光谱数据空间分辨率不高,仅为 10m,再加上无法获取研究区的森林资源二类统计数据,因此对森林树种无法详细区分。在后续的研究中,可以将高光谱数据和其他高空间分辨率数据相结合,利用多源数据对树种进行详细分类。另外,可以通过实地考察的方式对分类结果进行验证,以获得更精细的乔木分类,构建更有针对性的 LAI 估算模型。

7.4.2 生态环保

1. 平台服务内容

生态环保主要面向生态环保部的监测内容,提供区域环境的动态变化监测、突发环境事件的识别及影响程度的分析。

1) 海岸线监测

针对滨海城市海岸带生态保护需求,应用高空间分辨率卫星数据,开展海岸线类型及其变迁监测和海岸线补偿修复监测,生产海岸带每季度一次的海岸线类型、海岸线变迁和海岸线补偿修复遥感监测遥感专题图,为相关部门对海岸带的开发与保护提供数据支撑,为海岸带的生态保护提供技术支持。

2) 赤潮监测

赤潮是海洋生态系统中的一种异常现象,是在特定的环境条件下,海水中某些浮游植物、原生生物或细菌爆发性增殖或高度聚集而引起水体变色的一种有害生态现象。赤潮发生时,海水中的叶绿素浓度异常升高,在水体光谱曲线的 690~710nm 位置处形成特征反射峰,这为赤潮光学遥感检测提供了物理基础。基于赤潮水体与正常水体在近红外波段的光谱特征差异,结合优化设定的阈值,可实现赤潮与海水的遥感区分。

针对赤潮灾害监测需求,利用卫星光学遥感数据,开展赤潮遥感监测,生产赤潮监测产品(每月 1 次),为赤潮灾害防控提供技术支撑和信息服务。

3) 港口监测

基于高空间分辨率的遥感影像提取遥感影像上港口的各类地物,包括港口物流基础性设施中的防波堤、码头、泊位、港区道路、港内铁路等,以及港口经营性设施中的装卸设施、港口库场,并依据提取出地物的类型及港口各区域的分布特征,对港口进行功能区划分,生成港口基础信息专题图和港口功能区划图,并形成对应的分析报告。

4) 海上溢油监测

针对海事部门、环保部门对于海上溢油监测的需求,应用高光谱卫星数据,开展每月一次的海面溢油遥感监测,并生产海面溢油专题图和海面油面扩散专题图产品,为相关业务部门提供数据支撑和技术支持,并最终为相关部门有效地开展海面溢油防污治理,保障海运通航环境提供服务。

5) 饮用水水源地生态环境监测

以《地表水环境质量标准》(GB 3838—2002)和中国环境监测总站《关于环保重点城市集中式饮用水源(湖库型地表水)加测叶绿素 a 和透明度的紧急通知》为基准,对城市集中式饮用水水源地进行水源地水质监测。传统监测方法需要耗费大量人力、物力、时间,无法及时对突发状况下的饮用水水源地的水质进行监测,也无法及时排查可能造成污染的污染源。

6) 饮用水水源地环境监测

基于高空间分辨率和高光谱遥感影像数据,对城市饮用水水源保护区进行土地利用类型监测与分析,对饮用水源保护区潜在污染源进行监测和提取,分析是否存在潜在污染源,统计潜在污染源分布面积,对污染风险区进行识别和管理,辅助饮用水源地污染风险管理。利用遥感监测方法,可快速、有效、客观地提取水源地保护区内违章建筑、污染企业等风险源信息,全面了解水源地保护区范围内风险源存在及变化情况,为开展水源地环境执法和管理工作提供技术手段,提高环保执法效率和准确性,开拓水源地综合监管新领域,提升水源地天地一体化综合监管水平。

7) 饮用水水源富营养化监测

水体富营养化是指在人类活动影响下,生物所需的氮、磷等营养物质大量进入湖泊、河流里,引起藻类及其他浮游生物大量繁殖,水体溶解氧下降,水质恶化,导致鱼类等水生物大量死亡的现象。利用遥感监测方法,针对叶绿素a、透明度、表层温度、黄色物质进行水质参数的遥感反演,并结合野外高光谱和水质测样,对总磷、总氮、化学需氧量等水质参数进行估计预测,实现对区域内水源地湖泊水库的近实时、高效观测,为富营养评价和水源安全管理提供基础决策信息。

8) 水体污染源监测

污染源监测主要进行的入河污染源监测,针对各地区城市监测状况开展污染源监测能够为排污口整治和水环境评价提供科学的评价指标。常见水体的陆地污染源包括生活用水污染源、耕地与农田剩余营养污染源、工业废水污染源等类型,污染的成分包括氮磷等富营养物质、悬浮泥沙、藻类水华、有机碳、重金属等。当前,对污染源的识别与研究主要集中在不易被人们肉眼识别的污染源,主要包括地下水污染源识别、重金属污染源识别、点污染源和面污染源识别和恶臭污染源等。首先利用水质遥感反演,然后进行判读。

基于对水质反演结果中污染物浓度局部变化类型的分析,结合高分辨率卫星影像及局部无人机影像,再辅以现场调查,将污染概括为工业污染、采砂/采矿污染、陆地养殖污染、库/海湾养殖污染、生活废水污染等类型,并建立解译标志。按照先易后难、人机交互、综合判读的原则实施目视解译。按照解译标志,先查看反演图像,确定污染源具体位置、形状和局部变化特征,再结合高分辨率卫星影像查看污染源所处周边环境做出预判,最后分别通过叶绿素、悬浮泥沙和 COD 浓度的比对,最终确定污染源类型。通过对污染源的监测,生成城市污染源的空间及其类型分布专题图。

9) 水质监测

高光谱遥感能够获取内陆水体中各种物质的光谱特征,因而可以反演具有明显光谱特征的水体要素,主要包括影像内陆水体光学特性的 3 种典型水质参数:叶绿素 a、悬浮物、黄色物质,以及具有明显光谱特征的其他浮游植物色素,如藻蓝素。除了这些具有明确光谱特征的水体要素,高光谱遥感还可以进一步反演与这些水体要素密切相关的要素,如透明度、浊度、藻类生物量和溶解有机碳等。水源水质遥感监测方法是根据需求选择主要的河流与湖泊,制定水源水质遥感监测实施方案,然后利用同步实测水质光谱数据和水质检测数据进行回归分析,获取水质参数敏感波段,进行水质参数反演模型构建,并进行模型精度验证,得到水源水质反演精度评价报告。

10) 城市裸土提取

裸地是指表层为土质,基本无植被覆盖的土地或表层为岩石、石砾,其覆盖面积不小于 70% 的土地。城市裸地包括未利用裸露地表、城市施工工地及施工后未及时处理的裸露土地等。由于没有植被覆盖,因此裸地严重影响区域生态环境,也不利于局部水土保持。城市裸地导致地面扬尘,PM2.5 源解析表明,扬尘是大气颗粒污染的重要来源之一。提取并研究城市裸地空间分布对于城市景观美化、土地可持续利用、大气环境保护等相关管理决策具有重要意义。

根据国家现行土地利用现状分类标准《土地利用现状分类》(GB/T 21010—2017),使用高空间分辨率卫星影像监测裸地的分布,利用计算机解译方法结合目视解译方法提取出行政范围内所有裸地,制作城市裸地分布图,摸清各地区裸地现状,使用遥感技术手段实现对城市裸地的常态化监测,为相关部门管理提供辅助支持。通过裸土裸地治理,实现降低扬尘、改善大气质量的目的。

使用监督分类法从遥感影像中选取具有代表性的训练场地作为样本建立判别函数,据此对样本像元进行分类,依据样本类别的特征来识别非样本像元的归属类别,根据影像地物种类和各种地物的光谱特征把遥感影像分为多个大类,然后单独提取出裸地。

2. 结果展示

饮用水水源地保护如图7-22所示,水质监测如图7-23所示,海上溢油如图7-24所示,城市裸土监测如图7-25所示。

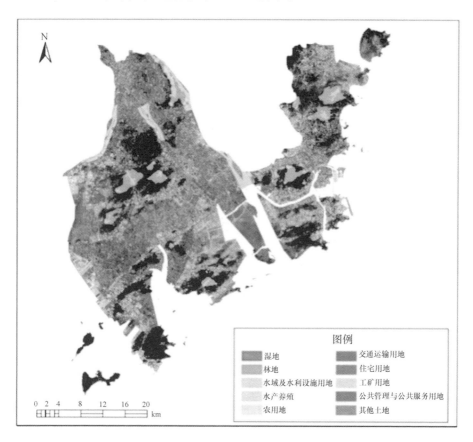

图7-22 饮用水水源地保护(见彩图)

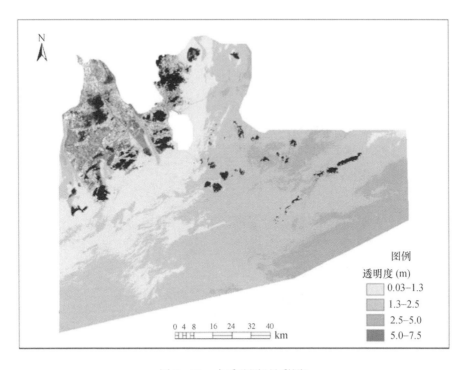

图 7 – 23　水质监测（见彩图）

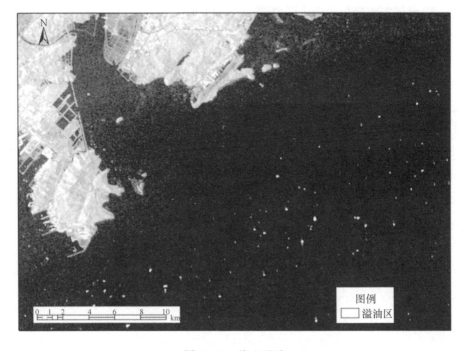

图 7 – 24　海上溢油

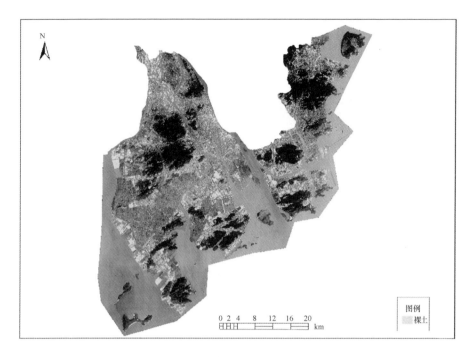

图 7-25 城市裸土监测（见彩图）

3. 水体富营养化及污染源监测

1）实验区域

珠海市是广东省地级市（北纬 21°48′~22°27′、东经 113°03′~114°19′），位于广东省珠江口的西南部，南连澳门，北接中山，西达江门台山，东望香港。珠海市是珠三角中岛屿最多、海洋面积最大的城市，具有 8 个国家一类口岸（拱北、九洲港、珠海港、万山、横琴、斗门、湾仔、珠澳跨境工业区）。珠海市现有各类水库 134 座，总蓄水量 1.2 亿 m^3。为弥补水库水资源的短缺，珠海市通过抽调西江水增加水库供水能力。目前，江水向水库调水成为珠海市水库供水的主要特征。调水型水库的水来自自产水和江河抽调水，从而决定了影响水库水质的不仅是流域内污染，同时江河源水的水质也对水库水质起到决定性作用。由于持续多年的水库水质营养水平的增加，部分水库水华暴发，使得全市供水水库的保护工作面临严峻挑战。通过高光谱数据对全市水库的提取获得水面范围，结合同步实测数据，对水库的水质采用综合营养状态指数法进行评价。

2）数据获取及影像预处理

"珠海一号"星座的高光谱卫星（OHS）搭载了地表分辨率优于 10m、幅宽优于

150km 的载荷,其光谱分辨率优于 2.5nm,并提供可调的自定义波段 32 个。现有在轨 8 颗高光谱卫星可实现 2.5~3 天的重访周期,卫星主要参数如表 7-7 所列。采用 2 个月的 OHS 数据进行预处理,执行 RPC 几何校正、相对辐射定标、6S 大气校正等步骤,利用随机森林方法对水体指数、归一化指数等进行加权打分综合,以提取水体范围。

表 7-7 "珠海一号"高光谱卫星主要参数

空间分辨率/m	10
幅宽/km	150
质量/kg	67
信噪比	优于 300
运行轨道/(°)	98
光谱波段数/个	32
光谱分辨率/nm	2.5
成像范围/(km×km)	150×2500
数据效率/Mbps	300
波长/nm	400~1000nm
标定方式	支持在轨标定
在轨寿命	优于 5 年

野外采集水面到 0.5m 深的水样,并记录现场测量指标,如水温、pH、透明度(塞克板目测法)等。水样由棕色采样瓶装好后直接储存在冰袋中冷藏。采集的水样在实验室中进行叶绿素 a、悬浮泥沙和高锰酸盐指数等指标的分析测试,实验室检测方法如表 7-8 所列。

表 7-8 部分水质指标实验室检测方法

检测项目	分析方法	方法来源
高锰酸盐指数(COD_{Mn})	酸式或碱式法	水和废水监测分析方法(第 4 版)
叶绿素 a(Chla)	紫外分光光度法	水和废水监测分析方法(第 4 版)
悬浮泥沙	重量法	《水质 悬浮物的测定 重量法》(GB 11901—1989)

使用 ASD FieldSpec Handheld 2 野外光谱仪采集水域水体光谱,该光谱仪波长范围为 325~1075nm,波长精度 ±1nm,光谱分辨率小于 3nm。水体光谱测量采用表观观测法进行采集。测量时天气晴朗,无云遮挡,光谱采集时间为上午 10 点到下午 2 点。实测部分高光谱反射率数据如图 7-26 所示。

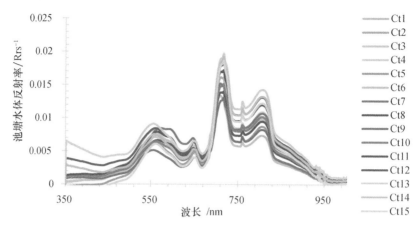

图 7－26　实测部分高光谱反射率数据（见彩图）

3）富营养化指数监测

水体富营养化往往由于人类活动导致：水库大坝对上游补水的限制、农业灌溉对水资源的消耗、河流沿线城市生活用水的排放、农业种植化肥施用和畜禽养殖产生的面源污染，这些人类活动直接或者间接增加了水体中营养盐的升高，引起藻类和其他浮游生物的大量繁殖，导致水质恶化、鱼类死亡。

水体的富营养化机理复杂，单一的水质参数无法对水体的营养状态进行正确描述，因此建立综合指标进行评价成为评价的主要方法。现有的衡量水库营养程度的方法主要还是依赖指数模型，水体富营养化评价的基本方法有单因子评价法、综合营养指数法、潜在性富营养化评价法和模糊数学综合评价法。Snindler 提出的营养状态指数已被大部分国家采用，其利用 4 个主要限制因子（总磷浓度、叶绿素 a 浓度（Chl－a）、透明度、深水层溶解氧饱和度）的极限值作为固定参量。综合营养状态指数计算公式如下：

$$\text{TLI}(\Sigma) = \sum_{j=1}^{m} W_j \text{TLI}(j) \qquad (7-8)$$

式中：TLI(Σ) 为综合营养状态指数；W_j 为第 j 种参数的相关权重；TLI(j) 为第 j 种参数的营养状态指数。

如果以 Chl－a 作为基准参数，则第 j 种参数的归一化的相关权重计算公式为

$$W_j = \frac{r_{ij}^2}{\sum_{j=1}^{m} r_{ij}^2} \qquad (7-9)$$

式中：r_{ij} 为第 j 种参数与基准参数 Chl－a 的相关系数；m 为评价参数的个数。

因此,以 Chl-a 作为基准参数的综合营养状态指数 TLI(Σ)的计算公式为

$$\text{TLI}(\Sigma) = \sum_{j=1}^{m}\left[\frac{r_{ij}^2}{\sum_{j=1}^{m}r_{ij}^2}\text{TLI}(j)\right] \quad (7-10)$$

中国湖泊(水库)的 Chl-a 与其他参数之间的相关关系如表 7-9 所列,表中 r_{ij} 来源于中国 26 个主要湖泊调查数据的计算结果。

表 7-9　中国湖泊(水库)的 Chl-a 与其他参数之间的相关关系

参数	Chl-a	TP	TN	SD	COD$_{Mn}$
r_{ij}	1	0.84	0.82	-0.83	0.83
r_{ij}^2	1	0.7056	0.6724	0.6889	0.6889

各项目营养状态指数的计算公式如下:

$$\text{TLI}(\text{Chla}) = 10(2.5 + 1.086\ln\text{Chla}) \quad (7-11)$$

$$\text{TLI}(\text{TP}) = 10(9.436 + 1.624\ln\text{TP}) \quad (7-12)$$

$$\text{TLI}(\text{TN}) = 10(5.453 + 1.694\ln\text{TN}) \quad (7-13)$$

$$\text{TLI}(\text{COD}_{Mn}) = 10(0.109 + 2.661\ln\text{COD}_{Mn}) \quad (7-14)$$

$$\text{TLI}(\text{SD}) = 10(5.118 - 1.94\ln\text{SD}) \quad (7-15)$$

式中:Chl-a 浓度单位为 μg/L,透明度 SD 单位为 m,其他指标单位均为 mg/L。

综合营养状态指数计算如下:

$$\text{TLI} = \sum_{j=1}^{m}W_j\text{TLI}(j) = 0.2663\text{TLI}(\text{Chla}) + 0.1879\text{TLI}(\text{TP}) + 0.1790\text{TLI}(\text{TN}) + $$
$$0.1834\text{TLI}(\text{SD}) + 0.1834\text{TLI}(\text{COD}_{Mn}) \quad (7-16)$$

通过对 OHS 产品的水质直接或间接反演,得到用于计算富营养化指数的 4 个指标值。采用营养状态指数 TLI 进行营养状态指数计算,得到两期影像监测的平均结果,如图 7-27 所示。

珠海市的大部分水库均为轻度富营养化,5 个重点的饮用水水库中,竹银水库、乾务水库、杨寮水库、竹仙洞水库都处于中营养状态,接近轻度富营养状态。同时,子流域的降雨和调水任务使得每个水库的水位同富营养状态紧密相关。通过对水库的监测,提出以下管理措施,以促进水库水质稳定及改善。

(1) 对水库的外源性营养物质的输入总量进行控制。现有湖库富营养化的成因主要是外源性污染,包括小流域内生活污水、补水河流调水和农业面源污染的输入。只有进行截污和输入总量控制,减轻入湖营养负荷,调配优质水源,才能够对区内水库的富营养化程度进行缓解。

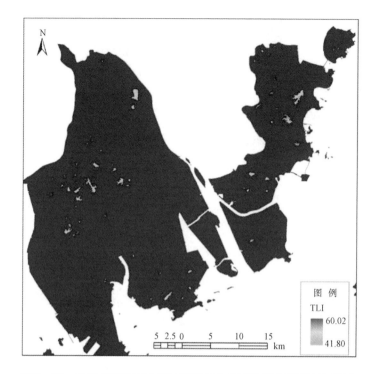

图 7-27　珠海市湖库型水源地富营养化遥感监测专题图(见彩图)

（2）清淤挖泥。湖泊、水库的富营养化物质会成为底泥,进而产生内源性污染。采取清淤挖泥的方法,通过对底泥的清掏,减少水体沉积物的营养盐含量,减轻可能发生的底泥污染。

（3）管控水库养殖。对于具有水产养殖功能的水库来说,养殖的过程即为增加营养盐的过程,鱼类在喂食过程中带入的饵料常常会成为促进藻类生长的营养物质。对饮用水水库进行保护,对其他水库湖区严格限制渔业养殖的规模,并定期监督。

4）污染源监测

常见水体的陆地污染源包括生活用水污染源、耕地与农田剩余营养污染源、工业废水污染源等类型,污染的成分包括 TN、TP 等富营养物质、悬浮泥沙、藻类水华、可溶性有机物质(COD)、重金属等。当前,对污染源的识别与研究主要集中在不易被人们肉眼识别的污染源,主要包括地下水污染源识别、重金属污染源识别、点污染源和面污染源识别和恶臭污染源识别等。不同于土地利用类型解译,由于水质遥感信号弱,水体污染源难以通过遥感影像进行直接研判,因此需要首先进行水质遥感反演,然后进行判读。

基于对水质反演结果中污染物浓度局部变化类型的分析,结合高分辨率卫星影像及局部无人机影像,再辅以现场调查,将污染概括为工业污染、采砂/采矿污染、陆地养殖污染、库/海湾养殖污染、生活废水污染等类型,并建立解译标志。按照先易后难、人机交互、综合判读的原则实施目视解译。按照解译标志,先查看反演图像,确定污染源具体位置、形状和局部变化特征;再结合高分辨率卫星影像查看污染源所处周边环境,做出预判;最后分别通过叶绿素、悬浮泥沙和 COD 浓度的比对,最终确定污染源类型。

基于高光谱遥感影像,利用同步实测水质光谱数据和水质检测数据进行回归分析,获取水质参数敏感波段,进行水质参数反演模型构建,并进行模型精度验证,定量反演内陆水体的叶绿素浓度、COD 及悬浮泥沙含量,输出水体叶绿素浓度、COD_{Mn} 及悬浮泥沙含量成果图。相关资料表明,当河宽大于 100m 时,即可在 10m 分辨率的高光谱影像上获得稳定的水像元,以便进行水质遥感监测。基于上述 3 项成果图,首先分析该区域污染物浓度局部变化特征,并进行归类;其次,综合 3 种污染物浓度及局部变化特征、高分辨率遥感影像和周边环境等信息建立污染源目视解译标志,分析并综合各类型污染源可能误判的原因和判读要点;最后,实施区域污染源判读并结合现场调查和无人机影像进行精度检验,分析误判原因,校正后输出区域污染源类型分布图。其技术路线如图 7-28 所示。

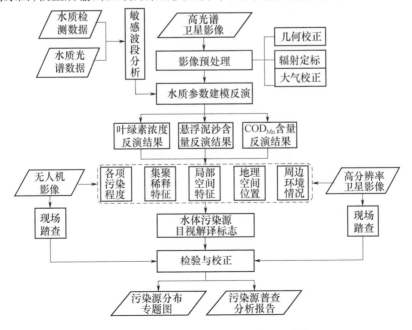

图 7-28 水体污染源遥感监测技术路线

入河排污口类型如下。

(1) 企业(工厂)入河排污口。接纳企业(工厂)排放废水的入河排污口。

(2) 市政生活入河排污口。城区无截污系统排污。

(3) 雨污合流市政排水口。接纳市政雨污合流制排水的入河排污口。

(4) 混合型废水污水排污口。接纳污水处理厂尾水及其他混合形式废污水的入河排污口，如未接入市政污水收集系统的城区、郊外旅游区、度假村、机场、铁路车站等，以及其他居民聚集地的污水排放渠道，如化粪池、无动力地埋式污水处理池、排水井等集中排污口。

(5) 火电厂贯流式冷却排水口或矿山排水口；火电厂冷却水的排放口；开发矿藏时，由大气降水、地表水、地下水和生产用水等组成的入河排水口。

图7-29显示的疑似污染源位于友谊河与胜利河，沙头水闸至白藤湖水闸段称友谊河，天生河水闸至白藤湖水闸段称胜利河。该区域水体叶绿素a、氨氮浓度高，溶解氧浓度低，观察其遥感影像水体颜色表现为黑色，有别于两侧鸡啼门水道、磨刀门水道的正常水体。考虑到友谊河与胜利河两端均设有水闸，推测其水质状况差的原因之一为水动力学条件不足，水循环不畅。

图7-29　疑似污染源(见彩图)

图7-30显示的疑似污染源位于邻近珠海拱北口岸水域，该区域水体叶绿素a、氨氮浓度高，溶解氧浓度低。

7.4.3　农业农村

1. 平台服务内容

利用遥感卫星实时对地观测，能够快速准确地获取广域农业信息遥感数据，采用高光谱遥感技术，辅助以高分辨遥感数据，可对田间作物种类进行精准识别；利用卫星对同一地区进行周期性监测，可监测农作物长势，精确播报农情(病虫害分布、估产等)，为农业生产及政府管理提供管控及决策支持。

图 7-30 疑似污染源(见彩图)

1) 永久基本农田变化监测

永久基本农田数量及质量是决定农业生产、农业资源利用及农业政策制定的重要基础信息。高精度的耕地空间分布、多层面的耕地利用格局及变化特征、动态的耕地质量状况及变化规律对农情监测、田间管理和粮食安全都有着重大的意义。遥感技术因其大范围、高时效的优势,已广泛应用于耕地分布制图、耕地利用格局分析及耕地质量时空变化监测的研究中。使用高分辨率卫星,对全区范围内的耕地变化情况进行监管,提取耕地范围和位置信息,并对多期影像中的耕地信息的变化情况进行统计与分析。

2) 农作物品种分布监测

遥感技术识别不同农作物的基础原理是根据植被的不同反射光谱特性进行作物的精细识别分类。利用高光谱卫星精细的地物识别能力,根据不同农作物的反射光谱差异,实现农作物的精细分类。通过多期遥感数据对全市的粮食作物、经济作物的种植信息提取,为农业的种植结构优化提供决策支持依据。

3) 农作物长势监测

在作物生长早期,主要反映的内容是作物的苗情好坏;在作物生长发育中后期,则主要反映的内容是作物植株发育形势及其在产量方面的指定性特征。尽管作物的生长状况受多种因素的影响,其生长过程又是一个极其复杂的生理生态过程,但其生长状况可以用一些能够反映其生长特征并且与该生长特征密切相关的因子进行表征。

利用实时的遥感卫星影像数据,定量反演作物含水量、叶绿素含量、LAI、植被指数(VI)等生长状态参数作为植被遥感长势监测参数,利用已有的成熟的作物长势遥感反演模型进行农作物长势的遥感监测。

4）农作物病虫害监测

作物病虫害的遥感监测可以看作对作物的"放射诊断",这是一种以非接触式的方式对病虫害进行空间连续监测的方法。作物在病虫害胁迫条件下会在不同波段上表现出差异性的吸收和反射特性,作物病虫害引起的不同症状及光学属性是进行作物病虫害遥感监测的病理学基础。作物病虫害的光谱响应可以近似认为是一个由病虫害引起的作物色素、水分、形态、结构等变化的函数,因此往往呈现多效性,并且与每一种病虫害的特点有关。高光谱遥感卫星数据具有丰富的波谱信息,对于不同程度病害的作物有不同的波谱响应效果,因此可基于高光谱数据对农作物的病虫害受灾害面积和受灾程度等级进行划分并生成专题图和分析报告,为应对农业灾害管理提供科学可靠的数据支持。

5）渔业养殖调查

渔业对国民经济生产有着重要作用,渔业生产包括淡水养殖、捕捞、近岸海水养殖和远洋捕捞等类型。高光谱遥感影像记录地物的反射、辐射波谱特征,拥有丰富的地物空间分布及光谱信息。鱼塘养殖的鱼塘在遥感影像中与其他土地类型呈现不同的特征,渔业养殖所用的养殖箱在遥感影像中呈现与周边水体不同的特征,结合实地调查情况,依据其在遥感图像中的形状、大小、色调、阴影、纹理、图形及相关布局等特点,结合解译经验,建立解译标志,采用对照分析的方法进行由此及彼、由表及里、去伪存真、循序渐进的综合分析和逻辑推理,从高分辨率卫星影像中获取需要的专题信息,生成专题图和分析报告。淡水渔业养殖专题图如图 7-31 所示,近岸海上养殖专题图如图 7-32 所示。

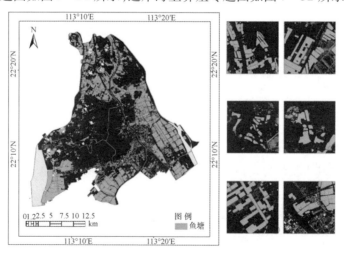

图 7-31　淡水渔业养殖专题图(见彩图)

图 7-32　近岸海上养殖专题图（见彩图）

6）农林用地保护和利用质量分析

农业用地的数量及质量是决定农业生产、农业资源利用及农业政策制定的重要基础信息。高精度的耕地空间分布、多层面的耕地利用格局及变化特征、动态的耕地质量状况及变化规律对农情监测、田间管理和粮食安全都有着重大的意义。遥感技术因其大范围、高时效的优势，已广泛应用于耕地分布制图、耕地利用格局分析、耕地质量时空变化监测的研究中。使用高光谱卫星影像和高空间分辨率卫星影像，对全市范围内的耕地变化情况进行监管，提取耕地范围和位置信息，并对多期影像中的耕地信息的变化情况进行统计与分析。

2. 基于高光谱的农作物精细分类

1）研究区概况

试验所选研究区位于河北省涿州市、易县和容城县。河北省大部分区域位于 N36°05′~42°40′，E113°27′~119°50′，其平原区域位于我国的华北平原，地势平坦，植被生长条件较好，较为适合耕地。耕地区域植被随季节变化较为明显，作物主要是冬小麦，品种相对单一，区域内地物特征适于利用遥感图像开展分析研究。

2) 数据处理

本研究数据源为 OHS-2A 高光谱影像数据,每个波段均为独立成像,需在 ENVI 中将 32 个波段合成,后利用所给文件参数结合辐射定标(Radiometric Calibration)进行绝对辐射定标,采用 FLASH 进行大气校正,利用 ENVI 中的 RPC 功能和软件自带的 DEM 为参考数据,对高光谱数据进行正射校正,最后将 3 幅影像进行拼接处理和图像增强。图 7-33 是研究区真彩色影像。

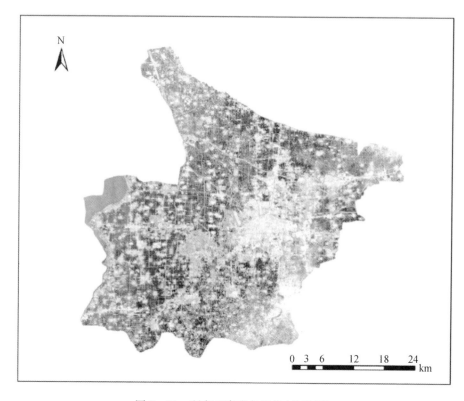

图 7-33 研究区真彩色影像(见彩图)

影像地图:利用高光谱数据中的红色(波段 11~14)、绿色(波段 7)、蓝色(波段 2)相关波段,合成高光谱真彩色影像,同时可以收集包括谷歌地球(Google Earth)在内的高分辨率影像作为参考。

现场采样:通过现场踏勘采集样本数据,地物类型主要包括小麦、林地、裸地、耕地、城市建筑、水体、草地,样本数据的一部分用于图像分类(分类点),其余作为分类结果验证数据(验证点)。

研究区高光谱真彩色影像图及现场采样点分布如图 7-34 所示。

图 7-34　研究区高光谱彩色影像图及现场采样点分布(见彩图)
(数据源:"珠海一号"高光谱卫星,合成波段为 band11/Band7/band2)

3) 目视解译

目视解译作为大多数遥感项目应用中的初始工作,也是地物分类的基础。其主要方法包括对比法、直判法、邻比法、逻辑推理法、动态对比法等。在进行目视解译的过程中首先必须建立影像目视解译的标志,后通过观察寻找影像中能够直接反映和判别地物的特征,这些特征包括地物的形状、色彩、纹理、位置、大小、灰度等。在选取的过程中一定要选取具有代表性的地方,范围大小相对适中。首先在进行地物色调的解译中,由于同一地物在不同波段的影像上会出现很大的差别,即使在同一个波段的影像上,因为影像的成像时间及季节的差异,同一个地区的同一种地物的色调也会有所差异。通过对重要的地表标志特征进行判别来划分地物的初步结果是后续进行地物分类的重要基础。

4) 高光谱影像处理

由于高光谱遥感影像包含丰富的光谱波段信息和地物的纹理特征等信息,这种信息在提高影像分类精度的同时,严重的数据冗余也会影响分类效率和精度,加重 Hughes 现象。因此,在进行高光谱影像地物分类前需要对高光谱数据进行最佳降维,以保证得到具有较高地物分类精度的有效方法。然而,现阶段大量遥感数据处理算法都是针对低维度数据的,因此特征提取是高光谱遥感数据处理与实际应用面临的难题之一。由于高光谱影像成像光谱仪波段狭窄,导致其成像能量不足,图像噪声数据比较严重,这在训练样本较少、样本质量较差或者可信度较低的情况下,噪声会对高光谱地物分类结果的精度造成很大影响。因此,在进行地物分类之前必须采取高光谱图像降维去噪,使分类结果的精度和质量有所提高。

如图7-35所示,此处采取最小噪声分离变换(MNF Rotation)方法来判定OHS-2A高光谱影像数据内在的维数,分离出数据中的噪声,将强噪声从高光谱影像数据中剔除,以此来获取有效的高光谱影像波段,减少在后续地物分类过程中数据计算的需求,然后利用SVM分类方法进行地物分类操作。

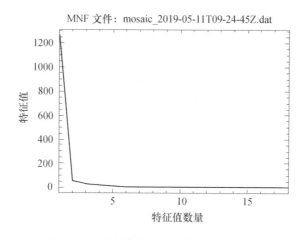

图7-35 最小噪声分离变换方法波段选择

高光谱遥感影像分类方法正处于不断完善和快速发展的阶段,除了常见的高光谱分类方法波谱角填图、二进制编码和光谱信息散度外,在拥有大量的训练样本情况下,传统常见的多光谱分类方法,如最大似然法和最小距离法等也可以直接使用。研究实验表明,SVM分类器较传统分类方法分类质量更好,分类精度更高,较适用于高光谱影像分类。在选择SVM方法对高光谱影像进行分析时,核函数选择RBF函数,核函数伽马参数(Gamma in Kernel Function)设置为0.167,其他参数的设置选择默认。

3. 小麦叶绿素浓度反演

利用地物分类的栅格结果可以转换得到相对应的矢量文件,结合矢量文件对预处理后的原始遥感图像进行裁剪,进而得到相应的感兴趣区(小麦区域)。运用前期建立的最佳模型对小麦叶绿素浓度进行反演得到结果,如图7-36所示。

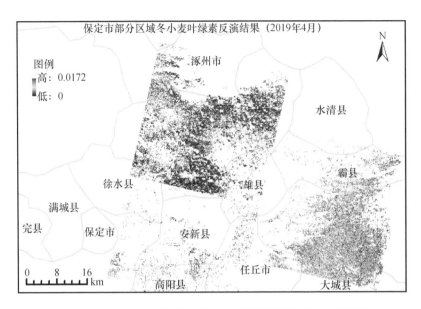

图 7-36 保定部分区域某时相冬小麦叶绿素反演结果(见彩图)

可以看到,小麦叶绿素浓度在不同区域存在差异,产生这种差异最主要的原因可能是种植户相对独立,从而导致不同区域的小麦品种不同。此外,播种时间、化肥使用、营养物质提供及管理方式也存在较大差异,因此不同区域叶绿素浓度存在差异。从整体来看,叶绿素浓度主要集中在 $0.007 \sim 0.017 \mathrm{mg/cm^2}$,与所提供数据(此模型是根据第二次提供的数据建立的,提供的数据中最小值为 0.00723,最大值为 0.0172)基本符合。本次反演使用的高光谱数据的获取时间为 2019 年 4 月,此时间段研究区域的冬小麦正处于拔节期,长势旺,叶绿素含量变化情况显著,因此小麦叶绿素浓度跨度相对较大。由结果可以看到,边缘地区存在极大值或极小值,产生这种情况的原因可能是地物分类时边缘区划分精度不高,以至于存在其他地物(如裸地)划分到小麦研究区。当然,农作物的种植密度、健康状况等也会通过对小麦叶面积的影响进而直接或者间接影响到小麦的叶绿素含量。

研究结果表明,使用高光谱遥感数据对小麦的叶绿素浓度预测可以取得较好的效果。植被的高光谱特征中蕴含着丰富的信息,在农作物的长势监测、估产、健康状况、质量监测等方面可以进行非常广泛的应用。因此,应该充分挖掘高光谱遥感在不同种类农作物应用的潜在价值。当然,从结果也可以看到一些问题,如不同种植区域(可能是由于品种、种植方式、营养物质等的差异)的小麦叶绿素浓度也会存在着一定的差异,用同一个预测模型来反演会造成较大的误差。此外,反演过程中也存在一定的问题,如实地采取数据较少。因此,仍需要大量的实地监测信息和数据来对其进行修复和改善。由于采用的模型均存在差异,因此应用的要求和条件都存在较大的区别。后续的研究可以针对存在的一些问题进行改进以提高预测模型的精确度,使模型得到进一步的完善,以便让后续的研究变得更加实用、准确、经济。

7.4.4 水利水务

1. 平台服务内容

1)水资源监测

在不同的季节、不同太阳强度、云层及阴影等外界条件的影响下,地面同样的地物在多光谱遥感图像的同一个波段也会呈现出不同的亮度值,而同一个地物在不同波段成像中具有稳定的光谱特性。因此,利用不同波段的遥感图像之间的比值运算可以尽量减少环境条件的影响,得到一幅比值增强的图像,提供了任何单波段不具有的独特信息,能够增加相邻像元之间的差别,有利于区分水体信息和阴影。因此,可通过遥感监测手段快速、全面地获取水资源的分布、面积等状况,有益于海绵城市的建设。

2)水土保持监测

水土保持监测任务将着重监测全市土壤含水量、地表温度,并依据现有全市地形数据对陡坡的土地利用类型进行监测,提供需要进行"复绿"或开展水保工程建设的潜在范围。水土流失情况是水土保持中的重点。对于高陡边坡来说,水保工程和"复绿"是最为重要的任务,而面向全市需要能够提供潜在"复绿"或者开展水保工程的区域。采用高分辨率遥感数据可对全市的裸露地面进行监测,结合既有地形数据和雨水情况,获得降雨突发区域、高频暴雨区域内的土壤流失风险区域,为水保工作提供实质性的业务支持。对于提取到的高风险区域,通过无人机进行小区域的立体拍摄,形成局部特征地形模型,为水保工程的工程量提供第一手资料。

3)黑臭水体识别与监测

城市黑臭水体是指城市建成区内呈现令人不悦的颜色和(或)散发令人不适气味的水体的统称。城市黑臭水体治理不仅关乎城市形象,也与市民生活息息相关。利用遥感方法,可对重点河段进行实时、全面的监测,可获取其黑臭水体分布状况。水体因为各水质参数组分及其含量的不同造成水体的吸收和散射的变化,所以可用遥感技术测量到的电磁反射信息的变化来反馈出水体光学基本要素信息。针对不同城市的黑臭水体,利用野外光谱仪(或无人机高光谱)现场测量黑臭水体水面遥感反射率,同时进行水质参数检测。根据检测结果,从基于表观光学特性差异和基于典型水质参数反演两方面开展城市黑臭水体遥感识别研究,构建基于地面光谱(或无人机高光谱)的黑臭水体识别和分级模型。在地面光谱模型基础上,构建适用于各地区的基于高空间分辨率遥感卫星影像的黑臭水体遥感识别模型,并进行模型精度验证,获得黑臭水体反演精度评价报告。最后,用建立好的黑臭水体反演模型结合预处理后的高分遥感影像数据进行反演,得到黑臭水体分布结果。

4)河道、河口滩涂监测

对各地区水域岸线遥感监测,提取水域岸线位置,监测岸线两侧空间变化,并针对非法采砂、非法码头、违规建筑、非法围垦等侵占、破坏河道和湖区的行为进行监测,编制遥感监测报告。整合水域岸线位置矢量、变化区域图斑及变化前后影像等相关数据,建立遥感监测地理空间信息数据库;编制城市河流干流及主要湖泊水库水域岸线遥感监测专题地图,反映监测区域变化信息。

通过高分辨率卫星影像,基于影像特征识别进行信息提取。采砂活动往往会出现采砂船及相关的设备,采砂还会引发附近水体水色变化,水体悬浮物浓度增加,透明度降低。另外,采砂点周围还形成明显的砂料堆放点,采砂地区的土地利用情况与周边具有明显的差异。因此,通过卫星影像能够对各类采砂点的空间分布进行监测,快速发现违法采砂活动。河口滩涂是重要的生态区域,是各类野生动物重要的活动区域,因此会建有保护区。但是,有部分区域未能得到有效管理,非法的生产建设尤其是非法的填挖活动不仅会改变地表形态,还会对河口的生态、河流的行洪及河流堤坝产生不利影响,因此需要加强河口滩涂的监督管理。利用多源卫星影像能够实现对河口地区土地利用、生态环境状况等的监测,为河口滩涂的管理提供依据。通过对河道、河口滩涂的监测,提供河道采砂点的分布图,结合合法采砂点数据比较得到非法采砂点的空间分布,并通过滩涂地区的遥感监测,得到河口滩涂地区的土地利用分布图,并提取出非法围垦等地点的空间分布与面积信息。

5)河长制、湖长制监测

运用遥感监测方式服务于河长制、湖长制,对河湖水质状况、河湖管理范围的土地利用、河道的空间分布、季节变化、水质情况分布、沿线污染源与污染排放等进行监测,为河湖管理提供依据。根据河长制、湖长制遥感监测的需要,首先选择主要的河流与湖泊,制定水质遥感监测实施方案;然后利用以高光谱卫星影像为主的多源遥感数据,结合地面水样信息采集,建立数据库;接着对河流、湖泊的叶绿素、透明度、悬浮物、总氮、总磷、化学需氧量等水质监测指标进行反演,提供定期监测成果;最后根据一定的原则和方法建立城市河流、湖泊水环境富营养化评价体系,根据指标体系选择合理的评价方法进行评价,根据评价结果确定疑似污染源分布及污染级别,为河长制、湖长制监测治理及应急处置工作提供科学的参考依据和技术支持。

6) 江河湖泊、水库违法构筑物和违章建筑物监测

在高空间分辨率遥感影像中,建筑物或构建物表现为面状地物具有一定宽度、长度和面积,在面向对象的聚类信息提取中,把建筑物分割成一个个具有一定宽度、长度和面积的方形对象,并且这些对象有一定的面积和长宽比,且在灰度上具有一定的相似性。可先通过对象的灰度特征提取出满足灰度条件的影像对象,再通过形状、宽度等参数的约束来实现江河湖泊违法违规建筑物的提取;然后进行外业勘测,并与城市规划数据对比分析,进一步提取出违法违规建筑物,录入违章建筑物的属性信息,得到江河湖泊违法违规建筑物分布专题产品,生成江河湖泊违法违规建筑物监测分析报告。

7) 重要水利工程监测

基于机载 LiDAR 技术,对全市重点水库大坝及河流堤岸建立全景三维模型,模拟水库在各种蓄水状态、泄洪口及水库下游的周边环境变化,为泄洪可能产生的灾害进行辅助评估。基于高分辨率卫星影像和高光谱卫星影像数据,结合无人机野外航空摄影,同时通过雷达卫星影像获取防汛工程周边高程模型,利用合成孔径雷达 D - InSAR 技术进行重要水利工程稳定性监测,获取重要水利工程年形变量和形变速率,为相关部门提供工程安全性基础数据,为可能发生的灾害事件做好应急处理准备。

2. 结果展示

疑似黑臭水体识别如图 7 - 37 所示,珠海市金湾区江河湖库违法建筑物遥感识别如图 7 - 38 所示。

3. 高光谱影像和 UAV 对黑臭水体的识别和监测

1) 实验数据

实验数据采用 OHS 高光谱数据、法国 Pléiades 数据和多个时段的水面采样的实验室分析数据,参照珠海市河湖名录、珠海市水质监测中心对外公布的水体检测结果。同时,在重点河段进行了无人机高光谱拍摄,影像如图 7 - 39 和图 7 - 40 所示。

第7章　多源数据应用服务平台建设

图7-37　疑似黑臭水体识别(见彩图)

图7-38　珠海市金湾区江河湖库违法建筑物遥感识别(见彩图)

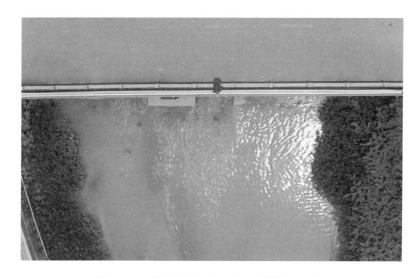

图 7-39　同步监测无人机高光谱拍摄的影像

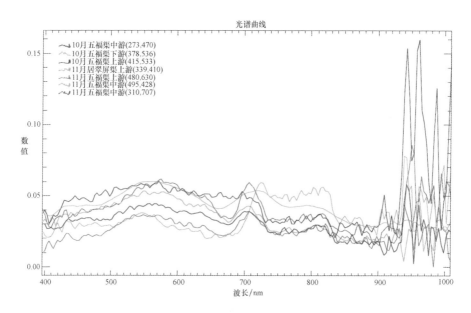

图 7-40　同步监测无人机高光谱的光谱曲线（见彩图）

2）实施流程

首先与用户单位进行需求调研，查阅资料，初步确定需要监测的河流；然后利用无人机高光谱和地面数据采集同步进行，分析出黑臭水体的敏感波段，确定高光谱反演模型，结合多种数据源进行黑臭水体在不同空间尺度的识别分析；接着根据现有的珠海市河湖名录及半经验模型，提取出预处理后的兴趣区水域;最后用黑臭水体等相关反演模型对该水域进行反演,获取该水域的黑臭状况分布专题成果,实施流程如图 7-41 所示。

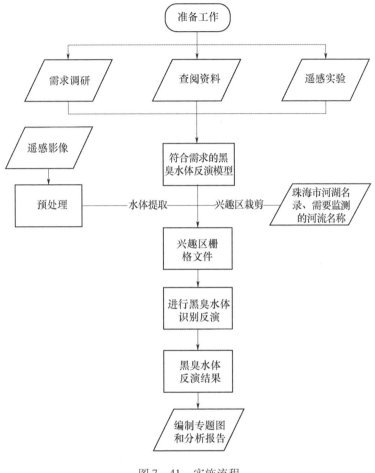

图 7-41　实施流程

3) 黑臭水体识别模型

黑臭水体的识别依据《水体可见光-短波红外光谱反射率测量》(GB/T 36540—2018)、《城市黑臭水体整治工作指南》(住建部 2015 年 9 月) 两个规范进行。黑臭水体遥感识别模型的建立,主要是依据同步的无人机高光谱数据的光谱曲线及地面水质检测数据,从基于表观光学特性差异和基于典型水质参数反演的两方面开展城市黑臭水体遥感识别研究,构建基于无人机高光谱的黑臭水体识别和分级模型,叶绿素 a、透明度等水质参数反演模型。在该模型基础上,构建同时段高空间分辨率遥感卫星影像融合的黑臭水体模型,并进行模型精度验证,获得反演精度评价报告。最后采用经验阈值法进行黑臭的提取,并与实验室标测结果进行对比,以确定标测阈值区间。

采用数值法确定黑臭水体识别模型(记为DBWI):

$$DBWI = \frac{b_2 - b_1}{10000}$$

黑臭水体 DBWI 初步分级阈值为

$$DBWI = \begin{cases} < 0.0051 & ,\text{重度黑臭} \\ 0.0051 \sim 0.0128 & ,\text{轻度黑臭} \\ > 0.0128 & ,\text{一般水体} \end{cases}$$

采用预处理后的遥感影像进行兴趣区水域提取,本书采用水体指数 NDWI > 0 对水体进行初步提取,再结合高分辨率影像进行不同尺度的修正。利用上述模型和遥感影像进行兴趣区水域的黑臭水体相关的反演,获得黑臭水体分布状况,并编制专题图及分析报告。

7.4.5 交通运输

1. 平台服务内容

1) 公路普查与数据更新

主要针对各城市的全市公路进行普查,普查范围包括国道、省道、县道、乡道和专用公路。同时,为全面了解和掌握全市农村道路的现状及通达情况,对国、省、县、乡和专用公路以外的村道进行调查。为全面反映路网现状,普查采用高分辨率卫星数据,对人工修建、路基宽度达到 2.3m 及以上的道路进行监测,实现对全市公路管理的常态化、精细化和信息化。其重点为以下 3 方面内容。

(1) 建立遥感动态监测体制,通过这次普查建立全市公路数据库,为后期遥感动态监测提供基础数据。

(2) 绘制全市公路网地图,利用普查的公路网数据绘制全市公路网分布图。

(3) 统计分析全市公路分布状况,发现公路管理中存在的不足,为公路规划建设提供支持。

2) 高速公路稳定性调查

采用基于长时间序列的卫星雷达影像数据的时序 InSAR 分析技术,对各城市的高速公路的形变情况进行监测和量化分析,获取高速公路地面高时空分辨率、高精度、高可靠性的形变数据。基于工作区已有的地质资料和已有的形变历史资料,结合外业观测的形变实测数据,包括水准测量方式、GPS高程测量方式,进行实地查证。利用时序 PS–InSAR 技术分析城市范围内高速公路目前的沉降情况、时空特征规律、沉降归因分析和形变建模,建立高速公路形变监测的基础数据,为以后长期性开展监测工作打下坚实基础。

3) 重点桥梁及高架桥形变监测

对各城市重点桥梁及高架桥进行形变监测,主要包括 InSAR 影像选取与采购、主影像选取、PS 点(永久散射体)识别及形变信息提取等内容,提取重点桥梁及高架桥形变信息。采用 PS–InSAR 永久散射体干涉测量技术,该方法可以保证干涉像对获得足够的相干性。在获取差分干涉形变图后,可根据不同的组合方式解算不同时间段的形变量。根据 SAR 遥感监测的初步成果,进行遥感解译,针对整个工作区内监测的沉降区域,基于工作区已有的地质资料和已有的形变历史资料,结合外业观测的形变实测数据,包括水准测量方式、GPS 高程测量方式,进行实地查证。另外,利用验证结果,对 InSAR 形变监测进行错误反查,如有较大差异,需调整假设条件或反演参数,重新进行永久散射体形变反演。

4) 地铁沿线稳定性调查

地铁作为城市的一种地下大容量交通工具,具有人员密集、封闭性强、行驶速度快等特点。由于地铁在建设、运营过程中,不可避免地会产生局部地下水位降低及地层损失、扰动等,因此必然会引发不同程度的地面沉降。另外,由于地铁线路分布差异大、里程长,传统利用点位测量数据(GPS 点、水准点等)进行预测、评价的方法难以解决不同时空路段上的运营危险性分析问题,因此仍需对整个线路沉降情况进行综合监测。要实现高精度的大区域地面沉降监测,需要一种覆盖范围广、监测点位密度大、频率高且人为干预少的技术手段。SAR 干涉测量技术,特别是在差分干涉测量技术基础上发展起来的永久散射体干涉测量技术能够提高地面沉降监测的时空分辨率及数据处理的精度,为更合理、更精确地评价地铁运营危险性提供了数据基础。通过分析年均沉降速率分布,初步揭示研究区的地面沉降空间分布特征,结合当地地质状况对由地面沉降引发的地铁运营危险性进行分析,可为地铁安全运营管理提供决策依据,同时为类似地铁轨道或车站施工、运营风险评估等提供有效建议,对地面沉降灾害防治工作有一定的理论及实际意义。

2. 结果展示

高速公路稳定性调查结果如图 7–42 所示,重点桥梁稳定性调查结果如图 7–43 所示。

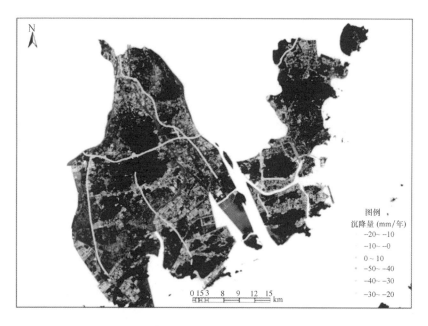

图 7-42 高速公路稳定性调查结果(见彩图)

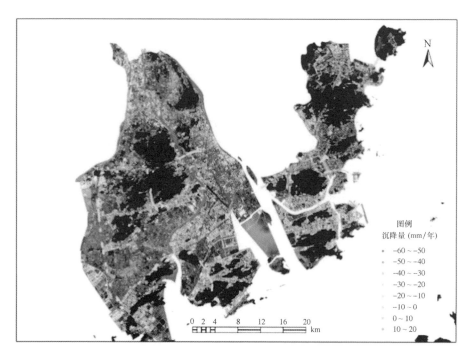

图 7-43 重点桥梁稳定性调查结果(见彩图)

3. SAR 数据在重点桥梁及高架桥形变监测中的应用

1）数据源

Sentinel-1A 雷达卫星和 Sentinel-1B 作为 Sentinel-1 的姐妹星,两颗卫星构成一个星座,Sentinel-1 双星系统将重访周期缩短为 6 天,而在高纬地区重访周期可以减低到 1 天,这能更有效地应对各种突发灾害监测及地表各项地物的形变场测量工作。本次选取的数据获取的模式为其成像之一的干涉宽模式(IW)。该成像模式采用中等分辨率($5m \times 20m$)获取幅宽 250km 的影像,它通过采用递进的地形扫描方式(TOPSAR)获取 3 个子条带。通过采用在方位向的多普勒频谱的足够覆盖和垂直向的波数谱,TOPSAR 技术确保 InSAR 的有效分析。该技术通过相应的算法参数确保了幅宽范围内影像的一致性。因此,干涉幅模式由于其大范围覆盖、中等分辨率特征被当作陆地覆盖的默认模式。

2）实验流程

首先对各个重要的桥梁的建造背景与使用情况进行调研,便于后期针对性的分析和监测方案的确认。综合考虑成本和监测精度两大因素,选择哨兵 1A 数据。

首先对覆盖目标区域的哨兵 1A 影像进行下载,然后对影像进行数据质量评估,从而筛选出合适的影像数据。采用时序 SAR 方法对影像进行处理,并对各座重点桥梁进行针对性处理,最后对获取的结果进行单独分析,对珠海地区的桥梁进行整体分析,并形成各阶段的形变监测成果。工作实施流程如图 7-44 所示。

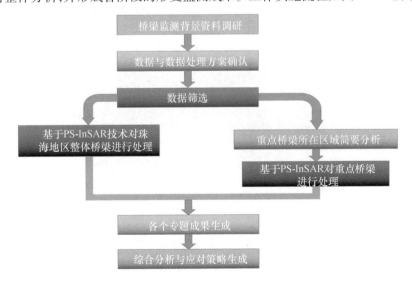

图 7-44 工作实施流程

3）数据处理与算法

监测桥梁列表（部分）如表 7-10 所列。

表 7-10　监测桥梁列表（部分）

序号	桥梁名称	序号	桥梁名称
1	珠海大桥	10	磨刀门大桥
2	莲花大桥	11	南门大桥
3	横琴大桥	12	南水大桥
4	海工大桥	13	泥湾门大桥
5	横坑大桥	14	上横大桥
6	鸡啼门大桥	15	淇澳大桥
7	尖峰大桥	16	小林大桥
8	井岸大桥	17	鹤泉高架桥
9	莲溪大桥	18	永二高架桥

在数据查询中发现单景哨兵数据足以覆盖研究区域，如图 7-45 所示，所以只需获取同一轨道中不同时间内的目标区域内的数据即可，共计 32 景。

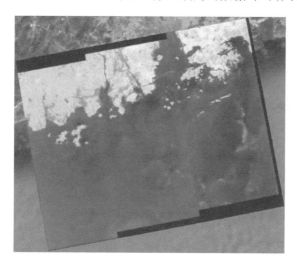

图 7-45　数据覆盖范围

空间基线和时间基线是评估影像质量的有效参考，本次选取数据的相关基线信息如图 7-46 所示。

在数据处理中需要使用精度较高的 DEM 数据，用于辅助数据误差的部分消除及精确的地理编码。DEM 数据覆盖范围如图 7-47 所示。

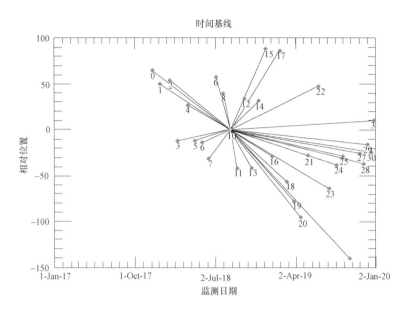

图 7-46 时间基线分布

图 7-47 DEM 数据覆盖范围

沉降监测采用 PS-InSAR 永久散射体干涉测量技术,该方法可以保证干涉像对获得足够的相干性。利用时间序列影像中永久散射体相位稳定的特性,监测到长时间间隔下因时间失相干而无法获取的形变信号。由于每一干涉纹图中大气变化是独立不相关的相位信号,通过多时相差分干涉纹图相位累积可以减弱大气信号误差。同样,当差分干涉纹图集中存在突发性形变事件时,其形变信号也将被减弱以提高信噪比。

在获取差分干涉形变图后,可根据不同的组合方式解算不同时间段的形变量。然而,只有在获取足够数量干涉纹图并明确形变随时间的演变特征后,才能从中选择合理的差分干涉图组合进行相关累积形变图的处理。也就是说,在进行多幅干涉形变图组合之前,需要完成每一个干涉纹图的处理和解译。对于长期的地表形变监测,若只利用常规差分干涉,则由于影像获取时间间隔长,其时间失相干与空间失相干严重,导致差分处理结果精度下降甚至无法提取到形变信息。在有一定数量数据的情况下,采用多时相 PS - InSAR 方法,减弱失相干的影响,并通过干涉纹图组合减弱大气延迟误差。

最后,根据 SAR 遥感监测的初步成果进行遥感解译,针对整个工作区内监测的沉降区域,基于工作区已有的地质资料和已有的历史形变资料,结合外业观测的形变实测数据,包括水准测量方式、GPS 高程测量方式,进行实地查证。另外,利用验证结果,对 InSAR 形变监测进行错误反查,如有较大差异,需调整假设条件或反演参数,重新进行永久散射体形变反演。

在实际应用中,相干雷达波由于在传递过程中受大气效应影响,以及地表变化造成的时间去相关和长基线引起的空间去相关,严重地制约常规 D - InSAR 在区域地表形变监测方面的应用,尤其对于地表沉降这种缓慢累积形变监测来说,时间失相关问题更为突出。为了克服常规 D - InSAR 的局限性,近年来国际上不少研究者提出了基于部分相位稳定的雷达散射目标,即 PS 点进行差分干涉相位处理,达到监测区域地表形变的目的。这种方法称为永久散射体差分干涉测量技术(PS - InSAR),可以突破时间、空间失相关和大气延迟的影响,提高数据的利用率,提取长时间、大范围的地表形变信息。

PS - InSAR 技术的基本原理就是利用多景同一地区的 SAR 影像,影像数目根据图像相干性情况而定,一般数目要大于 20 幅。PS 点从雷达信号上看是能够保持相位稳定的分辨单元;从物理上看就是某些建筑物,或者是裸露的岩石。这些地物对雷达信号反射特性基本不受天气和时间变化的影响,能够保持相位的稳定性。通过统计分析所有影像的幅度信息或者相位信息,找出不受时间、空间效应影响的 PS 点。利用选择的 PS 点建立关于变形和相位差的函数关系,而在 PS 点上地形数据误差和大气延迟误差等通过外部数据或者相关的处理方法而被分离,从而可以获得 PS 点上的地表形变信息。由于选取的 PS 点在一段时间内具有很好的稳定性,因此可以通过这些稳定点内插出其他低信噪比点的形变信息,获取该地区的形变信息。

PS - InSAR 技术能有效地克服大气对干涉条纹的影响,同时可以消除时间失相关、空间失相关的影响,能得到比 D-InSAR 技术更加可靠和可信的监测结果。根据 SAR 干涉测量原理,干涉相位 ϕ 可以分解成若干分量:

$$\phi = \phi_{\text{flat}} + \phi_{\text{topo}} + \phi_{\text{def}} + \phi_{\text{atm}} + \phi_{\text{noise}} \tag{7-17}$$

式中:ϕ_{flat} 为参考椭球(又称平地)相位;ϕ_{topo} 为地形相位;ϕ_{def} 为沉降引发的相位分量;ϕ_{atm} 为大气相位;ϕ_{noise} 为随机噪声相位。

选择不随时间变化的 PS 点建立形变模型,将邻近的 PS 点连接并进行差分处理。因此,相邻 PS 点的差分干涉相位可以写为

$$\phi_{\text{diff}} = \left(\frac{4\pi}{\lambda} \frac{B_\perp}{R\sin\theta} \Delta h + \frac{4\pi}{\lambda} T \Delta v \right) + \Delta \phi_{\text{res}} \tag{7-18}$$

式中:Δh 为高程误差相对量(或称增量);Δv 为形变速度增量;$\Delta \varphi_{\text{res}}$ 为残余相位项,包括大气相位、非线性形变相位和噪声相位。

通过建立包含形变量和高程残差的形变模型,将求解最终的形变参数的问题转化为求解非线性函数的最优解的问题。其具体实现步骤如图 7-48 所示。

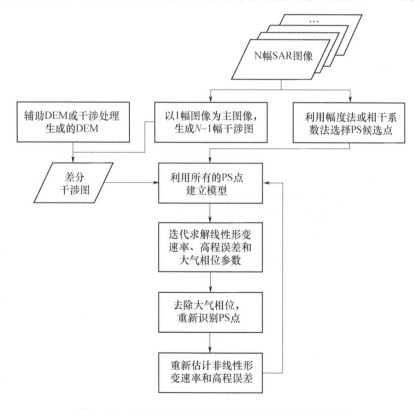

图 7-48 基于 PS 点的长时间序列形变监测实施步骤

（1）唯一主图像的选择。选择时间序列中的一幅 SAR 影像作为唯一主图像，通过图像配准，将时间序列集合中其余图像（辅图像）投影至唯一主图像的几何空间，形成长时间序列的干涉相位图，对所有的干涉图进行差分干涉处理。假如选择的唯一主图像的质量不好，那么受到时间和空间去相关的影响，将很难获取质量较好的干涉图像对。因此，需要建立包含空间基线、时间基线及多普勒中心频率的数学模型，通过求解最优化问题制定唯一主图像选择策略，选择出最优的唯一主图像。

（2）PS 点的识别。PS 点的几何尺寸通常远小于 SAR 图像的空间分辨单元，并且经过很长的时间，这些 PS 点仍能保持稳定的散射特性。常用的 PS 点识别方法有振幅离差指数阈值法、相位离差阈值法、基于相位噪声稳定性识别法等。在实际应用中，基于高分辨率图像的特征进行阈值设置，在选择初始候选点时，会将振幅离散指数大于该阈值的点舍去。此外，可通过多种识别方法的有机结合，提升 PS 点选取的稳健性。

（3）PS 差分相位建模与参数估计。基于 Delaunay 三角网络构建 PS 点网络模型。建立相邻 PS 点的差分相位的差值模型，通过求解模型参数，进而估计出差分相位中的相邻两 PS 点间的高程误差增量及相邻两 PS 点间的形变速率增量。将该问题转换成一个求取相关系数函数的最大化问题，令目标函数最大化，即可获得高程误差增量及相邻 PS 点间的形变速率增量。

（4）PS 网络非线性信号的分解。在残差相位中，大气延迟的影响和非线性形变相位在干涉图时间域和空间域中的表现特征有所不同，我们一般认为大气延迟相位在空间域上表现为低频信号。利用时间－空间滤波的方法可以在相位中分离大气相位、非线性形变分量及噪声分量。将 PS 点的线性形变分量和非线性形变分量相加，从而获得桥面离散 PS 点的形变值。最终，通过高精度二维插值处理，获取一定时间内的地表沉降速率图和时序沉降图，实现地表沉降信息的实时监测。

PS－InSAR 技术具有其他 InSAR 技术显著不同的特点，由于它利用的是稳定且小于像元尺寸的永久散射体，因此实现了大气效应贡献值的有效去除，获得了高精度的地表形变值。PS－InSAR 技术的特点如下。

（1）大信息量。PS 点是一种新的信息资源，它提供的基准点——PS 点的密度远远大于其他传统测量手段得到的数据点的密度。其可以处理时间上跨越十余年的干涉影像，识别上百万个 PS 点。

（2）低成本、高精度。利用几十景影像就可以监测十余年的毫米级地表形变，节省了布置长期地面 GPS 观测站和布设水准测量的费用，而理论精度与这两种测量技术近似。

4) 监测结果

重点桥梁监测结果如图 7-49 所示,珠海大桥形变分布如图 7-50 所示。

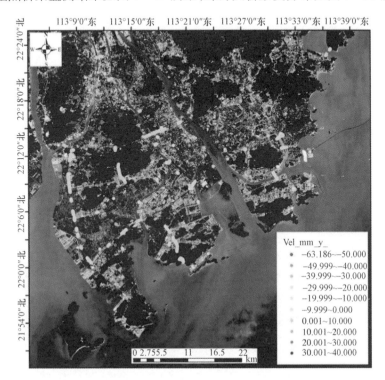

图 7-49　重点桥梁监测结果(见彩图)

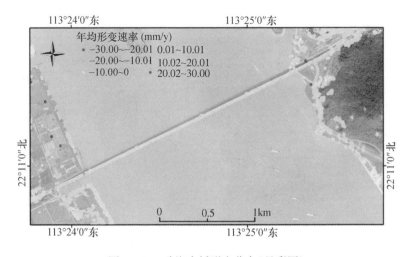

图 7-50　珠海大桥形变分布(见彩图)

(1) 从 PS 点分布上来看,监测结果较好的桥梁包括珠海大桥、莲花大桥、横琴大桥、海工大桥、横坑大桥、尖峰大桥、井岸大桥、南门大桥、南水大桥、泥湾门大桥、淇澳大桥、永二高架桥,监测结果一般的桥梁包括磨刀门大桥,监测结果略差的桥梁包括莲溪大桥、上横大桥、小林大桥、鹤泉高架桥。其中较差的原因主要有:①目标桥梁较窄、较短,容易受周边环境影响;或者桥梁跨度很大,环境条件复杂。②桥梁表面的 SAR 影像散射强度不高,在两座高架桥上表现的较明显。

(2) 局部形变量达到约 10mm/y 的桥梁包括横琴大桥、鸡啼门大桥、上横大桥,这些桥梁表现出轻微的形变,影响较小。

(3) 局部形变量达到约 15mm/y 的桥梁包括磨刀门大桥、珠海大桥,这些桥梁局部表现出一定的下沉或者抬升,虽有一定形变量但仍在正常情况下,可适当给予一定关注。

5) 形变异常桥梁趋势分析

针对部分监测桥梁,本次主要涉及磨刀门大桥、珠海大桥、横琴大桥、鸡啼门大桥、上横大桥出现局部形变较大的问题,特对其局部进行趋势分析。

(1) 磨刀门大桥。磨刀门大桥局部特征点时序形变如图 7-51 所示。结果显示单点在相邻监测时间段内可弹性波动约 -25~+20mm,属于波动较大的点,且整体上呈现出逐步下降趋势。若不是误差点,一旦确认为桥梁本身局部的形变,就需要保持持续重点监测。

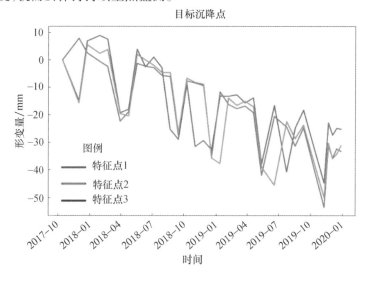

图 7-51 磨刀门大桥局部特征点时序形变(见彩图)

（2）珠海大桥。珠海大桥局部出现异常形变，相邻时间内特征点时序形变如图7-52所示。

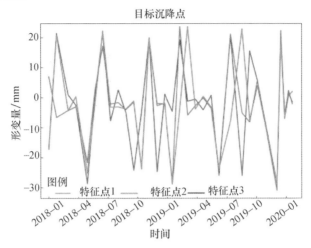

图7-52　珠海大桥局部特征点时序形变（见彩图）

结果显示单点在相邻监测时间段内每年的10月到次年1月期间的某个月波动较大，且整体上呈现出逐步抬升趋势，主要位于桥头及其附近区域，抬升的情况在桥梁形变监测中较少见，针对这种情况需保持进一步监测确认。

在2019年11月21日到12月3日这段时间内，所有特征点的形变波动情况如图7-53所示。其整体上位于-10~+10mm，这其中包括荷载、温度、环境、桥梁真实形变等的影响，因此可判断桥梁在这段时间内整体稳定。针对局部存在异常点的情况，其形变波动可达2cm。

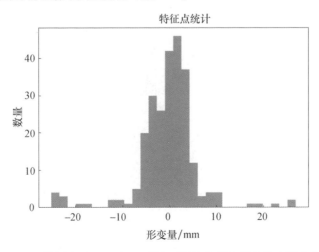

图7-53　特征点于2019年11月21日到12月3日的形变波动分布

在2019年12月3日到12月15日这段时间内,所有特征点的形变波动情况如图7-54所示。其整体上位于-10～+10mm,这其中包括荷载、温度、环境、桥梁真实形变等的影响,因此可判断重点监测桥梁在这段时间内整体稳定。针对局部存在异常点的情况,其形变波动可达2cm。

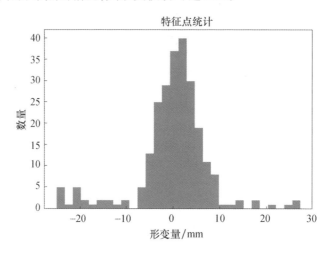

图7-54 特征点于2019年12月3日到12月15日的形变波动分布

在2019年12月15日到12月27日这段时间内,所有特征点的形变波动情况如图7-55所示。其整体上位于-10～+10mm,这其中包括荷载、温度、环境、桥梁真实形变等的影响,因此可判断重点监测桥梁在这段时间内整体稳定。针对局部存在异常点的情况,其形变波动可达2cm。

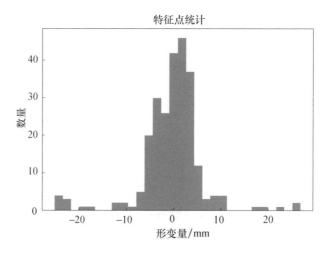

图7-55 特征点于2019年12月15日到12月27日的形变波动分布

6）高架桥梁形变应对策略

针对本次的监测结果，主要有以下几点应对措施。

（1）磨刀门大桥、珠海大桥、横琴大桥、鸡啼门大桥、上横大桥等桥梁局部表现出一定的下沉或者抬升，虽有一定形变量但仍在正常情况下，可适当给予关注，保持持续监测。一旦发现异常，可使用高分辨率SAR卫星进一步确定具体形变情况，从而及时采取应对措施。

（2）跨度大的桥梁更易受到各项外界因素的影响，本次监测中的磨刀门大桥、珠海大桥便属于这类桥梁，后续需重点监测，适当时候在这些桥梁的关键位置添加地基观测仪器。

（3）跨度小的桥梁，局部异常处常出现在两端。针对这种情况，对于跨度小的桥梁，在监测过程中，应同步监测桥头两端附近区域的形变情况。

7.4.6 应急管理

1. 平台服务内容

1）指定化工厂区监测

利用机载 LiDAR 数据，采用自动化处理软件，构建以各地区指定危化厂区和重大危险源为中心的周边 2km 范围内的三维模型和全景影像。基于上述三维模型，利用遥感卫星影像结合无人机倾斜摄影进行周边环境土地利用信息提取，重点突出消防救援通道、仓储罐体高度直径，在应急系统中为指挥调度提供直观决策服务。

2）地质灾害监测

我国在城市化发展过程中，由于地质构造运动或剧烈的人为活动诱发大量的地质灾害，给国民经济造成了严重损失。按照应急管理业务需求，以地质灾害监测与预防为切入点，利用雷达遥感卫星，采用先进的数据处理技术，提供常态化的地表形变监测服务。

针对地质灾害的监测需求，利用卫星 SAR，实施对地全天候、全天时的观测；采用 InSAR 技术，获取地表三维信息。其中，在 InSAR 技术上发展起来的 D-InSAR 技术及 PS 点技术对于地表形变的变化非常敏感，可以获取厘米级甚至毫米级的形变监测精度。相对于水准测量和 GPS 等常规监测方法，InSAR/P-SInSAR 技术可大范围地获取地表形变信息，监测精度达毫米级，是一种高效、经济的监测方式，其监测内容包括地质灾害监测及城市基础设施稳定性监测。

3）森林防火和救援辅助系统

森林防火工作是中国防灾减灾工作的重要组成部分，是国家公共应急体系建设的重要内容,是社会稳定和人民安居乐业的重要保障,是加快林业发展、加强生态建设的基础和前提,事关人民群众生命财产安全,事关改革发展稳定的大局。每年的秋冬季,全国范围内总体干旱少雨,森林火灾易发生,森林防火和救援辅助系统尤为必要。

通过无人机航空摄影测量获得的数据,构建山区三维实景模型,进一步加强各城市辖区范围内森林防火区域的应急动态监测,通过标注和监测阻止山火蔓延的安全隔离设施(高位水箱、灭火预设阵地、防火隔离带),灭火救援过程中向灭火救援队伍提供山间行进路线智能导航和三维坐标定位服务,为应急救援指挥和现场救援力量提供支持。另外,考虑标注可能受到山火波及而产生二次灾害的重点目标(电力高压铁搭、重要通信枢纽基站等重要设施),为现代化林业防火提供技术保障,实现林火防治智能化与信息化。

4)重点防汛工程应急监测

当区域内降水量达到一定程度时,城市水体(水库、江河湖泊等)蓄水量急剧增大,为确保水体周边环境安全,需要对水域进行泄洪,即排泄洪水。由于持续性强降雨导致水库超水位,为避免水漫洪溢,或库坝、堤堰溃塌而造成严重的灾害,开闸向下游泄洪区排水。

基于航空遥感数据,对全市重点水库大坝及河流堤岸建立全景三维模型,模拟水库在各种蓄水状态、泄洪口及水库下游的周边环境变化,为泄洪可能产生的灾害进行辅助评估。基于高分辨率卫星影像和高光谱卫星影像数据,结合无人机航空摄影,对重点水库大坝及河堤周边环境进行监测,获取周边环境土地覆盖/利用现状信息,为水库河流泄洪安全应急做准备。同时,通过高分辨率影像监控全市沿河、沿海重点海堤防护、防波堤和各类防洪应急工程建设情况。

2. 结果展示

地质灾害应急图如图7-56所示。

3. P-InSAR技术在地质灾害应急监测中的应用

1)数据源

采用覆盖研究地区2016年12月2日至2019年9月22日的3个轨道共计37景COSMO-SkyMed数据进行形变监测分析。COSMO-SkyMed卫星是意大利航天局和意大利国防部共同研发的高分辨率雷达卫星星座,其空间分辨率最高可达1m,扫描带宽为10km,具有雷达干涉测量地形的能力。COSMO-SkyMed系统是一个可服务于民间、公共机构、军事和商业的两用对地观测系统,其目的是提供民防(环境风险管理)、战略用途(防务与国家安全)、科学与商业用途,可以为资源环境监测、灾害监测、海事管理及科学应用等相关领域的探索开辟更为广阔的道路,能够在任何气象条件下日夜观测地球。本次采用3m分辨率条带模式(SM)数据进行监测,方位向分辨率为2.1m,距离向分辨率为0.9m。水准监测采用二等水准测量作业方式,分别于2019年5月至2019年12月共进行了7次测量(每月一次)。水准测量路线分别在霞咀角、群兴、白蕉及北师大,联测各级控制点共116个,水准点分布情况如图7-57所示。

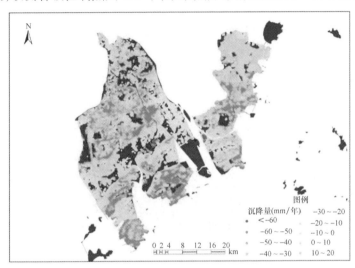

图7-56　地质灾害应急图(见彩图)

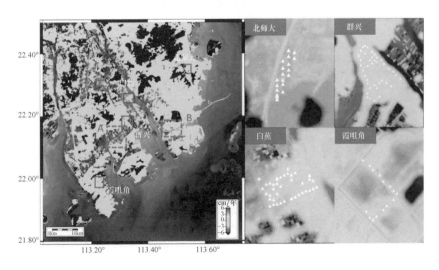

图7-57　2017~2019年珠海市地表沉降速率图及水准点分布情况(见彩图)
(A代表西部生态新城滨江南岸,B代表横琴新区)

2）实施流程及方法

InSAR 监测选择覆盖珠海市 3 个轨道的 COSMO–SkyMed 数据，监测范围如图 7–58 所示。针对 COSMO–SkyMed 雷达卫星数据处理，考虑 3 个轨道存档数据量较少及时空失相干因素，COSMO–SkyMed 数据也采用小基线模式，选择使用时间基线小于 800 天，空间基线小于 800m 的干涉，最后得到 COSMO–SkyMed 干涉图的时空基线分布，如图 7–59～图 7–61 所示。

图 7–58　COSMO–SkyMed 监测范围概览

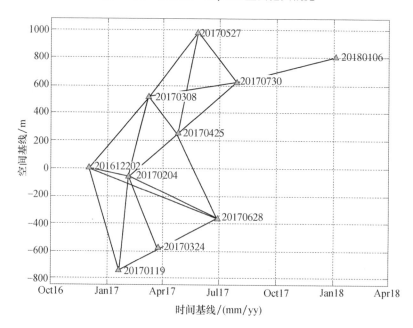

图 7–59　h401 干涉组合

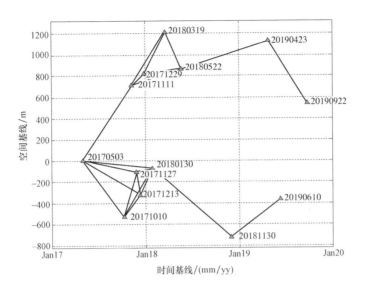

图 7-60　h403 干涉组合

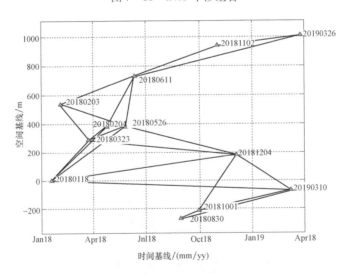

图 7-61　h404 干涉组合

采用强度互相关算法和相位梯度最小算法进行时序 SAR 配准，COSMO-SkyMed 雷达影像 h401 轨道以 2017 年 7 月 30 日 SAR 影像作为基准参照，其余 SAR 影像配准精度都能满足 0.2 个像元的精度，满足干涉要求；h403 轨道以 2019 年 9 月 22 日 SAR 影像作为基准参照，其余 SAR 影像配准精度都能满足 0.2 个像元的精度，满足干涉要求；h404 轨道以 2018 年 8 月 30 日 SAR 影像作为基准参照，其余 SAR 影像配准精度都能满足 0.2 个像元的精度，满足干涉要求。

高相干点识别的方法主要有振幅离差阈值法、相干性阈值法、子视相关系数法、StaMPS 方法等。本次使用相干性阈值法,由于本次监测地区植被覆盖茂密,因此参照分布式散射体选择方法,采用多主影像、多视处理方法,提高干涉集合整体相干性。从图 7-63 可以看出,选择的高相干点不仅分布在城市区域,在郊区的居民地、植被覆盖茂密的山区同样提取了更多相位稳定的散射体,提高了监测点密度。

差分干涉采用二轨差分方法,DEM 采用美国宇航局喷气推进实验室(JPL/NASA)SRTM1″。由于 SRTM DEM 的坐标系统为 WGS-84,因此要对 DEM 进行地理编码,转换到 SAR 影像成像坐标系。将干涉像对进行干涉处理后,与 SRTM DEM 模拟的地形相位进行差分处理,去除参考椭球面相位和地形相位,得到初始的差分干涉图。初始差分干涉图由于受到时间和空间失相关的影响,相位梯度变化比较大,干涉图中很难呈现清晰的干涉条纹,得到的差分干涉图中存在基线误差,因此需要对基线进行精化处理,采用二次曲面拟合方法消除基线误差。

短基线集(SBAS-InSAR)技术是由 Berardino 和 Lanari 等在 2002 年提出的,最初是针对低分辨率、大尺度的形变。它根据基线约束条件将所有的 SAR 影像组合成若干个集合,原则是集合内影像空间基线小,集合间基线大,每个小集合内的地表形变时间序列,可以利用最小二乘方法解得。将若干个小集合联合起来,利用奇异值分解(SVD)方法解决方程秩亏的问题,最后得到整个观测时间段的时间形变序列。SBAS-InSAR 可以对高相干点进行时序分析来得到时间形变序列,由于控制了基线长度来提高干涉图的相干性,对于差分干涉图进行多视处理来降低噪声,因此减少了 D-InSAR 技术中的时间失相干和空间失相干的影响,提高了形变监测结果精度。本方案的时序 SBAS-InSAR 数据处理流程如图 7-62 所示。

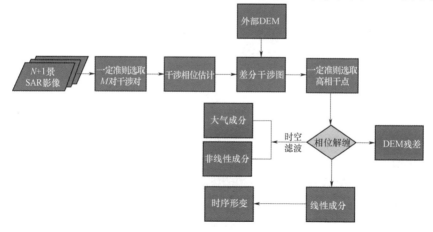

图 7-62 时序 SBAS-InSAR 数据处理流程

3）实验结果

COSMO-SkyMed 雷达卫星数据基于 SBAS-InSAR 技术获取珠海地区高精度地表形变场，由于存档数据较少，无法完全发挥出高分辨率数据带来的优势，但相比于 Sentinel-1 数据，COSMO-SkyMed 雷达卫星数据在高相干性区域（如高速路沿线，可发挥出巨大优势，在求取地表形变速率的同时，可对其进行内符合精度评估。经实测固定的 CORS 基站验证，珠海市的地表沉降速率内符合精度基本小于 3mm/y。少部分植被区、种植区受失相干噪声影响，其误差可达 5mm/y。总体而言，本项目获取的 InSAR 地表沉降速率内符合精度优于 7mm/y，根据《地质灾害 InSAR 监测技术指南（试行）》（T/CAGHP 013—2018），该精度满足地面沉降监测精度要求（植被较多的构建筑物区利用 SBAS-InSAR 方法监测地表沉降的内符合精度需达到 7mm/y）。

为了探究这几个区域的形变规律，在 COSMO-SkyMed 雷达卫星 h401 轨道和 h404 轨道数据处理结果中分别取对应特征点（图 7-63 和图 7-64），获取各

图 7-63　h401 轨道 2016 年 12 月至 2019 年 3 月珠海市地表沉降速率（见彩图）

自的时序累计形变结果,如图7-65和图7-66所示,从图7-65中明显可以看出累计形变序列呈现线性趋势,随着时间的递增,形变累计在不断增加,需要对此形变区域多加关注或采取措施。图7-66中a点和b点形变累计序列图都呈现出地表形变迅速下降趋势,形变区域皆是沿海造陆区域和河流沿岸区域。

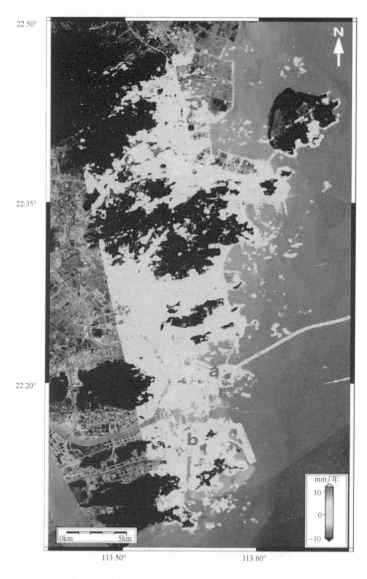

图7-64　h404轨道2018年6月至2019年3月珠海市地表沉降速率(见彩图)

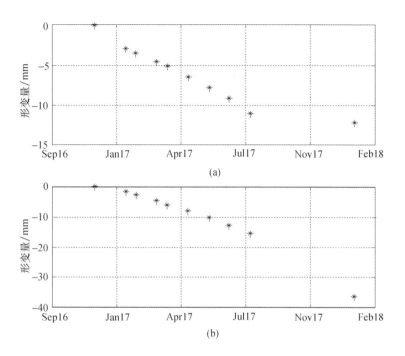

图 7-65 h401 研究区单点地面沉降时序监测结果

(a)a 点地面沉降时序监测结果;(b)b 点地面沉降时序监测结果。

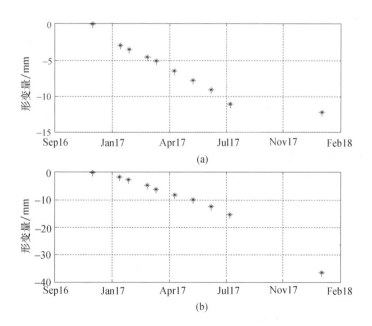

图 7-66 h404 研究区单点地面沉降时序监测结果

(a)a 点地面沉降时序监测结果;(b)b 点地面沉降时序监测结果。

7.4.7 智慧城市

1. 平台服务内容

1) 城市内涝监测

随着气候变化的不确定性及城市规划的不合理,同时城市化建设也带来了生态环境破坏、水土流失加剧等副作用,导致城区逢大雨必涝,城市内涝已成为制约各地城市发展的重要环境问题之一。城市内涝从发生至消失的时间往往只有数天,但是市区面积大,采用人工巡查方式很难快速有效地发现内涝点,很难为居民出行提供指导;而运用雷达遥感辅助地面巡查,能够有效发现城市内涝点,进而指导居民出行。同时,结合地下排水管网的建设现状,通过评估分析指导内涝常发地点的排水管网的改善建设。雷达遥感具有较好的穿透能力,不受天气状况影响,实现全天候工作,而且雷达覆盖范围大,单次监测范围广。通过雷达影像对比分析,能够对地表水浸程度进行分析,从而提取出城市内涝点分布、面积,并提供积水深度等信息。

2) 建设工地监测

以城市范围内各个建筑工地为监测对象,以重点项目建设施工工地作为重点监测区域,利用遥感动态监测手段并结合现场实测或者借助无人机影像对区域整体建筑工地状况进行调查。利用不同时相遥感卫星影像,检测出正在施工的建筑工地及新增的建筑工地,对检测出的工地进行排查,是否有违建情况,对于存在疑似违建的工地需要实地调查取证,方便城管部门执法;对于符合法律规定的建设工地,有针对性地选择有重点建设项目的工地进行多期持续、动态监测,监测其对周边环境的影响、是否按照法律法规正常施工,以及是否有侵占国家土地的行为,并每月提供专题产品及分析报告,从而为城管部门掌握工地施工情况及是否存在违规行为提供依据,监测结果为城管部门行政执法工作提供技术参考。

3) 违法建筑监查与执法

围绕城市违章建筑管理执法存在的突出问题和薄弱环节,通过遥感卫星监测手段,结合运用人工智能等计算机智能解译技术,开展城市违章建筑信息化采集,实现城市违章建筑监测管理的自动化、标准化、精细化、动态化,将城市整体管理水平提升到新高度。

(1) 建立卫星数据采集监控标准体系,运用影像自动识别和快速拼接等功能,加强对地观测、地理信息等数据的快速分析识别能力。

(2) 建设违章建筑管控数据库,设立违章建筑数字档案,强化信息分析统计功能,为执法人员快速提供违章建筑物详细属性信息,夯实执法部门的执法依据。

（3）实现违章建筑监控预报警功能,运用不同时期建筑信息、地理信息等数据的综合比对分析,总结违章建筑发生规律,对可能重复发生违规建设的区域提前预警。

4）文物监测

在文物保护和重建过程中,构建文物的三维模型是一项基础性工作,精确的文物数字模型能够记录文物的原始三维信息和纹理信息,从而为文物的三维重建、保护、展示、修缮等工作提供重要的数据和模型支持。利用无人机进行倾斜航空摄影、近景立体环飞航空摄影,按照具体目标的设计要求,对无人机的航飞高度、航线、重叠度等进行预先设计,还要考虑天气、风力等,通过对无人机飞行数据的处理,获得目标区域的实景三维成果、正射影像成果、立面正射影像图、立面数字化成果,监测文物的受损状况、文物的空间信息、文物的颜色等一系列信息。利用遥感卫星数据监测文物周边的土地利用和土地覆盖状况,对周边的土地按照相关标准进行类型划分,并对周边环境对文物的影响进行评估,为后期文物保护工作者对文物的维护、修复提供依据。

5）旅游资源监测

以主要旅游景区为监测区域,进行资源类型的遥感影像信息解译。首先选取训练样本,对分类特征空间进行处理,通过误差矩阵进行精度评价并分析,对多种监督分类解译方法进行比较,最终利用解译效果最佳的方法完成风景资源中类、小类的分类。利用高分辨率遥感影像对风景资源进行快速调查,全面解译景点区域各类风景资源信息特征,为进一步了解和优化该区的资源配置提供基础资料和发展思路。遥感技术用于风景区资源调查,有观测范围广、综合宏观的特点,相比地面观测视域范围广且不受地形地物的阻挡,适合整体范围上地物空间关系的把握。遥感影像由于不受成图比例尺的限制,因此生成的矢量图便于自动计算体量,为建立风景区信息系统打下基础。建立数据库有利于使当地风景资源规划规范化,便于今后开展定量研究与动态监测。通过数据的转化与处理,可以为决策者提供咨询与决策,储存不同时期的信息资料,可以更新数据库,为后期的开发规划提供预测。在长期的调查过程中发现潜在的危害因素,对古树名木文物古迹的保护具有现实意义。

2. 结果展示

建筑工地遥感监测如图7-67所示,违法建筑监查与执法遥感变化监测如图7-68所示。

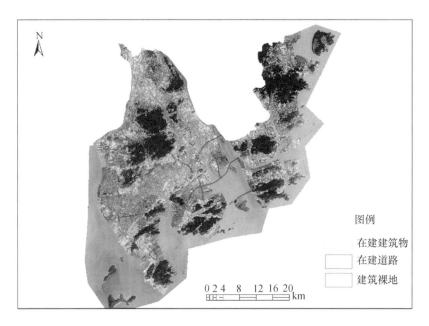

图 7-67 建筑工地遥感监测(见彩图)

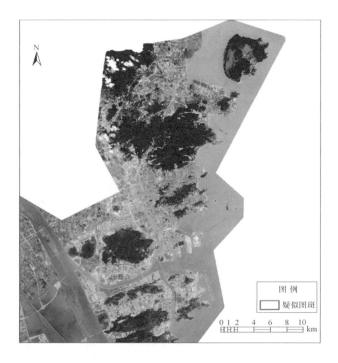

图 7-68 违法建筑监查与执法遥感变化监测(见彩图)

3. 光谱-空间核函数集成框架下的高光谱遥感影像水体信息提取

在传统基于光谱特征分析的基础上,同时兼顾遥感影像的空间上下文特征信息,实现多层次特征的集成利用,成为提升高光谱遥感影像自动解译精度的关键之一。利用 SVM 建模框架下的光谱-空间核函数集成水体信息提取算法,主要包括两大部分:①采用一种基于过分割的自适应邻域生成方案,基于此构建空间特征影像;②利用不同的核函数分别建模光谱信息和空间上下文信息,实现不同特征互补多样性的利用。

该方法的总体流程如图 7-69 所示。首先,对待分析的高光谱影像进行影像预处理(如几何校正和图像降维);其次,采用影像过分割手段,生成一种自适应邻域与建模空间上下文关系,并获得各邻域内所有像素的核心代表中值作为该自适应邻域内所有像素新的取值,从而达成原始影像的空间平滑处理;然后,将原始影像视作光谱特征影像,将空间平滑处理后的影像视作空间特征影像,采用两个径向基核函数分别建模光谱、空间特征影像,通过核函数集成,利用 SVM 实现高分辨率遥感影像的水体提取。

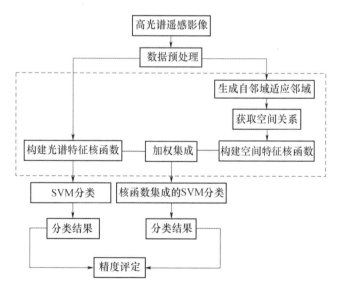

图 7-69 光谱-空间核函数集成框架下的高光谱遥感影像水体信息提取总体流程

1) 影像过分割

采用熵率超像素分割(ERSS)算法对原始高光谱影像进行影像过分割。本质上,ERSS 算法将超像素分割问题转化为基于图的最优化问题,并且提出一个基于图拓扑关系且融入熵率和平衡项的目标函数。

具体而言，ERSS 将待分割影像映射为图 $G=(V,E)$，图中各个节点代表影像中的每个像素，图中各个边的权重代表相邻像素的相似性，V 和 E 分别为图中所有节点和边的集合。ERSS 旨在选取一个边集合 V 的子集 $A\subseteq E$，从而使得其对应的图 $G=(V,A)$ 正好包含 M 个连接的子图，即通过子图的划分，从而分割形成 M 个超像素。聚类分割过程可以以下列目标函数进行表示：

$$\max_A H(A) + \lambda B(A), \quad A\subseteq E \text{ 且 } N_A \geqslant M \quad (7-19)$$

式中：$H(A)$ 为基于图的随机游走熵率，是一种度量聚类簇紧凑型和同质性的指标；$B(A)$ 为平衡项，用于引导算法生成具有相似大小的聚类簇；λ 为平衡项的权重；N_A 为图中总的连接成分的数量，引导算法生成相对更少的聚类簇数。

经过 ERSS 算法影像过分割后，原始高光谱影像转换为分割影像 SegImg，并且其可以表示为 $\text{SegImg}=\{\text{seg}_1,\text{seg}_2,\cdots,\text{seg}_m,\cdots,\text{seg}_{M_i}\}$，其中 M_i 为分割影像 SegImg 中分割图斑的个数。本方法中，分割图斑被视作影像的自适应邻域，即区别于传统基于中心像素的规则矩形窗口，影像中任意像素的邻域由其所在分割图斑给定。

2）空间特征提取与表达

利用分割影像中分割图斑内的像素均值提取空间特征，即每个分割图斑邻域内所有像素的属性值由对应邻域内所有像素的光谱均值来表示，以形成新的空间特征影像。具体而言，对于分割影像 SegImg，第 m 个分割图斑邻域 seg_m 中所有像素的空间特征值 f_{spat} 由式（7-20）给定：

$$f_{\text{spat}}(\text{pixel}_{\text{seg}_m}) = \text{mean}(\text{seg}_m), \text{pixel}_{\text{seg}_m} \subseteq \text{seg}_m \quad (7-20)$$

式中：$\text{pixel}_{\text{seg}_m}$ 为分割图斑 seg_m 内的像素；mean 为对分割图斑邻域内像素光谱值求均值操作。

3）光谱-空间特征核函数集成

SVM 分类器通过训练样本学习，基于最大化类别间隔规则确定最优分割超平面，从而实现未知样本的线性分类。但是，当待处理的数据在原始特征空间中线性不可分时，需要借助于核函数的建模机制，将数据由低维特征空间映射到高维，继而在高维特征空间中实现数据的线性分类。相关研究表明，高斯径向基核函数是一种较为有效的核函数形式，其定义为

$$K(x,y) = \exp\left(-\frac{\|x-y\|^2}{2\sigma^2}\right) \quad (7-21)$$

式中：$\|\ \|$ 为欧氏距离；σ 调节核函数的方差大小。

此外，当数据具有多特征属性时，可以利用每种特征影像分别构建核函数，并基于核函数线性可加性质构造线性加权核函数，如式（7-22）所示：

$$K = u^{\text{spec}} K^{\text{spec}}(x^{\text{spec}}, y^{\text{spec}}) + (1 - u^{\text{spec}}) K^{\text{spat}}(x^{\text{spat}}, y^{\text{spat}}) \qquad (7-22)$$

式中：K^{spec} 和 K^{spat} 分别为光谱、空间的语义核函数，u^{spec} 和 $1 - u^{\text{spec}}$ 分别为光谱和空间核函数的权重。

4）实验结果分析与讨论

（1）实验数据。研究所采用的高光谱遥感影像数据选用经弗吉尼亚光谱信息技术应用中心许可，在美国华盛顿特区购物中心上空飞行的机载高光谱影像数据，即 Washington DC Mall 高光谱影像数据集。该数据对感兴趣区域进行了详细的实测，常常用于高光谱影像处理。图 7-70(a) 所示为原始影像的假彩色影像，图 7-70(b) 所示为对应的地表真实值影像。该数据具有光谱范围 0.4~2.4μm，原始数据共包含 210 个波段，省略了在 0.9m 和 1.4m 大气不透明区域的波段数据集，剩下 191 个波段的光谱数据应用于实验分析。此外，需要说明的是，影像中地物类型较为丰富，主要包含建筑物、道路、草地、树木、阴影、水体等常见类型的 7 类地物，可以满足本次实验的分类要求。

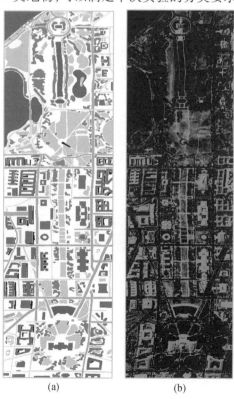

图 7-70 Washington DC Mall 原始影像的假彩色影像和地表真实值影像（见彩图）
(a) 原始影像的假彩色影像；(b) 地表真实值影像。

（2）实验设计与比较。本次实验研究的重点在于利用光谱特征与空间特征核函数集成算法实现对高光谱影像的分类和水体识别，对于实验结果的精度评定，本节所提出的方法同传统的只使用光谱特征核函数算法及再对其进行平滑和去噪处理之后的分类方法精度和水体识别精度进行了比较。实验内容主要包括原始影像预处理、光谱空间集成核函数的生成、SVM 分类。由于评估高光谱影像分类结果的准确性通常需要依据地面参考数据，因此使用总体分类精度和 Kappa 系数这两种常用的分类精度评价指标对其进行了评估。通过对比光谱特征与空间特征核函数集成算法分类与光谱特征单一核函数算法分类得到的实验结果，可以有效论证基于光谱特征与空间特征核函数集成的高光谱影像分类方法是一种高效可行、精度较高的分类方法，并且对水体识别也有很大的精度提升。

（3）实验结果与分析。两种方法，即光谱特征和空间特征核函数集成方法、基于单一光谱特征核函数的分类结果如图 7-71 所示。

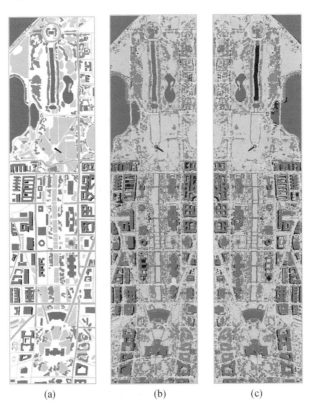

图 7-71 不同方法高光谱影像水体提取结果（见彩图）

(a)地表真实值影像；(b)光谱特征和空间特征核函数集成方法；(c)基于单一光谱特征核函数。

高光谱影像在提供丰富光谱信息的同时,也给高维数据分析带来了一定的挑战。随着数据维数的增加,分类精度往往先增加后下降,因此在开展具体分类任务之前,利用主成分分析方法对原始高光谱数据影像进行降维处理。从目视效果上看,对比以上结果图,可以明显看出,光谱特征和空间特征核函数集成算法下的高光谱影像分类效果明显优于基于单一光谱特征核函数的方法,结果图中的水体基本都被检测出来,而基于单一光谱特征核函数的算法还有许多水体没有提取出来。不同方法水体精度对比如表 7 – 11 所列。

表 7 – 11　不同方法水体精度对比

算法类型	总体分类精度/%	Kappa 系数
光谱特征核函数算法	83.49	0.8947
光谱特征和空间特征核函数集成	97.25	0.9678

由不同算法分类精度对比可以看出,基于光谱特征和空间特征核函数集成的分类算法比基于单一光谱特征核函数分类算法的水体提取总体精度高 13.76%,Kappa 系数高 0.0731。

第 8 章
商业遥感卫星产业前景展望

随着时代的发展,大尺度、高时效、全方位、多层次的信息已经成为人们的迫切需求,人类对空间信息的探索与利用将进入新阶段。通信、导航、遥感卫星与地面信息系统广泛互联融合,形成空天地海一体的广域信息网络,面向全球提供精准、实时、无缝、泛在的空间信息综合服务,以便更好地服务于大众市场。随着市场需求的日趋增长,遥感卫星、5G 及人工智能等科技的不断发展,世界各国正脚踏实地地推进高分辨率对地观测产业的健康发展。

商业遥感卫星是高分辨率对地观测产业的重要推动力,商业遥感卫星系统的设计必须基于清晰的商业模式,任何商业模式的设计和确定都是由市场的牵引、技术的推动及盈利的运营方式等决定的。商业遥感卫星系统的建设在市场需求和行业发展的驱动下,根据系统的任务目标,归纳出对商业遥感卫星系统的设计需求和技术指标,指导工程设计和实施的具体步骤,完成商业遥感卫星系统的建设,从而提供专业化的应用服务,创造商业价值。

商业遥感卫星体系的完善和发展,使得我们可以获取时间各异、性质各异、指标各异的多源海量遥感卫星数据,从而构建全新的"卫星大数据"产业。商业遥感卫星体系的发展,推动着卫星大数据产业的进步,为人类保护美丽地球,绿水青山提供了数据保障。

目前,商业遥感卫星产业虽然取得了长足的进步,但仍处初级阶段,具备巨大的发展空间,相关法律法规有待健全,市场需培育,产业链需完善,商业模式也需多样化。目前,遥感数据处理在突破传统处理技术,逐步拥抱 AI 算法及深度学习算法等新技术;市场从对遥感数据产品的需求,逐步提高到对信息、对知识的需求;微纳卫星星座可以完成单颗大卫星不可能完成的任务,卫星星座正组网运行;遥感卫星平台及载荷系统朝着小型化、轻量化、高性能、高可靠、低成本发展,卫星采集从几何遥感(定性遥感)走向物理遥感(定量遥感);卫星大数据正拥有越来越广阔、越来越成熟的市场。

商业遥感的发展始终以市场为第一驱动力,随着智能制造、新型材料、新型工艺、量子技术、人工智能等技术的群体突破,商业遥感以应用服务驱动实现技术的整合与创新,推动着卫星遥感产品服务的落地,以实现商业遥感卫星产业的发展。卫星遥感作为获取空间地理信息的重要手段,遥感数据和增值服务的市场规模不断增加,商业遥感卫星市场日益繁荣。

8.1 商业遥感卫星产业发展的挑战与机遇

现在,我们正在面临着一个百年未有之大变局的世界,生态环境随着人类社会发展不断变化,全面实时对地观测是必须要实现的目标,尤其是我国正在大力推动的新基建发展战略,将为商业遥感卫星创造重要发展机遇。

目前各类新技术(如5G、AI、遥感、大数据等技术)已经进入不断深入的应用阶段,技术必然与产业紧密结合,实现先进技术大规模地落地。在这个数字经济时代,在不确定的大环境下,机遇与挑战共存。

8.1.1 挑战

纵观国内外商业遥感市场的发展情况,商业遥感市场仍然存在诸多突出的问题,将对商业遥感卫星产业的发展提出挑战,主要包括以下几个方面。

1. 用户结构单一且市场规模偏小

目前遥感卫星数据的用户群体仍以政府部门为主,其次为民间机构,社会化及商业化应用程度普遍较低。与卫星通信及卫星导航市场相比,遥感卫星应用市场无论在用户规模及市场容量方面的落差都是显著的。

2. 市场的同质化竞争激烈

我国在高分辨率遥感卫星制造方面,通过国家高分辨率工程建设积累了相当的经验,并已成功打破外国长期以来对我国卫星技术的限制。但是,我国在高光谱卫星、雷达卫星、红外遥感卫星方面与国外相比差距还相当大。

部分商业遥感卫星公司商业模式不够成熟,受到资本市场的压力,经常会片面地追求卫星发射的市场轰动效应,而忽略了设计商业遥感卫星系统的本质。卫星影像市场上同质化产品的过度集中与恶性竞争将导致影像数据价格急剧下降,最终无法满足商业航天正常的投资收益要求,达到预期目标。

3. 高附加值产业及服务欠缺

当前的遥感卫星数据服务体系尚不完善,遥感卫星数据采集缺乏统一规划(尤其是针对区域/行业特定需求),加之应用技术水平的限制,造成数据资源的价值未能完全开发、数据应用层次偏低及缺乏可持续服务的现象普遍存在。

4. 资本支持不均衡

遥感卫星企业虽然总体上受到资本追捧,但部分商业遥感产业环节存在投资过度情况,容易造成资源浪费。

5. 行业人才不足

近年来遥感学科的建设规模及人才培养力度仍然欠缺,加之遥感专业人才的流动限制问题相对突出,造成遥感技术人才长期存在供不应求的问题。

6. 用户培育度较低

卫星数据处理及应用需要大批量的用户来支撑,而整个行业对于用户的培育度较低,制约我国遥感卫星数据应用的发展。

8.1.2 突破与创新

针对以上比较突出的商业遥感市场发展瓶颈,亟需从以下几个方面进行创新,以实现发展突破。

1. 商业模式

任何卫星企业必须设计或采用一个切实可行的商业模式,使得投资有回报。那么这个商业模式是以销售遥感卫星数据为主还是以提供遥感卫星数据分析服务为主?或者是以政府或行业或个人应用为主?企业必须有自己商业策略,应按发现和验证市场机会、系统思考、提炼产品概念、产品定义、财务分析和提供组织保障6个步骤设计适合自己的商业模式。商业模式设计关乎企业成败,企业需要专业化的、柔性的商业模式。

在商业模式确定之后,进行系统设计和工程实施,按计划获取卫星数据,处理卫星数据,应用卫星数据等。

2. 行业及区域服务

行业及区域服务是实现商业遥感卫星深度应用及商业价值最大化的手段之一。紧密结合行业应用及区域服务的具体需求,开发低成本并且能快速响应的产品,并提供可持续的专题信息服务,使得该类服务产品满足精细化及专业化的要求,这将具有较高的商业附加值。

3. 新兴技术

商业卫星遥感新兴技术包括新型卫星、在轨数据处理、卫星星座、卫星大数据存储及数据处理、AI 算法及深度学习、云服务平台、5G、物联网、区块链等新技术的融合。

在上述各项新技术中,新型卫星的创新突破值得关注。如表 1-4 所列,世界各国对于可见光卫星载荷研究很成熟,加上客户对于"所见即所得"的需求,所以在高分辨率影像数据卫星的布局较多,从而形成了今天行业面对的"红海"市场。有识之士及行业专家呼吁商业遥感避免同质化竞争,鼓励大家走向以高光谱卫星、红外卫星及雷达卫星为代表的物理遥感(定量遥感)领域,许多人认为该领域的市场至今仍然为"蓝海"。定量遥感技术的应用市场规模将不亚于传统几何遥感技术,我们可以依托定量遥感数据的技术优势(特色),开发满足行业/区域服务需求的新型专题信息产品。在高光谱卫星领域,欧比特走在了前面,截至 2019 年 9 月,其已经部署了 8 颗高光谱卫星组成的高光谱微纳遥感卫星星座。国家也在布局,鼓励在此领域的技术突破和创新,相信不远的将来将呈现一个百花齐放的局面。

商业卫星遥感中的消费群体市场是一个值得研究的卫星应用的热点问题。对于不同的消费群体,催生专业化的商品和服务。当今互联网进入大数据时代,互联网对数据的需求已经扩展到太空。根据各个领域的需求,搭建基于卫星大数据的能够支撑和服务于数亿移动用户的空间信息平台,将成为一个强大的通信及信息服务平台,必将构建天地一体的商业卫星遥感体系。卫星数据在移动终端 APP 中的应用前景也非常广阔,卫星大数据正面向公众走入千家万户。

8.1.3 机遇

商业遥感是朝阳企业,市场正从"红海"迈入市场"蓝海",表现在以下几个方面,如图 8-1 所示。

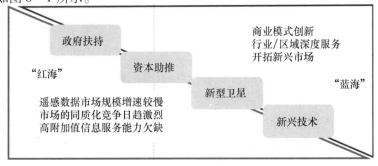

图 8-1 商业遥感市场发展机遇

1. 政府扶持

在未来可预见的时间范围内,政府仍将是遥感数据的主要客户。遥感卫星图像及增值服务的需求主要来源于军事、公益和商业3方面。其中,国家层面对于遥感卫星图像及增值服务的需求占有很高比例,国防用户与政府机构仍是卫星影像及增值服务销售和应用的主要用户。

2010 年,美国通过 *National and Commercial Space Programs*(《美国国家商业航天政策》),其中明确了美国政府对于商用遥感卫星发展的支持态度,也出于对国家安全的考虑,赋予了政府对商用遥感卫星影像的摄取和分发的直接否决权利。该政策的制定在确保了美国商用遥感卫星公司享有摄取、分发和销售的在合法范围内自由的同时,更保障了国家的安全,具有政策借鉴意义。

以美国 Digital Globe 公司的发展历程为例,可以看出,Digital Globe 的业绩增长受自发卫星和政府订单因素影响明显。随着美国政府提供的商业遥感卫星数据合同金额增加及前期合同续约,Digital Globe 公司营业收入显著增长,美国政府作为该公司最大的购买商,贡献其60%以上的营业收入。

美国政府采取"政策法律红利+订单集中支持+审批流程简化"的举措来助力商用高分辨率遥感卫星产业发展,促使商用高分辨率遥感卫星产业快速发展并在国际范围内处于领先地位。

遥感卫星产业发展更深层次的原因,除了技术积累、资本推动外,更离不开政策限制的松绑给商业遥感卫星产业发展更多可能性,顶层设计的优化成为商业航天产业发展的重要推手。

我国作为世界航天大国之一,国产遥感卫星技术及国内应用服务的产业化发展日渐活跃,已经成为国家空间基础设施的重要组成部分。同时,作为国家遥感卫星体系的必要补充,我国商业遥感卫星产业总体仍处于初创期阶段,政府市场和商业市场都有较大的上升空间。

我国政府高度重视航天事业的发展和航天技术的应用,已将卫星产业提升为国家战略性新兴产业。现代卫星也在经济建设、国家安全、科技发展和社会进步中发挥越来越重要的作用。遥感卫星技术支撑的地理时空信息服务平台及其应用服务作为数字经济的重要增长点,具有广阔的市场前景。

2014 年 11 月 26 日,国务院颁布《国务院关于创新重点领域投融资机制鼓励社会投资的指导意见》(国发〔2014〕60 号)。2015 年 10 月 26 日,经国务院同意,国家发展改革委、财政部及国防科工局联合发布《国家民用空间基础设施中长期发展规划(2015—2025 年)》(发改高技〔2015〕2429 号),明确鼓励民间资本参与国家民用空间基础设施建设,通过完善民用遥感卫星数据政策,加强政府采购服务,鼓励民间资本研制、发射和运营商业遥感卫星,提供市场化、专业化服务。2016年10月22日,国防科工局与国家发展改革委联合发布《关于加快推进"一带一路"空间信息走廊建设与应用的指导意见》(科工一司〔2016〕1199号),明确鼓励社会资本参与具有市场价值的高分辨率对地观测卫星空间基础设施建设与运营服务,鼓励社会资本参与建设和运营基于空间信息的行业和区域云数据中心。2016年11月,国务院印发的《"十三五"国家战略性新兴产业发展规划》也提出打造国产高分辨率商业遥感卫星运营服务平台。

目前,国内已经有部分城市开展了相关项目的建设,如北京市推出"北京一号"、"北京二号"卫星项目,吉林省推出了"吉林一号"卫星项目,广东省"珠海一号"卫星项目等。这些遥感卫星项目的建设符合国家产业政策,属于国家战略性新兴产业发展战略大力扶持的项目,也得到了国家、地方政府及产业资本的重点扶持。加之国家长期发展战略,包括"生态文明发展"及"建设美丽中国"战略规划的逐步落实,有利于促进我国遥感应用服务市场快速扩展,而"一带一路"国际合作也必将带动国产遥感卫星应用服务走向全球市场。

根据相关统计,我国地理信息产业市场规模2025年将接近1万亿元人民币,卫星大数据市场规模有望突破数千亿元人民币。

2. 资本助推

20世纪70年代,欧美国家开始发展自己的航天事业,并加大政府预算中对航天等高技术领域的研发投资金额。其中,美国1994年对高技术领域的投资达到1730亿美元,占当时美国国民生产总值的2.6%。政府资金的扶助加速了卫星产业的发展成型。同时,各国政府意识到卫星产业隐藏的商业应用价值,产业风向由创造历史的政治意义和抢占科技领先地位的战略意义向卫星应用商业化、产业化倾斜。作为政府用、民用卫星资源的补充资源,以盈利为目的,完全采用市场化运营的商用卫星开始受到政府鼓励。资本进场的政策限制被不断放宽,新的卫星技术在降低卫星制造和发射成本的同时,也极大地鼓励了资本进入的信心。资本快速进场卫星产业并布局卫星制造、卫星应用等多个环节。遥感作为卫星应用的方向之一,受到了资本青睐,并在资本的推动下向商业化发展。

2014年,国家鼓励民间资本参与卫星的研制等航天产业相关领域中。2015年第一届商业航天大会在武汉召开,我国商业航天进程开启。我国航天产业在

2018年的年度投融资总额约达到36亿元。其中,卫星应用和卫星发射环节的企业受到较多关注,分别获得19.72亿元和11.45亿元。

2019年1月28日,证监会发布《关于在上海证券交易所设立科创板并试点注册制的实施意见》。截至目前,共有数家与商业航天产业相关的公司递交了在科创板上市的招股说明书,其中几家也已经上市发行,这些企业大多聚焦于产业链下游卫星应用环节。随着航天企业投融资渠道越发多样,资本的强大推动力将会得到更好显现。

另外,由于财务投资者追求快速变现、快速获益的目的与航天产业自身高风险、高投入、长回报周期的特殊属性之间存在矛盾,民间资本在追随航天产业风口时应尽可能保持耐心,尽量减少对企业自身研发制造的干预。

3. 新型卫星

遥感卫星通常由遥感载荷和卫星平台组成。在定性遥感成熟的今天,研制开发更多的定量遥感卫星、批量卫星组网运行成为发展方向。

随着高分辨率遥感载荷、CCD、高精度、高稳定度、高机动能力的姿态控制技术、颤振抑制技术等可以提高遥感卫星影像质量的技术不断迭代,为高分辨率光学遥感卫星、高分辨率SAR遥感卫星、高光谱遥感卫星及红外遥感卫星的制造提供了坚实的工程制造技术支持。

卫星微小型化、一箭多星发射等技术的实现,使得星座组网成为可能,也成为商业遥感卫星产业的追逐目标之一,这必将促成商业遥感卫星产业的快速发展。

4. 新兴技术

商业遥感卫星新兴技术呈现出快速发展的势态,这将促进商业遥感卫星产业的发展。新型卫星技术的发展将出现如下特征。

(1) 小型化高性能的微纳卫星平台。

(2) 低成本功能专一的卫星载荷。

(3) 切实可行的定量遥感服务。

(4) 卫星在轨信息处理的实施。

(5) 卫星组网运行。

与卫星大数据相关的数据存储及数据处理、数据挖掘、AI算法及深度学习、云服务平台等新技术将发生飞跃式发展。

遥感云服务作为遥感应用服务模式,是基于云计算技术,整合各种遥感信息和技术资源,将遥感数据、信息产品、应用软件、计算及存储资源作为公共服务设施,通过网络为用户提供一式站的空间信息云服务。遥感云服务有效解决了传统遥感应用面临的主要问题,包括信息获取困难、建设成本高、开发周期长、动态更新难及系统部署成本高等,可以满足商业化服务和社会化服务的要求。

人工智能 AI 算法在众多行业领域的应用得到快速普及,也为海量遥感卫星数据的高效处理带来新的解决方案,加之在地理信息系统、大数据、移动互联网、物联网及量子计算等技术的支撑下,商业遥感信息服务模式和市场规模必将发生飞跃式发展。

8.2 商业模式的设计

21 世纪人类对地球进行多尺度、全方位实时动态监测的能力进一步增强,获取全球对地观测信息的遥感卫星系统迅速发展,遥感数据采集技术和能力全面提高,与全球卫星定位及卫星通信体系的发展相辅相成,全球对地观测体系已进入以高精度、全谱段、全天候信息获取和自动化快速处理为特征的新时代。

近年来,商业高分辨率遥感系统快速发展,系统性能不断提升,遥感应用向深度化、综合化方向发展,已成为每个航天大国重要的战略资源和基础设施。遥感卫星获得更广泛和海量的信息资源,是卫星大数据能够发展的重要资源和基础,也是商业遥感卫星商业模式赖以生存的基础。海量遥感数据本身已构成深受大数据行业青睐的具备高附加值、与其他类型数据相比具备更强开放性属性的卫星大数据。

这里回顾一下国内外遥感卫星系统的投资运营模式。如表 1-4 所列,国内外遥感卫星系统的投资运营模式包括以下几种。

(1) 政府投资运营模式。
(2) 政府投资、企业运营模式。
(3) 企业投资运营、政府购买服务模式。
(4) 企业投资运营模式。
(5) PPP 模式。

在全球对地观测体系已进入以高精度、全谱段、全天候信息获取和自动化快速处理为特征的新时代,商业遥感卫星产业的业务板块及流程并没有发生很大变化,如图 8-2 所示。

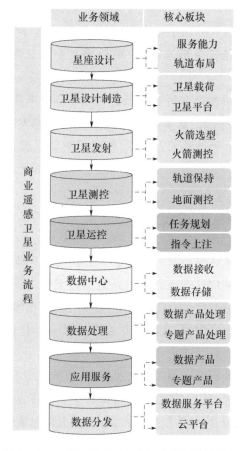

图 8-2 商业遥感卫星产业的业务板块及流程

对于商业卫星遥感全产业链,当企业设计一个切实可行的商业模式时,必须根据自身和市场状况,考虑其业务落脚点将落在图 8-2 业务领域或核心板块的哪个部位能提供打动人心的产品,然后进行产品定义、财务分析,再进行组织保障。任何一个成功的商业卫星遥感系统,都必须有一个清晰的、柔性的商业模式设计。

目前为止,我国的商业遥感卫星产业的整体格局发展向好,已初步形成了比较规模化的商圈;各航天商业企业也以市场为导向,在规划适合自身的商业模式。航天商业企业的服务对象从单一的政府扩展到企业和个体,服务内容从最初的原始卫星数据服务扩展到数据分析、专题产品、应用服务平台、定制化服务等。

在提供定制化服务时,企业可以根据客户的需求进行服务内容的自由组合,包括提供卫星发射测控、测运控资源租赁、卫星应急响应、数据快速处理等特殊服务,以市场化需求推动商业卫星遥感的健康发展。

随着遥感卫星产业的市场化深入发展和需求的多元化,未来商业遥感产业的发展会逐渐形成以核心产品为竞争力的品牌化发展态势,实现推动市场资源最优化配置和优质服务的良性循环。

当商业模式确定之后,我们必须考虑如何更有效地来落实商业模式的策略和思路,建设商业遥感卫星系统。

8.3 商业遥感卫星新兴技术的发展

8.3.1 小型化高性能的微纳卫星平台

市场因素决定了商业遥感卫星系统必将是低成本、高性能、模块化的技术集成,载荷设计通过模块化的设计理念,实现商业遥感卫星系统的低成本和可复制性,同时又能满足市场高质量数据源需求的高性能载荷要求,实现商业遥感卫星的可持续、健康发展。

自1957年第一颗人造卫星上天以来,卫星平台正在经历从小卫星到大卫星到微纳卫星的发展历程。轻小型化、集成化、高性能是微纳卫星发展的主要方向,微纳卫星后续技术发展趋势呈现出标准化、模块化、组网协同等特点。微纳卫星近年来的蓬勃发展同时得益于需求的不断牵引和技术的快速进步,得益于微机电和信息技术的阶跃式发展,使得微纳卫星能够实现较高的功能密度。同时,受限于资源、低成本可靠性风险和批量工程化难度,微纳卫星的发展仍要面临一些挑战,如兼顾低成本和高性能的同时,在资源受限条件下如何做到平台载荷一体化设计等[335]。

兼顾低成本和高性能,提高微纳功能性能密度比的设计哲学的核心是一体化系统设计,主要通过平台载荷一体化实现,包括基础级、功能级和任务级。在设计中要强化整星一体化设计,具体包括系统级一体化设计和单机功能的一体化设计,实现型号扁平化设计,减少单机产品数量。

卫星小型化设计技术颇具挑战性。我们可以采用综合电子一体化设计,提高卫星功能密度;采用构型一体化或SIP三维叠装技术设计,提高单机紧凑度。采用星上射频设备通用化、软件化技术,以及机电热集成化设计,实现高集成化设计。

8.3.2 低成本的卫星载荷

伴随人类对地球系统研究的不断深入,实现对地观测的全方位、多尺度成为人类不懈的追求,全球对地观测体系已进入以高精度、全谱段、全天候信息获取和自动化快速处理为特征的新时代,这就推动了卫星载荷全方位的发展。

图8-3列出了地物波谱域与应用领域的关系。卫星载荷接收的地物波谱信息包含地物表面反射或辐射的波谱特征,各电磁波谱段蕴含的地物信息特征各不相同,因此不同波段的遥感载荷具有不同的应用领域。

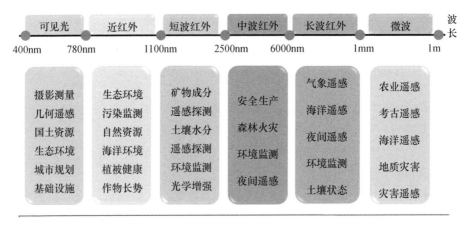

图8-3　地物波谱域与应用领域的关系

现阶段下,在技术上,我们还不可能设计出可以覆盖全谱域段的传感器或成像系统,无论是从技术上还是经济上都要求高性能成像系统的创新开发,需要探测器技术的革新换代。

商业遥感卫星通常会更多地考虑性价比问题。在市场化需求的推动下,商业遥感卫星系统通常会设计不同的微纳卫星,每个卫星成像系统覆盖一段谱域,多个卫星组成覆盖全谱域的智能测绘系统,实现低成本、高性能、轻量化的卫星载荷。

8.3.3 覆盖更宽谱域的定量遥感

从图8-3列出的地物波谱域与应用领域可以看出,行业需要更多的高光谱卫星来覆盖更广的谱域。

目前,以高分辨率遥感卫星为代表的定性遥感(几何遥感)技术已经得到比较充分的发展。按照图8-3所示的谱域覆盖的发展趋势,以高光谱卫星、红外卫星及雷达(微波)卫星为代表的定量遥感(物理遥感)技术将步入快速发展轨道。物理遥感技术与几何遥感技术相辅相成,两者的结合应用必将构成商业遥感卫星系统的主旋律。

为采集地物更加丰富的光谱信息,以满足地物类型的精细化分类,以及对地物物理、化学特征的定量反演,高光谱卫星的研制需求日益迫切。例如,"珠海一号"覆盖 400~1000nm 光谱域的高光谱卫星星座率先填补了全球商业高光谱卫星的空白,也体现了商业遥感卫星在满足市场需求方面的快捷反应能力。

8.3.4　卫星在轨信息处理

随着遥感获取能力的增强,卫星数据量急剧增大,给卫星的存储、下传和后处理带来了很大的挑战,制约了遥感卫星数据应用和服务的发展。为了进一步促进遥感数据实时处理和智能服务的发展,需发展卫星信息在轨处理。

卫星在轨信息处理技术是卫星进行知识快速分析的提取的关键技术,通过架构 AI 高速处理硬件平台,配置深度学习的人工智能算法、AI 处理及目标提取处理算法,实现在获取载荷数据的同时对数据进行实时分析处理,智能识别目标,实时生成知识数据,将海量的载荷数据转换为可快速下行的知识数据。根据对卫星在轨信息处理共性分析,在轨信息智能处理技术必须解决以下问题。

(1) 在轨地理参考库构建,提供几何高精度定位控制数据。

(2) 在轨快速几何定标算法,进行几何定位。

(3) 在轨快速辐射定标方法。

(4) 快速匹配算法,实现图像与控制点快速匹配。

(5) 在轨快速正射校正方法。

(6) 在轨快速对象分割,依据 GIS 网格及目标库自动生成目标及特征。

(7) 特征提取,通过算法进行特征的计算和提取。

(8) 目标识别,通过深度学习,对比特征进行目标识别与智能分析。

(9) 星地协同信息应用。

通过搭载卫星数据在轨信息处理平台,可使卫星能够依据用户需求实现智能规划,并在星上对获取数据进行实时处理,直接生成用户所需数据信息,实现端到端的实时传输。

在轨信息处理的创新打破了传统的卫星遥感系统应用模式,提高了应急响应效率,在灾害应急处理、应急信息支持等领域激活大量市场需求;同时,也可以升级用户体验,扩展个人用户市场,为遥感影像的大众化服务提供有力支撑[336]。

1. 商业遥感卫星在轨信息处理平台

商业遥感卫星在轨信息处理平台包括在轨处理硬件平台和运行于其上的信息处理软件系统,其中在轨处理硬件平台需要综合考虑任务性质、信息处理性能、功耗等关键性能指标,在技术上颇具挑战性。

在轨信息处理平台一般应该基于人工智能处理器芯片进行设计,执行基于深度学习的智能算法,实现卫星载荷数据的智能化在轨处理,应当具备如下基本功能。

(1)各类载荷数据的预处理和压缩。

(2)原始数据、压缩处理数据的存储与回放。

(3)光学、SAR载荷成像目标识别。

(4)多工作模式数据流开关调度。

(5)综合任务管理和重构。

(6)数传分发等。

在轨信息处理平台应具备人工智能算法处理能力,应当具备如下基本性能。

(1)处理器工作频率:不低于1GMHz。

(2)神经网络协处理器工作频率:主频不低于1GHz,采用超长指令、兼容通用的SIMD指令(单指令多数据),能够支持CNN、深度神经网络(DNN)、循环神经网络(RNN)等通用的神经网络算法,能够支持TensorFlow、Caffe等主流深度学习软件框架,也能实现对传统卷积、矩阵算法的加速。

(3)整机功耗:不大于20W。

(4)运算能力:浮点处理能力不低于64GFLOPS,定点处理速度不低于12TOPS。

(5)图像信号处理吞吐量:达到每秒16亿像素。

(6)支持OPENCL、OPENVX、OPENCV等软件库。

(7)支持带有H.264H265与JPEG2000图像压缩与解压。

(8)工作温度:$-55 \sim +125$℃。

(9)工作电压:12~36VDC。

在轨处理硬件平台对于所采用的AI处理器将更加挑剔,业界工程师可能会首选处理能力较大(浮点处理能力32GFLOPS以上,定点处理速度6TOPS以上)、功耗低(5W以下)、具有支持深度学习和神经网络算法加速处理器的新一代嵌入式AI处理器芯片。目前国内AI处理器厂商包括寒武纪、欧比特等研制生产的新一代AI处理器可满足以上条件。

2. 商业遥感卫星在轨服务

商业遥感卫星在轨处理典型服务内容主要包括位置感知、目标感知和变化感知3种类型。其中,位置感知主要是根据任务提供的位置信息(如经纬度信息)来确定感兴趣区域范围,并对感兴趣区域成像区域内的数据进行处理;目标感知区别于已知精确地理信息的处理流程,是一种以目标为驱动的处理模式,通过对成像数据流进行目标检测来实现目标区域的数据处理;变化感知则是对成像范围内的变化信息进行提取。

卫星在轨信息处理服务模式可实现GB级海量遥感数据向KB级有效遥感信息的处理,将使得商业遥感卫星从面向专业用户的服务转向大众移动终端服务,也将驱动行业出现一些新的创新服务。

未来在轨信息处理有可能在如下领域出现突破,如星上智能任务规划、光学影像相对辐射校正、高精度在轨几何定位、光学遥感影像智能云检测、高分辨率遥感影像智能目标检测、卫星视频智能压缩和运动目标检测等。这些技术突破可有效支撑上述在轨处理服务,从而有望将服务拓展至森林火灾预警及实时监测、海面船舶识别、救灾减灾、情报分析等诸应急管理服务的众多应用领域。

8.3.5 微纳卫星星座组网运行

高时效性空间信息的获取将是未来社会发展的必然要求,如何满足社会化的市场需求是企业必须面对的发展挑战。通过大量的低成本、高性能的卫星组网覆盖提高卫星服务时效性将成为商业遥感卫星服务系统的最佳选择,如表1-4所列。

随着商业遥感卫星的飞速发展,会有越来越多的面向行业应用的微纳卫星星座出现,并通过不同微纳卫星星座的组网服务满足多样化的市场需求,避免多载荷卫星高成本、高风险和低时效的缺点,在满足市场需求的同时实现卫星遥感产业的优质发展。

微纳卫星星座组网运行是行业发展的必然,不同性能的卫星星座实现不同数据类型的高频高能观测,不同星座间的组网共享监测服务,将实现对地观测的全方位、多尺度的服务,实现高精度、全谱段、全天候信息获取的目标,为行业提供高时效的数据服务。我们相信,未来越来越多的商业遥感卫星星座将在太空中运行。

但是,商业遥感卫星星座组网运行不是一个个卫星星座简单的叠加。每个商业遥感卫星星座的设计都是一个优化的过程,它根据商业模式提出设计准则,依据设计准则来对星座中的卫星轨道数量、每轨卫星数量及构型、轨道夹角等关键参数进行优化设计。

8.4 卫星遥感从数据信息服务到知识服务的进化

基础地理数据是地形地物分布及相互关系的数字化描述与表达,以矢量地形、数字高程模型、正射影像、地表覆盖等主要形式呈现,兼具空间载体和知识存量两大作用。经过多年的努力,中国建成了尺度多元、内容丰富、更新及时的基础地理信息数据库体系。但目前基础地理服务普遍存在着"数据海量,信息爆炸,知识难求"现象,无法满足用户对基础地理知识的服务需求,制约着基础地理数据信息作用的全面发挥。卫星遥感大数据作为地理基础数据的一部分,也面临着同样的难题,从海量数据信息服务走向知识服务势在必行,已成为测绘类科技转型升级的一项重要任务[337]。

随着"互联网+"、大数据、云计算、人工智能2.0等的迅猛发展,以知识图谱和知识中心为代表的知识服务为基础地理知识服务的研发与应用提供了有益借鉴,知识服务将成为未来信息发展的高级阶段,卫星大数据也必然走向知识服务的阶段。

基础地理知识是面向领域需求,对基础地理数据及信息包括遥感大数据进一步挖掘、凝练、梳理、升华,与现有地理知识进行关联,所形成的对地理环境要素空间格局、相互关联和时空变化规律的系统性认识,如图8-4所示。

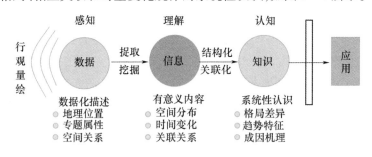

图8-4 地理空间数据-信息-知识

当前,地理知识已经初步完成了地理信息专业知识服务系统的构建,并为工程科技界提供空间型知识服务。卫星大数据将随之针对自然资源保护、社会经济发展、生态环境评估等领域的应用需求,以基础地理信息为基础,结合关联相关专业领域知识,构建和提供有关的基础地理知识服务。

8.5 卫星大数据与 AI 技术

8.5.1 AI 技术对遥感数据的构建

AI 技术的引入将构建智能遥感的全链路,包括统一基准处理、数据挖掘、数据关联、共享应用等,在此介绍在智能统一基础处理、智能挖掘、智能治理 3 个层次上形成的全新的智能遥感数据方法。

(1) 遥感数据智能统一基础处理。要解决海量数据的精准处理,以统一的基准使不同的处理具有统一的标准和相互的融合是十分重要的。遥感数据具有多传感器、多分辨率、多时相、多要素的"四多"特点,传统遥感处理是针对每颗卫星、每一个载荷能够高精度的处理,而面向智能的应用必须有统一的基准,这才是高效的解决问题的基础。单层图像处理强调校正精度,多层数据处理则实现在统一框架下的融合。因此,其中的技术难点在于如何使不同传感器、不同的分辨率、不同时相的多层遥感数据可以统一在一个标准框架下。

(2) 遥感数据智能挖掘。基于统一框架下,解决时空异步信息的提取和融合分析问题,使不同时间、空间获取的数据最终形成可自学习的定量的融合模型、专业的网络模型,实现复杂场景中多类目标要素的并行提取和识别。建立样本采集和积累的机制,实现多源持续观测,实现自动化处理的一致性、准确性和鲁棒性。

(3) 遥感数据智能治理。遥感大数据是异构数据,很多信息是不统一、不完整的,需要解决数据全要素多维自主高效关联的问题,使这些数据清理成为支持智能提取的数据,实现分散的海量异构数据一体化治理,数据治理的最终目标是提升数据的价值。

遥感 AI 技术贯穿海量多源异构数据从分析处理到共享应用的全链路,将遥感影像数据转化成具有应用价值的信息服务产品,可大幅缩短遥感图像的解译周期,催生一些应用于水利河道监管、生态环境保护、农业估产及农情监测、地质灾害防治等领域新的遥感应用,促进遥感数据服务模式的变革,在减少遥感数据解译所需的人员投入的同时,也提升了遥感信息的服务和应用能力,为遥感信息服务产业带来更大的商业契机。

8.5.2　AI 技术对遥感影像数据的特征提取

以 AI 算法为驱动的遥感数据智能处理可对遥感卫星影像进行智能分析处理,为智能高效处理卫星大数据提供新的解决方式,特别是对特征目标地物的提取。

遥感影像 AI 算法地物分类具体流程如图 8 – 5 所示。将遥感影像裁剪为多景数据,利用自动编码器(AE)、深度置信网络(DBN)、CNN、SVM 等 AI 算法进行定性分析,自动输出地物类别、地物位置信息及地物置信分数,实现对遥感影像的智能地物分类[338,339]。

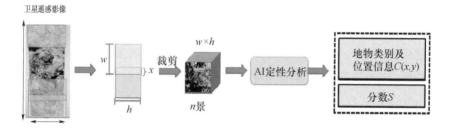

图 8 – 5　遥感影像 AI 算法地物分类具体流程

与传统的遥感数据地面处理系统相比,它有如下优势。

(1)在时间上真正实现了端到端的识别过程,即只需关注输入/输出,无须人工在特征选择过程中干预,更不用人工专门针对纹理、形状、颜色特征进行调整以适应分割算法,节省了大量在特征分析上的时间。

(2)在精度上,AI 算法很好地结合了空间和光谱信息,能极大地改善漏检和误分的情况,整体性更好。

8.5.3　深度学习网络模型亟需解决的问题

AI 深度学习网络已经在自然语言、语音识别、自然图像处理等多个领域取得了突飞猛进的发展,现有的深度学习网络模型主要是针对真彩色自然图像,大多不支持多波段的遥感数据格式,而且在图像增强、特征提取等方面也都难以体现多谱段遥感数据特点。因此,探讨遥感卫星数据特点,开发适用于遥感大数据信息处理、信息挖掘、信息治理等特点的深度学习网络模型是促进深度学习在遥感卫星数据领域应用的关键。

融合遥感大数据特征的深度学习网络,亟需在以下几个方面加强研究[340]。

(1) 多波段遥感数据支持。现有的针对自然图像的深度学习网络模型基本是针对 RGB 三波段图像格式,不能直接读取具有几个、几十个甚至几百个波段的遥感图像,也不具备识别遥感数据中的地理位置信息的能力。因此,适用于遥感数据的深度学习网络开发首先要解决对多波段遥感数据支持的问题。

(2) 基于遥感成像机理的数据增强处理。样本稀缺是深度学习在遥感领域应用的突出问题,传统针对黑白全色和真彩色图像的数据增强包括随机切片、旋转或反转、HSV 色彩变化、随机噪声等方式,不能模拟和考虑遥感成像方式和成像条件等因素,尤其是图像地物的波谱特性,因此对遥感数据的增强效果不理想。

(3) 融合遥感信息特征的网络模型设计。目前,神经网络主要针对 R(红) G(绿) B(蓝) 三波段数据设计,其网络结构及各层超参数更适合三波段数据。仅仅只是修改数据接口支持多波段数据输入,虽然实现了数据读入,但是不能很好地消化多波段遥感图像信息特征。充分利用遥感数据空间纹理、辐射和光谱等丰富的地物信息,融合遥感数据特征的网络设计是基于深度学习的遥感信息提取的重点。

(4) 物理知识约束的网络模型设计。除了波段多、信息丰富的特点之外,遥感图像相对自然图像而言其每个波段都具有特定的物理含义,如针对植被、矿物等光谱吸收或者针对大气校正的波段等,在不同应用目标下遥感数据的每个波段的价值是不一样的。因此,面向遥感大数据的网络模型设计必须考虑波段的物理含义,开发在物理模型约束下的网络模型是提升网络效能的有效途径。

(5) 多源数据融合的网络模型设计。遥感图像是一种地球电磁波视觉数据,由于地表场景和观测目标的复杂性,在单一数据源无法满足信息提取要求时,常常通过多源数据融合来解决问题,如在解决遥感图像中山区阴影和水体混淆的问题中引入数字高程模型数据。因此,设计一种新的网络结构来适配和融合不同来源的数据,通过多源异构数据融合策略来提升模型预测精度是模型设计要充分考虑的。

(6) 大场景遥感信息提取的工程化实施。对于大范围的遥感图像数据,切片训练与预测是无法避免的。由于卷积神经网络在不同分块图像中感受视野的差异,导致分块预测结果在接边处存在差异。另外,处理超大规模的遥感图像大大增加了训练和预测、结果输出等多个环节的工程化操作。因此,如何在有限的硬件资源条件下保证工程化实施,也是系统设计要考虑的一个重点。

8.6 卫星遥感产品正逐渐走入社会的方方面面

自 20 世纪末我国提出"国家信息基础设施"和"数字地球"概念以来，以计算机技术、多媒体技术和大规模存储技术为基础，以宽带网络为纽带运用海量地球信息对地球进行多分辨率、多尺度、多时空和多种类的三维描述已成为人类认识地球的重要手段。

卫星大数据是重要的基础数据，全球遥感卫星的商业化前景十分广阔。政府层面，遥感数据是构建地理信息基础框架、数字化地球的基础，遥感业务涵盖气象预报、国土调查、作物估产、森林调查、地质找矿、海洋预报、环境保护、灾害监测、城市规划和地图测绘等，并且可与全球遥感卫星、通信卫星和定位导航卫星相配合，为经济建设和社会运行提供多方面的信息服务。民众层面，卫星遥感正与大数据、全球导航、移动互联网、物联网、智慧城市建设等产业逐步融合，促使航天技术逐步走入百姓生活。

进入 21 世纪以来，生态环境问题日益成为人们关注的焦点，伴随人类对地球系统认识的不断深入，如何推动人类社会的可持续发展成为当今世界的共同主题。全方位、多层次、高时效的时空综合信息成为人类更好地保护共同家园，实现人类社会和地球系统可持续发展的重要依赖。

2015 年 9 月，联合国发展峰会通过《变革我们的世界——2030 年可持续发展议程》，提出了 17 项可持续发展目标（SDG）及 169 项子目标，推动全世界范围内经济增长、社会包容与环境美好三位一体的协调发展。这是每个政府都非常关注的 SDG 衡量指标，要求卫星遥感提供专业及时的服务。当今，我国遥感卫星应用领域不断拓展，已经在农业、林业、国土、水利、城乡建设、环境、测绘、交通、气象、海洋、地球科学研究等方面得到应用。遥感技术在我国国土资源大调查、西气东输、南水北调、三峡工程、三河三湖治理、退耕还林、防沙治沙、交通规划与建设、海岸带监测及海岛测绘、300 万 km^2 海洋权益维护及区域经济调查管理等重大工程建设和重大任务中发挥了不可替代的作用。同时，农情遥感监测系统、沙尘暴的遥感卫星监测与灾情评估系统、数字城市空间信息管理与服务系统、全国城乡规划和风景名胜区规划管理动态信息系统、气象卫星与海洋卫星综合应用系统等一批行业运行系统正在建设之中，为各级部门了解和及时掌握情况提供了信息支撑。

未来 5G/6G 系统将会实现一星多用、多星组网、天地多网融合的地球空间信息智能服务，实时导航定位精度有望提高到分米级甚至厘米级，遥感数据获取和信息处理实现分米级的空间分辨率和近实时的时间响应速度,GIS 的角色从工具逐渐走向平台服务,卫星遥感也将是平台服务的基础和专业服务的重要数据来源。

商业遥感的发展也将顺应大数据时代发展的要求,借助 AI、3S 集成等技术,融合各类行业和专业信息,形成综合的预测、挖掘和分析能力,以 3S 技术为中心建设多元信息一体化的空天地信息实时智能服务系统,实现天、空、地一体化的多维时空监测和信息的可视化,推动遥感应用的全面发展和人类社会的数据化、智慧化发展。

近年来商业遥感卫星发展迅速,特别是随着高分辨率对地观测工程的实施,中国的遥感卫星进入了一个新的发展期。遥感卫星正在由试验性运行向业务化运行发展,遥感卫星的应用得到了政府部门的大力支持,并正由行业化应用向大众化应用发展。商业遥感卫星应用产业显示出勃勃生机,并正在成为经济社会发展的战略性新兴产业。人们会发现"商业遥感卫星大数据,只有想不到的应用,没有做不到的应用"。图 8-6 列出了商业遥感卫星大数据部分成熟的应用领域。

图 8-6　商业遥感卫星大数据部分成熟的应用领域

产学研合作模式的不断磨合创新,推动了我国遥感领域科技发展和成果转化,促进各科研机构成果更好地服务于社会和大众,卫星大数据将在政府、行业及消费群体领域实现大发展。

8.6.1 面向政府应用的快速发展

商业遥感卫星数据在政府的应用需求旺盛,正在拓宽拓深。表8-1列出了卫星大数据在政府应用的。

表8-1 卫星大数据在政府的应用

应用部门	应用场景
自然资源	国土资源监测、岸线海岸带监测、湿地调查、基本农田监测、自然保护区管理、生态红线保护监测、城乡边界变化监测、生态环境监测、水资源监测、海域监测、土地调查遥感影像库更新、土地利用现状更新、地质找矿、地质灾害、土地利用动态监测和巡查、城乡规划、区域地质构造、矿区复绿监测、森林资源调查与规划设计、林业用地信息管理、林区道路制图、林业巡查成图、水源林工程动态监测、森林覆盖类型调查、森林限额采伐和更新造林、森林病虫害监测及防治、火灾监测与动态管理、地震灾害评估等
生态环境	大气监测、洪水灾害、水污染监测和控制、污染源分布监测、水源地环境监测、海洋监测、赤潮监测、沙漠化分析、溢油监测和影响
交通运输	公路普查与更新、道路稳定性调查、高速公路周边环境监测、重点桥梁周边环境监测
农业农村	农林覆被类型监测、种植业结构优化、耕地资源监测、农情信息服务、养殖环境监测、渔业养殖监测、农作物长势监测与产品评估、灾害监测与评估
城市管理	大型垃圾堆放监测、违法建筑监察与执法、建筑工地监测、园林绿化监测
应急管理	化工厂区监测、森林火灾应急部署、地质灾害应急部署、湖库堤坝应急监测、各种自然灾害撤离部署、城市应急动员
海事	港口监测、海上溢油监测、船舶违法停靠监测、重点桥梁通行监测与预警
水利	堤坝形变监测、江河湖库违法构筑物和违章建筑监测、黑臭水体、水资源监测、河长制监察

目前的政府管理越来越需要遥感卫星的支持,有条件的政府部门及地方政府都纷纷发展自己的遥感卫星产业,助力政府管理,如图8-7所示。

第8章 商业遥感卫星产业前景展望

图 8-7 卫星数据应用

在国产卫星中,资源系列卫星为自然资源部的资源管理正发挥着巨大的作用。"北京一号"、"吉林一号"、"珠海一号"等商业卫星或商业卫星星座等,在当地或全国各地政府智慧城市及多个业务部门的管理应用都在发挥着相当重要的作用。

相信未来越来越多的机构、政府部门和地方政府将会根据自身的发展需求,规划商业遥感卫星产业。例如,武汉大学的"珞珈"卫星的夜光卫星系列、河南省正在运筹的"河南一号"、海南省正在设计的"海南一号"等卫星,将助力商业遥感在政府管理中应用的快速发展。

8.6.2 面向行业应用的拓展

随着遥感数据源的增加及技术革新,数据多样性丰富,数据成本逐年降低,促使遥感技术在诸多行业得到了广泛、深入的应用,拓展了商业遥感应用的市场,越来越多的行业应用领域将发现遥感卫星的商业价值。表 8-2 列出了部分商业遥感卫星数据在行业的应用。

表 8-2 部分商业遥感卫星数据在行业的应用

应用行业	应用场景
智慧城市	智慧交通、数字城市、遥感云服务
金融保险	承保风险评估、灾害监测与评估、期货投资分析
农业生产管理	测土配方施肥、农情监测、种植结构优化、作物面积与长势分析、渔牧业选址与水质监测

续表

应用行业	应用场景
矿产勘查管理	地质找矿、矿区开发监测、矿区复绿监测
房地产开发	规划选址、城乡开发边界监测、道路信息提取
酿酒业	选材分布调查，如水、高粱、小麦、玉米等

8.6.3 面向个人消费群体应用的崛起

人们对于卫星应用和服务最直接、最直观的了解就是全球卫星定位服务，如美国的 GPS、中国的北斗卫星系统、欧洲的伽利略卫星系统。导航的底图配有卫星遥感影像，支撑着导航系统的运行，中国的北斗卫星系统还提供了双向报文传输功能。今天，如果驾车出行没有配置北斗/GPS 定位终端或软件，人们可能会感到非常不便，这说明人们的日常生活已经很难离开卫星的应用服务。

卫星作为人类高科技发展的成果，其应用不仅限于卫星定位导航功能，还应当包括卫星通信、对地观测、空间遥感、气象观测、天文探测、科学研究、新技术试验、救灾抢险、海洋观测、安全通信、数据远程备份、灾难预警等更多方面，这些领域都离不开卫星遥感。不同领域、行业、区域、国家的各种不同的社会消费群体出于自身的需要，会对卫星应用服务提出完全不同的要求，商业遥感可以以其敏锐的市场触觉为客户定制个性化的卫星遥感产品。对于个人消费者的日常生活，商业遥感也将以灵活多变的方式，顺应市场，跟踪潮流，生产贴心有活力的卫星遥感产品。

当今，商业遥感应用已逐渐融入大众的生活，遥感空间信息的应用也沿着不断创新的方向发展。目前，已有许多成熟的卫星大数据应用产品以 APP 产品的形式推向市场。

例如，百度地图、高德地图等导航定位产品都需用大量的卫星影像产品来进行导航软件的数字线化图的更新，各种针对环境、住房、交通、旅游、餐饮等方面应用的 APP 软件也越来越依赖卫星数据作为软件开发的基础，移动 APP 用户数量巨大。卫星大数据在面向公众的"消费群体"应用领域具有不可估量的市场潜力，卫星大数据面向"消费群体"的应用正蓬勃发展。

附录 1
国产化卫星数据产品信息

参照《卫星对地观测数据产品分类分级规则》(GB/T 32453—2015)、《航天高光谱成像数据预处理产品分级》(GB/T 36301—2018)及《陆地观测卫星光学数据产品格式及要求》(GB/T 38198—2019),制定了"珠海一号"、"高景一号"等卫星数据产品信息规范。

附1.1 "珠海一号"高光谱卫星数据产品信息

"珠海一号"高光谱卫星数据产品信息通过以下几个方面描述:接收数据文件、各波段中心波长数据文件、标准色彩显示波段组合、绝对辐射定标系数、产品分级、数据产品命名规则、数据产品构成、高光谱谱段应用推荐。

附1.1.1 接收数据文件

"珠海一号"高光谱卫星2019年3月12日接收数据如附表1-1所列。

附表1-1 "珠海一号"高光谱卫星2019年3月12日接收数据

星号		OHS - D
左上角点	Lon(经度)	E117°04′43″
	Lat(纬度)	N26°38′50″
成像时间		2019年3月12日
侧摆角/(°)		-0.917305
太阳高度角/(°)		48.074323
影像分辨率		5056×5056
轨道高度/km		520

续表

星号	OHS-D
成像地点	中国福建省三明市泰宁县
地物描述	山林、城镇
地面分辨率/m	10
数据处理等级	1级
已完成预处理项	相对辐射定标、几何校正

附1.1.2 各波段中心波长数据文件

"珠海一号"高光谱卫星各波段中心波长数据文件如附表1-2所列。

附表1-2 "珠海一号"高光谱卫星各波段中心波长数据文件

通道数	中心波长/nm	通道数	中心波长/nm	通道数	中心波长/nm	通道数	中心波长/nm
1	466	9	596	17	716	25	836
2	480	10	610	18	730	26	850
3	500	11	626	19	746	27	866
4	520	12	640	20	760	28	880
5	536	13	656	21	776	29	896
6	550	14	670	22	790	30	910
7	566	15	686	23	806	31	926
8	580	16	700	24	820	32	940

附1.1.3 标准色彩显示波段组合

"珠海一号"高光谱卫星数据标准色彩显示波段组合如附表1-3所列。

附表1-3 "珠海一号"高光谱卫星数据标准色彩显示波段组合

RGB	R/nm	G/nm	B/nm
标准真彩色	670	560	480
标准假彩色	近红外	红	绿

附1.1.4 绝对辐射定标系数

"珠海一号"OHS-2D CMOS3,即"珠海一号"第2组第4颗高光谱卫星第3块(CMOS)芯片的绝对辐射定标系数如附表1-4所列。

附表1-4 "珠海一号"高光谱卫星(CMOS)芯片的绝对辐射定标系数

波段	中心波长/nm	增益参数 /(W·m^{-2}·sr^{-1}·μm^{-1})	偏移参数 /(W·m^{-2}·sr^{-1}·μm^{-1})
B01	466	1.94836	0.00000
B02	480	2.14687	0.00000
B03	500	2.08522	0.00000
B04	520	1.94719	0.00000
B05	536	1.89708	0.00000
B06	550	1.83594	0.00000
B07	566	1.58944	0.00000
B08	580	1.43003	0.00000
B09	596	1.29913	0.00000
B10	610	1.18088	0.00000
B11	626	1.08348	0.00000
B12	640	1.02754	0.00000
B13	656	0.91632	0.00000
B14	670	0.86456	0.00000
B15	686	0.81765	0.00000
B16	700	0.75082	0.00000
B17	716	0.71492	0.00000
B18	730	0.65608	0.00000
B19	746	0.63452	0.00000
B20	760	0.56845	0.00000
B21	776	0.62361	0.00000
B22	790	0.63208	0.00000
B23	806	0.64620	0.00000
B24	820	0.61239	0.00000
B25	836	0.62469	0.00000
B26	850	0.65122	0.00000
B27	866	0.65367	0.00000
B28	880	0.70687	0.00000
B29	896	0.89101	0.00000
B30	910	0.93769	0.00000
B31	926	1.32193	0.00000
B32	940	1.29289	0.00000

附1.1.5 产品分级

参照国家标准《卫星对地观测数据产品分类分级规则》(GB/T 32453—2015)和《航天高光谱成像数据预处理产品分级》(GB/T 36301—2018),"珠海一号"高光谱卫星数据产品分级如下。

(1) L0级产品。卫星向地面站传输原始码流数据,对原始码流进行解调、解扰、解压操作后,生成L0级产品数据。L0级产品数据一般不对用户发布。

(2) L1A级产品。对L0级产品进行几何校正和相对辐射校正,并提供RPC文件、空间范围文件和元数据文件等。

(3) L1B级标准产品。L1A级产品经过全谱段配准,提供RPC文件、空间范围文件和元数据文件等。

(4) L2级系统几何校正产品。在L0~L1级数据基础上,按照一定的地球投影,以一定地面分辨率投影在地球椭球面上的几何产品,故其影像带有相应的投影信息。该产品附带RPC模型参数文件。

(5) L3级几何精校正产品。在L0~L2级数据基础上,采用地面控制点或者标准参考影像来改进影像的几何定位精度;消除了部分轨道和姿态参数误差,将产品投影到地球椭球面上的几何产品。

(6) L4级高程(正射)校正产品。在L0~L1级数据基础上,利用精细的DEM和控制点进行正射纠正。由于在正射纠正时改正了由于地形起伏而造成的像点位移,因此其不再提供RPC参数文件,但影像带有地理编码。

(7) L5级增值专题应用产品。在L0~L4级数据基础上,经融合和参量反演等专业数据或信息集成处理得到的专业应用数据产品。

附1.1.6 数据产品命名规则

"珠海一号"高光谱卫星数据产品命名规则为

Satellite + ID + Receiving Station_Receiving time_Scene_Level_Band_Sensor

(1) Satellite:"珠海一号"星座中遥感卫星种类代号,高光谱卫星代号为H。

(2) ID:卫星编号,高光谱卫星编号为A、B、C、D、E、F、G、H,其中A~D 4颗卫星为第2组发射,E~H 4颗卫星为第3组发射。卫星编号及对应的卫星命名如附表1-5所列。

附表1-5 "珠海一号"高光谱卫星编号与命名对应表

"珠海一号"02组高光谱卫星			"珠海一号"03组高光谱卫星		
序号	卫星编号	卫星命名	序号	卫星编号	卫星命名
1	A	OHS-2A	5	E	OHS-3A
2	B	OHS-2B	6	F	OHS-3B
3	C	OHS-2C	7	G	OHS-3C
4	D	OHS-2D	8	H	OHS-3D

(3) Receiving Station：地面接收站编号，"珠海一号"地面接收站Z1、"珠海二号"地面接收站Z2、"漠河一号"地面接收站M1、"漠河二号"地面接收站M2、"乌苏一号"地面接收站W1、"乌苏二号"地面接收站W2、高密地面接收站G1。

(4) Receiving time：地面接收影像时间。

(5) Scene：高光谱卫星推扫方式成像，整轨下传后生产以50km×50km切割为一景，按切割顺序累计影像景数。

(6) Level：影像产品处理级别，目前提供用户高光谱产品为L1B级产品。

(7) Band：高光谱影像波谱段数32个，分别命名为B01、B02、…、B32。

(8) Sensor：每颗高光谱卫星上有3片CMOS，分别命名为CMOS1、CMOS2、CMOS3。

命名示例如附图2-1所示。

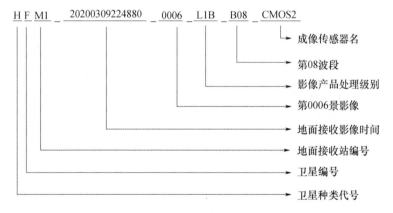

附图2-1 "珠海一号"高光谱卫星数据产品命名示例

附1.1.7 数据产品构成

参照《陆地观测卫星遥感数据分发与用户服务要求》(GB/T 34514—2017)，高光谱卫星L1数据产品构成文件如附表1-6所列。

附表 1-6 高光谱卫星 L1 级数据产品构成文件

序号	文件扩展名	数量/个	文件类型
1	.tif	32	影像文件
2	.jpg	32	快视图
3	_rpc.txt	32	定位模型文件
4	_meta.xml	1	元数据文件
5	_thunb.jpg	1	拇指图
6	.shp	1	矢量文件
7	.shx	1	矢量文件
8	.dbf	1	投影信息文件
9	.prj	1	投影信息文件
10	_qual.xml	1	几何、辐射质检文件
11	_matchGcp.txt	1	控制点文件
12	_rpc_accuracy.txt	1	几何精度文件
13	_rpc_old.txt	1	旧几何信息

附 1.1.8 高光谱谱段应用推荐

严格的高光谱数据的定义并不只是单纯地强调通道数目众多,而在于拥有连续的窄谱段,能够对自然地物进行表征、量化、建模和填图。"珠海一号"高光谱卫星具备 256 谱段,考虑空间分辨率与光谱分辨率,挑选最佳的 32 个谱段成像,以"珠海一号"03 组为例,如附表 1-7 所列。同时,监测不同参数,如植被水分变化、叶绿素含量、胁迫水平和水体的参数浓度等,研究方法不一,因此仅为参考。

附表 1-7 高光谱谱段设置与其功能

通道数	中心波长/nm	半高波宽/nm	备注
B01	443	10	海陆分离敏感谱段
B02	466	10	对植被光合有效辐射分量 f_{PAR} 和衰老率极度敏感
B03	490	10	类胡萝卜素、植被光能利用率(LUE)、植被胁迫:对衰老、缺少叶绿素\褐变、成熟、作物产量、土壤背景影响敏感
B04	500	10	
B05	510	10	水体悬浮物、赤潮影响敏感

续表

通道数	中心波长/nm	半高波宽/nm	备注
B06	531	10	LUE、叶黄素循环、植被胁迫、病虫害:衰老、缺少叶绿素\褐变、成熟、作物产量、土壤背景影响
B07	550	10	花青素、叶绿素、LAI、氮素、LUE;对多种植被变量敏感
B08	560	10	
B09	580	10	海面油膜、叶绿素特征峰
B10	596	10	
B11	620	6	水体藻类吸收峰
B12	640	6	
B13	665	6	叶绿素吸收和荧光谱段
B14	670	6	近岸浑浊水体固有光学特性特征峰,藻类叶绿素吸收谱段
B15	686	6	生物物理定理分析、叶绿素、太阳诱导叶绿素荧光:LAI、生物量、产量、作物类型\识别。最佳土壤、产量、作物类型\识别。最佳土壤－作物对比最大
B16	700	6	红边监测的植被胁迫、干旱:氮素胁迫、作物胁迫、作物生长阶段研究。胁迫现象中的蓝移。健康植被的近红移
B17	709	6	水体藻类叶绿素 a 反射峰
B18	730	6	
B19	746	6	
B20	760	6	生物量、LAI、太阳诱导导致的被动发射辐射
B21	776	6	
B22	780	6	
B23	806	6	
B24	820	6	大气水汽吸收通道,水汽反演的最佳谱段之一
B25	833	6	"哨兵"二号第八通道中心波长
B26	850	6	生物物理/生物化学定量研究,重金属胁迫:LAI、生物量、产量、作物\识别、叶绿素、花青素、类胡萝卜素
B27	865	6	
B28	880	6	
B29	896	6	
B30	910	10	生物物理参量、产量
B31	926	10	
B32	940	10	大气水汽吸收通道,水汽反演的最佳谱段之一

附1.2 "珠海一号"视频卫星数据产品信息

"珠海一号"视频卫星数据产品信息通过以下几个方面描述:数据产品分级、数据产品命名规则、数据产品构成。

附1.2.1 数据产品分级

参照国家标准,"珠海一号"视频卫星图像数据产品根据两种工作模式进行不同的产品分级。

1. 推扫模式

(1) L0级产品。卫星向地面站传输原始码流数据,对原始码流进行解调、解扰、解压操作后,生成L0级产品数据。L0级产品数据一般不对用户发布。

(2) L1A级产品。对L0级产品进行Bayer模板重建、几何校正和相对辐射校正,并提供RPC文件、空间范围文件和元数据文件等。

(3) L1B级标准产品。与L1A级产品并行的数据拼接产品,生成22.5km×22.5km的全幅宽数据,提供RPC文件、空间范围文件和元数据文件等。

(4) L2级系统几何校正产品。在L0~L1级数据基础上,按照一定的地球投影,以一定地面分辨率投影在地球椭球面上的几何产品,故其影像带有相应的投影信息。该产品附带RPC模型参数文件。

(5) L3级几何精校正产品。在L0~L2级数据基础上,采用地面控制点或者标准参考影像来改进影像的几何定位精度;消除了部分轨道和姿态参数误差,将产品投影到地球椭球面上的几何产品。

(6) L4级高程(正射)校正产品。在L0~L3级数据基础上,利用精细的DEM和控制点进行正射纠正。由于在正射纠正时改正了由于地形起伏而造成的像点位移,因此其不再提供RPC参数文件,但影像带有地理编码。

(7) L5级增值专题应用产品。在L0~L4级数据基础上,经融合和参量反演等专业数据或信息集成处理得到的专业应用数据产品。

2. 凝视模式

(1) L0级产品。卫星向地面站传输原始码流数据,对原始码流进行解调、解扰、解压操作后,生成L0级产品数据。L0级产品数据一般不对用户发布。

(2) L1A级产品。对L0级产品进行Bayer模板重建、几何校正、相对辐射校正和分帧处理得到的单帧影像,并提供RPC文件、空间范围文件和元数据文件等。

(3) L1B级标准产品。对L1A级产品稳像处理后的数据,包括单帧影像、RPC文件、组帧后的视频和元数据文件。

(4) L1C级标准产品。由L1B级标准产品数据超分重建后得到,包括单帧影像、RPC文件、组帧后的视频和元数据文件等。

(5) L1D级标准产品。由L1C级标准产品经过动目标检测得到。

附1.2.2 数据产品命名规则

单景影像命名为

Satellite + ID + Receiving Station_Receiving time_Scene_MSS_Level_Sensor

多景拼接影像及视频命名为

Satellite + ID + Receiving Station_Receiving time_MSS_Level_Sensor

(1) Satellite:"珠海一号"星座中遥感卫星种类代号,视频卫星代号为V。

(2) ID:卫星编号,视频卫星编号为A、B、C、D,其中A、B两颗卫星为01组发射,C卫星为02组发射,D卫星为03组发射。卫星编号及对应的卫星命名如附表1-8所列。

附表1-8 "珠海一号"视频卫星编号与命名对应表

序号	卫星编号	卫星命名	视频卫星组别
1	A	OVS-1A	"珠海一号"01组
2	B	OVS-1B	"珠海一号"01组
3	C	OVS-2A	"珠海一号"02组
4	D	OVS-3A	"珠海一号"03组

(3) Receiving Station:地面接收站编号,"珠海一号"地面接收站Z1、"珠海二号"地面接收站Z2、"漠河一号"地面接收站M1、"漠河二号"地面接收站M2、"乌苏一号"地面接收站W1、"乌苏二号"地面接收站W2、高密地面接收站G1。

(4) Receiving time:地面接收影像时间。

(5) Scene:视频卫星推扫方式成像,整轨影像切割为多景,按顺序累计景数;视频卫星凝视方式成像,按帧编号。

(6) MSS:指多光谱。

(7) Level:影像产品处理级别。

(8) Sensor：每颗视频卫星上有 5 片 CMOS，分别命名为 CMOS1、CMOS2、CMOS3、CMOS4、CMOS5。

命名示例如附图 1-2 所示。

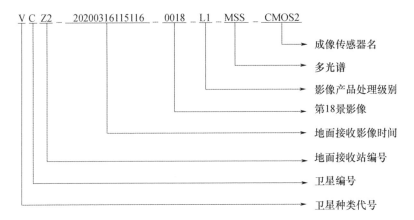

附图 1-2 "珠海一号"视频卫星数据产品命名示例

附 1.2.3 数据产品构成

参照《陆地观测遥感卫星数据分发与用户服务要求》(GB/T 34514—2017)，"珠海一号"视频卫星 L1 级数据产品构成文件如附表 1-9 所列。

附表 1-9 "珠海一号"视频卫星 L1 级数据产品构成文件

序号	文件扩展名	数量/个	文件类型
1	.tif	1	影像文件
2	.jpg	1	快视图
3	_rpc.txt	1	定位模型文件
4	_meta.xml	1	元数据文件
5	_thunb.jpg	1	拇指图
6	.shp	1	矢量文件
7	.shx	1	矢量文件
8	.dbf	1	投影信息文件
9	.prj	1	投影信息文件
10	_qual.xml	1	几何、辐射质检文件
11	_rpc_check.txt	1	RPC 检查文件

附1.3 "高景一号"高空间分辨率商业遥感数据产品信息

"高景一号"高空间分辨率商业遥感数据产品信息通过以下几个方面描述：数据产品概述、数据产品种类、数据产品分级。

附1.3.1 数据产品概述

高空间分辨率商业遥感数据产品根据产品处理方法和几何定位精度不同分为多个产品级别，同数据产品一起分发的还有一系列辅助文件，以便用户对数据进行后处理和分析。

数据产品均经过辐射校正和传感器校正。辐射校正包括均一化相对辐射校正、暗像元处理，传感器校正包括探元内定标、光学畸变校正、切向畸变校正、积分归一化和波段配准。

"高景一号"作为我国当前最高空间分辨率商业遥感卫星，其全色分辨率优于0.5m，多光谱分辨率优于2m，在高空间分辨率遥感卫星发展中发挥了很强的示范引领作用。

附1.3.2 数据产品种类

数据产品按照波段配置分为4种。

(1) 全色(PAN)：(Panchromatic)产品只有一个波段。
(2) 多光谱(MUX)：(Multispectral)产品包括4个波段。
(3) 全色多光谱组合(PMS)：(PAN and Multi Spectral)包括全色与多光谱数据。
(4) 融合(PSH)：产品融合了多光谱的视觉信息和全色的空间信息，是高空间分辨率的彩色图像数据。

融合产品可以订购3个或4个波段产品，3个波段产品可以是真彩色(分别是红、绿、蓝)或彩红外(分别是近红外、红、绿)；4个波段产品依次是蓝、绿、红、NIR。融合产品数据量较大时会切分成块，每块不大于2GB。

附1.3.3 数据产品分级

1. 基础产品

基础产品(1B)是针对有较高数据处理能力的用户而设的。基础产品包括数据本身和有理多项式参数(RPB文件)，以及姿态、轨道、相机模型信息，能够用于高级数据处理,利用高精度控制点和 DEM 进行高精度几何纠正。

每景基础产品单独处理。订购的多景基础产品直接叠合会有接合线。基础产品按照全色多光谱组合订购,基础产品的地面采样间距(GSD)就是成像时的真实地面采样间距。

"高景一号"产品级别如附图 1-3 所示。

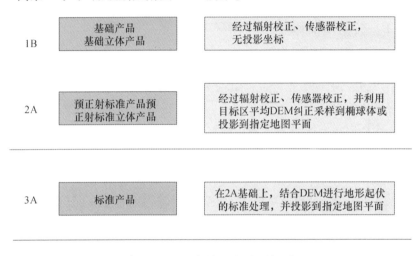

附图 1-3 "高景一号"产品级别

1) 处理

基础产品经过辐射校正和传感器校正,没有进行几何校正,没有地图投影。传感器校正将所有探元校正到一个规则化无偏差的虚拟线阵上。由于成像过程中侧摆角的缓慢变化,因此整幅图像每个探元的 GSD 都不同。

辐射校正包括以下内容。

(1) 均一化相对辐射校正:消除因探元响应变化导致的图像差异。

(2) 暗像元处理:填充因探元响应故障导致的无值区。

传感器校正包括以下内容。

(1) 探元内定标:标定相机探元大小、方向和安装矩阵。

(2) 光学畸变校正:标定相机光学系统径向引起的畸变。

(3) 切向畸变校正:标定相机光学系统切向引起的畸变。

(4) 积分归一化:消除由于卫星飞行方向推扫时间不一致引起的几何采样距离不一致。

(5) 波段配准:消除由于相机内各波段线阵畸变不一致和卫星飞行姿态测量变化引起的各波段定位不一致。

2）精度

基础产品未经地理投影,无地理坐标。通过产品对应的 RPB 文件和用户提供的 DEM 处理后,能够在侧摆角 25°范围内达到优于 7.5m(中误差)的地理定位精度。用高精度地面控制点和高精度 DEM 对基础产品进行处理后,地理定位可以达到优于 1m(中误差)的精度。

多光谱图像波段间配准精度优于 0.1 个像元(中误差),全色图像与多光谱图像间配准精度优于 0.1 个像元(中误差,相对于多光谱图像)。

2. 基础立体产品

基础立体产品(1B)一般情况下交付两视立体图像。基础立体产品适用于有摄影测量系统和高水平图像处理经验的用户。基础立体产品用于获取地面高程信息和进行特定三维目标提取。

基础立体产品由多对能够完全覆盖用户目标区域的基础产品组成。基础立体产品的 GSD 就是成像时的真实地面采样间距。

1）处理

基础立体产品经过辐射校正和传感器校正,没有进行地图投影。传感器校正将所有探元校正到一个规则化无偏差的虚拟线阵上。由于成像过程中侧摆角的缓慢变化,因此整幅图像每个探元的 GSD 都不同。

2）精度

基础立体产品未经地理投影,无地理坐标。通过产品对应的 RPB 文件和用户提供的 DEM 处理后,能够在侧摆角 25°范围内达到优于 7.5m(中误差)的地理定位精度。加高精度的控制点修正系统偏差后,提取到的高程模型可以达到优于 1m(中误差)的精度。采用提取到的高精度 DEM 对产品进行几何校正处理后,地理定位可以达到优于 1m(中误差)的精度。

多光谱图像波段间配准精度优于 0.1 个像元(中误差),全色图像与多光谱图像间配准精度优于 0.1 个像元(中误差,相对于多光谱图像)。

3. 预正射标准产品

预正射标准产品(2A)适用于获取大区域和适当定位精度的用户。

1）处理

预正射标准产品经过了辐射校正和传感器校正,在基础产品基础上,根据用户选择的投影和水准面采样到用户目标区域的平均高程面上,整幅图像有统一的 GSD。根据用户需求可选择经纬度投影和 UTM 投影两种投影方式,默认为 UTM 投影。在 UTM 投影方式下全色图像 GSD 为 0.5m,多光谱图像 GSD 为

2.0m。预正射标准产品提供 RPB 文件,用户可利用有理函数模型进行几何精纠正。

辐射校正包括均一化相对辐射校正、暗像元处理,传感器校正包括探元内定标、光学畸变校正、切向畸变校正、积分归一化和波段配准。几何校正去除轨道和姿态数据中的不确定性,修正了地球自转和曲率影响,消除或减清了全景成像系统误差。

2)精度

预正射标准产品在不考虑地形误差和侧摆角的影响下,无控定位精度能够在侧摆角 25°范围内达到优于 7.5m(中误差)的定位精度。

采用数据自带的 RPB 文件,高精度的地面控制点和高精度的 DEM 对预正射标准产品进行校正处理后,地理定位可以达到优于 1m(中误差)的精度。

多光谱图像波段间配准精度优于 0.1 个像元(中误差),全色图像与多光谱图像间配准精度优于 0.1 个像元(中误差,相对于多光谱图像)。

4. 预正射标准立体产品

预正射标准立体产品(2A)适用于有摄影测量系统和高水平图像处理经验的用户。预正射标准立体产品用于获取地面高程信息和进行特定三维目标提取。用户需求小区域立体像对产品一般订购预正射标准立体产品,需求大区域立体像对产品一般订购基础立体像对产品。

1)处理

预正射标准立体产品经过了辐射校正、传感器校正处理,并修正了立体视差。

在基础产品基础上,根据用户选择的投影和水准面采样到用户目标区域的平均高程面上,整幅图像有统一的 GSD。根据用户需求可选择经纬度投影和 UTM 投影两种投影方式,默认为 UTM 投影。在 UTM 投影方式下,全色图像 GSD 为 0.5m,多光谱图像 GSD 为 2.0m。预正射标准产品提供 RPB 文件,用户可利用有理函数模型进行几何精纠正。辐射校正包括均一化相对辐射校正、暗像元处理,传感器校正包括探元内定标、光学畸变校正、切向畸变校正、积分归一化和波段配准。几何校正去除轨道和姿态数据中的不确定性,修正地球自转和曲率影响,消除或减弱了全景成像系统误差。

2)精度

预正射标准立体产品在不考虑地形误差和侧摆角的影响下,无控定位精度能够在侧摆角 25°范围内达到优于 7.5m(中误差)的定位精度。

采用数据自带的 RPB 参数,加高精度的控制点修正系统偏差后,提取到的高程模型可以达到优于 1m(中误差)的精度,采用提取到的高精度 DEM 对产品进行几何校正处理后,地理定位可以达到优于 1m(中误差)的精度。

多光谱图像波段间配准精度优于 0.1 个像元(中误差),全色图像与多光谱图像间配准精度优于 0.1 个像元(中误差,相对于多光谱图像)。

5. 标准产品

标准产品(3A)适用于需求范围较大、定位精度要求适中的用户。标准产品已用 DEM 数据进行地形校正,不能再次进行正射校正。

1）处理

标准产品经过了辐射校正、传感器校正、几何校正和高程校正,并根据用户选择的投影和水准面采样到平面上,整幅图像有统一的 GSD。根据用户需求可选择经纬度投影和 UTM 投影两种投影方式,默认为 UTM 投影。在 UTM 投影方式下,全色图像 GSD 为 0.5m,多光谱图像 GSD 为 2.0m。

高程校正参考可采用 SRTM90 或用户提供的 DEM。

2）精度

标准产品在不考虑地形误差和侧摆角的影响下,无控定位精度能够在侧摆角 25°范围内达到优于 7.5m(中误差)的定位精度。

附录 2
四维地球云平台

随着卫星产业的"遍地开花"式发展,卫星数据应用及服务平台也呈现出不同的发展特色,互联网+云服务已成为卫星遥感数据在线服务的新热点。除了"绿水青山一张图"应用服务平台以外,四维地球云平台是基于"互联网+"遥感新模式,为用户提供在线遥感数据源与应用系统接入的基础云平台。

基础云平台可以快速在线发布动态的民用和商业高分辨率遥感卫星数据,面向用户提供在线用图和高级产品服务,同时支持第三方应用系统接入服务和第三方工具入驻服务,形成共建共享的遥感应用生态系统。

四维地球云平台提供了多种使用方式。

(1) Web 服务。可以为用户提供网页端服务,网址为 http://www.siweiearth.com。用户可以在该页面预览我国范围内最新的遥感影像数据。若用户需要进行检索、标绘等,只需在 Web 端页面注册登录账号即可完成。

(2) 移动端 APP。移动端平台的注册和登录、地图操作、最新影像浏览、历史影像检索、地图标绘等功能和操作与桌面端基本一致,用户可通过单击相应的功能按钮实现。用户可在苹果 App store 或豌豆荚应用中心下载影像地球 iOS 或 Android 应用。

(3) 提供标准 API 服务。使用业务接口(Rest)为用户提供标准的 OGC 接口服务(WMS、WMTS 等),支持嵌入用户业务系统开展应用。

(4) 插件。基于 ArcGIS 环境开发插件,可以根据区域范围、时间和云量来检索影像,检索的影像可以直接添加到 ArcGIS 图层中。

四维地球云平台可为广大用户提供多种产品和服务。

(1) 共性产品服务。将通过中国四维目前拥有的千万亿次的后台私有云的强大计算能力,利用我国独有的覆盖全国 960 万 km^2、5m 无控精度的三维几何基准框架和高精度正射影像产品生产、融合、镶嵌和匀色的自动化生产线,以及自动化的产品在线质检和质量保障系统,可以为用户提供 10m 精度的基础底图服务、定制底图服务、日日新图服务和区域一张图服务等高价值影像服务,实现当天的卫星成像当天发布到华为云,降低数据使用门槛,提高数据供给价值,使用户能够按需、准实时使用高质量、高精度的遥感数据,如附图 2-1 所示。

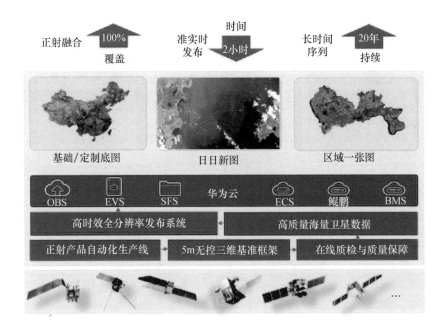

附图 2-1 四维地球云平台提供的共性产品服务

(2)智能信息服务。利用中国四维拥有的海量高精度遥感数据产品的自动化生产能力,能够快速、自动形成不同时相、覆盖不同区域的、无控几何定位精度优于 10m 的区域一张图,以此为输入,利用中国四维的遥感智能信息产品的提取和分析平台,能够为用户按需定制,并快速提供地物分类、目标识别和变化检测的信息服务,如附图 2-2 所示。

(3)应用开发服务。四维地球的生态云服务平台还将为各开发者、生态合作伙伴、行业与政府的遥感应用系统提供标准的 OGC 接口和 Rest 接口,可直接支持智慧城市平台、遥感业务系统、应用开发工具、手机 APP 及各行业应用软件的在线调用,用"互联网+"的方式改变传统应用模式,让遥感应用不再遥远,让遥感数据唾手可得,让遥感数据与服务逐步走进大众消费市场,让遥感数据与服务为美丽中国建设服务,为大众创造美好生活服务,如附图 2-3 所示。

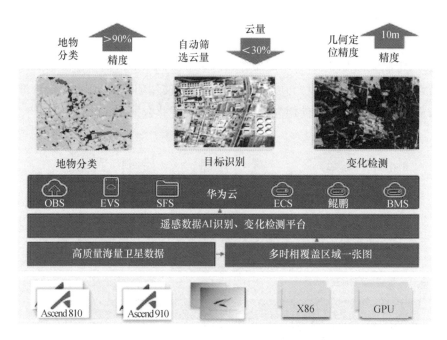

附图2-2　四维地球平台提供的智能信息服务

附图2-3　四维地球平台提供的应用开发服务

附录 2　四维地球云平台

现在四维地球平台上线的产品有 6 个，包括基础底图、日日新图、区域一张图、地物分类产品变化检测产品，目标检测产品，如附图 2-4 所示。

附图 2-4　四维地球云平台上线的产品

我们深信，随着"互联网+"、AI、5G 及遥感卫星等技术的快速发展，越来越多的卫星数据应用服务平台将进入大众的日常生活，使人类从中受益。

参考文献

[1] 李德仁. 论21世纪遥感与GIS的发展[J]. 武汉大学学报,2003(2):127-131.

[2] 梁泽环. 遥感卫星的基本原理[J]. 物理教学,2002(8):2-6.

[3] 王家耀,武芳. 地理信息产业转型升级的驱动力[J]. 武汉大学学报,2019,44(1):10-16.

[4] 王家耀. 时空大数据时代的地图学[J]. 测绘学报,2017,46(10):1226-1237.

[5] 王家耀. 大数据时代的智慧城市[J]. 测绘科学,2014,39(5):3-7.

[6] 张新长,何显锦. 数字城市[M]. 北京:高等教育出版社,2017.

[7] 赵英时. 遥感应用分析原理与方法[M]. 北京:科学出版社,2003.

[8] 李先怡,范海生,潘申林,等."珠海一号"高光谱卫星数据及应用概况[J]. 卫星应用,2019(8):12-18.

[9] 吴佳奇,汪韬阳,颜军,等. 基于Hu相关滤波的光学卫星视频点目标跟踪[J]. 中国空间科学技术,2019,39(3):55-63.

[10] 测绘与地理信息工程实验教学中心. 遥感技术在精准农业中的应用进展.[EB/OL].[2013-09-07]. http://lab.chx.hncj.edu.cn/info/1033/1355.html.

[11] 海外网. 遥感卫星APP提供数据为水源地保护立功.[EB/OL].[2019-04-24]. http://m.haiwainet.cn/middle-/3543599/2019/0424/content_31543603_1.html.

[12] 中国公路网. 遥感技术助力智慧交通发展.[EB/OL].[2017-06-06]. http://www.chinahighway.com/news-/2017/1112997.php.

[13] 谢金华. 遥感卫星轨道设计[D]. 郑州:中国人民解放军信息工程大学,2005.

[14] 陈洁,汤国建. 太阳同步卫星的轨道设计[J]. 上海航天,2004(3):34-38.

[15] 黄晨. 三轴稳定卫星姿态确定与控制系统关键技术研究[D]. 哈尔滨:哈尔滨工程大学,2011.

[16] Green R O Roberts D A Conel J E. Characterization and Compensation of the Atmosphere for the Inversion of AVIRIS Calibrated Radiance to Apparent Surface Reflectance[J],1996.

[17] 杨本永. 光学传感器星上定标技术研究[D]. 合肥:中国科学院合肥物质科学研究院,2009.

[18] 段依妮,张立福,晏磊,等. 遥感影像相对辐射校正方法及适用性研究[J]. 遥感学报,2014,18(3):597-617.

[19] Bindschadler R, Choi H. Characterizing and Correcting Hyperion Detectors Using Ice – Sheet Images[J]. IEEE Transactions on Geoence & Remote Sensing, 2003,41(6):1189 – 1193.

[20] Horn B K P, Woodham R J. Destriping LANDSAT MSS Images by Histogram Modification[J]. Computer Graphics & Image Processing,1979,10(1):69 – 83.

[21] Wegener, Michael. Destriping Multiple Sensor Imagery by Improved Histogram Matching[J]. International Journal of Remote Sensing,1990,11(5):859 – 875.

[22] Gadallah F L, Csillag F, Smith E J M. Destriping Multisensor Imagery with Moment Matching [J]. International Journal of Remote Sensing. 2000,(21):2505 – 2511.

[23] 张兵,张浩,陈正超,等. 一种基于图像统计量的相对辐射纠正算法[J]. 遥感学报, 2006,10(5):630 – 635.

[24] Acito N, Diani M, Corsini G. Subspace – Based Striping Noise Reduction in Hyperspectral Images [J]. IEEE Transactions on Geoence & Remote Sensing,2011,49(4):1325 – 1342.

[25] 李慧芳,沈焕锋,张良培,等. 一种基于变分 Retinex 的遥感影像不均匀性校正方法[J]. 测绘学报,2010,39(6):585 – 591,598.

[26] Bouali M, Ladjal S. Toward Optimal Destriping of MODIS Data Using a Unidirectional Variational model[J]. IEEE Transactions on Geoence & Remote Sensing, 2011, 49(8): 2924 – 2935.

[27] Rakwatin P, Takeuchi W, Yasuoka Y. Stripe Noise Reduction in MODIS Data by Combining Histogram Matching with Facet Filter[J]. IEEE Transactions on Geoence & Remote Sensing, 2007,45(6):1844 – 1856.

[28] Tsai F, Chen W W. Striping Noise Detection and Correction of Remote Sensing Images [J]. IEEE Transactions on Geoence and Remote Sensing,2008,46(12):4122 – 4131.

[29] Jung H S, Won J S, Kang M H, et al. Detection and Restoration of Defective Lines in the SPOT 4 SWIR Band[J]. IEEE Transactions on Image Processing,2010,19(8):2143 – 2156.

[30] 童庆禧,张兵,郑兰芬. 高光谱遥感:原理、技术与应用[M]. 北京:高等教育出版社,2006.

[31] Biggar S F. In – flight Methods for Satellite Sensor Absolute Radiometric Calibration[J]. Dissertation Abstracts International,1990(51 – 05): 2427.

[32] Biggar S F, Dinguirard M C, Gellman D I, et al. Radiometric Calibration of SPOT 2 HRV:a Comparison of Three Methods[J]. Proceedings of SPIE – The International Society for Optical Engineering,1991(1493):155 – 162.

[33] 贺威,秦其明,付炜. 可见光和热红外辐射定标方法浅述[J]. 影像技术,2005(01):34 – 36.

[34] 张广顺,张玉香. 建设中国遥感卫星辐射校正场的构想[J]. 气象,1996,22(9):15 – 18.

[35] 邱刚刚. 卫星辐射校正场自动化观测系统的研制与定标应用[D]. 合肥:中国科学技术大学,2017.

[36] 赵晓熠,张伟,谢蓄芬. 绝对辐射定标与相对辐射定标的关系研究[J]. 红外,2010, 31(9):23-29.

[37] 张过. 缺少控制点的高分辨率遥感卫星影像几何纠正[D]. 武汉:武汉大学,2005.

[38] 雷蓉. 星载线阵传感器在轨几何定标的理论与算法研究[D]. 郑州:解放军信息工程大学,2011.

[39] 朱长征,居永忠. 影响天文导航系统定位精度的两个因素分析[J]. 宇航学报,2010,31(10):2309-2313.

[40] 王涛. 线阵CCD传感器实验场几何定标的理论与方法研究[D]. 郑州:解放军信息工程大学,2012.

[41] 李广宇. 天球参考系变换及其应用[M]. 北京:科学出版社,2010.

[42] Aurélie B, Bernard M, Gigord P, et al. SPOT 5 HRS Geometric Performances: Using Block Adjustment as a Key Issue to Improve Quality of DEM Generation[J]. ISPRS Journal of Photo Grammetry and Remote Sensing,2006,60(3):134-146.

[43] Mulawa D. On-Orbit Geometric Calibration of the OrbView-3 High Resolution Imaging Satellite[C]. Int. Arch. Photogramm. Remote Sens. Spat. Inf. Sci,2004(35):1-6.

[44] Leprince S, Muse P, Avouac J P. In-Flight CCD Distortion Calibration for Pushbroom Satellites Based on Subpixel Correlation[J]. IEEE Transactions on Geoence & Remote Sensing, 2008,46(9):2675-2683.

[45] Jacobsen K. Calibration of Optical Satellite Sensors[C]//Proceedings of the International Calibration and Orientation Workshop EuroCOW,2006.

[46] Weser T, Rottensteiner F, Willneff J. An Improved Pushbroom Scanner Model for Precise Georeferencing of Alos Prism Imagery[J],2008,37(BI):723-729.

[47] POLI D. Modelling of Spaceborne Linear Array Sensors[D]. Ph. d. dissertation Institute of Geodesy & Photogrammetry Eth Zurich,2005.

[48] 隋立芬,宋力杰,柴洪洲,等. 误差理论与测量平差基础[M]. 北京:测绘出版社,2001.

[49] Vermote E F, Tanre D. Second Simulation of the Satellite Signal in the Solar Spectrum,6S:an Overview[J]. IEEE Transactions on Geoence and Remote Sensing,1997,35(3):675-686.

[50] Berk A, Anderson G P, Bernstein L S, et al. MODTRAN4 Radiative Transfer Modeling for Atmospheric Correction[J]. Proceedings of Spie the International Society for Optical Engineering,1999,3756.

[51] Berk A, Conforti P, Kennett R, et al. MODTRAN®6:A Major Upgrade of the MODTRAN® Radiative Transfer Code[C]//2014 6th Workshop on Hyperspectral Image and Signal Processing:Evolution in Remote Sensing (WHISPERS),2014.

[52] ATCOR® Software Versions[EB/OL]. [2019] https://www.rese-apps.com/software/atcor/index.html.

［53］ FLAASH® Background［EB/OL］.［2019］https://www.harrisgeospatial.com/docs/background flaash.html.

［54］ Roberts D. Calibration of Airborne Imaging Spectrometer Data to Percent Reflectance Using Field Spectral Measurements［C］//19. International Symposium on Remote Sensing of Environment,1985.

［55］ 张兵. 时空信息辅助下的高光谱数据挖掘［D］. 北京:中国科学院研究生院,2002.

［56］ 蒋红成. 多幅遥感图像自动裁剪镶嵌与色彩均衡研究［D］. 北京:中国科学院研究生院,2004.

［57］ 钱永刚,葛永慧,孔祥生. 基于卷积运算的影像镶嵌算法研究［J］. 遥感学报,2007,11(6):811-816.

［58］ 易尧华,龚健雅,秦前清. 大型影像数据库中的色调调整方法［J］. 武汉大学学报,2003(28):311-314.

［59］ 王密,潘俊. 面向无缝影像数据库应用的一种新的光学遥感影像色彩平衡方法［J］. 国土资源遥感,2006(18):10-13.

［60］ 郭仕德,林旭东,马廷. 高空间分辨率遥感环境制图的几个关键技术研究［J］. 北京大学学报,2004(40):116-120.

［61］ 浦瑞良,宫鹏. 高光谱遥感及其应用［M］. 北京:高等教育出版社,2003.

［62］ Zhang Y C. Calculation of Radiative Fluxes from the Surface to Top of Atmosphere Based on ISCCP and other Global Data Sets:Refinements of the Radiative Transfer Model and the Input Data［J］. Journal of Geophysical Research Atmospheres,2004,109(D19):105.

［63］ 侯舒维,孙文方,郑小松. 遥感图像云检测方法综述［J］. 空间电子技术,2014,11(3):68-76.

［64］ 胡根生,陈长春,张学敏,等. LS-WTSVM的遥感多光谱影像云检测［J］. 安徽大学学报(自科版),2014,38(1):48-55.

［65］ Long C N,Sabburg J M,Calbó J,et al. Retrieving Cloud Characteristics from Ground-Based Daytime Color all-Sky Images［J］. Journal of Atmospheric and Oceanic Technology, 2006 (23):633-652.

［66］ Di Vittorio A V D,Emery W J. An automated,Dynamic Threshold Cloud-Masking Algorithm for Daytime AVHRR Images over Land［J］. IEEE Transactions on Geoence and Remote Sensing,2002,40(8):1682-1694.

［67］ 杨俊,吕伟涛,马颖,等. 基于自适应阈值的地基云自动检测方法［J］. 应用气象学报,2009(6):713-721.

［68］ 彦立利,王建. 基于遥感的冰川信息提取方法研究进展［J］. 冰川冻土,2013,35(1):110-118.

［69］ 惠凤鸣,田庆久,李英成,等. 基于MODIS数据的雪情分析研究［J］. 遥感信息,2004

(4):35-38.

[70] Jedlovec G J,Haines S L,Lafontaine F J. Spatial and Temporal Varying Thresholds for Cloud Detection in GOES Imagery[J]. IEEE Transactions on Geoscience & Remote Sensing,2008 (46):1705-1717.

[71] Jedlovec G. Automated Detection of Clouds in Satellite Imagery[M]//Advances in Geoscience and Remote Sensing. InTech,2009.

[72] 曹琼,郑红,李行善. 一种基于纹理特征的卫星遥感图像云探测方法[J]. 航空学报, 2007,28(3):661-666.

[73] Christodoulou C I,Michaelides S C,Pattichis C S. Multifeature Texture Analysis for the Classification of Clouds in Satellite Imagery[J]. Geoence & Remote Sensing IEEE Transactions on,2003,41(11):2662-2668.

[74] Molnar G,Coakley J A. Retrieval of Cloud Cover from Satellite Imagery Data:A Statistical Approach[J]. Journal of Geophysical Research Atmospheres,1985,90(D7):12960-12970.

[75] 刘志刚,李元祥,黄峰. 基于动态聚类的MODIS云检测算法[J]. 遥感信息,2007(4): 33-35,75,104.

[76] Kotarba,Andrzej Z. Evaluation of ISCCP Cloud Amount with MODIS Observations[J]. Atmospheric Research,2015(153):310-317.

[77] Shi C X,Hong Y,Liu Y,et al. An Improved Cloud Classification Algorithm for China's FY-2C Multi-Channel Images Using Artificial Neural Network[J]. Sensors (Basel, Switzerland),2009,9(7):5558-5579.

[78] Zhang W D,He M X,Mak M W. Cloud Detection Using Probabilistic Neural Networks[C]// IEEE International Geoscience & Remote Sensing Symposium. IEEE,2001.

[79] 李爽,丁圣彦,许叔明. 遥感影像分类方法比较研究[J]. 河南大学学报,2002(2):70-73.

[80] 赫英明,王汉杰,姜祝辉. 支持矢量机在云检测中的应用[J]. 解放军理工大学,2009, 10(2):191-194.

[81] 潘聪,夏斌,陈彧,等. 基于模糊聚类的MODIS云检测算法研究[J]. 微计算机信息, 2009(4):124-125.

[82] Hilker T,Lyapustin A I,Tucker C J,et al. Remote Sensing of Tropical Ecosystems:Atmospheric Correction and Cloud Masking Matter[J]. Remote Sensing of Environment,2012, 127:370-384.

[83] Hagolle O,Huc M,Pascual D V,et al. A Multi-Temporal Method for Cloud Detection,Applied to FORMOSAT-2,VENS,LANDSAT and SENTINEL-2 images[J]. Remote Sensing of Environment,2010,114(8):1747-1755.

[84] Danfeng W,Jilong Z,Zhibin W,et al. AIRS Pixel Cloud Detection Using MODIS Cloud Prod-

ucts[J]. Remote Sensing for Land & Resources,2013,25(1):13 – 17.

[85] 卢姁,严卫,何锡玉. 利用 MODIS 云检测产品客观确定 AIRS 云检测[J]. 气象科技,2007,35(5):740 – 743.

[86] Vermote E,Saleous N. LEDAPS Surface Reflectance Product Description(类型:说明书). College Park:University of Maryland,2007.

[87] Irish R R. Landsat 7 Automatic Cloud cover Assessment[J]. Proceedings of SPIE – The International Society for Optical Engineering,2000(4049):348 – 355.

[88] Zhu Z,Woodcock C E. Object – Based Cloud and Cloud Shadow Detection in Landsat Imagery [J]. Remote Sensing of Environment,2012(118):0 – 94.

[89] Zhu Z,Woodcock C E. Automated Cloud,Cloud Shadow,and Snow Detection in Multitemporal Landsat Data:An algorithm designed specifically for monitoring land cover change[J]. Remote Sensing of Environment,2014(152):217 – 234.

[90] 蒋嫚嫚,邵振峰. 采用主成分分析的改进云检测算法[J]. 测绘科学,2015,40(2):150 – 154.

[91] Zhu Z,Wang S,Woodcock C E. Improvement and Expansion of the Fmask Algorithm:Cloud, Cloud Shadow,and Snow Detection for Landsats 4 – 7,8,and Sentinel 2 Images[J]. Remote Sensing of Environment,2015(159):269 – 277.

[92] 刘希,许健民,杜秉玉. 用双通道动态阈值对 GMS – 5 图像进行自动云检测[J]. 应用气象学报,2005,16(4):434 – 444.

[93] Escrig H,Batlles F J,Alonso J,et al. Cloud Detection,Classification and Motion Estimation Using Geostationary Satellite Imagery for Cloud Cover Forecast[J]. Energy,2013(55):853 – 859.

[94] Maturi E,Harris A,Merchant C,et al. NOAA's Sea Surface Temperature Products from Operational Geostationary Satellites[J]. Bulletin of the American Meteorological Society,2008,89 (12):1877 – 1887.

[95] Taylor T E,O'Dell C W,O'Brien D M,et al. Comparison of Cloud – Screening Methods Applied to GOSAT Near – Infrared Spectra[J]. Geoscience and Remote Sensing,IEEE Transactions on,2012,50(1):295 – 309.

[96] Taylor T,O'Dell C,Cronk H,et al. Evaluation of Cloud and Aerosol Screening of early Orbiting Carbon Observatory – 2 Observations with Collocated MODIS Measurements[C]//AGU Fall Meeting Abstracts,2014.

[97] 张兵,高连如. 高光谱图像分类与目标探测[M]. 北京:科学出版社,2011.

[98] Chutia D,Bhattacharyya D K,Sarma K K,et al. Hyperspectral Remote Sensing Classifications:A Perspective Survey[J]. Transactions in Gis,2016,20(4):463 – 490.

[99] 张兵. 高光谱图像处理与信息提取前沿[J]. 遥感学报,2016(20):1062 – 1090.

[100] Keshava N,Mustard J F. Spectral Unmixing[J]. IEEE Signal Processing Magazine,2002,19

(1):44-57.

[101] Somers B, Asner G P, Tits L, et al. Endmember Variability in Spectral Mixture Analysis: A Review[J]. Remote Sensing of Environment, 2011, 115(7):1603-1616.

[102] Eches O, Dobigeon N, Mailhes C, et al. Bayesian Estimation of Linear Mixtures Using the Normal Compositional Model. Application to hyperspectral imagery[J]. IEEE Transactions on Image Processing, 2010, 19(6):1403-1413.

[103] Stocker A D, Schaum A P, Iverson A E, et al. Application of Stochastic Mixing Models to Hyperspectral detection problems[J]. Proceedings of SPIE - The International Society for Optical Engineering, 1997(3071):47-60.

[104] Heylen R, Parente M, Gader P. A Review of Nonlinear Hyperspectral Unmixing Methods [J]. IEEE Journal of Selected Topics in Applied Earth Observations & Remote Sensing, 2014, 7(6):1844-1868.

[105] Hapke B. Bidirectional Reflectance Spectroscopy: 1. Theory[J]. Journal of Geophysical Research: Solid Earth, 1981, 86(B4):3039-3054.

[106] 李小文, 王锦地. 植被光学遥感模型与植被结构参数化[M]. 北京:科学出版社, 1995.

[107] Suits G H. The Calculation of the Directional Reflectance of a Vegetative Canopy[J]. Remote Sensing of Environment, 1971(2):117-125.

[108] 展昕. 基于 SAIL 模型的光谱解混研究[D]. 武汉:华中科技大学, 2009.

[109] Singer R B, McCord T B. Mars - Large Scale Mixing of Bright and Dark Surface Materials and Implications for Analysis of Spectral Reflectance[C]//Lunar & Planetary Science Conference, 1979:1835-1848.

[110] Zhang L, Li D, Tong Q, et al. Study of the Spectral Mixture Model of Soil and Vegetation in PoYang Lake Area, China[J]. International Journal of Remote Sensing, 1998, 19(11):2077-2084.

[111] José M P. Nascimento, José M. Bioucas - Dias. Nonlinear Mixture Model for Hyperspectral Unmixing[C]//Image & Signal Processing for Remote Sensing XV. International Society for Optics and Photonics, 2009.

[112] Fan W, Baoxin H U, Miller J, et al. Comparative Study between a New Nonlinear Model and Common Linear Model for Analysing Laboratory Simulated - Forest Hyperspectral data[J]. International Journal of Remote Sensing, 2009, 30(11-12):2951-2962.

[113] Raksuntorn N, Du Q. Nonlinear Spectral Mixture Analysis for Hyperspectral Imagery in an Unknown Environment[J]. IEEE Geoence & Remote Sensing Letters, 2010, 7(4):836-840.

[114] Halimi A, Altmann Y, Dobigeon N, et al. Nonlinear Unmixing of Hyperspectral Images Using a Generalized Bilinear Model[C]//Statistical Signal Processing Workshop, 2011.

[115] Iordache M D, Bioucas – Dias J M, Plaza A. Total Variation Spatial Regularization for Sparse Hyperspectral Unmixing[J]. IEEE Transactions on Geoence & Remote Sensing, 2012, 50(11):4484 – 4502.

[116] Nascimento J M P, Bioucas – Dias J M. Hyperspectral Unmixing Based on Mixtures of Dirichlet Components[J]. IEEE Transactions on Geoence & Remote Sensing, 2012, 50(3):863 – 878.

[117] Zare A, Gader P. Sparsity Promoting Iterated Constrained Endmember Detection in Hyperspectral Imagery[J]. IEEE Geoence & Remote Sensing Letters, 2007,4(3):446 – 450.

[118] Bioucas – Dias J M, Figueiredo M A T. Alternating Direction Algorithms for Constrained Sparse Regression: Application to hyperspectral unmixing[C]//Hyperspectral Image and Signal Processing: Evolution in Remote Sensing (WHISPERS), 2010 2nd Workshop on. IEEE,2010.

[119] Qian Y, Jia S, Zhou J, et al. Hyperspectral Unmixing Via sparsity – constrained nonnegative matrix factorization[J]. IEEE Transactions on Geoence & Remote Sensing,2011,49(11):4282 – 4297.

[120] Zhang B, Li S, Jia X, et al. Adaptive Markov Random Field Approach for Classification of Hyperspectral Imagery[J]. IEEE Geoence & Remote Sensing Letters,2011,8(5):973 – 977.

[121] Zhang B, Sun X, Gao L, et al. Endmember Extraction of Hyperspectral Remote Sensing Images Based on the Discrete Particle Swarm Optimization Algorithm[J]. IEEE Transactions on Geoence & Remote Sensing,2011,49(11):4173 – 4176.

[122] Zhang B, Gao J, Gao L, et al. Improvements in the Ant Colony Optimization Algorithm for End Member Extraction from Hyperspectral Images[J]. IEEE Journal of Selected Topics in Applied Earth Observations & Remote Sensing,2013,6(2 Part2):522 – 530.

[123] Gao J, Du Q, Gao L, et al. Ant Colony Optimization – Based Supervised and Unsupervised Band Selections for Hyperspectral Urban Data Classification[J]. Journal of Applied Remote Sensing,2014,8(1):085094.

[124] Gao L, Zhuang L, Wu Y, et al. A Quantitative and Comparative Analysis of Different Preprocessing Implementations of DPSO:a Robust Endmember Extraction Algorithm[J]. Soft Computing,2016,20(12):1 – 15.

[125] Sun X, Yang L, Zhang B, et al. Hyperspectral Image Clustering Method Based on Artificial Bee colony Algorithm[J]. Journal of Applied Remote Sensing,2013,9(1):095047.

[126] Reed I S, Yu X. Adaptive Multiple – Band CFAR Detection of an Optical Pattern with Unknown Spectral Distribution[J]. IEEE Transactions on Acoustics Speech & Signal Processing,1990,38(10):1760 – 1770.

[127] Chang C I. Hyperspectral Imaging: Techniques for Spectral Detection and Classification

[M]. Boca Raton Plenum Publishing Co,2003.

[128] Chang C I,Chiang S S. Anomaly Detection and Classification for Hyperspectral Imagery [J]. IEEE Transactions on Geoence and Remote Sensing,2002,40(6):1314 – 1325.

[129] 全国遥感技术标准化技术委员会简介[EB/OL]. http://www. rsstandard. cn/bwh. htm, [2019 – 09 – 01].

[130] 全国遥感技术标准化技术委员会[EB/OL]. https://baike. baidu. com/item/全国遥感技术标准化技术委员会/3286786? fr = aladdin,[2019 – 09 – 01].

[131] 全国标准信息公共服务平台网站[EB/OL]. http://std. samr. gov. cn/,[2019 – 09 – 01].

[132] Standardization and Related Activities – General Vocabulary. [DB/OL], https://committee. iso. org/f – iles/live/sites/isoorg/files/archive/pdf/en/iso_iec_guide_2_2004. pdf. [2019 – 09 – 01].

[133] Benefits in Applying ISO 26000. [DB/OL], https://committee. iso. org/files/live/sites/isoorg/files – /archive/pdf/en/sr_mena_ – _fact_sheets_lr. pdf,[2019 – 09 – 01].

[134] ISO Update Supplement to ISO Focus. [DB/OL], https://committee. iso. org/files/live/sites – /isoorg/files/news/magazine/ISOupdate/EN/2019/ISOupdate_May_2019. pdf, [2019 – 09 – 01].

[135] Terms of Reference – Working Group on Priorities. [DB/OL], https://www. iso. org/files/live/sites – /isoorg/files/archive/pdf/en/priorities_working_group_ – _terms_of_reference. pdf,[2019 – 09 – 01].

[136] Healthy Minds and Bodies How ISO Standards Serve Higher – Level Growth Needs. [DB/OL], https://committee. iso. org/files/live/sites/isoorg/files/archive/pdf/en/isofocusplus_2012 – 07. pdf, [2019 – 09 – 01].

[137] 田明璐. 西北地区冬小麦生长状况高光谱遥感监测研究[D]. 咸阳:西北农林科技大学,2017.

[138] Boochs F,Kupfer G,Dockter K,et al. Shape of the Red Edge as Vitality Indicator for Plants [J]. Remote sensing,1990,11(10):1741 – 1753.

[139] 张良培,张立福. 高光谱遥感[M]. 武汉:武汉大学出版社,2005.

[140] 张丽云. 基于高光谱遥感数据的森林树种分类[D]. 北京:北京林业大学,2016.

[141] 刘海启,李召良. 高光谱植被遥感[M]. 北京:中国农业科学技术出版社,2015.

[142] 庞勇,李增元,孙国清,等. 基于载人航天平台的林业遥感应用[J]. 世界林业研究,2013(4):45 – 51.

[143] 赵英时. 遥感应用分析原理与方法[M]. 北京:科学出版社,2013.

[144] Jain N,Ray S S,Singh J P,et al. Use of Hyperspectral Data to Assess the Effects of Different Nitrogen Applications on a Potato Crop[J]. Precision Agriculture,2007,8(4 – 5):225 – 239.

[145] 浦瑞良,宫鹏. 高光谱遥感及其应用[M]. 北京:高等教育出版,2000.

[146] Thenkabail P S, Lyon J G, Huete A. Hyperspectral Remote Sensing of Vegetation[M]. New York:CRC Press, 2011.

[147] 王润生. 高光谱遥感的物质组分和物质成分反演的应用分析[J]. 地球信息科学学报,2009,11(3):261-267.

[148] 隋学艳,王汝娟,姚慧敏,等. 农业气象灾害遥感监测研究进展[J]. 中国农学通报,2013,30(17):284-288.

[149] Tong Q X, Xue Y Q, Zhang L F. Progress in Hyperspectral Remote Sensing Science and Technology in China Over the Past Three Decades[J]. IEEE Journal of Selected Topics in Applied EarthObservations and Remote Sensing,2014,7(1):70-91.

[150] Houborg R, Fisher J B, Skidmore A K. Advances in Remote Sensing of Vegetation Function and Traits[J]. International Journal of Applied Earth Observation and Geoinformation,2015(43):1-6.

[151] Xue Z, Du P, Li J, et al. Sparse Graph Regularization for Robust Crop Mapping Using Hyper Spectral Remotely Sensed Imagery with very few in Situ Data[J]. Isprs Journal of Photogrammetry & Remote Sensing,2017(124):1-15.

[152] 张川. 基于环境减灾卫星高光谱数据的我国北方农业干旱遥感监测技术研究[D]. 北京:中国地质大学,2010.

[153] 谷艳芳,丁圣彦,陈海生,等. 干旱胁迫下冬小麦高光谱特征和生理生态响应[J]. 生态学报,2008(6):2690-2697.

[154] 郝晓华,王建,马明国,等. 天宫一号高光谱数据的积雪面积比例制图及雪粒径反演[J]. 草业科学,2014,31(8):1407-1415.

[155] Saha A, Rana A, Garg P K, et al. Spectral Analysis of EO-1 Hyperion Data for Snow Grain size Mapping in a Part of Himalayan Region[C]//38th Asian Conference on Remote Sensing-2017,October23-27,2017,New Delhi, India,2017.

[156] 李莉. 遥感技术在林业研究中的应用进展[J]. 现代农业科技,2015(18):256-257.

[157] Weng Q, Hu X, Lu D. Extracting Impervious Surfaces from Medium Spatial Resolution Multi Spectral and Hyperspectral Imagery: a Comparison[J]. International Journal of Remote Sensing,2008,29(11):3209-3232.

[158] Jia G J, Burke I C, Goetz F H, et al. Assessing Spatial Patterns of Forest Fuel Using AVIRIS Data[J]. Remote Sensing of Environment,2006,102(3-4):318-327.

[159] Mallinis G, Galidaki G, Gitas I. A Comparative Analysis of EO-1 Hyperion, Quickbird and Landsat TM Imagery for Fuel Type Mapping of a Typical Mediterranean Landscape[J]. Remote Sensing,2014,6(2):1684-1704.

[160] Roberts D A, Dennison P E, Gardner M E, et al. Evaluation of the Potential of Hyperion for

Fire Danger Assessment by Comparison to the Airborne Visible/Infrared Imaging Spectrometer[J]. Geoscience & Remote Sensing IEEE Transactions on,2015,41(6):1297 – 1310.

[161] Numata I,Cochrane M A,Galvao L S. Analyzing the Impacts of Frequency and Severity of Forest Fire on the Recovery of Disturbed Forest Using Landsat Time Series and EO – 1 Hyperion in the Southern Brazilian Amazon[J]. Earth Interactions,2011,15(13):1 – 17.

[162] 杨思全,张川,和海霞. 环境减灾卫星高光谱数据火灾植被恢复监测应用研究[C]//国家综合防灾减灾与可持续发展论坛. 国家减灾委员会,2010.

[163] Fang X,Duan H T,Cao Z G,et al. Remote Monitoring of Cyanobacterial Blooms Using Multi – Source Satellite Data:A Case of Yuqiao Reservoir,Tianjin[J]. Journal of Lake Sciences,2018,30(4):967 – 978.

[164] Casey B. Water and Bottom Properties of a Coastal Environment Derived from Hyperion Data Measured from the EO – 1 Spacecraft Platform[J]. Journal of Applied Remote Sensing,2007,1(1):1 – 16.

[165] Hu C,Feng L,Hardy R F,et al. Spectral and Spatial Requirements of Remote Measurements of Pelagic Sargassum Macroalgae[J]. Remote Sensing of Environment,2015(167):229 – 246.

[166] Bell T W,Cavanaugh K C,Siegel D A. Remote Monitoring of Giant Kelp Biomass and Physio Logical Condition:An Evaluation of the Potential for the Hyperspectral Infrared Imager (HyspIRI) Mission[J]. Remote Sensing of Environment,2015(167):218 – 228.

[167] Zhang L F,Furumi S,Muramatsu K,et al. Sensor – Independent Analysis Method for Hyper-Spectral Data Based on the Pattern Decomposition Method[J]. International Journal of Remote Sensing,2006,27(21):4899 – 4910.

[168] Zhang L F,Furumi S,Muramatsu K,et al. A New Vegetation Index Based on the Universal Pattern Decomposition Method[J]. International Journal of Remote Sensing,2007,28(1):107 – 124.

[169] Klüser L,Kleiber P,Holzer – Popp T,et al. Desert Dust Observation from Space – Application of Measured Mineral Component Infrared Extinction Spectra[J]. Atmospheric Environment,2012,54:419 – 427.

[170] 权晓晶. 利用 AIRS 反演陆地区域气溶胶红外辐射特性的算法研究[D]. 兰州:兰州大学,2012.

[171] 徐辉,余涛,顾行发,等. 利用分裂窗通道比辐射率遥感判识沙尘气溶胶研究[J]. 光谱学与光谱分析,2013,32(5):1189 – 1193.

[172] 宫鹏,浦瑞良,郁彬. 不同季相针叶树种高光谱数据识别分析[J]. 遥感学报,1998(3):211 – 217.

[173] 刘秀英,林辉,熊建利,等. 森林树种高光谱波段的选择[J]. 遥感信息,2005(4):41 – 44.

[174] Vaiphasa C, Ongsomwang S, Vaiphasa T, et al. Tropical Mangrove Species Discrimination Using Hyperspectral Data: A Laboratory Study[J]. Estuarine, Coastal and Shelf Science, 2005, 65(1-2): 371-379.

[175] 刘丽娟, 庞勇, 范文义, 等. 整合机载 CASI 和 SASI 高光谱数据的北方森林树种填图研究[J]. 遥感技术与应用, 2011, 26(2): 129-136.

[176] Schull M A, Knyazikhin Y, Xu L, et al. Canopy Spectral Invariants, Part 2: Application to Classification of Forest Types from Hyperspectral Data[J]. Journal of Quantitative Spectroscopy and Radiative Transfer, 2011, 112(4): 736-750.

[177] Edwin R, Bogdan Z. Tree Species Classification of the UNESCO Man and the Biosphere Karkonoski National Park (Poland) Using Artificial neural networks and APEX hyperspectral images[J]. Remote Sensing, 2018, 10(7): 1111.

[178] 樊雪, 刘清旺, 谭炳香. 基于机载 PHI 高光谱数据的森林优势树种分类研究[J]. 国土资源遥感, 2017, 29(2): 110-116.

[179] Sankey T, Donager J, McVay J, et al. UAV Lidar and Hyperspectral Fusion for Forest Monitoring in the Southwestern USA[J]. Remote Sensing of Environment, 2017(195): 30-43.

[180] Cao J, Leng W, Liu K, et al. Object-Based Mangrove Species Classification Using Unmanned Aerial Vehicle Hyperspectral Images and Digital Surface Models[J]. Remote Sensing, 2018, 10(2): 89.

[181] Koedsin W, Vaiphasa C. Discrimination of Tropical Mangroves at the Species Level with EO-1 Hyperion Data[J]. Remote Sensing, 2013, 5(7): 3562-3582.

[182] Chakravortty S, Li J, Plaza A. A Technique for Subpixel Analysis of Dynamic Mangrove Ecosystems with Time-Series Hyperspectral Image Data[J]. IEEE Journal of Selected Topics in Applied Earth Observations and Remote Sensing, 2017, 11(4): 1244-1252.

[183] Chakravortty S, Sinha D. Analysis of Multiple Scattering of Radiation Amongst End Members in a Mixed Pixel of Hyperspectral Data for Identification of Mangrove Species in a Mixed Stand[J]. Journal of the Indian Society of Remote Sensing, 2015, 43(3): 559-569.

[184] Sun C, Liu Y, Zhao S, et al. Classification Mapping and Species Identification of Salt Marshes Based on a Short-Time Interval NDVI Time-Series from HJ-1 Optical Imagery[J]. International journal of applied earth observation and geoinformation, 2016(45): 27-41.

[185] 庞勇, 张连华, 李增元, 等. 利用"天宫"一号和 Landsat7 对地观测数据的森林变化检测[J]. 遥感学报, 2014, 18(Z1): 121-125.

[186] Wang H, Zhang J, Wu J, et al. Research on Mangrove Recognition Based on Hyperspectral Un Mixing[C]//2017 IEEE International Conference on Unmanned Systems (ICUS). IEEE, 2017: 298-300.

[187] 祁敏, 张超. 森林理化参数高光谱遥感反演研究进展[J]. 世界林业研究, 2016(1):

52-57.

[188] 杨存建,倪静,周其林,等. 不同林分郁闭度与遥感数据的相关性[J]. 生态学报,2015(7):2119-2125.

[189] Gong P,Pu R,Biging G S,et al. Estimation of Forest Leaf Area Index Using Vegetation Indices Derived from Hyperion Hyperspectral Data[J]. IEEE Transactions on Geoence & Remote Sensing,2003,41(6):1355-1362.

[190] Pu R,Gong P. Wavelet Transform Applied to EO-1 Hyperspectral Data for Forest LAI and Crown Closure Mapping[J]. Remote Sensing of Environment,2004,91(2):212-224.

[191] 申鑫,曹林,佘光辉. 高光谱与高空间分辨率遥感数据的亚热带森林生物量反演[J]. 遥感学报,2016,20(006):1446-1460.

[192] 姚雄,曾琪,刘健,等. 毛竹林分冠层叶面积指数高光谱估测[J]. 森林与环境学报,2018,38(1):44-49.

[193] 曾源,Michael E. Schaepman,吴炳方,等. 基于高光谱遥感数据提取森林结构参数的研究[J]. 遥感学报,2007,11(5):648-658.

[194] Sandmeier S R,Itten K I. A field Goniometer System (FIGOS) for Acquisition of Hyperspectral BRDF Data[J]. IEEE Transactions on Geoscience and Remote Sensing,1999,37(2):978-986.

[195] Banskota A,Wynne R H,Thomas V A,et al. Investigating the Utility of Wavelet Transforms for Inverting a 3-D Radiative Transfer Model Using Hyperspectral Data to Retrieve Forest LAI[J]. Remote Sensing,2013,5(6):2639-2659.

[196] 邱赛,邢艳秋,田静,等. 星载 LiDAR 与 HJ-1A/HSI 高光谱数据联合估测区域森林冠层高度[J]. 林业科学,2016,52(5):142-149.

[197] 刘东蔚,陈勇,王海军,等. 城市林业中高光谱遥感技术应用现状与展望[J]. 林业与环境科学,2013,29(3):79-83.

[198] Zarco-Tejada P J,Morales A,Testi L,et al. Spatio-Temporal Patterns of Chlorophyll Fluorescence and Physiological and Structural Indices Acquired from Hyperspectral Imagery as Compared with Carbon Fluxes Measured with Eddy Covariance[J]. Remote Sensing of Environment,2013(133):102-115.

[199] Stagakis S,Markos N,Sykioti O,et al. Monitoring Canopy Biophysical and Biochemical Parameters in Ecosystem Scale Using Satellite Hyperspectral Imagery:An Application on a Phlomis Fruticosa Mediterranean Ecosystem Using Multiangular CHRIS/PROBA Observations[J]. Remote Sensing of Environment,2010,114(5):977-994.

[200] Kokaly R F,Clark R N. Spectroscopic Determination of Leaf Biochemistry Using Band-Depth Analysis of Absorption Features and Stepwise Multiple Linear Regression[J]. Remote sensing of environment,1999,67(3):267-287.

[201] Yi Q, Huang J, Wang F, et al. Evaluating the Performance of PC – ANN for the Estimation of rice Nitrogen Concentration from Canopy Hyperspectral Reflectance[J]. International Journal of Remote Sensing,2010,31(4):931 – 940.

[202] Yang G, Zhao C, Pu R, et al. Leaf Nitrogen Spectral Reflectance Model of Winter Wheat (Triticum Aestivum)based on PROSPECT:Simulation and Inversion[J]. Journal of Applied Remote Sensing,2015,9(1):095976.

[203] 浦瑞良,宫鹏. 森林生物化学与CASI高光谱分辨率遥感数据的相关分析[J]. 遥感学报,1997,1(2):115 – 123.

[204] Ryu C, Suguri M, Umeda M. Multivariate Analysis of Nitrogen Content for Rice at the Heading Stage Using Reflectance of airborne hyperspectral remote sensing[J]. Field Crops Research,2011,122(3):214 – 224.

[205] 杨曦光,范文义,于颖. 基于PROSPECT + SAIL模型的森林冠层叶绿素含量反演[J]. 光谱学与光谱分析,2010,30(11):3022 – 3026.

[206] Croft H, Chen J M, Zhang Y, et al. Modelling Leaf Chlorophyll Content in Broadleaf and Needle Leaf Canopies from Ground, CASI, Landsat TM 5 and MERIS Reflectance Data[J]. Remote Sensing of Environment,2013,133(Complete):128 – 140.

[207] Blackburn G A, Milton E J. Seasonal Variations in the Spectral Reflectance of Deciduous Tree Canopies[J]. International Journal of Remote Sensing,1995,16(4):709 – 720.

[208] 沈剑波,雷相东,舒清态,等. 国内外森林健康评价指标体系综述[J]. 科技导报,2011,29(33):72 – 79.

[209] 王彦辉,肖文发,张星耀. 森林健康监测与评价的国内外现状和发展趋势[J]. 林业科学,2007(7):84 – 91.

[210] Wulder M. Optical Remote – Sensing Techniques for the Assessment of Forest Inventory and Biophysical Parameters[J]. Progress in Physical Geography,1998,22(4):449.

[211] 邵军勇,潘泉. 高光谱遥感在植被精细分类中的应用[J]. 微电子学与计算机,2005(10):12 – 13.

[212] 高产磊,信忠保,丁国栋,等. 基于遥感技术的森林健康研究综述[J]. 生态学报,2013,33(6):1675 – 1689.

[213] Víctor Resco de Dios, Fischer C, Colinas C. Climate Change Effects on Mediterranean Forests and Preventive Measures[J]. New Forests,2007,33(1):29 – 40.

[214] 蔡小溪,林文树,吴金卓,等. 森林健康评价研究综述[J]. 森林工程,2014,30(5):22 – 26.

[215] 肖智慧,叶金盛. 广东省森林健康评估研究[J]. 中南林业调查规划,2010,29(3):11 – 15.

[216] 余新晓,甘敬,李金海. 森林健康评价、监测与预警[M]. 北京:科学出版社,2010.

[217] 袁野,刘兆刚,董灵波. 大兴安岭塔河林场天然落叶松林健康经营评价[J]. 森林工

程,2015(2):14-18.

[218] Medina N,Vidal P,Cifuentes R,et al. Evaluation of the Health Status of Araucaria Araucana Trees Using Hyperspectral Images[J]. Revista de Teledetección,2018(52):41-53.

[219] Micol R,Cinzia P,Michele M,et al. Assessment of Oak Forest Condition Based on Leaf Biochemical Variables and Chlorophyll Fluorescence[J]. Tree Physiology,2006(11):1487-1496.

[220] 施明辉,赵翠薇,郭志华,等. 森林健康评价研究进展[J]. 生态学杂志,2010,29(12):2498-2506.

[221] 陆凡,李自珍. 干旱区生态系统健康评价的指标、模型及应用[J]. 西北植物学报,2004(3):538-541.

[222] 李秀英. 森林健康评价指标体系初步研究与应用[D]. 北京:中国林业科学研究院,2006.

[223] 麻坤. 基于高光谱遥感的秦岭火地塘森林健康评价研究[D]. 咸阳:西北农林科技大学,2013.

[224] 伍南. 基于地面高光谱遥感的南方人工林主要病害监测研究[D]. 长沙:中南林业科技大学,2012.

[225] Olsson P O,Lindström J,Eklundh L. Near Real-Time Monitoring of Insect Induced Defoliation in Subalpine Birch Forests with MODIS Derived NDVI[J]. Remote Sensing of Environment,2016(181):42-53.

[226] 谭三清,王湘衡,肖维,等. 基于复杂网络的森林健康评价研究[J]. 中南林业科技大学学报,2015,35(8):13-16.

[227] O'Laughlin J. Forest Ecosystem Health Assessment Issues:Definition,Measurement and Management Implications[J]. Ecosystem Health,1996,2(1):19-39.

[228] 肖风劲,欧阳华,傅伯杰,等. 森林生态系统健康评价指标及其在中国的应用[J]. 地理学报,2003,58(6):803-809.

[229] 王秋燕,陈鹏飞,李学东,等. 森林健康评价方法综述[J]. 南京林业大学学报,2018,42(2):177-183.

[230] 那日苏. 基于高光谱遥感的阿尔山市杜拉尔林场森林健康评价研究[D]. 呼和浩特:内蒙古师范大学,2017.

[231] Vyas D,Krishnayya N S R. Estimating Attributes of Deciduous Forest Cover of a Sanctuary in India Utilizing Hyperion Data and PLS Analysis[J]. International Journal of Remote Sensing,2014,35(9):3197-3218.

[232] 黎丰收,彭力恒,刘凯,等. 广州市城市湿地生态服务价值研究[J]. 国土与自然资源研究,2018(01):45-48.

[233] 李伟,崔丽娟,张曼胤,等. 遥感技术在红树林湿地研究中的应用述评[J]. 林业调查

规划,2008,33(5):1-7.

[234] 韦玮,李增元,谭炳香.高光谱遥感技术在湿地研究中的应用[J].世界林业研究,2010,23(3):18-23.

[235] 方红亮,田庆久.高光谱遥感在植被监测中的研究综述[J].遥感技术与应用,1998,13(1):62-69.

[236] Guo M,Li J,Sheng C,et al. A review of wetland remote sensing[J]. Sensors,2017,17(4):777.

[237] 李凤秀,张柏,刘殿伟,等.湿地小叶章叶绿素含量的高光谱遥感估算模型[J].生态学杂志,2008,27(7):1077-1083.

[238] 林川,宫兆宁,赵文吉.叶冠尺度野鸭湖湿地植物群落含水量的高光谱估算模型[J].生态学报,2011,31(22):6645-6658.

[239] Hu Y B,Zhang J,Ma Y,et al. Deep Learning Classification of Coastal Wetland Hyperspectral Image Combined Spectra and Texture Features:A Case Study of Huanghe(Yellow)River Estuary Wetland[J]. Acta Oceanologica Sinica,2019,38(5):142-150.

[240] 高原,赵波,蔡悦.南京沿江湿地高光谱与多光谱遥感分类对比分析[J].测绘与空间地理信息,2016,39(8):57-60.

[241] Schmid T,Gumuzzio J,Koch M,et al. Semi-Arid Wetlands:Assessment of their Degradation Status and Monitoring by Multi-Sensor Remote Sensing[C]//4th ESA CHRIS Proba Workshop,2006.

[242] Salem F,Kafatos M,El-Ghazawi T,et al. Hyperspectral Image Assessment of oil Contaminated Wetland[J]. International Journal of Remote Sensing,2005,26(4):811-821.

[243] Onojeghuo A O,Blackburn G A. Optimising the Use of Hyperspectral and LiDAR Data for Mapping Reedbed Habitats[J]. Remote Sensing of Environment,2011,115(8):2025-2034.

[244] 余铭,魏立飞,尹峰,等.基于条件随机场的高光谱遥感影像农作物精细分类[J].中国农业信息,2018,30(3):78-86.

[245] 邓世超.基于时空融合模型的南方丘陵区水稻识别与监测研究[D].武汉:华中农业大学,2008.

[246] 乔润雨,刘文锋,刘泽群,等.绿色蔬菜叶片叶绿素含量与SPAD值相关性研究[J].国土与自然资源研究,2018(01):80-82.

[247] 刘夏菁.基于高光谱数据的冬小麦叶绿素含量估算模型[D].石家庄:河北师范大学,2017.

[248] 孙家柄.遥感原理与应用[M].武汉:武汉大学出版社,2009.

[249] 葛山运.基于MNF、PCA与ICA结合的高光谱数据特征提取方法[J].城市勘测,2013(2):103-106.

[250] 王润生,甘甫平,闫柏琨,等.高光谱矿物填图技术与应用研究[J].国土资源遥感,

2010,22(1):1-13.

[251] 甘甫平,刘圣伟,周强. 德兴铜矿矿山污染高光谱遥感直接识别研究[J]. 地球科学：中国地质大学学报,2004,29(1):119-126.

[252] Fenstermaker L K, Miller J R. Identification of Fluvially Redistributed Mill Tailings Using High Spectral Resolution Aircraft Data[J]. Photogrammetric Engineering & Remote Sensing,1994,60(8):989-995.

[253] Yuhas R H, Goetz A F H, Boardman J W. Discrimination Among Semi-Arid Landscape Endmembers Using the Spectral Angle Mapper(SAM) Algorithm[C]//Summaries 3rd Anun. JPL Airborne Geosci. Workshop, June 1992, R. O. Green, Ed. Publ. 92-14, vol. 1, Jet Propulsion Laboratory, Pasadena, CA, 1992:147-149.

[254] Chang C I. An Information-Theoretic Approach to Spectral Variability, Similarity, and Discrimination for Hyperspectral Image Analysis[J]. Information Theory IEEE Transactions on,2000,46(5):1927-1932.

[255] Meer F V D. The Effectiveness of Spectral Similarity Measures for the Analysis of Hyperspectral Imagery[J]. International Journal of Applied Earth Observations & Geoinformation,2006,8(1):3-17.

[256] Jia X, Richards J A. Binary Coding of Imaging Spectrometer Data for Fast Spectral Matching and Classification[J]. Remote Sensing of Environment,1993,43(1):47-53.

[257] 李加洪,秦勇. 应用分形几何学与小波理论对成像光谱数据进行地物识别的模型研究[J]. 遥感技术与应用,1996,11(001):1-6.

[258] Oiu H, Lam N S N, Ouattrochi D A, et al. Hyperspectral imagery[J]. Photogrammetric Engineering & Remote Sensing,1999,65(1):63-71.

[259] 王润生,杨苏明,阎柏琨. 成像光谱矿物识别方法与识别模型评述[J]. 国土资源遥感,2007(1):1-9.

[260] Ichoku C, Karnieli A. A Review of Mixture Modeling Techniques for Sub-Pixel Land Cover Estimation[J]. Remote Sensing Reviews,1996,13(3-4):161-186.

[261] Clark R N, King T V V, Klejwa M, et al. High Spectral Resolution Reflectance Spectroscopy of Minerals[J]. Journal of Geophysical Research Solid Earth, 1990,95(B8):12653-12680.

[262] Kruse F A, Lefkoff A B, Dietz J B. Expert System-Based Mineral Mapping in Northern Death Valley, California/Nevada, using the Airborne Visible/Infrared Imaging Spectrometer (AVIRIS)[J]. 1993,44(2-3):309-336.

[263] Clark Roger N, et al. Imaging Spectroscopy: Earth and Planetary Remote Sensing with the USGS Tetracorder and Expert Systems[J]. Journal of Geophysical Research Planets,2003,108(E12):5131-5146.

[264] Crósta Alvaro P, et al. Hydrothermal Alteration Mapping at Bodie, California, Using AVIRIS

Hyperspectral Data[J]. Remote Sensing of Environment,1998,65(3):309 – 319.

[265] 甘甫平,熊盛青,王润生. 高光谱矿物填图及示范应用[M]. 北京:科学出版社,2014.

[266] Bruce Hapke. Bidirectional Reflectance Spectroscopy:1. Theory[J]. Journal of Geophysical Research,1981,86(B4):3039 – 3054.

[267] 王润生,等. 成像光谱方法技术开发应用研究. 国土资源部"九五"重点科研项目报告[R]. 航空物探遥感中心,1999.

[268] Johnson P E,Smith M O,Taylor – George S,et al. A Semiempirical Method for Analysis of the Reflectance Spectra of Binary Mineral Mixtures[J]. Journal of Geophysical Research:Solid Earth,1983,88(B4):3557 – 3561.

[269] Mustard J F,Pieters C M. Abundance and Distribution of Ultramafic Microbreccia in Moses Rock Dike:Quantitative Application of Mapping Spectroscopy[J]. Journal of Geophysical Research:Solid Earth,1987,92(B10):10376 – 10390.

[270] Duke E F. Near Infrared Spectra of Muscovite,Tschermak Substitution,and Metamorphic Reaction Progress:Implications for Remote Sensing[J]. Geology,1994,22(7):621 – 624.

[271] Bierwirth P,Huston D,Blewett R. Hyperspectral Mapping of Mineral Assemblages Associated with Gold Mineralization in the Central Pilbara,Western Australia[J]. Economic Geology,2002,97(4):819 – 826.

[272] 甘甫平,王润生. 西藏 Hyperion 数据蚀变矿物识别初步研究[J]. 国土资源遥感,2002(4):44 – 50.

[273] 刘圣伟,甘甫平,闫柏琨,等. 成像光谱技术在典型蚀变矿物识别和填图中的应用[J]. 中国地质,2006,33(1):178 – 186.

[274] Post J L,Noble P N. The Near – Infrared Combination Band Frequencies of Dioctahedral Smectites,Micas and Illites[J]. Clays and clay minerals,1993,41(6):639 – 644.

[275] Herrmann W,Blake M,Doyle M,et al. Short Wavelength Infrared(SWIR)Spectral Analysis of Hydrothermal Alteration Zones Associated with Base Metal Sulfide Deposits at Rosebery and Western Tharsis,Tasmania,and Highway – Reward,Queensland[J]. Economic Geology,2001,96(5):939 – 955.

[276] 连长云,章革,元春华. 短波红外光谱矿物测量技术在普朗斑岩铜矿区热液蚀变矿物填图中的应用[J]. 矿床地质,2005,24(6):621 – 637.

[277] Bishop J L,Murad E. The Visible and Infrared Spectral Properties of Jarosite and Alunite[J]. American Mineralogist,2005,90(7):1100 – 1107.

[278] 甘甫平,董新丰,闫柏琨,等. 光谱地质遥感研究进展[J]. 南京信息工程大学学报,2018,53(1):44 – 62.

[279] Corbett G J,Leach T M. Southwest Pacific Rim Gold – Copper Systems:Structure,Alteration,and Mineralization[M]. Littleton,Colorado:Society of Economic Geologists,1998.

[280] Riaza A,Ong C,Müller A. Dehydration and Oxidation of Pyrite Mud and Potential Acid Mine drainage Using Hyperspectral Dais 7915 Data (Aznalcóllar,Spain)[C]//ISPRS Mid-Term Symposium. 2006.

[281] Shang J,Morris B,Howarth P,et al. Mapping Mine Tailing Surface Mineralogy Using Hyper-Spectral Remote Sensing[J]. Canadian Journal of Remote Sensing,2009,35(sup1):126-141.

[282] Jönsson J. Phase Transformation and Surface Chemistry of Secondary Iron Minerals Formed from Acid Mine Drainage[D]. Umeå University,2003.

[283] Bigham J M,Schwertmann U,Pfab G. Influence of pH on Mineral Speciation in a Bioreactor Simulating Acid Mine Drainage[J]. Applied geochemistry,1996,11(6):845-849.

[284] Kopačková V. Using Multiple Spectral Feature Analysis for Quantitative pH Mapping in a Mining Environment[J]. International Journal of Applied Earth Observation and Geoinformation,2014(28):28-42.

[285] 刘圣伟,甘甫平,王润生. 用卫星高光谱数据提取德兴铜矿区植被污染信息[J]. 国土资源遥感,2004(1):6-10.

[286] Noomen M F. Hyperspectral Reflectance of Vegetation Affected by Underground Hydrocarbon Gas Seepage[J]. Wur Wageningen Ur,2007.

[287] 李万伦,甘甫平. 矿山环境高光谱遥感监测研究进展[J]. 国土资源遥感,2016,28(2):1-7.

[288] Choe E,van der Meer F,van Ruitenbeek F,et al. Mapping of Heavy Metal Pollution in Stream Sediments Using Combined Geochemistry,Field Spectroscopy and Hyperspectral Remote Sensing:A case Study of the Rodalquilar Mining Area, SE Spain[J]. Remote Sensing of Environment,2008,112(7):3222-3233.

[289] Kemper T,Sommer S. Estimate of Heavy Metal Contamination in Soils after a Mining Accident Using Reflectance Spectroscopy.[J]. Environmental ence & Technology,2002,36(12):2742.

[290] Dong X,Yan B,Gan F,et al. Progress and Prospectives on Engineering Application of Hyper Spectral Remote Sensing for Geology and Mineral Resources[C]//Fifth Symposium on Novel Optoelectronic Detection Technology and Application,2019.

[291] 董新丰,闫柏琨,李娜,等. 基于航空高光谱遥感的沉积变质型铁矿找矿预测:以北祁连镜铁山地区为例[J]. 地质与勘探,2018(54):1013-1023.

[292] 刘伟东,Baret F,张兵,等. 应用高光谱遥感数据估算土壤表层水分的研究[J]. 遥感学报,2004.

[293] 魏娜. 土壤含水量高光谱遥感监测方法研究[D]. 北京:中国农业科学院,2009.

[294] 李晨,张国伟,周治国,等. 滨海盐土土壤水分的高光谱参数及估测模型(类型)[J].

应用生态学报,2016(27):525-531.

[295] 刘焕军,张柏,赵军,等. 黑土有机质含量高光谱模型研究[J]. 土壤学报,2007,44(1):27-32.

[296] 姚艳敏,魏娜,唐鹏钦,等. 黑土土壤水分高光谱特征及反演模型[J]. 农业工程学报,2011,27(8):95-100.

[297] 史培军,邵利铎,赵智国,等. 论综合灾害风险防范模式:寻求全球变化影响的适应性对策[J]. 地学前缘,2007(6):43-53.

[298] 唐菲,徐涵秋. 高光谱与多光谱遥感影像反演地表不透水面的对比:以Hyperion和TM/ETM+为例[J]. 光谱学与光谱分析,2014(4):1075-1080.

[299] 夏俊士,杜培军,逄云峰,等. 基于高光谱数据的城市不透水层提取与分析[J]. 中国矿业大学学报,2011,40(4):660-666.

[300] 王曦. 基于Hyperion影像的高光谱数据线性解混与目标检测:土地覆被识别实证[D]. 北京:中国地质大学,2017.

[301] Filella I, Penuelas J. The Red Edge Position and Shape as Indicators of Plant Chlorophyll Content, Biomass and Hydric Status[J]. International Journal of Remote Sensing,1994,15(7):1459-1470.

[302] 田庆久,宫鹏,赵春江,等. 用光谱反射率诊断小麦水分状况的可行性分析[J]. 科学通报,2000(24):2645-2650.

[303] 王纪华,赵春江,郭晓维,等. 用光谱反射率诊断小麦叶片水分状况的研究[J]. 中国农业科学,2001(1):104-107.

[304] 如则麦麦提·米吉提,买买提·沙吾提,麦尔耶姆·亚森,等. 基于高光谱的干旱区盐渍化土壤盐分含量估算[J]. 江苏农业科学,2018,46(22):265-269.

[305] 李志,李新国,刘彬. 博斯腾湖西岸湖滨带土壤盐分高光谱反演[J]. 扬州大学学报,2019,40(2):33-39.

[306] 孙亚楠,李仙岳,史海滨,等. 河套灌区土壤水溶性盐基离子高光谱综合反演模型[J]. 农业机械学报,2019,50(5):344-355.

[307] Jin X, Wan L, Zhang Y, et al. A Study of the Relationship between Vegetation Growth and Groundwater in the Yinchuan plain[J]. Earth ence Frontiers,2007,14(3):197-203.

[308] Serranti S, Bonifazi G. Pollution Level Detection in Dump Clay Liners by Hyperspectral Imaging[J]. International Journal of Environment and Waste Management,2012,10(2/3):163-176.

[309] Tevi G, Tevi A. Remote Sensing and GIS Techniques for Assessment of the Soil Water Content in Order to Improve Agricultural Practice and Reduce the Negative Impact on Groundwater: Case Study, Agricultural Area Stefan Cel Mare, Calarasi County[J]. Water ence & Technology,2012,66(3):580-587.

[310] 彭定志. 基于 RS 和 GIS 的水文模型以及洪灾监测评估系统的研究[D]. 武汉:武汉大学,2005.

[311] 侯磊. 基于 GIS 和 RS 的山地分布式流域水文模拟研究[D]. 新疆维吾尔自治区:新疆林业大学,2008.

[312] 何咏琪. 基于遥感及 GIS 技术的寒区积雪水文模拟研究[D]. 兰州:兰州大学,2014.

[313] Giorgio D O,Gitelson A A. Effect of Bio-Optical Parameter Variability and Uncertainties in Reflectance Measurements on the Remote Estimation of Chlorophyll-a Concentration in Turbid Productive Waters:Modeling Results, Results[J]. Applied Optics,2006,45(15):3577-92. Appl. Opt. ,44,412-422.

[314] 王向成,田庆久. 基于 Hyperion 影像的辽东湾水体信息自动分类[J]. 遥感技术与应用,2008,23(1):42-46.

[315] 贾德伟,钟仕全,李雪,等. 环境一号卫星高光谱数据水体信息提取方法[J]. 测绘科学,2011,36(04):128-130.

[316] 周炜,关洪军,童俊. 一种利用高光谱像元分解技术提取水体边界的方法[J]. 测绘通报,2019(3):120-123+140.

[317] Fauvel M. Kernel Matrix Approximation for Learning the Kernel Hyperparameters[C]//Geoscience and Remote Sensing Symposium(IGARSS),2012 IEEE International,2012:5418-5421.

[318] 施英妮. 基于人工神经网络技术的高光谱遥感浅海水深反演研究[D]. 青岛:中国海洋大学,2005.

[319] 施英妮,张亭禄,魏雅利,等. 光谱微分技术在高光谱遥感浅海海底底质中的应用初探[J]. 遥感信息,2010(03):21-25.

[320] 周燕. 基于 Hyperion 数据的浅海地形和海洋光学参数反演方法研究[D]. 青岛:中国海洋大学,2010.

[321] 蔡文婷. 集成高光谱与声纳数据的浅水水下地形构建研究[D]. 南京:南京大学,2012.

[322] 李震,施建成. 高光谱遥感积雪制图算法及验证[J]. 测绘学报,2001,30(1):67-73.

[323] 王剑庚,冯学智,肖鹏峰,等. 雪粒径高光谱遥感估算模型研究[J]. 光谱学与光谱分析,2013(1):177-181.

[324] 郝晓华,王建,马明国,等. "天宫一号"高光谱数据的积雪面积比例制图及雪粒径反演[J]. 草业科学,2014,31(8):1407-1415.

[325] 郭皓,丁德文,林凤翱,等. 近 20a 我国近海赤潮特点与发生规律[J]. 海洋科学进展,2015,33(4):547-558.

[326] 丘仲锋,崔廷伟,何宜军. 基于水体光谱特性的赤潮分布信息 MODIS 遥感提取[J]. 光谱学与光谱分析,2011,31(8):2233-2237.

[327] Hu C,Muller-Karger F E,Taylor C,et al. Red Tide Detection and Tracing Using MODIS

Fluorescence Data:A Regional Example in SW Florida Coastal Waters[J]. Remote Sensing of Environment,2005,97(3):311-321.

[328] Hu C,Li D,Chen C,et al. On the Recurrent Ulva Prolifera Blooms in the Yellow Sea and East China Sea[J]. Journal of Geophysical Research Oceans,2010,115(C5).

[329] Lee Z,Hu C,Shang S,et al. Penetration of UV-Visible Solar Radiation in the Global Oceans:Insights from Ocean Color Remote Sensing[J]. Journal of Geophysical Research:Oceans,2013,118(9):4241-4255.

[330] 董超华,李俊,张鹏. 卫星高光谱红外大气遥感原理和应用[M]. 北京:科学出版社,2013.

[331] Allan T D. Remote Assessment of Ocean Color for Interpretation of Satellite Visible Imagery: H. R. Gordon and A-Y. Morel. Lecture Notes on Coastal and Estuarine Studies,Springer-Verlag,Berlin,114pp. DM 58,US $ 22.50,ISBN 3-540-90923-0[J]. Physics of the Earth and Planetary Interiors,1985,37(4):292-292.

[332] Clough S A,Shephard M W,Mlawer E J,et al. Atmospheric Radiative Transfer Modeling:a Summary of the AER Codes[J]. Jqsrt,2005,91(2):233-244.

[333] 石广玉. 大气辐射计算的吸收系数分布模式[J]. 大气科学,1998(4):277-294.

[334] 闫欢欢,李晓静,张兴赢,等. 大气SO_2柱总量遥感反演算法比较分析及验证[J]. 物理学报,2016,65(8):148-164.

[335] 葛巍,陈良富,司一丹,等. 霾光谱特性分析与遥感卫星识别算法[J]. 光谱学与光谱分析. 2016,36(12):3817-3820.

[336] 傅丹膺,周宇,满益云,等. 面向空间云时代的微纳遥感卫星技术发展[J]. 国际太空,2018(3):23-28.

[337] 王密,杨芳. 智能遥感卫星与遥感影像实时服务[J]. 测绘学报,2019,48(12):1586-1594.

[338] 郑智腾,范海生,王洁,等. 改进型双支网络模型的遥感海水网箱养殖区智能提取方法[J]. 国土资源遥感,2020,128(4):123-132.

[339] Liu W,Zhang Y,Fan H,et al. A New Multi-Channel Deep Convolutional Neural Network for Semantic Segmentation of Remote Sensing Image[J]. IEEE Access,2020,8:131814-131825.

[340] 陈军,刘万增,武昊,等. 基础地理知识服务的基本问题与研究方向[J]. 武汉大学学报,2019,44(1):41-50.

后　　记

感谢王礼恒院士及丛书编委会的厚爱,感谢王家耀院士的推荐,让我们有机会参与本套丛书中《高分辨率对地观测和商业遥感》一书的编撰工作。

在本书架构体系设计及内容确定过程中,我们得到了王家耀院士的指导和大力支持。在本书撰写及定稿过程中,我们得到了艾长春先生的殷切指导,对于每章每节的布局,艾长春先生多次指导点拨,要求我们根据自身的工作实践和探索及目前国内的商业遥感现状,在商业遥感卫星体系建设、卫星数据应用及服务、商业遥感卫星系统运营的"商"上多做介绍,体现前沿技术在商业遥感中的作用。我们立足实践,努力贯彻各位专家的意见,整理总结了我们对高分辨率对地观测和商业遥感的认识。在写作中,我们真切地感受到商业遥感卫星系统发展的重要性,感受到对地观测遥感卫星、卫星数据处理及应用在技术上的发展和挑战,感受到中国商业遥感卫星产业的蓬勃发展。我们祝福祖国的商业遥感卫星产业发展越来越好。

在本书撰写过程中,我们对于商业遥感卫星产业发展、商业遥感卫星系统商业模式、卫星数据应用服务定位、维纳遥感卫星设计等进行了梳理,也对照我们已建成的商业遥感卫星系统进行了总结、思考和分析,感到还需要继续努力,加大创新和投入,才能真正把商业遥感卫星产业做大做强。我们讨论过,也争论过,通过不断思考,希望把左右商业遥感卫星系统发展的关键因素介绍给读者。当困惑时,我们经常请教广东省国产卫星产业技术创新联盟的专家委员会的专家们,包括王家耀院士、郭仁忠院士、李德仁院士等专家,他们给了我们不厌其烦地指导和帮助,在此表达我们由衷的感谢!

本书定稿,正值新冠肺炎疫情爆发期间,在党中央国务院的号召下,我国全民进入抗疫防疫的紧急状态,"共抗疫情,比肩同行";与此同时,国外蝗虫和疫情并发泛滥。我们参与了李德仁院士抗击疫情的特别工作小组,调动了"珠海一号"高光谱卫星对武汉,对火神山、雷神山医院周边环境的定量遥感。我们也就巴基斯坦等国家的蝗虫区进行了观测分析并提供了服务,采用的技术

后 记

基本上在本书中得到了阐述。参与本书编撰的全体人员尽管分布在全国各地,即使有时只能通过互联网进行讨论,但大家都义无反顾地投入本书的定稿工作之中。经过日日夜夜地撰写、修改及整理,我们终于完成了今天大家读到的这个版本。

因作者水平及对商业遥感卫星系统理解能力所限,书中难免出现遗漏或不妥之处,敬请批评指正。

图1-7 AI技术进行土地分类

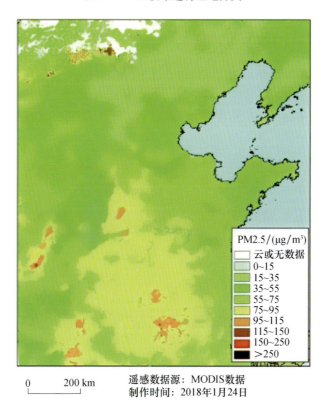

图1-8 利用MODIS数据进行的PM2.5监测

图 1-9 珠海道路提取专题图

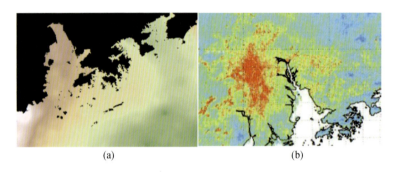

图 1-13 鱼群监测

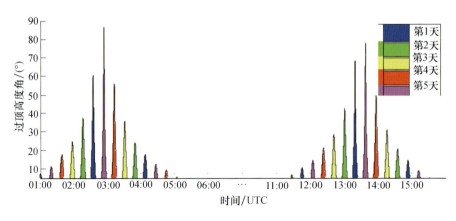

图 1-30 5 天内卫星过顶珠海站的过顶时间与过顶高度角

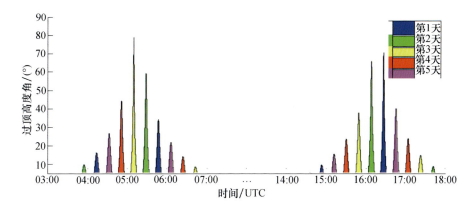

图 1-31 卫星连续 5 天对石河子站的过顶时间与过顶高度角

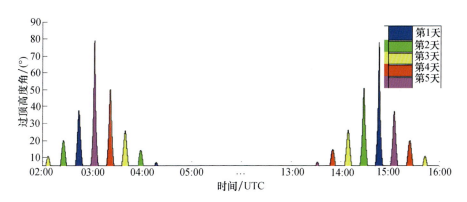

图 1-32 卫星连续 5 天对珠海站的过顶时间与过顶高度角

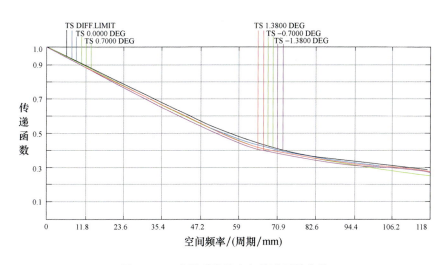

图 2-40 光学系统的全色传递函数曲线

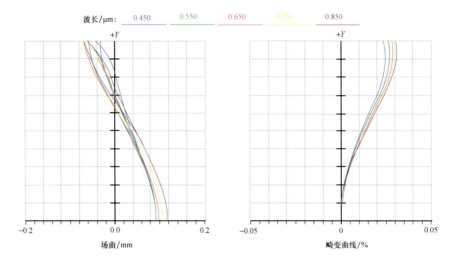

图 2-41 光学系统的场曲与畸变曲线

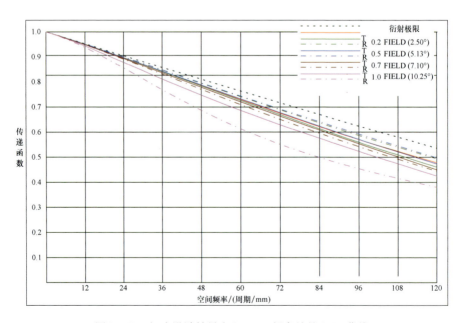

图 2-52 初步设计结果在 Nyquist 频率处的 MTF 曲线

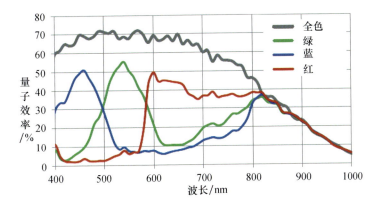

图 2-63　G5130 型 CMOS 芯片量子效率曲线

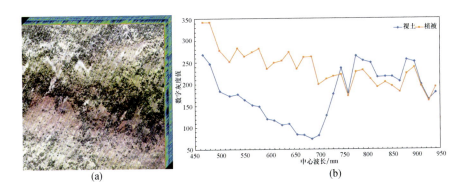

图 3-56　L1 级数据产品

(a)L1 级影像；(b)典型地物的数字灰度值曲线

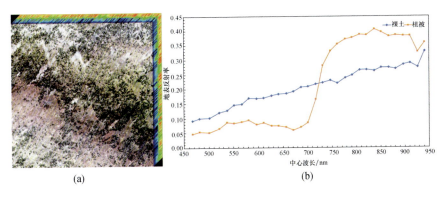

图 3-57　精处理产品

(a)地表反射率影像；(b)典型地物的地表反射率曲线

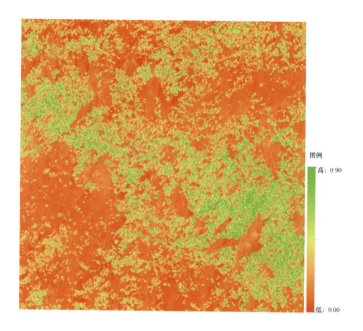

图3-58 归一化植被指数产品

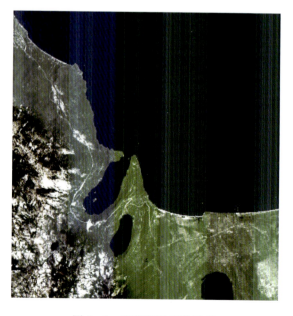

图4-3 影像测量系统原理

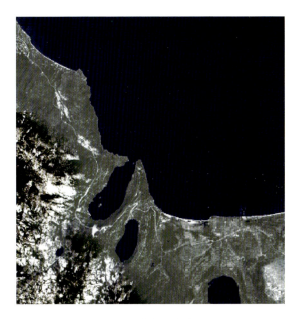

图 4-4 定标后样例图

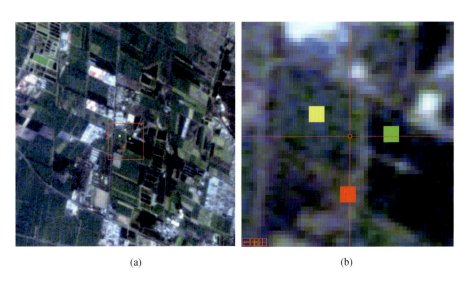

(a)　　　　　　　　　　　(b)

图 4-37 典型均匀地物在高光谱影像分布
(a)新疆石河子 OHS-2D 高光谱图像;(b)局部放大图。

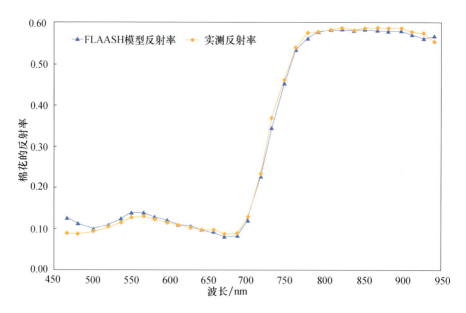

图 4-38 长势旺盛的棉花冠层的反射率数据比较

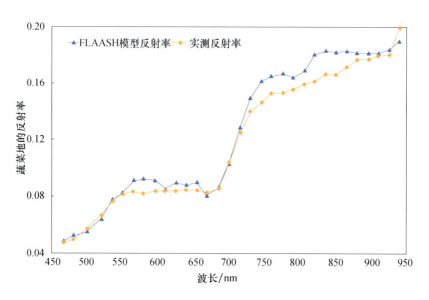

图 4-39 稀疏生长的蔬菜地的反射率数据比较

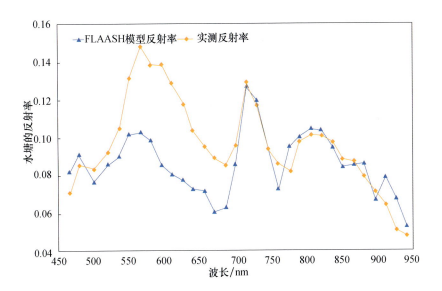

图 4-40 颜色暗淡的水塘的反射率数据比较

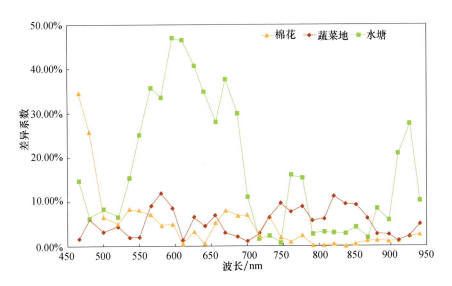

图 4-41 各典型地物的相对差异性

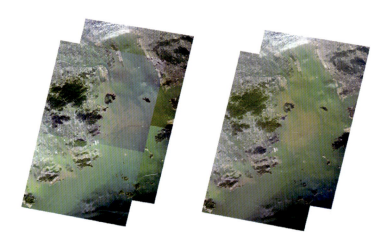

图 4-47　影像匀色前后对比

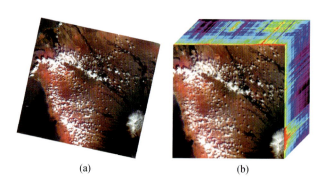

(a) (b)

图 4-48　"珠海一号"高光谱数据

(a)"珠海一号"高光谱数据(假彩色合成);(b)图谱立方体显示。

图 4-51　原始影像(近红外假彩色)

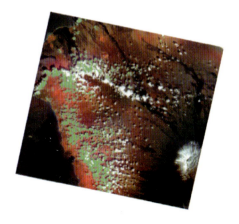

图 4-52 云提取结果

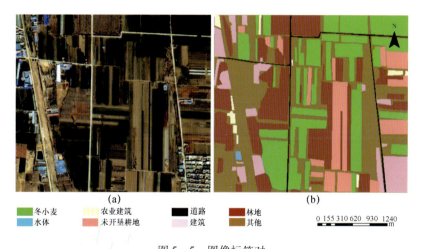

冬小麦　农业建筑　道路　林地
水体　未开垦耕地　建筑　其他

图 5-5 图像标签对
(a)原始图像；(b)像素标记图像。

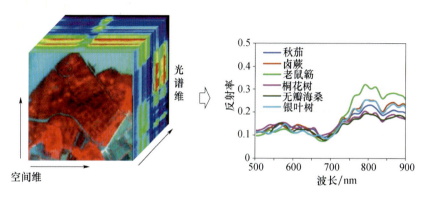

图 6-2 "珠海一号"星载 OHS 高光谱影像立方体及典型红树植物反射率光谱曲线

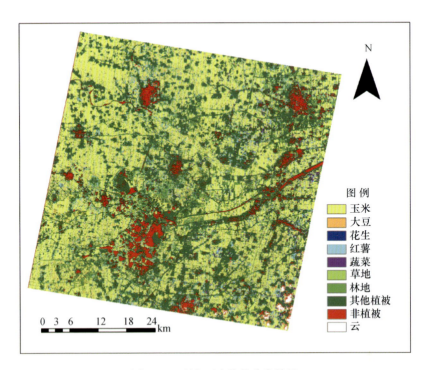

图6-3 研究区农作物分类结果

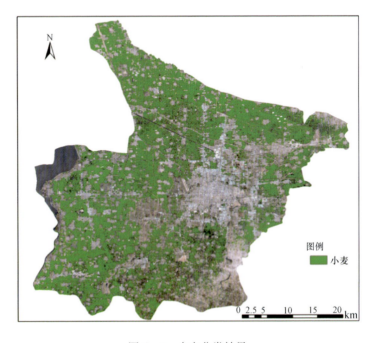

图6-4 小麦分类结果

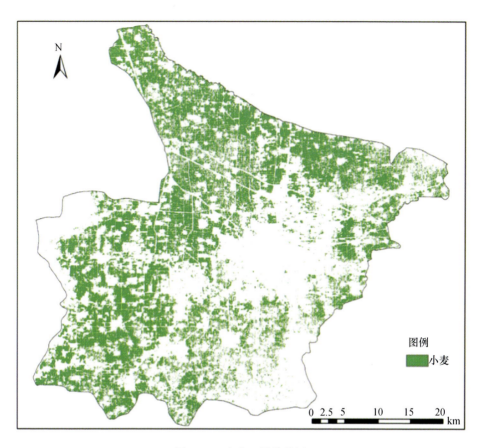

图 6-5 小麦区域裁剪图

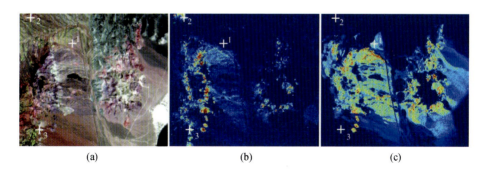

图 6-8 明矾石匹配结果[213]

(a) AVIRIS 假彩色合成图;(b) 匹配滤波结果;(c) 光谱特征增强匹配结果。

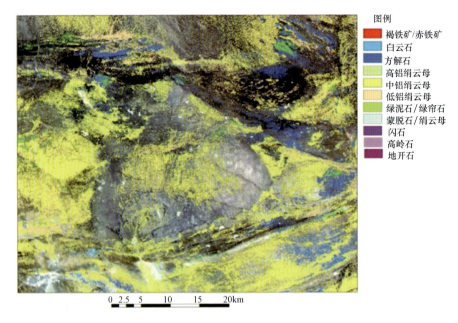

图 6-11 GF-5 卫星高光谱矿物分布

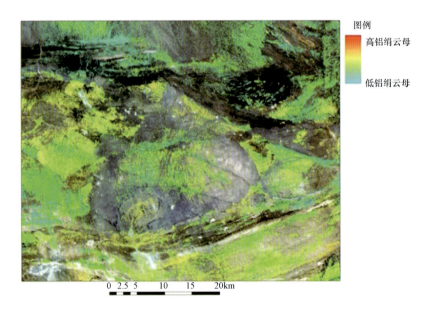

图 6-12 GF-5 卫星高光谱绢云母成分

图 6-13 GF-5 卫星高光谱铝绢云母相对丰度

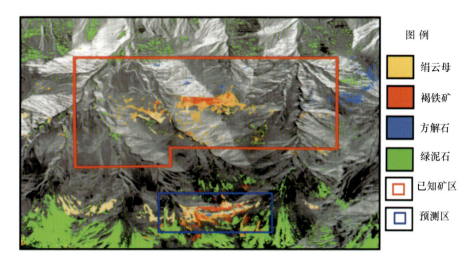

图 6-14 高光谱遥感找矿预测

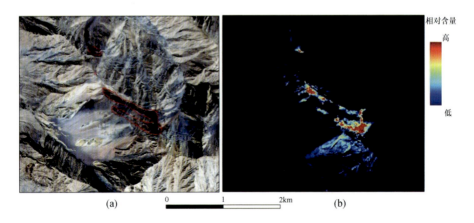

图 6-15 镜铁山黑沟铁矿区影像和赤铁矿含量分布[290-291]

(a)镜铁山黑沟铁矿区影像;(b)赤铁矿含量分布。

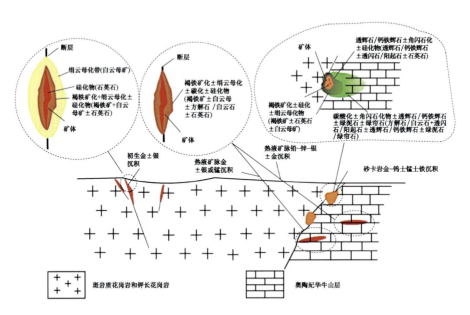

图 6-16 高光谱遥感找矿预测模式

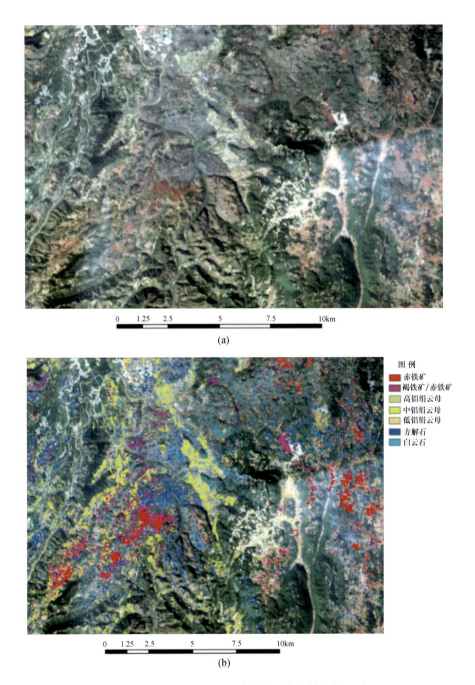

图 6-17 红土区 GF-5 真彩色影像与其矿物识别

(a)红土区 GF-5 真彩色影像;(b)矿物识别。

图 6-19　污染物浓度均匀无变化型

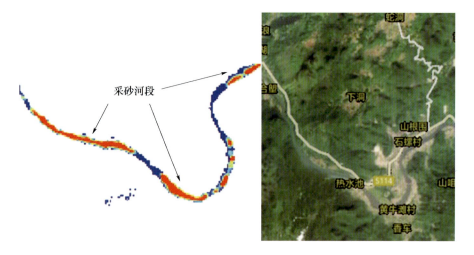

图 6-20　污染物浓度分段间歇式变化型

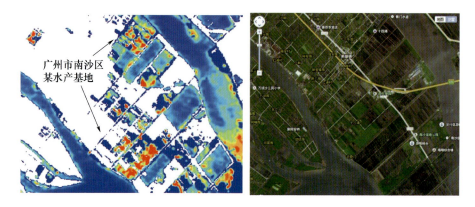

图 6-21　污染物浓度栅格状变化型

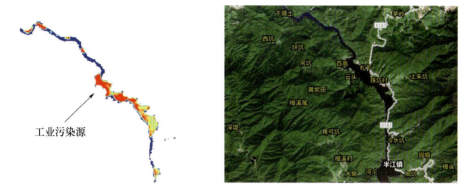

图6-22 污染物浓度"陡增缓释"变化型

图6-23 污染物浓度"缓增缓释"变化型

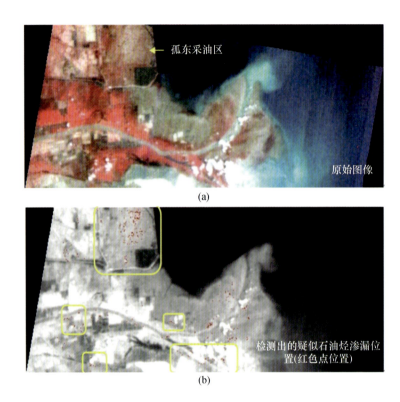

图 6-24 石油烃渗漏区 HJ-1 高光谱图像提取

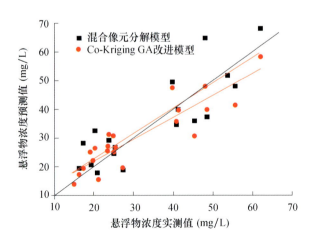

图 6-25 基于 HJ-1AHIS 的混合光谱分解模型悬浮物反演结果[176]

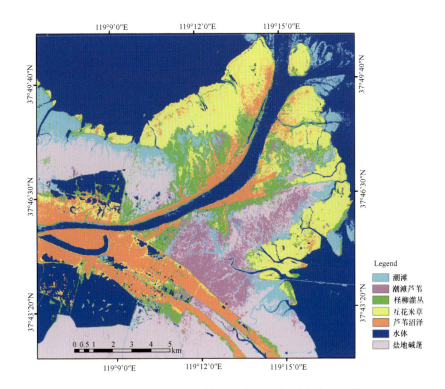

图 6-26 基于 OHS 影像的黄河口滨海湿地地物分类

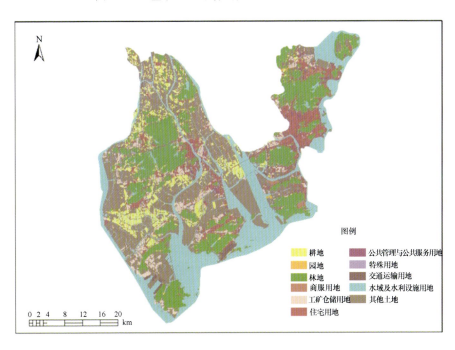

图 7-12 高光谱国土遥感监测

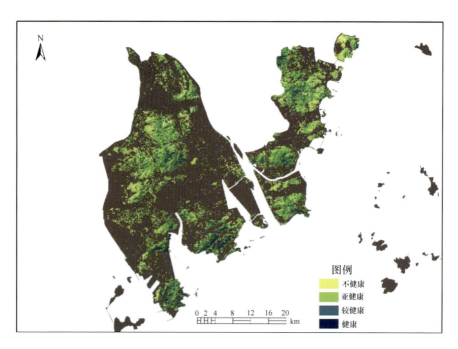

图 7-13 高光谱森林健康监测

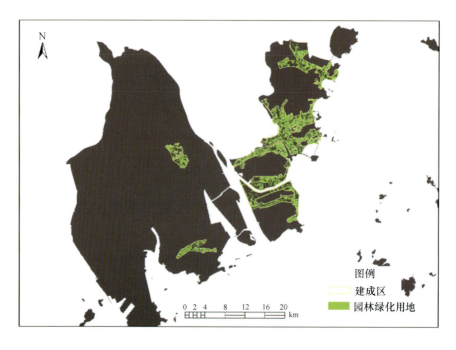

图 7-14 遥感影像园林分布提取

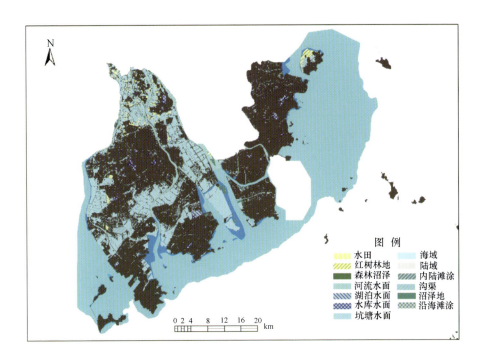

图 7-15 湿地分布提取

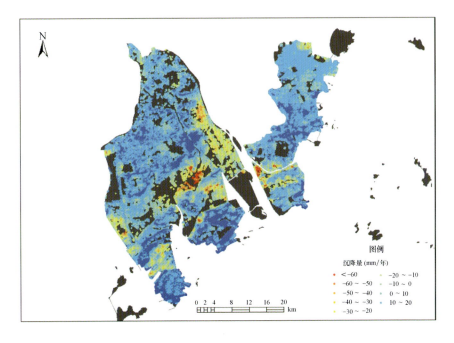

图 7-16 SAR 地质形变灾害监测

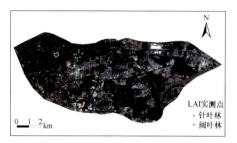

图7-17 广州市海珠区植被LAI实测样本点分布

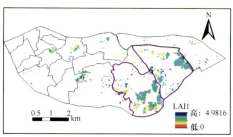

图7-21 广州市海珠区LAI估算结果

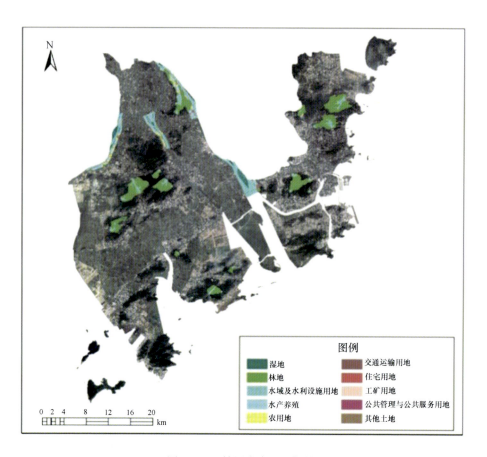

图7-22 饮用水水源地保护

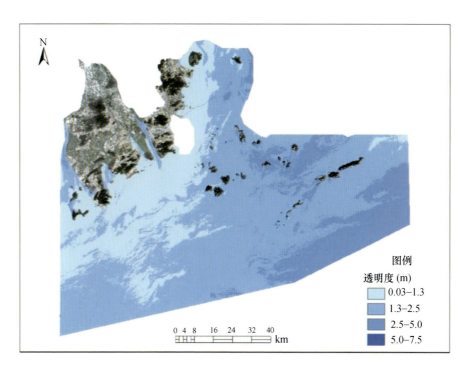

图 7-23 水质监测

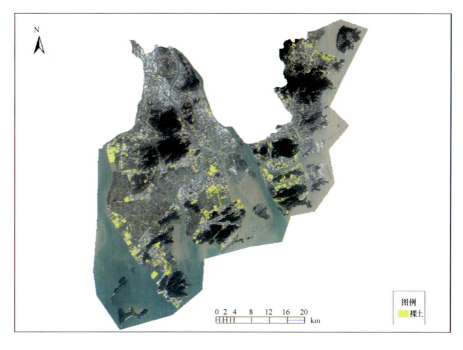

图 7-25 城市裸土监测

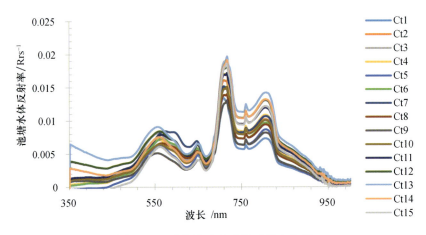

图 7-26 实测部分高光谱反射率数据

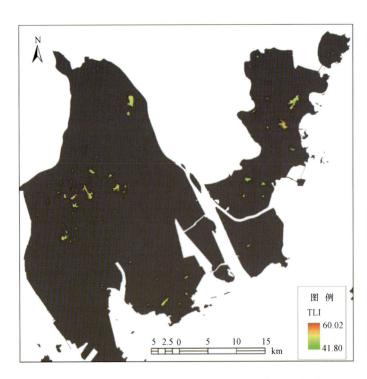

图 7-27 珠海市湖库型水源地富营养化遥感监测专题图

图 7-29 疑似污染源

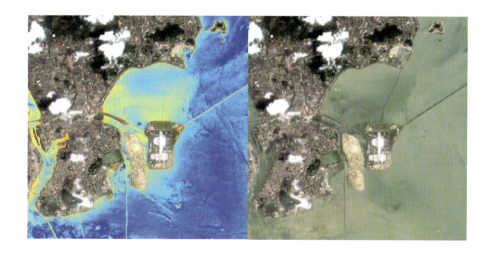

图 7-30 疑似污染源

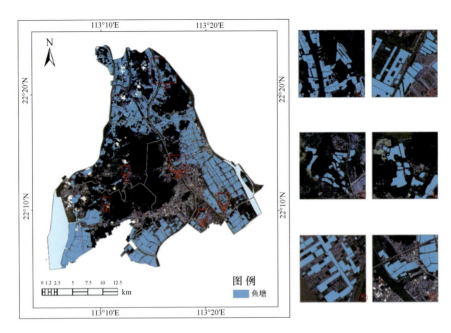

图 7-31 淡水渔业养殖专题图

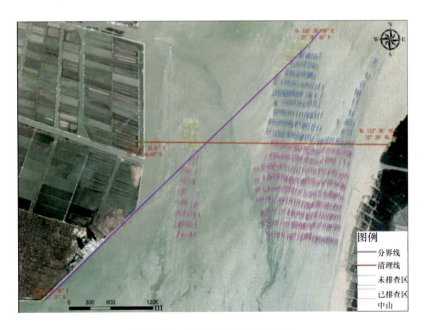

图 7-32 近岸海上养殖专题图

彩28

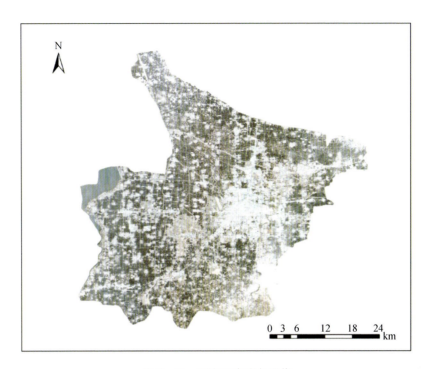

图7-33 研究区真彩色影像

图7-34 研究区高光谱彩色影像图及现场采样点分布

(数据源:"珠海一号"高光谱卫星,合成波段为 band11/Band7/band2)

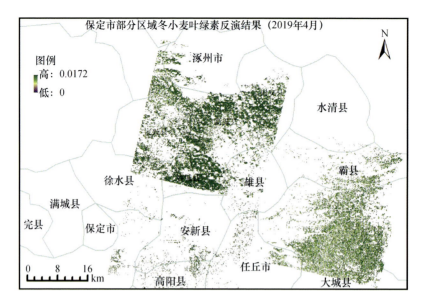

图 7-36 保定部分区域某时相冬小麦叶绿素反演结果

图 7-37 疑似黑臭水体识别

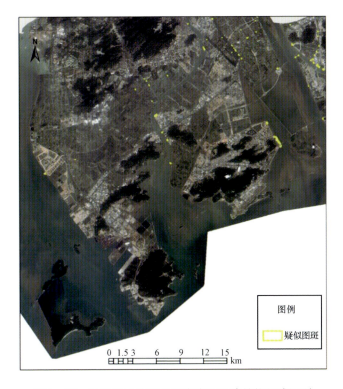

图 7-38 珠海市金湾区江河湖库违法建筑物遥感识别

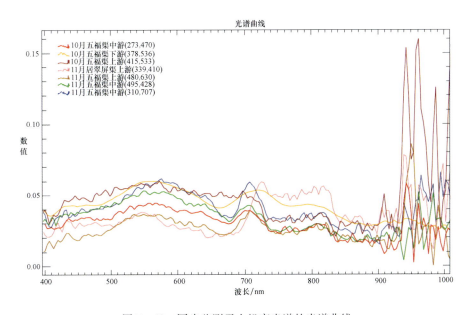

图 7-40 同步监测无人机高光谱的光谱曲线

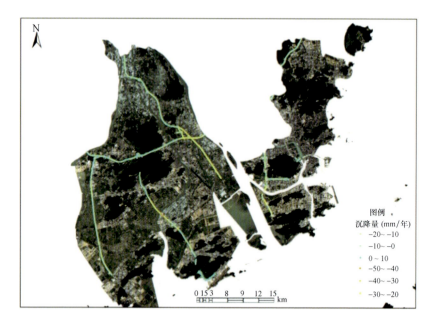

图 7-42　高速公路稳定性调查结果

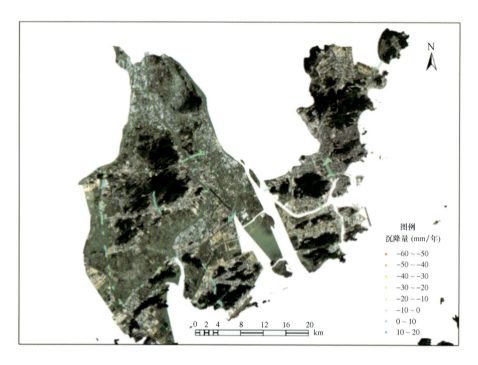

图 7-43　重点桥梁稳定性调查结果

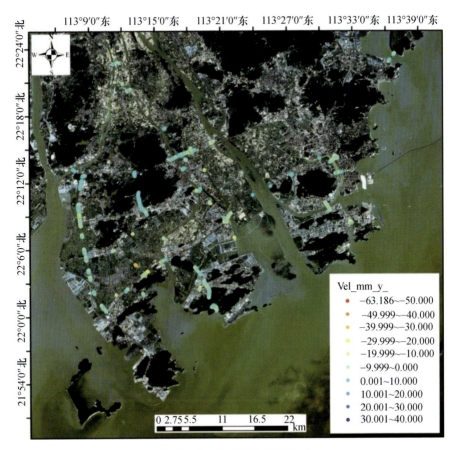

图 7-49 重点桥梁监测结果

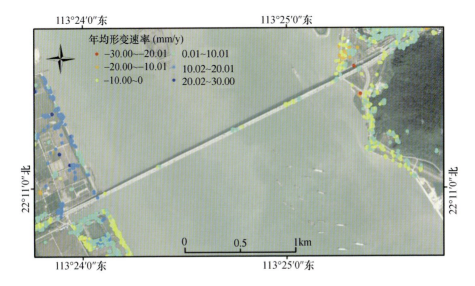

图 7-50 珠海大桥形变分布

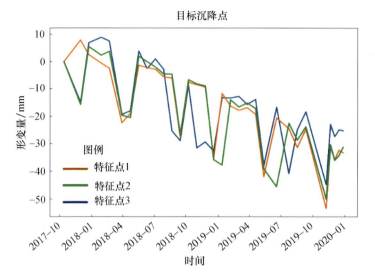

图 7-51　磨刀门大桥局部特征点时序形变

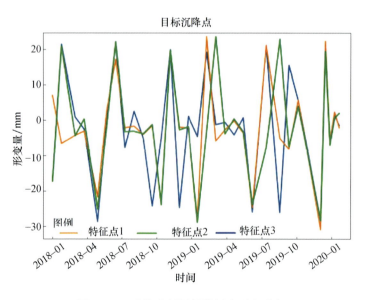

图 7-52　珠海大桥局部特征点时序形变

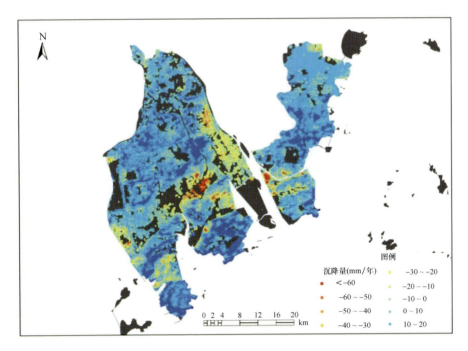

图 7-56 地质灾害应急图

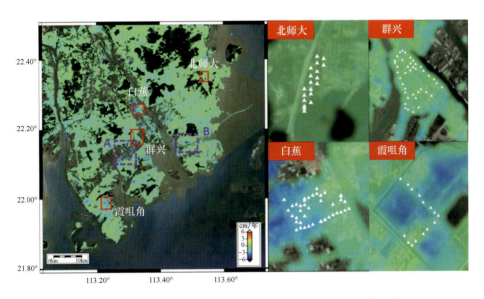

图 7-57 2017~2019 年珠海市地表沉降速率图及水准点分布情况
（A 代表西部生态新城滨江南岸，B 代表横琴新区）

彩 35

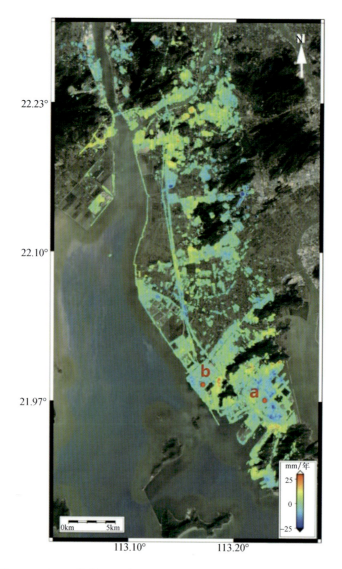

图 7-63 h401 轨道 2016 年 12 月至 2019 年 3 月珠海市地表沉降速率

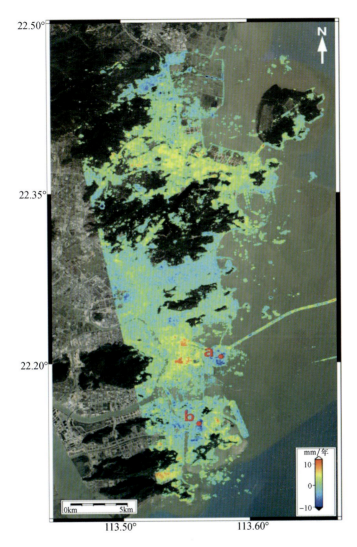

图 7-64 h404 轨道 2018 年 6 月至 2019 年 3 月珠海市地表沉降速率

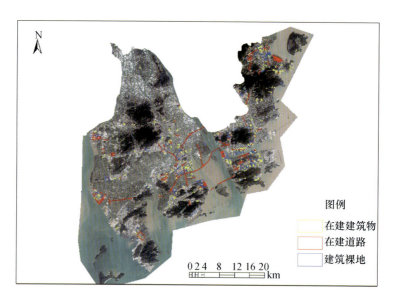

图 7-67 建筑工地遥感监测

图 7-68 违法建筑监查与执法遥感变化监测

图 7-70 Washington DC Mall 原始影像的假彩色影像和地表真实值影像
(a)原始影像的假彩色影像;(b)地表真实值影像。

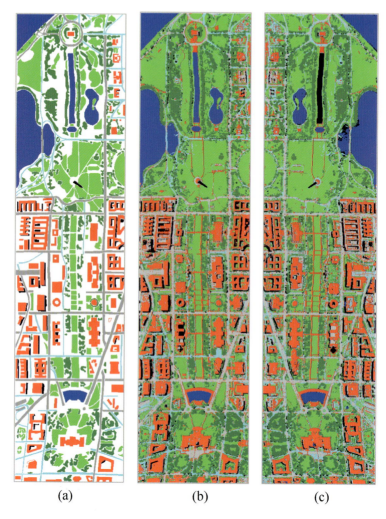

图 7-71 不同方法高光谱影像水体提取结果

(a)地表真实值影像;(b)光谱特征和空间特征核函数集成方法;(c)基于单一光谱特征核函数。